Hildesheimer Studien zur Mathematikdidaktik

Reihe herausgegeben von

Barbara Schmidt-Thieme, Universität Hildesheim, Hildesheim, Niedersachsen, Deutschland

Boris Girnat, Mathematik und Angewandte Informatik, University of Hildesheim, Hildesheim, Niedersachsen, Deutschland

Die Hildesheimer Schriften zur Didaktik der Mathematik und Informatik bilden eine fortlaufende Reihe von Veröffentlichungen zur Mathematik- und Informatikdidaktik und zu interdisziplinären und fächerübergreifenden Themen mit Bezug zu den zugehörigen Fachwissenschaften, der Geschichte der Fächer, zu anderen Fachdidaktiken und den Bildungswissenschaften. Sie umfasst herausragende Qualifikationsarbeiten des wissenschaftlichen Nachwuchses, sowie Tagungs- und thematisch orientierte Sammelbände auf diesen Gebieten. Sie ist inhaltlich und methodologisch breit aufgestellt und hat das Ziel, aktuelle Entwicklungen der beiden Didaktiken für Forschung und Praxis zugänglich zu machen.

Weitere Bände in der Reihe http://www.springer.com/series/16430

Sandra Strunk · Julia Wichers

Problembasiertes Lernen im Mathematikunterricht der Grundschule

Entwicklung und Evaluation des Unterrichtskonzepts ELIF

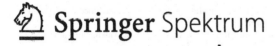

Sandra Strunk
Hildesheim, Deutschland

Julia Wichers
Hildesheim, Deutschland

Von der Universität Hildesheim genehmigte Dissertation, 2020

ISSN 2662-5008   ISSN 2662-5016 (electronic)
Hildesheimer Studien zur Mathematikdidaktik
ISBN 978-3-658-32026-3   ISBN 978-3-658-32027-0 (eBook)
https://doi.org/10.1007/978-3-658-32027-0

Die Deutsche Nationalbibliothek verzeichnet diese Publikation in der Deutschen Nationalbiblio-
grafie; detaillierte bibliografische Daten sind im Internet über http://dnb.d-nb.de abrufbar.

Planung/Lektorat: Marija Kojic
Springer Spektrum ist ein Imprint der eingetragenen Gesellschaft Springer Fachmedien Wiesbaden
GmbH und ist ein Teil von Springer Nature.
Die Anschrift der Gesellschaft ist: Abraham-Lincoln-Str. 46, 65189 Wiesbaden, Germany

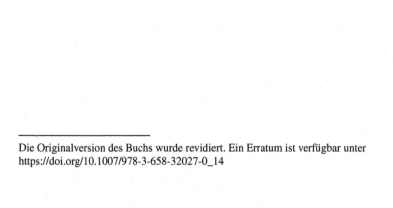

Die Originalversion des Buchs wurde revidiert. Ein Erratum ist verfügbar unter
https://doi.org/10.1007/978-3-658-32027-0_14

Danksagungen

An dieser Stelle möchten wir den Personen danken, die uns während der Erarbeitung unserer Dissertation auf verschiedenste Weise unterstützt haben. Ein besonderer Dank gilt unseren Eltern (Elisabeth und Norbert sowie Claudia und Burkhard), Geschwistern (Ann-Kathrin und Niklas sowie Lukas), Partnern (Marvin und Felix) und Freunden, die uns während dieser Zeit durch liebe Worte, viel Verständnis, ein offenes Ohr und den ein oder anderen Hinweis unterstützt haben.

Wir danken außerdem den Lehrpersonen, die sich bereit erklärt haben, unsere Unterrichtskonzeption durchzuführen und Beobachtungen vorzunehmen. Ganz besonders danken wir in diesem Zuge dem Lehrer B., der die Unterrichtskonzeption mehrfach in seiner Klasse durchgeführt hat und stets für einen Austausch bereit gewesen ist. Wir danken auch unserer studentischen Hilfskraft für jegliche Arbeit und den Schülern der teilnehmenden Klassen, dafür, dass sie sich auf ELIF eingelassen haben.

Danken möchten wir darüber hinaus unseren Gutachtern, unserer Betreuerin Frau Prof. Dr. Barbara Schmidt-Thieme, die zu jeder Zeit zur Verfügung stand, um über Inhalte und ihre Relevanz zu diskutieren und sich dadurch auch Diskussionen zwischen uns beiden ausgesetzt hat sowie Prof. Dr. Torsten Fritzlar, dass er unserem Thema Neugier und Interesse entgegengebracht hat. Auch allen anderen Personen, die uns zu verschiedensten Zeitpunkten immer wieder gute Gedanken mit auf den Weg gegeben haben, möchten wir danken.

Ein besonderer Dank gilt auch unseren Kolleginnen und Kollegen des Instituts für Mathematik und Angewandte Informatik der Universität Hildesheim für den fachlichen Austausch und jegliche Art der Unterstützung.

Zuletzt danke an unser Maskottchen ELIF, welches es uns erlaubt hat, nicht nur wissenschaftlich, sondern ebenso kreativ zu arbeiten und Julias Vater, der ELIF illustriert und somit zum Leben erweckt hat.

Abstrakt

Das Problembasierte Lernen (PBL) ist ein Lehr-Lernansatz, der den aktuellen Forderungen nach einer höheren Anwendungs- und Lernendenorientierung im sekundären und tertiären Bildungsbereich begegnet und sich dort für die Förderung verschiedener fachlicher und überfachlicher Kompetenzen als geeignet herausgestellt hat. Entsprechende Konzepte für den Grundschulmathematikunterricht liegen bisher nicht vor, obwohl das Potenzial von PBL ebenso vielversprechend für diesen erscheint. Diese Arbeit widmet sich daher der Frage, wie PBL für den Mathematikunterricht der Grundschule fruchtbar gemacht werden kann. Mithilfe der Methodologie des Design-Based Research wird ein Unterrichtskonzept theoriebasiert entwickelt, welches die identifizierten und in Merkmalskategorien operationalisierten Kerngedanken von PBL (Offenheit, Eigenaktivität, Kooperation und Kommunikation, Fall als Initiation individueller Lernzielentwicklung) inkorporiert. Das Konzept wird anhand dieser Designmerkmale in sechs iterativen Zyklen im dritten und vierten Schuljahr empirisch evaluiert und darauf aufbauend weiterentwickelt bis das Endkonzept **ELIF** (**E**igenständige **L**ernzielentwicklung und **I**nhaltserschließung am **F**all) entstanden ist, welches die Designmerkmale in zufriedenstellendem Umfang in der Unterrichtspraxis umsetzt. Zusätzlich können Gelingensbedingungen und theoretische kontextabhängige Erkenntnisse exploriert werden, sodass Designprinzipien für Fälle und den Einsatz eines Lerntagebuchs im offenen, realitätsbezogenen Mathematikunterricht generiert werden.

Abstract

Problem-based learning (PBL) is a teaching-learning approach that meets the current demands for a higher application and learner orientation in secondary and tertiary education and has proven to be suitable for the promotion of various subject-specific and generic competences. Correspondent concepts for teaching mathematics on elementary school level have not yet been developed, although the potential of PBL seems just as promising for them. This thesis is therefore devoted to investigate in how far PBL can be made prolific for teaching mathematics at primary schools. Using the methodology of design-based research, a teaching concept is developed based on theory, which incorporates the identified key ideas of PBL (open learning, self-activity, cooperation and communication, a case to initiate the self-directed development of individual learning objectives). These are operationalized in design characteristics, which lead the empirical evaluation and further development of the concept in six iterative cycles in third and fourth grade classes until the end concept **ELIF** has been generated, which implements the design characteristics to a satisfactory extent in teaching practice. In addition, conditions for success and theoretical context-dependent knowledge can be explored, so that design principles for cases and the use of a learning diary in open, reality-related mathematics lessons can be generated.

Anmerkung

Aus Gründen der besseren Lesbarkeit wird im Folgenden das generische Maskulinum verwendet. Weibliche und anderweitige Geschlechteridentitäten werden dabei ausdrücklich einbezogen, soweit es für die Aussage erforderlich ist. Die weibliche Form wird nur dann verwendet, wenn sich explizit ausschließlich auf weibliche Personen bezogen wird.

Inhaltsverzeichnis

Abkürzungsverzeichnis

AFB	Anforderungsbereich
bzw.	beziehungsweise
DBR	Design-Based Research
d. h.	das heißt
etc.	et cetera
ggf.	gegebenenfalls
LP	Lehrperson
o. Ä.	oder Ähnlichem
PBL	Problembasiertes Lernen oder Problem-Based Learning
s.	siehe
SuS	Schülerinnen und Schüler
u. a.	unter anderem
u. v. m.	und vieles mehr
vgl.	vergleiche
z. B.	zum Beispiel

Abbildungsverzeichnis

Tabellenverzeichnis

Einleitung und Erkenntnisinteresse

Eine der wesentlichen Funktionen von Schule ist es

> *„Kindern und Jugendlichen die Kenntnisse, Fertigkeiten, Fähigkeiten und Einstellungen zu vermitteln, die sie für weitere Lernprozesse, für den späteren Eintritt in den Arbeitsprozess und für die allgemeine Lebensbewältigung benötigen"* (Wiater 2012, S. 140).

Daher hat die Lehrperson die Aufgabe, durch die Gestaltung ihres Unterrichts nicht nur die Entwicklung von Fachkompetenz der Schüler, sondern ebenfalls übergreifende, fachunabhängige Fähigkeiten, wie die Eigenständigkeit, Sozialkompetenz und Kritikfähigkeit integrativ als Elemente des Lernens für das Leben im Unterricht zu fördern (vgl. Pehkonen 1989, S. 221). Die zum Aufbau der Fachkompetenz zu behandelnden Inhalte sind weitgehend durch das Kerncurriculum und schulinterne Arbeitspläne vorgegeben, dabei steht aber jede Lehrperson selbst in der Verantwortung, diese für die Schüler aufzubereiten und einen sinnvollen Weg zu finden, diese zu vermitteln. Doch was bedeutet sinnvoll in diesem Zusammenhang? Ein sinnvoller Weg ist zunächst nicht gleichzusetzen mit dem einen Königsweg, da die Existenz eines solchen sich alleine durch die Definition von Unterricht als komplexem Interaktionskonstrukt aus Lehrperson, Inhalt, Schülern und Rahmenbedingungen ausschließt. Sinnvoll kann aber bedeuten, Bezug zu prozessorientierten Kompetenzen zu nehmen, die die Eigenständigkeit, Sozialkompetenz und Kritikfähigkeit fördern und diese in lebensweltlichen Kontexten anzubahnen (vgl. Schupp 2002, S. 31). Daraus ergibt sich die Möglichkeit für die Schüler, die Inhalte individuell in einem für sie relevanten Zusammenhang zu lernen und sie selbst mit Bedeutung füllen zu können.

© Der/die Autor(en), exklusiv lizenziert durch Springer Fachmedien Wiesbaden GmbH, ein Teil von Springer Nature 2020, korrigierte Publikation 2021
S. Strunk und J. Wichers, *Problembasiertes Lernen im Mathematikunterricht der Grundschule*, Hildesheimer Studien zur Mathematikdidaktik, https://doi.org/10.1007/978-3-658-32027-0_1

Dennoch ist es im Schulalltag noch häufig so, dass der Unterricht und im Speziellen der Mathematikunterricht im Vorfeld durch die Lehrperson vollständig vorstrukturiert wird, indem Methoden, Ziele und insbesondere Fragen und deren Lösungen vorbestimmt werden (vgl. Fritzlar 2011, S. 32). Dadurch erhalten die Schüler kaum die Gelegenheit, eigene Fragen an den Inhalt zu stellen und sich diesem entsprechend individueller Interessen und dem jeweiligen Entwicklungs- und Leistungsstand zu nähern. Eine authentische Begegnung mit dem Unterrichts- inhalt wird unterbunden und der Unterricht lediglich auf das Abarbeiten von Fragestellungen der Lehrperson ausgerichtet, sodass kaum die Möglichkeit für die Lernenden besteht, sich in prozessorientierten und überfachlichen Kompeten- zen weiterzubilden und dadurch selbst Verantwortung für ihr eigenes Lernen zu übernehmen (vgl. Rieser et al. 2016, S. 207–209).

Die Notwendigkeit des Lernens von Prozessen und der eigenständigen Aus- einandersetzung mit Inhalten erkannte bereits Ende des 17. Jahrhunderts der Mathematiker Georg Christoph Lichtenberg

„Manche Leute wissen alles so, wie man ein Rätsel weiß,
dessen Auflösung man gelesen hat, oder einem gesagt worden ist,
und das ist die schlechteste Art von Wissenschaft,
die der Mensch sich am wenigsten erwerben sollte;
er sollte vielmehr darauf bedacht sein, sich diejenigen Kenntnisse zu erwerben,
die ihn in den Stand setzen, vieles selbst im Fall der Not zu entdecken,
was andere lesen oder hören müssen,
um es zu wissen." (Lichtenberg 1983, S. 202–203)

Vor allem im Mathematikunterricht ist die Wichtigkeit des verknüpften Ler- nens von Prozessen und Inhalten durch eine authentische Auseinandersetzung mit dem Inhalt hervorzuheben, da dieser sonst Gefahr läuft, sich auf das Auswendiglernen von vorgesetzten Rechenverfahren und deren von Lebenswel- ten abgekoppelter Anwendung zu beschränken. Mögliche Konsequenzen eines solchen überwiegend frontal ausgerichteten Mathematikunterrichts können bei Studienanfängern im Fach Mathematik beobachtet werden, die oft nicht in der Lage sind, komplexere mathematische Inhalte eigenständig zu erarbeiten, Zusam- menhänge zwischen ihnen herzustellen und Alltagsprobleme zu mathematisieren (vgl. Hefendehl-Hebeker 2016, S. 27–28). Es ist wichtig, bereits in der Grund- schule den Grundstein für ein eigenständiges und aktives Erleben und Entdecken von Mathematik zu legen.

Auch die Unterrichtsforschung zeigt mit PISA 2006 und TIMSS, dass das Lernen von isolierten Fakten im Mathematikunterricht nicht zu einer adäqua- ten Vorbereitung auf das Leben führen kann (vgl. Stern 2008, S. 187–189).

Seitdem wird der Mathematikunterricht stetig weiterentwickelt, indem offenere Unterrichtsmethoden eingesetzt werden und mehr Wert auf prozessbezogene Kompetenzen wie Problemlösen und Modellieren gelegt wird, die die Schüler befähigen sollen, die Mathematik individuell sowie alltagsbezogen erfahren und einsetzen zu können.

Ein Konzept, das auf Hochschulebene den zuvor genannten Anforderungen des Lernens für das Leben begegnet, ist das Problembasierte Lernen. Dieses verspricht, einen hohen Anwendungs- sowie Realitätsbezug im Zusammenspiel mit eigenaktivem Arbeiten ohne Vernachlässigung des Erwerbs von Inhalten der Schüler in den Mathematikunterricht integrieren zu können. Da momentan keine entsprechenden Ansätze für die Grundschule existieren, ergibt sich das Forschungsinteresse, ein Unterrichtskonzept für den Mathematikunterricht der Grundschule aufbauend auf PBL zu entwickeln.

Mit dieser Arbeit soll folglich ein Beitrag dazu geleistet werden, den Mathematikunterricht lebensnäher, offener und differenzierter gestalten und damit ein Lernen für das Leben als Verknüpfung fachlicher und überfachlicher Kompetenzen ermöglichen zu können, indem ein neues auf PBL aufbauendes Unterrichtskonzept für den Mathematikunterricht der Grundschule entwickelt wird. Dies geschieht ganzheitlich im Sinne der Methodologie des Design-Based Research, indem die Unterrichtskonzeption eigenständig theoriebasiert entwickelt sowie in der Praxis evaluiert und weiterentwickelt wird. Darauf aufbauend können theoretische Erkenntnisse über den Einsatz von Fällen und Lerntagebüchern im Mathematikunterricht generiert werden. Insgesamt liegt der Forschung folglich eine entwicklungsorientierte Herangehensweise zugrunde, die die Darstellung aller Inhalte bestimmt, sodass sich ausgehend von der übergeordneten Fragestellung eine sukzessive Darlegung und Begründung der aufeinander aufbauenden Forschungsschwerpunkte einschließlich zugehöriger untergeordneter Fragestellungen ergibt. Die Abbildung 1.1 gibt einen Überblick über die Forschung sowie die darin berücksichtigten Themenkomplexe und deren Beziehungen.

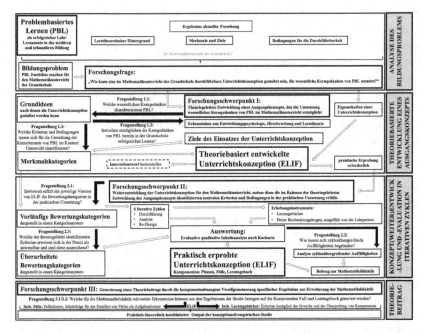

Abbildung 1.1   Überblick über die Inhaltsbereiche und Zusammenhänge der gesamten Forschung

Teil I
Analyse des Bildungsproblems

Problembasiertes Lernen (PBL)

2

Diese Arbeit thematisiert die Entwicklung und Evaluation einer auf dem Problembasierten Lernen aufbauenden Unterrichtskonzeption für den Mathematikunterricht der Grundschule. Da das Erkenntnisinteresse sich aus einer Fortbildung zu PBL ergeben hat, wird dieses im Folgenden ausführlich dargestellt. Das Problembasierte Lernen wird dazu mehrperspektivisch beleuchtet, um ein Verständnis dafür zu entwickeln, wo die Ursprünge von PBL liegen, wie es sich entwickelt hat und wie es in verschiedenen Lehr-Lernsituationen bereits umgesetzt wird. Nur so kann festgestellt werden, inwieweit PBL sich für den Einsatz im Mathematikunterricht der Grundschule eignet, das heißt, welche interessanten Aspekte es diesbezüglich bietet und ob tatsächlich noch kein Ansatz existiert, welcher bereits eine adäquate Umsetzung gewährleistet.

Zunächst wird ein historischer Blick auf PBL geworfen und damit die Entstehung im hochschuldidaktischen, insbesondere medizinischen Kontext betrachtet. Die ursprünglichen Ziele von PBL rücken dabei in den Vordergrund. Anschließend wird der Aufbau des Konzepts PBL konkret in den Blick genommen. Dies dient dem Verständnis, wie Lehren und vor allem Lernen innerhalb eines mit PBL gestalteten Unterrichts in der Regel organisatorisch umgesetzt wird. Dabei wird Bezug auf zwei verschiedene Konzepte genommen, wobei eines klar auf den Unterricht an Hochschulen und das andere eher allgemein, also ebenfalls auf den Unterricht an Schulen, ausgerichtet ist. Darauf aufbauend wird ein Überblick über die Vielseitigkeit von PBL gegeben, sodass einerseits die unspezifische Verwendung dieses Begriffs zur Beschreibung verschiedenster Lehr-Lernansätze deutlich wird und andererseits bereits einige grundlegende Komponenten von PBL in den Vordergrund treten, um einen Konsens für diese Arbeit bezüglich des Begriffs zu entwickeln. Im Zuge dessen wird die Rolle der Probleme näher beleuchtet und somit deren Kernfunktion innerhalb des Problembasierten Lernens herausgestellt.

Zusammenfassend wird das Problembasierte Lernen dann unter Betrachtung der zugrundeliegenden lerntheoretischen Hintergründe anhand seiner wichtigsten Merkmale und Ziele charakterisiert, um anschließend einen Blick auf den aktuellen Stand der Forschung zu werfen. Dabei werden verschiedene Bereiche näher betrachtet, in denen PBL vermehrt eingesetzt und überprüft worden ist. Es wird von PBL in der Medizin ausgegangen, da es in dieser Disziplin am besten erforscht ist. Der Bogen zu aktuellen Studien über PBL in der Schule und deren Ergebnisse wird über PBL in verschiedenen Berufsdisziplinen geschlagen. Betrachtet werden Ergebnisse hinsichtlich der Entwicklung oder Verbesserung fachlicher, überfachlicher Kompetenzen sowie affektiver Komponenten des menschlichen Verhaltens durch PBL, da diese im Zentrum der Forschung von PBL stehen und darüber hinaus Anknüpfungspunkte für das Lernen von Mathematik im schulischen Kontext bieten. Aus den dargestellten Studien ergibt sich außerdem die Forschungslücke, in der das beschriebene Erkenntnisinteresse, unter welchen Gelingensbedingungen PBL im Mathematikunterricht der Grundschule umsetzbar ist, greift.

Insgesamt ergibt sich ein klares Bild von PBL als historisch gewachsenem, vielseitig einsetzbarem, didaktisch fundierten Lehr-Lernansatz, der anhand seiner Merkmale und Ziele als ‚State of the Art' des Lernens bezeichnet werden und somit den Grundstein für eine zeitgemäße Unterrichtskonzeption für den Mathematikunterricht in der Grundschule bilden kann. Daraus resultiert die in Abbildung 2.1 aufgeführte Forschungsfrage.

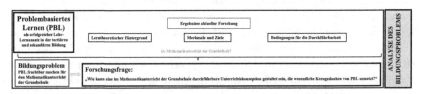

Abbildung 2.1 Überblick über die Inhaltsbereiche der Analyse des Bildungsproblems

2.1   PBL als aus der Medizin stammender Lehransatz

PBL wurde erstmals im Jahr 1969 an der medizinischen Fakultät der McMaster-Universität in Kanada als Lehransatz eingeführt. Es stellte eine wichtige didaktische Innovation in der medizinischen Ausbildung dar, da durch PBL die notwendige Umsetzung einer praxisrelevanten, handlungs- und kompetenzorientierten Ausbildung gewährleistet werden sollte (vgl. Weber 2007a, S. 15). Die Realisierung des PBL-Curriculums zielte darauf ab, dass die Studierenden durch den Einsatz realer Problemstellungen, in diesem Fall also zumeist Krankheitsbildern von Patienten, interdisziplinäres Wissen eigenständig erarbeiteten und vor allem auch anwendeten. Damit sollten die Lernenden auf die Anforderungen einer echten klinischen Diagnose, nämlich das deduktive Schlussfolgern und das Kombinieren domänenübergreifenden Expertenwissens, vorbereitet werden (vgl. Savery 2006, S. 10).

Ausgehend vom Beispiel der McMaster-Universität implementierten andere medizinische Fakultäten in Nordamerika und Europa während der 1980er und 1990er Jahre PBL, sodass es heute als Lehr-Lernansatz in den meisten gesundheitsfachberuflichen Ausbildungen auf der ganzen Welt Einzug gefunden hat (vgl. Savery 2006, S. 15–16). In der Hochschullehre verbreitete sich PBL in den 90er Jahren des zwanzigsten Jahrhunderts auch in anderen Studienfächern, wie beispielsweise den Ingenieurs- und Wirtschaftswissenschaften, der Lehrerbildung und den Jurastudiengängen. Seit Anfang der 90er Jahre wird PBL auch immer wieder vereinzelt in den verschiedenen Schulstufen, insbesondere im naturwissenschaftlichen praxisbezogenen Unterricht, eingesetzt. Durch diesen vielseitigen Einsatz von PBL in den unterschiedlichsten Disziplinen mit Adressaten verschiedenen Alters haben sich allerdings ebenso Fehlauffassungen und Anwendungen von PBL herausgebildet, die vielmehr nur das Label PBL führen, aber in ihren Zielen und im ursprünglichen Gedanken nicht mehr damit gleichzusetzen sind (vgl. Savery 2006, S. 11; Weber 2007a, S. 16).

Nach Barrows können in der medizinischen Bildung durch den Einsatz von PBL verschiedene Ziele erreicht werden. Die vier wichtigsten Ziele, die außerdem PBL als geeigneter als andere Lehr-Lernmethoden für das Lehren an medizinischen Fakultäten ausweisen, sind:

1. Structuring of knowledge for use in clinical contexts *(Wissenserwerb und Anwendung mit Bezug zum späteren Beruf)*
2. The developing of an effective clinical reasoning *(Wissen mit Problemlösen in den Aktivitäten Hypothesenbildung, Forschen und Recherchieren, Datenanalyse, Problemdarstellung und Treffen von Entscheidungen verknüpfen)*
3. The development of effective self-directed learning skills *(Entwicklung von Selbststeuerungs- und Selbsteinschätzungsfähigkeiten in Bezug auf das eigene Lernen)*
4. Increased motivation for learning *(Motivierung anhand relevanter Probleme)* (vgl. Barrows 1986, S. 481–482)

An dieser Stelle zeigt sich bereits, dass PBL einen integrativen Ansatz darstellt, der nicht nur das Erlernen von Inhalten, sondern ebenfalls von investigativen, selbstgesteuerten Prozessen fokussiert. Diese erscheinen ebenfalls im Sinne der Entwicklung prozessbezogener Kompetenzen wie Modellieren und Problemlösen und eines ganzheitlichen Bildungsbeitrags vielversprechend für den Mathematikunterricht.

Zu welchem Grad die oben genannten Ziele erreicht werden können, ist abhängig davon, wie PBL konkret umgesetzt wird.

2.2 Der Siebensprung als konkreter Ablauf von PBL

Es existieren verschiedene Varianten des Modells PBL. Das ursprüngliche Modell wurde an der McMaster Universität im Bereich des Medizinstudiums ein- und durchgeführt und fokussiert die von Barrows dargestellten Ziele. Gleichzeitig entstanden andere oder daran orientierte veränderte Modelle, die sich jedoch zumeist ebenfalls in sieben Schritte der Durchführung gliedern und dieselben Kerngedanken aufweisen (vgl. z. B. Gräsel 1997, S. 19; Schmidt 1983, S. 13; Walsh 2005, S. 5–6; Weber 2007b, S. 24–25; Zumbach 2003, S. 22).

Im Folgenden wird aus diesem Grund einerseits das McMaster- Modell für PBL in der Medizin nach Walsh 2005 vorgestellt und andererseits ein Blick auf ein bereits eher am Schulunterricht orientiertes Modell von Agnes Weber aus dem Jahr 2007 geworfen (s. Tabelle 2.1). Beide Modelle weisen eine unterschiedliche Strukturierung auf, die aber in den Kerngedanken übereinstimmt und sich in beiden Fällen aus sieben Schritten zusammensetzt, wobei Agnes Weber zusätzliche übergeordnete Phasen benennt.

Während im McMaster-Modell im ersten Schritt (1. Identify the problem) bereits nach dem Lesen des Problemtextes das Problem, unter Berücksichtigung mehrdimensionaler Betrachtung der darin enthaltenen Bedingungen, identifiziert werden soll (vgl. Walsh 2005, S. 4), teilt Weber diesen zentralen ersten Schritt in mehrere Unterstufen ein. Für sie besteht die erste Problemanalyse (I.) zunächst darin, unbekannte Begriff zu klären (1. Begriffe klären) und dadurch eine gemeinsame Sprache zu finden, in der über das Problem kommuniziert werden kann. Weiterhin differenziert sie die Identifikation des Problems (2. Problem bestimmen) in das Finden von drei bis fünf zentralen Teilproblemen oder Kernthemen, die im Problem angesprochen werden, was die anschließende Hypothesenbildung erleichtern soll. Erst dann wird das Problem analysiert (3. Problem analysieren), indem unter der Fragestellung „Was denkst du?", vorläufige Erklärungen, Hypothesen und begründete Ideen gesammelt werden, sodass das individuelle

Tabelle 2.1   Der Siebensprung (selbst erstellt in Anlehnung an Walsh 2005, S. 5–6; Weber 2007b, S. 24–25)

McMaster- Modell	Modell nach Agnes Weber
1. Indentify the problem	**I. Erste Problemanalyse (Vorwissen)**
	1. Begriffe klären
	2. Problem bestimmen
2. Explore pre-existing knowledge	3. Problem analysieren
3. Generate hypotheses and possible mechanism	4. Erklärungen ordnen
4. Identify learning issues	5. Lernfragen formulieren
5. Self study	**II. Selbststudium/Wissensaneignung (Neues Wissen)**
	6. Informationen beschaffen
	III. Lerngruppe/Vertiefte Problemanalyse (Neues Wissen)
6. Re-evaluation and application of new knowledge to the problem	7. Informationen austauschen
7. Assessment and reflection on learning	**IV. Evaluation**

Vorwissen aktiviert sowie die Bildung von Assoziationen unterstützt wird (vgl. Weber 2007b, S. 24).

Dieser Schritt wird im McMaster-Modell unter dem zweiten Punkt (2. Explore pre-existing knowledge) aufgegriffen. Es geht darum, über das eigene Vorwissen nachzudenken, Verständnisfragen dazu zu klären und mithilfe der Leitung durch einen Tutor, das in Bezug auf das Problem relevante Vorwissen zu strukturieren. Darauf aufbauend sollen im nächsten Schritt (3. Generate hypotheses and possible mechanism) Schlüsselelemente des Problems durch das Aufstellen von Hypothesen näher verstanden werden. Gleichzeitig dienen diese Hypothesen dazu, bereits Ideen für mögliche Lernziele zu entwickeln. Auch hier hat der Tutor die Aufgabe, in der Gruppe darauf zu achten, dass die formulierten Hypothesen zu den mit dem Problem intendierten Lernzielen in Beziehung stehen (vgl. Walsh 2005, S. 4–5).

Dies bedeutet, dass im McMaster-Modell die ersten drei Phasen komplett in der Gruppe unter der Leitung eines Tutors ablaufen, während in der Interpretation von PBL durch Weber gerade das Aufstellen der Hypothesen zunächst als ein individueller Prozess jedes Lernenden stattfinden sollte (vgl. Weber 2007b, S. 25). Erst zur Zusammenführung und Strukturierung der Hypothesen (4. Erklärungen ordnen) tauscht sich die Gruppe unter der Fragestellung „Was denken wir gemeinsam?" wieder aus. Damit wird ein effektives Konzept des Brainstormings

umgesetzt, da dieses nachgewiesen mehr Ergebnisse liefert, wenn zunächst jeder
für sich nachdenkt (vgl. ebd., S. 24).

Von der Rolle des Tutors spricht Weber in der Definition ihres Siebensprungs
nicht, sodass davon ausgegangen werden kann, dass diese Rolle abgekoppelt von
den Phasen in Abhängigkeit von der Lerngruppe und mit dem durch den Einsatz von PBL verfolgtem Ziel definiert werden kann. Die Gruppe ordnet also
entweder eigenständig oder unter Leitung eines Tutors ihre Ideen, einigt sich
in einer Diskussion auf die wichtigsten und strukturiert oder kategorisiert diese.
Gegebenenfalls werden sie durch weitere oder übergeordnete Ideen ergänzt. Die
restlichen Ideen werden aussortiert. Dadurch entstehen vorläufige Antworten auf
die zentralen Problemaspekte, die in der Gruppe gefunden wurden. Aufbauend
auf diese vorläufigen Antworten werden in der Gruppe Lernfragen formuliert (5.
Lernfragen formulieren), die das Vorwissen der Lernenden übersteigen und in
Abhängigkeit zu den gezielt reduzierten Informationen, die das Problem beinhaltet, stehen. Diese drei bis fünf Fragen bilden also die Teile der Problemaspekte
ab, die die Gruppe noch nicht vollständig selbst beantworten kann. Dies bildet
den Abschluss der ersten durch Weber genannten Phase der Problemanalyse (vgl.
ebd., S. 24).

Im McMaster-Modell werden ebenfalls in Gruppen Fragen zu den Problemaspekten formuliert, die von den Lernenden nicht ausschließlich durch ihr
Vorwissen beantwortet werden können. Diese Fragen bilden dadurch die von den
Lernenden gesetzten Lernziele ab (4. Identify learning issues). Dabei wird darauf
geachtet, dass diese Fragen nach Bearbeitung ein Verständnis der wichtigsten im
Problem enthaltenen Konzepte ermöglichen können. Die Lernenden müssen an
diesem Punkt Gruppenlernziele und individuelle Lernziele differenzieren, damit
jedem Einzelnen deutlich wird, mit welchen Informationen er sich zur Lösung
des Problems beschäftigen muss (vgl. Walsh 2005, S. 5). Die Schritte werden
zwar im McMaster-Modell unabhängig voneinander definiert, durch die dazugehörigen Beschreibungen wird jedoch klar, dass auch hier alle Handlungen bis
einschließlich Schritt 4 darauf ausgerichtet sind, das gegebene Problem näher zu
verstehen und immer einen Rückbezug zu diesem fordern. Somit entsprechen sie
den einzelnen Schritten der ersten Problemanalyse nach Weber in ihren Zielen.

Es folgt in beiden Modellen die Phase des Selbststudiums (II.) (5. Self study),
die Weber mit Informationsbeschaffung (6. Informationen beschaffen) gleich-
setzt. Unter der Fragestellung „Welche Antworten erhalte ich?", sollte sich jedes
Gruppenmitglied einen Überblick über das zu den gemeinsam gebildeten Fragen vorhandene Material verschaffen, passendes auswählen, es studieren und sich
damit näher auseinandersetzen, um sich objektives Wissen zum Thema anzueignen (vgl. Weber 2007b, S. 24). Demgegenüber verlangt das McMaster-Modell

von den Studierenden, dass diese aus ihrer Komfortzone heraustreten und sich insbesondere bezüglich ihrer größten Wissenslücken Informationen verschaffen. Es ist nicht vorgegeben, ob die Studierenden trotzdem arbeitsgleich alle Fragen beantworten sollen und den Schwerpunkt dabei auf ihre eigenen Wissenslücken legen oder ob auch arbeitsteilig gearbeitet werden kann. Nach einer vorgegebenen Zeit trifft sich die gesamte Gruppe erneut mit dem Tutor (vgl. Walsh 2005, S. 5–6).

Im Anschluss an das Selbststudium schlägt Weber ebenfalls ein erneutes Treffen in der Gruppe vor (7. Informationen austauschen). Sie fasst diesen Punkt als Teil der vertieften Problemanalyse (III.) auf. Unter den Fragestellungen „Was ist neu? Was hat sich geändert?", treten die Gruppenmitglieder in einen Austausch über ihre Ergebnisse zu den Lernfragen. Sie stellen ihre Erkenntnisse in eigenen Worten dar. Dabei nehmen sie Bezug auf die von ihnen genutzten Quellen und diskutieren ihre Antworten mit Blick auf das Verständnis des Problems. In dieser Phase sollte ein volles Verständnis des Problems erreicht werden, sodass die gemeinsamen Ergebnisse und Antworten dokumentiert werden können. Das neu erworbene Wissen wird also von der Gruppe festgehalten (vgl. Weber 2007b, S. 24). Im McMaster-Modell wird dieser Teil als zusätzliche Gruppenphase gedacht (6. Re-evaluation and application of new knowledge to the problem), in der ein Rückbezug zum Ausgangsproblem stattfindet und jeder einen Vortrag hält. Die Studierenden stellen sich untereinander Fragen und durch die Fragen des Tutors werden Bezüge zu anderen Kontexten hergestellt (vgl. Walsh 2005, S. 6).

Daran schließt sich im McMaster-Modell eine Reflexion des Lernprozesses an, in der die Gruppe zunächst über Peerfeedback und anschließend zusammen mit dem Tutor darüber ins Gespräch kommt, was erreicht wurde und wie die Gruppe zusammengearbeitet hat. Es wird gemeinsam ein Blick auf zukünftige Aufgabenstellungen geworfen und eruiert, welche möglichen Lernquellen und -strategien immer wieder hilfreich im Lernprozess und bei der Bearbeitung von Fragen sein können. Somit werden nicht nur die Inhalte, sondern vor allem auch das Lernverhalten evaluiert, sodass es für zukünftige Situationen angepasst werden kann (vgl. ebd., S. 7). Weber spricht nur im Allgemeinen von einer möglichen Evaluation (IV.), die im Anschluss an den Informationsaustausch stattfinden kann, beschreibt diese aber nicht näher (vgl. Weber 2007b, S. 24).

Die Variante von Weber gibt für die im Plenum stattfindenden Phasen einen konkreten zeitlichen Rahmen vor, sodass alle Phasen bis zum Selbststudium in einer 45-minütigen Schulstunde durchlaufen werden können. Für das Selbststudium sieht sie dann bis zu zwei Tage vor. Der Informationsaustausch nimmt wiederum eine Schulstunde ein und kann um eine viertelstündige Evaluation ergänzt werden (vgl. Weber 2007b, S. 24–25). Das McMaster-Modell liefert keine Zeitangaben, sondern gibt lediglich die Schritte an sich vor, sodass die Lehrenden das Modell entsprechend der dafür vorgesehen Kurszeiten anwenden können. Der Siebensprung suggeriert die Integration individueller sowie kooperativer Lernphasen innerhalb der Umsetzung von PBL. Dies stellt ebenfalls einen interessanten Ansatz für den Mathematikunterricht der Grundschule dar, da so prozessbezogene Kompetenzen wie das Kommunizieren und Argumentieren natürlich in den Unterricht integriert und zu einem festen Bestandteil werden können.

Trotz der sich in verschiedenen Quellen findenden zumeist in ähnlichen sieben Schritten dargestellten Abläufe von PBL (vgl. z. B. Gräsel 1997, S. 19; Schmidt 1983, S. 13; Zumbach 2003, S. 22), wird der Name PBL genutzt, um verschiedene Lernaktivitäten zu beschreiben. Deshalb ist dieser Lehr-Lernansatz auch schwer fassbar (vgl. z. B. Barrows 1986, S. 481; Maudsley 1999, S. 179; Zumbach 2003, S. 96). PBL bietet in seinem Ablauf und insbesondere in der inhaltlichen Ausgestaltung eine Vielzahl an Stellschrauben, die die jeweilige Ausrichtung bestimmen können.

2.3   PBL als variables Konzept

Charlin, Mann und Hansen führen zehn in wechselseitiger Beziehung stehende Dimensionen von PBL auf. Jede davon ist als ein Kontinuum zu verstehen und zeigt Variationsmöglichkeiten für die Umsetzung von PBL auf. Abhängig von der jeweiligen Schwerpunktsetzung wird PBL unterschiedlich, zum Beispiel als Lehr-Lernansatz, Lehrkonzeption oder Lernumgebung bezeichnet. Zumeist wird die Bezeichnung aus den Originalquellen übernommen, sodass an dieser Stelle nicht näher auf eine Begriffsbestimmung eingegangen wird.

1. **Problem selection** (Auswahl des Problems). Das Problem kann von den für das Curriculum verantwortlichen Lehrenden auf der Basis, was sie als wichtig und lernenswert für die Lernenden ansehen, ausgewählt werden. Sie können eine Auswahl aus von den Lernenden vorgeschlagenen Problemen treffen oder diese dürfen selbst frei nach Interesse oder persönlicher Betroffenheit entscheiden, welche Probleme behandelt werden, oder eigenständig Probleme entwickeln. Dieser Punkt hängt eng mit der Konzeptionierung von PBL als curriculumsübergreifendem oder punktuell eingesetztem Lehr-Lernansatz zusammen.

2. **Problem purpose** (Zweck des Einsatzes des Problems). Das Problem kann beispielsweise eingesetzt werden, um die Lernenden dazu zu bringen, sich mit einem vorher festgelegten Wissensgebiet zu beschäftigen oder um das Wissen aus einem solchen zu sichern. Es kann darauf ausgelegt sein, den Lernenden bestimmte, insbesondere fachspezifische Techniken, Konzepte und Ideen näher zu bringen. Weiterhin kann es die Lernenden auf bestimmte Teile des Lerngegenstandes stoßen. Es kann dazu dienen, die persönliche Relevanz in einem Thema entdecken zu lassen oder intrinsisches Interesse am Thema zu wecken und dabei ein Stereotyp eines Problems für das entsprechende Berufs- oder Anwendungsfeld abzubilden.

3. **Nature of educational objectives and control over their selection** (Kontrolle über die Auswahl der Lernziele). In PBL können Ziele auf verschiedenen Ebenen existieren, auf denen wiederum eine unterschiedliche Partizipation der Lernenden ermöglicht werden kann. Die Ziele eines Curriculums werden zumeist von der zuständigen Fakultät oder Arbeitsgemeinschaft festgelegt und bieten daher kaum Chancen für die Partizipation der Lernenden bezüglich der Entscheidung über die Lernziele. Auf der Ebene einer Lehrveranstaltung kann dies einfacher umgesetzt werden. Es können beispielsweise allgemeine Ziele vorgegeben werden, deren Bearbeitungsreihenfolge und spezielle inhaltliche Ausrichtung dann den Lernenden überlassen wird. Die Zielsetzung kann aber auch vollständig den Lernenden überlassen werden oder es werden Ziele am Ende der Bearbeitung eines Problems bereitgestellt, die anschließend mit den durch die Lernenden formulierten Zielen abgeglichen werden. Abhängig davon, auf welcher Ebene Entscheidungen getroffen werden und wer diese Entscheidungen trifft, hat dies stets eine Auswirkung auf die Wahl des Problems.

    Weiterhin ist zu beachten, dass zumeist inhaltliche und überfachliche, prozessbezogene Ziele gleichzeitig mit PBL intendiert werden. Die Gewichtung dieser hat einen Einfluss auf die methodische Umsetzung von PBL und insbesondere auch auf die zugelassene Selbststeuerung der Lernenden in ihrem eigenen Lernprozess und damit auch auf ihre Partizipation an Entscheidungen bezüglich dieser Ziele.

4. **Nature off task** (Eigenschaften des Problems). Das Problem an sich kann, bezogen auf die Medizin, beispielsweise darauf abzielen, Phänomene zu erklären, eine Diagnose zu stellen, Untersuchungen oder Behandlungen zu planen. Es sollte immer eine durch Verständnis des Problems gewährleistete Klarheit bezüglich der Ziele für die Lernenden herrschen, sodass diese wissen, welche Überlegungen sie zur Erreichung dieser anstellen und welche

Handlungen sie dazu ausführen müssen. Mit einzubeziehen ist hier das Vorwissen der Lernenden, denn dieses entscheidet darüber, ob ein Problem als dieses wahrgenommen wird oder eben nicht. Dies kann also auch als Stellschraube für die Konstruktion eines Problems und damit für PBL gesehen werden.

5. **Presentation of problem** (Präsentation des Problems). Probleme können den Lernenden auf unterschiedliche Weise präsentiert werden. Sie können einerseits in verschiedenen Textformen, wie zum Beispiel einer Reihe an Fragen, einer beschreibenden Aussage oder einer These, einer Beschreibung eines Ereignisses oder Vorgangs etc. gestaltet und an die Lernenden ausgehändigt werden. Andererseits können insbesondere in der Medizin Fälle auch realitätsnäher in der Form eines Simulationspatienten präsentiert werden oder der tatsächlichen Realität entspringen, also durch einen echten Patienten dargestellt werden. In einem durch Papierform präsentierten Problem fällt es oft leichter, den Fokus auf die Aktivierung vorhandenen Wissens und die Identifikation von Bereichen zu lenken, in denen weitere Informationen zum Verständnis und zur Lösung des Problems benötigt werden, als bei der Behandlung realer Fälle. Dabei rücken eher die praktische Anwendung von Wissen und das angestrebte kompetente Verhalten in der Berufspraxis in den Vordergrund, indem der Patient insbesondere bei Entscheidungen als Partner inkludiert und gemeinsam zielgerichtet auf die Lösung des Problems hingearbeitet wird.

6. **Format of problem** (Aufbereitung des Problems). Die Probleme können je nach Zweck, welchen sie erfüllen sollen, unterschiedlich aufbereitet sein. Es kann wenige, komplexe Probleme geben, an denen Inhalte erarbeitet werden oder mehrere, kurze Probleme, um viele verschiedene Beispiele zu liefern und so die Problemlösefähigkeiten der Lernenden zu verbessern. Die Aufbereitung des Problems ist außerdem abhängig von der Art der Informationen, die durch sie gewonnen werden soll. So sind in der Medizin im vorklinischen Bereich eher Informationen aus Lehrbüchern und Journalen gefragt, während für Probleme im klinischen Teil der Ausbildung zumeist praktische Lösungen mithilfe von Expertenwissen gefunden werden sollen. Die Planung der Lernzeit spielt bei der Entscheidung für oder gegen eine bestimmte Aufbereitung eines Problems ebenfalls eine Rolle.

7. **Process followed** (Methodische Struktur von PBL). Die Probleme bei PBL können entweder individuell oder in Gruppen mit oder ohne Tutor bearbeitet werden. Zumeist werden das individuelle Arbeiten und das Arbeiten in Gruppen kombiniert, sodass selbstgesteuertes Lernen in Form des Recherchierens von Informationen sowie die Elaboration dieser durch den Austausch und die Diskussion in Gruppen während des Lernprozesses stattfinden.

8. **Resources** (verwendete Informationsquellen). Je nach Grad der gewünsch-
   ten Selbststeuerung können explizite Informationsquellen vom Lehrenden für
   alle Lernenden direkt zur Verfügung gestellt, eine Auswahl an verschiedenen Informationsquellen vom Lehrenden getroffen und für die Lernenden
   zur Verwendung bei Bedarf ausgelegt oder von den Lernenden eigenständig identifiziert und frei ausgewählt werden. Zusätzlich kann in der Art der
   erlaubten Quellen variiert werden. Man kann den Lernenden eine Quellen-
   art vorgeben, die sie nutzen müssen, wie zum Beispiel Sachbücher oder man
   lässt sie die Quellen ihrem Lerntyp entsprechend selbst auswählen. Misch-
   formen dieser beiden Extreme sind ebenfalls denkbar. Die Wahl der Quellen
   und die dazu gesetzten Vorgaben gehen einher mit dem Ziel, welches mit
   PBL verfolgt wird. Je nachdem, ob die Lernenden hauptsächlich inhaltliches Wissen erwerben, Lernstrategien ausprobieren oder die Selbstständigkeit
   und Selbststeuerung weiterentwickeln sollen, können mehr oder weniger Vorgaben bezüglich der Identifikation und Nutzung von Informationsquellen
   gemacht werden.

9. **Role of tutor** (Rolle des Lehrenden). Die Rolle des Lehrenden ist in durch
   PBL gestalteten Lernsettings eher begleitend als leitend zu sehen. Die Lernenden sollten in ihrem Prozess des Aktivierens, Identifizierens, Zugreifens
   auf, Analysierens und Anwendens von Informationen unterstützt werden.
   Dabei sollte der Lehrende sie zusätzlich hinsichtlich des Entwickelns von
   Schlussfolgerungen, Argumentationen sowie des Erfassens von Wissensstrukturen unterstützen. Auch hier kann der Lehrende nur auf methodisch-
   strategischer Ebene unterstützend wirken oder auch auf inhaltlicher Ebene
   als Experte agieren.

10. **Demonstration of learning** (Leistungserbringung und -überprüfung). In die-
    sem Punkt ist es wichtig, eine geeignete Art der Leistungsdemonstration
    und -überprüfung zu finden, welche zur vorherigen Gestaltung des Ler-
    nens durch PBL passt. Weiterhin sollte klar sein, inwieweit individuell oder
    gruppenbezogen bewertet wird (vgl. Charlin et al. 1998, S. 325–329).

Als übergeordnete Dimensionen sind außerdem die Vorerfahrung der Lernenden
mit der Methode PBL und ihr individuelles Vorwissen inhaltlicher sowie metakognitiver Art aufzuführen, da diese bestimmen, inwiefern die Selbststeuerung im
gesamten Lernprozess überhaupt umgesetzt werden kann (vgl. Charlin et al. 1998,
S. 325–329; Maudsley 1999, S. 184).

   Einhergehend mit der durch die verschiedenen Variationsmöglichkeiten
bedingten vielseitigen Einsetzbarkeit von PBL ergibt sich die Schwierigkeit,

Abgrenzungen dahingehend vorzunehmen, was PBL alles nicht ist oder leisten kann. So sollte PBL nicht verwechselt werden mit dem reinen Lehren
von Problemlösen. In Bezug auf den Mathematikunterricht können darunter
die Ansätze des Lernens über sowie des Lernens für Problemlösen im Sinne
des Trainierens eines festgelegten Vorgehens beim Lösen des Problems, der
Entwicklung allgemeiner heuristischer Strategien sowie der Anwendung bereits
vollständig erarbeiteter Kenntnisse auf weiterführende Fragestellungen verstanden
werden. „Bei beiden […] Ansätzen ist problematisch, dass Problemlösen eher als
zusätzlicher Unterrichtsinhalt gesehen wird, der weitgehend unabhängig ist von
der Entwicklung mathematischer Ideen und eines angemessenen Verständnisses
mathematischer Konzepte" (Fritzlar 2011, S. 33). Der Fokus des Einsatzes von
PBL liegt in den meisten Fällen auf dem Erlernen von Inhalten mithilfe eines
Problems oder ist zwar multidisziplinär und überfachlich angelegt, dabei aber
ebenfalls auf das Erlernen von adäquaten Inhalten ausgerichtet. So entspricht es
eher dem für den Mathematikunterricht als geeignet erscheinenden Ansatz des
Lernens durch Problemlösens, in welchem mathematische Problemstellungen

> „Ausgangspunkte und integrale Bestandteile von Lernprozessen [sind]. In der Aus-
> einandersetzung mit subjektiv neuartigen und intellektuell herausfordernden mathe-
> matischen Problemen erhalten die Lernenden Gelegenheit, angemessene Vorstellun-
> gen, neues Wissen, mögliche Vorgehensweisen etc. möglichst selbstständig auf der
> Grundlage bereits vorhandener Erfahrungen zu entwickeln und in der Lerngruppe
> auszubauen" (Fritzlar 2011, S. 33).

Die Probleme, im Mathematikunterricht im Besonderen aber ebenso in Bezug auf
PBL im Allgemeinen, sollten folglich die Antizipation, Anwendung und Evaluation nicht bekannter Lösungsschritte fordern (vgl. Kek & Huijser 2017, S. 17).
In der englischen Sprache werden solche Probleme als ill-structured bezeichnet.
Sie enthalten nicht bekannte Elemente, besitzen verschiedene Lösungen oder auch
keine Lösung und eröffnen mehrere Lösungswege (vgl. Jonassen 2000, S. 67). So
können sie verstanden werden als

> „a set of circumstances in a particular setting which is new to the student, where the
> use of pattern recognition alone is insufficient, but where specific items of knowledge
> and understanding have to be applied in a logical analytical process in order to identify
> the factors involved and their interaction" (Walton & Matthews 1989, S. 543).

In diesem Verständnis wird zudem deutlich, dass PBL das Problemlösen über-
schreitet. Meint Problemlösen den Einsatz verschiedener heuristischer Strategien,

um individuell als schwierig erlebte Herausforderungen und Aufgaben zu bewältigen oder zu lösen (vgl. Bruder & Collet 2011, S. 14), ist PBL vielmehr ein Lehr-Lernansatz, der zwar den Einsatz heuristischer Strategien beinhalten kann, aber darüber hinaus einen konkreten Rahmen für eine Lernsituation gibt, in der es um die eigenständige Aneignung von Wissen und Fertigkeiten geht. Beiden gemeinsam ist zwar das Ziel, transferierbares Wissen zu erwerben, welches sich aber gerade beim Problemlösen zumeist ausschließlich in den heuristischen Strategien äußert, die durchaus auch fachspezifisch sein können. Innerhalb von PBL wird das zu erwerbende transferierbare Wissen hingegen globaler als Lernen überfachlicher Kompetenzen für das Leben verstanden (vgl. Maudsley 1999, S. 182; Kek & Huijser 2017, S. 15–16). PBL dient demnach den Lernenden dazu, nachhaltiges ökonomisches Lernen zu lernen (vgl. Weber 2007b, S. 21). Trotzdem soll ein inhaltlicher Wissenserwerb stattfinden. Dieser wird aber implizit durch das Arbeiten mit der Lernsituation erreicht.

> „The key principle of problem-based learning (PBL) is that the problem is encountered first by the students, and the learning that takes place is in response to the students' attempts in resolving the problem. [...] The learning resulting from resolution of the problem is often more important than the solution" (Peterson & Treagust 1998, S. 217).

Der Fokus des Lernens liegt damit ganz nach der Philosophie Konfuzius' *„Tell me and I will forget; show me and I may remember; involve me and I will understand."* (Hmelo-Silver et al. 2007, S. 105, Hervorhebungen im Original) auf dem Verständnis der durch die Lernenden eigenständig erarbeiteten Inhalte und nicht auf der Weitergabe und Rezeption von Informationen (vgl. Kemp 2011, S. 49). Barrows hat essenzielle Merkmale von PBL festgehalten, die diesen Fokus und damit das Erreichen der von ihm festgelegten Ziele (s. Abschnitt 2.1) garantieren sollen und somit für den heutigen Einsatz von PBL in verschiedenen Bereichen, nicht nur im Medizinstudium, relevant sind.

2.4   Definition von PBL anhand allgemeiner Merkmale und Ziele

Folgende Merkmale bezüglich der verwendeten Probleme sowie der methodischen Umsetzung sollte PBL laut Barrows aufweisen.

Authenticity: Die Probleme sollten auf das spätere berufliche Handeln vorbereiten und aus diesem Grund genau aus diesem Feld stammen. Der Lernprozess sollte in etwa dem Prozess gleichen, den ein Experte auf seinem Fachgebiet auch in seiner späteren Berufspraxis durchlaufen muss, wenn er vor einem Problem steht.

Problems should present as they do in the real world and permit free inquiry by learners: Die im Problem enthaltenen Informationen sollten soweit reduziert sein, dass sie denen entsprechen, die auch im realen Leben zur Verfügung stünden. Es sollten außerdem keine Reglementierungen und Hinweise bezüglich des Rechercheprozesses gegeben werden, sodass die Lernenden die fehlenden Informationen, um aus dem Problem einen ihnen klaren Fall rekonstruieren zu können, auf den sie dann reagieren können, in eigener Verantwortung finden müssen.

Problem-solving skill development: Ein begründeter und nachvollziehbarer Problemlöseprozess sollte stattfinden, der zu einer effektiven Lösung führt.

Student-centered: Jeder Lernende sollte die Möglichkeit haben, an sein Vorwissen anzuknüpfen und darauf aufbauend die individuellen Wissenslücken in Bezug auf das Problem aufzudecken, sodass dann gezielt Informationen gesammelt werden können. Dies erhöht das Erinnerungsvermögen und das Verständnis neuen Wissens.

Self-directed learning skill development: Die Lernenden entwickeln durch Phasen des Selbststudiums und die Betreuung eines Tutors die Fähigkeit, sich eigenverantwortlich fortzubilden.

Integrated knowledge: Die Lerner vereinen das Wissen aus allen verschiedenen Gebieten, die mit dem Problem in Verbindung stehen, und setzen dieses in Relation zueinander.

Small group collaborative learning: Die Lernenden arbeiten in Gruppen zusammen, sodass sie Teamfähigkeit entwickeln und die Vorteile kollegialen Austausches zu schätzen lernen.

Reiterative: Die neuen Informationen müssen fortlaufend auf das Problem rückbezogen werden und abhängig davon der Prozess des Selbststudiums und des Austausches angemessen oft wiederholt werden.

Reflective: Über die Anwendung auf das vorliegende Problem hinausgehend sollten die Lernenden gemeinsam überlegen, inwieweit das neu erlernte Wissen sowie ihre strategische Herangehensweise auf weitere Probleme übertragbar und unter welchen Bedingungen in anderen Situationen anwendbar, also generalisierbar sind.

Self- and peer assessment: Nach der Besprechung eines Problems schätzt jeder sein hinzugewonnenes Wissen sowie die eigenen interpersonalen und intrapersonalen Fähigkeiten ein und kann ebenfalls ein solches Feedback an andere Lernende geben, wie es in der Lebens- und Berufspraxis häufig notwendig ist.

Skilled tutors: Es sollte speziell dafür trainierte Tutoren geben, die die Lernenden in ihrem Lernprozess unterstützen, ohne inhaltlich darin einzugreifen (vgl. Kek & Huijser 2017, S. 15–17).

Betrachtet man nun PBL als Konstrukt bestehend aus diesen Merkmalen, lassen sich folgende lerntheoretische Grundannahmen und Bedingungen sowie daraus resultierende potenzielle unterrichtliche Ziele von PBL aufdecken.

Gerade die in den Merkmalen und dem bereits dargestellten idealtypischen Ablauf (s. Abschnitt 2.2) von PBL aufgeführten Punkte des selbstständigen Entwickelns von Lernzielen und der eigenständigen Wissensaneignung knüpfen an den Kerngedanken des konstruktivistischen Lernens an (vgl. Hmelo-Silver et al. 2007, S. 100; Vygotski 1986, S. 149–150). Konstruktivismus versteht das Lernen als eine Konstruktion des Wissens durch die Lernenden selbst. Es erfolgt eine subjektive Interpretation der aufgenommenen Informationen aufgrund des jeweiligen Wissenshintergrunds, der Fähigkeiten, Erfahrungen und der Interessen des Kindes, die dann zu kognitiven Prozessen wie dem Wissensaufbau und dem persönlichen Verständnis von Sachverhalten führen (vgl. Wisniewski 2016, S. 203–204). „Unlike traditional lecture-based instruction, where information is passively transferred from instructor to student, problem-based learning (PBL) students are active participants in their own learning" (Massa 2008, S. 19). Die Aneignung von Wissen wird bei PBL durch das Problem initiiert, verläuft aber anschließend individuell, sodass den Lernenden Wege eröffnet werden, selbstständig ihr eigenes Verständnis von Inhalten, Begriffen und Verfahren aufzubauen oder zu verändern und ein Bewusstsein für eigene metakognitive Tätigkeiten zu entwickeln (vgl. Richardson 2003, S. 1626). Somit stellt PBL einen Lehr-Lernansatz dar, der sich verschiedener konstruktivistischer Ansätze bedient und dadurch ein Lernen nach konstruktivistischen Grundsätzen ermöglichen kann (vgl. Kemp 2011, S. 45–47). Weber stellt in Anlehnung an Reinmann-Rothmeier und Mandl (1997) verschiedene übergeordnete Merkmale konstruktivistischer Ansätze dar, die sich in PBL wiederfinden (s. Tabelle 2.2).

Von der Mathematikdidaktik aus betrachtet, finden sich in PBL somit Ideen des Forschenden Lernens einerseits und des Entdeckenden Lernens andererseits (vgl. Savery 2006, S. 15–17). Forschendes Lernen zeichnet sich dadurch aus, dass Fragen von den Lernenden selbst gestellt werden und diese auch von ihnen durch eigenständige Lerntätigkeiten wie deduktives Schließen und Begründen,

Tabelle 2.2 Umsetzung konstruktivistischen Lernens in PBL (selbst erstellt in Anlehnung an Weber 2007a, S. 17)

	Konstruktivistisches Lernen	PBL
Lernen als konstruktiver Prozess	Lernen ist in jedem Fall konstruktiv. Ohne individuellen Erfahrungs- und Wissenshintergrund und eigene Interpretation finden keine kognitiven Prozesse statt.	Lernende konstruieren ihr Wissen, indem sie wahrnehmungsbedingte Erfahrungen, in Abhängigkeit von ihrem Vorwissen, von gegenwärtigen kognitiven Schemata, bestehenden Überzeugungen und Einstellungen interpretieren und so zu eigenen bedeutsamen Erkenntnissen gelangen bzw. ihre subjektiven Theorien verändern und erweitern. • Insbesondere wenn Lernende Lernfragen/ Lernziele entwickeln, beantworten und die Antworten/Lösungen auf das Problem rückbeziehen.
Lernen als aktiver Prozess	Lernen geschieht über die aktive Beteiligung der Lernenden. Dazu gehört, dass die Lernenden an dem, was sie tun und wie sie es tun, Interesse haben oder es entwickeln. (Motivation)	Das Lernen der Lernenden steht im Zentrum. Sie gestalten ihren Lernprozess aktiv und selbstständig. Sie werden darin von den Lehrenden begleitet und unterstützt. Lernangebote für ein effizientes, effektives, transferwirksames und praxisnahes Lernen ermöglichen den Lernenden, sich Wissen und Können anzueignen und motiviert zu sein für das eigene, selbstverantwortliche Lernen und die Bereitschaft, sich ständig weiterzubilden. Die multimediale Lernlandschaft ermöglicht es den Lernenden, sich Wissen selbstgesteuert anzueignen. • Insbesondere, wenn Lernende Lernfragen/Lernziele anhand des Problems selbst entwickeln und sich Informationen im Selbststudium eigenständig beschaffen.
Lernen als selbstgesteuerter Prozess	Bei jedem Lernen übernehmen die Lernenden Steuerungs- und Kontrollprozesse, das Ausmaß eigener Steuerung und Kontrolle variiert je nach Lernsituation.	

(Fortsetzung)

Tabelle 2.2 (Fortsetzung)

	Konstruktivistisches Lernen	PBL
Lernen als problemorientierter Prozess	Lernen erfolgt in spezifischen, auf das Anwendungsfeld bezogenen, situativen Kontexten, sodass jeder Lernprozess auch als situiert oder aufgrund der Offenheit der Fragen und des Kontextes als problemorientiert gelten kann.	In einem strukturierten, problemorientierten Prozess in der PBL-Lerngruppe wird das Vorwissen aktualisiert, subjektives Wissen mit objektivem verknüpft bzw. neues Wissen generiert, sodass die Lernenden, begleitet von einem Tutor, in die Lage versetzt werden, sich das Wissen aneignen zu können, das es braucht, um den Fall besser verstehen oder das Problem lösen zu können. • Insbesondere, wenn Lernende sich Wissen anhand eines Problems aneignen (ganzer Ablauf) und den eigenen Lernprozess evaluieren.
Lernen als sozialer Prozess	Lernen ist ein sozialer Prozess. Lernen ist ein interaktives Geschehen in einer sozialen Gruppe, die als Erfahrungs- und Lerngemeinschaft fungiert.	Das soziale Aushandeln von Bedeutungen und von Wirklichkeitskonstruktionen auf der Grundlage kooperativer Prozesse zwischen Lehrenden und Lernenden sowie in der Gruppe ist für den Wissenserwerb zentral. In den verschiedenen Lerngruppen lernen die Lernenden, in strukturierten Abläufen verschiedene Rollen einzunehmen und zu einem wirksamen Lern- und Problemlöseprozess in der Gruppe beizutragen. Die Team- und Kommunikationsfähigkeit werden gefördert. Das Feedback der Gruppe ist ein wichtiger Lernfaktor für das Individuum. • Insbesondere, wenn Lernende sich in der Gruppe besprechen sowie Ergebnisse vorstellen und gemeinsam evaluieren.

die Erhebung und Analyse von Daten sowie die Beschaffung von Informationen zur Entwicklung stichhaltiger Argumente selbstständig beantwortet werden (vgl. ebd., S. 100; Lutz-Westphal 2014, S. 16–19). Entdeckendes, Entdeckenlassendes oder auch Nachentdeckendes Lernen meint, dass Lernende die Möglichkeit erhalten, sich selbstständig Inhalte zu erarbeiten, welche aber im Wesentlichen von der Lehrperson festgelegt und vorstrukturiert sind (vgl. Bruner 1961, S. 21–23). So können beispielsweise durch die Wahl der Art des Problems und des Grades an Offenheit in der Phase des Selbststudiums bezüglich der zugelassenen Informationsquellen sowie Forschungsmethoden (s. auch Abschnitt 2.3) entweder das Entdeckende oder das Forschende Lernen als Prinzipien bei PBL in den Fokus rücken (vgl. Dewey 2008, S. 31). Primär ist allerdings bei beiden die Selbstbestimmtheit der Lernenden, die sich einem Lerngegenstand auf ihre Weise nähern. Wichtig ist es allerdings, diesen selbstständigen Lernprozess ausreichend zu unterstützen.

Wie bereits in den Merkmalen aufgeführt, sollte ein Tutor oder eine Lehrperson diese Aufgabe übernehmen, um den Lernenden erfolgreiches Lernen in einem offenen Lernsetting zu ermöglichen. Im Englischen wird für eine solche Unterstützung häufig das Wort ‚scaffolding' verwendet, was so viel bedeutet wie ein Gerüst zur Verfügung stellen, an dem die Lernenden sich orientieren können. Lernende, insbesondere Schüler, brauchen Unterstützung bei Problemlöseprozessen, beim Erkennen von Bedeutungen in ihren Entdeckungen und der Dokumentation dieser. Das Artikulieren ihrer Gedanken und die Reflexion des eigenen Lernprozesses geschehen zumeist, gerade bei Schülern aus unteren Klassenstufen, nicht von selbst. In der Regel reicht es ihnen, eine plausible Antwort oder Lösung für das gegebene Problem zu finden, ohne darüber nachzudenken, wie sie diese gefunden haben, ob es nicht einen effektiveren Weg gegeben hätte und welche allgemeinen Vorgehensweisen und Strategien sie in Zukunft erneut verwenden könnten. Lehrpersonen können zur Anleitung dieser metakognitiven Prozesse Fragen nutzen, die sie den Lernenden stellen oder Strukturen vorgeben, in denen sich der Lernprozess abspielt und eine geeignete Dokumentation stattfindet. So können Lernerfolge und noch bestehende Wissenslücken wahrnehmbar gemacht werden. Darüber hinaus stellen vorgegebene Strukturen mit der Zeit eine kognitive Entlastung für die Lernenden dar, da sie sich an wiederholt ausgeführten Lernhandlungen und Dokumentationen für weitere Durchgänge orientieren können und diese schließlich automatisiert werden. Dabei ist allerdings darauf zu achten, dass die Lehrperson nur für ergänzende strukturelle Erklärungen da ist, aber nicht dazu, Informationen direkt an die Lernenden zu geben (vgl. Hmelo-Silver et al. 2007, S. 100–102). So kann PBL als Lehr-Lernansatz verortet werden, in dem zwar konstruktivistische Gedanken umsetzt werden, der sich jedoch ebenfalls notwendigerweise strukturierender Instruktionen bedient. Dadurch kann ein qualitativ hochwertiger Mathematikunterricht angestrebt werden, der den Schülern effektives Lernen ermöglichen soll. An dieser Stelle soll genauer in den Blick genommen werden, welches Verständnis qualitativ hochwertigen (Mathematik-)Unterrichts der vorliegenden Arbeit zugrunde liegt, welche Rolle der Lehrperson dabei zukommt und wie sich diese Aspekte mit PBL als Unterrichtsansatz erfolgreich verbinden lassen.

Die Unterrichtsforschung hat ergeben, dass sich keine

„stabilen und generell gültigen Zusammenhänge zwischen isolierten Unterrichtsmerk-malen und den verschiedensten Erfolgskriterien des Unterrichts finden lassen. [...] Das heißt nicht mehr und nicht weniger, als dass es isolierte, einfache, stabile und inva-riant gültige Abhängigkeitsbeziehungen zwischen Kriterien des Unterrichtserfolgs und Merkmalen des Unterrichts nicht gibt. [...] Zusammenhänge zwischen spezifi-schen Unterrichtsmerkmalen und spezifizierten Effektkriterien sind kontextabhängig, das heißt, sie variieren in Abhängigkeit von verschiedenen Klassen psychologischer, sozialer und pädagogischer Randbedingungen. [...] Sowohl guter als auch schlechter Unterricht kann durch sehr variable Merkmalskonstellationen charakterisiert sein." (Weinert 1999, S. 210–212).

Verschiedene, den Unterricht bedingende und sich aus ihm ergebende Faktoren der Unterrichtsqualität wurden von Helmke (2014) in einem Angebots-Nutzungs-Modell der Wirkungsweise des Unterrichts dargestellt, welches hier einem potenziellen Mathematikunterricht mit PBL in der Grundschule zugrunde gelegt werden soll (s. Abbildung 2.2).

Durch das Modell wird betont, dass der durch die Lehrperson in all seinen Komponenten geplante und strukturierte *Unterricht* ein *Angebot* darstellt, was an die Schüler gemacht wird. Dass dieses Angebot durch effiziente *Lernaktivitä-ten genutzt* und damit auch eine Möglichkeit zur Erreichung der *Wirkungen* und damit eines *Lernertrags* erzielt wird, ist abhängig von der Wahrnehmung und der Interpretation der Erwartungen der Lehrperson und der unterrichtlichen Maßnah-men durch die Kinder (s. Abbildung 2.2). Dies spiegelt den konstruktivistischen Kerngedanken des Lernens wider. Es kann nur derjenige Wissen aufbauen, bei dem motivational, emotional und volitional günstige Prozesse durch das Ange-bot hervorgerufen werden. Ausschließlich direkte Instruktionen können zwar zur Informationsverarbeitung und damit zu einer Lernaktivität führen, müssen es aber nicht zwangsweise. Die Wahrnehmung und Interpretation der unterrichtlichen Maßnahmen durch die Schüler sowie die Prozesse, die diese bei ihnen hervor-rufen, sind sich auf die Lernaktivitäten auswirkende Komponenten und können

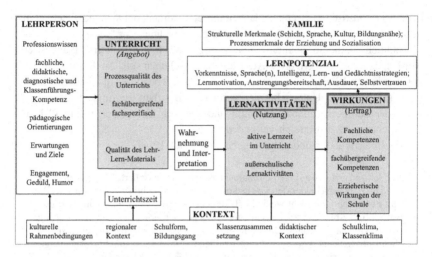

Abbildung 2.2 Angebots-Nutzungs-Modell der Wirkungsweise des Unterrichts (in Anlehnung an Helmke 2014, S. 71)

als *Mediationsprozesse* bezeichnet werden. Darauf Einfluss nehmen wiederum kontextuelle Bedingungen wie beispielsweise das Klassenklima und individuelle Faktoren, wie die Vorkenntnisse, verfügbaren Lernstrategien und die Lernmotivation des Schülers (s. Kapitel 5). Durch das Modell wird aufgezeigt, dass der mitunter für den Lernerfolg von Schülern verantwortliche Faktor „Unterrichtsqualität" durch die Lehrperson zwar nicht immer gleichförmig effektiv gestaltet, aber mit Beachtung der aufgezeigten Wechselwirkungen durchaus für die Individuen in einer Klasse positiv beeinflussbar ist (vgl. Helmke 2014, S. 71–73).

Die Lehrperson hat bezüglich ihres Unterrichts im Allgemeinen und ebenso im Speziellen bei der Durchführung von PBL die Aufgabe, die Inhalte insoweit vorstrukturieren, dass sie sich im Klaren darüber ist, was durch welche Methode am besten vermittelt werden kann. Sie muss begründete Entscheidungen für und in ihrem Fachunterricht treffen und diese auch umsetzen. Diese Entscheidungen können im Mathematikunterricht nur mit einem Verständnis für „science content knowledge, primary science curriculum, student learning in science, and possible approaches of teaching science that take into consideration the prior experiences of learners" (Peterson & Treagust 1998, S. 217) sinnvoll getroffen werden. Um dieses Verständnis in einer Unterrichtssituation tatsächlich umsetzen zu können, sollte die Lehrperson die sechs Aspekte des "pedagogical reasoning" nach Shulman in ihrer Unterrichtsgestaltung berücksichtigen.

Comprehension. Zunächst muss die Lehrperson den Inhalt, den sie vermitteln möchte sowie die Ziele, die damit verbunden sind, verstehen. Dazu gehört, sie aus verschiedenen Perspektiven zu betrachten und diese in die Unterrichtsplanung mit einzubeziehen (vgl. Shulman 1987, S. 14–15).

Transforming. Die Inhalte müssen dann für die Klasse, in der unterrichtet wird, vorbereitet und adaptiert werden. Weiterhin sollten verschiedene Methoden und Materialien in Abhängigkeit vom Inhalt, den zu erreichenden Zielen und der Klasse ausgelotet und ausgewählt werden. Dies schließt eine Beachtung des inhaltlichen und methodischen Vorwissens der Schüler sowie eine Feststellung der Eignung der Materialien in Bezug auf die Lernzielerreichung ein (vgl. ebd., S. 16–17).

Instruction. Nachdem die Vorbereitungen des Unterrichts aus der Prospektive abgeschlossen sind, folgt die aktive Umsetzung der Planung im Unterricht. Wichtig dabei ist, dass trotz der Planung flexibel auf die Schüler eingegangen werden sollte (vgl. ebd., S. 17–18).

Evaluation. Während des Unterrichtens sollte die Lehrperson immer wieder überprüfen, ob die Lernenden den Unterrichtsinhalt verstehen, die Ziele erreichen und mögliche Gründe aufdecken, falls dies nicht der Fall sein sollte (vgl. ebd., S. 18–19).

Reflection. Dies führt direkt zur retrospektiven Sicht auf den Unterricht in der die Ereignisse des Unterrichts in Bezug auf ihr Gelingen und Nichtgelingen rekonstruiert, Emotionen wieder eingenommen und die Durchführung nachvollzogen werden. Dieser Prozess kann alleine oder mithilfe beratender Kollegen vollzogen werden und sollte eine ertragreiche Analyse des Unterrichts und konstruktive Ratschläge beinhalten (vgl. ebd., S. 19).

New Comprehension. Anschließend kann ein neues Verständnis darüber aufgebaut werden, wie man die Schüler der speziellen Klasse am effektivsten beim Lernen des ausgewählten Inhalts unterstützen kann, sodass man daraus für das weitere Lehren Schlüsse ziehen kann. Dabei hilft eine Dokumentation und strategische Analyse des Reflektierten, die es ermöglichen, Teile des neuen Verständnisses adäquat auf neue Lernsituationen in der Klasse zu übertragen (vgl. ebd.).

Der Lehrperson kommen folglich im Wesentlichen in der Gestaltung eines Mathematikunterrichts mithilfe von PBL drei zentrale Aufgaben zu:

1. Entwicklung von Instruktionen *(Instruction)*, die die Kinder dazu anregen, selbstständig an einem mathematischen Thema zu arbeiten und eigene Entdeckungen in diesem Bereich der Mathematik zu machen. Dem voraus sollten immer die Schritte *Comprehension* und *Transforming* gehen, in denen der zu

vermittelnde mathematische Inhalt von der Lehrperson verstanden und für die Kinder adaptiert wird. Dies schließt die Entwicklung der Probleme für den Erwerb ausgewählter Kompetenzen ein. (vgl. Weber 2012, S. 32; Zumbach 2003, S. 12). Eine kindgerechte Adaption sollte auch auf organisatorischer Ebene erfolgen, sodass den Schülern ein struktureller Rahmen vorgegeben wird.

2. Die Schüler in Gruppen einteilen, in denen sie über die Bedeutung mathematischer Inhalte diskutieren können und eine anschließende effektive Präsentationsphase organisieren. Diese Aufgabe geht einher mit der gründlichen Vorbereitung des Unterrichts durch Anpassung der Inhalte an und das spezifische Eingehen auf die Lernvoraussetzungen und Gruppenzusammensetzung einer Klasse, also dem *Transforming*. Weiterhin schließt sie die *Evaluation* ein, denn während der Arbeit in den Gruppen und einer möglichen Präsentation, sollte die Lehrperson genau beobachten, ob und wie die Kinder die Lernziele erreichen und an welchen Stellen des Unterrichts sich dafür die Weichen stellen.

3. Im Sinne von *Evaluation, Reflection* und schließlich auch *New Comprehension* sollte die Lehrperson Ideen der Schüler aufnehmen und ihren Erklärungen genau zuhören, um auf mögliche Fehlvorstellungen aufmerksam zu werden und insbesondere, um den weiteren Unterricht an die Bedürfnisse der Schüler anpassen zu können. Sie sollte Wege finden, die Ideen ihrer Schüler zu fördern und weiterzuentwickeln, und ein Verständnis dafür aufbauen, wie die Denkprozesse der Kinder ablaufen und wie sie darauf im Unterricht gegebenenfalls durch unterstützende Maßnahmen eingehen kann (vgl. Ridlon 2009, S. 196).

Die Lehrkraft sollte sich also als *coach on the side* statt *sage on the stage* verstehen und hat somit die Aufgabe, gruppendynamische (z. B. Zeitmanagement, Selbstwert der Lernenden, Umgang der Lernenden untereinander) sowie inhaltsbezogene (z. B. Verständnis der Aufgaben, Fortschritte bezüglich der Lernziele/Aufgaben) Prozesse zu begleiten und zu evaluieren. Darüber hinaus sollte sie den groben Rahmen der Unterrichtsgestaltung transparent machen und mit den Schülern im Vorhinein Vorbereitungen treffen, die ein Lernen von Mathematik in einer konstruktivistischen, offenen Lernumgebung möglich machen. Sie sollte folglich Regeln für den Umgang miteinander mit den Kindern absprechen und dabei klar machen, dass jeder verantwortlich ist für sein Lernen, die Qualität der Lernergebnisse und auch die Qualität der Prozesse innerhalb der Gruppe einerseits und der Prozesse des eigenen Lernens andererseits (vgl. Weber 2012, S. 34). Weiterhin sollte die Lehrperson ein Lernklima schaffen, welches es den Schülern erleichtert, ihre Vermutungen zu äußern, ohne Angst haben zu müssen, dafür negativ bewertet zu werden. Dies erfordert zunächst Lenkung, diese kann dann aber sukzessiv mit der steigenden Praxis der Kinder in der Ausübung eigenständigen Arbeitens zurückgenommen werden (vgl. Cobb et al. 1991a, S. 165–168). Diese Anforderungen entsprechen ebenso denen, die im niedersächsischen Kerncurriculum für das Fach Mathematik festgehalten sind, so kommen

> „der Lehrkraft [...] im Sinne einer Lernbegleitung vor allem folgende Aufgaben zu: Gestaltung einer fachlich anspruchsvollen Lernumgebung, Auswahl interessanter (substanzieller) Lernaufgaben, Hilfe bei der zunehmend selbstständigen Organisation der Arbeit, Anbahnung und Moderation von Selbstlern- und Gruppenprozessen, Schaffen von Anlässen zur Herausbildung der Selbsteinschätzungskompetenz, Gestaltung des Unterrichts anhand der kontinuierlich festgestellten Lernausgangslage und individuellen Lernentwicklung, Gewährleistung sachgerechter Differenzierungsangebote, Unterstützung bei Fragen und Problemen, lernförderliche Rückmeldungen in Form von informativen Feedbacks zu Lernprozessen und Ergebnissen" (Niedersächsisches Kultusministerium 2017, S. 13).

Betrachtet man PBL in Bezug auf das angewandte substanzielle Aufgabenformat, lässt es sich ebenso als fallbasiertes Lernen einordnen (vgl. Barrows 1986, S. 482–484).

Fallbasiertes Lernen meint, dass der Unterricht von einem Fall ausgehend aufgebaut wird. Unter einem Fall kann eine Beschreibung einer auf realistischen oder an der Lebenswelt orientierten Ereignissen beruhenden Situation verstanden werden. Diese Situationsbeschreibung sollte einerseits ausreichend Informationen beinhaltet, sodass die in ihr enthaltenen Personen, Handlungen und Ereignisse aus verschiedenen Perspektiven betrachtet werden können und andererseits Spielraum für eigene Deutungen und offene Fragen lassen. Damit regt ein Fall zum Erforschen, Recherchieren und Diskutieren von Sachverhalten an (vgl. Merseth 1996, S. 726). Problembasiertes Lernen stellt eine Lernumgebung dar, in der Wissen sich ebenso anhand alltags- und lebensweltbezogener Situationen, also im Kontext, angeeignet wird (vgl. Kaiser & Kaminski 2012, S. 110–114). Dieser Kontext wird durch eine Lernsituation, die in PBL als Problem benannt wird, operationalisiert, die auch so in der Lebens- oder Berufswelt der Lernenden vorkommen könnte. Somit soll gewährleistet werden, dass die Kompetenz erworben wird, in ähnlichen Situationen aufgrund eines gelingenden Transfers der gelernten Inhalte und Strategien zur Aneignung der relevanten Informationen adäquat handeln zu können. Das in PBL verwendete Aufgabenformat kann folglich allgemeiner sowie zur Abgrenzung von Problemlöseaufgaben im Mathematikunterricht

als Lernfall aufgefasst werden. Die Lernfälle sollten auf das Interesse der Lernenden zugeschnitten sowie möglichst aus ihrer Lebenswelt gegriffen sein, denn
„[t]he authenticity of the actual problem motivates students' ability to apply and
relate these concepts and principles to realworld situations" (Masek & Yamin
2012, S. 1162). Ebenso können sie so Emotionen und Assoziationen hervorrufen
sowie Identifikation ermöglichen. Weiterhin sollten sie eine kognitive Dissonanz
auslösen, welche die Lernenden eigenständig erkennen lässt, dass sie sich Wissen erarbeiten müssen, um den Fall vollständig erschließen und eine begründete
Lösung konstruieren zu können. Diese kognitive Dissonanz ist für jeden Lernenden individuell durch sein Vorwissen bedingt, sollte aber von der Lehrperson im
Vorhinein durch die dem Lernfall zugrunde liegenden Lernziele kalkuliert werden (Weber 2007b, S. 23). Der Lernfall ist also Ausgangsstimulus für das Lernen
und steht somit unabdingbar mit dem Erreichen der Lernziele in Verbindung (vgl.
Maudsley 1999, S. 184; Zumbach 2003, S. 96).

Problembasiertes Lernen kann resultierend alles in allem definiert werden als
lernerzentrierter, dennoch von einem Lehrenden angeleiteter, von authentischen
Lernfällen ausgehender Lehr-Lernansatz, der auf die Entwicklung selbstgesteuerter Lernfähigkeiten und Generierung interdisziplinären, in der Praxis anwendbaren
Wissens und bestimmter Kompetenzen abzielt und ebenfalls kooperative, reflektierende und evaluierende Elemente einschließt (vgl. Kek & Huijser 2017,
S. 15–16).

Damit scheint PBL von der Theorie aus gedacht zunächst vieles zu bieten,
was in der heutigen Zeit an Bedeutung für den Mathematikunterricht gewonnen hat (vgl. KMK 2005, S. 6; Niedersächsisches Kultusministerium 2017, S. 5).
Ob der Einsatz von PBL als Lehr-Lernansatz in seiner vielfältigen Erscheinung
aber tatsächlich effektiv ist, das heißt, einen (über-)fachlichen Kompetenzzu-
wachs bewirkt, wurde in verschiedenen Studien, insbesondere auf der Ebene der
Hochschullehre, überprüft und dokumentiert.

2.5   Stand der wissenschaftlichen Forschung

PBL (s. Kapitel 2) wurde und wird immer wieder in verschiedenen Fächern und
Disziplinen, vorwiegend an Universitäten, eingesetzt. Dabei besteht immer die
Frage, ob es sinnvoll und effektiv ist, gerade diesen Ansatz einzusetzen. Um dies
herauszufinden, wurden in den unterschiedlichsten Disziplinen verschiedene Forschungen durchgeführt, die überblicksartig vorgestellt und nur einige von ihnen
aufgrund der divergierenden Umsetzungen von PBL im Folgenden ausführlicher
betrachtet werden. Anschließend wird der allgemeine Konsens der Ergebnisse

zusammengefasst. Dabei wird aufgrund der vorhandenen Forschungslage und der Ausrichtung dieser Arbeit auf die Wirkung von PBL in den Bereichen des Erwerbs fachlicher und überfachlicher Kompetenzen eingegangen. Betrachtet wird die Wirkung von PBL in medizinischen Ausbildungsbereichen, da sie dort am besten erforscht ist sowie in anderen Ausbildungsbereichen und im schulischen Bereich, insbesondere der Grundschule. Genauer werden hier Studien zum Einsatz von PBL oder daran angelehnten Lehr-Lern-Konzeptionen im Mathematikunterricht betrachtet. Anzumerken ist, dass einige Studien, besonders die zum Einsatz von PBL in der Schule, ausführlich dargestellt werden, um nachvollziehen zu können, wie genau PBL in ihnen umgesetzt worden ist. Dadurch lässt sich ein Blick dafür entwickeln, wie aussagekräftig die Ergebnisse tatsächlich sind. Es sei an dieser Stelle darauf hingewiesen, dass insbesondere die Ergebnisse der Studien im schulischen Bereich kaum für PBL im Allgemeinen generalisierbar sind, da, zusätzlich zu vorwiegend kleinen Stichproben bei Studien in der Grundschule, PBL immer unter verschiedenen Bedingungen und unterschiedlichsten Anpassungen an schulische Rahmenbedingungen und Lerngruppenvoraussetzungen eingesetzt worden ist. Dies ergibt sich aus der Problematik, dass PBL zwar durch allgemeine Merkmale, wie zum Beispiel die in Abschnitt 2.4 aufgeführten, beschrieben werden, aber nicht unbedingt immer von diesen gemeinsamen Kriterien ausgegangen werden kann, da PBL eine Spannbreite von Umsetzungsmöglichkeiten bietet (s. Abschnitt 2.3). Auch der Siebensprung stellt kein übergreifendes Merkmal dar, da insbesondere die in der Schule mit PBL durchgeführten Unterrichtseinheiten zum Teil eine andere Organisation fordern, um kindgerecht zu sein. Weiterhin muss kritisch betrachtet werden, dass gerade bei Studien im experimentellen oder quasi-experimentellen Design oft unzureichend beschrieben wird, unter welchen Bedingungen die Kontrollgruppe unterrichtet worden ist. Zumeist heißt es, dass der entsprechende Unterricht nach konventioneller oder traditioneller Art gestaltet worden ist, was in der Regel Vorlesungen mit geringen Übungsanteilen oder auf schulischer Ebene lehrerzentrierten Frontalunterricht meint, in dem die Kinder kaum miteinander interagieren können. Jede wissenschaftliche Aussage rein qualitativer Forschung, welche besonders zur Erforschung von PBL in der Schule Einsatz findet, unterliegt wiederum der Standortgebundenheit sowie der zu reflektierenden Abhängigkeit vom Forscher. Trotzdem wird ein Überblick über die Wirkungen von PBL mit seinen verschiedenen Facetten auf den Erwerb verschiedener Kompetenzen gegeben.

2.5.1   PBL in medizinischen Ausbildungsbereichen

Der Lehr-Lernansatz des Problembasierten Lernens wurde zunächst an medizinischen Hochschulen umgesetzt (s. Abschnitt 2.1), sodass in diesem Bereich die meisten, am größten angelegten und damit beweisfähigsten Studien existieren. Die bereits vorliegenden verschiedensten Untersuchungen und Metaanalysen zu PBL weisen allerdings stark divergierende Ergebnisse auf, was aber der ebenso divergierenden Umsetzung zuzuschreiben sein kann.

So unterstützen die Ergebnisse einer Metaanalyse von Vernon und Blake über verschiedene zwischen 1970 bis 1992 durchgeführte Studien, welche problembasierte Lehransätze und traditionelle Lehransätze in Bezug auf das Medizinstudium verglichen haben, die „superiority of the PBL approach over more traditional methods in several of the outcome measures examined" (Vernon & Blake 1993, S. 557). Hingegen befindet Colliver nach seiner Metaanalyse verschiedener Studien zur Effektivität von PBL für die Aneignung von Wissen und klinischer Kompetenz zwischen 1992 und 1998, dass „[t]he results are disappointing, providing no convincing evidence for the effectiveness of PBL, at least not the magnitude of effectiveness that would be hoped for with a major curriculum intervention" (Colliver 2000, S. 264). Preckel merkt bezüglich der Divergenz von Forschungsergebnissen an, dass bei den Wissenschaftlern keine Einigkeit darüber bestehe, welche Kriterien eine effektive Umsetzung von PBL beschreiben (vgl. Preckel 2004, S. 284–285). In diesem Punkt zeigen Albanese und Mitchell ebenfalls Schwierigkeiten auf, da PBL an jedem Standort der Gesundheitsausbildung, an dem es eingesetzt wird, eine unterschiedliche Umsetzung erfährt und somit viele Ergebnisse von standortgebundenen Studien nicht verallgemeinert werden können (vgl. Albanese & Mitchell 1993, S. 78). Aufgrund dieser Ergebnisse wird nachfolgend die Wirkung von PBL auf einzelne Kompetenzbereiche detaillierter betrachtet.

2.5.1.1 Die Wirkung von PBL auf den Erwerb fachlicher Kompetenzen

Albanese und Mitchell fanden in ihrer Metaanalyse heraus, dass Studierende in den Grundlagenfächern Wissenslücken aufwiesen, wenn diese durch PBL vermittelt worden sind. Außerdem konnte das Grundlagenwissen nicht angemessen auf klinische Fälle angewendet werden und es wurden irrelevante Materialien in die Erklärungen dieser mit einbezogen. All dies deutet laut Albanese und Mitchell darauf hin, dass die medizinischen Grundlagen durch traditionelle instruktionsgeleitete Lehransätze effektiver vermittelt werden können. Trotzdem herrscht aber auch darüber keine Einigkeit in den einzelnen Studien, da die meisten Tests im

Gesundheitswesen das Wissen über Multiplechoice-Tests abprüfen und dies im Sinne des Constructive Alignments, welches die Abstimmung von eingesetzten Lehr- und Lernmethoden, der Lernergebnisse und der Prüfungsmethode aufeinander verlangt, keine passende Methode zur Überprüfung des durch PBL erworbenen Wissens darstellt (vgl. ebd., S. 76–77). Zu dieser Erkenntnis kamen auch Norman (2002) und Colliver (2001) (vgl. Clark 2006, S. 722–723). In Tests dieser Form schnitten die Studierenden deutlich schlechter ab als diejenigen, die ein konventionelles Curriculum durchlaufen haben (vgl. Albanese & Mitchell 1993, S. 76–78). Diesen Erkenntnissen können die Ergebnisse verschiedener neuerer Studien entgegengestellt werden. McParland, Noble und Livingston (2004) verglichen PBL mit vorlesungsbasiertem Lernen im Bachelorstudiengang Psychiatrie und konnten bessere Ergebnisse der PBL-Gruppe in mündlichen Prüfungen und Multiplechoice-Tests nachweisen. Höhere Testergebnisse der Experimentalgruppe (PBL) gegenüber der Kontrollgruppe (konventioneller Lehransatz) verzeichneten auch Moreno-López, Somacarrera-Pérez, Díaz-Rodríguez, Campo-Trapero und Cano-Sánchez (2009) bei Zahnmedizinstudierenden in Bologna sowie Meo (2013) bei Bachelor-Medizinstudierenden im Physiologiekurs (vgl. Khoshnevisasl et al. 2014, S. 1–4).

Allerdings ergaben auch nicht alle von Albanese und Mitchell betrachteten Studien, dass PBL gerade in den Tests der Grundlagenfächer zu schlechteren Ergebnissen führte. Studien, die auch Langzeittests mit einbezogen, zeigten auf, dass die Inhalte, auch wenn es oft weniger beziehungsweise in andere Richtungen führende als die vom Curriculum vorgesehenen waren, unter PBL genauso gut oder besser gespeichert und erinnert werden konnten als unter konventionellen Lehrinstruktionen (vgl. Albanese & Mitchell 1993, S. 76–78).

Das medizinische Basiswissen betrachtete unter anderem auch Newman in seiner Metaanalyse der Originalstudien zu den Reviews von Albanese und Mitchell (1993), Berkson (1993), Smits, Verbeek und de Buisonje (2002), van den Bosche, Gijbels und Dochy (2000) und Vernon und Blake (1993). Er bezog 12 der 91 Studien mit ein, da nur diese durch ein mindestens quasi-experimentelles Prä-Post-Design gekennzeichnet waren.

Für das medizinische Basiswissen *(accumulation of knowledge)*, vorwiegend getestet durch Prüfungen im Multiplechoice-Format wie zum Beispiel den National Board of Medical Examiners (NMBE), ergaben sich in den betrachteten Studien folgende Ergebnisse. Bei Vergleich der durchschnittlichen Gesamtpunktzahl von Experimental- und Kontrollgruppe konnte im günstigsten Fall eine Effektstärke von $d = +2.0$ von PBL festgestellt werden, im ungünstigsten Fall eine von $d = -4.9$. Bezieht man alle in den analysierten Studien getesteten Effektstärken mit ein, das heißt nicht nur die Gesamtpunktzahlen, sondern auch die Ausdifferenzierung der Tests in ihre medizinischen Teilgebiete, ergibt sich mit 23 zugunsten der Kontrollgruppe und 16 zugunsten von PBL ausfallenden Wirkungsmaße eine eher positive Tendenz für den Einfluss von traditionellen instruktionellen Lehrmethoden auf den Aufbau medizinischen Grundlagenwissens (vgl. Newman 2003, S. 32–33).

Ähnliche Wirkungsmaße wie Newman betrachten Dochy, Segers, van den Bossche und Gijbels in ihrer Metaanalyse von 43 quasi-experimentellen Studien, die PBL in höheren Bildungsgängen im natürlichen Setting untersuchen. In diesen wird PBL jeweils nach den Kriterien von Barrows umgesetzt (s. Abschnitt 2.4). Als ein Outcome-Maß fungiert hier ebenfalls das medizinische Basiswissen *(knowledge)*. Sie ermittelten eine Effektstärke von $d = -0.11$, welche nicht signifikant und somit von geringer praktischer Bedeutsamkeit ist (vgl. Dochy et al. 2003, S. 533; ebd., S. 549; Preckel 2004, S. 279). Einzelne PBL-Kurse wiesen dabei weniger negative Effekte auf als ein etabliertes PBL-Gesamtcurriculum. Weiterhin konnte zwar ein leichter negativer Effekt auf die Aneignung von medizinischem Grundwissen in den ersten beiden Ausbildungsjahren festgestellt werden, in den darauffolgenden Jahren wurden hingegen positive Effekte nachgewiesen. Das bedeutet, dass PBL laut Dochy et al. sich genau dann positiv auf den Wissenserwerb auswirkt, wenn die Anwendung von Wissen im Fokus steht und diese sowie die freie Reproduktion von Wissen auch abgeprüft werden anstelle des reinen Wiedererkennens der Wissensinhalte in Multiplechoice-Fragen (vgl. Dochy et al. 2003, S. 533; ebd., S. 552–557; Preckel 2004, S. 279–280).

Hillen, Scherpbier und Wijnen berichten in Maastricht von einer Ausgeglichenheit zwischen PBL-Studierenden und nach dem traditionellen Curriculum unterrichteten Studierenden bezüglich ihres medizinischen Wissens (vgl. Hillen et al. 2010, S. 9–10). Dieses Ergebnis konnte Schmidt (2010) mit seiner Studie unterstützen und insbesondere den negativen Effekt von PBL auf den Erwerb von Grundlagenwissen nicht reproduzieren (vgl. Schmidt 2010, S. 228–235). PBL scheint somit hinsichtlich des Erwerbs von Grundlagenwissen keine Vorteile aber auch keine Nachteile gegenüber vorlesungsbasierten Lernsettings zu bringen (vgl. Eder et al. 2011, S. 37). Berkson (1993) fand ebenso keine Unterschiede im Wissensaufbau zwischen den Studierenden der Experimental- und der Kontrollgruppen (vgl. Clark 2006, S. 722–723). Dies stellten auch Khoshnevisasl, Sadeghzadeh, Mazloomzadeh, Hashemi Feshareki und Ahmadiafshar (2014) in ihrer Studie fest (vgl. Khoshnevisasl et al. 2014, S. 2–3). Ähnliches konnten auch Khan, Taqui, Khawaja und Fatmi (2007), Goodyear (2005) sowie Choi, Lindquist und Song (2014) in ihren Studien dokumentieren (vgl. ebd., S. 4).

Es wird deutlich, dass die Ergebnisse zur Effektivität von PBL stark divergieren und vom jeweiligen Standort und Studiendesign abhängig sind. In einigen

Metaanalysen und Studien, zum Beispiel denen von Hwang und Kim (2006), Norman und Schmidt (1992), Tack und Plasschaert (2006), konnten Vorteile von PBL gegenüber anderen Lehransätzen herausgestellt werden (vgl. Clark 2006, S. 722–723), während in anderen Studien, zum Beispiel denen von Albanese und Mitchell (1993), Johnston, Schooling und Leung (2009), van den Bossche, Gijbels und Dochy (2000), Vernon und Blake (1993) schlechtere Prüfungsergebnisse der Experimentalgruppen ausgemacht werden konnten. Colliver (2000) betont aber, dass die Effektstärken meist sehr gering sind (vgl. Clark 2006, S. 722–723).

Bezüglich der Wirkung von PBL auf den Aufbau theoretischer fachbezogener Kompetenzen lässt sich abschließend in verschiedenen medizinischen Ausbildungsbereichen und -fächern keine positive, aber auch keine negative Bewertung vornehmen. Fachliche Kompetenzen zeigen sich aber gerade in der Medizin nicht nur in theoretischem Wissen, sondern insbesondere in der Anwendung des Wissens in der beruflichen Praxis.

Bezogen auf die berufliche Kompetenz ermittelten Albanese und Mitchell (1993), Vernon und Blake (1993) und van den Bossche, Gijbels und Dochy (2000) aus den von ihnen betrachteten Studien, dass die durch PBL unterrichteten Studierenden bessere Ergebnisse in den klinischen Fächern erwarben als die traditionell unterrichteten. Schmidt, Machiels-Bongaerts, Hermans, ten Carte, Venekamp und Boshuizen (1996) untermauerten dies mit ihrer vergleichenden Studie an drei holländischen Universitäten, indem sie bessere diagnostische Fähigkeiten bei Studierenden im PBL- oder einem integrativen Curriculum gegenüber denen, die konventionell lernten, feststellten (vgl. Clark 2006, S. 722–723). Ein kanadisches Review ergab ebenso, dass die in einem PBL-Curriculum Medizin lernenden Studierenden während der Studienzeit genauso gut abschnitten wie Studierende aus traditionellen Curricula und nach ihrem Abschluss sogar bessere kognitive und insbesondere soziale Kompetenzen aufwiesen (vgl. Koh 2008, S. 34–41). Burger konnte ähnliche Ergebnisse an der Charité Universitätsmedizin Berlin verzeichnen (vgl. Burger 2006, S. 337–343). Ebenfalls in der Analyse-, Beobachtungs- und Ausdrucksfähigkeit in der praktischen Ausübung ärztlicher Tätigkeiten konnten bei PBL-Studierenden bessere Kenntnisse nachgewiesen werden, was sich positiv auf die subjektiv empfundene Sicherheit der Studierenden in der Anwendung von Wissen auswirkte (vgl. Eder 2011, S. 40–41).

Bezüglich der praktischen Anwendung des in einem PBL-Curriculum erworbenen Wissens können folglich nur positive Ergebnisse verzeichnet werden, was sich auch zum Teil auf die von den Studierenden dadurch entwickelten überfachlichen Kompetenzen zurückführen lässt.

2.5.1.2 Die Wirkung von PBL auf den Erwerb überfachlicher Kompetenzen

Zusätzlich zum bereits beschriebenen Aufbau medizinischen Basiswissens *(accumulation of knowledge)* (s. Abschnitt 2.5.1.1) betrachtet Newman in seiner Metaanalyse unter anderem die Wirkungsmaße Lernstrategien *(approaches to learning)* sowie Studienmotivation und -zufriedenheit *(student satisfaction)* (vgl. Preckel 2004, S. 277).

Bezüglich der Lernstrategien konnte Newman feststellen, dass PBL in allen Effektmaßen der direkten Instruktion überlegen war. Studierende, die durch PBL unterrichtet wurden, zeigten häufiger entdeckende Lernstile *(discovery style of learning)* und zielten mit ihrem Lernen auf Verstehen *(meaning)*, anstatt auf Reproduktion *(reproducing)* und passive Rezeption *(receptive style)* von Wissen ab. Weiterhin setzten sie Lernstrategien flexibel *(versatility)* ein. Somit stellte Newman heraus, dass PBL einen positiven Effekt auf die Entwicklung und den Einsatz von Lernstrategien und damit auch auf das selbstgesteuerte Lernen hat (vgl. Newman 2003, S. 35). PBL fördert dieses laut Norman und Schmidt (1992) nachhaltig (vgl. Clark 2006, S. 722–723). Lin, Lu, Chung und Yang konnten 2010 ebenfalls einen positiven Effekt von PBL auf das selbstgesteuerte Lernen sowie das kritische Denken bei Krankenpflegeschülern demonstrieren, den auch Choi, Lindquist und Song (2014) wiedergeben konnten (vgl. Khoshnevisasl et al. 2014, S. 1–4). Die Studierenden selbst gaben in einer Untersuchung von Moore (1994) an, dass sie während des Lernens mit PBL größere Autonomie *(autonomy)* und Beteiligung *(involvement)* erlebten als in konventionellen Lernumgebungen, was ebenso für eine Förderung des selbstgesteuerten Lernens spricht (vgl. Newman 2003, S. 35).

Masek und Yamin betrachteten in ihrem Review verschiedene Studien unter dem Punkt des Effekts von PBL auf das kritische Denken, konnten aber keine einheitliche Tendenz herausarbeiten. Sie folgerten, dass der Effekt abhängig vom Design und der Umsetzung der problembasierten Lernumgebung sowie den soziokulturellen Voraussetzungen der an den Studien teilnehmenden Studierenden sei (vgl. Masek & Yamin 2011, S. 219). Aus diesem Problem ergibt sich die Forderung, dass mehr über die einzelnen kognitiven Prozesse, die durch PBL (weiter-)entwickelt werden, herausgefunden werden muss (vgl. Albanese & Mitchell 1993, S. 78; Capon & Kuhn 2004, S. 74). Im Jahr 2010 versuchten Pease und Kuhn, die Effekte der verschiedenen Komponenten von PBL auf das Lernen zu differenzieren. Sie fanden heraus, dass insbesondere die Zusammenarbeit in Kleingruppen die kooperativen Fähigkeiten von Lernenden unterstützt und die Bearbeitung der Probleme an sich, operationalisiert durch das sich Bewusstwerden des eigenen Vorwissens und der eigenen Wissenslücken und die darauf aufbauende Beschaffung und Auswahl relevanter Informationen, metakognitive Fähigkeiten fördert (vgl. Pease & Kuhn 2010, S. 78–79).

PBL scheint folglich im medizinischen Ausbildungsbereich selbstgesteuertes Lernen sowie kooperative Fähigkeiten zu fordern und dadurch ebenfalls zu fördern, was auch Ziel schulischen Mathematikunterrichts ist (vgl. KMK 2005, S. 6).

2.5.2 PBL in anderen Ausbildungsbereichen

Nicht nur in der Medizin und verschiedenen anderen Bereichen des Gesundheitswesens wurde zu Zwecken der Qualitätssicherung von Studiengängen und Ausbildungen über PBL geforscht. In diesen anderen Bereichen liegen deutlich weniger Studien vor, die außerdem von verschiedenen Umsetzungen von PBL ausgehen, aber im Großem und Ganzen die Ergebnisse aus der Medizin unterstützen. Deswegen wird an dieser Stelle genauer auf einzelne Studien eingegangen, die ergänzende Ergebnisse liefern und es werden nur ausgewählte Ergebnisse dargestellt.

2.5.2.1 Die Wirkung von PBL auf den Erwerb fachlicher Kompetenzen

In Malaysia untersuchten Masek und Yamin mithilfe eines experimentellen Designs den Effekt von PBL nach dem McMaster-Modell auf den Erwerb fachlicher Kompetenzen von 53 Erstsemesterstudenten im Bachelor für Elektrotechnik im Vergleich zu traditionellen Ansätzen in der Umsetzung der universitären Lehre. Sie nahmen dazu eine Klassifizierung des Wissens in die einzelnen Wissensstrukturen Begriffe (*concepts*), Prinzipien (*principles*) und Verfahren (*procedures*) vor. Dieser Ansatz knüpft an die Forderung von Albanese und Mitchell an, zu überprüfen, welche kognitiven Prozesse durch PBL genau gefördert und entwickelt werden können. Die einzelnen Wissensstrukturen wurden in einem Multiplechoice Pre- und Post-Test nach einer zehnwöchigen Lerneinheit operationalisiert und überprüft. Betrachtet man die Ergebnisse in Abhängigkeit von den einzelnen Wissensstrukturen, schneidet die Experimentalgruppe beim Erwerb von Prinzipien (*principles*) sowie beim Erwerb von Verfahren (*procedures*) statistisch signifikant besser als die Kontrollgruppe ab. Nur beim Erwerb von Begriffen (*concepts*) lassen sich keine statistisch signifikanten Unterschiede erkennen. In diesem Bereich schnitt die Kontrollgruppe nach Punkten besser ab. Folglich scheinen die konventionellen Lehrmethoden es den Studierenden besser zu ermöglichen, neue Begrifflichkeiten zu erlernen und diese zu verstehen, somit sollte PBL nicht zur

Einführung in ein Themengebiet eingesetzt werden. Es fördert aber effektiver das Erkennen, Nachvollziehen und Durchdringen von Prinzipien und Verfahren als es durch traditionelle Vorlesungen möglich ist (vgl. Masek & Yamin 2012, S. 1161–1166).

Ähnliche Ergebnisse wie Masek und Yamin erzielten Capon und Kuhn in ihrer Studie im experimentellen Design in einem fünfsemestrigen Master of Business Administration (MBA) Programm im Nordosten der Vereinigten Staaten. Sie untersuchten, inwiefern die Teilnehmer des Aufbaustudiums in Experimental- und Kontrollgruppe nach dem entsprechenden Kurs Begriffe verstanden hatten (vgl. Capon & Kuhn 2004, S. 65). Studierende der PBL- Gruppe konnten die neu erlernten Begriffe besser in bestehende durch das Problem aktivierte Wissensstrukturen integrieren und zeigten dadurch einen hohen Grad an Verständnis für die Bedeutung der Begriffe, der allein durch Wiedergabe der Definition und Erklärung des Begriffs, was in beiden Gruppen funktionierte, nicht nachweisbar ist. PBL fördert demnach ein sinnstiftendes Lernen, indem Zusammenhänge aufgebaut werden. Trotzdem zeigt dies auch, dass eben schon ein gewisses Maß an Vorwissen zum Themenbereich der zu erlernenden Begriffe notwendig ist, um die Vorteile von PBL für die Lehre nutzen zu können (vgl. ebd., S. 74). Auch Bilgin, Senocak und Sözbilir konnten einen positiven Effekt von PBL auf das Verständnis von Begriffen im Vergleich zu konventionellen Vorlesungen im Bereich der Chemie nachweisen (vgl. Bilgin et al. 2009, S. 153; ebd., S. 156–158).

Für die Einführung von PBL muss jedoch ausreichend Zeit aufgewendet werden, damit die Vorteile im Lernprozess greifen. Eine Untersuchung der Gedanken der Studierenden während der Kleingruppendiskussionen im Rahmen von PBL von Shukor ergab, dass Studierende eine klare Struktur für die Diskussionen brauchen, ansonsten nehmen die Gedanken über außerfachliche, die Freizeit betreffende Themen deutlich zu (vgl. Shukor o. J., S. 188). Dies sollte in einer Einführung des Problembasierten Lernens hinreichend thematisiert werden, damit die Lernenden beispielsweise verstehen, dass sie sich mit Gedanken, die nicht das Thema betreffen, selbst im Lernprozess manipulieren.

Walker und Leary gingen in ihrer Metaanalyse auf die Untersuchungen von PBL in den verschiedenen Disziplinen ein, um einzuordnen wie die Ergebnisse zu bewerten sind. Betrachtet wurden verfügbare Ergebnisse quantitativ ausgerichteter Vergleichsstudien (Experimental- und Kontrollgruppe) aus den Bereichen Lehrerausbildung (4), Ingenieurwissenschaften (5), Sozialwissenschaften (6), Wirtschaft (6), Naturwissenschaften (12), Sonstige (13), Gesundheitsberufe (22) und medizinische Ausbildung (133). Es zeigte sich, dass von diesen Studien insgesamt 68 statistisch signifikante positive Ergebnisse in Bezug auf PBL erbrachten und nur 21 Studien statistisch signifikante negative Ergebnisse. Damit kann allgemein von einem positiven Effekt von PBL gesprochen werden (vgl. Walker & Leary 2009, S. 21–24).

Auch in anderen Ausbildungsbereichen wird also deutlich, dass PBL eine positive Wirkung auf das Verständnis und die Anwendung von fachlichen Kompetenzen, jedoch nicht unbedingt den Erwerb inhaltlicher Grundbegriffe hat, insofern die Aneignung der Kompetenzen innerhalb des PBL-Prozesses ausreichend unterstützt wird.

2.5.2.2 Die Wirkung von PBL auf den Erwerb überfachlicher Kompetenzen

Bezüglich des Erwerbs überfachlicher Fertigkeiten und Fähigkeiten liegen kaum Ergebnisse aus anderen Ausbildungsbereichen vor. Mustaffa, Ismail, Tasir und Said stellen in ihrem Überblicksartikel Ergebnisse von acht Studien dar, die zwischen 2008 und 2014 eben diese Kompetenzen in Bereichen des Mathematikstudiums gezielt erhoben haben. Diese Ergebnisse spiegeln diejenigen aus den medizinischen Bereichen wider.

Positive Effekte von PBL bezüglich des konzeptionellen Wissens, des sinnstiftenden nachhaltigen Lernens und der Leistung sowie der Kommunikations- und Kooperationsfähigkeiten in mathematischen Bereichen im Studium konnten von Ahmad, Hamid und Hamzah (2008), Gürsul und Keser (2009), Leppink, Broers, Imbos, van der Vleuten und Berger (2013) sowie Tarmizi und Bayat (2012) ermittelt werden (vgl. Mustaffa et al. 2014, S. 8). Aus anderen Bereichen sind bezüglich der überfachlichen Kompetenzen kaum Studien bekannt.

Anzumerken ist allerdings, dass in der Mehrzahl von Studien in anderen Disziplinen als der Medizin ebenfalls kaum ausreichend definiert wird, was genau unter PBL verstanden wird und unzulänglich beschrieben wird, wie genau der problembasierte Unterrichtsansatz umgesetzt wird (vgl. Walker & Leary 2009, S. 23; Merritt et al. 2017, S. 3), sodass kaum Vergleichbarkeit zwischen den Studien herrscht. Dies zeigt den Weg der noch zu tätigenden Forschung bezüglich PBL auf.

Betrachtet man nun Studien, die die Wirkung von PBL in verschiedenen Schulstufen und – fächern in den Blick nehmen, kann hier zumeist deutlicher identifiziert werden, wie genau PBL umgesetzt worden ist, da durch eine notwendige Anpassung von PBL an schulische Rahmenbedingungen in der Regel bereits Änderungen am Ablauf oder der organisatorischen Gestaltung vorgenommen und ausreichend dokumentiert werden.

2.5.3   PBL in der schulischen Bildung

Nimmt man verschiedene schulische Studien in den Blick, wird deutlich, dass
auch im Schulunterricht PBL nicht immer ein und denselben Ansatz beschreibt,
sodass eine differenzierte Betrachtung verschiedener Studien sinnvoll erscheint.
Aus diesem Grund werden die aussagekräftigeren Studien detaillierter im Hinblick auf ihre Durchführungsbedingungen, Erhebungsmethoden sowie Ergebnisse
dargestellt. Dies ermöglicht einen Einblick, wie genau PBL im Unterricht eingesetzt und anschließend überprüft worden ist. Bei den Studien in Schulen treten
bereits einzelne Einflussfaktoren auf die entsprechenden Ergebnisse in den Vordergrund, sodass PBL oft nicht als von anderen Bedingungen des Schulunterrichts
abgekoppelt betrachtet wird, sondern Kovariaten mitgedacht werden, die einen
Einfluss auf die Testergebnisse haben können. Ergänzende Ergebnisse werden
nur additiv genannt und nicht näher beleuchtet. Die meisten Studien beziehen
sich dabei auf die Umsetzung von PBL in weiterführenden Schulen, sodass diese
jeweils zuerst in den Blick genommen werden. Ähnlich wie in der Medizin, wurde
auch an weiterführenden Schulen zumeist getestet, inwieweit PBL effektiver ist
als konventionelle Unterrichtsansätze. Ergänzend werden Studien aus dem Grundschulbereich und anschließend spezifisch auf den Mathematikunterricht bezogene
Studien aus verschiedenen Schulformen betrachtet.

Nicht betrachtet werden an dieser Stelle Forschungsaspekte bezüglich der
Vorbereitung und Handlungsweisen der Lehrpersonen, da der durch das Erkenntnisinteresse vorgegebene Schwerpunkt dieser Arbeit auf der Entwicklung einer an
PBL angelehnten Unterrichtskonzeption und deren Durchführbarkeit im Unterricht (s. Kapitel 3) liegt. Somit wird die Perspektive auf die Lehrpersonen
zunächst ausgeblendet.

2.5.3.1 Die Wirkung von PBL auf den Erwerb fachlicher
         Kompetenzen
Weiterführende Schulen
Mergendoller, Maxwell und Bellisimo führten im Schuljahr 1999–2000 an vier
verschiedenen High Schools im Norden von Kalifornien eine Studie durch, die tes-
tete, ob die Schüler abhängig von der Lehr-Lernmethode (PBL oder vortrags- und
diskussionsbasiert) unterschiedliche Leistungen im Fach Volkswirtschaft erbrachten und ob mögliche unterschiedliche Leistungen von sprachlichen Fähigkeiten,
einem unterschiedlichen Grad an Interesse am Lernen von Wirtschaft, der Präferenz für Gruppenarbeiten und der Problemlösefähigkeit der Schüler abhängen.
Fünf Lehrer unterrichteten dazu in elf verschiedenen 12. Klassen mit insgesamt
346 Schülern dieselben Inhalte. Vor Beginn der Studien entschieden sich die Lehrer

ohne Kenntnis der Klassen, in welcher sie problembasiert und in welcher vortrags- und diskussionsbasiert unterrichten wollten.

Ausgewertet wurde der Wissensunterschied zwischen Pre- und Posttest in allen Klassen. Insgesamt ließ sich eine Wissensverbesserung in beiden Schülergruppen feststellen, wobei eine Effektstärke von $d = 0.59$ bezüglich der PBL-Gruppe beziehungsweise $d = 0.29$ bezüglich der Kontrollgruppe festgestellt wurde. Betrachtet man alle Klassen aller Lehrpersonen, erreichten die Schüler der PBL-Klassen eine vier Prozent höhere Leistungssteigerung als die anderen Klassen. PBL ist also gegenüber einer Unterrichtsmethode, die aus Vorträgen und Diskussionen besteht, effektiver im Hinblick auf das Lernen volkswirtschaftlicher Basisbegriffe und -konzepte (vgl. Mergendoller et al. 2006, S. 54–62).

Bezüglich der sprachlichen Fähigkeiten der Schüler ließ sich feststellen, dass diese nicht der Grund für Unterschiede im Wissenszugewinn zwischen den durch PBL und den durch eine Vortrags- Diskussionskombination unterrichteten Schüler waren (vgl. ebd., S. 60–61). Ein Einfluss des unterschiedlichen Grades an Interesse am Lernen von Wirtschaft auf den Leistungsunterschied zwischen den Kindern ließ sich jedoch feststellen (vgl. ebd., S. 60–61). So konnten Schüler mit einem hohen Grad an Interesse am Lernen von Wirtschaft, die durch PBL unterrichtet wurden, eine Steigerung ihres inhaltlichen Wissens erzielen, während Schüler der traditionellen Klassen mit demselben Grad an Interesse wenig Veränderung ihres Inhaltswissens aufweisen konnten. In den Bereichen Präferenz für Gruppenarbeiten und Problemlösefähigkeit der Schüler zeigte sich in dieser Studie kein statistisch signifikanter Einfluss (vgl. ebd., S. 63–64).

Eine größer angelegte Studie zum Vergleich von PBL und herkömmlich angelegtem Unterricht im Fach Wirtschaft führten in den Jahren 2007 und 2008 Finkelstein, Hanson, Huang, Hirschmann und Huang an 106 High Schools in Arizona und Kalifornien durch. Schüler wurden in einem experimentellen Design zunächst mithilfe des vom Buck Institute for Education entwickelten Problem Based Economics Curriculum oder in einem herkömmlichen, lehrbuchgeleiteten Setting mit einer Kombination von Vortrag und angeleiteten Diskussionen unterrichtet. Im Vorhinein sowie anschließend wurde ihr inhaltliches Wissen durch den als Pre- und Posttest konzipierten Test of Economic Literacy nach Walstad und Rebeck (2001) getestet (vgl. Finkelstein et al. 2011, S. x–xi; ebd., S. 4).

Das PBL-Curriculum, was die Experimentalgruppen durchlaufen haben, war in verschiedene Einheiten gegliedert, die alle zwischen einer und drei Wochen dauerten. Die Lehrpersonen bekamen ein Lehrerhandbuch, in dem die Eingliederung des Themas in das Gesamtcurriculum, der Ablauf der Einheit, das Problem mit zugehöriger Einleitung, dem Problem zugrunde liegende Inhalte und Lernziele, Stundenbeschreibungen einschließlich Zeiteinteilung und vorgegebenem Vorgehen

sowie Hilfsmaterialien und eine Liste von Dos und Don'ts enthalten waren. Die
Zusatzmaterialien sind dabei Arbeitsblätter und neue Informationsquellen beziehungsweise Denkanstöße in Form von Videos oder Aufsätzen und Meinungen
verschiedener Interessensvertreter. Jede Einheit besteht aus den sieben in wechselseitiger Beziehung stehenden Phasen Einstieg (*entry*), Einbettung des Problems in
das Unterrichtsthema (*problem framing*), Überprüfung des Wissensstandes bezüglich des Themas (*knowledge inventory*), Problem- und Quellenuntersuchung anhand
von Recherche (*problem research and resources*), Berücksichtigung von gegebenenfalls angestoßenen Wendungen des Problems durch von der Lehrperson präsentierte
neue Informationen (*problem twist*), Verfassen eines Problemprotokolls (*problem
log*), Beendigung der Problembearbeitung (*problem exit*) und Nachbesprechung
des Problems (*problem debriefing*), die von den Schülern in Kleingruppen zumeist
in vorgegebener Reihenfolge mit Möglichkeiten des Zurückspringens in vorherige
oder des länger Verweilens in aktuellen Phasen durchlaufen werden. Die Lehrperson
nimmt dabei eine unterstützende Rolle ein, indem sie Fragen beantwortet, die Kinder
auf Recherchemöglichkeiten und Quellen aufmerksam macht, sowie die Gruppen
durch das Bereitstellen von Materialien und Liefern von Erklärungen lenkt. Somit
arbeiten die Schüler bei dieser Form von PBL, hier PBE (Problem Based Economics), nicht nur eigenständig, sondern die Lehrperson unterrichtet auch weiterhin
frontal. Dies setzt sie um, indem sie passende Momente abwartet, um wichtige
inhaltliche Erklärungen zu geben, nämlich gerade dann, wenn die Schüler spezifische Inhalte verstehen wollen oder entdeckt haben, dass sie bestimmte Inhalte für
das weitere Vorgehen lernen müssen (vgl. ebd., S. 5–6).

Die von externen Teams ausgewerteten Ergebnisse der Tests zeigten, dass Schüler der Interventionsgruppe sowohl im *Test of Economic Literacy* (Effektstärke d
= 0.32), statistisch signifikant, als auch in den offenen Aufgaben (Effektstärke d
= 0.27) besser abschnitten als Schüler der Kontrollgruppe, womit in dieser Studie ein kleiner positiver Effekt auf den inhaltlichen Wissenserwerb der Schüler
innerhalb eines mit PBL gestalteten Unterrichts im Vergleich zu einer traditionell
unterrichteten Kontrollgruppe festgestellt werden (vgl. ebd., S. 51–53).

Im Allgemeinen verzeichnen verschiedene Studien (z. B. Carter 1988; Hatısaru
& Küçükturan 2009; Hmelo-Silver & Barrows 2006; İnel & Balım 2013 sowie
Peen & Arshad 2014 und Spiro, Vispoel, Schmitz, Samarapungavan & Boerger
1989) einen positiven Effekt auf die Leistungen der Schüler durch den Einsatz von
PBL. Als Grund dafür lässt sich zumeist feststellen, dass die Kinder mit Spaß lernen und verstehen, warum sie gewisse Inhalte lernen (vgl. Gallagher et al. 1995,
S. 139; Mustaffa & Ismail 2014, S. 1; ebd., S. 4). Um eben diesen Nutzen der zu
erlernenden Informationen erschließen zu können, sei die Authentizität in Bezug
auf die Lebenswelt der Schüler und hinsichtlich der Informationen, die zum Lösen

des Problems benötigt werden, wichtig. Die Informationen sind im realen Leben nämlich nicht immer sofort verfügbar und ersichtlich, wie es in den meisten anderen Lernsettings in der Schule bei Problemfragen der Fall ist (vgl. Gallagher et al. 1995, S. 137–138). Diese Aussagen stützen Okada, Runco und Berger (1991), die herausfanden, dass authentische, lebensweltbezogene offene Probleme vielfältigere Antworten bei Schülern hervorbrachten als generische offene Probleme (vgl. Ratinen & Keinonen 2011, S. 345). Ist das Problem innerhalb von PBL also so gewählt, dass es situatives Interesse bei den Schülern weckt, wird ihr Lernen und damit auch der Erwerb fachlicher inhaltsbezogener Kompetenzen dadurch angetrieben (vgl. Schmidt et al. 2011, S. 792). Weiterhin wird laut Boud und Feletti (1991) das durch das Arbeiten an Problemen erworbene Wissen länger behalten als Wissen, welches durch vortragsorientierte Lernangebote gewonnen wird. Dies gaben auch deutsche Schüler einer achten Klasse an, die innerhalb einer digitalen Lernumgebung mit PBL zu verschiedenen integrativen naturwissenschaftlichen Themen unterrichtet wurden (vgl. Jannack 2017, S. 120). Dies hängt damit zusammen, dass den Schülern Zusammenhänge zwischen Inhalten klar werden und ihnen eine Einordnung der durch Probleme angestoßenen Themen in größere Themengebiete gelingt, zeigten Wilkinson und Maxwell (1991) sowie Tobias (1990) (vgl. Ratinen & Keinonen 2011, S. 345). Auch Azer (2009) konnte eine Steigerung des Verständnisses inhaltlichen Wissens durch den Einsatz von PBL bei Kindern nachweisen (vgl. Dole et al. 2017, S. 3).

Grundschule

Studien mit dem Fokus etwas über die Wirkung oder Umsetzung von PBL speziell in der Grundschule zu erfahren, wurden bis jetzt kaum durchgeführt, sodass nur begrenzt Ergebnisse vorliegen (vgl. Drake & Long 2009, S. 4). Drake und Long führten 2009 eine Pilotstudie in zwei vierten Klassen zur Wirksamkeit von PBL im naturwissenschaftlichen Unterricht zum Thema Elektrizität in einem quasi-experimentellen Design durch. Die Experimentalgruppe erhielt über zwei Wochen täglich 45 Minuten Unterricht zum Thema Elektrizität durch PBL und die Kontrollgruppe im selben zeitlichen Rahmen durch direkte Instruktionen und im Unterricht eingeleitete direkte Erfahrungen mit dem Thema.

Daten wurden durch einen Pre- und Posttest zum inhaltlichen Wissen, bestehend aus Multiplechoice-, Wahr-Falsch-, Zuordnungs- und Beschriftungsaufgaben generiert. Die Tests illustrierten einen Leistungszuwachs von 4,13 Punkten im Durchschnitt in der Kontrollgruppe und 5,86 Punkten in der Experimentalgruppe, sodass eine mittlere Effektstärke ($d = 0.72$) festgestellt werden konnte. Im zweiten Posttest nach vier Monaten erreichten beide Gruppen im Durchschnitt ähnliche Ergebnisse (Kontrollgruppe 11,78 Punkte; Experimentalgruppe 11,75 Punkte) (vgl.

ebd., S. 5–8). Diese Daten weisen trotz Grenzen bezüglich der Repräsentativität
der Studie darauf hin, dass der Einsatz von PBL in der Grundschule vielversprechend hinsichtlich des nachhaltigen Aufbaus von inhaltlichem Wissen ist
uns somit eine sinnvolle Alternative zum konventionellen naturwissenschaftlichen
Grundschulunterricht darstellen kann (vgl. ebd., S. 11–12).

Mathematikunterricht in der weiterführenden Schule und der Grundschule
Im Mathematikunterricht verschiedener Klassenstufen wurden ebenso bereits einige
unterschiedliche problemzentrierte Ansätze erprobt. Darunter lässt sich allerdings
keiner finden, der eine direkte Umsetzung der Idee des Problembasierten Lernens
darstellt. Dies ist unter anderem den vorgenommenen Anpassungen an die verschiedenen Rahmenbedingungen in den Schulen zuzuschreiben. Die im Folgenden
vorgestellten Möglichkeiten zur Gestaltung von Mathematikunterricht greifen allerdings verschiedene Kerngedanken von PBL auf und weisen zumeist, insbesondere
in Bezug auf ihren Aufbau, Parallelen zu PBL auf. Zudem sind sie längsschnittlich
angelegt, sodass nachhaltige Effekte von verschiedenen Kerngedanken von PBL
ersichtlich werden.

Ridlon (2009) führte eine Interventionsstudie mit zwei Kohorten in der sechsten Jahrgangsstufe zum problemzentrierten Lernen (PCL) durch. Sie versteht
problemzentriertes Lernen (PCL) als Methode, die aktiv die prozessbezogenen
mathematischen Kompetenzen Problemlösen (*problem solving*), Argumentieren
und Beweisen (*reasoning and proof*), Kommunizieren (*communication*), Zusammenhänge herstellen (*connections*) und Darstellen (*representations*), ohne welche
die inhaltlichen Bereiche nicht erworben werden können, fördert (vgl. Ridlon 2009,
S. 192).

Die Schüler setzen sich in einem nach PCL gestalteten Unterricht in Kleingruppen unter Einbezug verschiedener Hilfsmittel, wie dem Taschenrechner oder
didaktischer Materialien wie beispielsweise Steckwürfeln mit mathematischen Problemen auseinander, deren Lösungen sie anschließend unter besonderer Beachtung
der Lösungswege und -strategien präsentieren (vgl. ebd., S. 196). Dabei wird
zunächst mit einfachen innermathematischen Problemen (z. B. Mathequadrate)
begonnen, an denen mathematische Muster und Strukturen erkannt werden können.
Im weiteren Verlauf erhalten die Schüler Problem- und Modellierungsaufgaben,
deren Bearbeitung sie in einer Art Lerntagebuch dokumentierten. Zusätzlich werden
Challenge Cards mit verschiedenen Frage- und Problemstellungen zur quantitativen Differenzierung eingesetzt (vgl. ebd., S. 200–208). Aufgegriffen wird hier also
der Gedanke des eigenständigen, kollaborativen Lernens an Problemen.

Die Interventionsgruppe aus 26 zufällig, unter den Bedingungen a) 40 % schlechter im Bereich Mathematik im Iowa Test of Basic Skills abgeschnitten zu haben als

der nationale Normwert und b) Mathematikunterricht in der vierten Stunde zu erhalten, ausgewählten Sechstklässlern wurde nach dem zuvor beschriebenen Prinzip im ersten Studienjahr von Ridlon über neun Stunden zu den aus dem für die Region gewählten Mathematikbuch stammenden Themen unterrichtet. Die nach den gleichen Bedingungen zufällig ausgewählte Kontrollgruppe, bestehend aus ebenfalls 26 Schülern, verteilt auf vier verschiedene Klassen, wurde zu denselben Themen von der jeweiligen Lehrperson lehrerzentriert unterrichtet (vgl. ebd., S. 197–199). Der Unterricht zeichnete sich dabei durch

> „clear, step-by-step demonstrations of each procedure [...] providing adequate opportunities for students to practice the procedures, and offering specific corrective support when necessary" (Smith III 1996, S. 390)

aus (vgl. Ridlon 2009, S. 197).

Im zweiten Jahr der Studie wurden zwei im Hinblick auf den demografischen Hintergrund und Leistungsstand für die Schule repräsentative Klassen, eine mit PCL ($n = 27$) und die andere lehrerzentriert ($n = 25$), von Ridlon und einem der Lehrer aus dem ersten Studienjahr bezüglich derselben Themen unter fast identischen Rahmenbedingungen (z. B. selber Raum, gleicher Zeitraum, selbe Instruktionswerkzeuge) unterrichtet (vgl. ebd., S. 198–199).

Zur Evaluation des problemzentrierten Ansatzes wurden verschiedene Testinstrumente (quantitative und qualitative) eingesetzt. Quantitative Daten wurden in beiden Studiendurchläufen durch ein Prä-Posttest-Design mit auf die in den neun Wochen der Studie unterrichteten Inhalte abgestimmten Aufgaben erhoben. Die Aufgaben stimmten dabei im Prä- und Posttest überein, nur die Reihenfolge und Zahlenwerte wurden verändert. Zum ersten Messzeitpunkt in beiden Kohorten waren Experimental- und Kontrollgruppe nicht signifikant unterschiedlich ($p = .96$, $p = .44$). Im ersten Durchlauf der Studie wurde eine signifikante Verbesserung der Testergebnisse in der Experimentalgruppe im Vergleich zur Kontrollgruppe zum zweiten Messzeitpunkt festgestellt. Ähnliche Ergebnisse ergaben sich auch bei der zweiten Kohorte (vgl. ebd., S. 208–211). Die bereits durch die quantitativen Tests dokumentierte Verbesserung der mathematischen Leistung durch PCL konnte durch Interviews mit den Kindern und Eltern in beiden Jahren bestätigt werden. In beiden Studienjahren gaben ca. zwei Drittel der Eltern (67 %, 63 %) und Schüler (69 %, 67 %) an, dass Mathematik und insbesondere mathematische Probleme nun besser verstanden werden. In der Kontrollgruppe konnte festgestellt werden, dass ca. die Hälfte der Schüler (54 %, 52 %) und ca. die Hälfte beziehungsweise mehr als zwei Drittel der Eltern (43 %, 72 %) ein unverändertes Verständnis der Mathematik wahrnahmen. Auszüge aus den Lerntagebüchern der Kinder bestätigten zudem ein besseres Verständnis der Mathematik durch die Kinder. Trotzdem muss beachtet werden, dass ungefähr ein Drittel der Schüler und Eltern in beiden Studienjahren keine Veränderung bezüglich des Verständnisses wahrgenommen hat (vgl. ebd. 2009, S. 213–215).

Ähnliches zeigte die Evaluation des Projekts QUASAR (Quantitative Understanding: Amplifying Student Achievement and Reasoning), welches die Kerngedanken des kooperativen Lernens an mathematischen Aufgaben in einem offenen Lernsetting in Mittelschulen aufgreift.

Der Effekt von QUASAR auf das Verständnis der Schüler in Bezug auf Mathematik, die Argumentation und Beweisführung bei der Bearbeitung mathematischer Aufgaben und das Problemlösen wurde in den ersten drei Jahren des Projekts mithilfe eines zur Überprüfung höherer kognitiver Lernziele eigens entwickelten Tests aus verschiedenen offenen Aufgaben erhoben. Es wurde deutlich, dass die Schüler ihre Leistungsfähigkeiten in den Bereichen Problemlösen, Kommunikation und mathematisches Argumentieren und Beweisen klar verbesserten. Die Lösungen der Schüler zu den Aufgaben wurden ganzheitlich beurteilt und zeigten in einem Zeitraum von drei Jahren (1990–1993), dass sich die Zahl der Kinder, die auf ihre Antworten die beiden höchsten Punktzahlen erhielten, von 18 % auf 40 % mehr als verdoppelt hat. Überdies verbesserten die Schüler mit der Zeit ihr mathematisches Wissen im Sinne eines tieferen Verständnisses und höherer Leistungsfähigkeit in Bezug auf komplexes mathematisches Denken und Beweisen, was an der Angemessenheit ihrer Strategienutzung und der Qualität ihrer mathematischen Begründungen in den Aufgaben erkennbar wurde. Die Annahme, dass Schüler in Lernarrangements wie QUASAR, die sich durch die Möglichkeit der Anwendung und Nutzung verschiedener Lösungsstrategien, zusammenhängender Repräsentationen und mathematischer Erklärungen auszeichnen, höhere Lernzuwächse erzielten als in mathematischen Lernumgebungen, in denen dies nicht und kaum Möglichkeiten zur mathematischen Kommunikation gegeben sind, stützt eine zusätzliche Analyse von Stein und Lane (1995), die den Zusammenhang zwischen Unterrichtsprozessen und Lernergebnissen in QUASAR-Lernkontexten untersuchte. Weiterhin legten die Ergebnisse der Evaluation durch die dreijährige Längsschnittstudie nahe, dass Lernumgebungen mit der Möglichkeit, offen an mathematische Aufgaben heranzugehen und diese in Kooperation mithilfe von Kommunikationsprozessen zu lösen, insbesondere für alle Schüler mit all ihren ethnischen oder sprachlichen Diversitäten günstig sind, da diese Untergruppen ihre Wissens- und Verstehensrückstände innerhalb der drei Jahre aufholen konnten (vgl. Silver & Stein 1996, S. 504–507).

Um festzustellen, ob QUASAR nicht nur Vorteile an sich, sondern tatsächlich gegenüber traditionellen Lehrmethoden bietet, wurde in der achten Klassenstufe ein

Vergleichstest durchgeführt. Dieser ergab, dass die QUASAR Schüler deutlich besser in allen Gebieten der Mathematik abschnitten als Achtklässler aus Stichproben, die ähnliche demografische Merkmale aufwiesen, insbesondere in offenen Aufgaben und Problemlöseaufgaben. Im Jahr 1993 konnten diese Ergebnisse erneut bestätigt werden. Darüber hinaus schnitten die QUASAR-Schüler auch im nationalen Vergleich in den Problemlöseaufgaben und den inhaltlich noch nicht so lange etablierten Gebieten Statistik und Wahrscheinlichkeit, Algebra und Funktionen genauso gut oder besser als andere Schüler ab (vgl. ebd., S. 507–508).

Andere Studien untermauern die Erkenntnis, dass Schüler in der Primar- sowie Sekundarstufe von einer vertieften Beschäftigung, insbesondere durch problemzentriertes Lernen, mit einem mathematischen Inhalt bezüglich des Verständnisses dieses nachhaltig profitieren. Vertiefte Beschäftigung meint dabei die Möglichkeit, selbstständig ein Thema für sich entdecken und die eigenen Erkenntnisse nutzen zu dürfen, um einen Sinn für sich im mathematischen Gegenstand zu finden sowie über mathematische Gegenstände ins Gespräch zu kommen, anstatt gezwungen zu sein, die von der Lehrperson vorgestellten Algorithmen, Verfahren und Inhalte aufzunehmen und exakt umsetzen zu müssen (vgl. Byrd & Finnan 2003, S. 48–52; Cobb et al. 1991a, S. 157; ebd., S. 174; Cobb et al. 1991b, S. 19–25; Cobb et al. 1992, S. 483; Hatisaru & Küçükturan 2009, S. 2155; Li 2011, S. 28–29; Mustaffa et al. 2014, S. 5; Padmavathy & Mareesh 2013, S. 50; Tarmizi et al. 2012; Webb & Dowling 1996, S. 9; Wood & Sellars 1996, S. 337).

Nicht eindeutige Ergebnisse ergaben sich hingegen bei der mehrfachen Evaluation (z. B. Clarkson 2001; Kramer et al. 2008; Reys et al. 2003; Ridgway et al. 2002; Riordan & Noyce 2001; Riordan et al. 2003; Schneider 2000) des Connected Mathematics Program (CMP), welches ebenfalls ein problemzentriertes Mathematik-Curriculum für die sechste bis achte Klasse ist. Der Fokus in CMP liegt auf dem Erkennen und Erarbeiten der Verbindungen mathematischer Ideen mit ihrer Anwendung im realen Leben durch komplexe Probleme (vgl. Slavin et al. 2008, S. 11). Es wird also der Kerngedanke von PBL des Verwendens authentischer Probleme zum Erarbeiten mathematischer inhaltlicher Kompetenzen aufgegriffen. Betrachtet man die verschiedenen verfügbaren Studien genauer, ergibt sich eine durchschnittliche Effektstärke von $d = -0.05$, welche einen nicht signifikanten Effekt von CMP auf die Leistung von Schülern in standardisierten Test ausweist (vgl. ebd., S. 11–13; Slavin et al. 2009, S. 848–850).

Auch auf der schulischen Ebene wurde nicht ausschließlich der Erwerb fachlicher Kompetenzen unter dem Einsatz von PBL betrachtet, sondern unter qualitativer Forschungsperspektive auch vermehrt der Blick auf den Erwerb überfachlicher Kompetenzen gerichtet.

2.5.3.2 Die Wirkung von PBL auf den Erwerb überfachlicher Kompetenzen

Weiterführende Schulen

Gallagher, Stepien, Sher und Workman beschreiben PBL als eine Konzeption, die es ermöglicht, Ziele des naturwissenschaftlichen Schulunterrichts, wie eine logisch-sachliche Herangehensweise an Themengebiete, wissenschaftliches Vorgehen bei der Durchführung von Forschungen und Experimenten, das Aufstellen und Überprüfen von Hypothesen, das Verständnis kausaler Zusammenhänge und die Anwendung von Wissen auf reale naturwissenschaftliche Phänomene und Probleme sowohl in der Grund- als auch in der weiterführenden Schule zu erreichen (vgl. Gallagher et al. 1995, S. 136–137). Diese Ziele werden hier als überfachliche Kompetenzen betrachtet, da insbesondere die Verantwortung, eigenständig Vorgänge zu planen, durchzuführen und zu evaluieren sowie das Nachvollziehen und Herstellen kausaler Zusammenhänge in vielen Bereichen menschlichen Lebens von Nutzen sind.

Jannack, die im Rahmen mehrerer Design-Based-Research-Zyklen an der Entwicklung, Durchführung und Überarbeitung mehrerer nach dem McMaster-Vorbild gestalteter problembasierter Unterrichtskonzeptionen für den interdisziplinären naturwissenschaftlichen Unterricht in der Mittelstufe mitgewirkt sowie diese abschließend im Hinblick auf die Praktikabilität im und Förderung entsprechender Arbeitsweisen für den naturwissenschaftlichen Unterricht überprüft hat, bestätigt die Aussagen von Gallagher, Stepien, Sher und Workman größtenteils (vgl. Jannack 2017, S. 119; ebd., S. 147).

Innerhalb der Konzeptionen bearbeiten die Acht- sowie Zehntklässler in Kleingruppen, hier Abteilungen, als Auftragsschreiben von Firmen formulierte Fälle, indem sie fünf Schritte *(I. Neue Informationen (der Mitarbeiter), II. Definition des (Teil-)Problems, III. Brainstorming, IV. Sortieren und Zusammenfassen der Ideen/Lösungsansätze, V. Formulierung und Verteilung der Aufgaben, Selbststudium als wiederkehrende nicht extra aufgeführte Phase)* durchlaufen, die durch einen von den Schülern in jeder Stunde auszufüllenden Protokollbogen abgebildet werden. Theoretische Grundlagen sowie verschiedene Zusatzmaterialien werden den Schülern von der Lehrperson in Form von lehrerzentriertem Unterricht in sogenannten Mitarbeiterseminaren vermittelt und können außerdem auf der zu den Konzeptionen zugehörigen Homepage der online Lernstadt Lucycity eingesehen werden. Zusätzlich können Lernziele und die verschiedenen Schritte zur Erreichung dieser individuell in einem Lernjournal festgehalten werden, sodass auch die Ergebnisse des in der Regel zu Hause stattfindenden Selbststudiums dokumentiert werden (vgl. ebd., S. 120–126). Die Schüler gaben in einer Befragung an, Projekte im Team planen und die Durchführung einzelner Aufgaben eigenverantwortlich übernehmen zu können. Damit wird die Erreichung des Ziels naturwissenschaftlichen Unterrichts, Verantwortung zu übernehmen, durch PBL unterstützt (vgl. ebd., S. 183–184; ebd., S. 196–197; ebd., S. 201). In weiteren überfachlichen Kompetenzen, wie dem Problemlösen und dem Strukturieren, Reflektieren und Dokumentieren von Arbeitsprozessen machten insbesondere die Zehntklässler Fortschritte und die Achtklässler wurden für diese metakognitiven Fähigkeiten sensibilisiert, sodass sie ebenfalls davon profitierten (vgl. ebd., S. 187–188).

Neben einem positiven Effekt von PBL auf die Problemlösefähigkeiten von Schülern, der ebenfalls in verschiedenen anderen Studien nachgewiesen werden konnte (vgl. z. B. Abdullah et al. 2010, S. 374–375; Drake & Long 2009, S. 10; Finkelstein et al. 2011, S. 26–28; Hmelo-Silver et al. 2007, S. 103; Li 2011, S. 28–29; Liu et al. 2014, S. 83; Tillman 2013, S. 1), konnte eine vorteilhafte Wirkung auf das flexible und analytische Denken vermerkt werden (vgl. Dole et al. 2017, S. 8–9; Ratinen & Keinonen 2011, S. 345).

In der zehnten Klasse konnte außerdem von Jannack eine Förderung der Hypothesenbildung und -überprüfung festgestellt werden, während sich dies in der achten Klasse eher in der Durchführung von Experimenten zeigte (vgl. Jannack 2017, S. 190). Gerade der Umgang mit und das eigenständige Verfassen von wissenschaftlichen Texten konnte in der zehnten Klasse verbessert werden (vgl. ebd., S. 193; ebd., S. 199).

Daran knüpfen die von Simons und Klein (2007) festgestellten Ergebnisse an, die eine verbesserte Mitschriftenführung und Organisation in Schülerheften durch PBL hervorheben (vgl. Dole et al. 2017, S. 3). Auch Weber beschreibt, dass die Übernahme von Verantwortung für das eigene Lernen sowie die Fähigkeit Lernen eigenständig zu koordinieren und autonom voranzutreiben, durch PBL gefördert werden, was Dole, Bloom und Doss (2017) bestätigen. Außerdem entwickeln die Lernenden soziale Fähigkeiten, wie Kommunikationsbereitschaft, Teamfähigkeit, Flexibilität bezüglich der Rollenübernahme in Gruppengesprächen (weiter) und erleben Umsetzungsmöglichkeiten konstruktiver fachlicher Gespräche (vgl. Dole et al. 2017, S. 8–9; Weber 2012, S. 32). Dies können Sungur und Tekkaya (2006) bei PBL-Schülern eines 10. Schuljahres bestätigen (vgl. Sungur & Tekkaya 2006, S. 314–315). Ähnliche Ergebnisse zeigten Studien von Cerezo (2004) (vgl. Dole et al. 2017, S. 3), Ak und Özkarde (2007) und Mustapha et al. (2011) (vgl. Mustaffa & Ismail 2014, S. 1–2). Auch in online angelegten PBL-Lernsettings kann eine Steigerung der Kompetenz, online zusammenzuarbeiten und dafür entsprechende Werkzeuge zu nutzen, mit Quellen und neuen Medien adäquat umzugehen sowie die Entwicklung von sozialen und Teamleiterfähigkeiten bei Kindern festgestellt werden (vgl. Dole et al. 2017, S. 3; Weber 2012, S. 32).

Als zentrale fächerübergreifende Kompetenz, die durch PBL gefördert wird, kann zudem das Stellen verschiedenartiger Lernfragen betrachtet werden, was sich aus dem Aufstellen von Hypothesen ergeben kann. Diese Kompetenz innerhalb eines PBL-Lernsettings haben Chin und Chia genauer betrachtet.

Chin und Chia überprüften die Rolle der Fragen bei der Wissenskonstruktion innerhalb eines problembasierten Unterrichts in einer 9. Klasse, im Zuge dessen von den Schülern selbst gestellte Probleme behandelt wurden (vgl. Chin & Chia 2004, S. 710–711). Als ein Teil der Studie wurde erforscht, was die Inspiration der Schüler für ihre Probleme und Fragen waren. Weiterhin wurde ergründet, wie die Kinder das Themengebiet des Problems durch ihre Fragen entdeckten. Dazu analysierten Chin und Chia, welche Fragen sich einzelne Schüler während der Identifikationsphase des Problems und welche sie sich in der kooperativen Arbeitsphase während des Lösungsprozesses stellen und wie diese Fragen zum Wissensaufbau führen.

Chin und Chia kategorisierten vier verschiedene Quellen der Inspiration für Probleme und Fragen.

Quelle 1: Volkstümliche Weisheiten und kulturelle Überzeugungen

Quelle 2: Verwunderung über in Werbungen oder Medien propagierte Informationen

Quelle 3: Aus persönlichen Begegnungen, Anliegen von Familienmitgliedern und Beobachtungen anderer erwachsene Neugier

Quelle 4: Aspekte, die aus vorhergehenden Schulstunden hervorgehen (vgl. ebd., S. 714).

Weiterhin konnten sie auch vier verschiedene Typen von Zielen herausarbeiten, die mit individuell gestellten entsprechenden Fragen erreicht werden sollten (vgl. ebd., S. 715).

Typ 1: Validierung verbreiteter Überzeugungen und verbreiteten Irrglaubens (*validation of common beliefs and misconceptions*). Im Zuge dieser Zielsetzung von Fragen wurden einerseits themenspezifische Konzepte und andererseits aus Kultur und Volkstum entstandene Überlieferungen und Weisheiten hinterfragt. Inspiration für die meisten dieser Fragen, die 10,4 % aller Fragen ausmachten, ist Quelle 1. Für manche dient auch Quelle 3 als Inspiration.

Typ 2: Grundlegende Informationen (*basic information*). Die Fragen innerhalb dieses Typs zielen auf Anhäufung von Faktenwissen ab und liefern meist kurze, leicht zu recherchierende Antworten. Sie machten 54,2 % aller Fragen aus.

Typ 3: Erklärungen (*explanations*). Fragen mit dieser Zielsetzung sollen kausale Zusammenhänge und Beziehungen aufdecken sowie Sachverhalte unter bestimmten Bedingungen beleuchten und stellten 26 % aller Fragen dar.

Typ 4: Vorgestellte Szenarien (*imagined scenarios*). Fragen, die vorgestellte Szenarien im Sinne von „Was-wäre-wenn-Zusammenhängen" erschaffen, dienen der

Generierung und Überprüfung von neuen Hypothesen und wurden in 9,4 % der Fälle gestellt.

Die Quellen aller Fragen sind folglich überwiegend außerschulisch, sodass 48 % aller Fragen von Quelle 3 inspiriert sind, 25 % von Quelle 2, 13,5 % von Quelle 1 und ebenfalls 13,5 % von Quelle 4. Dabei sind Fragen, die von Quelle 4 inspiriert sind, meist Fragen mit Zielsetzung des Typs 2. Fragen, die zum Nachdenken anregen und es vermögen, tiefere Aspekte des Lerngegenstandes aufzudecken und die somit den Zieltypen 3 und 4 zuzuordnen sind, sind zumeist in Quelle 2 begründet (19 von 25 Fragen des Typs 3 und 6 von 9 Fragen des Typs 4) (vgl. ebd., S. 716–717).

Die Fragen, die in den Gruppenphasen des Projekts gestellt wurden, waren deutlich themenspezifischer als die individuellen, da die Schüler sich in der Gruppe auf ein Problem einigten, mit dem sich die meisten identifizieren konnten und dann mit der Problemlösung begannen (vgl. ebd., S. 717). Auch hier konnten Chin und Chia vier verschiedene Arten von Fragen klassifizieren.

Art 1: Informationen ansammelnde Fragen (*information gathering questions*), welche sich aus dem Vorwissen der Schüler ergeben und zum Ziel haben, Fakten zusammenzutragen, die Wissenslücken bezüglich des Themas schließen.

Art 2: Verbindende Fragen (*bridging questions*), die dazu dienen, Beziehungen und Verbindungen zwischen verschiedenen Begriffen aufzudecken.

Art 3: Erweiternde Fragen (*extension questions*), die über den Bereich des Problems hinausgehen und eine Anwendung des erlernten Wissens erfordern.

Art 4: Reflektierende Fragen (*reflective questions*), die auswertend und kritisch sind und somit zur Entscheidungsfindung und oder einer Änderung der eigenen Haltung bezüglich des Themas führen. Letztere Art von Fragen wird nicht so häufig gestellt wie die anderen.

Die Arten von Fragen sind zwar hinsichtlich ihres Beitrags zum Wissensaufbau und der Tiefe des Verständnisses des Themas hierarchisch, können aber im Problemlöseprozess unabhängig davon immer wieder vorkommen (vgl. ebd., S. 718–719).

Des Weiteren fanden Chin und Chia heraus, dass die Schüler die richtigen Fragen stellen müssen, um nicht im Prozess zu stagnieren, sondern in einen Fluss des Problemlösens zu geraten, der sie zu immer weiteren Fragen führt. Dies führt zu einem bleibenden Interesse an den Nachforschungen. Tun sie dies nicht, müssen sie auf die Folgen der falsch gestellten Fragen richtig reagieren, denn davon hängt der Lernzuwachs ab. Was genau richtige Fragen sind, definieren Chin und Chia in ihrer Forschung nicht, sie merken nur an, dass die Kinder lernen sollten, Fragen aus verschiedenen Perspektiven zu stellen und dies gefördert werden kann, indem man selbst als Lehrperson als Vorbild fungiert sowie die Kinder immer wieder

Fragen aufschreiben und in einem Lerntagebuch dokumentieren lässt (vgl. ebd., S. 723–724).

Das fragengeleitete Problembasierte Lernen eröffnet nicht nur die Möglichkeit, den Schülern einen das Lernen erleichternden Unterricht zu bieten, sondern auch Fehlvorstellungen der Schüler von ihnen selbst aufdecken zu lassen und somit eine Selbstintervention einzuleiten. Darüber hinaus wird eben die Fähigkeit gefördert, sich eigenständig Fragen zu stellen, auch wenn diese zumeist auf die Beschaffung einfacher Informationen ausgerichtet sind (vgl. ebd., S. 724).

Runco und Okada fanden überdies heraus, dass Jugendliche mehr und inhaltlich tiefgreifendere Antworten geben, wenn sie sich selbst aussuchen können, welche Fragen sie stellen und Probleme selber entdecken, anstatt auf vorgesetzte Fragen reagieren zu müssen. Verwiesen sei hier ebenso auf Moore (1985), der ähnliche Ergebnisse bei der Untersuchung von Mittelstufen-Schülern erzielte (vgl. Runco & Okada 1988, S. 211–212). Wenn Menschen die Möglichkeit haben, selbstständig Fragen bezüglich eines Themas zu generieren, aktiviert dies ihr Vorwissen, fokussiert ihre Lerntätigkeit und fördert das Verständnis neuer Begriffe, indem diese mit dem bereits vorhandenen Wissen elaboriert werden (vgl. Schmidt 2001, S. 27). PBL kann genau einen solchen Unterricht, in dem Kinder Fragen eigenständig entwickeln und beantworten, bieten und somit aktivem Lernen dienlich sein.

Die bisher dargestellten Untersuchungen bezogen sich auf weiterführende Schulen, in denen die Schüler bereits sicher lesen und schreiben können, in Zusammenhängen denken und insbesondere geübt darin sind, Fragen zu stellen. Dies alles sind Fähigkeiten und Fertigkeiten, die in der Grundschule noch einer stärkeren Förderung bedürfen.

Grundschule
Die wenigen Studien in Grundschulen ergaben ähnliche Ergebnisse, sodass diese hier nur ergänzend genannt werden. Überdies wurden die Durchführungsbedingungen der Studie von Drake und Long bereits in Abschnitt 2.5.3.1 unter dem Punkt Grundschule beschrieben. Diese konnten feststellen, dass PBL Kompetenzen im Sinne von Anforderungen des lebenslangen Lernens wie die Fähigkeit, gute Fragen zu stellen, Informationen zu finden, konzentriert an Aufgaben zu arbeiten und systematisch Probleme zu lösen auch bereits in der Grundschule fördern kann (vgl. Drake & Long 2009, S. 11–12). Dabei ist aus den Studienergebnissen hier ebenfalls nicht ersichtlich, was gute Fragen charakterisiert. Bezogen auf den naturwissenschaftlichen Grundschulunterricht konnte außerdem festgestellt werden, dass falsche Vorstellungen der Kinder zu behandelten Themen abnehmen, da die Kinder durch PBL lernen, elaboriertere Erklärungen für Phänomene zu liefern (vgl. Leuchter et al. 2014, S. 1751).

Auch hinsichtlich der Problemlösefähigkeiten konnte eine ausgeprägtere Bewusstheit der Kinder über die Verwendung verschiedener Problemlösestrategien und Informationsressourcen im Vergleich zu Kindern, die unter sonst gleichen Bedingungen nicht mit PBL unterrichtet wurden, festgestellt werden (vgl. Drake & Long 2009, S. 5–8).

Mathematikunterricht in der weiterführenden Schule und der Grundschule
Speziell für den Mathematikunterricht konnte allerdings keine positive Wirkung von PBL auf die Fähigkeit des Problemlösens an sich festgestellt werden (vgl. Slavin et al. 2008, S. 11–13; Slavin et al. 2009, S. 848–850).

Ridlon konnte aber in ihrer Studie zum problemzentrierten Unterricht (PCL) (s. Abschnitt 2.5.3.1) durch Umfragen und Interviews mit Schülern sowie anhand von Beobachtungen im Unterricht und Ergebnissen aus Lerntagebüchern der Kinder eine positive Einschätzung (70 % der Schüler in der Umfrage) bezüglich der Vorteile der Zusammenarbeit in Gruppen, wie zum Beispiel der Lösungsvielfalt, der Möglichkeit zur nicht unter dem Bewertungsdruck stehenden Kommunikation über Mathematik mit Gleichaltrigen sowie des sozialen Miteinanders wahrnehmen. Die einzigen negativen Aussagen (8 % der Schüler in der Umfrage) bezogen sich auf die Zusammenstellung der Gruppen, wenn mit einem Mitschüler zusammengearbeitet werden musste, mit dem es im Vorhinein bereits interpersonale Probleme gab oder nicht alle Gruppenmitglieder gleichermaßen mitarbeiten (vgl. Ridlon 2009, S. 216–221).

Insgesamt zeigen die vorgestellten Studien, dass für den Erwerb mathematischer, insbesondere inhaltlicher, Kompetenzen die Verwendung von Problemen, die kooperativ bearbeitet werden, von Nutzen ist. Es können allerdings keine Hinweise darauf gefunden werden, dass die spezielle Verwendung alltagsbezogener statt fiktiver Probleme einen positiven Einfluss auf den Wissenserwerb hat. In anderen Schulfächern haben sich aber gerade die in PBL genutzten authentischen Probleme in weiterführenden Schulen positiv und sinnstiftend auf den Erwerb fachlicher Kompetenzen ausgewirkt. Für die Grundschule lassen sich diesbezüglich keine aussagekräftigen Erkenntnisse finden. Dies legt nahe, dass an dieser Stelle noch Forschungsbedarf besteht, da PBL durchaus vielversprechend in Bezug auf den Erwerb fachlicher Kompetenzen erscheint. Betrachtet man zusätzlich die Erkenntnisse über die Wirkung von PBL und verwandten Konzeptionen, wie zum Beispiel PCL, auf überfachliche Kompetenzen in ihrer Gesamtheit, scheint dieses eine Unterrichtsumsetzung zu sein, die den Kindern Fähigkeiten für das lebenslange Lernen zur Verfügung stellt und sie somit auf das Leben als Erwachsene im 21. Jahrhundert mit seinen Herausforderungen vorbereiten kann (vgl. Dole et al. 2017, S. 6–8). Zusammenfassend lässt sich sagen, dass, unabhängig von der Schulform,

„[s]ome of the greatest things about PBL are that it forces students to think of and develop engaging questions, to muddle through a series of questions and answers, and continue to use critical thinking skills throughout the entire learning experience to analyze, synthesize, and evaluate their findings and outcomes. Students learn to challenge and debate their peers, write about and communicate their findings, and evaluate outcomes in meaningful ways. All of these skills are life skills students will use for their higher education and beyond." (ebd., S. 7)

Dies illustriert einen weiteren Vorteil von PBL, der es als lohnend erscheinen lässt, diesen Ansatz auch im Mathematikunterricht der Grundschule näher zu betrachten.

2.5.4   Herleitung des Forschungsdesiderats

Betrachtet man in stark reduzierter und vereinfachter Form die Gesamtheit der Forschungsergebnisse, unabhängig davon, unter welchen Bedingungen und in welchen Bereichen die Studien durchgeführt worden sind, scheint PBL Potenzial für die Förderung verschiedener fachlicher und überfachlicher Kompetenzen zu bieten, solange gewisse determinierende Faktoren in der Umsetzung berücksichtigt werden (s. Tabelle 2.3). Diese Potenziale sind Punkte, welche ebenfalls eine Relevanz für die Gestaltung von Mathematikunterricht besitzen, indem Mathematik auch immer einen allgemeinen Bildungsbeitrag leisten, das heißt, überfachliche Kompetenzen sowie die Anwendung fachbezogener Kompetenzen fördern und soziale Aspekte einbinden soll (vgl. Heymann 2013, S. 131–133). Zudem sollte es stets das Ziel in einem Fach sein, Interesse an weiterführenden Inhalten zu wecken, und Wissen nachhaltig zu speichern. Insofern scheint PBL ein Ansatz zu sein, der für den Mathematikunterricht gewinnbringend eingesetzt werden könnte, insbesondere, da verwandte Konzepte bereits einen positiven Einfluss auf den Kompetenzerwerb im Mathematikunterricht in weiterführenden Schulen hervorbringen konnten (s. Abschnitt 2.5.3).

Dabei bleibt es außer Frage, dass diese Verallgemeinerung der Ergebnisse nur der Illustration der potenziellen positiven Wirkungen von PBL auf den Kompetenzerwerb von Lernenden dient, aber stets die Umsetzungs- und Untersuchungsbedingungen beachtet und genau beschrieben werden müssen, wie es auch in der folgenden Arbeit (s. Kapitel 3 und 9) vorgenommen wird.

Betrachtet man die Gesamtheit der vorliegenden Studien, lässt sich festhalten, dass Untersuchungen und Ergebnisse zu PBL in der Schule, insbesondere im Mathematikunterricht der Grundschule kaum vorliegen (vgl. Dole et al. 2017, S. 3; Merritt et al. 2017, S. 8–9), sodass hier ein dringender Bedarf an Forschung

Tabelle 2.3 Potenzielle positive Effekte von PBL

Erkenntnisstand zu PBL	Determinierende Faktoren
Positive Effekte auf… • die nachhaltige Speicherung, das Verständnis und die Anwendung von Inhalten • Fähigkeiten für das lebenslange Lernen wie das Entwickeln von Fragen und das Planen und Durchführen eines Rechercheprozesses • kooperatives Arbeiten • Interesse an weiterführenden Inhalten und dadurch auch die intrinsische Motivation	, wenn… • bereits Vorwissen vorhanden ist, welches die Lernenden mit dem neuen Wissen verknüpfen können. • den Lernenden eine Struktur geboten wird, damit diese den Lernprozess zielgerichtet ausführen, evaluieren und damit für sich wiederholt anwendbar machen können. • der Lernzuwachs durch eine passende Prüfungsmethode sichtbar gemacht werden kann. • die verwendeten Probleme von den Lernenden als authentisch und relevant aufgefasst werden.

besteht (vgl. Merritt et al. 2017, S. 9; Rico & Ertmer 2015, S. 102). Vorliegende Untersuchungen erbrachten wenige, zum Teil ambivalente Ergebnisse (s. Abschnitt 2.5.3).

Im Allgemeinen versucht PBL die Forderungen der heutigen, evidenzbasierten Didaktik aufzugreifen und den „Anteil der kompetenzerweiternden selbst verantworteten Konstruktion durch die Lernenden – gegenüber direkten Instruktionen – zu vergrößern" (Weber 2007b, S. 16). Dies bedeutet, die Etablierung von offenen Unterrichtskonzeptionen, die problemorientiert, anwendungsnah, auf das gehirngerechte (s. Abschnitt 5.1) und selbstgesteuerte Lernen ausgerichtet sowie motivationsfördernd sind, sollte vorangetrieben werden. Denn nur so können mündige, das Leben aktiv gestaltende Personen aus den Schülern erwachsen, die den Herausforderungen der heutigen Gesellschaft gerecht werden können (vgl. ebd., S. 15–16). Der Stand der Forschung bietet dazu, wie in Abschnitt 2.5 beschrieben, ausreichende Erkenntnisse, die belegen, dass durch den Einsatz von PBL diese Ziele tatsächlich im Hochschulunterricht und in weiterführenden Schulen erfüllt werden können. Somit kann es als didaktisch relevant angesehen werden, über PBL auch in weiteren Schulformen zu forschen.

Die meisten vorliegenden Studien zum Problembasierten Lernen in der Hochschule und zum Teil auch in der Schule sind quantitativ ausgerichtet und ausgewertet und nur durch qualitative Erkenntnisse zum Zweck der Triangulation ergänzt worden. Zumeist wurde die Wiedergabe inhaltlichen Wissens in standardisierten Tests abgefragt und die Anwendung von Problemlösefähigkeiten überprüft.

Ein ganzheitlicher Ansatz, bei dem offen an die Situation herangegangen und sich gefragt wird, wie die Schüler überhaupt mit den gestellten Problemen und der gesamten Lehr-Lernkonzeption umgehen, könnte das mögliche Potenzial von PBL im Allgemeinen und in der Grundschule im Speziellen aufzeigen.

Die fehlende Forschung auf diesem Gebiet weist allerdings auch darauf hin, dass der Ansatz so, wie er besteht, nicht geeignet für den Einsatz in der Grundschule sein könnte (s. Abschnitt 5.2). Diese Annahme wird dadurch unterstützt, dass in der Literatur kein adäquater Ansatz für die Grundschule zu finden ist, den man ohne fundamentale Anpassungen für den Mathematikunterricht übernehmen könnte. Schüler benötigen einen gewissen Grad an Instruktion, der ihnen eine Anleitung bietet und somit dabei hilft, metakognitive, zum eigenständigen Lernen notwendige Fähigkeiten und Fertigkeiten zu erwerben, vertiefen und anzuwenden (vgl. Gallagher et al. 1995, S. 141). Um dies zu gewährleisten, ist es allerdings von Bedeutung, Problembasiertes Lernen für den Mathematikunterricht der Grundschule zunächst fruchtbar zu machen. Hier zeigt sich die Notwendigkeit der Anpassung von PBL für den Grundschulunterricht, da sich die Bedürfnisse hinsichtlich einer ausreichenden Unterstützung der Kinder in der Grundschule von denen in beispielsweise Mittelstufenklassen unterscheiden.

Wichtig ist es,

„to demonstrate the relevance and practical value of this point of view for improving school mathematics instruction, they [constructivists] will need to undertake programmatic development and research – the development of specific instructional guidelines (and materials if necessary) for accomplishing specific instructional objectives in typical classroom settings" (Brophy 1986, S. 366).

Genau an diesem Punkt soll die in dieser Arbeit beschriebene Forschung anknüpfen und eine solche programmatische Entwicklung einer sich aus PBL ergebenden Unterrichtskonzeption für den Mathematikunterricht der dritten und vierten Klasse vollzogen werden.

Das Forschungsvorhaben der Arbeit 3

•

Um eine adäquate Unterrichtskonzeption für den Mathematikunterricht der Grundschule entwickeln zu können, wird zunächst ein für diese Arbeit geltendes Begriffsverständnis in Bezug auf Unterrichtsmethode, -konzeption und -prinzip dargelegt, auf welches sich im Entwicklungsprozess bezogen wird.

3.1 Begriffsbestimmung Unterrichtskonzeption

Zur Beschreibung von Unterricht werden vielfältige Begriffe verwendet, die weder trennscharf, noch einheitlich definiert sind, wie „Unterrichtsformen, Unterrichtsmethoden, Sozialformen, Aktionsformen, Unterrichtskonzeptionen [...] und Unterrichtsprinzipien" (Saalfrank 2011, S. 61). Auf eine detaillierte Darstellung verschiedener Systematisierungsversuche (z. B. Einsiedler 1976, Broudy 1970, Meyer 2009) wird an dieser Stelle verzichtet, eine Übersicht kann jedoch unter Terhart (2000, S. 24–33) nachgelesen werden.

Unter Einbezug von einerseits Meyers (2009) detaillierten und feingliedrigen Ausführungen zum methodischen Handeln sowie andererseits Barzels, Büchters und Leuders (2011) vereinfachtem Verständnis der Unterrichtsmethodik kann ein für die vorliegende Arbeit geltendes Verständnis abgeleitet werden (s. Abbildung 3.1). Dabei werden die detaillierten Abstufungen, feinen Hierarchien und Begriffsnetze der Konzepte von Meyer und Kollegen zugunsten eines für diese Arbeit angemessenen Verständnisses übergangen.

Immer wenn in der Arbeit im Folgenden von der Entwicklung einer Unterrichtskonzeption gesprochen wird, wird diese Definition zugrunde gelegt.

© Der/die Autor(en), exklusiv lizenziert durch Springer Fachmedien Wiesbaden GmbH, ein Teil von Springer Nature 2020, korrigierte Publikation 2021
S. Strunk und J. Wichers, *Problembasiertes Lernen im Mathematikunterricht der Grundschule*, Hildesheimer Studien zur Mathematikdidaktik,
https://doi.org/10.1007/978-3-658-32027-0_3

Ebene 1: Unterrichtsprinzipien

Unterrichtsprinzipien sind fach- und schulartübergreifende fundierte Prinzipien, die das methodische Handeln der Lehrperson bestimmen und steuern (z.B. Schülerorientierung, Handlungsorientierung, EIS-Prinzip).

Ebene 2: Unterrichtskonzeption

Ein Unterrichtskonzept stellt einen größeren Rahmen methodischen Handelns mit folgenden Eigenschaften dar:

*   Vereint Unterrichtsprinzipien, die allgemein- und fachdidaktische Theorie und das Verständnis von "gutem" Unterricht der Begründer

*   Gibt konkrete Anweisungen im Hinblick auf den zeitlich-organisatorischen Ablauf und organisatorisch-institutionelle Rahmenbedingungen

*   Gibt Orientierungen unterrichtspraktischen Handelns durch Formulierung konkreter Ziele und Funktionen

*   Stellt ein Gerüst dar, das mit verschiedenen Unterrichtsmethoden ausgestaltet werden kann und muss

Ebene 3: Unterrichtsmethode

Eine Unterrichtsmethode bildet eine charakteristische, strukturierte Handlungsfolge im Unterricht ab, die Informationen enthält, wie der Einsatz stets verbunden mit spezifischen Zielen und Funktionen auszusehen hat. Unterrichtsmethoden können hinsichtlich ihrer Reichweite differenziert werden:

*   Sozialformen (z.B. Frontalunterricht, Einzelarbeit), die einen methodischen Kern durch wiederkehrende Abläufe haben

*   typische Lehr-/Lernformen (z.B. Gruppenpuzzle, Textarbeit, Lernspiele, Projektmethode), welche trotz festgelegter Handlungsfolge je nach Ziel und Klasse unterschiedlich ausgerichtet werden können.

Ebene 4: Konkretes methodisches Handeln der Lehrperson

Diese Ebene umfasst konkrete, eng umrissene Handlungen der Lehrpersonen, zum Beispiel das Stellen von Fragen, Geben von Impulsen, etwas zu ordnen oder etwas zu beschreiben.

Abbildung 3.1 Strukturmodell des methodischen Handelns (selbst erstellt in Anlehnung an Barzel et al. 2011, S. 22; Jank & Meyer 1994, S. 294; Meyer 2009, S. 236–237)

3.2   Konkretisierung der Forschungsfrage

In den vorangehenden Kapiteln wurde das Problembasierte Lernen mehrperspektivisch dargestellt und dessen Relevanz für effektives Lernen im Allgemeinen und für mathematische Lernprozesse im Speziellen expliziert. Zudem konnte eine Forschungslücke auf Ebene der Grundschule identifiziert werden. Das Forschungsanliegen, eine auf PBL aufbauende Unterrichtskonzeption für den Mathematikunterricht der Grundschule zu entwickeln, kann somit als legitimiert angesehen und durch folgende Forschungsfrage spezifiziert werden:

> **„Wie kann eine im Mathematikunterricht der Grundschule durchführbare Unterrichtskonzeption gestaltet sein, die wesentliche Kerngedanken von PBL umsetzt?"**

Aufgrund der divergierenden Ergebnisse der wenigen vorliegenden Studien in Bezug auf PBL in der Grundschule (s. Abschnitt 2.5.3 und 2.5.4) erweist es sich jedoch als problematisch, eine aussagekräftige Auswahl an Studien zur Umsetzung von PBL als Lernform zu finden, die einen Grundstein für eine adäquate Anpassung an den Mathematikunterricht der Grundschule liefern könnte. Darüber hinaus ist zu beachten, dass PBL nie unter denselben Rahmenbedingungen umgesetzt wurde beziehungsweise immer Unterschiede je nach Intention des Einsatzes in der Umsetzung aufgetreten sind. Aus diesen Gründen und da kaum theoretische Ansätze zur Entwicklung einer adäquaten Konzeption für Grundschulklassen ausgehend von PBL vorliegen (s. Kapitel 2), ist es notwendig, die Unterrichtskonzeption nicht nur aufgrund der Erkenntnisse aus der Literatur und bisherigen Forschungen zu entwickeln, sondern einen ganzheitlichen Ansatz zu verfolgen (s. Abschnitt 2.5.4). Dies kann gewährleistet werden, indem ein theoriegeleitet entwickelter Prototyp der Konzeption in der Unterrichtspraxis eingesetzt und die Verhaltensweisen der Schüler im Umgang mit dem gestellten Aufgabenformat und der gesamten Konzeption offen analysiert, evaluiert und darauf aufbauend die Konzeption (weiter-)entwickelt wird. Gerade durch den Einsatz und die Evaluation von iterativ auseinander hervorgehenden Varianten in der Praxis wird ersichtlich, ob ein Prototyp einer Konzeption für die Zielgruppe angemessen und durchführbar ist. Dabei wird zudem deutlich, ob die mit der Konzeption intendierten Kerngedanken und Ziele in der Praxis erreicht werden können. Durch dieses Vorgehen wird es nicht nur ermöglicht, eine adäquate Konzeption zu entwickeln, sondern auch allgemeine, für die Mathematikdidaktik bedeutsame Erkenntnisse aus dem Entwicklungsprozess zu generieren und dadurch die mathematikdidaktische Theorie zu erweitern.

Es resultieren insgesamt drei Forschungsschwerpunkte, von denen die letzten beiden erst zu einem späteren Zeitpunkt der Arbeit konkretisiert werden, da dieser Arbeit ein systematisches, sequentielles Vorgehen zugrunde gelegt wird, wodurch sich relevante Inhalte, die eine Konkretisierung ermöglichen, erst an entsprechender Stelle ergeben.

(1) Der erste Forschungsschwerpunkt der Arbeit fokussiert **die theoriegeleitete Entwicklung eines Ausgangskonzepts, das die Umsetzung wesentlicher**

Kerngedanken von PBL im Mathematikunterricht ermöglicht. Dazu soll PBL zunächst im Hinblick auf ihm zugrunde liegende lerntheoretische Grundannahmen analysiert werden, um wesentliche charakterisierende Kerngedanken zu generieren, mit deren Hilfe die Konzeptionierung geleitet werden kann. Daraus resultiert die erste untergeordnete Fragestellung:

F1.1 *Welche wesentlichen Kerngedanken charakterisieren PBL?*

Diese Kerngedanken sollen in einem nächsten Schritt im Hinblick auf ihre Durchführbarkeit im Grundschulunterricht beleuchtet werden, um gewährleisten zu können, dass sie altersangemessenes Lernen ermöglichen. Dazu werden die Kerngedanken unter Einbezug wesentlicher Erkenntnisse aus der Hirnforschung, der Lern- sowie Entwicklungspsychologie analysiert. Daraus folgt eine zweite Unterfrage:

F1.2 *Inwiefern ermöglichen die Kerngedanken von PBL bereits in der Grundschule erfolgreiches Lernen?*

Werden die Kerngedanken von PBL ebenfalls für gelingendes Lernen im Grundschulunterricht als effektiv eingestuft, können durch eine Analyse dieser im Kontext Unterricht unter Beachtung bereits existierender Konzepte sowie theoretischer und empirischer Erkenntnisse allgemeine und mathematikspezifische Kriterien und Bedingungen für ihren unterrichtlichen Einsatz gewonnen werden.

F1.3 *Welche Kriterien und Bedingungen lassen sich für die Umsetzung der Kernelemente von PBL im Kontext Unterricht identifizieren?*

Aus den Ergebnissen der letzten beiden Fragestellungen lässt sich einem deduktiven Vorgehen entsprechend ein Prototyp einer Unterrichtskonzeption theoretisch definieren, der die Kerngedanken von PBL angemessen berücksichtigt und deren Durchführbarkeit in der Grundschule ermöglicht. Die entsprechenden Fragestellungen werden in den Kapiteln 4, 5 und 6 beleuchtet und abschließend beantwortet, sodass in Kapitel 7 das Ausgangskonzept dargestellt werden kann.

(2) Aufgrund der theoretischen Entwicklung des Ausgangskonzepts kann jedoch nicht davon ausgegangen werden, dass die Kerngedanken von PBL und Ziele der Konzeption, welche im ersten Teil formuliert werden und die Gestaltung des Ausgangskonzepts leiten, in der praktischen Umsetzung durch diese auch tatsächlich erfüllt werden. Daher schließt sich ein induktives Vorgehen an, mit der Intention, **die Unterrichtskonzeption für den Mathematikunterricht weiterzuentwickeln, damit diese die im Rahmen der theoriegeleiteten Entwicklung des Ausgangskonzepts identifizierten zentralen Kriterien und Bedingungen in der praktischen Umsetzung erfüllt.** Folglich muss ein Prototyp der Unterrichtskonzeption in der Praxis umgesetzt, evaluiert und

anschließend weiterentwickelt werden, bis eine adäquate Unterrichtkonzeption vorliegt. Gleichermaßen sollen durch eine übergreifende Betrachtung und Interpretation der Erkenntnisse aus den praktischen Erprobungen vor dem Hintergrund der theoretischen Fundierung kontextualisierte Zusammenhänge exploriert werden. Dies stellt den zweiten Forschungsschwerpunkt der Arbeit dar. Eine Konkretisierung dieses Forschungsschwerpunktes folgt dem Aufbau dieser Arbeit entsprechend in Kapitel 9.

(3) Ebenfalls erscheint es erstrebenswert, die Erkenntnisse des zweiten Forschungsschwerpunkts abschließend **in die Mathematikdidaktik einzubetten und diese dadurch konsekutiv zu erweitern.** Dieser Schwerpunkt wird ausgehend von den Forschungsergebnissen des zweiten Forschungsschwerpunkts in Kapitel 11 konkretisiert.

Ein Forschungsansatz, der eben diese Aspekte der Entwicklung und Forschung zum Zwecke der Gestaltung innovativer, praxistauglicher Lösungen zu einem Bildungsproblem – in diesem Fall das fehlende Konzept für PBL im Mathematikunterricht der Grundschule – und der Theoriegenerierung – in diesem Fall ein Beitrag der Forschung zu mathematikdidaktischen Theorien – in einem Ablaufmodell verknüpft und somit für die vorliegende Forschung als geeignet erscheint, ist die Methodologie des Design-Based Researchs. Dieses wird zunächst im Allgemeinen beschrieben und anschließend auf die hier dargestellte Forschung übertragen.

3.3 Beschreibung der Methodologie Design-Based Research

Um einen wissenschaftlichen Zugang zu einem Forschungsgegenstand zu erhalten, lassen sich zwei Formate identifizieren: die deskriptive Grundlagenforschung mit dem Ziel der Theorieentwicklung und die auf die Praxis ausgerichtete fachdidaktische Entwicklungsforschung mit dem Ziel der Entwicklung von Lehr-Lernarrangements für die Praxis. Diese können isoliert eingesetzt werden, um ein bestimmtes Ziel der Forschung zu erreichen, oder konstruktiv verknüpft werden, um innovative, forschungsbasierte und praxistaugliche Lernumgebungen zu entwickeln (vgl. Hußmann et al. 2013, S. 25–26). Dabei ist die „wechselseitige Verknüpfung der Zugänge [...] in beide Richtungen gewinnbringend und der Ertrag größer, als wenn man Forschung und Entwicklung nur additiv zusammenführt" (ebd., S. 26). Diese Verknüpfung der zentralen Tätigkeiten ist charakteristisch für eine vergleichsweise junge Methodologie, welche in den

letzten Jahren unter diversen Bezeichnungen, u. a. „Design Science" (Wittmann
1995, S. 355), „Design Research" (Plomp 2013, S. 11), „Design-Based Research"
(Barab & Squire 2004, S. 2) oder „Design Experiment" (Cobb et al. 2003, S.
9) mit jeweils unterschiedlichen Schwerpunkten in der Bildungsforschung eingesetzt
wurde (vgl. Wang & Hannafin 2005, S. 7). In Anlehnung an das Design-Based
Research Collective (2003) wird in dieser Arbeit der Begriff „Design-Based Research" (DBR) verwendet, der in der Regel synonym zu den anderen Bezeichnungen
verwendet werden kann.

> „[Design-based research is] a systematic but flexible methodology aimed to improve
> educational practices through iterative analysis, design, development, and implementa-
> tion, based on collaboration among researchers and practitioners in real-world settings,
> and leading to contextually-sensitive design principles and theories" (Wang & Hannafin
> 2005, S. 6–8).

Als wesentliche Ziele jeglicher DBR-Prozesse lassen sich erstens die „Quali-
tätssteigerung von Unterricht und das Bestreben nach Praxisveränderung durch
Entwicklung von Lernumgebungen und Design-Prinzipien" (Hußmann et al. 2013,
S. 29) und zweitens die empirisch „gestützte Weiterentwicklung der lokalen Theorien zum Lehren und Lernen" (ebd.) identifizieren. Beide Ziele werden in jedem
nach dem Design-Based Research gestalteten Forschungs- und Entwicklungsprozess anvisiert, wobei sie je nach Fokus der Forschung unterschiedlich gewichtet
sind.

3.3.1 Charakteristika des Design-Based Researchs

Zum Erreichen dieser Ziele werden in der Literatur zum Design-Based Research und seiner verwandten Typen im Lehrkontext übergreifende Charakteristika
genannt:
    Die Entwicklung ist *theoriegeleitet*, das heißt, aktuelle Theorien und empi-
rische Erkenntnisse werden herangezogen, um innovative Lehr-Lernumgebung
beziehungsweise Lösungen zu einem Bildungsproblem zu entwickeln, zu analysieren und vor deren Hintergrund die Ergebnisse des Forschungsprozesses zu
diskutieren (vgl. z. B. Hußmann et al. 2013, S. 29; McKenney & Reeves 2012,
S. 13; Reinmann 2005, S. 63; van den Akker et al. 2006, S. 5; Wang & Hannafin
2005, S. 8).
    Die Entwicklung einer Intervention und die Erforschung dieser besitzt *Praxis-
relevanz*, da der DBR-Prozess an einem Problem, welches es in der Schulrealität

zu lösen gilt, orientiert ist und Vorschläge für die Praxis liefert. Die Ergebnisse sind zudem vor dem Hintergrund der Anwendbarkeit in der Unterrichtspraxis zu diskutieren und reflektieren (vgl. z. B. Hußmann et al. 2013, S. 29; McKenney & Reeves 2012, S. 14; van den Akker et al. 2006, S. 5; Wang & Hannafin 2005, S. 8).

Die Entwicklung und Forschung ist *prozessorientiert*, das heißt, sie fokussiert den ganzen Lehr-Lernprozess der Schüler in all seinen Facetten, wohingegen Blackbox Modelle abgelehnt werden (vgl. z. B. Hußmann et al. 2013, S. 29; van den Akker et al. 2006, S. 5).

Der Prozess ist *iterativ* und *vernetzt*, da mehrere Zyklen bestehend aus den Phasen Design, Durchführung, Analyse und Re-Design durchlaufen werden (vgl. z. B. Cobb et al. 2003, S. 9; Hußmann et al. 2013, S. 30; McKenney & Reeves 2012, S. 15–16; ebd., S. 77; Reinmann 2005, S. 63; van den Akker et al. 2006, S. 5; Wang & Hannafin 2005, S. 8).

Der DBR-Prozess ist *interventionsorientiert*, das heißt, er zielt auf die Entwicklung und Erforschung von Interventionen in realen Kontexten ab (vgl. z. B. Cobb et al. 2003, S. 10; Plomp 2013, S. 20; Reinmann 2005, S. 63).

Die *Zusammenarbeit von Wissenschaftlern und Praktikern* in allen Phasen des Prozesses stellt sicher beziehungsweise erhöht die Chance, dass die Lehr-Lernumgebung für die Praxis relevant ist und erfolgreich implementiert werden kann (vgl. z. B. McKenney & Reeves 2012, S. 14–15; Plomp 2013, S. 20; Wang & Hannafin 2005, S. 8).

Weiterhin ist der DBR-Prozess durch die *Integration verschiedener wissenschaftlicher Methoden* gekennzeichnet, um die Aussagekraft der Studie zu erhöhen (vgl. z. B. Wang & Hannafin 2005, S. 8) und unterliegt der Notwendigkeit einer *gründlichen und systematischen Dokumentation* (vgl. z. B. Edelson 2002, S. 116).

3.3.2 Ablauf des Design-Based Researchs

Aufgrund der zuvor genannten Charakteristika, vor allem der Iterativität und Vernetztheit, des Design-Based Research Prozesses wird ersichtlich, dass ein zirkuläres Modell mit mehreren Arbeitsschritten erforderlich ist. In der Literatur lassen sich zahlreiche solcher Modelle finden, die trotz variierender Bezeichnungen und Darstellungen der jeweiligen Phasen alle Folgendes gemeinsam haben: Ausgangspunkt ist zunächst ein Problem in der Bildungspraxis, welches gelöst werden soll. Hierzu wird eine Intervention theoriebasiert entwickelt, erprobt, evaluiert und sukzessive verbessert, um einen praktischen sowie einen theoretischen

Output zu erzielen. Je nach Forschungsinteresse steht dabei entweder die praktische Anwendung eines Produkts oder die Entwicklung neuer Theorien über spezifische Lehr-Lernprozesse vermehrt im Fokus, was wiederum Auswirkung auf die Ausgestaltung des Forschungs- und Entwicklungsprozesses hat (vgl. Prediger et al. 2015a, S. 877–882).

Eine in der Mathematikdidaktik präsente Variante des Design-Based Researchs ist die gegenstandsbezogene fachdidaktische Entwicklungsforschung im Dortmunder Modell, welche auf einen speziellen fachlichen Inhalt ausgerichtet ist, indem im ersten Schritt die Spezifizierung und Strukturierung eines inhaltlichen Lerngegenstands durchgeführt wird (vgl. Hußmann et al. 2013, S. 28–34). Somit erscheint es für die vorliegende Untersuchung, in der ein praktisches, unabhängig von einem spezifischen Unterrichtsgegenstand durchführbares Produkt für den Einsatz in der Schule entstehen soll, nicht vorteilhaft. Weniger auf einen spezifischen Unterrichtsgegenstand bezogene DBR-Modelle weisen demgegenüber den Vorteil auf, dass diese besser in Abhängigkeit der Forschungsinteressen dieser Arbeit adaptiert werden können. Als wesentliche Grundlage wird sich daher auf das mehrfach zitierte und anerkannte Modell von Reeves (2006, S. 96) bezogen und dieses forschungszielorientiert durch Aspekte weiterer Modelle ergänzt (vgl. z. B. Koppel 2017, S. 151; Plomp 2013, S. 18; Herrington et al. 2010, S. 172). Reeves unterscheidet vier Phasen auf dem Weg zur praktischen Innovation und theoretischen Erkenntnis.

Phase 1: Analyse des Bildungsproblems
In der ersten Phase wird ein Problem, ein wünschenswertes Ziel oder ein Forschungsdesiderat als relevant identifiziert, spezifiziert und exploriert (vgl. McKenney & Reeves 2012, S. 77–78).

> „A precise specification of the desired objective, of the framework to develop appropriate avenues, and of the elaboration of the innovation claim is therefore fundamental for design research" (Euler 2014, S. 24).

Zusätzlich werden Forschungs- und Gestaltungsfragen geklärt, Literatur und aktuelle Forschungsergebnisse gesichtet sowie Erfahrungen ausgewertet, um sich einen theoretischen Bezugsrahmen zu erarbeiten (vgl. ebd., S. 24–26; Plomp 2013, S. 19), die Forschung zu legitimieren und die praktische sowie theoretische Relevanz herauszustellen (vgl. McKenney & Reeves 2012, S. 77–78).

Phase 2: Theoriebasierte Entwicklung des Ausgangskonzepts
Im Anschluss an die Formulierung der Forschungsfrage wird ein theoretisches Konzept in Zusammenarbeit von Praktikern und Forschern entwickelt. In dieser Phase wird erneut die Literatur gesichtet, um existierende Design-Prinzipen zur Bewältigung ähnlicher Probleme oder leitende Theorien für die Konstruktion zu identifizieren (vgl. Euler 2014, S. 26–28; Herrington et al. 2010, S. 174).

Phase 3: Iterative Zyklen der Konzeptentwicklung und -evaluation
Im Anschluss an die Konzeptionierung eines Prototyps wird dieser in der Praxis implementiert und evaluiert (vgl. Herrington et al. 2010, S. 178). Aufgrund der iterativen Natur des DBR-Ansatzes verbleibt es aber nicht bei der einmaligen Durchführung und Evaluation eines Prototyps. Vielmehr laufen mehrere Mikrozyklen in der Praxis ab (vgl. Plomp 2013, S. 19), welche in die Phasen *Durchführung, Analyse* und *(Re-)Design* unterteilt werden können.

Durchführung: In dieser Phase des Mikrozyklus wird das Konzept in der Praxis erprobt und die Erhebung durchgeführt. Für den ersten Zyklus bleibt dabei zu beachten, dass im Vorfeld das Forschungsdesign durch Spezifizierung der Forschungsfrage und Entwicklung der Erhebungsmethode sowie -instrumente konkretisiert werden muss.

Analyse: Zunächst werden die erhobenen Daten ausgewertet, indem im Hinblick auf die Erhebungsmethode und Forschungsfrage geeignete Auswertungsinstrumente und -methoden ausgewählt und herangezogen werden. Anschließend werden die Ergebnisse adäquat dargestellt, interpretiert sowie Modifizierungsmöglichkeiten abgeleitet.

Re-Design: Aus den erarbeiteten Modifizierungsmöglichkeiten werden nun Ideen für ein Re-Design entwickelt und diese in einem neuen Konzept umgesetzt. Auch die Erhebungsmethode und -instrumente können auf der Grundlage der Analysen weiterentwickelt werden.
  Diese Phasen können beliebig oft durchlaufen werden, bis ein, den Ansprüchen entsprechendes, verfeinertes Konzept ausgearbeitet wurde.

Phase 4: Generierung eines Theoriebeitrags
Ist in dem vorherigen Prozess eine den Ansprüchen entsprechende, innovative Lösung für das Problem aus der Bildungspraxis entstanden, welche sowohl einen praktischen als auch im Sinne der Erweiterung der Mathematikdidaktik einen theoretischen Output des DBR-Prozesses darstellt, erfolgt nun eine Interpretation und

Reflexion der Ergebnisse mit dem Ziel, in einem nächsten Schritt konkrete fachspezifische Theorien zu entwickeln (vgl. Euler 2014, S. 20–33; Koppel 2017, S. 151–154; McKenney & Reeves 2012, S. 77–80). Diese stellen einen weiteren theoretischen Output des DBR-Prozesses dar und sind von großer Bedeutung, da die Ergebnisse aus den Design-Based Research Zyklen aufgrund von zum Beispiel einer geringen Stichprobengröße kaum generalisierbar sind und in dieser Phase der Versuch angestellt wird, die Ergebnisse des Design-Prozesses auf andere Kontexte zu übertragen (vgl. Euler 2014, S. 31–33).

3.4   Das Forschungsdesign dieser Arbeit

Aufgrund der Ziele, Charakteristika und Abläufe des Design-Based Researchs ist die Methodologie geeignet, das dargestellte Forschungsziel sowie die untergeordneten Forschungsfragen adäquat bearbeiten und beantworten zu können. Das im vorherigen Kapitel beschriebene Ablaufmodell bildet somit das Grundgerüst der Forschung und gliedert die Arbeit in vier Teile (s. Abbildung 3.2).

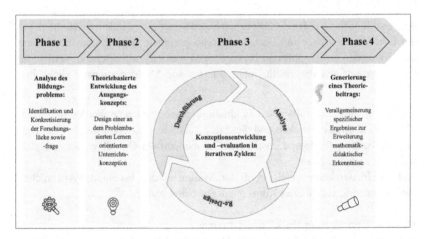

Abbildung 3.2 Modell des der vorliegenden Untersuchung zugrunde liegenden Design-Based Research-Prozesses (Wichers & Strunk 2020, S. 7)

Die Analyse des Bildungsproblems entspricht inhaltlich dem ersten Teil der Arbeit (s. Teil I Analyse des Bildungsproblems), in welchem durch die

Darstellung und Analyse von PBL und der dazugehörigen Studien die Forschungslücke sowie -frage identifiziert und konkretisiert werden konnten (s. Abschnitt 2.1–2.5). Darüber hinaus wurde der praktische und theoretische Nutzen der Forschung offengelegt, da einerseits PBL als problemorientierte, anwendungsnahe und auf das gehirngerechte sowie selbstgesteuerte Lernen ausgerichtete Unterrichtskonzeption identifiziert wurde und zahlreiche Vorteile der Konzeption in verschiedenen Bereichen, wie zum Beispiel die nachhaltige Speicherung, das Verständnis oder die Anwendung von Inhalten, offengelegt werden konnten (s. Abschnitt 2.5.4). Andererseits sind aber nur geringe Informationen und theoretische Anhaltspunkte in der Literatur oder Forschungslandschaft zu finden, die eine adäquate Entwicklung der Konzeption lediglich auf theoretischer Grundlage ermöglichen würden (s. Kapitel 3). Der methodologische Ansatz des Design-Based Researchs, welcher es erlaubt mittels iterativer Zyklen eine konkrete Unterrichtskonzeption zu überprüfen, zu analysieren und zu überarbeiten, bis ein den Zielen angemessenes Endprodukt entstanden ist, wurde daher als ein adäquater Rahmen für die Forschung identifiziert. Die erste Phase des DBR-Prozesses kann durch die Darlegung der vielfältigen Aspekte als abgeschlossen angesehen werden. Abbildung 3.3 gibt hierüber einen detaillierten Überblick.

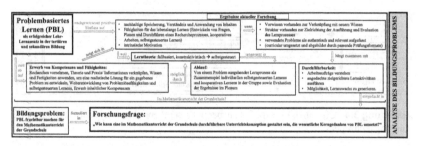

Abbildung 3.3 Zusammenfassende Darstellung der Analyse des Bildungsproblems

In den nachfolgenden Teilen der Arbeit (s. Teil II Theoriebasierte Entwicklung des Ausgangskonzepts, Teil III Konzeptionsentwicklung und -evaluation in iterativen Zyklen, Teil IV Generierung eines Theoriebeitrags) werden die drei weiteren Phasen des DBR-Prozesses, welche jeweils einen Forschungsschwerpunkt der Arbeit (s. Kapitel 3) abbilden, beschrieben und mit Inhalt gefüllt, wodurch das Bildungsproblem theoretisch und empirisch gelöst wird. Entsprechend des Aufbaus dieser Arbeit werden die Teile III und IV jedoch erst in Kapitel 9 und Kapitel 11 näher beschrieben.

Der zweite Teil der Arbeit (Teil II Theoriebasierte Entwicklung des Ausgangskonzepts) stellt die zweite Phase des DBR-Prozesses dar, in welchem der Fokus
auf der theoriegeleiteten Entwicklung des Ausgangskonzepts liegt (erster Forschungsschwerpunkt). Ausgehend von den Erkenntnissen der ersten Phase werden
sich aus PBL ergebende Grundideen für den Schulunterricht extrahiert, um
die erste untergeordnete Fragestellung F1.1 beantworten zu können. Diese werden anschließend allgemein vor dem Hintergrund entwicklungspsychologischer
Bedingungen betrachtet. Dadurch wird überprüft, ob die Grundideen einerseits
überhaupt im Mathematikunterricht der Grundschule umsetzbar sind und somit
gelingendes Lernen (F1.2, s. Abschnitt 3.2) ermöglichen sowie andererseits auch
tatsächlich Grundideen von PBL darstellen. Weiterhin wird beschrieben, welche
Umsetzungsbedingungen zu den Grundideen bereits aus der unterrichtlichen Praxis im Allgemeinen und im Mathematikunterricht im Speziellen bekannt sind,
um sie in Merkmalskategorien zu operationalisieren und die Frage F1.3 (s.
Abschnitt 3.2) adäquat zu beantworten. Dabei treten fachspezifische, mathema-
tikdidaktisch interessante Ansätze in den Vordergrund. So kann in dieser Arbeit
zunächst ein sich aus PBL ergebendes theoretisch fundiertes Ausgangskonzept für
den Mathematikunterricht der Grundschule entwickelt werden (s. Abbildung 3.4).

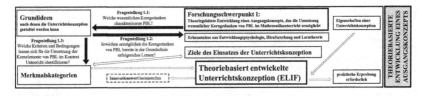

Abbildung 3.4 Überblick über die Inhaltsbereiche der theoriebasierten Entwicklung eines
Ausgangskonzepts

Teil II
Theoriebasierte Entwicklung des Ausgangskonzepts

Gewinnung der vier Grundideen

4

Aus Teil I können unter Beachtung der lerntheoretischen Hintergründe sowie Merkmale und Ziele von PBL (s, Abschnitt 2.4) vier Grundideen für die Entwicklung einer Unterrichtskonzeption für den Mathematikunterricht der Grundschule herausgearbeitet werden (s. Abbildung 4.1).

Mit der Darstellung der Grundideen kann im Folgenden die Fragestellung F1.1 *Welche wesentlichen Kerngedanken charakterisieren PBL?* beantwortet werden. Weiterhin wird genauer darauf eingegangen, welche Merkmale und Ziele von Mathematikunterricht sich in den Grundideen wiederfinden und resultierend unter Rückbezug auf Abschnitt 2.4 konkretisiert, welche Ziele einer auf den Grundideen aufbauenden Unterrichtskonzeption zugrunde gelegt werden können. Dabei wird sich vorwiegend auf die bundesweiten Vorgaben aus den Bildungsstandards gestützt, aber es werden auch konkretisierte Hinweise aus dem niedersächsischen Kerncurriculum für das Fach Mathematik einbezogen, da die zu entwickelnde Unterrichtskonzeption voraussichtlich in diesem Bundesland eingesetzt werden wird.

(1) **Offenheit** – bezüglich der Arbeitsweisen, Arbeitsmittel und Lösungswege, die die Kinder einschlagen. Kinder sollten in gewissem Maße eigenständig wählen können, wie sie mathematische Sachverhalte und im speziellen Fragen bearbeiten wollen, welche Informationsquellen sie nutzen und welche Arbeitsmittel sie sich in diesem Prozess zur Hilfe nehmen.

Dies knüpft an die Forderung aus den Bildungsstandards an, eine notwendige Offenheit „für die individuellen kindlichen Prozesse der Aneignung von Mathematik" (KMK 2005, S. 7) zu wahren. Weiterhin sollte Kindern im Mathematikunterricht die Möglichkeit geboten werden, „für das Bearbeiten mathematischer

© Der/die Autor(en), exklusiv lizenziert durch Springer Fachmedien Wiesbaden GmbH, ein Teil von Springer Nature 2020, korrigierte Publikation 2021
S. Strunk und J. Wichers, *Problembasiertes Lernen im Mathematikunterricht der Grundschule*, Hildesheimer Studien zur Mathematikdidaktik,
https://doi.org/10.1007/978-3-658-32027-0_4

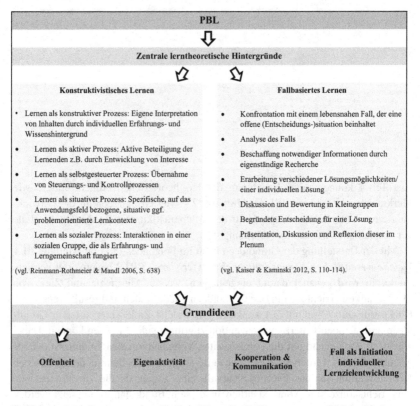

Abbildung 4.1 Gewinnung der vier Grundideen für die Umsetzung von PBL im Mathematikunterricht der Grundschule (Wichers & Strunk 2020, S. 11)

Probleme geeignete Darstellungen entwickeln, auswählen und nutzen" (KMK 2005, S. 8) zu dürfen.

(2) **Eigenaktivität** – als Umsetzung des Gedankens der Lernerzentriertheit. Lernende sollen eigenständig arbeiten und ihren Lernprozess selbstständig steuern und nachvollziehen. Die Schüler werden selbst aktiv, indem sie sich im Sinne der Schülerorientierung für das eigene Lernen engagieren, da es sie betrifft. Dies greift die Idee des Lernens als aktiven, selbstgesteuerten und konstruktiven Prozess auf.

Mathematikunterricht in der Grundschule sollte laut Bildungsstandards die Basis bilden für „weiterführendes Lernen und für die Fähigkeit zur selbstständigen Kulturaneignung" (KMK 2005, S. 6). Dafür ist es notwendig, eigenaktiv zu lernen und nicht ausschließlich zu rezipieren, denn die Art und Weise der Auseinandersetzung mit mathematischen Fragen beeinflusst maßgeblich die Entwicklung mathematischer Grundbildung. Den Kindern sollte deshalb Gelegenheit gegeben werden, eigenständig Probleme zu lösen (vgl. KMK 2005, S. 6).

Darauf aufbauend wird im niedersächsischen Kerncurriculum spezifiziert, dass ein kompetenzorientierter Mathematikunterricht das selbstständige, systematische und selbstreflektierende Arbeiten und Denken fördern sollte (vgl. Niedersächsisches Kultusministerium 2017, S. 5).

(3) **Kooperation und Kommunikation** – als soziale und für die Ausbildung und Weiterentwicklung der mathematischen Fachsprache und Arbeitsweisen, wie das Begründen und Beweisen, notwendige Komponente des Mathematiklernens. Mathematikunterricht bedarf einer Gestaltung, in der die Schüler untereinander über Lerngegenstände ins Gespräch kommen, um diese tiefergehend verstehen zu können.

Nicht das Was des Lernens, sondern vor allem das Wie rückt hier weiter in den Vordergrund. Die Bildungsstandards geben prozessbezogene Kompetenzen vor, die im Mathematikunterricht ausgebildet werden sollen. „Der Erwerb inhaltsbezogener Kompetenzen [...] im Mathematikunterricht ist [...] nicht Selbstzweck, sondern dient im Wesentlichen auch der Herausbildung übergreifender prozessbezogener Kompetenzen" (Niedersächsisches Kultusministerium 2017, S. 5). In dieser Grundidee finden sich insbesondere die Kompetenzbereiche Kommunizieren, durch welchen das gemeinsame Bearbeiten von Aufgaben intendiert wird, innerhalb dessen Verabredungen getroffen und eingehalten werden müssen (vgl. KMK 2005, S. 8) und Argumentieren, welcher das Suchen und Nachvollziehen von Begründungen sowie das Erkennen mathematischer Zusammenhänge und Entwickeln von Vermutungen aufführt, wieder (vgl. ebd.).

Im Kerncurriculum heißt es, dass „dafür Aufgabenstellungen gefunden werden [sollten], die eine gemeinsame Bearbeitung durch die [...] Schüler ermöglichen und somit Sprech- und Schreibanlässe bieten" (Niedersächsisches Kultusministerium 2017, S. 18).

(4) **Ein Fall als Initiation individueller Lernzielentwicklung** – der zunächst Fragen aufwirft und damit den Schülern einen Anstoß für das Sammeln von

Ideen, Gedanken und offenen Fragen und damit ihren Lernprozess bietet. Aufgrund dieser Fragen gehen die Kinder unterschiedlichen Recherchetätigkeiten und mathematischen Wegen nach, die sie letztendlich zu einer Erreichung der durch den Fall intendierten Lernziele führen sollen. Als Lernziele werden hierbei die Kompetenzen aus dem jeweiligen Kerncurriculum verstanden, die dem Unterricht zugrunde liegen. Dies macht deutlich, dass der Fall von den Lehrpersonen vorbereitet werden sollte, damit eine Verankerung der angestrebten Kompetenzen in diesem sichergestellt ist. Alles andere sollte aber möglichst in den Händen der Schüler liegen, sodass diese im gegebenen Rahmen eigenständig handeln und eine Öffnung von Unterricht erfahren. Hier zeigt sich die Verzahnung der Grundideen.

Das primäre Ziel von Mathematikunterricht ist „die Entwicklung eines gesicherten Verständnisses mathematischer Inhalte" (KMK 2005, S. 6), was durch das Lernen in Kontexten und insbesondere mit Fällen unterstützt werden kann (s. Abschnitt 2.5). Erwartet wird von den Schülern, dass sie die gelernten Inhalte in außermathematischen Kontexten nutzen und anwenden können (vgl. ebd., S. 7). Sie müssen folglich eine Vorstellung dafür entwickeln, wo Mathematik in ihrer Lebenswelt zu finden ist und wie sie diese durchdringen und mathematisch erfassbare Aspekte erklären können (vgl. Niedersächsisches Kultusministerium 2017, S. 5).

Bezieht man sich außerdem auch zurück auf PBL (s. Abschnitt 2.3 und 2.4) tritt die Authentizität der zu bearbeitenden Fälle in den Vordergrund, welche in der Schule nur eine Beschreibung einer Situation, die so im Alltag der Kinder vorkommen könnte, meinen kann. Daraus ergibt sich für die Kinder die Notwendigkeit, alltägliche Situationen mithilfe der Mathematik aufzulösen. Diese Grundidee spiegelt folglich die Anforderungen aus dem Kompetenzbereich mathematisches Modellieren wider, dass „Sachprobleme in die Sprache der Mathematik [übersetzt], innermathematisch [gelöst] und diese Lösungen auf die Ausgangssituation [bezogen werden]" (KMK 2005, S. 8). Diese Grundidee stellt außerdem den Versuch dar, der gegebenen Heterogenität der Kinder im Mathematikunterricht mit natürlicher Differenzierung zu begegnen, indem die Fälle und damit Ideen und Fragen der Kinder an ihre „individuellen Lernvoraussetzungen, mathematischen Alltagserfahrungen und Denkstrukturen [anknüpfen]" (Niedersächsisches Kultusministerium 2017, S. 5) sollen.

Die Fälle können und sollen immer entsprechend der inhaltlichen Kompetenzen gewählt beziehungsweise erstellt und ausgestaltet werden, ohne dabei die prozessbezogenen Kompetenzen, insbesondere das mathematische Kommunizieren und Argumentieren auszuklammern. Insbesondere das eigenständige Stellen von Fragen als Hauptbestandteil des aktiv entdeckenden Lernens steht im Einklang mit der prozessbezogenen Kompetenz des Kommunizierens und bietet den Kindern die Möglichkeit, „unterschiedliche Lösungsstrategien zu entwickeln und zu diskutieren" (ebd., S. 12).

Alles in allem finden sich in den Grundideen und damit auch dem Grundkonzept von PBL wesentliche Merkmale kompetenzorientierten Mathematikunterrichts, wie das aktiventdeckende Lernen, die Nutzung verschiedener Arbeitsmittel und das E-I-S Prinzip, das Zusammenspiel individuellen, gemeinsamen und kooperativen Lernens sowie ein Differenzierungsansatz wieder (vgl. ebd., S. 12–14). Eine auf den Grundideen aufbauende Unterrichtskonzeption, die alle vier Grundideen sowie das Grundgerüst des Ablaufs von PBL vereint, sollte den Schülern dazu verhelfen

> „zunehmend eine Fragehaltung [auszubilden] und ihre Wahrnehmungs- und Kritikfähigkeit [zu schärfen,] ihre Fähigkeiten in Bezug auf planvolles und strukturiertes Vorgehen, Entwicklung von Alternativen sowie auf die systematische Überprüfung zuvor aufgestellter Vermutungen [zu erweitern]" (ebd., S. 5).

Im Allgemeinen kann nun gefolgert werden, dass bei einer nach den Grundideen umzusetzenden Unterrichtskonzeption insbesondere die Tätigkeiten, den eigenen Lernprozess zu planen, diesen selbstständig beim fokussierten Ausführen des Plans zu überwachen und das Lernergebnis unter Einbezug sozialer Interaktionen im Hinblick auf die Sinnhaftigkeit zu evaluieren im Fokus stehen. Diese Tätigkeiten werden hier als Lebensweltkompetenz zusammengefasst und illustrieren die Fähigkeit eines Kindes, sich eigenständig in der Lebenswelt behaupten zu können, indem es gelernt hat, kognitive Dissonanzen wahrzunehmen, diese bezüglich ihrer Relevanz zu bewerten und ihnen darauf aufbauend zielgerichtet entgegenzuwirken, transferierbares Wissen daraus zu entwickeln sowie abschließend zu eruieren, ob die Dissonanzen erfolgreich behoben worden sind. Diese Ziele spiegeln sich wie bereits beschrieben insbesondere in der Umsetzung der Grundideen **(1)**, **(2)** und **(4)** wider, da dadurch das eigenständige, selbstverantwortende Lernen und Handeln gefördert werden soll. Weiterhin treten die prozessbezogenen Kompetenzen als spezifische Ziele des Mathematikunterrichts in den Grundideen **(3)** und **(4)** hervor, da diese die Notwendigkeit zu kommunizieren, argumentieren und modellieren, um Probleme zu lösen, betonen. Die Erreichung prozessbezogener mathematischer Kompetenzen kann also zusätzlich zur Lebensweltkompetenz und ebenso als Teil davon als Ziel einer auf den Grundideen aufgebauten Unterrichtskonzeption festgehalten werden. Die Grundidee **(4)** legt außerdem nahe, dass mathematische Inhalte erworben werden sollen.

Für eine Unterrichtskonzeption, die im Mathematikunterricht der dritten und vierten Klasse eingesetzt werden kann und sich auf den Grundideen gründet, ergeben sich also folgende Ziele:

- Entwicklung einer Lebensweltkompetenz im Sinne von eigenverantwortendem, zielgerichtetem Denken und Handeln unter Einbezug von Interaktionen und notwendigen Hilfen
- Entwicklung spezifischer mathematischer prozessbezogener Kompetenzen
- Entwicklung spezifischer inhaltlicher Kompetenzen

Diese stehen in engem Zusammenhang mit den in Abschnitt 2.4 dargestellten allgemeinen Zielen von PBL, was wiederum zeigt, dass es eine Möglichkeit gibt, die Ziele von PBL durch die entwickelten Grundideen für den Mathematikunterricht der Grundschule fruchtbar zu machen und diese sich in den Zielen von Mathematikunterricht verorten lassen. Weiterhin ist zu beachten, dass diese Ziele durch ein Zusammenspiel der Grundideen in einer entwickelten Unterrichtskonzeption über mehrere Unterrichtsstunden integrativ gleichzeitig gefördert werden können. Dies weist eine entsprechend entwickelte Unterrichtskonzeption darüber hinaus als innovativ aus, da sie viele verschiedene Ziele des Mathematikunterrichts vereint und durch ihre besondere Umsetzung einen ganzheitlichen Zugang zur Mathematik im Kontext der Lebenswelt der Schüler bietet.

Für die Entwicklung einer solchen Konzeption heißt das zunächst, dass diese nach den Grundideen gestaltet werden sollte, um die Möglichkeit dafür zu bieten, dass Schüler die drei genannten Ziele erreichen, beziehungsweise im Fall der Lebensweltkompetenz, diese angebahnt werden kann. Ein weiterer wichtiger Grundstein dafür ist die Durchführbarkeit (s. Kapitel 3) einer solchen Konzeption. Nur wenn die Schüler die Arbeitsaufträge verstehen, somit die angedachten Handlungen ausführen können sowie zielgerichtete Lernaktivitäten eingeleitet werden, kann dadurch die Möglichkeit für sie entstehen, einen Lernzuwachs in Form der drei genannten Ziele zu generieren. Um die Durchführbarkeit garantieren zu können, sollte innerhalb der Konzeption eine ausreichende organisatorische und inhaltliche Unterstützung für die Schüler vorhanden sein. So können die Kinder in der Ausbildung ihrer Kompetenzen optimal gefördert und nicht überfordert werden, denn zielgerichtete Lernaktivitäten führen Schüler zumeist nicht völlig eigenständig und ohne Anleitung aus. Welches Maß an Unterstützung in einer solchen Unterrichtskonzeption für die Grundschule nötig ist beziehungsweise, was die Schüler überhaupt von ihren biologischen Gegebenheiten aus gedacht im Stande sind zu leisten, zeigt ein Blick auf die Entwicklungspsychologie und Lernpsychologie in Bezug auf die Grundideen. Zuerst wird das Lernen an sich in den Blick genommen, um eine Vorstellung davon zu entwickeln, wie dieses überhaupt funktioniert. Anschließend rücken die allgemeinen Erkenntnisse über die Entwicklung eines Kindes in den Fokus, damit festgestellt werden kann, ab welchem Alter eine Umsetzung eines an den Grundideen orientierten Unterrichts fruchtbar sein kann und inwieweit sich die Grundideen entwicklungsförderlich auswirken können. Somit kann einerseits ein nach den Grundideen gestalteter Mathematikunterricht in der Grundschule legitimiert werden. Andererseits können einhergehend durch das Aufdecken notwendiger Bedingungen für das Gelingen eines solchen Unterrichts die Grundideen operationalisiert werden.

Die vier Grundideen auf dem Prüfstand – physiologische und kognitive Bedingungen

5

Entwickelt man eine Unterrichtskonzeption, bei der die Grundideen

(1) **Offenheit des Unterrichts**
(2) **Eigenaktivität der Lernenden**
(3) **Kooperation und Kommunikation in Lernarrangements**
(4) **die Verwendung eines Falls als Initiation individueller Lernzielentwicklung**

im Fokus stehen sollen, muss zunächst betrachtet werden, über welche entwicklungsbedingten Fähigkeiten und Fertigkeiten die Lernenden überhaupt verfügen und ob diese einen nach den oben genannten Grundideen strukturierten Lernprozess ermöglichen. Insbesondere soll dabei festgestellt werden, in welcher Klassenstufe der Einsatz einer solchen Unterrichtskonzeption sinnvoll und entwicklungsfördernd sein kann. Zudem sollen Bedingungen für die Durchführbarkeit der Konzeption identifiziert werden. Im Fokus steht dabei die Frage, ob Kinder im Grundschulalter rein theoretisch in der Lage sind, in einer an die Grundideen angelehnten Unterrichtskonzeption zu lernen, das heißt, (mathematische) Kompetenzen zu erwerben. Dazu wird im Folgenden ein grober Überblick über die Erkenntnisse der Hirnforschung, insbesondere der noch relativ jungen Disziplin der Neurodidaktik, und der Lernpsychologie in Bezug auf das Wissen über die Bedingungen für gelingendes Lernen gegeben.

S. Strunk und J. Wichers, *Problembasiertes Lernen im Mathematikunterricht der Grundschule*, Hildesheimer Studien zur Mathematikdidaktik, https://doi.org/10.1007/978-3-658-32027-0_5

5.1   Gelingendes Lernen und seine Bedingungen

Lernen wird von Schülern in der Regel als der Versuch verstanden, sich eine
Fülle an Wissenselementen in einem kurzen Zeitraum einzuprägen und diese dann
zu einem festgelegten Zeitpunkt, meist in einer Prüfung, abrufen zu können. Im
Gegensatz zu intrinsisch motivierten Tätigkeiten, die Spaß machen und die des-
halb leichtfallen, wird das gezielte Lernen von schulischen Inhalten oftmals als
Belastung empfunden (vgl. Spitzer 2009, S. 5–6). Diese negative Konnotation des
Lernens führt zu einer Demotivation der Schüler bezüglich des Lernens. Dabei ist
das menschliche Gehirn von Natur aus für das Lernen vorgesehen und optimiert.
Die natürliche Bereitschaft zu lernen sollte im Schulunterricht unterstützt werden
(vgl. Braun 2009, S. 141).

Wie und unter welchen Bedingungen funktioniert aber das menschliche Lernen überhaupt? Um diese Frage beantworten zu können, werden Erkenntnisse
über das Lernen aus der Hirnforschung mit Erkenntnissen aus der Lernpsychologie in Verbindung gebracht, sodass am Ende dieses Abschnitts deutlich ist, was
in dieser Arbeit unter gelingendem Lernen verstanden wird und wie dieses im
Zusammenhang mit den identifizierten Grundideen steht.

Zunächst ist es wichtig, zu wissen wie das Gehirn Informationen verarbeitet
und speichert. Das menschliche Gehirn besteht vorwiegend aus Neuronen und
den Faserverbindungen zwischen diesen (s. Abbildung 5.1). Neuronen sind auf
die Speicherung und Verarbeitung von Informationen spezialisiert (vgl. Spitzer
2014, S. 41; ebd., S. 51).

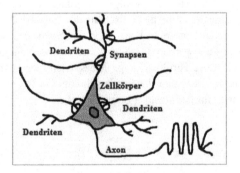

Abbildung 5.1 Schematischer Aufbau eines Neurons (Spitzer 2014, S. 42)

Die Sinneszellen des menschlichen Körpers, zum Beispiel die in der Netzhaut, wandeln äußere Einwirkungen in Impulse, sogenannte Aktionspotenziale, um (s. Abbildung 5.2). Diese Impulse leiten sie dann weiter an die Neuronen, die nur mit anderen Nervenzellen verbunden sind und selbst keine direkten Impulse aus der Außenwelt erhalten können. Die Nervenzellen im Gehirn sind vor allem untereinander vernetzt und können deshalb auch nur Impulse von anderen Neuronen erhalten und weiterleiten. Diese elektrischen Impulse werden immer dann durch die Synapsen vom Axon einer Nervenzelle auf eine andere übertragen, wenn das Gehirn etwas wahrnimmt, denkt oder fühlt. Die Erregung der Nervenzelle, an die die Impulse von der Synapse übertragen werden, hängt von der Stärke der synaptischen Verbindung ab und beeinflusst, ob der Impuls an weitere Neuronen weitergeleitet wird oder nicht (vgl. Spitzer 2014, S. 42–43; s. Abbildung 5.2; Abbildung 5.3).

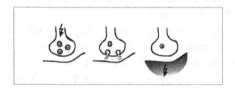

Abbildung 5.2 Schematische Darstellung der Übertragung eines Aktionspotenzials einer Synapse (Spitzer 2014, S. 43)

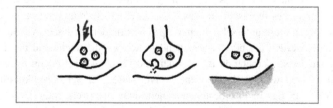

Abbildung 5.3 Schematische Darstellung einer Hemmung (Spitzer 2014, S. 43)

Vereinfacht dargestellt gibt es Nervenzellen, die den Input, beispielsweise die visuelle Wahrnehmung eines Löwen in unmittelbarer Nähe, aufnehmen und dann an dahinter geschaltete Neuronen weiterleiten, die abhängig von der Stärke der synaptischen Verbindung zu dem vorangehenden Neuron entweder aktiviert werden oder nicht. Wenn ein Neuron aktiviert wird, repräsentiert es den Input. Aufgrund der Aktivierung leitet das Neuron dann auch den Impuls weiter, der wieder abhängig von der Stärke der synaptischen Verbindung anschließende Neuronen erregt oder nicht. Aus der Aktivierung oder Hemmung von Nervenzellen in dem neuronalen Netzwerk des Gehirns entsteht dann ein Output, also ein Verhalten, was der Mensch als Reaktion auf den Input zeigt beziehungsweise zeigen kann. Das könnte in Bezug auf das gewählte Beispiel bedeuten, dass der Mensch vor dem Löwen flieht. In der Realität geschieht die Informationsverarbeitung durch die Neuronen oft parallel und in hoher Geschwindigkeit (vgl. Spitzer 2014, S. 44–50).

Zusammengefasst bedeutet dies, es werden immer dann Informationen in Form von Wahrnehmen, Lernen und Denken verarbeitet, wenn die Synapsen sich chemisch verändern (vgl. ebd., S. 54). Ein Mensch lernt deswegen ununterbrochen und dies sollte auch so sein, denn nur wer lernt, kann in der Zukunft besser auf die verschiedenen Einflüsse der Welt reagieren und sich in ihr erfolgreich verhalten (vgl. Braun 2009, S. 141; Spitzer 2009, S. 5–6).

Betrachtet man nun Voraussetzungen für gelingendes schulisches Lernen, sind als die wichtigsten Punkte die Anschlussfähigkeit des Stoffes, die Bedeutung früher Erfahrungen und der Einfluss einer emotional positiv empfundenen Lernsituation zu nennen. Ersteres ergibt sich unmittelbar aus dem Aufbau des Hirns als neuronales Netzwerk. Sollen Inhalte in das Langzeitgedächtnis übergehen und Zusammenhänge gelernt werden, müssen durch Neuronen und die Nervenfaserverbindungen zwischen ihnen Repräsentationen angelegt (vgl. Spitzer 2014, S. 51; ebd., S. 99). Bei jedem Menschen sind die Verbindungen zwischen den Neuronen unterschiedlich ausgeprägt und die neuronalen Netzwerke somit individuell. Die Einzelinformationen eines Sachverhalts werden durch verschiedene Neuronen des Netzwerkes repräsentiert, das heißt, in einen Bedeutungszusammenhang gebracht. Durch diese unterschiedlichen Speicherorte der einzelnen Aspekte eines Sachverhalts werden die bereits bestehenden Netzwerke zunehmend untereinander vernetzt. Diese Vernetzung ist entscheidend für das Lernen, denn neuer Stoff kann nur erinnert werden, wenn er an das Vorwissen der Schüler anknüpft. Nur dann wird er in das bereits bestehende neuronale Netzwerk integriert und die lokalen Netzwerke arbeiten effektiver (vgl. Herrmann 2009, S. 158; Spitzer 2014, S. 99). Werden Informationen nicht im Langzeitgedächtnis gespeichert, verbleiben sie als meist nicht hilfreiches Wissen von Einzelheiten und sind nicht als deklaratives, prozedurales oder pragmatisch konditionales Wissen verfügbar. Besonders beim Lernen von Mathematik spielt das Vorwissen eine große Rolle, da sie eine kumulativ angelegte Wissenschaft darstellt, in der die Inhalte, so auch der Stoff in der Schule, aufeinander aufbauen und sich gegenseitig bedingen (vgl. Wisniewski 2016, S. 152).

Damit einher geht die Bedeutung von Erfahrungen in der frühen Kindheit. Bei jedem Menschen sind 96 % der Großhirnrinde gleich aufgebaut (vgl. Spitzer 2014, S. 99). Im Gehirn eines Neugeborenen ist somit zwar ein Grundgerüst von Neuronen bereits vorhanden, es ist aber noch nicht festgelegt, wie viel Verarbeitungskapazität für bestimmte Repräsentationen angelegt wird, das heißt, wie sich die Verbindungen zwischen den Neuronen ausbilden. Dies geschieht erst durch frühe Erfahrungen (vgl. Spitzer 2009, S. 5–6; Spitzer 2014, S. 52). Die Mehrheit der Verbindungen zwischen den Nervenzellen im Gehirn bildet sich in den ersten beiden Lebensjahren aus. Davon werden jedoch in den folgenden Lebensjahren nicht alle benötigt, was zur Folge hat, dass einige von ihnen wieder verkümmern. Es bleiben nur die Nervenverbindungen erhalten und verstärken sich gegebenenfalls, über die immer wieder Informationen weitergeleitet werden. Diese Verstärkung von Verbindungen findet im Wesentlichen bis zur Pubertät statt, sodass das Gehirn eines Erwachsenen ein neuronales Netzwerk mit weniger, aber stärkeren Verbindungen aufweist (vgl. Friedrich 2009, S. 274).

Je mehr Erfahrungen ein Mensch also in seiner frühen Kindheit in einem Bereich macht, desto mehr Verarbeitungskapazität wird für diesen Bereich angelegt und desto besser kann ein Kind anschließend neues Wissen aus diesem Bereich mit dem vorhandenen verknüpfen (vgl. Czisch 2004, S. 80).

Des Weiteren können Inhalte genau dann leicht erinnert werden, wenn sie in einem positiven emotionalen Kontext eingespeichert worden sind. Inhalte, die in einem negativen Kontext präsentiert, erlebt und eingespeichert werden, werden zwar schnell gelernt, aber in Zukunft vermieden (vgl. Spitzer 2009, S. 5–6).

Bezieht man all diese Erkenntnisse über Bedingungen gelingenden Lernens nun auf Unterricht, bedeutet dies folglich, dass die Lehrperson eine Lernumgebung schaffen sollte, in der die Schüler mit positiven Emotionen, anknüpfend an ihr individuelles Vorwissen, neue Regeln und Zusammenhänge selbst entdecken können. Das Lernen wird dann wieder zu einem natürlichen Vorgang, weil das Gehirn

> „richtig beschäftigt [wird], weil [s]ein Lernen nicht durch sinnlose oder sinnwidrige Informationsüberflutung behindert wird – denn andernfalls *muss* [es] abschalten bzw. [s]eine automatischen Filter schützen [es] vor diesem ganzen Unsinn" (Herrmann 2009, S. 153, Hervorhebungen im Original).

An diese Anforderungen knüpfen die Grundideen an, indem die Schüler durch die gegebene **Offenheit (1)** ansetzend an ihrem persönlichen Vorwissen individuelle Erfahrungen mit dem Lerngegenstand machen können, durch **eigenaktives Handeln (2)** angeregt werden sollen, selbstständig Inhalte zu entdecken und somit

mit persönlicher Relevanz zu versehen sowie sich bereits in der Grundschule Metakompetenzen anzueignen beziehungsweise die bereits vorhandenen weiter auszubauen. Durch **kooperatives Lernen (3)** können sie positive Aspekte der Zusammenarbeit erleben sowie in einem gestärkten Klassenklima arbeiten. Der **Einsatz eines Falls (4)**, der den Schülern Identifikation ermöglicht, erlaubt es zunächst ihre Aufmerksamkeit zu gewinnen, damit ihre Wahrnehmung zu kanalisieren und schließlich intrinsische Motivation hervorzurufen. Darüber hinaus bietet ein Fall die Möglichkeit, mathematisches Wissen in Kontexten zu lernen, die bereits bestehendes Wissen enthalten und aktivieren können, und somit das Einspeichern sowie das Abrufen zu erleichtern. So kann durch eine an die Grundideen angelehnte Unterrichtskonzeption einerseits gehirngerechtes Lernen ermöglicht und andererseits die Ausbildung und Stärkung neuronaler Verbindungen in Bereichen der Mathematik und Lebensweltkompetenz (s. Kapitel 4) positiv beeinflusst werden.

5.2   Voraussetzungen für entwicklungsgerechtes und – förderndes Lernen

Es sollte nicht nur aus rein physiologischer Sicht beleuchtet werden, wie Kinder lernen, sondern ebenfalls was Kinder im Grundschulalter überhaupt im Stande sind zu lernen und welchen Beitrag zur Entwicklung eines Kindes ein Lernen nach den vier Grundideen leisten kann. Kindheit kann verstanden werden als „apprenticeship for adulthood that can be charted through stages related to age, physical development and cognitive ability" (Kehily 2009, S. 8). Dabei sollten diese Stadien als physiologischer Normalfall verstanden werden, die der durchschnittliche Mensch durchläuft (endogene Faktoren). So ist beispielsweise bezogen auf Sprache die Fähigkeit das Sprechen zu lernen allen Menschen ohne genetische Defekte in diesem Bereich unabhängig von äußeren Einflüssen angeboren und damit endogen. Zusätzlich spielen bei der Entwicklung eines Kindes aber auch Umweltfaktoren (exogene Faktoren), insbesondere soziale wie die Intensität und Häufigkeit des Sprechens der Eltern mit dem Kind, und Faktoren der Selbststeuerung (autogene Faktoren), wie die Volition zu sprechen, eine Rolle (vgl. Wisniewski 2016, S. 35) (s. Abbildung 5.4).

Die endogenen Faktoren sind unabhängig von Umwelteinflüssen und durch die physiologischen Gegebenheiten zu einem bestimmten Zeitpunkt der Entwicklung vorbestimmt und somit von einer Lehrperson nicht direkt beeinflussbar. Dem hingegen führt die Auseinandersetzung mit der Umwelt beim Menschen zum Lernen

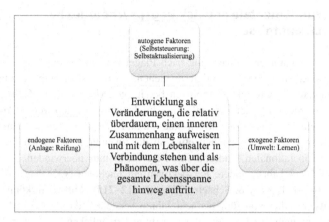

Abbildung 5.4 Entwicklungsfaktoren und durch sie bedingte Veränderungen (selbst erstellt in Anlehnung an Lohaus & Vierhaus 2015, S. 2; Wisniewski 2016, S. 34–35)

und dieses Lernen bedingt wiederum zum Teil die physiologischen Gegebenheiten (s. Abschnitt 5.1). Dies bedeutet, dass in unterrichtlichen Lernumgebungen Einfluss auf die Entwicklung von Kindern genommen werden kann. Auf die autogenen Faktoren hat jedoch nur das Kind selbst Einfluss, da diese Veränderungen hervorrufen, die sich aus einer vom Individuum selbst festgestellten Diskrepanz zwischen Ist- und Sollzustand ergeben (vgl. Wisniewski 2016, S. 35). Eine Lehrperson kann aber durch die Gestaltung von adäquaten Lernumgebungen die Selbststeuerungsfähigkeiten eines Kindes fördern. Es sollte jedoch präsent sein, dass „Entwicklung [weder] durch genetische Veranlagung festgelegt, noch durch die Einflussnahme von Lehrpersonen für alle [Schüler] identisch beeinflussbar [ist]" (ebd., S. 39). Durch den Entwicklungsstand der Kinder werden aber die Weichen für ihr Lernen gestellt, denn dieser bestimmt sich durch physiologische und kognitive Gegebenheiten, die die Kinder zu bestimmtem Verhalten befähigen oder sie daran hindern, dieses Verhalten zeigen zu können (vgl. ebd., S. 33; ebd., S. 43). In den folgenden Unterkapiteln werden demnach entwicklungspsychologische Konzepte in den Blick genommen, die es erlauben, alterstypisches Verhalten in der Grundschule einzuschätzen und zum Teil voraussagen zu können, damit eine auf den **vier Grundideen** (s. Kapitel 4) aufbauende Unterrichtskonzeption altersadäquat entwickelt werden kann.

5.2.1 Fundamentale entwicklungspsychologische Erkenntnisse

Die Stadien kognitiver Entwicklung nach Piaget können für die Schule heutzutage nur noch als grobe Orientierung dienen, da ihre stringente Abfolge und kulturunabhängige Gültigkeit empirisch bereits widerlegt ist (vgl. Gerrig 2015, S. 385). Trotzdem soll hier kurz auf eine Fähigkeit eingegangen werden, die Kinder laut Piaget im konkret-operativen-Stadium im Alter von sieben bis zehn Jahren beherrschen. Die Schüler können etwa ab der zweiten Klasse nach Durchlaufen des präoperationalen Stadiums ihren Egozentrismus überwinden, sodass sie die Möglichkeit haben, andere Perspektiven einzunehmen (vgl. Piaget & Aebli 1992, S. 160–161; Kray & Schaefer 2012, S. 212–215). Außerdem können Kinder bereits im Alter von fünf bis acht Jahren verstehen, dass andere Menschen eigene Überzeugungen besitzen, die von ihren persönlichen abweichen können (vgl. Oerter 2008, S. 231). Ab zehn Jahren können sie die eigene Perspektive und die des Anderen auch im Hinblick auf eine objektivere Wahrnehmung reflektieren, sodass die Perspektiven sich nicht ohne Aussicht auf Einigung gegenüberstehen. Dies ist wichtig für die Gestaltung sozialer und interaktionaler Lernprozesse im Unterricht. Die Kinder im Grundschulalter können sich in die Rolle eines Anderen hineinversetzen, erkennen die Notwendigkeit sozialer Konvention, um sich einigen zu können, allerdings in der Regel noch nicht (vgl. Lohaus & Vierhaus 2015 S. 213–214; Wisniewski 2016, S. 71). Aus entwicklungspsychologischer Sicht kann eine Perspektivenübernahme also ab der dritten Klasse bereits in einem gewissen Maße genutzt aber gleichzeitig auch durch Lernprozesse gefördert werden, die **kooperatives Arbeiten (3)** verlangen. Tiefenpsychologische Erkenntnisse wie die Phasen psychosexueller Entwicklung nach Freud können ebenfalls im Hinblick auf die Gestaltung der Interaktionen in Sozialformen im Unterricht berücksichtigt werden (vgl. Wisniewski 2016, S. 41–42).

Zu beachten ist jedoch, dass jedes Kind sich individuell entwickelt, da sich nicht die allgemeine Denkfähigkeit gleichförmig in Abhängigkeit vom Alter verändert, sondern das Wissen in bestimmten Inhaltsbereichen (vgl. ebd., S. 46; s. Abschnitt 5.1). Dies ist bedingt durch den Aufbau und die Funktionsweise des menschlichen Gehirns, wie sie in Abschnitt 5.1. bereits beschreiben wurden. Informationen werden verarbeitet und aufgrund der Steigerung der Effizienz dieser Verarbeitungsprozesse – durch die Zunahme der Verarbeitungsgeschwindigkeit für bestimmte Inhalte, der Automatisierung von Handlungsweisen und des daraus resultierenden Kapazitätsgewinns – findet die kognitive Entwicklung statt (vgl. Kastner-Koller & Deimann 2007, S. 77–90). Deshalb werden zusätzlich zu der Übersicht über die fundamentalen entwicklungspsychologischen Erkenntnisse im Anschluss für den Einsatz der Grundideen im Mathematikunterricht relevante Inhaltsbereiche und persönlichkeitsbezogene Bereiche der Entwicklung von Kindern näher beleuchtet.

5.2.2 Die Entwicklung mathematischer Kompetenzen

Da die Grundideen später im Mathematikunterricht umgesetzt werden sollen, macht es zunächst Sinn, die Entwicklung mathematischer Kompetenzen genauer zu betrachten.

Als mathematische Kompetenzen können nach Weinert (2001) und Klieme et al. (2003)

> „die kognitiven Fähigkeiten und Fertigkeiten zur Lösung bestimmter Probleme verstanden [werden], gleichzeitig [werden] aber auch der dafür erforderliche Wille und die motivationale Bereitschaft hinzugezählt. Kompetenzen stellen demnach umfassende Leistungsdispositionen dar, die in unterschiedlichen Situationen anwendbar sind" (Schneider et al. 2016, S. 108).

Grundlegend sind die arithmetischen Fähigkeiten wie das Zahlenverständnis und das Zählverständnis, denn ohne diese können die Grundrechenarten mit ihren Umkehroperationen nicht korrekt erlernt und verstanden werden. Ein ausgebildetes Zahlenverständnis im europäischen Raum zeigt sich durch die Fähigkeit, die arabischen Zahlen korrekt identifizieren, aussprechen und zerlegen sowie sie nach der Größe ordnen und zueinander in Beziehung setzen zu können. Diese grundlegenden Fähigkeiten ermöglichen es dem Kind, sich in den immer größer werdenden Zahlenräumen zu orientieren (vgl. ebd., S. 106–108). Dabei sollten die Schüler in der Lage sein, verschiedene Formen des Denkens auf mathematische Sachverhalte anwenden zu können. Dies bedeutet, dass je nach Situation gegenständliche, bildhafte, sprachliche und/oder mathematisch-symbolische Repräsentationen im Gehirn (s. Abschnitt 5.1) gebildet werden und dementsprechend eingesetzt werden können. Um den Bedeutungsgehalt von mathematischen Sachverhalten verstehen zu können, wird überwiegend auf ein handlungsorientiertes Lernen zurückgegriffen. Dies ist für die Anbahnung mathematischer Kompetenzen sinnvoll. Ziel sollte es aber auch sein, über verschiedene Formen des Denkens zu einem Sachverhalt zu verfügen, um flexibel damit umgehen zu können. Insbesondere bei mathematischen Objekten ist es sinnvoll, mit diesen auch mental operieren zu können, ohne jedes Mal auf anschauliche Hilfsmittel zurückgreifen zu müssen. Grundlegende mathematische Fähigkeiten sollten zudem automatisiert werden, um diese nach Bedarf abrufen und auf **außermathematische Situationen wie beispielsweise einen Fall (4) übertragen** zu können (vgl. Lorenz 2016, S. 34–39; Schneider et al. 2016, S. 105).

Schüler sollten am Ende der ersten Klasse im Zahlenraum bis 20 auf enaktiver, ikonischer und symbolischer Ebene mit den Zahlen operieren und diese zueinander in Relation setzen können. In den weiterführenden Klassen gilt dies für die weiteren Zahlenräume bis 100 in Klasse 2, 1 000 in Klasse 3 und 1 000 000 in Klasse 4. Dass diese Fähigkeiten sich aber sehr individuell entwickeln, lässt sich durch die erheblichen Differenzen im Vorwissen der Kinder erklären. „Individuelle Unterschiede in der Wissensbasis über Zahlen, Mengen und ihre Relationen sind schon zu Schulbeginn nachweisbar und verfestigen sich im Verlauf der schulischen Entwicklung" (Schneider et al. 2016, S. 105). Somit kann es sein, dass auch Kinder der dritten oder vierten Klasse noch suboptimale Strategien zur Lösung arithmetischer Probleme nutzen. Trotzdem lässt sich verallgemeinernd sagen, dass der Großteil einer Alterskohorte im letzten Jahr der Grundschulzeit über hinreichendes strategisches und faktisches Wissen im Bereich des Einspluseins und Einmaleins verfügt (vgl. ebd.).

Betrachtet man nun den weiteren grundlegenden Bereich des Größenverständnisses, wird sofort klar, dass dieser auch ohne die bereits genannten Kompetenzen nicht vollständig durchdrungen werden kann. Weiterhin muss ein höherer Abstraktionsgrad in den kognitiven Fähigkeiten erreicht werden, um mit Größen flexibel operieren und sie zum Lösen von Problemen entsprechend der vorherigen Definition von mathematischer Kompetenz einsetzen zu können. In den ersten beiden Schuljahren sammeln die Schüler aber vorwiegend Erfahrungen mit Größen in Sach- und Spielsituationen und vergleichen Repräsentanten der Größen direkt und indirekt mithilfe willkürlicher Maßeinheiten. Darauf aufbauend werden standardisierte Maßeinheiten eingeführt und Größenbegriffe aus vielen Bereichen abstrahiert. Die Fertigkeiten des Verfeinerns und Vergröberns der Maßeinheiten und das Umrechnen von Größen werden zumeist erst nach dem Anfangsunterricht erworben. Aber auch die Entwicklung der Kompetenzen in diesem Bereich vollzieht sich sehr individuell und kann schwer verallgemeinert werden (vgl. Hasemann & Gasteiger 2014, S. 174–178).

Bei der Darstellung der Entwicklung von geometrischen Kompetenzen im van-Hiele-Modell zeigt sich ebenfalls, dass Schüler erst gegen Ende der Grundschulzeit oder Beginn der Sekundarstufe I eigenständig zu abstrahierendem Denken fähig sind. Auf der 0. Niveaustufe entwickelt sich das räumlich anschauungsgebundene Denken, welches eine Wahrnehmung von geometrischen Objekten als Ganzes ohne eine Einteilung in Bestandteile und Eigenschaftszuschreibung beinhaltet. Das Denken ist hier noch konkret an Handlungen mit Material gebunden, sodass andere Denkformen noch gar nicht möglich sind. Diese Niveaustufe wird zumeist spätestens in den ersten beiden Jahren der Primarstufe erreicht. Auch die 1. Niveaustufe des geometrisch-analysierenden Denkens wird im Durchschnitt innerhalb der ersten Schuljahre erlangt. Es können Eigenschaften von Objekten wahrgenommen werden anhand derer sie beschrieben, benannt und sortiert werden. Die Klasseninklusion gelingt allerdings erst ab der 2. Niveaustufe des geometrisch-abstrahierenden Denkens, die zumeist erst in der vierten Klasse oder später erreicht wird. Hier beginnen die Schüler, eigenständig logische Schlüsse anhand der geometrischen Eigenschaften zu ziehen und diese auch zu überprüfen. Die 3. und 4. Niveaustufe werden erst in der Sekundarstufe II oder der Hochschule erreicht und können deshalb an dieser Stelle außer Acht gelassen werden (vgl. ebd., S. 174–178).

Ähnliche Entwicklungen wie in den anderen Bereichen können auch im Bereich Daten und Zufall beobachtet werden. Zumeist ergibt sich das Verständnis der Kinder von Häufigkeit und Wahrscheinlichkeit aus alltäglichen Situationen, die handelnd durch konkrete Experimente erschlossen werden können, da sie noch nicht in der Lage sind, abstrakte Wahrscheinlichkeitsmodelle aufzustellen. Dabei werden die Planung und Durchführung von Experimenten erst später beide von den Kindern vorgenommen, sodass zunächst die reine Datenerhebung im Fokus steht. Diese ist zumeist quantifizierbar und geschieht somit über die Verwendung von Zahlen und Strukturierungen dieser in Darstellungen, sodass hier die bereits beschriebene Entwicklung der Kompetenzen im Bereich Zahlen und Operationen eine große Rolle spielt. Zumeist fällt es Kindern im Anfangsunterricht aber auch noch schwer, Objekte zu strukturieren, sie fokussieren sich auf einzelne Objekte der erhobenen Datenmenge und lassen dabei die Gesamtheit der Daten außer Acht. Gerade wenn es nicht mehr um das reine Erfassen und Dokumentieren von Daten geht, sondern der Begriff der Wahrscheinlichkeit in seinen verschiedenen Facetten in den Blick gerät, ist auszumachen, dass den Kindern im Grundschulalter für dessen Verständnis die mathematischen Erklärungsgrundlagen fehlen. So sind beispielsweise viele Kinder im Grundschulalter noch davon überzeugt, dass eine Sechs schwieriger zu würfeln ist als alle anderen Augenzahlen auf einem Würfel (vgl. Benz et al. 2015, S. 274–275, S. 287). Das symbolische und abstrakte Darstellen von Daten oder das systematische Feststellen von Häufigkeiten gelingt den Kindern folglich zumeist im Laufe der Grundschulzeit, wenn sie Förderung darin erfahren. Einen abstrakten Wahrscheinlichkeitsbegriff entwickeln sie wiederum erst im Laufe der weiterführenden Schulzeit.

Festhalten lässt sich also, dass keine festgesetzten Entwicklungsstufen mathematischer Kompetenzen existieren, die sich in einem festgelegten Alter aufeinander aufbauend vollziehen. Die vorgestellten Stufen können deshalb nur als Orientierung dienen und nicht als allgemeingültig angesehen werden. Trotzdem können sie in Relation zum allgemeinen Lernen und der Entwicklung des Gehirns gesehen werden. Frühe sinnstiftende mathematische Erfahrungen, insbesondere auch außerschulische, aus denen ein grundlegendes mathematisches Vorwissen entstehen kann, sind wichtig für die schulische Weiterentwicklung mathematischer Kompetenzen. Es sollte dabei nicht zu früh abstrahierendes Denken von den Kindern verlangt werden, da ihr Gehirn dafür noch nicht weit genug ausgebildet ist. Für den **Einsatz von Fällen (4)** und auch das **eigenaktive Lernen (2)** in **offenen Lernsettings (1)** zum Aufbau mathematischer Kompetenzen scheint es allerdings wichtig zu sein, dass die Kinder bereits mathematische Grundkompetenzen, wie die oben beschriebenen beherrschen, um auf dieses Vorwissen zurückgreifen zu können. All dies spricht dafür, eine nach den Grundideen gestaltete Unterrichtskonzeption nicht im mathematischen Anfangsunterricht, aber dennoch innerhalb der Grundschulzeit einzusetzen. Nur so ist einerseits genügend mathematisches Vorwissen vorhanden, auf welches die Kinder zurückgreifen können (s. Abschnitt 5.1) und andererseits wird eine frühe Förderung verschiedener mathematischer Kompetenzen ermöglicht. Es ist außerdem nachgewiesen, dass „gute mathematische Kompetenzen am Ende der Schulzeit das Ergebnis eines frühzeitig einsetzenden intelligenten Übungsprozesses mit intellektuell anregenden Aufgaben [sind]" (Stern 2008, S. 201). Diese Aufgaben müssen für die Schüler die Gelegenheit bieten, sich selbst zu orientieren, das heißt, im Hinblick auf ein Lernziel, eine erfolgversprechende Handlung zu wählen. Diese wird bewusst ausgewählt, kontrolliert und ist eben auf die Erreichung des Lernziels ausgerichtet beziehungsweise davon motiviert. Können Kinder sich selber orientieren, können sie auch tatsächlich im Sinne der Grundideen selbstständig lernen (vgl. van Oers 1982, S. 88–89).

Sprachliche Kompetenzen beeinflussen den Aufbau mathematischer Fähigkeiten, da der Mathematikunterricht einen durch einen mathematischen Inhalt geprägten sozialen Kontext darstellt, in dem das Kommunikationsmedium die Sprache ist. Es besteht ein Zusammenhang zwischen sprachlicher und kognitiver Kompetenz bei der Lösung mathematischer Aufgaben, insbesondere wenn diese, wie ein **Fall (4)**, textbasiert sind. Die Alltagssprache der Schüler muss zu großen Teilen in die mathematische Symbolsprache übersetzt werden, um die Situationen aus Aufgaben modellieren zu können (vgl. Schneider et al. 2016, S. 100–103). Darüber hinaus verläuft Lernen immer in sozialen Kontexten und durch **Interaktionen (3)** (vgl. Schultheis 2016, S. 13). Damit diese sozialen Interaktionen funktionieren, wird Sprache als Medium benötigt. Somit wird im Folgenden die Sprachentwicklung von Kindern betrachtet, um sichergehen zu können, dass diese in der Grundschule ausreichend fortgeschritten ist, damit die Grundideen im Unterricht realisiert werden können.

5.2.3 Die Entwicklung pragmatischer sprachlicher Kompetenzen

Da **die Verwendung eines Falls als Initiation individueller Lernzielentwicklung (4)** beinhaltet, dass die Schüler mit sprachlichen Präsentationen von Sachverhalten umgehen und die für sie relevanten Informationen daraus entnehmen können, wird ein kurzer Überblick über den durchschnittlichen Stand der pragmatischen Sprachentwicklung von Kindern in der dritten und vierten Klasse – hier werden nur Dritt- und Viertklässler näher betrachtet, da sich ausgehend von den bereits dargestellten Erkenntnissen der Entwicklungspsychologie (s. Abschnitt 5.2.1 und 5.2.2) ein früherer Einsatz einer auf den Grundideen aufbauenden Konzeption als nicht sinnvoll erweist – gegeben.

Das Konstrukt Sprache besteht einerseits aus der Lexik und der Syntax, die die formalen Regeln zum Gebrauch von Wortschatz und Grammatik vorgeben. Andererseits spielen die Bedeutung der Sprache, die Semantik sowie die Phonologie, die das Lautsystem der Sprache vorgibt, eine Rolle. Der Fokus im folgenden Abschnitt wird auf der Pragmatik der Sprache also dem Wissen darüber, wie Sprache zur **Kommunikation (3)** verwendet werden kann und wie das Gesprochene auf die Realität wirkt, liegen. Denn wichtig zu wissen ist es, inwieweit die Schüler in der Lage sind, untereinander zu kommunizieren und sich **aus dem Fall ergebende Lernziele in Fragen (4)** zu formulieren (vgl. Lohaus & Vierhaus 2015, S. 168; Wisniewski 2016, S. 49–50).

Mit fünf Jahren ist der Wortschatz größtenteils erworben, wobei Neuordnungen darin ein Leben lang umgesetzt werden. Die Sprachentwicklung ist im Normalfall in der Sekundarstufe I abgeschlossen und bereits im Vorschulalter beginnt sich die differenzierte Sprachpragmatik zu entwickeln. Trotzdem gibt es große Unterschiede in der rezeptiven und produktiven Sprachfertigkeit der Schüler in der dritten und vierten Klasse (vgl. Pinquart et al. 2011, S. 153; Wisniewski 2016, S. 50–51), welche sich insbesondere bei der Formulierung von **Lernzielen in Fragen (4)** zeigen können. Dies illustriert die Notwendigkeit, dass das Stellen von Fragen als produktive Sprachfertigkeit gefördert wird.

Kinder lernen bereits früh, dass **Kommunikation (3)** auf Gegenseitigkeit beruht und man sich dazu beim Sprechen abwechseln muss (vgl. Pinquart et al.

2011, S. 146–147). Später sind sie in der Lage, auch unterschiedliche Wissens-
voraussetzungen bei sich und seinem Kommunikationspartner zu erkennen (vgl.
Wisniewski 2016, S. 50). Die Sprache wird dementsprechend an die Charakteristika des Gegenübers angepasst (vgl. Pinquart et al. 2011, S. 147) und ist
folglich abhängig von den Erwartungen des Sprechenden an den Hörenden darüber, was dieser weiß und versteht (vgl. Gerrig 2015, S. 294). Kinder können dies
bereits umsetzen und ihre Äußerungen aufeinander beziehen (vgl. Wisniewski
2016, S. 161).

All dies sind wichtige Voraussetzungen, um in der Lerngruppe **kommunizieren und kooperieren zu können (2)**. Eine Unterrichtskonzeption sollte weiterhin
die Möglichkeit bieten, in Phasen der Gruppenarbeit solche sozialen und kommunikativen Fähigkeiten einerseits fordern und andererseits dadurch auch fördern zu
können. Nur durch das Sprechen lernt man die Sprache und nur durch die Möglichkeit, sich mit Anderen und deren Meinungen auseinanderzusetzen, kann man
im Umgang mit Menschen geschult werden.

Nachdem die beiden für den Einsatz der Grundideen im Mathematikunterricht bedeutsamsten inhaltlichen Entwicklungsbereiche betrachtet wurden, werden
nun persönlichkeitsbezogene Entwicklungsmerkmale mit den Grundideen in
Verbindung gebracht.

5.2.4 Metakognitive und motivationale Entwicklung

Das Selbstkonzept eines Individuums und die **Eigenaktivität (2)** im Lernprozess
bedingen sich wechselseitig.

> „[U]nter Selbstkonzept versteht man das Gesamtsystem der Überzeugungen zur eige-
> nen Person und deren Bewertung [Selbstwertgefühl]. Dazu gehört u. a. das Wissen
> über persönliche Eigenschaften (Persönlichkeitsmerkmal), Kompetenzen, Interesse,
> Gefühle und Verhalten" (Wirtz 2017).

Der Begriff ist jedoch nicht einheitlich definiert und wird somit in unterschiedlichen Zusammenhängen genutzt (verschiedene theoretische Erklärungsansätze
finden sich zum Beispiel in Krapp 1997). Im Folgenden wird sich auf das
schulische Fähigkeitsselbstkonzept bezogen, welches die „Gesamtheit der kognitiven Repräsentationen eigener Fähigkeiten in akademischen Leistungssituationen"
(Dickhäuser et al. 2002, S. 394) umfasst.

Durch **eigenständiges Lernen (2)** werden die Lernenden dazu angeregt, einzuschätzen, ob sie Aufgaben selbstständig erfolgreich bearbeiten können, was

eine realistische Selbstwirksamkeitserwartung fördert. Selbstwirksamkeitserwartung als Teil des Selbstkonzepts kann dabei verstanden werden als die subjektive Einschätzung einer Person darüber, ob sie die nötigen Voraussetzungen für die Bewältigung einer Aufgabe mitbringt (vgl. Bandura 2002, S. 94). Somit kann die Ausbildung eines realistischen Selbstkonzepts gefördert werden, insofern die Lernenden entsprechend auf das eigenständige Arbeiten vorbereitet werden, damit diese sich nicht selbst über- oder unterfordern. Eine Voraussetzung für das erfolgreiche eigenständige Arbeiten stellt eine ausgebildete metakognitive Fähigkeit des Einzelnen dar. „Metakognitive Fähigkeiten sind Kompetenzen, die eingesetzt werden, um eigene kognitive Prozesse zu überwachen, zu kontrollieren und zu regulieren" (Lohaus & Vierhaus 2015, S. 128). Das Metagedächtnis des Menschen besteht aus dem deklarativen und dem prozeduralen Teil. Im deklarativen Metagedächtnis ist das Wissen über die eigenen kognitiven Fähigkeiten, Ressourcen und über Aufgaben- und Strategiemerkmale gespeichert. Es hilft dabei, Aufgabenschwierigkeiten einzuschätzen und die Aufgaben auf anwendbare kognitive Strategien zu prüfen. Das prozedurale Metagedächtnis beinhaltet Kontroll-, Selbstregulations- und Überwachungsprozesse. Dazu gehören die Übersicht über den eigenen aktuellen Lernstand und die Entfernung dessen vom angestrebten Lernziel sowie die Koordination des Lernprozesses durch Lernzeit-Management und die Planung der Lernhandlungen. Während sich Kinder im Kindergartenalter häufig noch selbst überschätzen, steigen die deklarativen und prozeduralen Kompetenzen im Grundschulalter an, sodass sich die Schüler selbst immer realistischer hinsichtlich ihrer Fähigkeiten und Lernaktivität einschätzen können. Sie sind außerdem in der Lage, positive und negative Selbstbeurteilungen zu äußern. Die Entwicklung verläuft allerdings bis in das frühe Erwachsenenalter (vgl. ebd., S. 128–129; ebd., S. 190), sodass die Schüler beim Einsatz ihrer metakognitiven Fähigkeiten noch unterstützt werden müssen. Dazu ist regelmäßiges Feedback geeignet, da sie so eine realistische Fremdeinschätzung erhalten, an der sie sich immer wieder neu orientieren können und anhand derer sie selbst ein Gespür für die eigenen Fähigkeiten entwickeln können. Außerdem lernen Kinder überhaupt nur, sich besser einzuschätzen und ihre Lernaktivität zu planen und zu überwachen, wenn sie die Möglichkeit dazu bekommen, zum Beispiel durch einen hohen Grad an **Offenheit (1)** und **Eigenaktivität (2)** im Unterricht. Die Eigenständigkeit der Schüler sollte für eine positive Persönlichkeits- und Lernentwicklung und im Hinblick auf das erzieherische Ziel von Schule, mündige Bürger hervorzubringen, folglich im Unterricht gefordert und gefördert werden. Schülern im Grundschulalter kann und sollte also durchaus bereits ein großes Maß an Verantwortung im Unterricht übertragen werden. Die Schüler sollten aber durch das Bereitstellen ausreichend entwicklungsgerechter Unterstützungsmöglichkeiten, wie zum

Beispiel Materialien zum handlungsorientierten Lernen, unterstützt werden. So erfährt zwar die **Eigenaktivität (2)** eine gewisse Einschränkung, aber auf diesem Weg kann das Erleben von Autonomie unter Beachtung gewisser strukturierender Maßnahmen zur Unterstützung eines positiven Selbstkonzepts eine günstige Identitätsentwicklung bewirken (vgl. Wisniewski 2016, S. 53, 62–63).

Kinder sollten außerdem innerhalb des Unterrichts Erfolge bei subjektiv als anspruchsvoll wahrgenommenen Aufgaben erzielen, also positive Selbstwirksamkeitserfahrungen erleben. Durch solche Erfolgserlebnisse wird ebenfalls das Selbstbewusstsein gestärkt, sodass damit auch die Persönlichkeits- und Leistungsentwicklung des Kindes positiv beeinflusst werden können (vgl. Wisniewski 2016, S. 63). Dafür müssen die Lernenden allerdings in der Lage sein, sich selbst bezüglich ihrer Fähigkeiten einzuschätzen. Durch das **Entwickeln individueller Ideen oder das Stellen individueller Fragen aufgrund eines Falls (4)** können die Schüler in **offenen Lernsettings (1)** die Schwierigkeit ihrer Aufgaben und Lernziele in gewissem Rahmen selbst wählen. Zum einen bestimmt das Interesse der Kinder die Fragen, die sie an den Fall stellen. Zum anderen sollte auch die Schwierigkeit der Lernziele eine Rolle spielen. Dazu kann eine **Öffnung des Unterrichts (1)** bezüglich der Arbeitsmittel und der Tiefe der Bearbeitung der Lerninhalte und der Lernwege realisiert werden. Die Beantwortung der Fragen und Erreichung der Lernziele kann dann auf einem selbstbestimmten Niveau erfolgen. In der Bearbeitung können die Schüler somit den Grad an Tiefe und damit auch die persönlich empfundene Schwierigkeit entsprechend ihrer Selbstwirksamkeitserwartungen individuell wählen, wodurch die Lernmotivation und folglich die Lernleistung gesteigert werden können.

Da die bewusste Orientierung an einer realistischen Selbstwirksamkeitserwartung aber bei Kindern im Grundschulalter noch weiter ausgebildet werden muss, bleibt das Erleben von Misserfolgen im schulischen Unterricht nicht aus, sodass es wichtig ist, den Kindern bei einer angemessenen Ursachenzuschreibung zu helfen (vgl. Heckhausen & Heckhausen 2010, S. 183–185). Nur so können sie in ihrer Selbstwirksamkeitswahrnehmung gestärkt werden und folglich ein günstiges Selbstkonzept ausbilden. Für die Lehrperson heißt es folglich, darauf zu achten, wie sich Kinder insbesondere ihre Misserfolge erklären, dies positiv zu beeinflussen (s. Tabelle 5.1) und den Unterricht mit vielen Möglichkeiten für Erfolgserlebnisse zu gestalten. Diese Maßnahmen können sich förderlich auf das Lernen und die Motivation dafür auswirken.

Betrachtet man die Motivation genauer, wird deutlich, dass intrinsische Motivation das Lernen im Vergleich zur extrinsischen deutlich begünstigt. Diese steht dabei aber der intrinsischen nicht als Lernen verhindernder Pol gegenüber. Können die Schüler von außen gesetzte Ziele als ihre eigenen übernehmen, befinden

Tabelle 5.1 Dreidimensionales Klassifikationsschema für die wahrgenommenen Ursachen von Leistungsergebnissen nach Weiner mit Beispielen für typische Attributionen bei Misserfolg [LP = Lehrperson] (selbst erstellt in Anlehnung an Weiner & Reisenzein 1994, S. 199)

zeitliche Stabilität		Kontrollierbarkeit			
		niedrig		hoch	
		stabil	variabel	stabil	variabel
Lokation	internal	Eigene Fähigkeit: *Geringe Fähigkeit/Begabung*	Eigener Zustand, Stimmung, Schwankungen der eigenen Fähigkeit: *Kopfschmerzen während der Prüfung, Müdigkeit*	Konstante eigene Anstrengung: *Faulheit*	Variable eigene Anstrengung: *Schlechte Vorbereitung, in dieser Unterrichtseinheit nicht richtig aufgepasst*
	external	Fähigkeit Anderer, Aufgabenschwierigkeit: *Hoher Anspruch der LP, immer zu schwierige Aufgaben*	Zustand, Stimmung, Schwankungen der Fähigkeit Anderer, Zufall: *Pech, LP hat einen schlechten Tag bei der Bewertung gehabt*	Konstante Anstrengung anderer Personen: *LP/Nachhilfelehrperson ist inkompetent*	Variable Anstrengung Anderer: *Freunde haben im Vorhinein nicht geholfen*

sie sich auf der Stufe der Integration, die der intrinsischen Motivation nahe kommt (vgl. Ryan & Deci 2000, S. 72–74). Intrinsische Motivation kann herbeigeführt oder zumindest extrinsische Motivation in die Stufe der Integration überführt werden, indem die Schüler Autonomie, zum Beispiel durch Entscheidungsfreiräume, Kompetenz und soziale Unterstützung durch informierende nicht wertende Rückmeldungen und Wertschätzung erleben (vgl. Wisniewski 2016, S. 169). Dies sind eben genau Merkmale, die durch die **Grundideen** umgesetzt werden sollen.

5.3   Zusammenführung der entwicklungs- und lernpsychologischen Erkenntnisse

Aus den Erkenntnissen der Entwicklungspsychologie lässt sich die Fragestellung F1.2 *Inwiefern ermöglichen die Kerngedanken von PBL bereits in der Grundschule erfolgreiches Lernen?* beantworten. Alles in allem kann gefolgert werden, dass Kinder ab der dritten Klasse im Durchschnitt über die kognitiven Fähigkeiten verfügen, die es ihnen erlauben, in **offenen (1)** Unterrichtsansätzen im Fach Mathematik mit einem hohen Grad an **Eigenaktivität (2)** zu agieren, zu

kooperieren (3) und aufgrund **eines Falls Fragen an einen Lerninhalt zu stellen (4)**. In der unterrichtlichen Umsetzung muss aber immer auf die einzelnen Individuen eingegangen werden. Bei den Lernenden müssen bestimmte individuelle Voraussetzungen erfüllt sein, damit erfolgreiches Lernen im Allgemeinen und in einer nach den Grundideen gestalteten Unterrichtskonzeption im Speziellen funktioniert. Inwiefern diese Voraussetzungen zusammenspielen, damit erfolgreiches Lernen gelingt, konnte noch nicht abschließend geklärt werden, doch je weniger Voraussetzungen erfüllt sind, desto schlechter ist die Lernleistung des Individuums (vgl. Hasselhorn & Gold 2013, S. 68).

Es ist folglich Aufgabe der Lehrperson, ihre Schüler beim Erwerb dieser Voraussetzungen zu unterstützen und Lernsituationen zu schaffen, die eine günstige Basis für diese bilden. Dies bedeutet, dass die Lernsituationen motivierend sind und auf die jeweiligen Anspruchsniveaus der Schüler bestmöglich eingehen. Es sollten also die **Eigenaktivität (2)** und Selbstständigkeit gefördert werden, ohne zu überfordern. Dies kann beispielsweise durch **individuelle Fragen (4)** geschehen, die sich die Kinder stellen, insofern sie dazu in der Lage sind, sie auf einem entsprechenden Anspruchsniveau zu stellen. Dann werden für die Schüler Erfolgserlebnisse ermöglicht. Die Lehrperson sollte die Schüler dabei durch geeignete Hilfestellungen, wie das Bereitstellen von Materialien, unterstützen. Zusätzlich erfahren die Lernenden durch das Stellen eigener Fragen und durch die **Offenheit (1)** der Unterrichtskonzeption bezüglich der Arbeitsmittel, der Lernwege und der Tiefe der Bearbeitung dieser Fragen Autonomie, insbesondere in der erlebten (Mit-)Bestimmung von Lerninhalten. Dies kann die intrinsische Motivation oder zumindest eine extrinsische Motivation im Sinne der Integration fördern. Durch die laut den Erkenntnissen der Entwicklungspsychologie ab ca. der dritten Klasse mögliche, zielführende **Kommunikation und Kooperation (3)** kann zudem ein Miteinander der Schüler gefördert werden, welches eine positive Lernumgebung bietet (vgl. Herrmann 2009, S. 159; Hüther 2009, S. 205; Wisniewski 2016, S. 48, 166–167).

Somit erscheint ein an den Grundideen ausgerichteter Mathematikunterricht in der Grundschule aus lern- und entwicklungspsychologischer Sicht als durchführbar und bietet darüber hinaus das Potenzial, erfolgreiches Lernen zu ermöglichen sowie die Schüler in ihrer individuellen Entwicklung, insbesondere im Hinblick auf metakognitive Fähigkeiten und das Selbstkonzept zu fördern.

Im Folgenden wird jede der Grundideen genauer in den Blick genommen, um anschließend theoriebasiert ein sich aus PBL ergebendes Unterrichtskonzept für den Mathematikunterricht der Grundschule entwickeln zu können, welches die hier genannten Merkmale berücksichtigt und darüber hinaus die aus Theorie und empirischer Unterrichtsforschung gewonnenen wichtigsten Erkenntnisse zu den einzelnen Grundideen mit einbezieht.

Differenzierte Betrachtung der Grundideen im Kontext Unterricht

6

Um die letzte Unterfrage F1.3 *Welche Kriterien und Bedingungen lassen sich für die Umsetzung der Kernelemente von PBL im Kontext Unterricht identifizieren?* genauer in den Blick zu nehmen und somit Kriterien und Bedingungen für die Entwicklung einer Konzeption zu generieren, werden die Grundideen konkretisiert und in Merkmalskategorien operationalisiert, welche für die anschließende Konzeptionierung richtungsleitend sind. Dazu werden unter Einbezug einer fachübergreifend didaktischen als auch mathematikdidaktischen Perspektive konstituierende Elemente der Grundideen (nachfolgend mit [Zahl] gekennzeichnet) herausgearbeitet. Dies sind Merkmale oder Eigenschaften, die für die jeweilige Grundidee maßgeblich sind. Zudem ermöglicht eine übersichtliche Darstellung empirischer Forschungen, moderierende Faktoren der Grundideen (nachfolgend mit {Zahl} gekennzeichnet) zu generieren. Diese Faktoren sind Bedingungen dafür, dass durch die Umsetzung der Grundideen im Unterricht ein positiver Effekt auf den (über-)fachlichen Kompetenzerwerb der Schüler sowie die Einstellung, Motivation und Zufriedenheit der Lernenden erreicht wird.

Beide Aspekte werden im Anschluss an die Darstellung jeder Grundidee übersichtlich zu allgemeinen Merkmalen der Grundidee zusammengefasst. Diese werden wiederum in Abschnitt 6.5 zur Entwicklung allgemeiner Merkmalskategorien unter Einbezug der Erkenntnisse aus dem fünften Kapitel grundideeübergreifend zusammengeführt.

6.1   Grundidee 1: Offenheit

Im Problembasierten Lernen ist eine hohe Offenheit im Hinblick auf die Bestimmung der Lernziele, Lernwege, Arbeitsmittel oder das methodische Vorgehen ein

© Der/die Autor(en), exklusiv lizenziert durch Springer Fachmedien Wiesbaden GmbH, ein Teil von Springer Nature 2020, korrigierte Publikation 2021
S. Strunk und J. Wichers, *Problembasiertes Lernen im Mathematikunterricht der Grundschule*, Hildesheimer Studien zur Mathematikdidaktik,
https://doi.org/10.1007/978-3-658-32027-0_6

wesentliches Charakteristikum, um den unterschiedlichen Fähigkeiten und Fertigkeiten der Schüler bestmöglich begegnen zu können. Ohne diese wäre es nicht möglich, dass die Lernenden eigenständig in Gruppen arbeiten und dort neue Inhalte erwerben (s. Kapitel 2). Auch unter entwicklungs- und lernpsychologischer Perspektive ist eine hohe Offenheit zum Beispiel zum eigenständigen Entdecken von Regeln und Zusammenhängen aufbauend auf dem persönlichen Vorwissen (s. Abschnitt 5.1) und zur Steigerung der Motivation (s. Abschnitt 5.2.4) für Lernende relevant.

Kinder, egal welcher Alters- und Klassenstufe, bringen sehr unterschiedliche Voraussetzungen mit (vgl. Peschel 2006, S. 126; s. Abschnitt 5.2). Dementsprechend ist es vom ersten Schultag an bedeutend, dass der Mathematikunterricht an den individuellen Erfahrungen und Interessen der Kinder orientiert ist und an dem fachlichen Vorwissen der Kinder anknüpft, damit alle Kinder entsprechend ihrer Möglichkeiten neue Fähigkeiten und Fertigkeiten erwerben können. In einem gemeinsamen lehrgangsartigen Unterricht kann man dieser Forderung kaum gerecht werden, weshalb die Öffnung des (Mathematik-)Unterrichts an Bedeutung gewinnt. Somit ist eine hohe Offenheit nicht nur im Problembasierten Lernen, sondern auch im Mathematikunterricht im Allgemeinen von großer Bedeutung.

In den nachfolgenden Kapiteln wird der offene Unterricht fundiert und mehrperspektivisch beschrieben, um die Grundidee der Offenheit auf unterrichtlicher Ebene zu konkretisieren, ein Arbeitsverständnis für die vorliegende Arbeit abzuleiten sowie Merkmale für die Konzeptionsentwicklung zu generieren.

6.1.1 Offener Unterricht aus fachübergreifender didaktischer Perspektive

Eine einheitliche Definition und Auflistung konstituierender Merkmale offenen Unterrichts liegen bisher nicht vor. Wallrabenstein (1991) sieht offenen Unterricht als

„Sammelbegriff für verschiedene Reformansätze in vielfältigen Formen inhaltlicher, methodischer und organisatorischer Öffnung mit dem Ziel eines veränderten Umgangs mit dem Kind auf der Grundlage eines veränderten Lernbegriffs" (Wallrabenstein 1991, S. 54).

Neuhaus-Siemon (1996) definiert den offenen Unterricht als einen Unterricht,

> „dessen Unterrichtsinhalt, -durchführung und -verlauf nicht primär vom Lehrer, sondern von den Interessen, Wünschen und Fähigkeiten der Schüler[…] bestimmt wird. Der Grad der Selbst- und Mitbestimmung des zu Lernenden durch die Kinder wird zum entscheidenden Kriterium des offenen Unterrichts. Je mehr Selbst- und Mitbestimmung, […] desto offener wird der Unterricht" (Neuhaus-Siemon 1996, S. 19–20).

Peschel (2009) verfügt hingegen über ein deutlich anspruchsvolleres Verständnis offenen Unterrichts (vgl. Bohl & Kucharz 2010, S. 17). Diesen sieht er als einen Unterricht, der es den Schülern gestattet,

> „sich unter der Freigabe von Raum, Zeit und Sozialform Wissen und Können an selbst gewählten Inhalten auf methodisch individuellem Weg anzueignen. Offener Unterricht zielt im sozialen Bereich auf eine möglichst hohe Mitbestimmung bzw. Mitverantwortung des Schülers bezüglich der Infrastruktur der Klasse, der Regelfindung innerhalb der Klassengemeinschaft sowie der gemeinsamen Gestaltung der Schulzeit ab" (Peschel 2009, S. 78).

Auch wenn in den Definitionen unterschiedliche Akzentuierungen vorliegen, lässt sich als gemeinsamer Schwerpunkt dieser und weiterer Definitionen ein hoher Grad an Selbst- und Mitbestimmung in unterschiedlichen Bereichen des unterrichtlichen Geschehens durch die Schüler herausstellen (vgl. Bohl & Kucharz 2010, S. 18).

Um das Konstrukt offenen Unterrichts detaillierter zu beschreiben, können fünf gängige und in der Diskussion um offenen Unterricht etablierte Dimensionen offenen Unterrichts unterschieden werden.

Organisatorische Offenheit: Öffnung des Unterrichts für die (Mit-)Bestimmung der Rahmenbedingungen des Unterrichts, wie zum Beispiel des Raums, des Zeitumfangs oder der Sozialform [1] (vgl. Peschel 2009, S. 77).

Methodische Offenheit: Öffnung des Unterrichts für neue Lehr-/Lernformen und für die Mitgestaltung (vgl. ebd., S. 54) und Bestimmung des eigenen Lernweges durch die Schüler [2].

Inhaltliche Offenheit: Öffnung des Unterrichts für die Mitbestimmung der Lerninhalte durch die Schüler innerhalb der Vorgaben der Curricula oder Lehrpläne [3] (vgl. ebd., S. 77).

Soziale bzw. politisch-partizipative Offenheit: Öffnung des Unterrichts für die (Mit-)Bestimmung der Kinder über die Klassenführung, die langfristige Unterrichtsplanung sowie Maßnahmen im Hinblick auf das soziale Miteinander durch zum Beispiel das Erstellen von Verhaltensregeln [4] (vgl. Bohl & Kucharz 2010, S. 15; Peschel 2009, S. 77).

Persönliche Offenheit: Öffnung des Unterrichts für respektvolle Beziehungen zwischen der Lehrperson und den Schülern sowie innerhalb der Schülerschaft [5].

Mithilfe dieser Dimensionen lassen sich verschiedene Varianten der Öffnung von Unterricht konstruieren, die von einem lehrerzentrierten und durch Instruktionen stark vorstrukturierten Unterricht bis hin zu einem offenen Unterricht reichen (vgl. ebd., S. 81). Dieser lässt sich in der Unterrichtsrealität nicht innerhalb kurzer Zeit etablieren, sondern bedarf einer langfristigen und angeleiteten Heranführung der Schüler [6] (vgl. Bohl & Kucharz 2010, S. 84).

In der Literatur lassen sich daher zahlreiche Modelle zur stufenweisen Öffnung des Unterrichts finden. In dieser Arbeit soll auf das Modell von Bohl und Kucharz, in welchem die Dimensionen von Ramseger, Brügelmann und Peschel zusammengefasst und weiterentwickelt wurden, Bezug genommen werden. Dabei wird die persönliche Öffnung auf der Stufe 0 ergänzt, welche als grundlegend für jeglichen Unterricht erachtet wird und somit allen Dimensionen der Öffnung zugrunde liegen sollte (vgl. ebd., S. 19; s. Tabelle 6.1).

Tabelle 6.1 Dimensionen und Stufenmodell des offenen Unterrichts (selbst erstellt in Anlehnung an Bohl & Kucharz 2010, S. 19; ebd., S. 85; Peschel 2009, S. 80–81).

Stufenmodell des offenen Unterrichts			
Stufe 0	Persönliche Öffnung	Inwieweit besteht zwischen Lehrperson und Schülern bzw. Schülern ein positives Beziehungsklima?	Geöffneter Unterricht
Stufe 1	Organisatorische Öffnung	Inwieweit können die Schüler ihre Rahmenbedingungen selbst bestimmen?	
Stufe 2	Methodische Öffnung	Inwieweit kann der Schüler seinem eigenen Lernweg folgen?	
Stufe 3	Inhaltliche Öffnung	Inwieweit kann der Schüler darüber hinaus über seine Lerninhalte bestimmen?	Offener Unterricht
Stufe 4	Politisch-partizipative Öffnung	Inwieweit können die Schüler in der Klasse den Unterrichtsablauf und –regeln mitbestimmen?	

Die Öffnung des Unterrichts kann also in vielerlei Form realisiert werden und geht einher mit vielfältigen Veränderungen im Unterricht. Folgende Bereiche müssen dabei besonders beachtet werden.

Verändertes Rollenbild der Lehrperson: Die Lehrperson nimmt im offenen Unterricht die Funktion eines Begleiters, Beraters und Diagnostikers ein und tritt als dieser in den Hintergrund [7]. Die Hauptaufgabe ist es, Lernprozesse der Schüler zu überwachen, Einblicke in die Denkwege und metakognitiven Kompetenzen zu gewinnen und daraus ableitend einzelne richtungsweisende Impulse zu geben (vgl. Lipowsky 1999, S. 220; Peschel 2009, S. 172–176; Wallrabenstein 1991, S. 171).

Lernmaterialien: Die Materialien sollen die Schüler kognitiv aktivieren, deren Kreativität und Fantasie anregen und zugleich eine (selbst-)differenzierende Bearbeitung ermöglichen. Diesen Anspruch erfüllen vorwiegend wenig vorstrukturierte Lernmaterialien [8] (vgl. Bohl & Kucharz 2010, S. 118; Peschel 2009, S. 177–180).

Eigene Fragen und Ziele: Die offenen Lehr-Lernformen sollen die Schüler zum Entwickeln und Formulieren von Fragen und Lernzielen (s. Abschnitt 6.4.2 und 6.4.3) anregen. Dabei sind die Aufgabenstellungen so offen zu formulieren, dass diese nicht nur zu Beginn, sondern auch im Arbeitsprozess weitere Fragen und Zielsetzungen zulassen [9]. Als geeignete Möglichkeit zur Notation der Fragen und Lernziele nennt Lipowsky beispielsweise ein Forscherheft (vgl. Lipowsky 1999, S. 214–215).

Orientierung: Des Weiteren benötigen die Schüler Halt und Orientierung im Lernprozess. Darunter sind einerseits zeitliche Strukturen, Regeln sowie Rituale zu fassen und andererseits eine inhaltliche Vernetzung der zu thematisierenden Inhalte mit bereits bekanntem Wissen [10] (vgl. Bohl & Kucharz 2010, S. 114–115; Lipowsky 1999, S. 215–216).

Selbststeuerungsfähigkeit: Der Aufbau und die Förderung der Steuerung eigener Lernprozesse sollen durch offene Unterrichtsformen ermöglicht werden, wodurch nicht nur fachliche Kompetenzen aufgebaut werden, sondern auch die Persönlichkeitsentwicklung in Richtung einer verantwortungsbewussten, selbstständigen Person geleitet wird [11] (vgl. ebd., S. 222; Wallrabenstein 1991, S. 170; s. Abschnitt 5.3 und 6.2.1).

6.1.2 Offener Unterricht aus mathematikdidaktischer Perspektive

Gerade im Mathematikunterricht ist das Lernen im offenen Unterricht relevant, um die Ziele des Mathematikunterrichts erreichen zu können. Mathematik betreiben bedeutet nicht nur algorithmische Fähigkeiten zu erwerben und diese anzuwenden, sondern auch „reale Situationen in mathematische zu übersetzen, zu lösen, zu interpretieren, darzustellen und zu begründen, […] gleichzeitig auch die Entwicklung geistiger Vorgehensweisen wie Klassifizieren, Ordnen, Analysieren und Formalisieren" (Peschel 2006, S. 118). Daher ist es im Mathematikunterricht von großer Bedeutung, dass die Schüler lernen, sich eigene Fragen zu stellen sowie ihren Lernprozess verantwortungsvoll und zielführend zu gestalten, um diese Ziele erreichen zu können [9], was durch Methoden offenen Unterrichts ermöglicht werden kann (vgl. ebd., S. 118–119). Auch im Kerncurriculum des Landes Niedersachsen wird eine Öffnung des Unterrichts gefordert, um die Individualität der Schüler zu berücksichtigen und sie ihres Kenntnis- und Wissensstandes entsprechend fördern zu können (vgl. Niedersächsisches Kultusministerium 2017, S. 19; s. Kapitel 4).

Eine Öffnung des Mathematikunterrichts kann durch offene Aufgaben [8] (s. Abschnitt 8.2) erfolgen, die entstehen, „wenn man die Schüler auffordert, Objekte zu untersuchen und mathematische Eigenschaften dieser Objekte zu entdecken und zu erforschen" (Ulm 2004, S. 29), man an einen mathematischen Inhalt Fragen stellen lässt oder zum Abschätzen und Erfinden von Aufgaben anregt (vgl. ebd., S. 25–43). Dadurch werden Schüler angehalten, komplexe Vorgänge und Gedanken in eigene Worte zu fassen, Zusammenhänge zu erkennen und sich eigenständig Lösungen und Lösungswege zu erarbeiten. Prozesse werden ebenso gefördert und die Schüler können „Mut und Selbstvertrauen [gewinnen], eigenständig ein Problem anzupacken und eigene Wege in der Mathematik zu gehen" (ebd., S. 35). Konkreter schlägt sich die Forderung nach Offenheit in der natürlichen Differenzierung nieder. Ziel jeglicher Differenzierungsmaßnahmen ist es, die Kinder ihren Fähigkeiten und Fertigkeiten entsprechend bestmöglich zu fördern. Dies lässt sich auf unterschiedlichen Wegen umsetzen, zum Beispiel kann die Lehrperson den Schülern differenzierte Inhalte oder unterschiedliche Materialien zuweisen. Sie kann die Anzahl der Inhalte in derselben Zeit begrenzen oder sie gibt die Verantwortung, einen Inhalt auf einem angemessenen Niveau zu bearbeiten in die Hand der Schüler (vgl. Krauthausen & Scherer 2014a, S. 16–19). Grundlage der natürlichen Differenzierung ist Letzteres. Ausgangspunkt stellt dann ein mathematisches Aufgabenformat oder mathematisches Thema dar, welches

„inhaltlich ganzheitlich und hinreichend komplex" (ebd., S. 50) ist, um eine Auseinandersetzung auf unterschiedlichen Niveaus zu eröffnen (s. Abschnitt 8.2.4).
Die Schüler können eigenständig entscheiden, in welchem Umfang und welcher Tiefe sie die entsprechenden Aufgaben bearbeiten wollen. Sie haben also
Entscheidungsfreiheiten, wenn auch mit einigen Einschränkungen, im Hinblick
auf organisatorischer [1], inhaltlicher [3] und methodischer Ebene [2], da sie
bestimmen können, welches Schwierigkeitsniveau sie auf welche Art und Weise
erarbeiten möchten. Dabei bleiben ihnen zumeist noch Freiheiten in der Wahl
der Sozialform oder auch zeitlichen Gestaltung des Lernprozesses (vgl. ebd.,
S. 49–51).

6.1.3 Empirische Erkenntnisse zum offenen Unterricht

Eine Vielzahl an Studien setzt sich seit Jahren kritisch mit dem offenen Unterricht,
seinen Merkmalen und seiner Relevanz für den Lern- und Entwicklungsprozess der Schüler auseinander. Dabei können kaum allgemeine Schlüsse gezogen
werden, da zum einen den Forschungen ein divergierendes Verständnis offenen
Unterrichts zugrunde liegt und zum anderen in Abhängigkeit vom Forschungsvorhaben unterschiedlich operationalisierbare Merkmale fokussiert und analysiert
werden. Es zeichnen sich jedoch in einigen Studien ähnliche Trends ab, die
anhand ausgewählter Ergebnisse dargestellt werden. Eine Bewertung und kritische
Betrachtung der einzelnen Studien und deren Bedingungen wird an dieser Stelle
jedoch bewusst ausgelassen, da die Darstellung primär der Gewinnung moderierender Merkmale dient. Die folgende Zusammenstellung bisheriger Forschungen
wird in Orientierung an Lipowsky in die Bereiche Merkmale der Persönlichkeit und Einstellungen, Lernzeitnutzung sowie Leistungsentwicklung untergliedert
(vgl. Lipowsky 2002, S. 132–159).

**Auswirkungen offenen Unterrichts auf die Merkmale der Persönlichkeit und
Einstellungen**
Bereits 1982 zeigten Giaconia und Hedges in ihrer Metaanalyse geringe bis mäßig
positive Effekte offener Unterrichtsformen auf die Selbstständigkeit, das Selbstkonzept, allgemeine mentale Fähigkeiten, die Kreativität und die positive Haltung der
Schüler gegenüber der Schule und den Lehrpersonen auf (vgl. Giaconia & Hedges
1982, S. 587).
    Pauli, Reusser, Waldis und Grob (2003) stellten in ihrer videobasierten Studie
zwar keinen Unterschied zwischen den sogenannten „Erweiterten Lernformen",
eine Form des geöffneten Unterrichts, und dem traditionellen Unterricht bezüglich

des Interesses der Schüler an Mathematik und des mathematikbezogenen Selbstvertrauens der Schüler fest. Die Daten lassen jedoch auf ein höheres schulisches Wohlbefinden der Schüler durch die offene Unterrichtsform schließen (vgl. Pauli et al. 2003, S. 313). Auch Niggli und Kersten (1999) konnten keine nennenswerten Effekte von dem Wochenplanunterricht, als eine Form des geöffneten Unterrichts, auf die motivationalen Orientierungen, Lernstrategien oder Selbstwirksamkeitserwartungen der Lernenden feststellen. Für den Mathematikunterricht galt vielmehr, dass die Klarheit und Verständlichkeit {1} des Unterrichts positive Effekte in Bezug auf diese Variablen hervorgerufen haben (vgl. Niggli & Kersten 1999, S. 280–289).

Hartinger (2006) stellte in seiner Untersuchung einen Zusammenhang zwischen dem subjektiven Selbstbestimmungsempfinden der Schüler und deren Interesse an dem Unterrichtsthema fest. Dabei können Öffnungsmaßnahmen des Unterrichts das Selbstbestimmungsempfinden und dieses wiederum das Interesse positiv beeinflussen. Weiterhin wurde herausgestellt, dass die Schüler besonders wenig Interesse am Unterrichtsinhalt entwickeln, die sich trotz vorhandener Freiräume nicht als selbstbestimmt empfinden. Daraus resultiert nach Hartinger, dass es nicht ausreicht, Entscheidungsfreiräume zu schaffen, sondern dass die Lehrpersonen dafür sorgen müssen, dass die Schüler diese Freiräume auch nutzen {2}, um positive Effekte der Öffnung des Unterrichts zu erzielen (vgl. Hartinger 2006, S. 283–284).

Im Hinblick auf die Leistungsmotivation (s. auch Abschnitt 5.2.4) zeigten Giaconia und Hedges (1982), dass offenere Lernformen jedoch eher negative Effekte haben (vgl. Giaconia & Hedges 1982, S. 587).

Moser (1997), der den selbstgesteuerten, fremdgesteuerten Unterricht und eine dritte Form mittleren Grades an Offenheit bezüglich der Schüler- sowie Lehrpersonenaktivität verglich, betont ebenfalls die Bedeutung lernförderlicher Unterrichtsmerkmale für die Leistungsentwicklung und für die Entwicklung affektiver Merkmale der Lernenden. Dabei fand der Autor heraus, dass „Interesse und Selbstwirksamkeitsüberzeugungen […] in der Gruppe fremdgesteuertes Lernen signifikant höher als in der Gruppe selbstgesteuertes Lernen" (Moser 1997, S. 192) sind, was der Autor auf die im fremdgesteuerten Unterricht vermehrt eingesetzten Merkmale der Klarheit {1} und Strukturiertheit {3} zurückführte (vgl. ebd.).

Diese Ergebnisse lassen darauf schließen, dass Schüler,

> „denen es schwer fällt, ihre Lernprozesse zu steuern, […] offene Lernsituationen vermutlich diffuser wahr[nehmen] als Unterricht mit einer klaren Prozessstruktur. Das offene Arrangement irritiert sie, weil sie Mühe haben, zu erkennen, wo sie sich im Lernprozess befinden, was sie erreicht haben und was noch zu erledigen ist" (Niggli 2013, S. 25).

Für die Entwicklung positiver affektiver Merkmale sind somit klare Ziel- und Leistungsanforderungen {1} sowie eine Strukturierung des Unterrichts {3} erforderlich, um Schwierigkeiten in der Lernprozessgestaltung der Schüler zu vermeiden (vgl. ebd.).

Auch wenn die dargestellten Ergebnisse teilweise divergieren, lässt sich zusammenfassend feststellen, dass geöffnete Lernformen positive Effekte auf Persönlichkeitsmerkmale sowie Komponenten der Einstellung haben können. Diese Wirkung hängt vor allem davon ab, wie die Öffnung des Unterrichts verstanden und durch die Lehrperson umgesetzt wird. Die Existenz lernförderlicher Unterrichtsmerkmale im offenen Unterricht, wie Strukturierung, Klarheit, Zielorientierung oder auch die Beachtung, dass Schüler die Freiräume nutzen, können die positiven Effekte steigern.

Auswirkungen von offenem Unterricht auf die Lernzeitnutzung
Fähmel untersuchte 1981 das Verhalten von Grundschülern in der Freiarbeit. Dabei ergab die Untersuchung, dass die Freiarbeit „eine überdauernde, positive Arbeitshaltung" (Fähmel 1981, S. 160) der Schüler hervorruft. Dies hat sich in der Untersuchung ausgedrückt, indem die Schüler während der Bearbeitung eines Lerninhalts nur wenige Unterbrechungen (vier Minuten pro Unterrichtsvormittag) vornahmen und die Pausen zwischen zwei Aufgaben sehr kurz (i. d. R. nicht länger als drei Minuten) waren (vgl. ebd., S. 159).

Lipowsky (1999) kam zu ähnlichen Ergebnissen. Er untersuchte den Einfluss der Konzentrationsfähigkeit auf das Arbeitsverhalten und die Lernzeitnutzung in geöffneten Unterrichtsphasen, indem insgesamt acht konzentrationsschwache und acht konzentrationsstarke Kinder aus acht Klassen über einen Zeitraum von fünf Tagen beobachtet wurden (vgl. Lipowsky 1999, S. 119–121). Die Öffnung wurde dabei mithilfe eines Lernthekenarrangements vorgenommen, wodurch den Schülern Freiheiten in der Auswahl der Lernangebote, der Sozialform und der Dauer der Beschäftigung gewährt wurden (vgl. ebd., S. 119). Lipowsky konnte feststellen, dass konzentrationsschwächere Schüler die Lernzeit weniger effektiv (circa 60 % der Lernzeit) nutzten als konzentrationsstarke (circa 80 % der Lernzeit) Schüler. Dies hat vor allem Übergangsphasen betroffen oder jene, in denen die Schüler sich eine Orientierung im Lernangebot beschaffen mussten. Somit hat die Konzentrationsfähigkeit einen wesentlichen Einfluss auf die Lernzeitnutzung und das Lernverhalten der Schüler. Ein offenes Unterrichtsarrangement, so schließt Lipowsky, sorgt nicht für ausreichend Motivation, die alle Schüler unabhängig von ihrer Konzentrationsfähigkeit anforderungsbezogen arbeiten lässt (vgl. ebd., S. 207–208). Zum einen schlussfolgert der Autor, dass eine Begleitung und Unterstützung der

Schüler in Orientierungsphasen {4} des Unterrichts notwendig ist, um eine kognitive Überforderung der konzentrationsschwächeren Schüler zu verhindern. Zum anderen werden diese Schüler in offenen Lernumgebungen durch klare, strukturierte und eher abstrakte Aufgabenstellungen {5} angeregt, aufgabenbezogener zu arbeiten als mit handlungsorientiertem und weniger stark strukturiertem Material (vgl. ebd., S. 187). Eine Studie von Götze und Jäger (1991) unterstützt diese Erkenntnisse (vgl. Götze & Jäger 1991, S. 36–37). Die Art und Weise der Gestaltung der Unterrichtsphasen ist somit ausschlaggebend dafür, inwiefern die Schüler aktiviert werden und die Lernzeit effektiv nutzen können. Aufgrund der Konzeption – kleine Stichprobe, offener Unterricht als Lernthekenarrangement, Lernbereich Geometrie – der Studien bleibt jedoch offen, ob diese Ergebnisse generalisierbar sind (vgl. ebd., S. 211).

Wagner (1978), Wagner und Schöll (1992) sowie in Nachfolgeuntersuchungen Laus und Schöll (1995) kamen in ihren Untersuchungen zu dem Ergebnis, dass die Schüler in offenen Lernumgebungen ein größeres Engagement sowie eine höhere Arbeitsintensität zeigen als im Frontalunterricht (vgl. Laus & Schöll 1995, S. 21; Wagner 1978, S. 58; Wagner & Schöll 1992, S. 35). So legten Wagner und Schöll (1992) dar, dass der Großteil der Arbeit im offenen Unterricht (76 %) für selbstgesteuerte Aktivitäten verwendet wird, jedoch ein Unterschied im Arbeitsverhalten leistungsschwacher und leistungsstarker Schüler zu verzeichnen ist. Die leistungsstarken Schüler arbeiten häufiger ohne fremde Hilfe und fordern bei fachlichen Problemen häufiger Unterstützung (vgl. Wagner & Schöll 1992, S. 35). Demgegenüber beginnen die leistungsschwachen Schüler häufig erst nach Aufforderungen angemessenes Verhalten zu zeigen und benötigen häufiger als leistungsstarke Schüler fachliche Unterstützung (vgl. ebd., S. 47). Weiterhin ermittelten Laus und Schöll (1995), dass alle Schüler unabhängig vom Leistungsvermögen in einer offenen Lernumgebung durchschnittlich aufmerksamer sind als im traditionellen Unterricht. Darüber hinaus gilt, dass insbesondere leistungsschwache Schüler sich in offenen Lernumgebungen über eine längere Zeit mit den Unterrichtsinhalten und Aufgaben beschäftigten, was die Autoren auf die intrinsische Motivation der Lernenden durch die eigenständige Wahl des Lerngegenstands {6}, der Passung zum Leistungsniveau {7} und die Bestimmung des eigenen Lerntempos {8} zurückführten (vgl. Laus & Schöll 1995, S. 21).

Jürgens (2004) gelang zu einer ähnlichen Schlussfolgerung.

„Offener Unterricht scheint aufgrund seiner organisatorischen Gestaltung Interaktions-
und Kommunikationsstrukturen hervorzubringen, die es gerade Problemschülerinnen/-
schülern ermöglichen, sich in ihrem emotionalen und sozialen Verhalten eigenverantwortlich zu entfalten und zu stabilisieren" (Jürgens 2004, S. 63).

Zusammenfassend lässt sich sagen, dass die Lernzeitnutzung von Schülern im Unterricht in Abhängigkeit von der jeweiligen Ausgangslage variiert, wobei sich insgesamt ein positiver Einfluss der Öffnung von Unterricht auf die Lernzeitnutzung abzeichnet (s. Laus & Schöll 1995; Lipowsky 1999; Wagner 1978). Die Lehrperson kann dabei unterstützend eingreifen, indem zum Beispiel strukturierte und klare Materialien angeboten werden. Vor allem die Unterstützung von konzentrationsschwächeren beziehungsweise leistungsschwächeren Schülern in Orientierungsphasen wurde in einigen Studien (s. Götze & Jäger 1991; Lipowsky 1999) als relevant herausgestellt.

Auswirkungen von offenem Unterricht auf die Leistungsentwicklung
Die bereits erwähnte Studie von Giaconia & Hedges (1982) zeigt eine geringfügige Überlegenheit konventioneller Unterrichtsmethoden in den Bereichen des Kompetenzerwerbs, wie Lesen, Rechnen oder Schreiben auf (vgl. Giaconia & Hedges 1982, S. 587). Einsiedler (1990, 1997), der die als aussagekräftig geltenden Metaanalysen von Petersen (1979) sowie Giaconia und Hedges (1982) gegenüberstellte, weist dem offenen Unterricht ebenfalls negative Effektstärken in Bezug auf den kognitiven Kompetenzerwerb im Bereich Mathematik oder auch Lesen und Sprache zu (vgl. Hanke 2005, S. 82–83). Einige weitere Studien kommen ebenso zu dem Schluss, dass lehrerzentrierte Methoden gegenüber schülerzentrierten hinsichtlich des fachlichen Kompetenzerwerbs überlegen sind (vgl. Gruehn 2000, S. 50; Hancock et al. 2000, S. 234–239; Kirschner et al. 2006, S. 80; Lüders & Rauin 2004, S. 711; Moreno 2004, S. 109–111). Auch Hattie (2013) zufolge ist ein aktiver und geführter Unterricht effektiver als ein ungeführter und moderierender Unterricht. So weist Hattie der direkten Instruktion eine Effektstärke von $d = 0.59$ (vgl. Hattie 2013, S. 242), hingegen einer offenen Lernumgebung nur eine Effektstärke von $d = 0.01$ zu (vgl. ebd., S. 105). Dabei bleibt jedoch unklar, was Hattie unter offenem Unterricht versteht. Die Merkmale eines Unterrichts, der die Schüler, deren Interessen, Eigenständigkeit und Bedürfnisse in das Zentrum stellt, individuelle Lernwege ermöglicht und den Schülern Verantwortung für den eigenen Lernprozess überträgt, werden von Hattie als besonders wirksam – Formative Evaluation (inhaltsbezogene Rückmeldung) $d = 0.90$ (vgl. ebd., S. 215), reziprokes Lehren (gegenseitige Unterstützung der Schüler) $d = 0.74$ (vgl. ebd., S. 240), metakognitive Strategien $d = 0.69$ (vgl. ebd., S. 224), kooperatives statt konkurrenzorientiertes Lernen $d = 0.54$ (vgl. ebd., S. 250) – erachtet, was im Widerspruch zu seiner negativen Bewertung offenen Unterrichts steht (vgl. Brügelmann 2015, S. 68).

Zu keinem signifikanten Zusammenhang zwischen offenen Unterrichtsformen und den Mathematikleistungen gelangten Moser (1997), Niggli und Kersten (1999), Stebler und Reusser (2000) sowie Pauli und Kollegen (2003) (vgl. Moser 1997, S. 192; Niggli & Kersten 1999, S. 280–289; Stebler & Reusser 2000, S. 8–9; Pauli et al. 2003, S. 313). Moser (1997) wie auch Niggli und Kersten (1999) stellten in ihren Untersuchungen darüber hinaus fest, dass nicht die Unterrichtsform primär für die (mathematische) Leistung entscheidend ist, sondern der Einsatz lernförderlicher Merkmale im Unterricht, wie die Klarheit {2} oder Strukturiertheit {3} des Unterrichts (vgl. Moser 1997, S. 192; Niggli & Kersten 1999, S. 285–289).

Diesbezüglich haben Studien bereits nachgewiesen, dass offener Unterricht und die Strukturierung des Unterrichts sich gegenseitig bedingen (vgl. Hartinger & Hawelka 2005; S. 337; Möller et al. 2002, S. 182–187; Lipowsky 1999, S. 217). Möller und Kollegen (2002) untersuchten beispielsweise die Effekte eines variierten Strukturierungsgrads der Lernumgebung und kamen zu dem Schluss, dass Schüler sowohl in einer weniger strukturierten als auch in einer stark strukturierten offenen Lernumgebung fachliche Ziele erreichen, wobei inhaltliche Strukturierungsmaßnahmen und an die Aufgabe angepasste Lernhilfen die Schüler im Kompetenzerwerb unterstützen und teilweise die direkte Instruktion der Lehrperson übernehmen können. Deshalb ist eine aufgabenbezogene, inhaltliche Strukturierung {3} im Unterricht von großer Bedeutung, damit die Kinder Wissen erwerben können. Dies gilt insbesondere für leistungsschwächere Schüler (vgl. Möller et al. 2002, S. 182–187).

Diesen Studien zufolge hängt die Leistungsentwicklung nicht primär von der Offenheit beziehungsweise Geschlossenheit des Unterrichts ab, sondern vor allem von der Gestaltung der Lehr-Lernformen und der Umsetzung lernförderlicher Merkmale (vgl. Moser 1997, S. 192; Kirschner et al. 2006, S. 79). Diese Erkenntnisse werden von der SCHOLASTIK-Studie bestätigt, wonach erfolgreiche Klassen, das heißt, Klassen die einen hohen Leistungszuwachs und überdurchschnittliche Ergebnisse im Persönlichkeitsbereich zu verzeichnen haben, durch eine hohe Ausprägung fast aller Unterrichtsqualitätsmerkmale charakterisiert sind, wie zum Beispiel die effiziente Klassenführung oder die effektive Zeitnutzung (vgl. Helmke & Weinert 1997, S. 248–249). Dabei schlussfolgern Helmke und Weinert (1997), dass es „eine ganze Reihe sehr unterschiedlicher Wege zum gleichen Ziel" (ebd., S. 251) der hohen Effektivität einer Klasse geben kann (vgl. ebd., S. 251).

Peschel steht den Ergebnissen von Helmke und Weinert eher kritisch gegenüber, da in der Studie aufgrund des geringen Anteils offenen Unterrichts in der Realität womöglich kein nennenswerter Anteil dessen in der Studie einbezogen wurde (vgl. Peschel 2010, S. 889–890). Für offenen Unterricht gelten nach Peschel (2010) vielmehr andere Merkmale als lernförderlich beziehungsweise ausschlaggebend für effektiven Unterricht. Der Autor stellte auf Grundlage eigener Forschungen die Merkmale Selbstbestimmung {9}, Selbstregulierung {10} und Interessenorientierung {11} als effektiv für einen hohen Leistungszuwachs aller Schüler einer Klasse heraus (vgl. ebd., S. 890–892).

Zusammenfassend lässt sich sagen, dass es ganz unterschiedliche Sichtweisen in Bezug auf die Auswirkungen von offenem Unterricht auf die Leistung der Schüler gibt. Zahlreiche Studien weisen darauf hin, dass die Öffnung des Unterrichts einen negativen Effekt (s. Giaconia & Hedges 1982; Gruehn 2000; Hattie 2013; Kirschner, Sweller & Clark 2006; Moreno 2004) oder gar keinen signifikanten Einfluss (s. Moser 1997; Niggli & Kersten 1999; Stebler & Reusser 2000) auf die fachlichen Leistungen der Schüler hat, während ein großer Teil dafür plädiert, dass der offene Unterricht an sich nicht zu einem positiven oder negativen Effekt führt, sondern vielmehr die Ausgestaltung des Unterrichts durch die Lehrperson relevant ist (s. Moser 1997; Niggli & Kersten 1999).

6.1.4 Merkmale offenen Unterrichts

In den Darstellungen zum offenen Unterricht wurden zahlreiche konstitutive Merkmale und moderierende Faktoren offenen Unterrichts identifiziert. Diese Aspekte sind für die Gestaltung der Unterrichtskonzeption zielführend, weshalb sie im Folgenden (s. Tabelle 6.2) dargestellt, in Beziehung gebracht, strukturiert und zu übergreifenden Merkmalen der Grundidee zusammengeführt werden.

Grau hinterlegt sind die Merkmale, welche in der Erstellung einer Konzeption aufgrund von Einschränkungen durch verschiedene Lehrpersönlichkeiten oder organisatorische Rahmenbedingungen an Schulen nicht beachtet werden können ([4], [5], [7], {2}, {4}) oder in einer Konzeptionsentwicklung vorausgesetzt werden müssen ([6]) sowie Merkmale, welche einer anderen Grundidee (hier: Grundidee 2) primär zuzuordnen sind ([11]) und deshalb an dieser Stelle nicht weiter ausgeführt werden (s. Tabelle 6.2).

Tabelle 6.2 Merkmale offenen Unterrichts

[Nr.]	Aspekte der Offenheit			Merkmal	Beschreibung des Merkmals
	Konstitutive Merkmale	{Nr.}	Moderierende Faktoren		
1	Organisatorische Offenheit	6	Wahl des Lerngegenstands	**Die Schüler bestimmen die Rahmenbedingungen des Unterrichts (1)**	Die Schüler haben die Möglichkeit, unterschiedliche Rahmenbedingungen des Unterrichts – den Lernort, die zeitliche Gestaltung des Lernprozesses, das Arbeitstempo, die Ressourcen, die Lernpartner – zu bestimmen.
		7	Passung zum Leistungsniveau		
		8	Bestimmung des eigenen Lerntempos		
		9	Selbstbestimmung		
		11	Interessenorientierung		
		2	Lehrperson regt Schüler an, Freiräume zu nutzen	**Die Lehrperson unterstützt die Schüler in der Organisation des Lernprozesses**	Die Schüler erhalten Unterstützung in der organisatorischen Gestaltung des Lernprozesses durch die Lehrperson.
		4	Unterstützung in Orientierungsphasen		
		3	Strukturierung des Unterrichts	**Es existieren strukturelle Vorgaben, die die Gestaltung der Rahmenbedingungen leiten (2)**	Die Schüler erhalten durch vorgegebene Strukturen – Regeln, Rituale, Ablaufpläne, Zielformulierungen, ... – Orientierung in der organisatorischen Gestaltung des Lernprozesses.
		7	Passung zum Leistungsniveau		
		1	Klarheit und Verständlichkeit	**Es gibt klare Angaben, wie der Lernprozess durch die Schüler organisatorisch gestaltet werden kann (3)**	Den Schülern wird durch klare Ziel- und Leistungsanforderungen verständlich vermittelt, welche Freiheiten ihnen in Bezug auf die organisatorische Gestaltung des Unterrichts gegeben werden.
2	Methodische Offenheit	7	Passung zum Leistungsniveau	**Die Schüler bestimmen den eigenen Lernweg. (4)**	Die Schüler besitzen die Möglichkeit, den eigenen Lernweg – die Zugangsweisen, die Arbeitsmittel, die Methoden, das Niveau der Lerninhalte – zu wählen.
		8	Bestimmung des eigenen Lerntempos		
		9	Selbstbestimmung		
		11	Interessenorientierung		
		2	Lehrperson regt Schüler an, Freiräume zu nutzen	**Die Lehrperson unterstützt die Schüler in der methodischen Gestaltung des Lernprozesses**	Die Schüler erhalten Unterstützung in der methodischen Gestaltung des Lernprozesses durch die Lehrperson.
		4	Unterstützung in Orientierungsphasen		
		3	Strukturierung des Unterrichts	**Es existieren strukturelle Vorgaben, die die Gestaltung des Lernweges leiten (5)**	Die Schüler erhalten durch vorgegebene Strukturen – Regeln, Rituale, Zielformulierungen, Ablaufplan, Hilfsmittel, Tippkarten, ... – eine geeignete Unterstützung in der methodischen

(Fortsetzung)

Tabelle 6.2 (Fortsetzung)

					Ausgestaltung des Lernprozesses.
		1	Klarheit und Verständlichkeit	**Es gibt klare Angaben darüber, dass der Lernweg der Schüler frei gestaltet werden kann. (6)**	Den Schülern wird durch klare Ziel- und Leistungsanforderungen verständlich vermittelt, dass eigene Lernwege verwendet werden können.
3	Inhaltliche Offenheit	6	Wahl des Lerngegenstands	**Die Schüler bestimmen die Lerninhalte und Lernziele des Unterrichts (7)**	Die Schüler besitzen die Möglichkeit, die Lerninhalte und Lernziele eigenständig zu bestimmen und zu regulieren.
		9	Selbstbestimmung		
		10	Selbstregulierung		
		11	Interessenorientierung		
		5	Klare, strukturierte und eher abstrakte Aufgabenstellungen	**Es existieren klare, strukturierte und abstrakte Aufgabenstellungen als Ausgangspunkt und Unterstützung in der Wahl von Lerninhalten und Lernzielen (8)**	Klare, strukturierte und abstrakte Aufgabenstellungen regen die Schüler an, sich eigene Lernziele zu setzen und diese zu erarbeiten.
		3	Strukturierung des Unterrichts	**Es existieren strukturelle Vorgaben, die die Wahl der Lerninhalte und Lernziele leiten (9)**	Die Schüler werden durch Strukturierungen – Aufgabenstellungen, Regeln, Rituale, ... – angeleitet, angemessene Lernziele zu setzen oder Lerninhalte auszuwählen.
		7	Passung zum Leistungsniveau		
		1	Klarheit und Verständlichkeit	**Es werden klare Anforderungen bezüglich der Erreichung des Lernziels formuliert (10)**	Die Lehrperson formuliert verständlich und klar, was die Schüler im Unterricht leisten sollen, sodass sich diese Lernziele selbstständig setzen können.
4	Soziale bzw. politisch-partizipative Offenheit	2	Lehrperson regt Schüler an, Freiräume zu nutzen	**Die Lehrperson unterstützt die Schüler in der Wahl der Lerninhalte und -ziele**	Die Schüler erhalten Unterstützung in der inhaltlichen Gestaltung des Lernprozesses durch die Lehrperson.
		4	Unterstützung in Orientierungsphasen	**Die Schüler bestimmen die Klassenregeln und allgemeinen Abläufe**	Die Schüler besitzen die Möglichkeit, Klassenregeln und allgemeine Klassenabläufe zu bestimmen.
5	Persönliche Offenheit	5		**Die Klasse ist von einem positiven Beziehungsklima**	Der Unterricht ist von einem respektvollen Umgang unter allen Beteiligten geprägt.

(Fortsetzung)

Tabelle 6.2 (Fortsetzung)

				geprägt	
6	Langfristige und angeleitete Heranführung an die offene Lehr-Lernform			Langfristige Heranführung an die offene Lehr-Lernform	Die Schüler werden über einen längeren Zeitraum an die neue, offene Lehr-Lernform herangeführt.
7	Lehrperson als Begleiter, Berater und Diagnostiker			Die Lehrperson unterstützt die Schüler in ihrem Lernprozess	Die Schüler erhalten Unterstützung in allen Phasen des Lernprozesses durch die Lehrperson und können sich bei Fragen, Problemen oder Unsicherheiten an diese wenden.
8	Wenig vorstrukturierte Materialien, die (selbst-)differenzierend, kognitiv aktivierend sind und die Kreativität und Fantasie anregen	1 5	Klarheit und Verständlichkeit Klare, strukturierte und eher abstrakte Aufgabenstellungen	Es werden klare, aktivierende, differenzierende Materialien als Ausgangspunkt des Lernprozesses eingesetzt (11)	Klare, aktivierende, differenzierende Materialien stellen den Ausgangspunkt des Lernprozesses dar.
9	Offene Aufgabenstellungen, die das Entwickeln und Formulieren eigener Fragen und Lernziele anregen	1 5	Klarheit und Verständlichkeit Klare, strukturierte und eher abstrakte Aufgabenstellungen	Es werden offene Aufgabenstellungen als Ausgangspunkt des Lernprozesses eingesetzt (12)	Offene Aufgabenstellungen, die klar, strukturiert und abstrakt formuliert sind, regen die Schüler an, eigenständig Fragen zu formulieren und Lernziele zu entwickeln.
10	Orientierung durch zeitliche Strukturen, Regeln, Rituale oder inhaltliche Vernetzung	3 4	Strukturierung des Unterrichts Unterstützung in Orientierungsphasen	Es existieren strukturelle Vorgaben zur Unterstützung der Schüler in unterschiedlichen Phasen des Lernprozesses (13)	Durch strukturelle Vorgaben wie Rollenzuteilungen oder Rituale oder eine klare, inhaltliche Vernetzung des Themas werden die Schüler in ihrem Lernprozess, vor allem in Orientierungsphasen, unterstützt.
11	Aufbau und Förderung von Selbststeuerungsfähigkeiten			Aufbau und Förderung von Selbststeuerungsfähigkeiten	Die Schüler besitzen die Möglichkeit, selbststeuernd im Unterricht tätig zu sein, in dem sie über Inhalte selber bestimmen, ihren Lernprozess regulieren und reflektieren, wodurch Selbststeuerungsfähigkeiten auf bzw. ausgebaut werden.

6.2 Grundidee 2: Eigenaktivität

Im Ausgangskonzept PBL ist die Eigenaktivität durch das selbstständige Formulieren von Ideen, Fragen oder Lernzielen, die eigenständige Erarbeitung dieser
oder das Strukturieren des eigenen Lernprozesses grundlegend.

Unter Einbezug lern- und entwicklungspsychologischer Grundlagen wurde
die Bedeutung der Eigenaktivität im Lernprozess der Schüler für das Entdecken der persönlichen Relevanz der Inhalte, den Aufbau von Metakompetenzen
(s. Abschnitt 5.1) sowie aufgrund eines positiven Einflusses auf das Selbstkonzept,
die Identitätsentwicklung oder die Motivation nachgewiesen (s. Abschnitt 5.2.4).
Unterricht sollte also nicht auf die reine Vermittlung von Wissen beschränkt
werden. Vielmehr sollten die Schüler befähigt werden, sich eigenständig bedeu-
tungsvolle Ziele zu setzen, Informationen unter Einbezug effizienter Hilfsmittel
und Medien mit geeigneten Strategien zu recherchieren und zu verarbeiten, Moti-
vationslosigkeit zu überwinden, den Lernprozess zu planen, zu überwachen und
diesen in Abhängigkeit vom Lernfortschritt zu regulieren. Es geht also darum,
dass die Schüler das Lernen lernen.

Dieses ist nicht nur für den Erwerb komplexer fachlicher Lernziele von Bedeutung, sondern auch entscheidend für das Erreichen außerfachlicher Ziele des
Schulsystems, wie Mündigkeit, Handlungsfähigkeit, Kritikfähigkeit oder Demo-
kratiefähigkeit (vgl. Jürgens 2009, S. 211; Traub 2000, S. 58). Auch im Hinblick
auf das heutzutage schnell veraltende Wissen aufgrund neuer Technologien und
Kommunikationsmittel ist die Bereitschaft und Fähigkeit zur eigenständigen
Aneignung neuen Wissens sowie Fähigkeiten von großer Bedeutung und dadurch
die Gestaltung und Steuerung eigener Lernprozesse zu einer grundlegenden Kompetenz für die gesellschaftliche Teilhabe geworden (vgl. Otto et al. 2015, S. 41).
Auch in den Bildungsstandards und Kerncurricula der Länder taucht die Forderung nach Eigenaktivität der Schüler im Unterricht auf (vgl. KMK 2005, S. 6;
Niedersächsisches Kultusministerium 2017, S. 5; s. Kapitel 4). Durch die Einführung und Etablierung selbststeuernder Maßnahmen im Unterricht kann diese
sukzessive aufgebaut und gefördert werden. Im nächsten Abschnitt wird daher das
selbstgesteuerte Lernen näher betrachtet, um die Grundidee der Eigenaktivität zu
konkretisieren.

6.2.1 Selbstgesteuertes Lernen aus fachübergreifender didaktischer Perspektive

Eine einheitliche Definition selbstgesteuerten Lernens liegt in der Fachliteratur nicht vor, was unter anderem auf die synonyme Verwendung zahlreicher Begrifflichkeiten, wie selbstregulierendes Lernen, selbstständiges Lernen, selbstorganisiertes Lernen, selbstkontrollierendes Lernen, autonomes Lernen oder auch selbstbestimmtes Lernen, zurückzuführen ist (vgl. Kraft 1999, S. 833; Otto et al. 2015, S. 41). Aus unterrichtspraktischer Perspektive liegen nur geringe Unterschiede vor (vgl. Levin & Arnold 2009, S. 154), weshalb in dieser Arbeit die Begrifflichkeiten synonym verwendet und im Folgenden als selbstgesteuertes Lernen bezeichnet werden.

Nach Schiefele und Pekrun (1996) ist selbstgesteuertes Lernen

„eine Form des Lernens, bei der die Person in Abhängigkeit von der Art ihrer Lernmotivation selbstbestimmt eine oder mehrere Selbststeuerungsmaßnahmen (kognitiver, metakognitiver, volitionaler oder verhaltensmäßiger Art) ergreift und den Fortgang des Lernprozesses selbst überwacht" (Schiefele & Pekrun 1996, S. 258).

Ähnlich definiert dieses Pintrich (2000), der selbstgesteuertes Lernen beschreibt als

„active, constructive process whereby learners set goals for their learning and then attempt to monitor, regulate, and control their cognition, motivation, and behavior, guided and constrained by their goals and the contextual features in the environment" (Pintrich 2000, S. 453).

Diese Definitionen zeigen den Hauptgedanken des selbstgesteuerten Lernens auf: Die Lernenden verfügen im Unterricht über Freiheiten, sodass sie die wesentlichen Entscheidungen über den Lerninhalt und das Lernziel sowie in Abhängigkeit davon die zeitliche Gestaltung oder die methodische Herangehensweise selbst bestimmen können (vgl. Siebert 2001, S. 25). Ein offener Unterricht (s. Abschnitt 6.1) ist somit Voraussetzung dafür, dass die Schüler selbststeuernd tätig sein können.

In der Definition von Schiefele und Pekrun (1996) wird zudem herausgestellt, dass selbstgesteuertes Lernen ein komplexes Konstrukt ist, welches sich erst durch das Zusammenwirken verschiedener Komponenten entfaltet. In Anlehnung an Boekaerts (1999) wird selbstgesteuertes Lernen in drei Komponenten unterteilt:

Kognitive Komponenten bzw. Lernstrategien umfassen konzeptionelles und strategisches Wissen und das Anwenden angemessener Lernstrategien (Wiederholungs-, Elaborations- und Organisationsstrategien) [1] (s. Abschnitt 5.1).

Metakognitive Komponenten bzw. Strategien umfassen die Fähigkeit, eigene Lernprozesse zu planen und zu überwachen, darin eingegliederte Entscheidungen begründet zu treffen und zu hinterfragen, eigene Arbeitsweisen zu reflektieren und folgende Lernprozesse zu optimieren [2] (vgl. Levin & Arnold 2009, S. 156–158; Otto et al. 2015, S. 42).

Motivationale Komponenten wie handlungsförderliche Einstellungen, die Selbstwirksamkeitsüberzeugungen, das Interesse und die intrinsische Motivation dienen der Initiierung und Aufrechterhaltung von Lernaktivitäten, wodurch sie einen großen Einfluss auf die Intensität selbststeuernder Maßnahmen der Schüler haben [3] (vgl. ebd., S. 42; Traub 2012, S. 31).

Lernstrategien spielen also bei der Entwicklung der Fähigkeit zum selbstgesteuerten Lernen eine entscheidende Rolle, da diese den Schüler befähigen, Einfluss auf seinen Lernprozess zu nehmen und aktiv zu steuern.

Um das Konstrukt selbstgesteuerten Lernens im Detail zu verstehen, kann auf Prozess- und Komponentenmodelle zurückgegriffen werden, welche die einzelnen Aspekte selbstgesteuerten Lernens abbilden (vgl. Otto et al. 2015, S. 43–46). Das bekannte Prozessmodell von Ziegler und Stöger (2005) unterscheidet sieben Stufen (s. Abbildung 6.1).

Der selbstgesteuerte Lernprozess beginnt auf der ersten Stufe mit einer *Selbsteinschätzung* durch die Schüler. Diese überlegen, welche Inhalte und Prozesse sie schon gut beherrschen und wo gegebenenfalls noch Lernbedarf besteht. Denn nur wer weiß, was er kann und wo er sich in Bezug auf seinen Lernstand befindet, kann sich angemessene Lernziele setzen und effiziente Lernstrategien auswählen (vgl. Stöger et al. 2009, S. 94–96). Die Selbsteinschätzung kann somit als die aus dem Vergleich des derzeitigen Ist-Zustands mit dem Planungsziel abgeleitete Einschätzung, „ob die eingesetzten Lernstrategien einen Fortschritt in Richtung des (hoffentlich gesetzten Zieles) bewirken" (Schreblowski & Hasselhorn 2006, S. 155) angesehen werden. Während jüngere Grundschulkinder noch zur Überschätzung der eigenen Fähigkeiten neigen und weniger zwischen Anstrengung und Fähigkeiten oder auch dem Wunsch und der zu erwartenden Leistung differenzieren können, schätzen die Kinder ab der dritten Klasse unter Rückbezug auf die Leistung ihrer Mitschüler (s. Abschnitt 5.2.4) ihre Fähigkeiten realistischer ein bzw. neigen eher dazu, sich zu unterschätzen. Ausgehend von der Bewertung

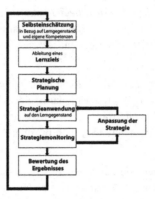

Abbildung 6.1 Das Prozessmodell selbstgesteuerten Lernens nach Ziegler und Stöger (Stöger et al. 2009, S. 94)

des Lernstandes können dann auf der nächsten Stufe adäquate *Lernziele* formuliert werden. Dies fällt den Schülern umso leichter, je realistischer sie ihre eigene Leistung einschätzen können. Im nächsten Schritt der *strategischen Planung* wird der Lernprozess durch die Auswahl geeigneter kognitiver Lernstrategien ausgestaltet. Diese werden auf der vierten Stufe eingesetzt (*Strategieanwendung*) und im fünften und sechsten Schritt fortlaufend überwacht (*Strategiemonitoring*) und angepasst (*Anpassung der Strategie*) bis eine Strategie beherrscht und das Ziel erreicht wird oder eine andere Strategie als zur Zielerreichung effizienter identifiziert wird. Im letzten Schritt werden das *Lernergebnis* und der Lernprozess bewertet und beide Faktoren in Beziehung zueinander gesetzt. Dadurch können Optimierungsmöglichkeiten für zukünftige Lernprozesse herausgearbeitet (vgl. Stöger et al. 2009, S. 94–100) und eine angemessene Ursachenzuschreibung der Kinder gefördert werden, indem die Kinder beispielsweise ihre Erfolge auf ihre eigenen Fähigkeiten zurückführen (s. Abschnitt 5.2.4). Somit ist der selbstgesteuerte Lernprozess vor allem durch den Einsatz metakognitiver Strategien der Planung, Überwachung und Regulation gekennzeichnet [2].

Kraft hat weiterhin fünf Bezugspunkte der Selbststeuerung herausgearbeitet, die verdeutlichen, welche Bereiche des Lernprozesses von den Schülern eigenständig gestaltet werden können. Dabei kann man von Selbststeuerung bereits sprechen, wenn die Schüler nur einzelne dieser Bereiche selbst und aktiv bestimmen.

1. *Lernorganisation*: Die Schüler treffen Entscheidungen über die Lernorte, die Lernzeitpunkte, das Arbeitstempo, die Ressourcen sowie die Lernpartner [4].
2. *Lernkoordination*: Die Schüler versuchen, die Anforderungen des Lernprozesses mit anderen Aufgaben oder zeitlichen sowie organisatorischen Begrenzungen zu vereinbaren [5].
3. *Lernzielbestimmung*: Die Schüler wählen die Lerninhalte aus und legen die Lernziele selbst fest [6].
4. *Lern(erfolgs)kontrolle*: Die Schüler überwachen den Fortschritt ihres Lernprozesses und des Lernerfolgs [7].
5. *Subjektive Interpretation der Lernsituation*: Die Schüler empfinden sich selbst als selbstständig handelnd im Lernprozess [8] (vgl. Kraft 1999, S. 835).

Die Steuerung des eigenen Lernprozesses stellt eine anspruchsvolle Aufgabe für die Schüler dar, weshalb sie in einem langfristigen Prozess [9] erworben werden muss, der mit einem hohen Grad an Steuerung durch die Lehrperson beginnt und in dem zunehmend die Verantwortung auf die Schüler übertragen wird, sodass diese die Fähigkeiten zum selbstständigen Lernen sukzessiv entwickeln (vgl. Traub 2012, S. 18). Selbstgesteuertes Lernen kann somit zwischen den Polen der Fremdsteuerung und der absoluten Autonomie je nach Höhe der Übernahme an Entscheidungen durch die Schüler verortet werden (vgl. Kraft 1999, S. 834–835). Dabei ist gerade im schulischen Kontext zu beachten, dass häufig eine Fremdsteuerung durch die schulischen Rahmenbedingungen, Curricula oder Lehrpersonen gegeben ist und somit die absolute Selbststeuerung selten bis nie erreicht werden kann (vgl. Salle 2015, S. 92).

6.2.2 Selbstgesteuertes Lernen aus mathematikdidaktischer Perspektive

Bereits vor Jahren wurde beispielsweise in der PISA-Studie (Programme for International Student Assessment) der OECD (Organisation for Economic Co-operation and Development) offengelegt, dass Fähigkeiten zur Selbststeuerung von großer Bedeutung für das Lernen von mathematischen Inhalten sind (vgl. Gürtler et al. 2002, S. 222). „Die PISA-Studie zeigt, dass im schulischen Kontext ein Lernstil zu Erfolg führt, der durch adaptiven Lernstrategieeinsatz und die Verwendung motivationaler Strategien gekennzeichnet ist" (ebd., S. 223), weshalb einer „Förderung von kognitiven und motivational-volitionalen Lernstrategien zur adaptiven Zielverfolgung im Sinne des selbstregulierten Lernens als fächerüber-greifende Kompetenz besondere Bedeutung zukommen" (ebd.) sollte. Speziell für den Mathematikunterricht können die Fähigkeiten der Selbststeuerung also als grundlegend angesehen werden.

Häufig werden zur Förderung selbststeuernder Fähigkeiten Lerntagebücher (s. Abschnitt 7.3) unterschiedlicher Formen im Mathematikunterricht (vgl. z. B. Gürtler et al. 2002, S. 226–227; Merziger 2007, S. 99–102) eingesetzt. Diese können durch eine vorgegebene Strukturierung beispielsweise eine Anleitung zur Verwendung von (mathematikspezifischen) Lernstrategien geben und die Schü-ler in der Planung des Lernprozesses, Aneignung der Inhalte, Reflexion oder Überwachung des Lernprozesses unterstützen und leiten (vgl. Merziger 2007, S. 99).

Selbstgesteuertes Lernen im Unterricht zu fördern, erfordert offene Unter-richtsformen und/oder offene Aufgabenformate, die mathematisch gehaltvoll und zugleich zugänglich sind. Ohne diese könnten Schüler sich nicht eigenständig Ziele setzen, ihren Lernprozess planen, eigenständig durchführen sowie evaluie-ren (vgl. Peschel 2006, S. 118–119). Eine hohe Offenheit ist somit grundlegend und nicht vom selbstgesteuerten Lernen zu trennen, weshalb die Ausführungen in Abschnitt 6.1.2 ebenso für das selbstgesteuerte Lernen im Mathematikunterricht gelten.

6.2.3 Empirische Erkenntnisse zum selbstgesteuerten Lernen

Ein gemeinsamer Konsens herrscht in der Forschung bezüglich des Zeitpunkts der Förderung selbstgesteuerten Lernens. „Selbstgesteuertes Lernen sollte mög-lichst früh gefördert werden, um günstige Lerngewohnheiten zu etablieren und dysfunktionale Lerngewohnheiten zu vermeiden" (Otto et al. 2015, S. 50) {1}. Mögliche Fördermaßnahmen im Unterricht werden unterschieden nach direkten und indirekten Interventionen. In direkten Interventionen werden den Schülern explizit unterschiedliche selbststeuernde Maßnahmen vermittelt (vgl. Salle 2015, S. 97) und die Schüler darin geschult, selbststeuernde Strategien anzuwenden {2}. In indirekten Interventionen gestalten die Lehrpersonen lediglich die Lernumge-bung so, dass der selbstgesteuerte Kompetenzerwerb den Schülern ermöglicht wird (vgl. Otto et al. 2015, S. 49). Dies kann zum Beispiel durch den Einsatz von Lerntagebüchern oder individuellen Übungsphasen erreicht werden {3} (vgl. Landmann et al. 2009, S. 64). Eine explizite Thematisierung unterschiedlicher

Aspekte der Selbststeuerung findet jedoch nicht statt (vgl. Salle 2015, S. 97). Eine Reihe von Studien konnte den positiven Einfluss der Fördermaßnahmen auf den Lernerfolg von Schülern nachweisen (vgl. Hasselhorn & Labuhn 2008, S. 35), wie auch auf den Strategieeinsatz und die Motivation der Schüler {2}, {3}. Dabei gilt, dass die Ansätze sich ergänzen sollten, damit die erworbenen selbststeuernden Kompetenzen vielfältig vernetzt und einsetzbar sind (vgl. Salle 2015, S, 97–98). Diesbezüglich konnte in diversen Studien nachgewiesen werden, dass ein Vorteil direkter Fördermaßnahmen gegenüber indirekten {2} sowie fachinhaltbezogener Strategievermittlung gegenüber der isolierten Förderung {4} besteht (vgl. Otto et al. 2015, S. 49–50). Dies gilt im Speziellen auch für das Fach Mathematik (vgl. Perels et al. 2003, S. 34–35).

Weniger einheitliche Ergebnisse lassen sich in der empirischen Forschung bezüglich der Selbststeuerung im Unterricht und deren Auswirkungen auf *kognitive* sowie *motivationale Bereiche* finden.

Auf der einen Seite konnte ein großer Anteil an Forschungsarbeiten (z. B. Pintrich & De Groot 1990, Perels 2003, Nota et al. 2004) positive Effekte des selbstgesteuerten Lernens auf die motivationalen Überzeugungen einerseits und die schulische Leistung andererseits feststellen (vgl. Otto et al. 2015, S. 47–49). Pintrich und De Groot haben beispielsweise einen positiven Zusammenhang zwischen der Selbstregulierung, dem Selbstwertgefühl, der Verwendung von zielführenden Strategien und der Selbstwirksamkeit herausgestellt (vgl. Pintrich & De Groot 1990, S. 35), welche ihrerseits wiederum einen positiven Effekt auf die Leistung der Lernenden hatten (vgl. ebd., S. 36–37). Auch haben Studien hervorgebracht, dass sich beispielsweise Strategien zur Überwachung eigener Lernwege {5} und die Verwendung von Strategien zur Lernorganisation wie Concept-Maps {6} positiv auf den Wissenserwerb auswirken (vgl. Traub 2012, S. 27). Auch Hattie hat die generelle Wirksamkeit metakognitiver Lernstrategien auf die Lernleistung der Schüler mit einer mittleren Effektstärke ($d = 0.69$) aufgezeigt (vgl. Hattie 2013, S. 224–228).

Auf der anderen Seite brachten einige Studien (z. B. Schiefele et al. 2003) nur geringe bis keine signifikanten Effekte hervor (vgl. Otto et al. 2015, S. 47). Verschiedene empirische Studien zeugen sogar von einer Verschärfung bestehender Bildungsbenachteiligungen (z. B. Hollenstein 1989; Arnold & Lehmann 1998) und von einer Beeinträchtigung insbesondere lernschwacher Schüler (z. B. Dubs 1997) durch selbstgesteuertes Lernen (vgl. Kraft 1999, S. 842–843).

Studien zur Selbsteinschätzung der Schüler, als ein Teil selbstgesteuerten Lernens, haben ergeben, dass Einschätzungen im Anschluss an die Bearbeitung einer Aufgabe oder mit kurzem zeitlichem Abstand an diese tendenziell besser ausgefallen sind als Einschätzungen, die unabhängig von einer Aufgabenbearbeitung vorgenommen wurden {7}. Dadurch kann geschlussfolgert werden, dass Grundschulkinder aller Altersstufen grundsätzlich fähig sind, ihre Leistungen und Fähigkeiten realistisch einzuschätzen (vgl. Wernke 2013, S. 38). Aus diesen Gründen sollte „die Selbsteinschätzungsfähigkeit […] möglichst früh trainiert und im Laufe der Zeit immer weiter [durch geeignete Anlässe zum Einschätzen der eigenen Leistung und Fähigkeiten] verbessert werden" (Stöger et al. 2009, S. 96) {8}.

Diese Forschungsergebnisse lassen zunächst keinen allgemeinen Schluss zu, was auf die unterschiedlichen Ausrichtungen und Untersuchungsbedingungen zurückzuführen ist. Dennoch kommen Otto und Kollegen (2015) letztendlich unter Einbezug vielfältiger Forschungsergebnisse zu dem Schluss, dass eine hohe Selbstregulation „nicht nur korrelativ mit besseren Leistungen in der Schule […] zusammen[hängt], sondern […] auch einen bedeutsamen Prädiktor für diese beiden Kriterien dar[stellt]" (Otto et al. 2015, S. 48). Zahlreiche Autoren plädieren aufgrund der Relevanz des selbstgesteuerten Lernens für den Schulerfolg dafür, selbstregulierende Fähigkeiten bereits früh zu fördern, langfristig im Unterricht zu etablieren{8} und dies durch vielfältige Strukturierungshilfen {9}, wie zum Beispiel ein Lerntagebuch (s. Abschnitt 7.3), welches die Schüler anregt, das eigene Lernverhalten und die Lernstrategien zu reflektieren (s. Gallin & Ruf 2003a; Landmann et al. 2009; Otto et al. 2015; Perels et al. 2003), zu unterstützen (vgl. Salle 2015, S. 98).

6.2.4 Merkmale selbstgesteuerten Lernens

Die Eigenaktivität der Schüler kann im Unterricht durch Möglichkeiten zum selbstgesteuerten Lernen gesteigert werden kann. Durch Zusammenführung der konstitutiven Merkmale und moderierenden Faktoren können spezifische, für die Grundidee Eigenaktivität geltende Merkmale identifiziert werden (s. Tabelle 6.3).

Grau hinterlegt sind dabei Merkmale und Faktoren, welche in der Erstellung einer Konzeption aufgrund von Einschränkungen durch organisatorische Rahmenbedingungen an Schulen und den nur kurzweiligen Einsatz einer Konzeption nicht beachtet werden können ({1}, {8}, [9]) sowie Elemente, welche aufgrund unterschiedlicher Schülerpersönlichkeiten und des differierenden subjektiven Empfindens ([3], [8]) nicht beachtet werden können.

Tabelle 6.3 Merkmale selbstgesteuerten Lernens

[Nr.]	Konstitutive Merkmale selbstgesteuerten Unterrichts	{Nr.}	Moderierende Faktoren	Merkmal (Aspekte der Eigenaktivität)	Beschreibung des Merkmals
1	Einsatz kognitiver Lernstrategien			**Die Schüler werden angeregt, verschiedene kognitive Lernstrategien (Wiederholungs-, Elaborations- und Organisationsstrategien) anzuwenden (14)**	Die Schüler werden angeregt verschiedene kognitive Lernstrategien (Wiederholungs-, Elaborations- und Organisationsstrategien) zur Erarbeitung, Strukturierung und zum Abrufen von Wissen an.
		4	Fachinhaltsbezogene Strategievermittlung	**Kognitive Lernstrategien werden fachinhaltsbezogen und direkt oder indirekt vermittelt (15)**	Die Schüler werden im Erwerb kognitiver Lernstrategien unterstützt und gefördert durch indirekte oder direkte fachinhaltsbezogene Fördermaßnahmen.
		2	Direkte Fördermaßnahmen		
		3	Indirekte Fördermaßnahmen		
		1	Frühe Förderung selbstgesteuerten Lernens	**Der Aufbau und die Verwendung kognitiver Lernstrategien werden frühzeitig gefördert**	Kognitive Lernstrategien werden bereits früh, das heißt, sogar schon bereits ab der ersten oder zweiten Klasse, vermittelt und deren Aufbau gefördert.
		9	Strukturierungen	**Es existieren strukturelle Vorgaben zur Unterstützung der Schüler im Erwerb kognitiver Lernstrategien (16)**	Die Schüler erhalten strukturelle Unterstützung in der Anwendung kognitiver Lernstrategien durch strukturelle Vorgaben oder Fördermaßnahmen.
2	Einsatz metakognitiver Lernstrategien	5	Überwachung eigener Lernwege	**Die Schüler werden angeregt, ihren eigenen Lernfortschritt und Lernerfolg zu planen, zu überwachen und zu regulieren (17)**	Die Schüler planen (vor dem eigentlichen Lernprozess werden die eigenen Fähigkeiten eingeschätzt, die Anforderungen der Aufgabe analysiert, Ziele formuliert und die Lernschritte festgelegt), überwachen (die Lernschritte werden fortlaufend überprüft und Schwierigkeiten ausgemacht) und regulieren (Reaktionen auf die vorangegangene Einschätzung des Lernfortschritts durch z. B. die Wahl anderer Lernstrategien) ihren Lernprozess.
		6	Verwendung von Strategien zur Lernorganisation		
		1	Frühe Förderung selbstgesteuerten Lernens	**Der Aufbau und die Verwendung metakognitiver Lernstrategien werden frühzeitig gefördert**	Die Förderung metakognitiver Lernstrategien findet bereits in jungen Jahren statt.
		8	Frühe Förderung der Selbsteinschätzung		
		2	Direkte Fördermaßnahmen		

(Fortsetzung)

Tabelle 6.3 (Fortsetzung)

		3	Indirekte Fördermaßnahmen	**Metakognitive Lernstrategien werden fachinhaltsbezogen und direkt oder indirekt vermittelt (18)**	Die Schüler werden im Erwerb metakognitiver Lernstrategien unterstützt und gefördert durch indirekte oder direkte und fachinhaltsbezogene Fördermaßnahmen.
		4	Fachinhaltsbezogene Strategievermittlung		
		9	Strukturierungen	**Es existieren strukturelle Vorgaben zur Unterstützung der Schüler in der Planung, Überwachung und Regulation des Lernfortschritts und Lernerfolgs (19)**	Die Schüler erhalten Unterstützung in der Planung, Überwachung und Regulation des Lernfortschritts und Lernerfolgs durch strukturelle Vorgaben oder Fördermaßnahmen.
		7	Zeitlich nahe aufgabenbezogene Einschätzungen		
3	Existenz lernförderlicher motivationaler Komponenten			**Die Schüler verfügen über lernförderliche motivationale Komponenten**	Die Schüler verfügen über handlungsförderliche Einstellungen, hohe Selbstwirksamkeitsüberzeugungen, das Interesse und die intrinsische Motivation zur Initiierung und Aufrechterhaltung von Lernaktivitäten.
4	Lernorganisation	6	Verwendung von Strategien zur Lernorganisation	**Die Schüler bestimmen die Rahmenbedingungen des Lernprozesses (20)**	Die Schüler treffen Entscheidungen über die Rahmenbedingungen des Lernens wie den Lernort, die zeitliche Gestaltung, das Arbeitstempo, die Ressourcen oder die Lernpartner.
		2	Direkte Fördermaßnahmen	**Es existieren strukturelle Vorgaben und Fördermaßnahmen zur Unterstützung der Schüler in der Organisation des Lernprozesses (21)**	Die Schüler erhalten Unterstützung in der organisatorischen Gestaltung des Lernprozesses durch strukturelle Vorgaben, wie Rollen oder Rituale, oder Fördermaßnahmen.
		3	Indirekte Fördermaßnahmen		
		9	Strukturierungen		
5	Lernkoordination			**Die Schüler bestimmen über den eigenen Lernweg (22)**	Die Schüler besitzen die Möglichkeit, eigene Lernstile und Lernstrategien auszuwählen sowie die eigenen Aktivitäten in Abstimmung mit anderen Aktivitäten, zeitlichen oder organisatorischen Begrenzungen zu koordinieren.
		2	Direkte Fördermaßnahmen	**Es existieren strukturelle Vorgaben zur Unterstützung der Schüler in der Gestaltung des Lernweges (23)**	Die Schüler erhalten Unterstützung in der Wahl des Lernweges und der Koordination der Aktivitäten durch strukturelle Vorgaben, wie Rollen oder Rituale, oder Fördermaßnahmen.
		3	Indirekte Fördermaßnahmen		
		9	Strukturierungen		
6	Lernzielbestimmung			**Die Schüler bestimmen die Lerninhalte und Lernziele eigenständig (24)**	Die Schüler wählen die Lerninhalte eigenständig aus, legen die Lernziele fest und begründen diese weitestgehend eigenständig.
		2	Direkte Fördermaßnahmen	**Es existieren strukturelle Vorgaben und Fördermaßnahmen zur Unterstützung der Schüler in der Wahl der Lerninhalte und Lernziele**	Die Schüler erhalten Unterstützung in der Wahl des Lernzieles und der Lerninhalte durch fokussierende und lernzielgenerierende Aktivitäten oder Fördermaßnahmen.
		3	Indirekte Fördermaßnahmen		
		9	Strukturierungen		

(Fortsetzung)

Tabelle 6.3 (Fortsetzung)

			(25)	
7	Lernerfolgskontrolle	5	Überwachung eigener Lernwege	**Die Schüler überwachen den eigenen Lernfortschritt und Lernerfolg (26)**	Die Schüler überwachen den Fortschritt ihres Lernprozesses und des Lernerfolgs.
		2	Direkte Fördermaßnahmen	**Es existieren strukturelle Vorgaben und Fördermaßnahmen zur Unterstützung der Schüler in der Überwachung des Lernfortschritts und Lernerfolgs (27)**	Die Schüler erhalten Unterstützung in der Überwachung des Lernfortschritts und Lernerfolgs durch strukturelle Vorgaben oder Fördermaßnahmen.
		3	Indirekte Fördermaßnahmen		
		9	Strukturierungen		
8	Subjektive Interpretation der Lernsituation			**Die Schüler empfinden sich selbst als selbstständige Lernende**	Die Schüler empfinden sich selbst als selbstständig handelnd im Lernprozess.
9	Langfristiger Erwerb von selbststeuernden Maßnahmen	1	Frühe Förderung selbstgesteuerten Lernens	**Die Schüler werden langfristig an die Selbststeuerung herangeführt**	Die Schüler werden über einen längeren Zeitraum an die neuen Anforderungen der Selbststeuerung herangeführt.

6.3   Grundidee 3: Kooperation und Kommunikation

Die Konzeption des Problembasierten Lernens ist von der gemeinsamen Arbeit der Lernenden an einem Unterrichtsgegenstand in einem sozialen Lernsetting gekennzeichnet, um einerseits Wissen zu erwerben und andererseits Probleme zu lösen. Grundlegend im Lernprozess ist dabei der Austausch über Ideen, Gedanken und Lösungen in Bezug auf den Unterrichtsgegenstand, die gegenseitige Unterstützung sowie die Übernahme von Verantwortung zum Erreichen eines gemeinsamen Gruppenziels (s. Abschnitt 2.4). Der Lernprozess im Rahmen von PBL wird somit in hohem Maße durch die Kooperation und Kommunikation der Lernenden geprägt. Aufgrund dieser Relevanz wurden die Kooperation und die Kommunikation als Grundidee identifiziert (s. Kapitel 4). Bei der entwicklungspsychologischen Analyse der Grundidee in Abschnitt 5.2.3 wurde insbesondere herausgestellt, dass Grundschulkinder bereits ab der dritten Klasse in der Lage sind, effektiv und zielführend in Gruppen zu arbeiten und zu kommunizieren.

Zur Entwicklung eines angemessenen Begriffsverständnisses und Generierung allgemeiner, für die Konzeptionierung von ELIF richtungsleitender Merkmale werden im Folgenden zunächst das kooperative Lernen (s. Abschnitt 6.3.1 und 6.3.2) und anschließend das Kommunizieren im Unterricht (s. Abschnitt 6.3.3 und 6.3.4), insbesondere die Bedeutung der Sprache in Kommunikationsprozessen, literatur- und forschungsgestützt dargestellt, bevor beide Aspekte auf den Mathematikunterricht (s. Abschnitt 6.3.5) bezogen und allgemeine Merkmale der Grundidee (s. Abschnitt 6.3.6) generiert werden.

6.3.1   Kooperatives Lernen aus fachübergreifender didaktischer Perspektive

(Mathematisches) Wissen wird von jedem Individuum im Rahmen sozialer Prozesse und Interaktionen aktiv und in selbstständiger Auseinandersetzung mit dem Unterrichtsgegenstand sowie mit den Sichtweisen und Erklärungen anderer erworben und in die vorhandenen Wissensstrukturen integriert. Das Lernen miteinander in (Klein-)Gruppen gewinnt somit an Bedeutung (s. Abschnitt 5.2.1 und 5.2.2).

Mittlerweile existiert eine Vielzahl an Formen des gemeinsamen Lernens und Arbeitens, "small-group learning, collaborative learning, cooperative learning, problem-based learning, team-based learning, peer instruction, peer tutoring" (Davidson & Major 2014, S. 8) und einige mehr. Alle weisen die verbindenden Merkmale auf, dass die Klasse zeitweilig in Kleingruppen aufgeteilt wird, um Wissen gemeinsam und aktiv zu erwerben und ein Gruppenprodukt zu erarbeiten, dessen Qualität höher ist, als die individuelle Arbeit es ermöglicht hätte (vgl. Konrad 2014, S. 79–81). Dabei unterscheiden sich die Varianten vor allem in Hinblick auf ihren Strukturierungsgrad und der Ausgestaltung der gemeinsamen Phasen. Da es sich bei dem Ausgangskonzept PBL um einen durchaus von Strukturen geprägten Lehr-Lernansatz handelt, in welchem zeitweise auch arbeitsteilig vorgegangen werden kann, lässt sich in diesem Kontext vom kooperativen Lernen sprechen.

Konrad und Traub (2005) stellen kooperatives Lernen als „eine Interaktionsform [dar], bei der die beteiligten Personen gemeinsam und in wechselseitigem Austausch Kenntnisse und Fertigkeiten erwerben" (Konrad & Traub 2005, S. 5). Auch Hasselhorn und Gold (2017) beschreiben das kooperative Lernen als die gemeinsame Arbeit von Schülern „in kleinen Gruppen, um sich beim Aufbau von Kenntnissen und beim Erwerb von Fertigkeiten gegenseitig zu unterstützen" (Hasselhorn & Gold 2017, S. 301). Diese Definitionen zeigen auf, dass kooperatives Lernen durch soziale Interaktionen und einen gleichgestellten, wechselseitigen Austausch zwischen allen Beteiligten zur Generierung neuer Kenntnisse oder Fertigkeiten geprägt ist. Nach Konrad unterscheidet sich kooperatives Lernen dabei vom zum Beispiel kollaborativen Lernen insofern, als dass „es in höherem Maße strukturiert ist" (Konrad 2014, S. 80), indem zum Beispiel konkrete Vorgaben für die Aufgaben und Rollen der Lernenden oder auch die Abfolge der Phasen vorliegen (vgl. Fischer & Neber 2011, S. 103). Ein weiteres Merkmal ist, dass im Rahmen kooperativer Lernprozesse auch arbeitsteilig vorgegangen werden kann (vgl. Konrad 2014, S. 80).

Kooperatives Lernen lässt sich in Abhängigkeit von der Zielstruktur neben kompetitiven und individualistischen Formen als eine von drei möglichen Organisationsformen des Unterrichts beschreiben (vgl. Johnson & Johnson 2013, S. 372). In kooperativen Lernsettings sind die Schüler nur gemeinsam erfolgreich (positive Interdependenz) [1]. In kompetitiven Lernformen arbeiten die Schüler gemeinsam oder alleine an einer Aufgabe mit dem Ziel, sich gegenüber den anderen durch die eigene Leistung zu profilieren (negative Interdependenz). Individualistisches Lernen findet dann statt, wenn die Lernenden unabhängig von den anderen und deren Leistung in einem konkurrenzfreien Lernsetting arbeiten, um die eigenen Lernziele zu erreichen (keine Interdependenz) (vgl. Borsch 2015, S. 16–17; Johnson & Johnson 2013, S. 372).

Dem herkömmlichen Unterricht liegen in der Regel kompetitive Strukturen zugrunde (vgl. Hasselhorn & Gold 2017, S. 301). Dabei birgt das kooperative Arbeiten im Schulkontext Vorteile auf drei Ebenen:

(1) Der gemeinsame Arbeits- und Lernprozess ermöglicht es, nicht nur kognitive, sondern auch soziale, motivationale und emotionale Lernziele zu erreichen (vgl. Wittich 2017, S. 62–63).

(2) Durch kooperatives Lernen soll der Aufbau trägen Wissens vermieden und die Qualität sowie der Transfer des erworbenen Wissens verbessert werden (vgl. Hasselhorn & Gold 2017, S. 301).

(3) Ziel kooperativer Lehrformen ist es zudem, „sozialintegrative Wirkungen" (ebd., S. 301) zu haben.

Nicht jede Gruppe von Lernenden arbeitet jedoch per se kooperativ. Deshalb ist es notwendig, strukturgebende Merkmale und Voraussetzungen kooperativen Arbeitens für ein erfolgreiches Lernen zu definieren. Im Folgenden wird auf die in der Literatur häufig aufgeführten fünf Basismerkmale von Johnson und Johnson (1999) zurückgegriffen.

1. *Positive Interdependenz.* Der Grundsatz kooperativen Arbeitens lautet ausgehend von der Theorie der sozialen Interdependenz, dass der Erfolg der Lernenden voneinander abhängig sein sollte, also das Gruppenziel nur gemeinsam erreicht werden kann [1]. Zur Förderung dieses Verständnisses können die Gruppen auf unterschiedliche Art und Weise strukturiert und organisiert werden. Es eignen sich beispielsweise Aufgaben, welche eine koordinierte Zusammenarbeit erfordern (Zielinterdependenz), gemeinsame Belohnungen (Belohnungsinterdependenz), das Einteilen der Gruppenaufgabe in Teilaufgaben bei gleichzeitiger Reduktion der Ressourcen (Aufgaben- und Ressourceninterdependenz) oder die Zuweisung komplementärer Rollen (Rolleninterdependenz) (vgl. Hasselhorn & Gold 2017, S. 303; Johnson & Johnson 1999, S. 70–71).

2. *Individuelle Verantwortung.* Grundlage dieses Merkmals ist, dass die Gruppe dafür verantwortlich ist, „ihre Ziele zu erreichen und jedes Gruppenmitglied muss sich ganz individuell selbst auch dafür zuständig fühlen, seinen Anteil zu der gemeinsamen Arbeit beizutragen" (Konrad 2014, S. 83) [2]. Dieses Erleben der individuellen Verantwortung am Gruppenprodukt und dem eigenen Kompetenzerwerb kann gestärkt werden, wenn der individuelle Beitrag der Lernenden zum Gruppenergebnis identifizierbar und schließlich auch bewertbar bleibt (vgl. Hasselhorn & Gold 2017, S. 303). Dies kann bspw. durch individuelle Tests oder durch das zufällige Auswählen eines Schülerprodukts als repräsentatives Gruppenergebnis gefördert werden (vgl. Johnson & Johnson 1999, S. 71). Dadurch wird einerseits die Möglichkeit gegeben, dass jedes Gruppenmitglied seine Leistungen und Bemühungen als selbstwirksam erfährt (vgl. Konrad 2014, S. 83). Andererseits können unerwünschte Effekte, wie

zum Beispiel das Trittbrettfahren (free rider effect) oder das Gefühl, ausgenutzt zu werden (sucker effect), vermindert oder gar vermieden werden (vgl. Hasselhorn & Gold 2017, S. 303).

3. *Kommunikation – Direkte, unterstützende Interaktionen* (s. auch Abschnitt 6.3.3). Um gemeinsam erfolgreich zu sein, müssen die Lernenden sich gegenseitig helfen, unterstützen, ermutigen und auch loben (vgl. Johnson & Johnson 1999, S. 71). Lernförderliche Kommunikations- und Interaktionsprozesse zwischen den Lernenden sind somit grundlegend zur Steigerung der Qualität interpersonaler und kognitiver Aktivitäten und zum Erreichen gemeinsamer Ziele [3] (vgl. ebd.; Konrad 2014, S. 84).

4. *Soziale Fähigkeiten.* Es bedarf einer Vielzahl an sozialen Fähigkeiten, um in der Gruppe effektiv arbeiten und das gemeinsame Ziel erreichen zu können (vgl. ebd., S. 83). Die Schüler müssen in der Lage sein, „miteinander zu kommunizieren, produktiv zu diskutieren, Lösungsschritte und Entscheidungen gemeinsam zu treffen und Konflikte in der Gruppe selbständig zu lösen" (Wittich 2017, S. 68). Soziale Kompetenzen sind Voraussetzung und Ziel kooperativen Arbeitens und können u. a. durch günstige Selbstwirksamkeitserwartungen gefördert werden [4] (vgl. Konrad 2014, S. 84).

5. *Reflexion und Evaluation der Gruppenprozesse.* Für gute Gruppenarbeit ist es elementar, dass die Gruppenmitglieder ihre gemeinsame Arbeit fortlaufend evaluieren sowie abschließend reflektieren, um die Gruppenarbeitsprozesse für zukünftige Arbeiten optimieren zu können [5] (vgl. Green & Green 2012, S. 76; Johnson & Johnson 1999, S. 71). Unterstützung könnte in diesen Phasen die Führung eines Lerntagebuchs bieten, deren Aufzeichnungen abbilden, welche Inhalte gelernt wurden, wie die Gruppenmitglieder die Gruppenarbeit beurteilen und welche persönlichen Fähigkeiten die Teilnehmer erworben haben. Auch Checklisten oder Beobachtungen sind eine Möglichkeit (vgl. Konrad & Traub 2005, S. 168).

Diese Basiselemente gelten als Voraussetzung für erfolgreiches kooperatives Lernen in der Schulpraxis und können angewandt werden, um zu identifizieren, wann kooperatives Lernen und Arbeiten in der Praxis vorliegt und wie dieses optimiert werden könnte.

6.3.2   Empirische Erkenntnisse über kooperative Lernprozesse

„Working together to achieve a common goal produces higher achievement and greater productivity than does working alone" (Johnson & Johnson 1999, S. 71).

Was Johnson und Johnson 1999 auf der Grundlage eigener Forschungen gefolgert haben, spiegelt die Ansicht und Forschungsergebnisse vieler weiterer Autoren wider, wenn man die Literatur und Forschungsarbeiten zum kooperativen Lernen sichtet.

Um einen Einblick in die Auswirkungen kooperativen Lernens auf die *kognitiven Lernziele* und *sozialen* sowie *motivational-emotionalen Ziele* des schulischen Unterrichts im Allgemeinen und des Mathematikunterrichts im Speziellen zu erhalten und dadurch moderierende Faktoren kooperativen Lernens offenlegen zu können, werden ausgewählte Forschungsergebnisse und Tendenzen dargelegt.

Kognitive Lernziele
Zahlreiche Forschungsarbeiten haben bisher einen positiven Effekt unterschiedlicher Formen kooperativen Lernens auf den Lernerfolg nachweisen können (vgl. Ginsburg-Block et al. 2006, S. 732). In der von Slavin 1995 veröffentlichten Metaanalyse wurden beispielsweise 99 Studien einbezogen, welche das Lernen in kooperativen Settings (Gruppenrallye, Gruppenturnier, Gruppenpuzzle, Gruppenrecherche) mit traditionellem Unterricht verglichen haben (vgl. Slavin 1995, S. 20). In der Mehrzahl der Studien (64 %) führte der kooperativ ausgerichtete Unterricht zu höheren Leistungen als traditioneller Unterricht, während nur ein geringer Anteil der Studien (5 %) einen Vorteil der Kontrollgruppe im Hinblick auf die Leistungsentwicklung feststellte (vgl. Slavin 1995, S. 21). Bei genauerer Analyse der Studien ging daraus hervor, dass der Leistungsvorteil nur dann resultierte, wenn die Lernenden ein gemeinsames Gruppenziel verfolgten und gleichzeitig individuell für ihre Lernbemühungen verantwortlich [2] blieben. Als moderierende Merkmale konnten in einigen Studien die Strukturierung von Gruppeninteraktionen {1} und Gruppenbelohnungen {2} herausgearbeitet werden (vgl. Borsch 2015, S. 118–120; Slavin 1985, S. 9–11; Slavin 1995, S. 41–45).

> „[I]ndividual accountability and group rewards are necessary if cooperative learning is to have positive achievement effects. If the learning of every group member is not critical to group success, or if group success is not rewarded, achievement is unlikely to be increased above the level characteristic of traditional classrooms" (Slavin 1985, S. 10).

Die Ergebnisse von Slavin müssen aber unter Vorbehalt betrachtet werden, da sich einige Kritiker zu Wort meldeten, die bemängelten, dass „die von Slavin einbezogenen Studien nur Aufgaben enthielten, die auch individuell bewältigt werden können" (Fischer & Neber 2011, S. 109) und nicht offene, mehrdeutige Aufgaben, welche erst in Kooperation bearbeitet und gelöst werden können (vgl. ebd., S. 109).

Ähnliche Tendenzen wie Slavin hat eine Metaanalyse von Rohrbeck, Ginsburg-Block, Fantuzzo und Miller (2003) hervorgebracht. Diese untersuchten 90 Studien zum Peer Assisted Learning (PAL) im Grundschulunterricht (vgl. Rohrbeck et al. 2003, S. 244–245). PAL ist ein Sammelbegriff, der verschiedene kooperative Lernmethoden und Formen der Partnerarbeit umfasst (vgl. Borsch 2015, S. 87). Insgesamt ergab die Metaanalyse positivere Effekte in den Jahrgängen eins bis drei als in höheren Jahrgängen sowie höhere Effektstärken bei Interventionen, die ein hohes Maß an Autonomie zugelassen haben {3}, und bei jenen, in denen interdependente Belohnungssysteme {2} eingesetzt wurden. Für das isolierte Fach Mathematik konnte die Effektivität von PAL-Interventionen nicht nachgewiesen werden. Bei einer Auswertung von 33 Studien ergab sich nur eine Effektstärke von d = 0.22 (vgl. Rohrbeck et al. 2003, S. 246–250).

In einer weiteren Metaanalyse von Johnson, Johnson und Stanne (2000), welche 164 Studien und acht verschiedene Formen kooperativen Lernens umfasst, wurde ein signifikant positiver Einfluss aller Formen kooperativen Lernens auf die Schülerleistung nachgewiesen (vgl. Johnson et al. 2000, S. 1–2). Insbesondere konnte aufgezeigt werden, dass das gemeinsame Lernen in Gruppen einen größeren Effekt auf die Schülerleistung im Vergleich zu kompetitivem oder individualisiertem Lernen hat (vgl. ebd., S. 14–16).

Auch in Hatties Metastudie wurde ein deutlich positiver Einfluss kooperativen Lernens im Vergleich zu individuellem Lernen (d = 0.59) oder auch im Vergleich zu kompetitivem Lernen (d = 0.54) aufgedeckt (vgl. Hattie 2013, S. 251–254; Hattie 2017, S. 277).

Gillies und Ashman (2000) haben die Auswirkung einer Strukturierung der Lernaktivitäten auf die Gruppenarbeit und den Lernerfolg untersucht. Dabei wurde aufgezeigt, dass „lernschwache Kinder besser miteinander kooperierten, sich mehr Hilfestellungen gaben und in höherem Maße aufgabenbezogen argumentierten, wenn ihnen zuvor Hinweise zur Strukturierung der Gruppenarbeit gegeben worden waren" (Souvignier 2007, S. 455) {1}. Diese Hinweise umfassten Hilfestellungen zum Verhalten in Gruppen, zum Stellen von Fragen, zum Formulieren von Feedback, zum Unterteilen von Aufgaben in kleinere Abschnitte, zum Erleben positiver Abhängigkeit sowie individueller Verantwortlichkeit. Insgesamt konnte aufgezeigt werden, dass Strukturierungen in dreierlei Hinsicht erfolgen sollten: (I) Hilfestellungen zur Gestaltung von Interaktionen, (II) Gegenseitige Abhängigkeit der Schüler durch Unterteilung der Aufgaben herstellen und (III) Individuelle Verantwortung der Schüler für den eigenen Aufgabenteil vermitteln (vgl. Gillies & Ashman 2000, S. 22–26, Souvignier 2007, S. 455). Diese Ergebnisse konnten McMasters und Fuchs (2002) in einer Überblicksstudie über 15 Studien zum kooperativen Lernen bestätigen. Sie zeigten, dass Schüler mit Lernschwierigkeiten von kooperativen Lernumgebungen im Allgemeinen profitieren (vgl. McMaster & Fuchs 2002, S. 107–108), wobei eine Strukturierung der kooperativen Arbeit {1} sowie die individuelle Verantwortlichkeit [2] und Gruppenbelohnung {2} bessere Effekte kooperativer Lernaktivitäten auf die Leistung hervorbrachten (vgl. ebd., S. 115).

Zusammenfassend kann festgestellt werden, dass kooperative Lernformen im Allgemeinen einen positiven Einfluss auf die Leistung haben können. Die empirischen Erkenntnisse geben zudem Hinweise, wie kooperative Lernprozesse (strukturell) umzusetzen sind, um einen möglichst großen, positiven Einfluss auf den Lernerfolg der Schüler zu haben.

Soziale, motivationale und emotionale Lernziele

Im Gegensatz zu dem Einfluss kooperativer Lernformen auf die Leistung der Lernenden, existieren bisher wenige Forschungsarbeiten, welche die Effekte auf nicht akademische Ziele, wie beispielsweise die sozialen oder motivationalen Lernziele, untersuchen. Trotzdem konnten bereits einige Metaanalysen Einflüsse von Interventionen auf die Einstellungen, das Selbstkonzept oder das Verhalten (z. B. Cohen et al. 1982; Johnson & Johnson 1989) feststellen (vgl. Ginsburg-Block et al. 2006, S. 732).

Slavin (1995) schließt beispielsweise auf Grundlage der bereits beschriebenen Übersichtsstudie, dass unabhängig von der eingesetzten kooperativen Methode die Effekte „on student self-esteem, peer support for achievement, internal locus of control, time on-task, linking of class and of classmates, cooperativeness, and other variables are positive and robust" (Slavin 1995, S. 70). So konnten in Metaanalysen von Rohrbeck, Ginsburg-Block, Fantuzzo und Miller (2003) sowie Ginsburg-Block, Rohrbeck und Fantuzzo (2006) mittlere positive Effekte von PAL auf beispielsweise die sozialen Fähigkeiten und das Selbstkonzept aufgezeigt werden. Dabei haben insbesondere interdependente Belohnungssysteme {2} und größere Möglichkeiten zum Selbst-Management {3}, wie beispielsweise das eigenständige Setzen von Lernzielen, die Überwachung und das Evaluieren eigener Arbeiten und Bemühungen, signifikant zu einem besseren Selbstkonzept geführt und soziale Kompetenzen gefördert (vgl. Ginsburg-Block et al. 2006, S. 743–744; ebd., S. 747; Rohrbeck et al. 2003, S. 252).

Entgegen der Feststellung, dass Strukturierungsmaßnahmen zur Steigerung der Leistung führen, haben sich diese im Hinblick auf die motivationale Entwicklung in einigen Studien (vgl. z. B. Cohen 1994, S. 17–25) jedoch als abträglich erwiesen, da Vorgaben zu der Wahrnehmung verringerter Autonomie führen. Eine vorstrukturierte Kooperation ist nur dann dienlich, wenn die sozialen Fähigkeiten und Selbststeuerungskompetenzen noch nicht adäquat ausgebildet sind, um komplexe Aufgaben bearbeiten zu können {4} (vgl. Fischer & Neber 2011, S. 110).

Zudem erwies sich eine Grobstrukturierung {1}, wie zum Beispiel eine Rollen-verteilung, häufig als sinnvoll und zielführend bei anspruchsvollen Aufgaben (vgl. Renkl & Mandl 1995, S. 295).

Lou, Abrami, Spence, Poulsen, Chambers und d'Apollonia (1996) haben in ihrer Metaanalyse einen Vergleich zwischen homogenen und heterogenen Lerngruppen vorgenommen und kamen zu dem Schluss, dass leistungsschwache Schüler von leistungsheterogenen Gruppen sowie Schüler mittleren Leistungsniveaus eher von homogenen Gruppierungen profitieren, während leistungsstarke Schüler sowohl in homogenen als auch in heterogenen Gruppen erfolgreich lernen können. Dabei bleibt zu beachten, dass die Effekte der einzelnen Studien in der Metastudie deutlich divergieren (vgl. Roßbach & Wellenreuther 2002, S. 51). Im Hinblick auf die Gruppenzusammensetzung kann somit keine Schlussfolgerung für die Konzeptionsentwicklung gezogen werden.

Forschungen zu der Entwicklung kooperativer Fähigkeiten, welche Aufschluss darüber geben könnten, ab wann kooperatives Arbeiten in der Schule möglich ist, sind bisher rar. Nach Borsch (2015) können einige, jedoch nicht explizit benannte, Forschungsergebnisse belegen, dass der Einsatz und die Entwicklung koopera-tiver Fähigkeiten bereits von der ersten Klassenstufe an gelingen (vgl. Borsch 2015, S. 34). Aus Beobachtungen von Borsch in dritten Klassen, welche über einen Interventionszeitrum von sechs Unterrichtsstunden eine stetige Steigerung der Fähigkeiten im kooperativen Arbeiten in den Bereichen wechselseitige Ver-mittlung der Inhalte, inhaltliche Zusammenarbeit, Klima und Strukturierung der Arbeitsgruppen ergaben, resultiert, dass eine zielführende kooperative Zusammen-arbeit bereits in der dritten Klassenstufe möglich ist (vgl. ebd., S. 131–133). Dies bestätigt somit die Erkenntnisse aus Kapitel 5.

Mathematik
Die bisher dargelegten Studien und Metaanalysen wurden nicht oder nicht aus-schließlich auf das Schulfach Mathematik bezogen, weshalb sie allgemeine, fachübergreifende Konsequenzen für die Ausgestaltung einer lernförderlichen Konzeption liefern können. Im Folgenden wird auf den Bereich des Mathema-tikunterrichts im Speziellen eingegangen, um zusätzlich mathematikspezifische moderierende Effekte gewinnen zu können.

Zakaria, Chin und Daud (2010) untersuchten in einem Quasi-Experiment den Effekt kooperativen Lernens auf die Mathematikleistung und die Einstellungen zum Mathematikunterricht (vgl. Zakaria et al. 2010, S. 273). Es ergaben sich positive Effekte bei gleichen Voraussetzungen beider Gruppen auf die Leistung und die Ein-stellung in der Experimentalgruppe. Zakaria und Kollegen sehen den Grund für die bessere Leistungsentwicklung der Experimentalgruppe in den Gelegenheiten, welche kooperatives Lernen im Vergleich zum traditionellen Unterricht bieten: Die Schüler werden zum Diskutieren, Austausch von Meinungen und Sichtweisen, Problemlösen sowie zur gegenseitigen Unterstützung angeregt (vgl. ebd., S. 274–275). Einige weitere Studien konnten ebenfalls den positiven Einfluss von kooperativen Lernsettings auf den Erwerb mathematischer Kompetenzen im Vergleich zum traditionellen Unterricht sowie auf die Einstellung der Schüler nachweisen (vgl. Hossain & Tarmizi 2013, S. 477; Özsoy & Yildiz 2004, S. 53; Zakaria et al. 2013, S. 99–100).

Tarim und Akdeniz (2007) fanden überdies heraus, dass sich verschiedene Formen kooperativen Lernens in ihrem Einfluss auf die Entwicklung der mathematischen Leistung und Einstellung von Viertklässlern wesentlich unterscheiden (vgl. Tarim & Akdeniz 2007, S. 85). Auffällig war dabei, dass Team Assisted Individualization (TAI) weitaus bessere Ergebnisse in der Studie erzielte als Student Teams-Achievement Divisions (STAD). Die Gründe sieht die Forschergruppe darin, dass TAI kooperatives Lernen mit eigenständigem Lernen und individualisiertem Lerntempo {5} vereint, indem die Schüler zunächst selber Probleme bzw. Aufgaben lösen und erst anschließend in der Gruppe arbeiten, um gemeinsame Ziele zu erreichen. Dadurch bildet jeder Schüler zunächst eine eigene Grundlage durch individualisiertes Arbeiten auf eigenem Niveau, an die man im weiteren Verlauf der Gruppenarbeit anknüpfen kann (vgl. ebd., S. 86–87).

Tarim (2009) stellte für den Problemlöseunterricht ebenfalls einen Vorteil kooperativen Lernens heraus. Neben hohen inhaltlichen Leistungsfortschritten ließ sich auch eine Förderung sozialer Kompetenzen – Kooperationsbereitschaft, Effektivität der gemeinsamen Arbeit, aktives Zuhören – feststellen (vgl. Tarim 2009, S. 333–335).

Borsch, Gold, Kronenberger und Souvignier (2007) haben das Gruppenpuzzle im Mathematikunterricht von sechs dritten Klassen untersucht (vgl. Borsch et al. 2007, S. 206) und dabei festgestellt, dass kooperativ lernende Schüler in den „Expertengebieten deutlich bessere Ergebnisse als die Kinder herkömmlich lernender Kontrollklassen" (ebd., S. 210) erzielt haben. Dies spricht dafür, dass Kinder sich gemeinsam gut neue Inhalte erarbeiten können. Hingegen haben die Kinder aus der Vermittlungsphase kaum inhaltliches Wissen dazugewinnen können, was bedeutet, dass diese für die Vermittlung von Wissen noch Hilfestellungen benötigen würden (vgl. ebd., S. 209–211).

Diese Studien unterstützen die empirischen Ergebnisse der beiden vorangegangenen Abschnitte und zeigen auf, dass kooperatives Lernen im Mathematikunterricht der Grundschule sowie weiterführenden Schule positive Effekte auf die mathematische Leistung sowie soziale und affektive Merkmale der Schüler haben kann. Auch wird deutlich, dass die Effektivität primär von der Organisation und Auswahl der jeweiligen kooperativen Lernumgebung abhängig ist. Letztendlich bleibt noch zu reflektieren, unter welchen Voraussetzungen die hier dargestellten Ergebnisse entstanden sind. Die Durchführungen der kooperativen Lehr-Lernformen differieren deutlich im Hinblick auf das Verständnis, der Umsetzung bestimmter kooperativer Methoden wie STAD oder TAI, das Alter der Probanden und die Stichprobengröße. Dabei ist ein Großteil der Aussagen und Befunde im Rahmen kleiner Stichproben, zum Teil von lediglich einer Experimental- mit einer Kontrollgruppe, entstanden. Diese unterschiedlichen Untersuchungsbedingungen und Umsetzungen in der Schulpraxis erschweren eine allgemeingültige Aussage über das kooperative Lernen und dessen Einfluss auf verschiedene Bereiche des Lernens. Zudem sind in vielen Studien die moderierenden Variablen für den Lernerfolg nicht oder nur unzureichend dargestellt, was eine allgemeine Aussage zur Wirksamkeit erschwert.

6.3.3 Kommunikation aus allgemeinpädagogischer Perspektive

Die Auffassungen, was unter dem Begriff Kommunikation zu verstehen ist, gehen sehr weit auseinander und eine wissenschaftlich allgemein anerkannte Definition existiert bisher nicht. In Bezug auf Röhner und Schütz soll für diese Arbeit daher folgendes Begriffsverständnis gelten: Kommunikation kann definiert werden als wechselseitiges Handeln, in dem durch den Einsatz von Zeichen jeglicher Art (Sprache, Schrift, Bild, Mimik oder Gestik) Ideen, Gedanken, Erkenntnisse oder Wissen ausgetauscht oder neu konstruiert werden. Es handelt sich also um einen Prozess zwischen zwei oder mehr Personen (Ausnahme ist die intrapersonale Kommunikation), bei dem auf ein gemeinsames Zeichen- und Symbolsystem zurückgegriffen wird, um direkt oder indirekt Informationen zu vermitteln (Informationsweitergabe) und auf Grundlage dieser Informationen, neues Wissen, Ideen oder Erwartungen (Informationsverarbeitung) zu konstruieren (vgl. Röhner & Schütz 2016, S. 2–6; Wagner & Kannewischer 2014, S. 101).

Grundlage und Voraussetzung angemessener kommunikativer Prozesse sind ein gemeinsamer Wissenskontext über die zu verwendende Sprache, den Gegenstand der Kommunikation, den Kommunikationskontext, die Kommunikationspartner sowie über die Angemessenheit der Kommunikationssituation. Die an der Kommunikation Teilnehmenden müssen also über eine sprachliche Vielfalt verfügen und diese je nach situativen Anforderungen einsetzen (vgl. Ehret 2017, S. 23–24).

Nachfolgend soll ausschließlich auf die den Unterricht prägende soziale Kommunikation, also die Kommunikation zwischen Menschen, und die Sprache als wichtigstes Kommunikationsmittel im Unterricht eingegangen werden, da eine umfassende Betrachtung von Kommunikation unter Einbezug sprachdidaktischer Theorien und Bezugstheorien nicht notwendig und zielführend für die Generierung von Merkmalen ist.

Vollmer und Thürmann unterscheiden verschiedene Anwendungsbereiche von Sprache in der Schule. Sprache ist zunächst die Voraussetzung, um sich an unterrichtlicher Kommunikation beteiligen zu können. Weiterhin hat sie eine kognitive Funktion im Hinblick auf das Erschließen und Verarbeiten von Informationen und dient damit der Strukturierung, Anpassung und Erweiterung des eigenen Wissens. Darüber hinaus ermöglicht Sprache, Arbeitsergebnisse und Methoden der Informationsgewinnung zu dokumentieren, kritisch zu reflektieren sowie darauf aufbauend zu optimieren (vgl. Vollmer & Thürmann 2010, S. 113). Sprache ist im Unterricht somit als Lernvoraussetzung, Lernmedium und gleichzeitig als Lerngegenstand allgegenwärtig. Dabei weist sie eine aktive, den eigenständigen Aufbau von Wissen durch fachliche Tätigkeiten betreffende, und eine passive, durch das Zuhören und Folgen der Unterrichtssprache gekennzeichnete, Komponente auf und liegt in unterschiedlichen Sprachregistern und Ausprägungen (verbal, visuell, mündlich, schriftlich) vor (vgl. Ereth 2017, S. 109).

Zu Beginn des Lernprozesses von Schülern stehen in der Regel persönliche Erfahrungen, bei denen die Sprache als Lernmedium des Denkens und des Erfahrungsaustauschs dient. Vor allem dem medial mündlichen und schriftlichen Verbalisieren der Verstehensprozesse wird in dieser Phase des Lernprozesses eine große Bedeutung zugeschrieben (vgl. ebd.). „Für das Suchen bedarf es einer Sprache, die einerseits genug Spielraum für Phantasie und Kreativität, für Umstrukturierungen, neue Vernetzungen lässt, d. h. eine Sprache, die Freiheiten semantischer Art und Assoziationen zulässt, in der der Mensch gewandt ist" (Schmidt-Thieme 2010, S. 278). Somit erscheint die Umgangs- oder Alltagssprache der Schüler das angemessene Sprachregister für anfängliche Lernprozesse zu sein. Auch Prediger folgert auf der Grundlage eigener Erprobungen und systematischer Erforschungen, dass „die Nutzung der Alltagssprache einen Schlüssel zum Verstehen mathematischer [bzw. fachlicher] Konzepte liefern kann, gemäß Wagenscheins Idee von der „Sprache des Verstehens" (Wagenschein 1968, S. 122)" (Prediger 2013, S. 167). Die Schüler sollten sich also mit den fachlichen Inhalten zunächst in einer eigens gewählten Sprache, zum Beispiel der Alltagssprache, auseinandersetzen [1].

Als sprachliche Register lassen sich nach Halliday neben der Alltagssprache weiterhin die Bildungs- und Fachsprache unterscheiden. Während die Alltagssprache für die alltägliche Kommunikation verwendet wird, die Fachsprache sich durch einen hohen Einsatz von Fachbegriffen im Austausch unter Fachleuten auszeichnet, wird die Bildungssprache als das Medium zur Aneignung schulischen Wissens angesehen. Die Schüler müssen im Unterricht also nicht nur die gewohnte Alltagssprache, sondern auch die Bildungssprache, zusätzlich in unterschiedlichen Darstellungsebenen, beherrschen (vgl. Becker-Mrotzek & Roth 2017, S. 21–22; Prediger 2013, S. 175–176). Deshalb kann Sprache, insbesondere das fach- und bildungssprachliche Register, im Lernprozess der Schüler schnell zum Lernhindernis werden, wenn die notwendigen sprachlichen Kenntnisse nicht vorhanden sind (vgl. ebd., S. 167–169). Während die Fachsprache im Unterricht aber explizit thematisiert und eingeführt wird, wird die Bildungssprache vorausgesetzt und nicht selbst zum Gegenstand des Unterrichts gemacht. Dadurch kann die Bildungssprache zu unbemerkter Benachteiligung derjenigen beitragen, die mit dieser noch nicht vertraut sind (vgl. Gogolin 2009, S. 264–267).

Der Lehrperson kommt zur Initiation und Steuerung des Bildungs- und Fachsprachengebrauchs der Lernenden eine große Rolle zu. Diese hat die Aufgabe, Lernumgebungen zu schaffen, in denen die Alltagssprache nicht ausreicht [2]. „Diese sollen zum einen inhaltlich motivieren, zum anderen zur Auseinandersetzung mit mathematischen Inhalten provozieren und natürlich zur Sprachproduktion anregen" (Schmidt-Thieme 2010, S. 299–300). Zudem sollte die Lehrperson Fachtermini einführen und dafür sorgen, dass die Begrifflichkeiten von den Schülern korrekt verwendet werden. Durch einen bewussten und reflektierten Umgang mit der Fachsprache sollte diese zudem geübt und verinnerlicht werden. Dabei gilt die Lehrperson als sprachliches Vorbild, die die sprachliche Gestaltung des Unterrichts sach- und altersgerecht vornimmt [3]. Auf diese Weise kann ein sprachbildender Fachunterricht einerseits die Fachkompetenzen und andererseits die Sprachkompetenzen der Schüler fördern (vgl. ebd.).

Unterstützung im Aufbau von Sprach- und somit auch von Fachkompetenz kann durch den sprachdidaktisch etablierten Gedanken des Scaffoldings bereitgestellt werden [4]. Demnach werden sprachliche Mittel und Hilfestellungen (im Sinne eines Gerüsts) zunächst angeboten, gezielt eingeübt und später von den Schülern im Umgang mit der Sprache selbstständig ohne weitere Unterstützung verwendet. Dabei lassen sich das Makro-scaffolding bestehend aus den Schritten (1) Bedarfsanalyse, (2) Lernstandsanalyse, (3) Unterrichtsplanung, und das Mikro-scaffolding, also die sprachlichen Unterstützungsleistungen in den auf der Grundlage des Makro-scaffolding geplanten und umgesetzten Unterrichtsinteraktionen, unterscheiden. Als Unterstützung und Hilfestellungen werden beispielsweise strukturierende Angebote, das heißt konkrete Fragestellungen, Wortspeicher oder Satzteile angesehen (vgl. Meyer & Tiedemann 2017, S 83–90).

Auch dem Lernen durch Lehren bzw. Erklären wird eine große Bedeutung für den Fach- und Spracherwerb zugeschrieben [5]. Dabei gibt es unterschiedliche Argumentationsansätze, die die Bedeutung dessen aufzeigen.

„In explaining to someone else, the helper must clarify, organize, and possibly reorganize the material […]. In the process of clarifying and reorganizing the material, the helper may discover gaps in his or her understanding or discrepancies with others' work or previous work. To resolve these discrepancies, the helper may search for new information and subsequently resolve those inconsistencies, thereby learning the material better than before. Furthermore, when an explanation given to a team-mate is not successful […], the helper is forced to try to formulate the explanation in new or different ways. This may include using different language, such as translating unusual or unfamiliar language into familiar language […]; generating new or different examples; linking examples to the target student's prior knowledge or work completed previously; using alternative symbolic representations of the same material […]; and translating among different representations of the same material […]. All of these activities will likely expand and solidify the helper's understanding of the material." (Webb 1989, zitiert nach Renkl 1997, S. 115–116)

Durch Erklärprozesse werden also elaborative sowie metakognitive Prozesse initiiert, insofern sie nicht auf das Geben einfacher Antworten beschränkt sind (vgl. Renkl 1997, S. 116). Ein weiterer Erklärungsansatz ist, dass Erklären das Potenzial hat, „implizit Gewußtes bewußt zu machen" (ebd., S. 116). Dadurch kann dies reflektiert werden, was zu Abstraktionsprozessen führen kann, welche für die Anwendung des Erlernten, also für Transferleistungen, von Bedeutung sind (vgl. ebd.).

Sprache kann jedoch nicht nur als verbales Kommunikationsmittel verwendet werden, sondern auch zur Anfertigung eigener schriftlicher Produkte mit dem „Ziel, eine Sprechhandlung durch materielle Fixierung aus der aktuellen Situation herauszulösen und damit für weitere verfügbar zu machen" (Becker-Mrotzek 2004, S. 36). Schreiben bedeutet also kommunizieren mithilfe von Texten, jedoch nicht die gesprochene Sprache lediglich aufzuschreiben. In pragmatischer Hinsicht lässt sich die Idee des Schreibens von der des Sprechens unterscheiden. Während

„das Sprechen in hohem Maße kontextgebunden ist, zeichnet sich das Schreiben durch Strukturiertheit und Explizitheit aus. Schrift unterscheidet sich syntaktisch, da geschriebene Sätze in der Regel komplexer gebaut sind. Im Kontrast zur gesprochenen Sprache zeichnet sich Schriftlichkeit durch grammatikalische Korrektheit sowie lexikalisch beziehungsweise morphologisch durch die bedachtere Wortwahl aus" (Ehret 2017, S. 16–17).

Dabei stellt gerade der schriftliche Sprachgebrauch besondere Anforderungen an die sprachlichen und kognitiven Kompetenzen der Lernenden, da Kontexte, die in der verbalen Kommunikation gegeben sind, in Texten erst abstrakt und sprachlich hergestellt werden müssen (vgl. Becker-Mrotzek & Roth 2017, S. 21).

In Abhängigkeit von der Funktion des Schreibens (Aufteilung zum Beispiel nach Ossner in (1) personales Schreiben, (2) kommunikatives und appellatives Schreiben, (3) epistemisches Schreiben und (4) ästhetisches Schreiben (vgl. Ereth 2017, S. 30)) unterscheiden sich die Textprodukte wesentlich. Texte, die man zum Beispiel zwecks Erinnerung an sich selber richtet (1), sind persönlich und häufig in der Alltagssprache verfasst. Hingegen weisen Texte, die man über schulische Erkenntnisgewinne (3) schreibt, eher die Bildungs- und Fachsprache sowie eine formale Korrektheit auf.

Nach Anskeit und Steinhoff kann man die Textproduktion wie folgt beschreiben:

„Wenn man einen Text schreibt, ist die Schreibsituation durch die räumliche und zeitliche Trennung von der Lesesituation, der Schreibprozess durch die Sichtbarkeit, Langsamkeit und Vorläufigkeit der Äußerungen und das Schreibprodukt durch Schriftlichkeit und Explizitheit geprägt. Man ist mithin allein mit seinem langsam entstehenden Text, kann seine Äußerungen auf dem Papier (oder Bildschirm) sehen, planen und überarbeiten und ist zudem herausgefordert, sich (nahezu) ausschließlich mit schriftsprachlichen Mitteln auszudrücken. Diese Merkmale eröffnen zusammen genommen ein enormes Refexions- und Lernpotential: Man hat die Chance, sich intensiv mit den fachlichen Inhalten auseinandersetzen" (Anskeit & Steinhoff 2019, S. 64).

Die Chancen des Schreibens im Lernprozess sind für Erwachsene unumstößlich, gelten für Grundschüler jedoch nur bedingt. Diese müssen einen Großteil ihrer Aufmerksamkeit auf die Schreibtätigkeit lenken, um Wörter und Sätze korrekt formulieren und niederschreiben zu können. Es ist ihnen noch nicht möglich, das „Schreiben bewusst und gezielt als Werkzeug des Reflektierens und Lernens zu nutzen" (ebd.), weshalb Schreibanlässe zielführend und mit Bedacht eingesetzt werden müssen.

Im Allgemeinen gilt aber, dass die Textproduktion vielfältige Vorteile für fachliche Lernprozesse aufweisen kann. Der größte Vorteil ist dabei, dass Schüler beim Schreiben von Texten durch die Notwendigkeit, die Gedanken und Ideen zu ordnen, zu präzisieren und aufzuarbeiten, zu einer vertieften Auseinandersetzung mit den Inhalten angeregt werden.

Letztendlich gilt es im Rahmen der Sprachbildung alle vier Bereiche kommunikativer Aktivitäten, die Sprachrezeption mündlich (Hören) und schriftlich (Lesen) sowie Sprachproduktion mündlich (Sprechen) und schriftlich (Schreiben) durch Bereitstellen von reichhaltigen Kommunikations- und facettenreichen Schreibanlässen [2] im Unterricht anzuregen und zu fördern (vgl. Meyer & Prediger 2012, S. 5–7).

Die Darstellung des Forschungsstands soll nun weitere Potenziale sowie moderierende Faktoren des Sprechens und Schreibens im (Mathematik-)Unterricht offenlegen.

6.3.4   Empirische Erkenntnisse bezüglich des Lernens mit und von Sprache

Forschungsergebnisse empirischer nationaler sowie internationaler Studien, darunter auch die großen Vergleichsstudien der letzten 20 Jahre, zeigen auf, dass Zusammenhänge zwischen der Lese- und Mathematikleistung (vgl. z. B. für einen Überblick Wilhelm 2016, S. 21–30) und ebenso zwischen der Sprachkompetenz und dem mathematischen Kompetenzerwerb existieren (vgl. Schilcher et al. 2017, S. 12). Einzelne Studien sollen zur Illustration des letzten Zusammenhangs exemplarisch aufgeführt werden.

Die Längsschnittstudie BeLesen von Mücke (2007) hat beispielsweise die Schulkarrieren von 950 Berliner Grundschülern mit und ohne Migrationshintergrund von der ersten Klasse bis zum Ende der vierten Klasse untersucht und den Kompetenzerwerb in Beziehung mit den jeweiligen Sprachkompetenzen gesetzt. Ein zentrales Ergebnis ist ein zunehmender Effekt des Sprachstands der Lernenden vom Ende der ersten Klasse ($r = 0{,}41$) bis zum Ende der vierten Klasse ($r = 0{,}47$) auf diverse Leistungen, vor allem auch in Mathematik. Der Autor schließt aus den Erkenntnissen, dass das mündliche Sprachniveau von Lernenden mit und ohne Migrationshintergrund bei Schuleintritt eine entscheidende Voraussetzung für ihren Lern- und Schulerfolg im Verlauf der Grundschulzeit ist (vgl. Mücke 2007, S. 279–280). Ähnliche Ergebnisse erzielte die Längsschnittstudie SOKKE (Sozialisation und Akkulturation in Erfahrungsräumen von Kindern mit Migrationshintergrund). Heinze, Herwartz-Emden und Reiss (2007) konnten unter Einbezug von 25 Klassen und insgesamt 556 Schülern, von denen 344 (61,9 %) einen Migrationshintergrund aufwiesen, bereits am Ende der 1. Klasse signifikante Unterschiede zwischen Kindern mit und ohne Migrationshintergrund in Bezug auf die Mathematikleistung aufzeigen, welche jedoch verschwanden, wenn der Sprachstand kontrolliert wurde (vgl. Heinze et al. 2007, S. 572; ebd., S. 575–577).

Laut Autoren ist daher „anzunehmen, dass sprachliche Kompetenz ein bedeutsamer Einflussfaktor für den Aufbau von qualitativ hochwertigem mathematischem Wissen ist" (ebd., S. 576).

Prediger, Wilhelm, Büchter, Benholz und Gürsoy (2015) haben im Rahmen einer zentralen Prüfung im Fach Mathematik am Ende von Jahrgang zehn soziale und sprachliche Einflussfaktoren auf die Mathematikleistung untersucht. Dabei wurden 1495 Lernende einbezogen (vgl. Prediger et al. 2015b, S. 77). Insgesamt konnte herausgestellt werden, dass die Sprachkompetenz den stärksten Einfluss auf die Mathematikleistung in der Zentralen Prüfung hatte (ebd., S. 90), woraus sich schließen lässt, dass eine „adäquate Beherrschung der Unterrichtssprache eine wichtige Voraussetzung für eine erfolgreiche Entwicklung mathematischer Kompetenzen ist" (Meyer & Tiedemann 2017, S. 51). Jedoch hat Fast (2014) festgestellt, dass gerade Schüler mit sprachlichen Schwächen dazu geneigt sind, ihrem Defizit auszuweichen, indem sie sich weniger mit der Sprache beschäftigen. Doch gerade diese Kinder sollten in der sprachlichen Auseinandersetzung durch Einfordern ausführlicher Antworten auf Fragen gestärkt werden (vgl. Schilcher et al. 2017, S. 28).

Baumert, Stanat und Müller (2005) haben in ihrer „Jakobs-Sommercamp-Studie" aufzeigen können, dass mit einer Kombination von impliziter und expliziter Sprachförderung bessere Resultate erzielt wurden als mit einer nur impliziten Förderung {1}.

Anskeit (2018) hat in ihrer Studie 974 Schülertexte ausgewertet, mit dem Ziel verschiedene Schreibarrangements hinsichtlich ihrer Wirkung auf die Schülerergebnisse zu untersuchen. Dabei konnte gezeigt werden, dass „Kinder in Schreibarrangements mit textprozeduralen Hilfen (Argumentieren: z. B. Abwägen, Begründen; Beschreiben: z. B. Charakterisieren, Verorten) signifikant bessere Texte als Kinder in Schreibarrangements ohne textprozedurale Hilfen schreiben" (Anskeit & Steinhoff 2019, S. 67–68). Eine Unterstützung {1} der Schüler kann somit als grundlegend für erfolgreiche Schreibprozesse gesehen werden.

Unter Einbezug der Ergebnisse einschlägiger Metaanalysen zum epistemischen Schreiben (z. B. Bangert-Drowns et al. 2004; Graham et al. 2015; Koster et al. 2015) leiten Anskeit und Steinhoff ab, dass schreibdidaktische Maßnahmen Erfolg versprechen, die sich über einen längeren Zeitraum erstrecken {2}, überschaubare und regelmäßig durchgeführte Schreibaufträge kombinieren {3}, eher kurze Schreibprozesse erfordern {4}, einen eindeutigen Bezug zur schreibenden Person aufweisen {5}, Reflexionsprozesse evozieren {6} und Rückmeldungen integrieren {7} (vgl. Anskeit & Steinhoff 2019, S. 65).

Auch Rossack, Neumann, Leiss und Schwippert (2017) fordern, dass sowohl für schriftliche als auch mündliche Auseinandersetzungen mit einem Unterrichtsgegenstand alltagsnahe und aktuelle Kontexte zu schaffen sind {8}, da diese in ihren Untersuchungen einen positiven Einfluss auf das Engagement der Schüler hatten (vgl. Rossack et al. 2017, S. 123).

Newell (1984) sowie Langer und Applebee (1987) haben in ihren Studien herausgefunden, dass erklärende und argumentative Texte zu komplexeren Gedanken und Verstehensprozessen {9} und dadurch zu einem höheren Abstraktionsgrad der erlernten Konzepte führen, als das Anfertigen von Notizen oder Kurzantworten (vgl. Newell & Winograd 1989, S. 196–197). Nachfolgende Studien von Newell und Winograd (1989) konnten dies bestätigen (vgl. ebd., S. 211).

Zusammenfassend lässt sich feststellen, dass in Studien der in Abschnitt 6.3.3 beschriebene Zusammenhang zwischen der Sprach- und Fachkompetenz belegt werden konnte. Weiterhin unterliegt der verbale und schriftliche Spracherwerb vielen moderierenden Faktoren, die in der Konzeptionsentwicklung Beachtung finden müssen.

Nachfolgend wird nun auf den Bezug zwischen Kooperation, Kommunikation und dem Mathematikunterricht eingegangen.

6.3.5 Kooperatives Lernen und Kommunikation aus mathematikdidaktischer Perspektive

Speziell für den Erwerb mathematischer Begriffe, Zusammenhänge oder auch Verfahren ist die Interaktion und Kommunikation mit anderen Lernenden oder Lehrenden von entscheidender Bedeutung (vgl. Steinbring 2000, S. 28). Kooperative Lernsettings bilden die Grundlage, damit Schüler im Unterricht miteinander aktiv kommunizieren und ihre Sprach- sowie Fachkompetenz ausbauen, anstatt nur passiv tätig zu sein.

Steinbring (2000), der im Rahmen einer epistemologischen Perspektive die Art und Weise untersucht, wie Kinder in Interaktionen mathematische Lernzuwächse erzielen, stellte dabei heraus, dass gerade für den Mathematikunterricht einige Hürden bestehen. Mathematische Begriffe und Ideen sind abstrakt und können nicht direkt vermittelt werden (vgl. ebd., S. 48). Im mathematischen Lernprozess sind die Lernenden daher auf sichtbare Zeichen und Symbole wie zum Beispiel Operationszeichen oder Ziffern angewiesen, welche die Begriffe repräsentieren und veranschaulichen und „in der Interaktion im Rahmen eines sogenannten Referenzkontexts gedeutet werden" (Häsel-Weide 2016, S. 48) müssen. Erst durch

Wechselbeziehungen zwischen den Zeichen/Symbolen und dem Referenzkontext des Lernenden, können Begriffe aktiv konstruiert werden.

> „Eine inhaltliche Bedeutung der Zeichen wird vielmehr erst von den an der Interaktion beteiligten Personen herausgestellt, indem Sie die Zeichen aus einem für sie bedeutungsvollen Referenzkontext heraus interpretieren" (Nührenbörger & Schwarzkopf 2010, S. 75).

Für fundamentales Lernen von Mathematik in der Grundschule ist somit die Kommunikation und Interaktion eine notwendige Bedingung, da durch den Austausch über einen mathematischen Inhalt die eigenen Referenzkontexte und Deutungen angepasst werden können und das Verstehen somit gefördert wird (vgl. Häsel-Weide 2016, S. 48).

Ebenso wie in Abschnitt 6.3.3 beschrieben, gilt auch für den Mathematikunterricht, dass der Abstraktionsprozess ausgehend von der Umgangs- bzw. Alltagssprache hin zur Bildungs- und Fachsprache der wesentliche Schritt zum Erwerb und zur anschließenden Verallgemeinerung mathematischer Begriffe und Konzepte und damit maßgeblich für den Aufbau mathematischer Kompetenz ist [1] (vgl. Ereth 2017, S. 110).

Auch Bruner hebt die Relevanz der Sprache zur Konstruktion mathematischer Begriffe und Konzepte hervor. Er unterscheidet zwischen drei Repräsentationsmodi. Der enaktive Modus bezieht sich auf den manipulierenden, handelnden Umgang mit konkreten Objekten. Im ikonischen Modus werden mathematische Konstrukte und Begriffe in Zeichnungen oder Bildern visualisiert dargestellt. Der symbolische Modus umfasst die verbale und geschriebene Sprache. Dabei ist die Sprache nicht nur als ein Repräsentationsmodus zu sehen, sondern ebenso das Medium für die produktive Arbeit mit Veranschaulichungen auf enaktiver oder ikonischer Ebene. Die Fähigkeit zum intermodalen Transfer, insbesondere die sprachliche Darstellung konkreter Handlungen, ist zum Aufbau mentaler Vorstellungsbilder und folglich auch für das konzeptuelle mathematische Verständnis und damit für ein verstehensorientiertes Mathematiklernen zentral [6] (vgl. ebd.; Maier & Schweiger 1999, S. 77). „Die Entwicklung und Explizierung einer Denksprache im Prozess der Erarbeitung eines Konzepts erweist sich dabei als ein Kern allen Fachlernens" (Prediger 2013, S. 179). Fach- und Sprachkompetenz ist somit nicht trennbar und sollte im mathematischen Lernprozess einhergehend gefordert und gefördert werden [2].

Nührenbörger spricht sich auf dieser Grundlage für diskursive Aufgabenformate aus, welche zur Kooperation und Kommunikation über Mathematik anregen, indem die Lernenden beispielsweise individuelle Ideen und Lösungen austauschen und diskutieren oder gemeinsam Ideen und Lösungen entwickeln (vgl. Nührenbörger 2009, S. 150). Auch wird die Bedeutung des Diskurses bzw. der Kommunikation im Mathematikunterricht auf der Ebene der Bildungsstandards und Kerncurricula ersichtlich. Kindern sollten demnach Gelegenheiten gegeben werden, „selbst Probleme zu lösen, über Mathematik zu kommunizieren usw." (KMK 2005, S. 6). Weiterhin sind in Niedersachsen „Mathematisches Kommunizieren" und „Mathematisches Argumentieren" zwei der fünf prozessbezogenen Kompetenzen, was ebenfalls die Relevanz des Diskurses im Mathematikunterricht betont (vgl. Niedersächsisches Kultusministerium 2017, S. 5; s. Kapitel 4). Der Austausch im Mathematikunterricht über Unterrichtsinhalte ist somit nicht nur grundlegend für den Erwerb von Wissen, sondern auch Lernziel des Mathematikunterrichts an sich. Grundlage dafür sind kooperative Lehr-Lernformen oder gemeinsame Unterrichtsphasen (vgl. ebd., S. 14).

Das Sprechen und Schreiben über Mathematik kann viele Vorteile für das Lernen mathematischer Inhalte haben und zu einer vertieften Verarbeitung mathematikbezogenen Wissens führen. Aus diesen Gründen lassen sich in der Mathematikdidaktik zahlreiche Ansätze finden, die die Sprachproduktion zugunsten des Sprach- und Mathematiklernens konstruktiv verbinden. Dazu zählen beispielsweise das Erfinden von Aufgaben, das Erfinden von Rechengeschichten, das Schreiben von Anleitungen, das Herstellen von Lehrmitteln durch Schüler oder der Einsatz von Lerntagebüchern, in denen die Schüler ihren Lernweg und ihre Lernergebnisse über einen längeren Zeitraum festhalten und welche den Mitschülern, der Lehrperson oder auch ihnen selbst Einblick in die individuellen Erkenntnisprozesse gewähren (vgl. Jörissen & Schmidt-Thieme 2015, S. 403; Kuntze & Prediger 2005, S. 3–4, s. Abschnitt 7.3).

Diese Anlässe bieten im Allgemeinen mehrere Vorteile:

- „Die Reflexion mathematischer Zusammenhänge fällt leichter, wenn sie mit einer konkreten Versprachlichung verbunden ist. Diese zwingt Lernende zu einer Gliederung und Präzisierung der eigenen Gedanken. Dabei kommt die kognitive Funktion der Sprache direkt zum Ausdruck.
- Sie bieten einen (mehr oder weniger authentischen) Kommunikationsanlass und fördern so die fachspezifischen und allgemeinen Sprachkompetenzen der Lernenden.
- Sie stellen Mathematik als Prozess heraus und orientieren sich weniger an fertigen Produkten.

- Sie stellen eine zeit- und ortsunabhängige Lernmöglichkeit dar.
- Sie können zu Material führen, das für den weiteren Unterrichtsverlauf nutzbar gemacht werden kann.
- Versprachlichungen stellen eine produktive Auseinandersetzung mit mathematischen Inhalten dar und bieten Alternativen zu traditionellen reproduktiven Unterrichtsformen.
- Sie ermöglichen jedem Lernenden eine individuelle, seinem Leistungsniveau entsprechende Auseinandersetzung mit mathematischen Themen.
- Sie geben Lehrpersonen Hinweise zum Leistungsniveau jedes Lernenden und können so Grundlage für die weitere Unterrichtsplanung oder für individualisierte Maßnahmen sein.
- Sie bieten alternative Formen der Leistungsbewertung." (Jörissen & Schmidt-Thieme 2015, S. 402–403)

Die Kompetenzen im Bereich Alltagssprache, Bildungssprache als auch Fachsprache sowie die Fähigkeiten zwischen den Registern zu wechseln, sind somit grundlegend und sollten in der Unterrichtsgestaltung berücksichtigt und zugunsten des mathematischen Kompetenzerwerbs ebenso gefördert werden (vgl. Schilcher et al. 2017, S. 15). Speziell für den Mathematikunterricht werden daher seit Jahren diverse ganzheitliche oder fokussierte Ansätze zur Sprachförderung konzipiert und erprobt. Ein grundsätzlich defensiver Ansatz, also die Vereinfachung der Sprache, wird in der Mathematikdidaktik jedoch abgelehnt.

6.3.6 Merkmale der Kooperation und Kommunikation

Die dargestellten Erkenntnisse aus der Literatur und die Ergebnisse empirischer Forschungen geben einen Einblick in die konstitutiven Merkmale, die kooperatives Lernen bzw. Kommunikationsprozesse beschreiben, sowie die moderierenden Elemente, welche erfolgreiches kooperatives Lernen bzw. erfolgreiche Kommunikationsprozesse ermöglichen. Diese Aspekte der Kooperation und Kommunikation sollen für die Gestaltung der eigenen Unterrichtskonzeption zielführend sein, weshalb sie im Folgenden (s. Tabelle 6.4 und Tabelle 6.5) dargestellt und zu übergreifenden Merkmalen der Grundidee zusammengeführt werden. Weiterhin wird reflektiert, inwieweit die Merkmale in der vorliegenden Untersuchung berücksichtigt werden können.

Grau hinterlegt sind erneut die Merkmale, welche in der Entwicklung der Konzeption nicht weiter einbezogen werden. Die sozialen Fähigkeiten werden in der

Tabelle 6.4 Merkmale kooperativen Lernens

[Nr.]	Aspekte der Kooperation			Merkmal	Beschreibung des Merkmals
	Konstitutive Merkmale	Moderierende Faktoren	{Nr.}		
1	Positive Interdependenz	Gruppenbelohnung	2	**Die Schüler sind voneinander abhängig, um sowohl einen individuellen Erfolg als auch einen Gruppenerfolg zu erzielen (28)**	Die Schüler stehen in gegenseitiger Abhängigkeit, da der eigene Erfolg vom Gruppenerfolg abhängt. Die Förderung des Erlebens positiver Interdependenz kann durch Aufgaben, welche eine koordinierte Zusammenarbeit erfordern (Zielinterdependenz), gemeinsame Belohnungen (Belohnungsinterdependenz), das Einteilen der Gruppenaufgabe in Teilaufgaben bei gleichzeitiger Reduktion der Ressourcen (Aufgaben- und Ressourceninterdependenz) oder die Zuweisung komplementärer Rollen (Rolleninterdependenz), gesteigert werden.
2	Individuelle Verantwortung			**Die Schüler sind für den eigenen Lernprozess und das Gruppenergebnis verantwortlich (29)**	Die Schüler haben die Verantwortung für den eigenen Lernprozess und für das Gruppenergebnis. Der individuelle Beitrag des einzelnen am Gruppenergebnis bleibt identifizierbar und bewertbar. Die Förderung des Erlebens individueller Verantwortung kann durch individuelle Tests oder zufällig ausgewählte Schülerprodukte als repräsentatives Gruppenergebnis gesteigert werden.
3	Direkte, unterstützende Interaktion			**Die Schüler unterstützen sich gegenseitig im Lernprozess (30)**	Die Lernprozesse sind durch lernförderliche Kommunikation, gegenseitige Unterstützungsmaßnahmen und Ermutigungen innerhalb der Gruppe geprägt.
		Strukturierung von Gruppeninteraktionen	1	**Es gibt strukturelle Hilfen, die die Gruppenarbeit organisieren und leiten (31)**	Die Schüler erhalten in der Gestaltung der Gruppenarbeit strukturelle Vorgaben und Unterstützung, welche in Abhängigkeit von den individuellen Voraussetzungen der Schüler (soziale Fähigkeiten, Selbststeuerungskompetenzen) einen höheren/niedrigeren Strukturierungsgrad aufweisen: (I) Hilfestellungen zur Gestaltung von Interaktionen, (II) Gegenseitige Abhängigkeit der Schüler durch Unterteilung der Aufgaben herstellen und (III) Individuelle Verantwortung der Schüler für den eigenen Aufgabenteil vermitteln.
		Passung der Strukturierungsmaßnahmen zu den individuellen Voraussetzungen (soziale Fähigkeiten, Selbststeuerungskompetenzen) der Schüler	4		
		Einbezug von Phasen eigenständigen Lernens nach individuellem Lerntempo in kooperativen Lehr-Lernformen	5	**Es gibt einen Wechsel von kooperativen Arbeitsphasen und Arbeitsphasen, in denen die Schüler entsprechend ihres eigenen Lerntempos arbeiten können (32)**	Den Schülern wird die Möglichkeit eingeräumt, entsprechend ihres eigenen Lerntempos und gleichzeitig in Kooperation mit den Mitschülern zu arbeiten, indem Freiräume gewährt werden, die die Schüler individuell nutzen können.
		Erleben von Autonomie	3	**Den Schülern werden Möglichkeiten zum**	Den Schülern werden in kooperativen Arbeitsprozessen Entscheidungs- und Handlungsfreiheiten eingeräumt, sodass sie ihren Lernprozess eigenständig planen,

(Fortsetzung)

Tabelle 6.4 (Fortsetzung)

				Selbstmanagement eingeräumt	überwachen und evaluieren können und sich somit als selbstbestimmt und unabhängig wahrnehmen.
4	Soziale Fähigkeiten			**Die sozialen Fähigkeiten der Schüler werden ausgebaut**	Soziale Kompetenzen sind Voraussetzung für zielführende Gruppenprozesse und werden gleichzeitig in der Gruppenarbeit gefördert.
5	Reflexion und Evaluation der Gruppenprozesse			**Die Schüler reflektieren und evaluieren die Gruppenprozesse (33)**	Eine begleitende Evaluation des Gruppenprozesses und abschließende Reflexion ermöglicht, hilfreiche Verhaltensweisen zu identifizieren, um zukünftige Gruppenprozesse optimieren zu können.
		1	Strukturierung von Gruppeninteraktionen	**Es gibt strukturelle Hilfen, die die Reflexions- und Evaluationsphasen organisieren und leiten (34)**	Die Schüler erhalten in der Reflexion und Evaluation der Gruppenarbeit strukturelle Vorgaben – Regeln, Rituale, … – und Unterstützung, welche in Abhängigkeit von den individuellen Voraussetzungen der Schüler (soziale Fähigkeiten, Selbststeuerungskompetenzen) einen höheren/niedrigeren Strukturierungsgrad aufweisen.
		4	Passung der Strukturierungsmaßnahmen zu den individuellen Voraussetzungen (soziale Fähigkeiten, Selbststeuerungskompetenzen) der Schüler		

Tabelle 6.5 Merkmale der Kommunikation

[Nr.]	Konstitutive Merkmale	{Nr.}	Moderierende Faktoren	Merkmal	Beschreibung des Merkmals
1	Entwicklung der Fach- und Bildungssprache aus der Alltagssprache			**Die Schüler können frei über die Sprache bestimmen, in der sie sich dem Unterrichtsgegenstand nähern (35)**	Die Schüler begegnen den Unterrichtsinhalten in einer frei gewählten Sprache, also z. B. der Alltagssprache oder Muttersprache. Im fortschreitenden Lernprozess entwickeln sie erst sukzessive die Fachsprache.
		1	Implizite und explizite Förderung	**Die Schüler werden in der Entwicklung des bildungs- und**	Die Schüler werden zunehmend implizit durch entsprechende die Sprachförderung betreffende Aufgabenstellungen und explizit durch das Thematisieren von
		2	Förderung über einen langen Zeitraum	**fachsprachlichen Registers gefördert (36)**	Sprachelementen über einen längeren Zeitraum gefördert, die Bildungs- und Fachsprache zu verwenden.
2	Inhaltlich motivierende und Sprachproduktion provozierende Lernumgebungen schaffen			**Es werden inhaltlich motivierende und Sprachproduktion provozierende Lernumgebungen geschaffen (37)**	Diverse motivierende Kommunikations- sowie Schreibanlässe werden geschaffen, um den mathematischen Kompetenzerwerb sowie Spracherwerb zu unterstützen.
		3	Überschaubare Arbeitsaufträge schaffen	**Die Arbeitsaufträge sind sprachlich angemessen und in kurzer Form zu bearbeiten (38)**	Die Arbeitsaufträge sind sprachlich angemessen, d. h. im Hinblick auf die Altersgruppe angepasst, verständlich und überschaubar und in kurzer Form zu bearbeiten.
		4	Kurze Kommunikations- und Schreibanlässe schaffen		
		5	Bezug zur schreibenden Person herstellen	**Die Kommunikations-und Schreibanlässe besitzen eine Relevanz für die Schüler (39)**	Die Arbeitsaufträge bieten die Möglichkeit, einen persönlichen Bezug zu schaffen, sodass eine persönliche Relevanz für die Lernenden entsteht,
		7	Integration von Rückmeldungen	**Integration von Rückmeldungen (40)**	Die Lehrperson oder Mitschüler geben Rückmeldungen zu den sprachlichen Äußerungen der Schüler.
		8	Einbettung in alltägliche Kontexte	**Die Aufgaben sind in einen alltäglichen, den Schülern bekannten Kontext eingebettet (41)**	Die Aufgaben sind in einen alltäglichen, den Schülern bekannten Kontext eingebettet.
		9	Anfertigen erklärender, argumentativer Texte	**Die Arbeitsaufträge regen dazu an, erklärende, argumentative Texte anzufertigen (42)**	Die Kommunikations- sowie Schreibanlässe sind so geschaffen, dass die Schüler die fachlichen Inhalte erklärend und argumentativ darlegen müssen.

Aspekte der Kommunikation

(Fortsetzung)

Tabelle 6.5 (Fortsetzung)

3	Einführung von Fachsprache und Unterstützung im Spracherwerb durch die Lehrperson	1	Implizite und explizite Förderung	**Es existiert eine Förderung des Spracherwerbs der Schüler. (43)**	Die Schüler erhalten eine implizite und explizite Förderung der Fach- und Sprachkompetenzen über einen längeren Zeitraum.
		2	Förderung über einen langen Zeitraum		
		6	Evokation von Reflexionsprozessen	**Die Schüler erwerben durch Reflexionsprozesse (fach-) sprachliche Kompetenzen (44)**	Reflexionsprozesse regen die Schüler an, über den Einsatz der Sprache und die fachlichen Inhalte zu diskutieren und einhergehend die Sprachkompetenzen auszubauen.
4	Scaffolding	1	Implizite und explizite Förderung	**Den Schülern werden sprachliche Mittel und Hilfestellungen angeboten (45)**	Den Schülern werden sprachliche Mittel und Hilfestellungen angeboten, wie z. B. konkrete Fragestellungen, Wortspeicher oder Satzteile.
		2	Förderung über einen langen Zeitraum		
5	Lernen durch Erklären			**Die Schüler erklären fachliche Sachverhalte verbal (46)**	Die Schüler werden dazu angeregt, fachliche Inhalte und Zusammenhänge anderen Schülern zu erklären.
		9	Anfertigen erklärender, argumentativer Texte	**Die Schüler legen Sachverhalte schriftlich erklärend, argumentativ dar (47)**	Die Schüler erklären fachliche Inhalte und Zusammenhänge schriftlich.
6	Fördern von Darstellungs- und Registerwechseln	1	Implizite und explizite Förderung	**Wechsel der Darstellungsformen und Register (48)**	Ein Wechsel der Darstellungsformen und jeweiligen Register wird gefördert, um den mathematischen Kompetenzaufbau zu unterstützen.
		2	Förderung über einen langen Zeitraum		

Konzeptionierung vorausgesetzt [4] und die Möglichkeiten zum Selbstmanagement [3] sind primär der Grundidee der Eigenaktivität zuzuordnen und in dieser konkretisiert.

6.4 Grundidee 4: Fall als Initiation individueller Lernzielentwicklung

In dem Ausgangskonzept PBL – im Folgenden nur bezogen auf die Schule – geht es darum, dass ein Problem oder ein Fall den Lernprozess der Schüler einleitet. Die Informationen in diesem sind nicht vollständig gegeben, widersprüchlich oder legen Wissenslücken offen, weshalb zunächst Ideen oder Fragen bezüglich des Falls formuliert werden müssen. Diese bilden, gewährleistet aufgrund der zielgerichteten Konstruktion des Falls, die Lernziele der Unterrichtsstunden ab, können aber ebenso darüber hinaus gehen, wodurch sichergestellt wird, dass curriculare Ziele ebenso erreicht werden, wie individuelle Ziele (s. Kapitel 2). Somit vereint diese komplexe Grundidee drei wesentliche Aspekte: (1) Ein Fall stellt den Ausgangspunkt der Lernprozesse dar und gibt die Richtung der Lernprozesse vor, indem dieser die Lernziele der Unterrichtsstunde oder -einheit abbildet, (2) die Schüler entwickeln Fragen und Ideen zu dem Fall und dessen Inhalt, wodurch (3) eigenständig Lernziele gesetzt werden.

Im Folgenden werden daher ein Fall (s. Abschnitt 6.4.1), das Fragenstellen im Unterricht als komplexe Anforderung im Vergleich zum Ideenformulieren (s. Abschnitt 6.4.2) sowie das eigenständige Setzen von Lernzielen durch Schüler (s. Abschnitt 6.4.3) theoretisch betrachtet. Im Zuge dessen werden jeweils Forschungen diesbezüglich dargestellt, um erneut Erkenntnisse für die unterrichtliche Umsetzung einer auf dieser Grundidee aufbauenden Konzeption gewinnen zu können.

Da bezüglich dieser Themen vorwiegend allgemeindidaktische Theorien und Forschungsergebnisse existieren, werden fachspezifische Erkenntnisse aus der Mathematikdidaktik darin integriert und entsprechend ausgewiesen.

6.4.1 Fälle im Unterricht

Da PBL als eine Art fallbasierten Lernens definiert und das darin verwendete Aufgabenformat, das Problem, somit im weiteren Sinne auch als Fall angesehen werden kann (s. Abschnitt 2.4), wird an dieser Stelle genauer auf Erkenntnisse und Theorien zu Fällen als Aufgabenformat im Unterricht eingegangen, anstatt die Charakteristika eines Problems unreflektiert für den Grundschulunterricht zu übernehmen.

Der Begriff Aufgabenformat soll dabei in dieser Arbeit folgendermaßen verstanden werden:

Ein Aufgabenformat

- stellt eine äußere Form dar, die durch verschiedene fachliche Inhalte ausgestaltet werden kann, das heißt, es handelt sich nicht um eine konkrete Aufgabenstellung
- stellt eine äußere Form dar, die einem bestimmten Aufgabentyp (offen, halboffen oder geschlossen) zugehörig ist
- bedient sich je nach Funktion und Ziel des Einsatzes verschiedener Prinzipien, wie zum Beispiel Realitätsbezug, Problemorientierung oder Sachbezug.
- unterstützt die Entwicklung inhaltsbezogener und prozessbezogener Kompetenzen

Um zu analysieren, was einen Fall als Aufgabenformat im Unterricht ausmacht, werden zunächst der Begriff Fall definiert und Merkmale eines gelungenen Falls aus der Literatur hergeleitet. Im Weiteren wird der Einsatz von Fällen im Unterricht aus unterschiedlichen Perspektiven betrachtet und abschließend die aktuelle Forschung zur Arbeit mit Fällen dargelegt. Einschränkend bleibt aufzuführen, dass Fälle im Mathematikunterricht weder in der Literatur, noch in empirischen Forschungen zu finden sind. Die gängigen Aufgabenformate des Mathematikunterrichts unterscheiden sich in wesentlichen Punkten von einem Fall. Darauf wird jedoch erst im Abschnitt 8.2 eingegangen.

6.4.1.1 Die Arbeit mit Fällen

Die Verwendung des Begriffs Fall findet in der Literatur nicht einheitlich statt. Auch als Beispielgeschichte, Falldarstellung, Fallgeschichte, Fallstudie oder auch Fallbeispiel bezeichnet, geht es im Wesentlichen um die Erzählung und Darstellung von Sachverhalten, die Gegenstand einer Diskussion werden sollen (vgl. Fischer 1983, S. 10).

Eine allgemeine Definition kann nach Merseth (1996) gegeben werden. „[A] case is a descriptive research document based on a real-life situation or event. It attempts to convey a balanced, multidimensional representation of the context, participants, and reality of the situation" (Merseth 1996, S. 726). Ein Fall ist entsprechend dieser Definition eine Situationsbeschreibung, die auf realistischen Ereignissen oder Situationen beruht und ausreichend Informationen enthält, um die Handlungen, Personen oder Ereignisse auch aus verschiedenen Perspektiven betrachten zu können (siehe auch Abschnitt 2.4). Damit regt ein Fall zum Erforschen und Recherchieren neuer Sachverhalte an und leitet Diskussionen ein (vgl. ebd., S. 726).

Fälle sind als ein Werkzeug für den schulischen Unterricht anzusehen, deren Wirkung entscheidend von der Art des Einsatzes abhängt. „In diesem Zusammenhang von zentraler Bedeutung ist die Passung der Wahl von […] [Fall], Lernsetting, Begleitmaterialien und Überprüfung der Lernzielerreichung" (Krammer 2014, S. 169).

In der Literatur lassen sich zahlreiche Fallarten und Formate unterscheiden. Fälle können in Form von geschriebenen Texten, Zeitungsartikeln, Filmausschnitten, einer Zeichnung, einem mathematischen Problem bzw. einer Sachaufgabe, u. v. m. eingesetzt werden (vgl. Golich et al. 2000, S. 1). Unabhängig von der Gestalt der Fälle sollten sie bestimmte Merkmale aufweisen.

In der Literatur sind zahlreiche Merkmale für sogenannte „gute" Fälle oder auch Bewertungskriterien für Fälle zu finden. Ein Überblick über eine exemplarische Auswahl wird in Tabelle 6.6 gegeben und einhergehend für diese Arbeit relevante übergreifende Merkmale generiert, die in den meisten Konzepten zu finden sind.

Die Merkmale werden an dieser Stelle kurz beschrieben und zusätzlich mögliche Leitfragen für eine Fallkonstruktion oder zur Überprüfung bestehender Fälle aufgeführt.

Subjektive Bedeutsamkeit. Der Fall sollte zur gegenwärtigen und zukünftigen Lebenssituation sowie zu den Interessen und Neigungen der Lernenden passen [1] (vgl. Kaiser & Kaminski 2012, S. 128–130). Weiterhin sollte der Fall authentische Probleme enthalten (vgl. Zumbach et al. 2008, S. 2).

- Ist der Fall für die gegenwärtige und zukünftige Situation der Lernenden relevant?
- Ist der Fall realistisch gestaltet und authentisch?
- Können die Lernenden sich mit den dargestellten Rollen identifizieren?
- Stellt die dargestellte Situation alltägliche Probleme der Lernenden dar? (vgl. Kaiser & Kaminski 2012, S. 128–130)

Mehrdeutigkeit. Die Darstellung der Situation sollte so offen formuliert werden, dass es keine offensichtliche oder richtige Lösung gibt (vgl. Lynn 1999, S. 117–118) und dadurch verschiedene Deutungs- und Lösungsmöglichkeiten zugelassen werden [2] (vgl. Kaiser & Kaminski 2012, S. 127).

Tabelle 6.6 Vergleichende Übersicht der Merkmale eines guten Falls (selbst erstellt in Anlehnung an Lynn 1999, S. 117–118; Volpe 2015, S. 11–12; Kaiser & Kaminski 2012, S. 127–130; Baumgardt 2017, S. 82–83)

Robyn (vgl. Volpe 2015, S. 11-12)	Lynn (vgl. Lynn 1999, S. 117-118)	Kaiser (vgl. Kaiser & Kaminski 2012, S. 127)	Reetz (vgl. Kaiser & Kaminski 2012, S. 128-130)	Baumgardt (vgl. Baumgardt 2017, S. 82-83)	Übergreifendes Merkmal
An Vorkenntnisse und Wissen aus dem Unterricht anknüpfend	Identifikation mit Personen des Falls	Überschaubar, entsprechend der Kenntnisse lösbar	Passung zur gegenwärtigen und zukünftigen Lebenssituation sowie Interessen und Neigungen der Lernenden	Verknüpfung mit der Lebenswelt der Kinder	Subjektive Bedeutsamkeit
		Interpretation ermöglichen		Identifikation mit Personen des Fallbeispiels	
		Lebens- und wirklichkeitsnah	Authentischer Fall, der einen praxis- und berufsbedeutsamen Teil der Wirklichkeit repräsentiert	Bedeutung für die gegenwärtige und zukünftige Situation der Kinder	
Entscheidungsmöglichkeiten, deren Konsequenzen jedoch unbekannt sind	Dargestelltes Problem hat keine offensichtliche, richtige Lösung	Offen für mehrere Lösungsmöglichkeiten		Fallbeispiel ist lösbar, lässt aber verschiedene Lösungen zu	Mehrdeutig
	Anregung zur Informationsbeschaffung und – evaluation				
Enthält Kontroversen		Problem- und konflikthaltig		Darstellung von Problemen, die kontrovers diskutiert werden können	Problem- und Konflikthaltigkeit
Zulassen von Verallgemeinerungen			Heranziehen wissenschaftlicher Theorien und Modelle zur Problemlösung, welche Verallgemeinerungen zulassen	Ermöglichung exemplarischen Lernens	Wissenschaftliche Repräsentation
Pädagogischer Nutzen: Bedeutung des Falls zur Förderung der Lernprozesse				Herauslesen von Allgemeinem (z. B. bedeutsames Problem, Generalisierungen)	
Kürze	Ausreichend Informationen zur Lösungsfindung	Gegebenenfalls Zusatz von Basisinformationen, z. B. Bilder	Auswahl, Reduktion und Akzentuierung der Falldetails im Hinblick auf die Zielsetzung und Kenntnisse der Lernenden	Überschaubar für Kinder	Subjektive Adäquanz und Fasslichkeit
Einbezug quantitativer Informationen					

- Ist der Fall offen für unterschiedliche Deutungs- und Lösungsmöglichkeiten?

Problem- und Konflikthaltigkeit. Die Falldarstellung sollte auf Problemen beruhen und Entscheidungen erfordern [3]. Durch die Darstellung kontroverser Positionen können Diskussionen initiiert und wesentliche Aspekte in den Vordergrund gerückt werden (vgl. ebd., S. 127; Volpe 2015, S. 11–12).

- Wird das Problem bzw. der Konflikt präzise beschrieben?
- Lassen sich aus dem Fall eine Reihe offener Fragen und Probleme ableiten?
- Lädt der Fall zur Diskussion, Problemlösung und Entscheidungsfindung ein? (vgl. Kaiser & Kaminski 2012, S. 128–130)

Wissenschaftliche Repräsentation. Der Inhalt eines Falls muss auf größere fachliche Probleme durch Heranziehen wissenschaftlicher Theorien und Modelle verallgemeinerbar sein [4]. Die Entdeckung von Regelhaften steht dabei im Vordergrund, nicht der Erwerb von Handlungsfähigkeit (vgl. Volpe 2015, S. 11–12).

- Werden Erkenntnisse (Modelle, Begriffe, etc.) konkret abgebildet?
- Entsprechen die Inhalte den wissenschaftlichen Erkenntnissen?
- Lassen sich Verallgemeinerungen treffen, die einer wissenschaftlichen Theorie entsprechen? (vgl. Kaiser & Kaminski 2012, S. 128–130)

Subjektive Adäquanz und Fasslichkeit. Die Auswahl, Reduktion und Akzentuierung der Falldetails muss im Hinblick auf die Zielsetzung und Kenntnisse der Lernenden vorgenommen werden [5] (vgl. ebd., S. 128–130). Der Fall muss dabei einerseits genügend Informationen enthalten, um die Lernprozesse einzuleiten und den Schülern zu ermöglichen, eigenständig Lösungen zu generieren (vgl. Lynn 1999, S. 117–118), aber andererseits darf er nicht zu viele Informationen enthalten, da ansonsten Kleinigkeiten in den Fokus geraten (vgl. ebd., S. 112; Volpe 2015, S. 11–12).

- Ist die Komplexität der Situation angemessen reduziert worden?
- Ist der Fall konkret formuliert und regt das Vorstellungsvermögen an?
- Ist der Fall durch einen Konflikt oder sonstige Besonderheiten motivierend? (vgl. Kaiser & Kaminski 2012, S. 128–130)

In Abhängigkeit von den jeweiligen Zielen, dem Kenntnisstand der Schüler oder auch den notwendigen Hilfsmitteln können Fälle deutlich im Hinblick auf die

Problemerkennung, die Art der Informationsgewinnung und -verarbeitung, die Entscheidungsfindung sowie die Problemlösung variieren.

Diese Merkmale von Fällen lassen sich ebenso in den in PBL eingesetzten Problemen (s. Abschnitt 2.4) wiedererkennen, was die Verwendung der Begrifflichkeit Fall legitimiert. Nachfolgend werden Studien zum Lernen mit Fällen betrachtet, um zusätzlich moderierende Variablen zu erhalten.

6.4.1.2 Empirische Erkenntnisse zum fallorientierten Lernen

Trotz einer Vielfalt an Publikationen zum Lernen mit Fällen, hier auch fallorientierte Methoden genannt, und einer großen Verbreitung der Lehr-Lernmethode auf verschiedenen Stufen des Bildungssystems von der Grundschule bis zur Hochschule, lässt sich ein Defizit an empirischen Untersuchungen zu diesem Thema verzeichnen (vgl. Steiner 2005, S. 206). Im Folgenden wird ein Einblick in Studien zum fallorientierten Lernen mit dreierlei Einschränkungen gegeben. Erstens wird allgemein von fallbezogenen Methoden gesprochen und die unterschiedlichen konzeptionellen Ausrichtungen vernachlässigt, da lediglich ein grober Überblick gegeben werden soll, inwiefern fallbezogene Methoden sich auf die *motivationalen* und *emotional-affektiven Fähigkeiten* sowie den *Kompetenzerwerb* auswirken und welche Faktoren einen Einfluss auf den (über-)fachlichen Kompetenzerwerb der Schüler haben. Zweitens werden einzelne Studien aus unterschiedlichen Bereichen, wie zum Beispiel Wirtschaft oder Lehrerbildung dargestellt, um einen groben Überblick geben zu können. Drittens bleibt zu beachten, dass das Problembasierte Lernen ebenfalls eine Variante fallorientierten Arbeitens ist (s. Abschnitt 2.4), die hier jedoch nicht explizit aufgeführt wird, da im Abschnitt 2.5 der Forschungsstand bereits ausführlich dargestellt wurde.

Einige Forschungsarbeiten zeigen einen deutlichen Vorteil der Fallmethode gegenüber traditionellen Unterrichtsmethoden, da die Methode zu einer besseren Speicherung von Wissen, einem besseren Theorieverständnis führt (z. B. van Eynde & Spencer 1988; s. auch Abschnitt 2.5.3.1 und 2.5.4) und analytisches Denken, das Ausdrücken und Vertreten eigener Meinungen sowie diagnostische Kompetenzen fördert (z. B. Digel 2012; s. auch Abschnitt 2.5.1.1 und 2.5.3.2). Van Eynde und Spencer (1988) untersuchten beispielsweise auf welchem Weg Schüler erworbenes Wissen besser über einen längeren Zeitraum behalten können und haben eine Klasse, bei gleichen Eingangsvoraussetzungen, traditionell und eine mithilfe von Fällen unterrichtet (vgl. van Eynde & Spencer 1988, S. 54–55). Es hat sich kein signifikanter Unterschied in den Leistungen der beiden Klassen kurz nach der Einheit ergeben, aber die Experimentalgruppe hat signifikant besser im Hinblick auf dieselben Inhalte zweieinhalb Monate später abgeschnitten (vgl.

ebd., S. 58; s. auch 2.5.4). Weiterhin zeigen Forschungsergebnisse (z. B. Buckles 1998) Vorteile der fallorientierten Methoden zur Wiederholung von fachlichen Konzepten sowie zur Entwicklung kritischer Fähigkeiten (vgl. Digel 2012, S. 50; Volpe 2015, S. 15; s. auch Abschnitt 2.5.1.2). Auch zur Steigerung der Motivation und lernförderlicher Emotionen dient das fallorientierte Arbeiten (z. B. Buckles 1998; Syring 2015), wobei nach Syring (2015) Novizen zunächst mit Textfällen arbeiten sollten, um eine höhere kognitive Belastung durch beispielsweise kognitiv anspruchsvollere videobasierte Fälle zu vermeiden {1} (vgl. Syring 2015, S. 65–66).

Einige Forscher geben einschränkend zu bedenken, dass instruktionale Unterstützungen {2} förderlich sein können, um den Lernprozess zu strukturieren und den Lernenden eine Orientierung zu geben (vgl. Blank 1985, S. 60–61; Digel 2012, S. 50, s. auch Abschnitt 2.5.2.1 und 2.5.4). Eine Handreichung mit anleitenden Fragen und Hinweisen ermöglicht den Lernenden beispielsweise, Kleingruppendiskussionen effektiver zu gestalten (vgl. Volpe 2015, S. 16).

Eine Reihe anderer Forscher bezweifelt die Effektivität der fallorientierten Methoden (z. B. Mumford 2005; Krammer 2014) aufgrund kleiner Samples oder fehlender Kontrollgruppen vieler Studien (vgl. Krammer 2014, S. 171). Darüber hinaus konnten Parkinson und Ekachai (2002) zum Beispiel zeigen, dass fallorientiertes Arbeiten einerseits zwar größere Möglichkeiten zum Üben kritischer Fähigkeiten und des Problemlösens bereitstellt, jedoch andererseits keine klaren Beweise für signifikante Unterschiede in der Speicherung von Wissen und Informationen vorliegen (vgl. Volpe 2015, S. 15–16).

Volpe fasst die Forschungslage in Bezug auf die Wirtschaftslehre folgendermaßen zusammen, was durchaus eine Übertragung in andere Fachbereiche zulässt:

„Research on the effectiveness of the case method is generally mixed but broadly supports the view that it facilitates the retention of information and helps the acquisition of a deeper understanding of the subject" (ebd., S. 16).

Zu beachten bleibt, dass in einigen Studien unklar bleibt, was genau die Autoren unter der Arbeit mit Fällen verstehen und wie sie diese umsetzen, sodass die vorliegenden Ergebnisse mit Vorsicht betrachtet werden müssen.

Die hier dargestellten allgemeinen Erkenntnisse zum Einfluss von fallbezogenen Methoden auf die *motivationalen* und *emotional-affektiven Fähigkeiten* sowie den *fachlichen Kompetenzerwerb der Schüler* decken sich weitgehend mit den in

Abschnitt 2.5 dargestellten Erkenntnissen. Zusätzlich wurden in der Zusammen-fassung des Forschungsstands (s. Abschnitt 2.5.4) die positiven Effekte von PBL auf ...

- die nachhaltige Speicherung, das Verständnis und die Anwendung von Inhalten
- Fähigkeiten für das lebenslange Lernen wie das Entwickeln von Fragen und das Planen und Durchführen eines Rechercheprozesses
- kooperatives Arbeiten
- intrinsische Motivation (Abschnitt 2.5.4)

beschrieben, wenn ...

- bereits Vorwissen vorhanden ist, welches die Lernenden mit dem neuen Wissen verknüpfen können {3}.
- den Lernenden eine Struktur geboten wird, damit diese den Lernprozess zielge-richtet ausführen, evaluieren und damit für sich wiederholt anwendbar machen können {2}.
- der Lernzuwachs durch eine passende Prüfungsmethode sichtbar gemacht werden kann {4}.
- die verwendeten Probleme von den Lernenden als authentisch und relevant aufgefasst werden {5}. (Abschnitt 2.5.4)

Diese decken sich mit den zuvor dargestellten Informationen und ermögli-chen darüber hinaus, weitere moderierende Merkmale zu generieren. Gerade die Authentizität und Bedeutsamkeit der Fälle lässt sich in den Merkmalen für gelun-gene Fälle wiederfinden (s. Abschnitt 6.4.1.1) und scheint daher eine besonders große Bedeutung für gelingende Lernprozesse zu haben.

Aufgrund der Erkenntnisse von Syring, dass für Novizen zunächst nur Textfälle geeignet sind, kann sich in der vorliegenden Arbeit ausschließlich auf diese Art von Fällen beschränkt werden (vgl. Syring 2015, S. 65–66).

6.4.1.3 Merkmale des Lernens mit Fällen

Insgesamt ergeben sich eine Vielzahl an Merkmalen für das Lernen mit Fällen (s. Tabelle 6.7). Dabei wird das moderierende Merkmal „der Lernzuwachs wird durch eine passende Prüfungsmethode sichtbar gemacht" {4} nachfolgend ver-nachlässigt, da es im Rahmen einer Konzeptionsentwicklung nicht relevant ist, die primär auf die Vermittlung und nicht auf das Abprüfen von Kompetenzen bedacht ist. Eine Überprüfung von Kompetenzen muss vielmehr im Anschluss an

Tabelle 6.7 Merkmale des Lernens mit Fällen

[Nr.]	Aspekte des Lernens mit Fällen			Merkmal	Beschreibung des Merkmals
	Konstitutive Merkmale in der Konstruktion eines Falls	(Nr.)	Moderierende Merkmale		
1	Subjektive Bedeutsamkeit	5	Verwendung authentischer und relevanter Probleme/Fälle	**Der Fall ist für die Schüler bedeutsam (49)**	Der Fall passt zur gegenwärtigen und zukünftigen Lebenssituation sowie zu den Interessen und Neigungen der Lernenden.
2	Mehrdeutigkeit			**Der Fall ist offen formuliert und lässt verschiedene Deutungs- und Lösungsmöglichkeiten zu (50)**	Die Darstellung der Situation sollte offen formuliert werden, dass es keine offensichtliche oder richtige Lösung gibt und verschiedene Deutungs- und Lösungsmöglichkeiten zugelassen werden können.
		2	Instruktionale Unterstützungen in der Arbeit mit Fällen	**Die Schüler erhalten strukturelle Unterstützung in der Arbeit mit Fällen (51)**	Die Schüler erhalten Unterstützung in der Umsetzung ihres Lernprozesses, indem z. B. eine Handreichung mit anleitenden Fragen und Hinweisen den Lernenden ermöglicht, sich zu orientieren und fokussieren sowie Kleingruppenarbeiten zu gestalten.
3	Problem- und Konflikthaltigkeit	5	Verwendung authentischer und relevanter Probleme/Fälle	**Der Fall stellt Probleme oder Konflikte dar (52)**	Die Falldarstellung beruht auf authentischen Problemen oder kontroversen Positionen und lädt zur Diskussion, Problemlösung und Entscheidungsfindung ein.
4	Wissenschaftliche Repräsentation			**Der Fall bildet fachliche Inhalte ab, die es zu entdecken gilt (53)**	Der Fall bildet fachliche Inhalte ab, die auf größere fachliche Probleme durch Heranziehen wissenschaftlicher Theorien und Modelle verallgemeinerbar sind.
5	Passung des Vorwissens	1	Verwendung eines für die Lernenden passenden Formats der Fälle	**Der Fall passt zu Lernvoraussetzungen der Schüler (54)**	Der Fall wird im Hinblick auf die Zielsetzung und das Vorwissen der Lernenden entwickelt, indem die Situation adäquat formuliert und Informationen zur Bearbeitung des Falls gegeben werden. Zudem wird ein für die Lernenden angemessenes Format (Textfälle für Novizen, Videos oder andere Formate für Fortgeschrittene) verwendet.
		3	Anknüpfend an das Vorwissen		

eine gesamte Unterrichtseinheit, in der die Konzeption eingebettet ist, geplant und umgesetzt werden.

6.4.2   Fragenstellen

Mit Blick auf die bisherige Forschungslage und Literatur, lässt sich feststellen, dass das Stellen von Fragen, sowohl von Lehrpersonen als auch von den Schülern, als wesentlicher Bestandteil des Unterrichts aufgefasst werden kann (vgl. Levin 2005, S. 21). Ersteres ist unterdessen weitestgehend gut erforscht und in der Literatur dargestellt, während die in dieser Arbeit zu thematisierenden selbst gestellten Fragen der Lernenden bisher nur wenig in der fachdidaktischen Literatur beleuchtet wurden (vgl. Neber 2006, S. 50). Dabei hat bereits Georg Cantor gegen Ende des 19. Jahrhunderts betont: „In der Mathematik ist die Kunst, Fragen zu stellen, wichtiger als die Kunst, sie zu lösen" (Heuser 2008. S. 213). Auch in diversen empirischen Studien hat sich das Fragenstellen seit Jahren für den schulischen Bereich als eine effektive Lernstrategie, „die zur Elaboration von Wissen beiträgt" (Neber 2006, S. 51), erwiesen (s. Abschnitt 5.1).

6.4.2.1   Die Aktivität, Fragen zu stellen

Fragen können unterschiedlich in Abhängigkeit vom Kontext nach ihrer Art oder nach ihrer Form (z. B. Pizzini & Shepardson 1991; Pedrosa de Jesus, Teixeira-Dias & Watts 2003) oder auch nach dem Grad des Anspruchs zur Beantwortung dieser Frage (z. B. Bloom, Engelhart, Furst, Hill, & Krathwohl 1956) klassifiziert werden (vgl. Chin & Osborne 2008, S. 10–12). Jede dieser Klassifikationen ist sehr kleinschrittig und häufig kritisch diskutiert worden (vgl. Zech 2002, S. 68–69), weshalb im Folgenden nur das Fragenstellen im Allgemeinen betrachtet werden soll.

Das Generieren und Formulieren von Fragen durch Schüler wird in der Literatur größtenteils als ein wichtiger Teil des Bildungsprozesses (vgl. Shodell 1995, S. 278) und Schlüssel zum aktiven und sinnvollen Lernen (vgl. Chin 2004, S. 107) bezeichnet. Chin und Osborne heben vor allem die positive Wirkung von Schülerfragen zur Aktivierung des Wissens, Fokussierung der Lernanstrengungen und zur Wissenserweiterung und -vertiefung hervor (vgl. Chin & Osborne 2008, S. 2).

Aus Sicht der Schüler gibt es mehrere Gründe zur Förderung des eigenständigen, expliziten Fragenstellens an einen Unterrichtsgegenstand, wohlgemerkt keine Verständnisfragen im Unterricht.

Verständnisförderung: Das Fragenstellen und Beantworten der eigenen Fragen regt die Schüler an, sich intensiv mit dem Lerngegenstand auseinanderzusetzen und adäquate Lernstrategien anzuwenden, um die Frage beantworten zu können. Dadurch wird das Wissen erweitert und das Verständnis gefördert (vgl. Rosenshine et al. 1996, S. 183).

Motivation und Interesse: Die Formulierung und Bearbeitung eigener Fragen versprechen eine höhere Motivation und ein größeres Interesse der Schüler an dem jeweiligen Thema (vgl. Behrens 2014, S. 153; Chin & Osborne 2008, S. 5).

Aktivität: Das Fragenstellen erhöht die Eigenaktivität der Lernenden (s. Abschnitt 6.2), da das Stellen von Fragen an sich eine Auseinandersetzung mit dem Inhalt voraussetzt und im Weiteren die von Interesse geleitete Bearbeitung der Frage mit einer höheren Aktivität einhergeht (vgl. ebd., S. 3).

Verstehensüberwachung: Zudem können die Lernenden durch Selbstfragen den Stand des inhaltlichen Verständnisses überwachen und durch das Stellen von Fragen an einen Inhalt wird es dem Lernenden ermöglicht, seinen Lernprozess und Wissenserwerb zu steuern und zu regulieren (vgl. Levin 2005, S. 22). „In diesem Sinne ist das Fragenstellen zu einer Lernstrategie geworden" (ebd.). Auch kann erfahren werden, dass Probleme selbst mit Wissenslücken und unvollständigem Verständnis gelöst werden können (vgl. Chin & Osborne 2008, S. 4; Rosenshine et al. 1996, S. 183).

Selbsteinschätzung: Das Fragenstellen kann als eine metakognitive Strategie und verstehensüberwachende Aktivität dazu beitragen, dass die Schüler lernen, sich und ihren Lernprozess besser einzuschätzen (vgl. ebd., S. 183).

Kritisches Denken: Auch trägt das Stellen von Fragen zur Entwicklung einer kritischen Haltung gegenüber Informationen, Texten oder Theorien bei (vgl. Chin & Osborne 2008, S. 2).

Lebensbewältigung: Alltäglich müssen unbekannte Situationen eingeschätzt und bewertet werden, auch müssen neue Informationen beschafft werden, wobei das Stellen von Fragen eine große Rolle spielt. Dies kann bereits durch das Generieren und Bearbeiten von Fragen in der Schule geübt werden (vgl. Behrens 2014, S. 154; s. Kapitel 4).

Aus der Sicht der Lehrperson lassen sich ebenso Gründe für den Einsatz von Schülerfragen im Unterricht finden. Diese haben zum Beispiel das Potenzial, die Lehrperson in der Erhebung des Lernstands und der Diagnose des Verständnisses der Schüler zu unterstützen oder Hinweise zur Unterrichtsgestaltung zu geben (vgl. Chin & Osborne 2008, S. 5).

Aufgrund dieser Vorteile erscheint es erstrebenswert, das Fragenstellen der Schüler im Unterricht zu integrieren und zu fördern. Dabei reicht es nicht aus, den Lernenden Möglichkeiten zu eröffnen, Fragen zu stellen. Die Lehrpersonen müssen eine proaktive Haltung einnehmen und Strategien anwenden, um die Schüler zum Fragenstellen zu ermutigen. Biddulph, Symington und Osborne schlagen diesbezüglich vier Wege vor (vgl. Biddulph et al. 1986, S. 80):

Das Bereitstellen von geeigneten Reizen: Zum adäquaten Stellen von Fragen ist eine Grundlage, auf der Kinder Fragen stellen können, von großer Bedeutung. „But it is vital to note that until he [the child] has a great deal of data, he has no idea what questions to ask, or what questions there are to ask" (Holt & Meier 2017, S. 71–72). Diese Grundlagen bzw. Anreize können unterschiedlicher Natur sein. Interessante oder Neugierde weckende Geschehnisse, kognitive Konflikte, reale Probleme oder Sachverhalte, die ein Wissensdefizit oder kognitive Dissonanzen offenlegen, können beispielsweise zum Fragenstellen anregen. Dabei muss es nicht immer etwas Besonderes sein, allein ein Diagramm oder ein Text können bereits ausreichen, um Fragen zu initiieren [1] (vgl. Chin 2004, S. 109).

Das Modellieren von Fragen: Zum Stellen von produktiven und untersuchbaren Fragen benötigen Schüler häufig Hilfe und Unterstützung durch die Lehrperson. Die erste Phase, in der Schüler die Fähigkeit des Fragenstellens erwerben, könnte darin bestehen, Beispiele durch die Lehrperson zu nennen. Diese regen die Schüler an, (in Zukunft) ähnliche Fragen zu stellen. So könnte die Lehrperson zu Beginn noch viele Fragebeispiele vorgeben und in nachfolgenden Unterrichtsphasen zunehmend das Level an Unterstützung durch Beispielfragen reduzieren. Weiterhin könnten Schülerfragen durch Hilfestellungen von der Lehrperson verfeinert werden und die Ausrichtung auf fundamentale Erkenntnisse gelegt werden, denn nicht selten enthalten Schülerfragen bereits Annahmen, die jedoch erst einmal als Frage gestellt und gelöst werden müssten [2] (vgl. Biddulph et al. 1986, S. 80–81). Zur Veranschaulichung dessen führen Biddulph und Kollegen folgendes Beispiel auf:

„Child: Why do trees lose their bark?

Teacher: Do you know that trees lose their bark?

Child: Well, not really; I think so.

Teacher: Maybe your question could be: Do trees lose their bark? Would you be happy with that to start with?

Child: Yeah." (ebd., S. 81)

Die Entwicklung einer rezeptiven Klassenatmosphäre: Baker (1969) stellte beispielsweise fest, dass die Anzahl an Schülerfragen von der Einstellung der Lehrperson und der generellen Klassenatmosphäre beeinflusst wird (vgl. ebd.). Daher sollten Schüler in einer aufgeschlossenen, wertfreien Klassenatmosphäre die Gelegenheit bekommen, aus Interesse und Neugierde Fragen zu stellen [3] (vgl. Chin 2002, S. 60).

Das Einschließen des Fragenstellens in Prüfungen: Schülerfragen, die im Unterricht gestellt werden, sollten nicht nur akzeptiert und gelobt werden, sondern auch ermutigt werden, indem in Prüfungen das Stellen von Fragen initiiert durch einen Anreiz, wie ein Bild oder eine Situationsbeschreibung, integriert und bewertet wird. Die Ansicht dahinter ist, dass die Inhalte, Konzepte oder Prozesse, die nicht in Klassenarbeiten oder Tests überprüft werden, von den Schülern gar nicht erst gelernt und geübt werden [4] (vgl. Biddulph et al. 1986, S. 82–83).

Somit ergibt sich eine Vielzahl an Aspekten, die eine Lehrperson zur Förderung von Schülerfragen im Unterricht beachten sollte.

Bezogen auf das Unterrichtsfach Mathematik ist das Stellen von Fragen in vielfältiger Weise durch die Bildungsstandards und Kerncurricula (s. Kapitel 4) gefordert, und in diversen Lernumgebungen, mathematikdidaktischen Konzepten sowie Prozessen einbezogen.

So heißt es beispielsweise im Kerncurriculum des Landes Niedersachsen, dass Schüler anhand

> „geeigneter Problemstellungen [...]angeregt [werden sollen], Fragen zu stellen, unterschiedliche Lösungsstrategien zu entwickeln und zu diskutieren. Sie bekommen die Gelegenheit, ihre Ideen auszuprobieren und hinsichtlich deren Eignung zur Problemlösung zu reflektieren." (Niedersächsisches Kultusministerium 2017, S. 12)

Fragen sind zudem im Rahmen der prozessbezogenen Kompetenz „Problemlösen" relevant. Nicht nur „zum Verständnis von Problemen" (ebd., S. 25) sind Fragen von Bedeutung, sondern auch als grundlegendes Hilfsmittel. „Ein Problem lösen zu wollen, heißt nichts anderes, als sich immer wieder geeignete Fragen zu stellen" (Bruder & Collet 2011, S. 23). Ebenso wird das Stellen mathematischer Fragen als langfristiges Ziel des Problemlösenlernens gesehen. Schüler sollen lernen, gehaltvolle mathematische Fragen in der Umwelt zu entdecken, zu formulieren und zu beantworten (vgl. ebd., S. 154–155). Neben dem Problemlösen sind Fragen beim Problem Posing von großer Relevanz (vgl. Behrens 2014, S. 153). Anstatt des Problemlösens wird hier das Gewinnen von Problemen durch das Stellen von Fragen, Hinzufügen oder Eliminieren von Daten, Verändern von Variablen oder das freie Konstruieren eines neuen Problems orientiert an dem Original gefordert, welches im Folgenden bearbeitet werden soll (vgl. Abu-Elwan 2002, S. 57).

Fragen sind zudem im offenen Unterricht von Bedeutung. Anstatt den Schülern eine konkrete Aufgabe vorzulegen, kann eine relativ offene Situationsbeschreibung als Ausgangspunkt des Lernprozesses dienen. Diese muss von den Schülern zunächst durchdrungen und der mathematische Gehalt identifiziert werden, bevor sie Fragen an das Datenmaterial stellen können, die sie im weiteren Lernprozess verfolgen und beantworten (vgl. Ulm 2004, S. 25–29). Ulm hebt das Fragenstellen an offene Aufgabenformen besonders für die Lebensbewältigung hervor, „schließlich sind die Probleme, die die Schüler in ihrem späteren Leben zu lösen haben, selten Folgen von Arbeitsanweisungen, die bis ins Kleinste beschrieben sind" (ebd., S. 27) (s. Kapitel 4).

Auch im Rahmen des forschenden Lernens taucht das Stellen von Fragen als essenzieller Prozess auf (vgl. Ludwig et al. 2017, S. 2). Nach Behrens (2014) geht es beim forschenden Lernen „um die [selbstständige und zielgerichtete] Erforschung einer Gesamtsituation [bzw. eines neuen Sachverhalts oder Problems] durch Stellen und Beantworten von Fragen sowie durch Öffnen und Variieren der Situation" (Behrens 2014, S. 153). Die Fragen stellen somit den Ausgangspunkt des forschenden Lernens dar (vgl. Roth & Weigand 2014, S. 5), in dessen weiterem Verlauf das kooperative Bearbeiten dieser von Bedeutung ist (vgl. Ludwig et al. 2017, S. 2). Fragen bestimmen dabei einerseits die Richtung der Lernprozesse, können sich andererseits aber auch aus diesen neu ergeben (vgl. Neber 2006, S. 50).

Dabei ist es nach Ludwig, Lutz-Westphal und Ulm (2017) für Schüler „keine einfache Aufgabe, an eine gegebene Situation oder ein Objekt vielfältige und substanziell mathematikhaltige Fragen zu stellen" (Ludwig et al. 2017, S. 4). So stellt das Fragenstellen an sich bereits eine Kompetenz dar, die geübt und von der Lehrperson gefördert werden muss (vgl. Chin 2002, S. 63). Zur Unterstützung könnte nach Ludwig, Lutz-Westphal und Ulm ein Fragentypenkatalog (s. Abbildung 6.2), der je nach Jahrgang und Thema angepasst werden muss, im Unterricht eingesetzt werden, um sowohl den Schülern als auch den Lehrpersonen eine Orientierung zu bieten (vgl. Ludwig et al. 2017, S. 4).

Abschließend soll kurz der Zusammenhang zwischen dem Stellen von Fragen und Setzen von Lernzielen (s. Abschnitt 6.4.3) hergestellt werden.

Obwohl viele Lehrer von der Relevanz von Schülerfragen im Unterricht und deren positiven Effekten auf das Verständnis, die Leistungsentwicklung oder auch den Erwerb metakognitiver Strategien wissen, verhindern sie das Generieren von Fragen, da sie befürchten, die Vorgaben des Curriculums nicht erfüllen zu können (vgl. Stokhof et al. 2017, S. 1–2).

Aus einer curricularen Perspektive, so Stokhof, de Vries, Bastiaens und Martens (2017) besteht die Herausforderung in der Phase des Fragenstellens darin, die Frageerzeugung auf die curricularen Ziele auszurichten. Spontane, nicht angeleitete Fragen der Schüler sind in der Regel nicht fokussiert und adressieren nicht

---

Typische Forscherfragen

Ideen für forschendes Lernen lassen sich durch Fragen folgender Art gewinnen:

- Quantifizierungsfragen: „Wie viel ...?"
- Erkundungsfragen: „Was passiert, wenn ...?"
- Kausalfragen: „Warum ...?"
- Strukturfragen: „Welche Muster/Regelmäßigkeiten ...?"
- Werkzeug-/Methodenfragen: „Mit welcher Mathematik ...? Wie ...?"
- Anwendungsfragen: „Wo ...? Wozu ...?"
- Kontextfragen: „In welchem Zusammenhang ...?"

Abbildung 6.2   Fragetypenkatalog (selbst erstellt in Anlehnung an Ludwig et al. 2017, S. 4)

notwendigerweise die Schlüsselfragen in der Domäne oder tragen dazu bei, die konzeptionellen Strukturen der Schüler zu erweitern. Damit lässt sich das Fragenstellen nicht mit den vorgegebenen Strukturen der Kerncurricula vereinen (vgl. ebd., S. 3). Jedoch lässt sich auch das Fragenstellen der Schüler durch die Lehrperson steuern. Stokhof hat beispielsweise das Mind-Mapping als eine Strategie zur Systematisierung und Fokussierung des Fragenstellens {1} im Unterricht im Hinblick auf curriculare Ziele untersucht und festgestellt, „that mind mapping can support teachers in guiding student questions to contribute to curricular goals" (ebd., S. 17).

Daraus lässt sich ableiten, dass es Möglichkeiten gibt, in der Phase der Fragengenerierung und -formulierung die Schüler zu unterstützen und ihnen Anstöße zu geben. Mit Blick auf mathematikdidaktische Konzepte und Prinzipien wäre beispielsweise die Arbeit mit Kernideen, welche Ruf und Gallin (s. Abschnitt 8.1.1) im Wesentlichen geprägt haben, oder die Verwendung geeigneter Anreize in Form von Fällen eine Möglichkeit. In diesen Konzepten bildet der Ausgangspunkt der Fragen (Kernidee, Fall) bereits die Lernziele ab, weshalb davon ausgegangen werden kann, dass lernzielkonforme Fragen und gegebenenfalls darüber hinaus weitere Fragen, welche nicht mit den Lernzielen vereinbar sind, entwickelt werden. Auf diese Weise können sich Lernende bereits in jungen Jahren selbstständig Lernziele setzen, welche als Fragen formuliert sind.

6.4.2.2 Empirische Erkenntnisse zum Stellen von Fragen im Unterricht

Es gibt zahlreiche Forschungen zum Stellen von Fragen. Bei genauerer Betrachtung thematisieren diese jedoch nicht das, was in dieser Arbeit unter Fragenstellen verstanden wird: Schüler stellen eine Frage über oder an einen Unterrichtsgegenstand. Die meisten Untersuchungen beleuchten die Effektivität und moderierenden Merkmale von Lehrerfragen, viele Studien lassen sich auch zu Fragen im Sinne des „Help Seeking" finden (z. B. Karabenick & Sharma 1994; Ryan & Pintrich 1997), welche beispielsweise untersuchen, unter welchen Bedingungen Lernende bei Unklarheiten oder offenen Fragen Hilfe suchen (vgl. Ryan & Pintrich 1997, S. 332). Auch lassen sich unterschiedliche Typen von Fragen, zum Beispiel Fragen an einen Text oder spontan entwickelte Fragen im Vorfeld eines Themas, unterscheiden (vgl. Chin & Osborne 2008, S. 9–10, s. auch Abschnitt 2.5.3.2). Im Folgenden werden im Hinblick auf das eigene Forschungsinteresse nur die Studien betrachtet und kurz dargestellt, welche das Fragenstellen an einen Unterrichtsgegenstand oder Text beleuchten.

Im Allgemeinen konnten Runco und Okada herausstellen, dass das Stellen eigenständiger Fragen zu einer höheren Anzahl von inhaltlich tief greifenderen Antworten bei Jugendlichen führt, als wenn sie auf vorgesetzte Fragen reagieren müssen (vgl. Runco & Okada 1988, S. 211–212; s. Abschnitt 2.5.3.2).

Niegemann und Stadler (2001) untersuchten in einer deskriptiven Studie die Qualität und Quantität von Schülerfragen auf allen Ebenen des Bildungssystems. Dabei wurde ersichtlich, dass diese weder häufig vorkommen, noch eine hohe kognitive Qualität aufweisen. Vor allem eigenstimulierte Schülerfragen hoher kognitiver Qualität waren selten (weniger als 10 % aller Schülerfragen) zu erkennen (vgl. Niegemann & Stadler 2001, S. 181–187). Eshach, Dor-Ziderman und Yefroimsky (2014) konnten diese Ergebnisse in einer Studie über Schüler- und Lehrerfragen im Unterricht bestätigen (vgl. Eshach et al. 2014, S. 76).

Einige Studien haben sich mit dem Einfluss von spezifischen Lernumgebungsfaktoren und diversen Merkmalen der Lernenden auf das Fragenstellen befasst. Vor allem das Vorwissen wurde beleuchtet (z. B. Levin & Arnold 2004; Miyake & Norman 1978; van der Meij 1990), wobei die Resultate sehr divergieren und der Einfluss somit wenig eindeutig ist (vgl. Neber 2006, S. 52). Miyake und Norman (1978) haben beispielsweise zeigen können, dass die Anzahl von Fragen von der Passung des Vorwissens und des Schwierigkeitsgrads des Lernmaterials abhängig ist. So werden bei komplexeren Sachverhalten weniger Fragen von Lernenden mit geringem Vorwissen, jedoch mehr Fragen von fortgeschrittenen Lernenden formuliert (vgl. Miyake & Norman 1978, S. 10). Nachfolgende Studien (z. B. Flammer, Grab, Leuthardt & Liithi 1984; Fuhrer 1989; Smith, Tykodi & Mynatt

1988) haben einen linearen und negativen Zusammenhang zwischen dem Vorwissen der Lernenden und der Anzahl der gestellten Fragen herausgefunden. „Less knowledgeable subjects always asked more questions than did more knowledgeable subjects" (van der Meij 1990, S. 505). Der Grund für die höhere Anzahl wird darin gesehen, dass Personen mit geringen Vorkenntnissen vermutlich allgemeine Schemata aktivieren, die es ihnen ermöglichen, einige Fragen zu stellen. Die Antworten auf diese Fragen aktivieren dann neue Schemata, die zu weiteren Fragen anregen. Einschränkend bleibt jedoch zu beachten, dass die Art und Tiefgründigkeit der Fragen in den Studien nicht weiter beschrieben wurden und es sich bei den Lernenden um Erwachsene handelte. Speziell auf die Grundschule bezogen gibt es hingegen nur eine geringe Anzahl an Studien, die keine schlüssigen Hinweise auf einen negativen Zusammenhang zwischen Vorkenntnissen und der Anzahl der gestellten Fragen aufzeigen (vgl. ebd.).

In einer Untersuchung von van der Meij (1990) über die Aktivität des Fragenstellens von Fünftklässlern wurde herausgestellt, dass Vorkenntnisse keinen Einfluss auf die Art der Fragen (geschlossene vs. offene Fragen) haben, sondern eher auf die pragmatischen Eigenschaften dieser. Ein geringes Vorwissen führt vermehrt zu unnötigen Fragen und tendenziell zu weniger wichtigen Fragen (vgl. ebd., S. 508; ebd., S. 510).

Dori und Herscovitz (1999) haben im Rahmen einer Untersuchung zum Frageverhalten von Zehntklässlern im Gruppenpuzzle zusätzlich gezeigt, dass leistungsstarke Schüler mehr Fragen und diese wiederum auf einem kognitiv höheren Niveau als ihre leistungsschwächeren Mitschüler stellten (vgl. Dori & Herscovitz 1999, S. 421; ebd., S. 423). Weitere Studien (z. B. Flammer 1981; Abelson 1981; Otero & Graesser 2001) zeigen auf, dass Lernende mit großem Vorwissen spezifischere Fragen als Lernende mit geringem Vorwissen stellen (vgl. Levin & Arnold 2004, S. 297).

Scardamalia und Breiter (1992) haben in ihrer Untersuchung wissensbasierte und textbasierte Fragen unter Einbezug von zwei Experimentalgruppen verglichen. In einer Gruppe wurden wissensbasierte Fragen, die widerspiegeln, was die Lernenden aktuell interessiert, im Vorfeld des Unterrichts formuliert und anschließend bearbeitet. In der anderen Gruppe wurden Fragen durch einen Text auf unterschiedlichem kognitivem Niveau – von Fragen zu einzelnen Wörtern bis hin zu kritischen oder analytischen Fragen – hervorgerufen (vgl. Scardamalia & Breiter 1992, S. 177–178). Dabei konnte herausgestellt werden, dass wissensbasierte Fragen auf einem kognitiv höheren Niveau gestellt wurden als textbasierte Fragen {2} (vgl. ebd., S. 183–184). Zudem wurde hier ersichtlich, dass fehlendes bereichsspezifisches Wissen das Generieren von Fragen im Allgemeinen nicht eingeschränkt, sondern nur die Verteilung der Art der Fragen beeinflusst hat. Schüler mit wenig Vorwissen stellten eher grundlegende Fragen, während sogenannte *wonderment questions* eher von Lernenden mit entsprechenden bereichsspezifischem Vorwissen gestellt wurden. Wonderment Fragen sind interessengeleitete Fragen, die die Lernenden anregen, Lösungen für Probleme oder Begründungen und Erklärungen für Dinge zu finden, die ihnen rätselhaft sind (vgl. ebd., S. 186–187). Chin, Brown und Bruce (2002) konnten diese Ergebnisse bestätigen. In der Studie fanden sie zudem heraus, dass Schülerfragen bezogen auf grundlegende Informationen typisch für einen oberflächlichen Lernansatz sind, während *wonderment* Fragen zu einer tieferen Auseinandersetzung mit dem unterrichtlichen Inhalt und Verstehen führten (vgl. Chin 2004, S. 108).

Chin und Chia haben ebenfalls die Quellen von Fragen untersucht und eine Vielfalt (Volkstümliche Weisheiten und kulturelle Überzeugungen, Verwunderung über in Werbungen oder Medien propagierte Informationen, Aus persönlichen Begegnungen, Anliegen von Familienmitgliedern und Beobachtungen anderer erwachsene Neugier, Aspekte, die aus vorhergehenden Schulstunden hervorgehen) ausmachen können, die Auswirkungen auf die Art und den Typ der Fragen haben und diese wiederum auf die Tiefe der inhaltlichen Auseinandersetzung der Lernenden mit den Themen (vgl. ebd., S. 714; s. Abschnitt 2.5.3.2).

Diese Untersuchungen, auch wenn sie sehr kontroverse Ergebnisse hervorbringen, lassen annehmen, dass spezifische Zusammenhänge zwischen (1) dem Vorwissen der Lernenden und dem Frageverhalten sowie (2) den Fragetypen und dem Ausmaß der kognitiven Auseinandersetzung existieren (s. auch Abschnitt 2.5.3). In Bezug auf den Einfluss des Vorwissens der Lernenden auf die Anzahl der Fragen liegen drei Erklärungsansätze vor. Ein Erklärungsansatz ist, dass Schüler mit geringerem Vorwissen eine höhere Anzahl an Fragen stellen, da sie allgemeine Schemata aktivieren, die sie zum Stellen einer hohen Anzahl an Fragen anregen (s. van der Meij 1990). Ein zweiter Erklärungsansatz ist, dass Lernende mit größerem bereichsspezifischem Vorwissen eine höhere Anzahl an Fragen stellen (s. Miyake & Norman 1978; Dori & Herscovitz 1999). Ein dritter Erklärungsansatz hebt hervor, dass das Vorwissen nicht die Anzahl, sondern vielmehr die Art der Fragen beeinflusst (s. Scardamalia & Breiter 1992). Die Auswirkungen des Vorwissens auf die Anzahl der Fragen kann also abschließend nicht geklärt werden. Jedoch wird in vielen Studien ersichtlich, dass größeres bereichsspezifisches Vorwissen mit der Art der Fragen zusammenhängt. Für den Lernprozess wichtige Fragen, (s. van der Meij 1990), Fragen auf einem höheren kognitiven Niveau (s. Dori & Herscovitz 1999), spezifischere Fragen (s. Levin & Arnold 2004) oder wonderment questions (s. Scardamalia & Breiter 1992) werden vermehrt von Lernenden mit entsprechendem bereichsspezifischen Vorwissen {3} gestellt.

Letztere Feststellung (2) bedeutet hingegen, dass es von großer Bedeutung für den Wissenserwerb ist, welche Art der Frage gestellt wird, da diese die Tiefe einer Auseinandersetzung mit dem unterrichtlichen Inhalt bestimmt (vgl. Chin 2004, S. 108). Dadurch lässt sich annehmen, dass gerade das Fragenstellen im Unterricht durch die Lehrperson explizit gefördert und unterstützt werden sollte. Auch Chin und Chia stellten heraus, dass die Schüler die richtigen Fragen stellen müssen, um nicht im Lernprozess zu stagnieren (vgl. Chin & Chia 2004, S. 723–724; s. Abschnitt 2.5.3.2). Deshalb werden im Weiteren kurz Interventionsstudien zum Fragenstellen im Unterricht betrachtet.

Rosenshine, Meister & Chapman (1996) haben in einem Review 26 Interventionsstudien, in welchen Lernenden durch verschiedene Strategien beigebracht wurde, während oder nach dem Lesen oder Hören von Texten Fragen zu stellen, näher betrachtet und diese bezüglich des Effekts auf die Leistung der Lernenden verglichen (vgl. Rosenshine et al. 1996, S. 183–184). Die in den Klassen eingeführten Hilfestellungen variierten deutlich. Beispielsweise sollte das Stellen von Fragen durch die Vorgabe allgemeiner Fragestämme, Signalwörter für den Beginn von Fragen, sogenannte W-Wörter (Wer, Wo, Wie, …), oder den Auftrag, den Hauptgedanken zu identifizieren, erleichtert werden (vgl. ebd., S. 186–188). Im Allgemeinen lässt sich feststellen, dass das Fragenstellen durch gezieltes Training gefördert werden kann und dass Strategien, wie das Verwenden von Signalwörtern (W-Wörtern) und die Vorgabe von Fragestämmen oder allgemeine Fragen am effektivsten sind {4} (vgl. ebd., S. 192).

King (1994) hat in einer Studie in vierten und fünften Klassen herausgefunden, dass ein Fragetraining Einfluss auf die Art der gestellten Fragen an einen Inhalt oder Lehrerinput hat und das elaborierte Wissen beeinflusst. Das Fragetraining wurde durch vorgegebene Fragestämme initiiert und im Vorfeld der Unterrichtsstunde zwei Stunden lang geübt. Kinder, die zuvor ein Fragetraining durchlaufen haben, und Kinder der Vergleichsgruppe haben gleichermaßen Verständnisfragen gebildet, jedoch wurden komplexere Verknüpfungsfragen, welche die Kombination dargestellter Konzepte erfordern, vermehrt durch die Kinder der Experimentalgruppe gestellt. Fragetraining führt nach King (1994) also zu qualitativ besseren Fragen an einen Unterrichtsinhalt {4} (vgl. Kronenberger & Souvignier 2005, S. 92).

Zusammenfassend lassen sich aus der theoretischen und empirischen Betrachtung des Themas einige Schlüsse für die vorliegende Arbeit ziehen: (1) Der Lernprozess sollte durch einen geeigneten Stimulus angeregt werden, (2) dieser sollte wiederum an das Vorwissen der Schüler anknüpfen (s auch Abschnitt 5.1 und 2.5.4), (3) das Fragestellen kann durch vorgegebene Frageformate oder eine thematische Anleitung zum Fragenstellen (Fragestämme) optimiert werden, (4) durch eine gewisse Offenheit im Lernprozess sollten *wonderment* Fragen, die zu tiefgründigen Fragen und Verstehen auf kognitiv höherem Niveau führen, stets zugelassen und gefördert werden und (5) eine Unterscheidung verschiedener Fragetypen ist sinnvoll, da diese unterschiedliche Lernprozesse initiieren. Diesbezüglich kann auf die in Abschnitt 2.5.3.2 dargestellte Studie und die daraus resultierenden Erkenntnisse von Chin und Chia verwiesen werden, die in Gruppenphasen eines nach PBL durchgeführten Unterrichts vier verschiedene Arten von Fragen klassifizierten:

- Fragen zum Ansammeln von Informationen (*information gathering questions*), welche sich aus dem Vorwissen der Schüler ergeben und mit der Intention verbunden sind, Fakten zusammenzutragen, die Wissenslücken zum Themenbereich schließen.
- Fragen zum Aufdecken von Beziehungen und Verbindungen zwischen verschiedenen Begriffen (*bridging questions*).
- Fragen, die über den dargestellten Bereich hinausgehen und eine Anwendung des erlernten Wissens erfordern (*extension questions*).
- Fragen, die reflektive Prozesse initiieren, das heißt, auswertend und kritisch sind und somit zur Entscheidungsfindung und oder einer Haltungsänderung bezüglich des Themas führen (*reflective questions*).

6.4.2.3 Merkmale des Fragenstellens

Die in diesem Abschnitt herausgearbeiteten konstitutiven und moderierenden Elemente des Fragenstellens im Unterricht können zu vier Merkmalen zusammengefasst werden (s. Tabelle 6.8). Der moderierende Faktor „Einsatz wissensbasierter Fragen" {2} wird im Weiteren vernachlässigt, da in Abschnitt 6.4.1.2 herausgestellt wurde, dass für Novizen zunächst nur Textfälle geeignet sind. Fragen, die sich vorwiegend aus den aktuellen Interessenslagen der Schüler ergeben, können und sollen in der Forschung also nicht ermöglicht werden.

Grau hinterlegt sind zudem zwei Merkmale, die nicht in die weitere Konzeptionsgestaltung einfließen können. Die „Entwicklung einer wertfreien, fehlerakzeptierenden Klassenatmosphäre" kann nicht berücksichtigt werden, da dieses von den jeweiligen Lehrpersonen und Klassenbedingungen abhängig und kaum durch externe Vorgaben zu beeinflussen ist. Da die Konzeption zunächst keine Tests oder Prüfungen zur Erhebung von Kompetenzen vorsieht, ist das Merkmal „In Prüfungen (Klassenarbeiten/Tests) wird die Kompetenz des Fragenstellens abgefragt" im weiteren Entwicklungsprozess der Konzeption ebenfalls zu vernachlässigen.

Tabelle 6.8 Merkmale des Fragenstellens

Aspekte des Fragenstellens				Merkmal	Beschreibung des Merkmals
[Nr.]	Konstitutive Elemente des Fragenstellens	[Nr.]	Moderierende Merkmale		
1	Existenz von Anreizen zum Fragenstellen			**Die Schüler erhalten Anreize zum Stellen von Fragen (55)**	Die Schüler erhalten Anreize (Interesse und Neugierde weckende oder kognitive Konflikte auslösende Materialien, reale Probleme oder Sachverhalte, die ein Wissensdefizit oder kognitive Dissonanzen offenlegen), die zum Stellen von Fragen anregen.
		3	Passung des Vorwissens	**Die Anreize zum Fragenstellen sind an das Vorwissen und die Fähigkeiten der Schüler angepasst (56)**	Die Anreize sind an die Kenntnisse, Fähigkeiten, Fertigkeiten sowie Interessen der Lernenden angepasst und an der Lebens- und Erfahrungswelt der Schüler ausgerichtet.
2	Modellieren von Fragen			**Die Schüler erhalten Unterstützung im Stellen von Fragen durch die Präsentation von Beispielen, gemeinsame Besprechungen oder individuelle Hilfen (57)**	Die Lehrperson unterstützt die Schüler im Stellen von Fragen, indem sie Beispielfragen vorgibt, mit den Schülern gemeinsam erste Beispielfragen erarbeitet oder individuelle Hilfestellungen für einzelne Schülerfragen gibt.
		1	Einsatz von Strategien zur Systematisierung und Fokussierung des Fragenstellens	**Die Schüler werden im Fragenstellen unterstützt, indem Signalwörter oder Fragestämme vorgegeben werden, ein Fragetraining vorgenommen wird oder strukturelle Hilfen erfolgen (58)**	Die Schüler werden orientiert an ihrem bereichsspezifischen Vorwissen von der Lehrperson im Fragenstellen unterstützt, indem beispielsweise Fragestämme oder Signalwörter (W-Wörter) zur Bildung von Fragen vorgegeben werden, der Auftrag gestellt wird, den Hauptgedanken zu identifizieren, ein Fragetraining im Vorfeld vorgenommen wird oder strukturelle Hilfen erfolgen.
		3	Passung des Vorwissens		
		4	Unterstützung durch vorgegebene Frageformate, Fragetraining		
3	Entwicklung einer rezeptiven Klassenatmosphäre			**Entwicklung einer wertfreien, fehlerakzeptierenden Klassenatmosphäre**	Die Klassenatmosphäre ist von der Akzeptanz untereinander geprägt. Die Lehrpersonen akzeptieren Fragen jeglicher Art und die Schüler sind frei, Fragen zu entwickeln und zu stellen, ohne Angst vor Spott oder Kritik.
4	Abfragen des Fragenstellens in Prüfungen			**In Prüfungen (Klassenarbeiten/Tests) wird die Kompetenz des Fragenstellens abgefragt.**	In Klassenarbeiten oder Tests sind Aufgaben integriert, die das adäquate Stellen von Fragen angeregt durch ein Bild oder eine Situationsbeschreibung abfragen und durch die Lehrperson bewertet werden.

6.4.3   Ziele setzen

„Wer nicht weiß, wohin er will, braucht sich nicht zu wundern, wenn er ganz woanders ankommt" (Mager 1972, zitiert nach Bönsch 2006, S. 38). Die Leitidee von Mager ist für jede Anstrengung, jede Tätigkeit und natürlich den alltäglichen Unterricht unbestreitbar, denn ohne ein konkretes, bewusstes Ziel vor Augen, kommt man schnell vom Weg ab oder man benötigt viel mehr Zeit, um dieses zu erreichen, wodurch das Setzen von Zielen an Bedeutung gewinnt.

Den Theorien, welche sich mit dem Setzen von Zielen im Unterricht beschäftigen, liegen die Annahmen zugrunde, dass menschliches Verhalten zielgerichtet ist und durch die Ziele gesteuert wird (vgl. Latham & Locke 1991, S. 212). Für den (Mathematik-)Unterricht bedeutet dies, dass man zieltransparent unterrichten, die Ziele partizipativ festlegen oder gar die Zielsetzung allein in die Hände der Schüler legen sollte, damit diese zielgerichtet arbeiten und handeln können. Auch im Rahmen selbstgesteuerten Lernens (s. Abschnitt 6.2.1 und 6.2.2) werden deshalb die Offenheit des Unterrichts und die einhergehende Möglichkeit der Lernenden, die Ziele mitzugestalten, gefordert (vgl. Schiefele & Streblow 2006, S. 240). Aufgrund des Forschungsinteresses dieser Arbeit wird das Zielesetzen auf unterrichtlicher Ebene im Folgenden näher betrachtet. Einschränkend ist hier einzuräumen, dass nicht die komplette Theorie zur Zielsetzung diskutiert wird, da diese sich häufig auf persönliche, frei formulierte Ziele zum Beispiel im Sinne positiver Zukunftsphantasien bezieht und nicht auf Ziele im Kontext Unterricht. Daher wird lediglich ein ausgewählter Ausschnitt aufgeführt, um für die Konzeptionsentwicklung relevante Merkmale identifizieren zu können.

6.4.3.1 Die Aktivität, sich Ziele zu setzen

In dieser Arbeit soll ein Ziel in Anlehnung an Locke und Latham verstanden werden als „object or aim of an action, for example, to attain a specific standard of proficiency, usually within a specified time limit" (Locke & Latham 2002, S. 705). Das Setzen von Zielen umfasst somit die Festlegung eines Standards, der erreicht werden soll. Dieser Standard kann entweder von außen vorgegeben sein oder durch Lernende eigenständig gesetzt werden (vgl. Schunk 2012, S. 138). Letzteres kann einen positiven Einfluss auf das Engagement, die Leistungsbereitschaft und indirekt auch die Leistung der Lernenden haben (vgl. Locke & Latham 2002, S. 705; Schunk 2012, S. 141). Die Gründe für einen positiven Einfluss liegen erstens darin, dass bewusste Lernziele eine direktive Funktion haben. Die Lernenden sind also in der Lage, die Aufmerksamkeit auf Aktivitäten zu legen, die für die Zielerreichung relevant sind (s. auch Abschnitt 5.1). Zweitens reguliert ein Ziel den Aufwand und die Anstrengung der Lernenden. Diese werden je nach Schwierigkeitsniveau des Ziels mehr oder weniger viel Aufwand in die Aufgabenbewältigung investieren. Drittens erhöhen Ziele die Ausdauer der Lernenden, wenn keine zeitlichen Limits zur Erreichung dieser Ziele vorliegen. Mit zeitlichen Einschränkungen führen Ziele hingegen zu einer höheren Bereitschaft und Anstrengung in der vorgegebenen Zeit. Viertens motivieren Lernziele die Lernenden, Strategien zu suchen und anzuwenden, welche die Zielerreichung unterstützen [1] (vgl. Latham & Locke 1991, S. 228; Morisano & Locke 2013, S. 45, s. auch Abschnitt 5.2.4).

Dem effektiven Setzen von Zielen im Unterricht liegen die folgenden Merkmale zugrunde:

Die Lernenden müssen *Feedback* [2] erhalten, um ihren Fortschritt erheben und beurteilen zu können (vgl. Locke & Latham 2006, S. 265).

Für ein erfolgreiches Erreichen der Ziele ist es von Bedeutung, dass die Lernenden sich den *Zielen verbunden* [3] fühlen. Dieses Gefühl kann gesteigert werden, indem die Lernenden entweder die Bedeutung der Ziele kennen und schätzen oder das Vertrauen in die eigene Leistung haben, dass sie dieses Ziel erreichen können (Selbstwirksamkeit). Weiterhin können sie die Wichtigkeit realisieren, wenn sie an der Erstellung der Ziele beteiligt werden (vgl. Locke & Latham 2002, S. 707–08).

Darüber hinaus ist die *Komplexität der Aufgabe* [4] entscheidend. Je komplexer die Aufgaben sind, desto schwieriger ist es, angemessene Ziele zu formulieren und diese zu erreichen. Die Schüler müssen jedoch die Fähigkeit besitzen, die Ziele erreichen zu können (vgl. Locke & Latham 2006, S. 265; Schunk 2012, S. 140–142).

Im Mathematikunterricht sind Schüler in offenen Lernumgebungen für das eigene Lernen verantwortlich und werden unter anderem auch angeregt, sich eigene Ziele zu setzen. Dies kann durch das eigenständige Auswählen und Bearbeiten von Aufgaben zum Beispiel in Freiarbeitszeiten oder indirekt durch das Stellen von Forscheraufträgen, die eigene Ziele abbilden (s. Abschnitt 6.4.2.1), stattfinden. Zudem ist das Setzen von Zielen in den prozessbezogenen Kompetenzbereichen des Problemlösens und Modellierens relevant. Durch die Lehrperson vorgegebene Probleme können die Schüler beispielsweise derart ansprechen, dass sie die Ziele der Lehrperson verinnerlichen und zu ihren eigenen machen. Weiterhin können Ziele im Rahmen des Problemlösens in Form von Fragen formuliert werden, die sie bearbeiten und beantworten wollen (vgl. Bruder & Collet 2011, S. 154–155).

Auch beim Modellieren geht es darum, ein Problem und inhärente Ziele zu analysieren und sich mit diesen auseinanderzusetzen. Diese Ziele können durch die Lernenden adaptiert werden. Beim Modellieren im „realitätsbezogenen Mathematikunterricht [...] lernen die [...] Schüler verantwortungsbewusst selbst zu entscheiden, was das eigentliche Ziel ihrer Bemühungen ist und was sie dazu modellieren und berechnen wollen – wenn die Lehrkraft ihnen die Möglichkeit dazu gibt" (Del Chicca & Maaß 2014, S. 34). Das eigenständige Setzen von Lernzielen, vor allem im Zusammenhang mit dem Stellen von Fragen durch die Lernenden, findet im Mathematikunterricht, auch wenn es nur wenig in der mathematikdidaktischen Literatur zu finden ist, durchaus statt, ist in den Bildungsstandards und Kerncurricula der Länder jedoch nicht verankert.

6.4.3.2 Empirische Erkenntnisse zum Setzen von Zielen

Nachfolgend wird kurz ein Einblick in bisherige Forschungen und deren Erkenntnisse in Bezug auf das Zielesetzen durch die Schüler im Unterricht gegeben. Vorab lässt sich sagen, dass zahlreiche Zusammenhänge zwischen dem Setzen eigener Ziele sowie anderen Variablen aufgezeigt werden können. Im Folgenden soll aber vor allem auf die Beziehungen zwischen den gesetzten Zielen und der Leistung eingegangen werden. Weitere Studien und Ergebnisse lassen sich zum Beispiel unter Latham und Locke (1991) nachlesen.

Im Allgemeinen weist Hattie unter Einbezug von elf Metaanalysen bzw. 604 Studien dem Setzen von Zielen einen positiven Effekt ($d = 0.56$) auf die Leistung zu (vgl. Hattie 2013, S. 195). Zahlreiche Studien haben bisher untersucht, wie sich das Setzen von eigenen Zielen durch die Schüler im Vergleich zu vorgegebenen Zielen auf die Leistung auswirkt, wobei sehr divergierende Ergebnisse zu verzeichnen sind. Einige Studien konnten aufzeigen, dass sich die Lernzielerreichung partizipativer oder von der Lehrperson zugewiesener Ziele bei gleichbleibender Schwierigkeit der Ziele nicht unterscheidet (z. B. Dossett, Latham & Mitchell 1979; Latham & Marshall 1982; Latham & Saari 1979; Latham & Steele 1983). Erez und Kollegen haben hingegen in mehreren Studien das genaue Gegenteil nachgewiesen (z. B. Erez 1986; Erez, Earley & Hulin 1985; Erez & Kanfer 1983). Zur Untersuchung dieser signifikanten Unterschiede wurden weitere Studien durchgeführt, welche die Lernumgebung und Darlegung der Ziele als entscheidend herausgestellt haben. Ein zugewiesenes Ziel ist demnach genauso effektiv wie ein partizipativ gesetztes Ziel, vorausgesetzt, dass der Zweck des Ziels für die Schüler nachvollziehbar ist {1} (z. B. Latham, Erez & Locke 1988) (vgl. Locke & Latham 2002, S. 708).

Weiterhin wurde in einigen Studien der Zusammenhang von herausfordernden und wenig herausfordernden Zielen auf das Leistungsniveau untersucht. Dabei haben zahlreiche Autoren (z. B. Kernan & Lord 1989; Mossholder 1980; Mento, Locke & Klein 1990) aufgezeigt, dass spezifische und herausfordernde Ziele zu einem höheren Leistungsniveau führen als vage und herausfordernd gestellte Ziele, vage und nicht anspruchsvolle Ziele (vgl. Latham & Locke 1991, S. 215) oder das Setzen von keinen Zielen {2} (vgl. Mossholder 1980, 206–207). Den Grund sehen alle Autoren darin, dass unspezifische Zielformulierungen viele verschiedene Ergebnisse als übereinstimmend mit dem eigenen Ziel erscheinen lassen, wodurch auch Ergebnisse auf einem niedrigeren Leistungsniveau akzeptiert werden (vgl. Latham & Locke 1991, S. 215–216).

Hattie hat in seiner Metaanalyse ebenfalls einen Einfluss (d = 0.67) des Schwierigkeitsgrads des Ziels auf die Leistung herausgestellt. Dabei variieren die Effektstärken fünf einbezogener Metaanalysen von d = 0.52 bis d = 0.90 (vgl. Hattie 2013, S. 196), was auf einen großen Effekt anspruchsvoller und herausfordernder Ziele auf die Leistung {2} schließen lässt.

Larson und Schaumann (1990) haben diese Befunde mit Einschränkungen auch im Rahmen kooperativen Arbeitens nachweisen können. Solange die Arbeit in der Gruppe gut funktioniert und wenig Koordinationsaufwand erfordert, führen spezifische, herausfordernde Ziele zu einer besseren Gruppenleistung als unspezifische Ziele oder „gebe dein Bestes" – Ziele (vgl. Larson & Schaumann 1990, S. 60–61).

Weitere Studien (z. B. Locke, Frederick, Lee & Bobko 1984; Meyer & Gellatly 1988; Wofford, Goodwin & Premack 1992) haben die Beziehung zwischen Selbstwirksamkeitsüberzeugungen und der Zielerreichung untersucht und einen positiven Zusammenhang herausgestellt (vgl. Hattie 2013, S. 197). „When goals are self-set, people with high self-efficacy set higher goals than do people with lower self-efficacy" (Locke & Latham 2002, S. 706). Die Effektstäke der Metaanalysen variierte von d = 0.2 bis d = 1.06 sehr, wobei ein Durschnitt von d = 0.46 auf einen recht hohen Zusammenhang schließen lässt {3} (vgl. Hattie 2013, S. 197).

Darüber hinaus hat Hastie (2011) zum einen gezeigt, dass Schüler sich nur Leistungsziele in der Art setzen, wie „Ich nehme mir vor, die Aufgabe schneller und besser zu erledigen". Zum anderen hat sie im Anschluss an eine durchgeführte Intervention die Auswirkung dessen auf die Leistung erforscht. Im Gegensatz zur Vergleichsgruppe konnte über einen Zeitraum von acht Wochen eine Effektstärke von d = 0.22 nachgewiesen werden. Viel größere Effekte waren jedoch bei der Aufmerksamkeit der Schüler, der Motivation und der Selbstverpflichtung, die Lernziele zu erreichen, zu verzeichnen (vgl. Hattie 2017, S. 53–55). Daraus lässt sich schließen, dass Interventionen zum Zielesetzen einen positiven Einfluss haben können {4}.

6.4.3.3 Merkmale des Zielesetzens

Nachfolgend werden die Aspekte des Zielesetzens (s. Tabelle 6.9) dargestellt und zu übergreifenden Merkmalen der Grundidee zusammengeführt.

Tabelle 6.9 Merkmale des Zielesetzens

Aspekte des Zielesetzens				Merkmal	Beschreibung des Merkmals
[Nr.]	Konstitutive Elemente	[Nr.]	Moderierende Merkmale		
1	Setzen eigener Lernziele durch die Schüler	2	Setzen spezifischer und herausfordernder Ziele	**Die Schüler setzen sich spezifische und herausfordernde Ziele (59)**	Die Schüler setzen sich selber spezifische Ziele, die sie herausfordern.
		4	Fördermaßnahmen zum Setzen von Zielen	**Die Schüler werden in dem Setzen von Zielen durch Fördermaßnahmen unterstützt (60)**	Durch Fördermaßnahmen oder Interventionen werden die Schüler im Setzen von angemessenen, spezifischen und herausfordernden Zielen unterstützt.
		3	Förderung hoher Selbstwirksamkeitserwartungen		
2	Feedback zur Erhebung und Beurteilung des Leistungsfortschritts			**Die Lehrperson gibt Feedback über die Leistung der Schüler (61)**	Die Lehrperson ggf. auch Mitschüler geben den Schülern Feedback, damit diese ihren Lernstand und Leistungsfortschritt erheben und beurteilen können.
3	Den Zielen verbunden fühlen	1	Ziele und Zweck zugewiesener Ziele sollen nachvollziehbar sein	**Die Schüler setzen sich Ziele entsprechend eigener Interessen, Neigungen und Fähigkeiten oder können den Zweck des Ziels nachvollziehen (62)**	Die Schüler stellen sich Ziele entsprechend eigener Interessen, Neigungen und Fähigkeiten oder können zugewiesene Ziele nachvollziehen, wodurch ein Gefühl der Verbundenheit mit den Lernzielen hervorgerufen wird.
		3	Förderung hoher Selbstwirksamkeitserwartungen		
4	Komplexität der Aufgabe			**Eine Aufgabe als Stimulus zum Zielesetzen ist an die Fähigkeiten der Schüler angepasst (63)**	Die Aufgabe muss an die Schüler und deren Fähigkeiten angepasst werden, damit diese in der Lage sind, sich angemessene Ziele zu setzen und diese zu erarbeiten.

6.5   Allgemeine Merkmale der Konzeption

Um das Problembasierte Lernen für die Grundschule fruchtbar zu machen, wurden aufgrund fehlender Forschungen und theoretischer Erkenntnisse zum Themenbereich in den vorangegangenen Kapiteln zunächst allgemeine, PBL inhärente Grundideen definiert (s. Kapitel 4) und aus entwicklungs- sowie lernpsychologischer Sicht analysiert sowie legitimiert (s. Kapitel 5). Durch die isolierte Darstellung der Grundideen im Kontext Unterricht, das heißt, unter Betrachtung dieser aus fachübergreifender didaktischer und mathematikdidaktischer Sicht sowie zugehöriger empirischer Erkenntnisse, konnten nun allgemeine Merkmale der Grundideen (s. Tabelle 6.2–Tabelle 6.5 und Tabelle 6.7–Tabelle 6.9) festgelegt werden, die insbesondere auch für die Grundschule gelten sollen, was die Betrachtung von PBL nicht liefern konnte.

Dadurch, dass die Grundideen aus PBL entwickelt wurden, ist es offensichtlich, dass insbesondere die zu den Grundideen herausgestellten Forschungsergebnisse mit denen von PBL größtenteils übereinstimmen. Beispielsweise konnte sowohl im Rahmen von PBL (s. Abschnitt 2.5.2.1 und 2.5.4) als auch den Grundideen (s. z. B. Abschnitt 6.1.3; 6.2.3 und 6.3.2) die Strukturierung als wesentlicher moderierender Faktor herausgearbeitet werden. Dabei hat sich in allen Teilen vor allem das Lerntagebuch in seinen vielfältigen Formen als nützlich erwiesen (s. Abschnitt 2.5.3.1; 2.5.3.2; 6.1.1; 6.2.3 und 6.3.5).

Zudem zeigen die Erkenntnisse aus der Entwicklungspsychologie sowie der Forschungsstand in Bezug auf die einzelnen Grundideen und in Bezug auf PBL auf, dass ein nach den Grundideen gestalteter Unterricht positive Auswirkungen auf die Zufriedenheit, das Interesse und die Leistung der Lernenden haben kann (s. z. B. Abschnitt 2.5.1; 5.3; 6.1.3 und 6.2.3). Aufgrund vieler divergierender Ergebnisse in allen Ausführungen wird ersichtlich, dass der Effekt von einer Vielzahl an moderierenden Faktoren abhängig ist und nur unter Beachtung der jeweiligen Untersuchungsbedingungen und Begriffsverständnisse gedeutet werden kann.

Die Zusammenhänge zwischen dem Forschungsstand PBL, den in Kapitel 5 erarbeiteten Erkenntnissen und den zugeordneten Merkmalen werden in nachfolgender Tabelle 6.10 anhand ausgewählter Beispiele veranschaulicht, welche zur Initiierung effektiver Lernprozesse im Sinne der Durchführbarkeit einer Konzeption relevant sind (s. Abschnitt 5.1 und 5.2).

Darüber hinaus können einige Erkenntnisse des Kapitels 5 als grundlegende Bedingungen der Konzeptionsentwicklung aufgefasst werden. So folgt beispielsweise die Erkenntnis, dass eine Unterrichtskonzeption, welche auf den vier Grundideen aufgebaut sein soll, erst von Kindern ab der dritten Klasse

Tabelle 6.10 Beispielhafte Darstellung des Zusammenhangs zwischen dem Forschungsstand zu PBL, den in Kapitel 5 erarbeiteten Aspekten und den Merkmalen der Grundideen

Forschungsstand PBL	Aspekt aus Kapitel 5	Zuzuordnendes Merkmal aus Kapitel 6
Vorwissen vorhanden, welches die Lernenden mit dem neuen Wissen verknüpfen können (s. Abschnitt 2.5.4)	Anschlussfähigkeit des Stoffes (s. Abschnitt 5.1)	Der Fall passt zu Lernvoraussetzungen der Schüler (s. Abschnitt 6.4.1.3)
PBL hat positive Effekte auf kooperatives Arbeiten (s. Abschnitt 2.5.4)	Emotional positiv empfundene Lernsituationen (s. Abschnitt 5.1)	Die Schüler unterstützen sich gegenseitig im Lernprozess (s. Abschnitt 6.3.6)
	Intrinsische Motivation und hohe Motivationskraft von PBL (s. Abschnitt 5.1 und 5.2.4)	Die Schüler setzen sich Ziele entsprechend eigener Interessen, Neigungen und Fähigkeiten oder können den Zweck des Ziels nachvollziehen (s. Abschnitt 6.4.3.3)
Strukturierende Maßnahmen zur Unterstützung (s. Abschnitt 2.5.4)	Strukturierende Maßnahmen zur Unterstützung (s. Abschnitt 5.2.4 und 5.3)	Es gibt strukturelle Hilfen, die die Gruppenarbeit organisieren und leiten (s. Abschnitt 6.3.6)
Authentizität und Relevanz von Problemen (s. Abschnitt 2.5.4)		Der Fall ist für die Schüler bedeutsam (s. Abschnitt 6.4.1.3)
	Regelmäßiges Feedback (s. Abschnitt 5.2.4)	Die Lehrperson gibt Feedback über die Leistung der Schüler (s. Abschnitt 6.4.3.3)
	Hinweise zur Materialauswahl und – nutzung oder der Tiefe der Bearbeitung von Fragen von der Lehrperson (s. Abschnitt 5.2.4)	Es existieren strukturelle Vorgaben zur Unterstützung der Schüler in unterschiedlichen Phasen des Lernprozesses (s. Abschnitt 6.1.3)

aus entwicklungspsychologischer Sicht (s. Abschnitt 5.2.1) sowie in Hinblick auf die sprachlichen (s. Abschnitt 5.2.3) und mathematischen Kompetenzen (s. Abschnitt 5.2.2) zu bewältigen ist.

Aufgrund der hohen inhaltlichen Konsistenz der Kapitel 2, 5 und 6 können die im Kapitel 6 generierten Merkmale als hinreichend angesehen werden, um die Konzeptionsentwicklung zu leiten. Die Merkmale werden nun grundideenübergreifend zusammengefasst, strukturiert und definiert, um allgemeine Merkmalskategorien für die Konzeptionierung zu erhalten. Dabei werden einige Merkmale der einzelnen Grundideen zusammengefasst und stark reduziert, um die Konzeptionsentwicklung mit einer übersichtlichen und handlichen Anzahl an Merkmalskategorien leiten zu können. Eine detaillierte Einsicht kann in Tabelle 6.11 stets vorgenommen werden.

Diese Merkmalskategorien spezifizieren zudem im Rahmen der durch die Grundideen gegebenen Anforderungen allgemeine Merkmale guten Unterrichts

Tabelle 6.11 Merkmale der Konzeption

Grundidee	Merkmale der einzelnen Grundideen	Merkmalskategorie	Definition der Merkmalskategorie	Nr.
1	Die Schüler bestimmen die Rahmenbedingungen des Unterrichts (1)	Die Schüler bestimmen organisatorische Aspekte des Unterrichts	Die Schüler haben Freiheiten zur Bestimmung über organisatorische Aspekte des Unterrichts, das heißt über – den Lernort – die zeitliche Gestaltung des Lernprozesses – die Ressourcen – die Lernpartner	1
2	Die Schüler bestimmen die Rahmenbedingungen des Lernprozesses (20)			
1	Die Schüler bestimmen den eigenen Lernweg (4)	Die Schüler bestimmen methodische Aspekte des Unterrichts	Die Schüler bestimmen den Lernweg eigenständig durch Freiheiten über – die Zugangsweisen – die Arbeitsmaterialien – die Methoden – das Niveau des Lerninhalts – das Niveau des Sprachgebrauchs	2
2	Die Schüler bestimmen über den eigenen Lernweg (22)			
3	Die Schüler können frei über die Sprache bestimmen, in der sie sich dem Unterrichtsgegenstand nähern (35)			
3	Wechsel der Darstellungsformen und Register (48)			
1	Die Schüler bestimmen die Lerninhalte und Lernziele des Unterrichts (7)	Die Schüler bestimmen inhaltliche Aspekte des Unterrichts	Die Schüler bestimmen die Inhalte des Lernprozesses durch – die selbstständige Auswahl von Unterrichtsinhalten – das Setzen eigener Lernziele	3
2	Die Schüler bestimmen die Lerninhalte und Lernziele eigenständig (24)			
4	Die Schüler setzen sich spezifische und herausfordernde Ziele (59)			
1	Es existieren strukturelle Vorgaben zur Unterstützung der Schüler in unterschiedlichen Phasen des Lernprozesses (13)	Strukturierungen unterstützen die Schüler in ihrem Lernprozess	Es existieren Strukturierungen zur Unterstützung der Schüler in der Wahl und Gestaltung der Rahmenbedingungen des Lernprozesses, des Lernweges, der Gruppenarbeit, im Setzen von Lernzielen sowie in der Überwachung und Reflexion des individuellen und Gruppenlernprozesses, indem – klare Regeln und Rituale – klare Anforderungen und Arbeitsaufträge – eine vorbereitete Lernumgebung – eine gemeinsame Gestaltung von Schlüsselmomenten gegeben sind	4
1	Es existieren strukturelle Vorgaben, die die Gestaltung der Rahmenbedingungen leiten (2)			
2	Kognitive Lernstrategien werden fachinhaltsbezogen und direkt oder indirekt vermittelt (15)			
2	Es existieren strukturelle Vorgaben zur Unterstützung der Schüler im Erwerb kognitiver Lernstrategien (16)			
2	Die Schüler werden angeregt, verschiedene kognitive Lernstrategien (Wiederholungs-, Elaborations- und Organisationsstrategien) anzuwenden (14)			

(Fortsetzung)

Tabelle 6.11 (Fortsetzung)

2	Es existieren strukturelle Vorgaben zur Unterstützung der Schüler in der Planung, Überwachung und Regulation des Lernfortschritts und Lernerfolgs (19)
2	Es existieren strukturelle Vorgaben und Fördermaßnahmen zur Unterstützung der Schüler in der Organisation des Lernprozesses (21)
1	Es existieren strukturelle Vorgaben, die die Gestaltung des Lernweges leiten (5)
2	Es existieren strukturelle Vorgaben zur Unterstützung der Schüler in der Gestaltung des Lernweges (23)
1	Es existieren strukturelle Vorgaben, die die Wahl der Lerninhalte und Lernziele leiten (9)
2	Es existieren strukturelle Vorgaben und Fördermaßnahmen zur Unterstützung der Schüler in der Wahl der Lerninhalte und Lernziele (25)
3	Es gibt strukturelle Hilfen, die die Reflexions- und Evaluationsphasen organisieren und leiten (34)
3	Den Schülern werden sprachliche Mittel und Hilfestellungen angeboten (45)
3	Die Schüler werden in der Entwicklung des bildungs- und fachsprachlichen Registers gefördert (36)
3	Es existiert eine Förderung des Spracherwerbs der Schüler (43)
2	Es existieren strukturelle Vorgaben und Fördermaßnahmen zur Unterstützung der Schüler in der Überwachung des Lernfortschritts und Lernerfolgs (27)
3	Es gibt strukturelle Hilfen, die die Gruppenarbeit organisieren und leiten (31)
4	Die Schüler erhalten Unterstützung im Stellen von Fragen durch die Präsentation von Beispielen, gemeinsame Besprechung oder individuelle Hilfen (57)

(Fortsetzung)

Tabelle 6.11 (Fortsetzung)

4	Die Schüler werden in dem Setzen von Zielen durch Fördermaßnahmen unterstützt (60)			
4	Die Schüler erhalten strukturelle Unterstützung in der Arbeit mit Fällen (51)			
4	Die Schüler werden im Fragenstellen unterstützt, indem Signalwörter oder Fragestämme vorgegeben, ein Fragetraining vorgenommen wird oder strukturelle Hilfen erfolgen (58)			
1	Es gibt klare Angaben, wie der Lernprozess durch die Schüler organisatorisch gestaltet werden kann (3)	**Die Arbeitsaufträge und Anforderungen werden verständlich vermittelt und den Schülern klar**	Die Anforderungen und Erwartungen werden klar und verständlich formuliert und sind den Schülern zu jeder Zeit bewusst, das heißt es existieren - klare, schriftlich festgehaltene Arbeitsaufträge - den Schülern ersichtliche übergeordnete Ziele der jeweiligen Arbeitsphase	5
1	Es gibt klare Angaben darüber, dass der Lernweg der Schüler frei gestaltet werden kann (6)			
1	Es werden klare Anforderungen bezüglich der Erreichung des Lernziels formuliert (10)			
3	Die Arbeitsaufträge sind sprachlich angemessen und in kurzer Form zu bearbeiten (38)			
2	Die Schüler werden angeregt, ihren eigenen Lernfortschritt und Lernerfolg zu planen, zu überwachen und zu regulieren (17)	**Die Schüler vollziehen metakognitive Prozesse**	Die Schüler werden zu metakognitiven Prozessen angeregt, indem sie - eine lernprozessbegleitende Evaluation des individuellen Arbeitsprozesses - eine abschließende Reflexion des individuellen Arbeitsprozesses - eine abschließende Reflexion des Gruppenarbeitsprozesses - eine abschließende Reflexion des Lernfortschritts durchführen.	6
2	Die Schüler überwachen den eigenen Lernfortschritt und Lernerfolg (26)			
2	Metakognitive Lernstrategien werden fachinhaltsbezogen und direkt oder indirekt vermittelt (18)			
3	Die Schüler erwerben durch Reflexionsprozesse (fach-)sprachliche Kompetenzen (44)			
3	Die Schüler reflektieren und evaluieren die Gruppenprozesse (33)			
3	Integration von Rückmeldungen (40)			

(Fortsetzung)

Tabelle 6.11 (Fortsetzung)

4	Die Lehrperson gibt Feedback über die Leistung der Schüler (61)	**Die Lehrperson gibt Feedback zu allen Arbeitsschritten des Lernprozesses**	Die Lehrperson sichtet die Arbeitsdokumente und das Gruppenergebnis, und gibt jedem Schüler Feedback in Bezug auf den Lernprozess und die Leistung, das heißt, es gibt – Rückmeldungen der Lehrperson zum Gruppenergebnis – Rückmeldung der Lehrperson zu den individuellen Lernprozessen – Rückmeldung der Lehrperson zu den individuellen Ergebnissen der einzelnen Schüler	7
3	Die Schüler sind voneinander abhängig, um sowohl einen individuellen Erfolg als auch einen Gruppenerfolg zu erzielen (28)	**Die Schüler sind voneinander abhängig**	Die Schüler stehen in gegenseitiger Abhängigkeit, um sowohl einen individuellen Erfolg als auch einen Gruppenerfolg zu erzielen, indem – die von den Schülern erarbeiteten Inhalte zusammengeführt erst ein Ergebnis ermöglichen – die Schüler in Kommunikation treten müssen, um ein Ergebnis gemeinsam auszuhandeln	8
3	Die Schüler sind für den eigenen Lernprozess und das Gruppenergebnis verantwortlich (29)	**Die Schüler sind individuell verantwortlich**	Die Schüler haben die Verantwortung für den eigenen Lernprozess und für das Gruppenergebnis, wenn – sie alle Entscheidungen bzgl. des eigenen Lernprozesses selbstständig treffen – sie eigenständig an einem Thema arbeiten – jeder einen individuellen inhaltlichen Beitrag zum Gruppenergebnis leistet	9
3	Die Schüler unterstützen sich gegenseitig im Lernprozess (30)	**Die Schüler unterstützen sich gegenseitig im Lernprozess**	Die Schüler unterstützen sich im Lernprozess, das heißt, der Lernprozess ist geprägt von – gegenseitigen Hilfestellungen, Anmerkungen und konstruktiver Kritik – einer nach sozialen Regeln gestalteten Kommunikation – Ermutigungen innerhalb der Gruppe	10
3	Es gibt einen Wechsel von kooperativen Arbeitsphasen und Arbeitsphasen, in denen die Schüler entsprechend ihres eigenen Lerntempos arbeiten können (32)	**Es gibt einen Wechsel von kooperativen und individuellen Arbeitsphasen**	Den Schülern wird durch einen Wechsel von kooperativen und individuellen Phasen, die Möglichkeit eingeräumt, entsprechend ihres eigenen Lerntempos und in Kooperation mit den Mitschülern zu arbeiten.	11
3	Es werden inhaltlich motivierende und Sprachproduktion provozierende Lernumgebungen geschaffen (37)	**Es existieren Kommunikations- und Schreibanlässe**	Die Schüler haben die Möglichkeit sich mit den Inhalten – schriftlich – verbal	12
3	Die Schüler erklären fachliche Sachverhalte verbal (46)			

(Fortsetzung)

Tabelle 6.11 (Fortsetzung)

#	Indikator	Kriterium / Beschreibung	#
3	Die Schüler legen Sachverhalte schriftlich erklärend, argumentativ dar (47)		
3	Die Arbeitsaufträge regen dazu an, erklärende, argumentative Texte anzufertigen (42)		
4	Der Fall ist für die Schüler bedeutsam (49)	**Der Fall ist für die Schüler bedeutsam** — Der Fall passt zur gegenwärtigen und zukünftigen Lebenssituation sowie zu den Interessen und Neigungen der Lernenden, das heißt, es existiert	13
4	Die Schüler setzen sich Ziele entsprechend eigener Interessen, Neigungen und Fähigkeiten oder können den Zweck des Ziels nachvollziehen (62)	– eine Passung zur Lebens- und Alltagswelt der Schüler – eine Zukunftsbedeutung der Inhalte des Falls	
3	Die Kommunikations- und Schreibanlässe besitzen eine Relevanz für die Schüler (39)	– eine Passung zu den Interessen und Neigungen der Schüler	
3	Die Aufgaben sind in einen alltäglichen, den Schülern bekannten Kontext eingebettet (41)		
4	Der Fall ist offen formuliert und lässt verschiedene Deutungs- und Lösungsmöglichkeiten zu (50)	**Der Fall ist offen formuliert** — Der Fall ist offen formuliert, wenn – verschiedene Deutungs- und Lösungsmöglichkeiten eröffnet werden	14
1	Es werden offene Aufgabenstellungen als Ausgangspunkt des Lernprozesses eingesetzt (12)	– es keine offensichtliche Lösung gibt	
1	Es werden klare, aktivierende, differenzierende Materialien als Ausgangspunkt des Lernprozesses eingesetzt (11)	– es nicht genau eine richtige Lösung gibt	
1	Es existieren klare, strukturierte und abstrakte Aufgabenstellungen als Ausgangspunkt und Unterstützung in der Wahl von Lerninhalten und Lernzielen (8)		
4	Der Fall stellt Probleme oder Konflikte dar (52)	**Der Fall stellt Probleme oder Konflikte dar** — Der Fall ist problem- oder konflikthaltig, wenn – reale Probleme einbezogen werden	15
4	Die Schüler erhalten Anreize zum Stellen von Fragen (55)	– kontroverse Positionen dargestellt werden – kognitive Konflikte ausgelöst werden	
4	Der Fall bildet fachliche Inhalte ab, die es zu entdecken gilt (53)	**Der Fall bildet fachliche Inhalte ab, die es zu entdecken gilt** — Der Fall bildet fachliche Inhalte ab, wenn – Mathematik zur Falllösung angewandt werden muss – Kompetenzen aus den Bildungsstandards berücksichtigt werden – Möglichkeiten zur Verallgemeinerung fachlicher Zusammenhänge gegeben sind	16
4	Der Fall passt zu Lernvoraussetzungen der Schüler (54)	**Der Fall passt zu den Lernvoraussetzungen der Schüler** — Der Fall als Ausgangspunkt der Lernprozesse bildet fachliche Inhalte angepasst an die Lernvoraussetzungen der Schüler ab, das heißt	17
4	Die Anreize zum Fragenstellen sind an das Vorwissen und die Fähigkeiten der Schüler angepasst (56)	– die Fallbeschreibung ist an die sprachlichen Voraussetzungen der Klasse angepasst	
4	Eine Aufgabe als Stimulus zum Zielesetzen ist an die Fähigkeiten der Schüler angepasst (63)	– die Fallinhalte sind für das inhaltliche Vorwissen der Kinder angemessen	

zu nähern.

wie beispielsweise nach Meyer 2016 (vgl. Meyer 2016, S. 23–132) und knüpfen ebenso an das Verständnis von Unterricht als komplexes Konstrukt im Sinne des Angebots-Nutzungsmodells unterrichtlicher Wirkung (s. Abschnitt 2.4) an.

Auf diese Weise kann nun die dritte orientierungsgebende Unterfrage des ersten Forschungsschwerpunktes F1.3 *Welche Kriterien und Bedingungen lassen sich für die Umsetzung der Kernelemente von PBL im Kontext Unterricht identifizieren?* durch die Auflistung der die Konzeptionierung leitenden Merkmalskategorien als beantwortet angesehen werden.

Darauf aufbauend wird in Kapitel 7 das Ausgangskonzept entwickelt, beschrieben und dargelegt.

Darstellung des theoriebasierten Ausgangskonzepts

Nachdem nun dargestellt worden ist, welche sich aus PBL ergebenden und aus der Literatur entnommenen Punkte bei der Konzeptionierung einer im Mathematikunterricht der Grundschule durchführbaren Unterrichtskonzeption Beachtung finden sollten (s. Kapitel 1–6), wird diese nun für unseren Kontext definiert. Dazu wird begründet beschrieben, wie die theoriebasiert entwickelte Unterrichtskonzeption aufgebaut ist, aus welchen Komponenten sie besteht und wie diese zusammenspielen. Dabei wird der Fokus auf die sich aus PBL (s. insbesondere Abschnitt 2.4), dem Forschungsstand (s. insbesondere Abschnitt 2.5.4) und den Grundideen (s. Kapitel 4 und 5) sowie dessen unterrichtlicher Betrachtung (s. Kapitel 6) ergebenden Hauptkomponenten (Phasen, Fälle und Lerntagebuch) gelegt, um die Verzahnung der in den vorherigen Kapiteln erarbeiteten Voraussetzungen in der Unterrichtskonzeption herauszustellen und auf deren Komplexität einzugehen. Zu diesem Zweck werden wichtige Erkenntnisse aus den vorherigen Kapiteln an geeigneter Stelle zusammengefasst und strukturiert dargestellt oder es wird darauf verwiesen. Verweise auf PBL direkt werden zumeist nur in Bezug auf die organisatorische Gestaltung der Unterrichtskonzeption vorgenommen, da der Ablauf dieser sich an den vielfach erprobten (s. Abschnitt 2.5) Phasen von PBL orientiert. Bei den Begründungen der Konzeptionsgestaltung geraten vordergründig die Grundideen und die daraus in Zusammenspiel mit den zuvor betrachteten Theorien herausgearbeiteten Merkmalskategorien (s. Abschnitt 6.5) in den Blick, da diese die essenziellen Merkmale von PBL repräsentieren und bereits Bedingungen enthalten, welche in einer darauf aufbauenden Unterrichtskonzeption darüber hinaus beachtet werden sollten. Sie stellen somit Ausgangspunkt für die Entwicklung einer durchführbaren, auf den in den Grundideen ausgedrückten Kerngedanken von PBL aufbauende Unterrichtskonzeption dar, die das integrative Erreichen der Ziele

- Entwicklung einer Lebensweltkompetenz im Sinne von eigenverantwortendem, zielgerichtetem Denken und Handeln unter Einbezug von Interaktionen und notwendigen Hilfen.
- Entwicklung spezifischer mathematischer prozessbezogener Kompetenzen
- Entwicklung spezifischer mathematischer inhaltlicher Kompetenzen (s. Kapitel 4) ermöglichen kann.

Die mit der Unterrichtskonzeption verfolgten Ziele lassen sich auf Basis der Merkmalskategorien an dieser Stelle präzisieren. Lebensweltkompetenz kann sich in einer Unterrichtskonzeption immer in einer Anwendungsorientierung der Inhalte, eigenverantwortlichem Handeln bezüglich des eigenen Lernprozesses, Selbst- und Mitbestimmungsrecht sowie Teamfähigkeit in Kooperationssituationen ausdrücken, eben den Dingen, die Schüler brauchen, um in ihrer gegenwärtigen und zukünftigen Lebenswelt verantwortlich agieren zu können. Damit einher geht der Erwerb mathematischer prozessbezogener Kompetenzen, denn insbesondere das Argumentieren und Kommunizieren sowie das Modellieren (vgl. KMK 2005, S. 9–10) werden durch den Anwendungsbezug sowie das kooperative Arbeiten gefördert. Darüber hinaus sollte keine Unterrichtskonzeption inhaltsleer sein, sodass das Anregen eines Lernprozesses zum Erwerb fachspezifischer inhaltsbezogener Kompetenzen und Teilkompetenzen mitgedacht werden muss. Dabei muss vor allem berücksichtigt werden, dass es im Sinne einer Durchführbarkeit den Schülern möglich gemacht wird, überhaupt Lernhandlungen zielgerichtet (s. Abschnitt 7.1) auszuführen, denn sonst können auch keine Ziele erreicht werden.

Es lässt sich übergeordnet festhalten, dass die zu entwickelnde Unterrichtskonzeption den aus PBL abgeleiteten Grundideen entspricht, also in ihr folglich Offenheit zur Grundlage gemacht, Eigenaktivität verlangt, Kooperation und Kommunikation gefordert und ein Fall als Initiation individueller Lernzielentwicklung eingesetzt werden sollte und genau dies erfüllt werden kann, wenn die daraus erarbeiteten Merkmalskategorien aufgegriffen werden. Direkt aus den Grundideen lässt sich also folgern, dass Fälle den Lernprozess der Schüler anstoßen sollten, indem sie anhand der Fälle eigenständig Lernziele entwickeln und diese dann auch in einem Bearbeitungsprozess verfolgen. Dieser Bearbeitungsprozess sollte sich nach wie vor an den durch PBL vorgegebenen eigenständigen Erarbeitungs-, Recherche- sowie gemeinsamen Besprechungs- und Evaluationsphasen orientieren, sodass sich als weitere wesentliche Charakteristika die Kooperation und die Eigenaktivität aus dem Anspruch der Bearbeitung der entwickelten Lernziele ergeben. Dabei sollte bedacht werden, dass eigenständiges Handeln der Schüler nur durch eine gewisse Offenheit des Rahmens, in dem das Handeln stattfindet, möglich ist. Aus diesen wesentlichen Punkten, die den Lernprozess der Kinder bestimmen sollen, kann ein Name für die Konzeption abgeleitet werden. Dieser Name hebt den Fall und den eigenaktiven Umgang damit als zentrale Komponenten hervor und betont gleichermaßen die damit wechselseitig in Beziehung stehenden anderen Grundideen. Ebenso sollte bereits im Namen der Konzeption deutlich werden, dass durch den Einsatz dieser neben den mit den Grundideen und dem Bearbeitungsprozess an sich einhergehenden Lebensweltkompetenz und prozessbezogenen Kompetenzen auch fachliche Inhalte, das heißt inhaltsbezogene Kompetenzen, als Lernziele fokussiert werden sollen. Daraus resultierend hat sich der Name

ELIF – Eigenständige Lernzielentwicklung und Inhaltserschließung am Fall

ergeben, der aus oben genannten Gründen als sinnvolle Kurzbeschreibung der Unterrichtskonzeption angesehen werden kann.

Es bleibt die Frage offen, wie die eigenständige Lernzielentwicklung am Fall sowie ein geeigneter Bearbeitungsprozess der Lernziele durch die Schüler konkret aussehen und dabei sowohl durch die allgemeinen Eigenschaften einer Unterrichtskonzeption (s. Abschnitt 3.1) als auch damit einhergehend die Merkmalskategorien gekennzeichnet sein können.

Eine Unterrichtskonzeption

• ...vereint Unterrichtsprinzipien, die allgemein- und fachdidaktische Theorie und das Verständnis von "gutem" Unterricht der Begründer.

Diese Eigenschaft wird durch das Heranziehen der Merkmalskategorien (1–17) zur Konzeptionierung und Definition von ELIF umgesetzt, da diese sich aus der allgemeinen und fachdidaktischen Theorie ergeben haben. Darüber hinaus greifen sie ein durch verschiedene Forschungen (s. Kapitel 5 und 6) und die Umsetzung verschiedener didaktischer Prinzipien wie beispielsweise Schüler- und Sachorientierung begründetes Verständnis von gutem Unterricht als schwerpunktmäßig konstruktivistischen Unterricht auf, welches sich durch die Offenheit, Schülerzentriertheit und –aktivierung mit kooperativen Elementen und fallbasiertes Erarbeiten fachlicher Inhalte im Unterricht charakterisiert. Weiterhin werden in ELIF verschiedene spezifische mathematikdidaktische Prinzipien wie das Entdeckende und Forschende Lernen vereint. Dies ergibt sich daraus, dass beide Prinzipien im Sinne der allgemeinen Didaktik ebenfalls PBL zugrunde liegen

(s. Abschnitt 2.4). Bezogen auf den Mathematikunterricht heißt Entdeckendes oder auch Nachentdeckendes Lernen, dass die Kinder mathematikhaltige
Situationen erkunden sowie modellieren und anhand dessen aktiv vorgegebene
mathematische Inhalte erleben, anstatt sie nur anzuwenden (vgl. Büchter & Leuders 2014, S. 115–117; Winter 2016, S. 1–6). Dies ergibt sich direkt durch den
Einsatz des Falls zur Initiation des Lernprozesses. Beim Forschenden Lernen im
Mathematikunterricht rückt noch mehr die Autonomie der Schüler in den Vordergrund, indem diese dazu angehalten sind, eigenständig Fragen zu stellen, diesen
selbstbestimmt nachzugehen (vgl. Ludwig et al. 2017, S. 2–3) und sich anhand
dessen selbstständig und zielgerichtet mit einem neuen mathematischen Sachverhalt oder Problem auseinanderzusetzen (vgl. Roth & Weigand 2014, S. 2–9).
Dieser Punkt ergibt sich insbesondere aus den Merkmalskategorien 3 und 14,
die voraussetzen, dass die Schüler sich selbstständig eigene Lernziele setzen und
durch den Fall verschiedene Deutungs- und Lösungsmöglichkeiten eröffnet werden. Gleichzeitig können dadurch Möglichkeiten zur natürlichen Differenzierung
eröffnet werden, indem die Schüler unterschiedliche Lernwege auf verschiedenen Niveaus verfolgen, sodass dieses Prinzip ebenso Berücksichtigung in ELIF
findet (vgl. Krauthausen & Scherer 2014a, S. 16–19). ELIF kann darüber hinaus im unterrichtlichen Einsatz weitere mathematikdidaktische Prinzipien wie
beispielsweise das E-I-S Prinzip (vgl. Käpnick 2014, S. 54–56), das Spiralprin-
zip nach Bruner oder das operative Prinzip (vgl. Krauthausen & Scherer 2014b,
S. 132–145) einbeziehen, welche aber an dieser Stelle nicht näher betrachtet werden, da diese sich eher sekundär aus der Auswahl des entsprechenden Falls und
Ausgestaltung des Unterrichts durch die Lehrperson ergeben.

- …gibt Orientierungen unterrichtspraktischen Handelns durch Formulierung
  konkreter Ziele und Funktionen.

Aus den Merkmalskategorien (s. Abschnitt 6.5) ergeben sich die übergeordneten Ziele, welche sich in einem festgelegten Ablauf von ELIF widerspiegeln
könnten, der auf die bereits beschriebenen aus PBL erkennbaren Phasen der
eigenständigen Erarbeitung und Recherche von Inhalten, kooperativen Besprechung dieser und gemeinsamen Evaluation der Lernprozesse (s. Abschnitt 2.2
und 2.4) aufbaut. Daraus ergibt sich die Notwendigkeit, solche Phasen für ELIF
herauszuarbeiten. Darüber hinaus sollten konkrete inhaltliche Ziele formuliert
werden, die unumstritten davon abhängig sind, welche inhaltlichen Kompetenzen
mit dem Einsatz des jeweiligen Falles erarbeitet werden sollen, sodass hier eine
genauere Betrachtung der Fälle notwendig erscheint. Fachspezifische prozessbezogene Kompetenzen als Ziele müssen auf der einen Seite in Zusammenspiel

mit dem jeweiligen Inhalt gesetzt werden und sind somit auch abhängig von den Fällen. Sie können auf der anderen Seite aber auch als der Konzeption inhärent angesehen werden, sodass sich die Notwendigkeit dafür ergibt, diese fallübergreifend in einer Struktur der Konzeption, wie beispielsweise Phasen, zu verankern.

• …gibt konkrete Anweisungen im Hinblick auf den zeitlich-organisatorischen Ablauf und organisatorisch-institutionelle Rahmenbedingungen.

Aus diesem Punkt tritt erneut die Notwendigkeit in den Vordergrund, einen Ablauf für ELIF zu formulieren, der zeitlich-organisatorische Rahmenbedingungen vorgibt.

• …stellt ein Gerüst dar, das mit verschiedenen Unterrichtsmethoden ausgestaltet werden kann und muss.

Gleichzeitig sollten die Phasen folglich keine zu engen Vorgaben bezüglich einzelner Unterrichtsmethoden wie zum Beispiel des Einsatzes von Sozialformen und bestimmten Präsentationsmöglichkeiten von Ergebnissen oder der Überprüfung des Lernzuwachses machen, um eine flexible Anpassung an die jeweiligen Voraussetzungen einer Lerngruppe gewährleisten zu können.

Wie bereits beschrieben soll dazu am Aufbau von PBL hinsichtlich der Strukturierung durch Erarbeitungs- Recherche-, Kooperations-, Präsentations- und Evaluationsphasen festgehalten werden, da dieser eine bereits erprobte Möglichkeit (s. Abschnitt 2.5.3.1 und 2.5.3.2, insbesondere Jannack 2017 und Finkelstein et al. 2011) darstellt, die Grundideen zu vereinen und damit verschiedene Merkmalskategorien wie den Wechsel individueller und kooperativer Arbeitsphasen und die daraus resultierende Verantwortung für den und Regulation des eigenen und Gruppenlernprozesses sowie zum Teil Feedback seitens der Lehrperson (4, 6, 7, 9, 11) theoretisch umzusetzen.

Ein weiterer, aus der theoretischen Betrachtung der Grundideen (s. Kapitel 5 und 6) stammender und sich in den Merkmalskategorien wiederfindender Punkt ist der der Unterstützung und Strukturierung unterschiedlicher Art. Es kann hier an den Gedanken angeknüpft werden, wie einerseits den Schülern ein Feedback zu ihrem eignen Lernprozess zukommen kann, sodass diese in der Überwachung des Lernprozesses unterstützt werden. Andererseits rückt vordergründig die Notwendigkeit in den Blick, ein Instrument zu entwickeln, welches die Schüler dazu anleitet, die angedachten Phasen zu durchlaufen und sie dabei unterstützt, Verantwortung für den eigenen Lernprozess zu übernehmen, diesen zu strukturieren und

Entscheidungen darüber zu treffen, indem dieser unmittelbar durch das Instrument abgebildet wird. Als dazu geeignetes Unterstützungsinstrument werden bereits in den Kapiteln 2 und 6 wiederholt die unterschiedlichsten Formen von Lerntagebüchern aufgeführt, da diese Lernenden die Möglichkeit bieten können, den eigenen Lernprozess strukturiert zu dokumentieren und sich persönlich vertieft damit zu beschäftigen. Ebenfalls kann es als Medium der Kommunikation eingesetzt werden sowie einen Ort der Reflexion und Selbstwahrnehmung darstellen, sodass Optionen zur Förderung und Anwendung metakognitiver Strategien entstehen. Zusätzlich bietet es eine Möglichkeit für die Lehrperson, konstruktives Feedback zu geben sowie in einer moderierenden Rolle (s. Abschnitt 2.4 und Kapitel 5) zu bleiben und kann gleichzeitig, greift man den Gedanken der notwendigen passgenauen Bewertung aus Abschnitt 2.5 wieder auf, in seiner Funktion als Diagnose- und Evaluationsinstrument zum Beispiel als besondere Lernaufgabe (vgl. Niedersächsisches Kultusministerium 2017, S. 42) verwendet und bewertet werden, die den gesamten Lernprozess der Schüler abbildet anstatt nur produktorientierte Lernergebnisse zu liefern. Dieser Ansatz entspricht außerdem der Forderung, Prozesse stärker in die Bewertung von Schülern mit einzubeziehen, die sich durch die Einführung der besonderen Lernaufgaben in der Grundschule ausdrückt. Ferner kann ein Lerntagebuch den Vorteil bieten, Anweisungen für alle einheitlich formulieren und zeitgleich zur Verfügung stellen zu können, welche wiederholt einsetzbar sind, sodass die Schüler an Routine in den auszuführenden Handlungen gewinnen und diese automatisieren. Demnach kann erreicht werden, dass die Schüler ihren Lernprozess nach wiederholter Verwendung eines identisch aufgebauten Lerntagebuchs ohne weitere Hilfestellung dokumentieren und eigenständig verfolgen.

Es ergeben sich dementsprechend für ELIF die folgenden drei zu definierenden Komponenten:

- Phasen als an PBL angelehntes Ablaufmodell, sodass einerseits ELIF die Bedingungen für eine Unterrichtskonzeption erfüllt und andererseits die Merkmalskategorien (1, 2, 3, 4, 6, 7, 8, 9, 10, 11, 12, 17) vereint Anwendung finden können
- Fälle als direkter Umsetzungsansatz der sich unmittelbar aus PBL ergebenden Grundidee 4 unter Beachtung der dafür erarbeiteten Merkmalskategorien (13–17)
- Lerntagebuch als sinnvolle Antwort auf die Forderung (4, 5, 6, 7, 8, 9, 11, 12) von Unterstützung der Schüler zur Strukturierung und stetigen Evaluation ihres Lernprozesses sowie als Abbildung der Phasen für die Schüler, sodass die dadurch geforderten Lernaktivitäten routiniert erfolgen können.

Diese Einzelkomponenten werden im nächsten Abschnitt unter Einbezug der jeweiligen Merkmalskategorien und demzufolge im Hinblick auf die mit ELIF verfolgten Ziele (s. Kapitel 4) definiert, ausgestaltet und näher erläutert. Es bleibt festzuhalten, dass diese Einzelkomponenten, wie bereits durch die Zuordnung der Merkmalskategorien deutlich wird, in einem engen Zusammenhang miteinander stehen (s. Abbildung 7.1). Dieser wird im Folgenden ebenfalls kontinuierlich thematisiert.

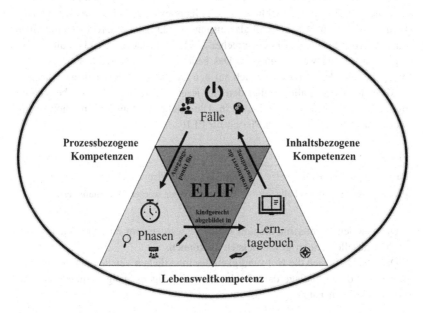

Abbildung 7.1 Komponenten und Ziele der Unterrichtskonzeption ELIF

7.1 Phasen des theoriebasierten Ausgangskonzepts

Die Phasen sollen den Ablauf von ELIF zunächst für die Lehrperson zugänglich machen, sodass diese sich daran orientieren und den Unterricht danach gestalten kann. Nur wenn die Lehrperson selbst klare Vorgaben vor Augen hat, kann sie die Schüler dementsprechend anleiten. Dies impliziert, dass sich in den Phasen alle nötigen Schritte des vorgesehenen Lernprozesses der Schüler niederschlagen sollten, welche den durch PBL vorgegebenen Ablauf der eigenständigen Erarbeitung und Recherche von Inhalten anhand eines realen Problems, hier Falls, kooperativen Besprechung dieser und gemeinsamen Evaluation der Lernprozesse konkretisieren. Die Ausgestaltung der Phasen auf kindgerechter Ebene durch das Formulieren passender Arbeitsaufträge erfolgt im Lerntagebuch (s. Abschnitt 7.3). Dies verdeutlicht erneut den engen Zusammenhang dieser beiden Komponenten. Aus diesem Grund sollten sich die Merkmalskategorien, die sich auf die Struktur des Lernprozesses im Allgemeinen beziehen (4, 6, 7, 8, 9, 11, 12) in beiden Komponenten widerspiegeln. Die Merkmalskategorien, welche sich direkt auf den Fall beziehen, scheinen zunächst unabhängig von den anderen Komponenten und ausschließlich für die Entwicklung eines Falls relevant zu sein (s. Abschnitt 7.2), allerdings ist durch PBL der Fall als Ausgangspunkt des Lernprozesses innerhalb von ELIF vorgegeben, sodass entsprechende Merkmalskategorien ebenfalls in den Phasen mitgedacht werden müssen. Das bedeutet, dass zuerst Phasen von ELIF vorgegeben werden müssen, die sich auf den Umgang mit dem Fall beziehen.

Als erstes müssen alle Schüler den Fall lesen und sprachlich verstehen, damit anschließend überhaupt ein Arbeiten im Unterricht mit dem Fall möglich ist. So ergeben sich die ersten beiden Phasen für ELIF:

Phase	Inhalt
Phase 1: Lesen des Falls	Der Fall wird im Plenum gelesen.
Phase 2: Verständnis des Falls	Verständnisfragen werden im Plenum geklärt.

Diese sollen jeweils im Plenum realisiert werden, um ein sprachliches Verständnis für alle Schüler gewährleisten zu können.

Daran schließt sich die Notwendigkeit des inhaltlichen Verständnisses des Falls an, welches die Grundlage dafür bildet, dass sich eigenständig Lernziele gesetzt, also die Merkmalskategorie

3 – Die Schüler bestimmen inhaltliche Aspekte des Unterrichts

durch das Setzen eigener Lernziele und die damit verbundene selbstständige Auswahl von Unterrichtsinhalten realisiert werden kann. Dazu sollte zunächst deutlich werden, welche Konflikte oder Probleme sich aus dem Fall ergeben, da diese überhaupt erst den Anreiz dafür bieten, sich mit dem inhaltlichen Thema des Falls zu beschäftigen. An dieser Stelle sei kurz darauf hingewiesen, dass eine vollkommen selbstständige Wahl der Unterrichtsinhalte nur dadurch möglich wäre, die Schüler selbstständig einen Fall zu einem eigenständig gewählten Thema entwickeln zu lassen. Dies würde die Kinder allerdings im 3. Schuljahr ohne Vorkenntnisse zu Fällen und Erfahrungen in offenen Lernsettings laut der Erkenntnisse aus Abschnitt 5.2 überfordern. Darüber hinaus könnte nicht gewährleistet werden, dass von den Kindern gewählte Inhalte mit den Inhalten aus den Bildungsstandards übereinstimmen. Aus diesem Grund wird die selbstständige Auswahl von Unterrichtsinhalten in den Grenzen der vom Inhalt des Falls geleiteten eigenständigen Lernzielsetzung verwirklicht. Dadurch wird den Kindern zumindest ein gewisser Grad an Autonomie übertragen, sodass sie sich letztendlich mit eigenständig formulierten Ideen sowie Fragestellungen zu dem durch den Fall vorgesehenen Inhalt beschäftigen. Diese bilden ihre persönlichen Lernziele ab.

Diese Überlegungen führen zu einer dritten Phase von ELIF:

Phase 3: Problem beschreiben und definieren	Die Schüler schreiben Problemaspekte in Einzelarbeit auf. Im Plenum wird besprochen, worum es in dem Problem geht und eine gemeinsame Problemdefinition vorgenommen.

Hierbei erscheint es sinnvoll, im Sinne einer Aktivierung aller Schüler zunächst jedem Schüler selbst die Möglichkeit zu geben, sich mit dem Fall inhaltlich auseinanderzusetzen, um ihnen individuelle Assoziationen und damit Identifikation zu ermöglichen. Nur so kann im weiteren Verlauf von ELIF im Sinne einer gelingenden Vernetzung von persönlich bedeutsamen bereits vorhandenen und neu erworbenen Informationen (s. Abschnitt 5.1) auch anschlussfähiges Wissen von den Schülern generiert werden. Trotzdem soll anschließend gemeinsam festgelegt werden, worum es in dem Fall geht, damit dies für alle Schüler deutlich wird. Der Konsens bei der Problemdefinition sollte sich allerdings aus den Ideen der Schüler ergeben, sodass ihnen wieder ein Mitbestimmungsrecht der Lerninhalte entsprechend der Merkmalskategorie 3 vermittelt wird.

An dieser Stelle zeigt sich der bereits wiederholt betonte Aspekt, wie wichtig es ist, im Unterricht und insbesondere mit einem Fall an die Lernvoraussetzungen der Kinder anzuknüpfen (s. Abschnitt 2.5, Kapitel 5 und 6). Die entsprechende Merkmalskategorie

17 – Der Fall passt zu den Lernvoraussetzungen der Schüler

sollte von daher einerseits bei der Fallkonstruktion (s. Abschnitt 7.2) berücksichtigt werden, aber andererseits sollte durch den Ablauf gefordert werden, dass Bezug auf das Vorwissen der Kinder genommen wird. Somit ergibt sich eine vierte Phase von ELIF:

Phase 4: Aktivierung von Vorwissen	Die Schüler schreiben in Einzelarbeit auf, was sie in Bezug auf das definierte Problem bereits wissen.

In dieser Phase halten die Schüler ihr persönliches Vorwissen zum Fall fest, was sie wiederum darin unterstützen soll, einen persönlichen Bezug zum Fallthema herzustellen und im weiteren Verlauf potenzielles durch die Arbeit mit dem Fall erworbenes neues Wissen daran anzuschließen.

Erst nachdem die Schüler den Fall sprachlich sowie inhaltlich verstanden, ihn hinsichtlich offener Konflikte analysiert und ihr Vorwissen dazu aktiviert haben, kann der eigentliche Lernprozess durch das Setzen der Ziele eingeleitet werden. Dabei gilt es, die Merkmalskategorie

4 – Strukturierungen unterstützen die Schüler in ihrem Lernprozess

zu berücksichtigen. Darunter kann die Notwendigkeit verstanden werden, Schüler beim Setzen von Lernzielen, dem Planen, Umsetzen sowie Evaluieren und Regulieren des eigenen Lernprozesses, also der eigenständigen Erarbeitung und Recherche von Inhalten zu unterstützen. Zusätzlich sollten die Kinder durch strukturierende Vorgaben im Gruppenlernprozess, das heißt der kooperativen Besprechung dieser Inhalte, Unterstützung zu erhalten. Dazu sollte eine vorbereitete Lernumgebung existieren, indem von der Lehrperson alle benötigten Materialien bereitgehalten und räumliche Voraussetzungen geschaffen werden. So kann ein Arbeiten nach den Gestaltungsvorgaben von ELIF erfolgen. Dies findet keine gesonderte Erwähnung in den Phasen, sondern wird, wie in jedem anderen Unterricht, als von der verantwortlichen Lehrperson zu beachtenden triviale Planungskomponente verstanden (s. Abschnitt 2.4). Klare Regeln und Rituale in der Unterrichtsgestaltung nach ELIF sowie eine gemeinsame Gestaltung von Schlüsselmomenten wie beispielsweise eine Besprechung möglicher gesetzter Lernziele sollten sich direkt aus den hier definierten Phasen ergeben und von der Lehrperson zusammen mit den Schülern gestaltet werden.

Um die Schüler zum Setzen der eigenen Lernziele angemessen hinzuführen, erscheinen zwei Schritte als notwendig, die für die Schüler eine Art Anleitung für das Setzen von Zielen darstellen können. Zunächst sollten sich die Schüler auf der Basis ihres Vorwissens offen Gedanken und Ideen zum durch den Fall aufgeworfenen Konflikt oder Problem machen und aufschreiben. Dadurch wird das Gefühl gestärkt, eigenverantwortlich zu handeln und selbst entscheiden zu können, mit was sich der Schüler in den kommenden Unterrichtsstunden beschäftigen möchte, sodass einerseits die im Vorhinein bereits beschriebene in der Merkmalskategorie

3 enthaltene selbstständige Auswahl der Unterrichtsinhalte innerhalb der durch das Kerncurriculum gesetzten Grenzen für die Schüler erfahrbar gemacht wird und andererseits die Merkmalskategorie

9 – Die Schüler sind individuell verantwortlich

bereits vor Beginn des eigentlichen Erarbeitens des Inhalts berücksichtigt wird. Darauf aufbauend sollte den Schülern die Möglichkeit gegeben werden, sich über ihre Ideen auszutauschen, da es ihnen Sicherheit gibt und vermeidet, dass einige Schüler sich auf eine einzige Idee versteifen. Dadurch wird eine Perspektivenübernahme (s. Abschnitt 5.2.3) geschult und mit einer Forderung nach Einigung auf eine bestimmte Anzahl an Ideen kooperatives Arbeiten verlangt. So lernen die Schüler, sich gegenseitig zuzuhören und Ideen im Hinblick auf ihre Bedeutung für die Lösung des Problems oder Konflikts in der Gruppe zu bewerten. Es findet also eine Verknüpfung einer individuellen Arbeitsphase, in der die Kinder im Sinne eines gelungenen Brainstormings (s. Asbscnitt 2.2) zunächst eigenständig Ideen generieren, mit einer kooperativen Arbeitsphase statt, in der diese Ideen im Austausch mit den Mitschülern angereichert und in einem gemeinsamen Prozess bewertet werden können.

Dieser Zweischritt greift somit die Merkmalskategorie

11 – Es gibt einen Wechsel von kooperativen Arbeitsphasen und Arbeitsphasen

auf, da den Schülern die Möglichkeit eingeräumt wird, zunächst ihren individuellen Voraussetzungen entsprechend für sich und anschließend in Kooperation mit den Mitschülern zu arbeiten. Folglich kann die nächste Phase von ELIF definiert werden:

Phase 5: Ideen- und Fragenentwicklung	Die Schüler schreiben in Einzelarbeit Ideen, Gedanken und Fragen auf, sammeln und sortieren diese in der Gruppe und einigen sich auf 4–5 davon. Diese werden im Lerntagebuch notiert.

Wie die Gruppen festzulegen sind, wird in den Phasen nicht festgehalten, sodass hier die Merkmalskategorie

1 – Die Schüler bestimmen organisatorische Aspekte des Unterrichts

in Bezug auf die Wahl der Lernpartner Beachtung finden kann, um so die Offenheit von ELIF realisieren zu können.

Um die Schüler schließlich dazu zu bringen, sich konkrete Lernziele zu setzen, die sie dazu ermutigen, sich eigenständig mit Lerninhalten auseinanderzusetzen, sollen sie ihre gesammelten Ideen zu Fragen umformulieren. Dies scheint der geeignete Modus zu sein, um den Schülern das Gefühl zu geben, dass hier noch etwas unklar ist und sie selbst nachforschen müssen. Würden nur die Ideen als Aussagen festgehalten, könnte es den Schülern so vorkommen, als müsste man nicht noch etwas herausfinden, um die Fallsituation auflösen zu können. Aufgrund dessen wird folgende Phase von ELIF festgelegt:

Phase 6: Fragenformulierung	Die Schüler formulieren auf der Grundlage von Phase 5 Fragen und notieren diese im Lerntagebuch.

Dabei bleibt offen, ob die Schüler dies erneut in der Gruppe oder eigenständig vornehmen, um ihnen an dieser Stelle erneut die Möglichkeit zu geben, selbst über ihre Lernpartner bestimmen zu können. Wird das Formulieren von Fragen in Einzelarbeit vorgenommen, steigt allerdings im Sinne der Merkmalskategorie

2 – Die Schüler bestimmen methodische Aspekte des Unterrichts

der direkte Einfluss jedes einzelnen Schülers auf das Niveau des Lerninhalts, indem dieser die Frage entsprechend seines eigenen Niveaus formulieren kann. Formulieren sie die Fragen gemeinsam, haben die entsprechenden Gruppen oder Partnerteams einen direkten Einfluss auf das Niveau der Lerninhalte, nicht so sehr hingegen jeder einzelne Schüler.

Der Wechsel von individuellen und kooperativen Arbeitsphasen soll aus bereits genannten Gründen auch im weiteren Ablauf von ELIF eingesetzt werden. So kann die durch PBL vorgegebene Phase der eigenständigen Erarbeitung und Recherche von Inhalten, die in ELIF durch die selbstständig in Fragen formulierten Lernziele angestoßen wird, nach dem Vorbild von PBL in Einzelarbeit verlaufen. Dabei soll im Sinne der Merkmalskategorie 4 nicht nur die Durchführung der Informationsbeschaffung, sondern auch die Planung dieser in die nächste Phase von ELIF einbezogen werden:

Phase 7: Erarbeiten der Antworten auf die einzelnen Fragen	Die Schüler wählen eine Frage aus, planen in Einzelarbeit ihren Lernprozess, führen den Plan aus und beantworten die Frage. Sie halten wesentliche Aspekte im Lerntagebuch fest und reflektieren den eigenen Lernprozess.

Einzelne Teile des Lernprozesses, wie das eigenständige Recherchieren von Inhalten, werden durch die Phase bereits im Ablauf in einzelne bedeutsame

Teilschritte aufgeschlüsselt, zu denen dann kindgerechte Unterstützungen im Lerntagebuch (s. Abschnitt 7.3) formuliert werden. Im Fokus sollte stehen, dass die Kinder diese Teilschritte eigenständig durchlaufen. Jeder Schüler plant, wie er sich die Antworten auf die einzelnen Fragen erarbeiten möchte und führt dies anschließend in Einzelarbeit aus. Unter Rückbezug auf die Erkenntnisse aus Abschnitt 6.3.1 sei darauf verwiesen, dass es hier wichtig ist arbeitsgleich und nicht arbeitsteilig vorzugehen und somit jedem Schüler die Möglichkeit zu geben, sich mit jeder Frage eigenständig auseinanderzusetzen.

In dieser Phase wird darüber hinaus bewusst auf nähere Beschreibungen der angesprochenen Durchführung und Reflexion des Lernprozesses verzichtet, da insbesondere in der individuellen Arbeitsphase die Merkmalskategorien

1 – Die Schüler bestimmen organisatorische Aspekte des Unterrichts
2 – Die Schüler bestimmen methodische Aspekte des Unterrichts

realisiert werden sollen.

Die Schüler sollen in dieser Arbeitsphase Freiheiten in der Bestimmung ihres Lernorts, der Wahl möglicher Lernpartner sowie der zur Beantwortung der Frage verwendeten Ressourcen erhalten. Sie müssen eigenständig bestimmen, wie sie eine Antwort auf die jeweilige Frage finden wollen und dies dann auch selbstständig umsetzen. Dabei stehen ihnen die Methoden zur Fragenbeantwortung offen. Sie können so mithilfe eigenständig gewählter Arbeitsmittel ihren individuellen Zugangsweisen entsprechend eine Antwort auf die Fragen finden. Eine Bearbeitung der Fragen findet somit auch auf dem individuellen inhaltlichen Niveau jedes einzelnen Schülers statt, da diese gemäß ihrer individuellen Lernvoraussetzungen und Fähigkeiten eine Beantwortung der Fragen vornehmen. Dies schult ein realistisches Selbstkonzept (s. Abschnitt 5.2.4), da die Schüler schnell merken, welche Informationen sie mit den ihnen zur Verfügung stehenden Mitteln und vorhandenen Kenntnissen erhalten können. Die Schüler sollen außerdem selbstständig bestimmen, wie viel Zeit sie für die Beantwortung der einzelnen Frage aufwenden, um einerseits je nach Interesse mehr oder weniger tiefgreifend an den verschiedenen Fragen arbeiten zu können und andererseits ein Gefühl dafür zu bekommen, wie viel Zeit sie für bestimmte Lernhandlungen benötigen. So werden die Kinder darin gefördert, effektives Zeitmanagement zu betreiben, das heißt, sich ihre Zeit in Abhängigkeit von den gestellten Aufgaben sinnvoll einteilen zu können, da der Anspruch in Phase 7 ist, dass jedes Kind im Rahmen seiner Fertig- und Fähigkeiten möglichst jede Frage beantwortet hat. In dieser Arbeitsphase sollte die Lehrperson möglichst wenig Einfluss nehmen und die Schüler selbstständig arbeiten lassen.

Durch all diese Freiheiten übernehmen die Schüler, wie in der Merkmalskategorie 9 beschrieben, Verantwortung für ihren eigenen Lernprozess.

Des Weiteren wird in der Phase der Punkt angesprochen, dass die Schüler den eigenen Lernprozess reflektieren sollen, sodass hier die Merkmalskategorie

6 – Die Schüler vollziehen metakognitive Prozesse

berücksichtigt wird. Eine genauere Ausgestaltung dieser lernprozessbegleitenden Evaluation soll aber ebenfalls erst im Lerntagebuch vorgenommen werden.

Eine weitere Entscheidung, die die Schüler im Sinne des selbstständigen Zeitmanagements zu treffen haben, ist die über den Zeitpunkt, zu dem sie sich in der Gruppe über ihre Ergebnisse austauschen wollen. Dies stellt wieder eine Phase des kooperativen Arbeitens dar, die durch den Ablauf von PBL vorgesehen ist. Dabei kann der Austausch über die gesamten Ergebnisse oder Teilergebnisse stattfinden, je nachdem, wie viele Fragen die einzelnen Schüler bereits beantwortet haben.

Phase 8: Austausch über Ergebnisse	Die Schüler stellen Ergebnisse in der Gruppe vor und kommen darüber ins Gespräch.

Von Bedeutung ist es in dieser Phase, dass die Schüler tatsächlich über die Ergebnisse und ihre Sinnhaftigkeit und Passung zur Frage ins Gespräch kommen und somit zum wiederholten Mal ihren eigenen Lernprozess sowie den in der Gruppe evaluieren. Dieses Gespräch bietet im Sinne der Merkmalskategorie

12 – Es existieren Schreib- und Kommunikationsanlässe

einen Anlass für die Schüler, über ihre möglicherweise unterschiedlichen Lösungen zu kommunizieren und dadurch Wissen aufzubauen. An dieser Stelle wird die Sinnhaftigkeit davon deutlich, die Schüler in Gruppen gemeinsam Ideen zusammentragen zu lassen, da sie sich so in dieser Austauschphase in ihrer bestehenden Gruppe auf die gleichen Lernziele zurückbeziehen. Ansonsten wäre das für den Aufbau von kooperativen Fähigkeiten und inhaltlichem Wissen bedeutsame Gespräch in der Gruppe nicht möglich. So findet außerdem die Merkmalskategorie

8 – Die Schüler sind voneinander abhängig

Berücksichtigung, da es zu diesem Zeitpunkt nicht mehr darum geht, eine individuelle Antwort auf jede Frage zu haben, sondern sich in der Gruppe auf sinnvolle

Antworten zu einigen und gegebenenfalls noch gemeinsame Überlegungen anzu-
stellen, falls Fragen noch nicht vollständig beantwortet worden sind. Zum Schluss
soll jede Gruppe eine Lösung für den Konflikt oder das Problem aus dem Fall
präsentieren, sodass ein Erreichen dieses Ziels nur gemeinsam möglich ist. Kein
Schüler steht somit am Ende ohne eine endgültige Lösung da, weil eine mögliche
Nichtbeantwortung einer Frage durch gravierende Unterschiede im Lerntempo,
zu große existierende Wissenslücken oder fehlende inhaltliche oder organisatorische Fertig- und Fähigkeiten beim Besprechen der Ergebnisse aufgearbeitet oder
zumindest nachgeholt werden kann. Aus diesen Gründen sind die Schüler außerdem voneinander abhängig, da ihr eigener Erfolg vom Gruppenerfolg abhängt,
was ihre Bereitschaft zu und Verwirklichung von kooperativem Arbeiten stärken soll. Jeder innerhalb der Gruppe ist gemäß der Merkmalskategorie 9 für
den Gruppenprozess und damit auch das Gruppenergebnis verantwortlich. Dieses
kooperative Arbeiten setzt die Merkmalskategorie

10 – Die Schüler unterstützen sich gegenseitig im Lernprozess

voraus, indem von den Schülern verlangt wird, sich gegenseitig durch Hilfestellungen und Anmerkungen zu unterstützen und sich in der Gruppe zu
ermutigen.

Die Phase wird im Lerntagebuch konkretisiert, indem festgeschrieben wird,
wie die Schüler den Gruppenarbeitsprozess fortlaufend und abschließend evaluieren. Denkbar wäre es, an dieser Stelle Raum dafür zu geben, dass sowohl die
Schüler als auch die Lehrperson die Ergebnisse und Arbeitsschritte der Einzelnen
in den jeweiligen Lerntagebüchern sichten und gegebenenfalls auch kommentie-
ren können. Dies kann auf Basis der Freiwilligkeit oder verpflichtend für alle
Schüler umgesetzt werden. Die Entscheidung dessen kann aufgrund der Kenntnis
des sozialen Verhaltens der Schüler und der allgemeinen Lernatmosphäre in der
Klasse der Lehrperson obliegen oder aber im Sinne der Merkmalskategorie 1 den
Schülern selbst. Diese Phase könnte ebenso die Merkmalskategorie 10 mit einbeziehen, indem die Schüler sich gegenseitig konstruktive Anmerkungen geben
können und sich so unterstützen. Darüber hinaus kann es den einzelnen Schülern Auskunft darüber geben, inwieweit andere ihre Gedanken nachvollziehen,
sie diese also verständlich in angemessener Form und Ausführlichkeit schriftlich
ausdrücken können, sodass hier wiederum eine Evaluation der eigenen Lernhandlungen erfolgen kann. Außerdem besteht in einem Auslegen der Lerntagebücher
im Sinne der Merkmalskategorie

**7 – Die Lehrperson gibt Feedback zu allen Arbeitsschritten des Lernpro-
zesses**

für die Lehrperson die Möglichkeit, alle Arbeitsdokumente und das Gruppenergebnis zu sichten und jedem Schüler Rückmeldung in Bezug auf den individuellen Arbeits- und Lernprozess, Leistungsstand sowie das Gruppenergebnis zu geben, ohne dies mündlich vor der gesamten Klasse zu tun. Hier soll offengelassen werden, ob die Lehrperson ihre Anmerkungen direkt in das Lerntagebuch schreibt, sodass dem Kind unmittelbar deutlich wird, auf welchen Teil seiner Arbeit sich die Anmerkung bezieht, aber auch alle anderen Kinder diese Anmerkung lesen – und gegebenenfalls selber daraus lernen – können oder die Lehrperson aufbauend auf ihren Erkenntnissen aus dieser Phase in irgendeiner anderen Form gesondert Rückmeldung gibt. Dies stellt aus gutem Grund keine strikt vorgegebene, aber dennoch empfohlene Phase in ELIF dar, da das Gelingen eines solchen Auslegens, Sichtens und Kommentierens von persönlichen Arbeitsdokumenten der Schüler insbesondere bei der ersten Durchführung von ELIF in einer Klasse sehr stark von der Lerngruppe abhängt.

Eine gänzlich abschließende Evaluation des eigenen und auch des Gruppenarbeitsprozesses ist trotzdem auf der einen Seite durch das Vorstellen der Gruppenergebnisse im Plenum möglich, da sich hier zeigt, aus welchen Gründen die verschiedenen Gruppen ihre Ergebnisse erzielt haben und wie die anderen Schüler sowie die Lehrperson diese bezüglich ihrer Plausibilität und gegebenenfalls auch Praktikabilität einschätzen. Aufgrund dessen kann folgende Phase von ELIF festgelegt werden:

Phase 9: Konsensfindung in Bezug auf Fall"lösung"	Gemeinsame Besprechung von Lerntagebuch-Beispielen und Einigung auf plausible Fall"lösung(en)" im Plenum.

Damit einher sollte auf der anderen Seite eine gemeinsame Reflexion der Arbeitsphase gehen, in der die Schüler erneut dazu ermutigt werden, die gemeinsame Arbeit in der Gruppe sowie die Arbeit im Lerntagebuch abschließend zu reflektieren. Sie sollen sich dabei darüber klar werden, welche Arbeitsschritte effektiv waren, ob und wie sozial angemessen gehandelt und miteinander umgegangen wurde und außerdem inwiefern das Lerntagebuch Unterstützung bietet oder nicht. Dies führt zur abschließenden Phase von ELIF:

Phase 10: Reflexion der Arbeitsphase	Die Schüler reflektieren die gemeinsame Arbeit in der Gruppe und die Arbeit im Lerntagebuch.

Beide Phasen im Zusammenspiel bieten das Potenzial, einen gemeinsamen inhaltlichen diskursiven Abschluss des durch den Fall behandelten Themas zu realisieren und dabei ebenfalls auf sozialer Ebene ins Gespräch zu kommen. Somit werden die Fähigkeiten, im Team zusammen zu arbeiten, wertfrei und zielgerichtet zu kommunizieren und Interaktionen zu vollziehen sowie das eigenverantwortliche Arbeiten thematisiert und sich in Bezug darauf selbst eingeschätzt. Dies ist nur möglich, wenn wie durch die Phasen vorgesehen, wiederholt Denkanstöße zum Reflektieren des eigenen Handelns gegeben werden.

Insgesamt ergibt sich für den Einsatz von ELIF folgender Ablauf (s. Tabelle 7.1).

Tabelle 7.1 Phasen von ELIF

Phase	Inhalt
Phase 1: Lesen des Falls	Der Fall wird im Plenum gelesen.
Phase 2: Verständnis des Falls	Verständnisfragen werden im Plenum geklärt.
Phase 3: Problem beschreiben und definieren	SuS schreiben Problemaspekte in Einzelarbeit auf. Im Plenum wird besprochen, worum es in dem Problem geht und eine gemeinsame Problemdefinition vorgenommen.
Phase 4: Aktivierung von Vorwissen	SuS schreiben in Einzelarbeit auf, was sie in Bezug auf das definierte Problem bereits wissen.
Phase 5: Ideen- und Fragenentwicklung	SuS schreiben in Einzelarbeit Ideen, Gedanken und Fragen auf, sammeln und sortieren diese in der Gruppe und einigen sich auf 4–5 davon. Diese werden im Lerntagebuch notiert.
Phase 6: Fragenformulierung	SuS formulieren auf der Grundlage von Phase 5 Fragen und notieren diese im Lerntagebuch.
Phase 7: Erarbeiten der Antworten auf die einzelnen Fragen	SuS wählen eine Frage aus, planen in Einzelarbeit ihren Lernprozess, führen den Plan aus und beantworten die Frage. Sie halten wesentliche Aspekte im Lerntagebuch fest und reflektieren den eigenen Lernprozess.
Phase 8: Austausch über Ergebnisse	SuS stellen Ergebnisse in der Gruppe vor und kommen darüber ins Gespräch.
Phase 9: Konsensfindung in Bezug auf Fall"lösung"	Gemeinsame Besprechung von Lerntagebuch-Beispielen und Einigung auf plausible Fall"lösung(en)" im Plenum.
Phase 10: Reflexion der Arbeitsphase	SuS reflektieren die gemeinsame Arbeit in der Gruppe und die Arbeit im Lerntagebuch.

Dieser Ablauf von ELIF kann weiter spezifiziert und in Lernhandlungen der Schüler operationalisiert werden, die sich in den verschiedenen Phasen von ELIF wiederfinden und somit im Lerntagebuch abgebildet und den Schülern zugänglich gemacht werden müssen (s. Abschnitt 7.3).

Die Schüler erarbeiten sich das dem Fall inhärente Problem

* Identifizieren des zentralen Problems
* Verknüpfen des Problems mit individuellem Vorwissen
* Formulieren verschiedener inhaltlich passender Lernfragen/Ideen

Die Schüler planen und führen Rechercheprozesse unter Einbezug von Informationsquellen durch

* Planen der Informationsrecherche
* Auswählen einer sinnvollen Bearbeitungsreihenfolge der Fragen
* Verwenden passender Informationsquellen
* Durchführung passender Rechnungen und Überlegungen unter Einbezug der Informationen
* Verfassen auf die Lernziele/Fragen bezogener nachvollziehbarer Antworten

Die Schüler führen Besprechungen durch

* Einigung auf gemeinsamen Fragen/Ideen
* Vergleichen der unterschiedlichen Ergebnisse in Bezug auf Gemeinsamkeiten und Unterschiede
* Überprüfen der Vollständigkeit der Überlegungen
* Formulieren einer gemeinsamen Antwort

Die Kinder evaluieren ihren Lernprozess

* Einschätzen der eigenen Fähigkeiten
* Dokumentation und Begründung von Lücken, Schwierigkeiten und zusätzlichen Überlegungen in der Fragenbeantwortung
* Reflexion von Emotionen
* Reflexion des Gruppenarbeitsprozesses
* Reflexion des gesamten Lernprozesses in Bezug auf Schwierigkeiten und das emotionale Erleben
* Verfassen inhaltlich passender Arbeitsergebnisse unter Rückbezug auf das Ausgangsproblem

Insgesamt sollen die Schüler in den Phasen durch die zu vollziehenden Lernhandlungen im Erwerb inhaltsbezogener und insbesondere prozessbezogener mathematischer und darüber hinausgehender metakognitiver, sozialer und selbstorganisatorischer Kompetenzen gefördert werden, sodass sie ebenso eine allgemeine Lebensweltkompetenz erwerben oder weiterentwickeln.

Das Kommunizieren und das Argumentieren als prozessbezogene Kompetenzbereiche rücken in den Phasen immer wieder in den Vordergrund. Die Schüler sind in allen Besprechungsphasen, aber insbesondere in den Phasen 8 und 9 dazu aufgefordert, ihre eigenen Vorgehensweisen zu beschreiben, die Lösungswege der anderen Kinder nachzuvollziehen, darüber gemeinsam zu reflektieren und sich in einem Aushandlungsprozess auf eine Falllösung zu einigen und sich dann an diese Verabredungen zu halten. Dabei ist es von Bedeutung, mathematische Fachbegriffe sachgerecht zu verwenden und im Sinne des Argumentierens die eigenen Vorgehensweisen und Ergebnisse begründen zu können (vgl. KMK 2005, S. 8).

Darüber hinaus schlagen sich aber auch andere prozessbezogene Kompetenzen wie das Problemlösen oder das Modellieren in den Phasen nieder. Die Schüler müssen zunächst dem Fall, welcher eine mögliche Situation aus der Lebenswirklichkeit der Kinder wiedergibt, die relevanten Informationen entnehmen. Da der Fall einen aus der Lebenswelt der Kinder stammenden und somit alltäglichen Kontext aufweist, in dem die Schüler Mathematik anwenden, vielmehr noch, in dem die Schüler Probleme ausmachen, die sich mithilfe der Mathematik lösen lassen, wird durch die Phasen von ELIF direkt sowohl das Modellieren als auch das Problemlösen angeregt. Die im Fall erkannten Probleme müssen analysiert, in die Sprache der Mathematik übersetzt und mithilfe des Durchlaufens der Phasen gelöst werden. Gerade das damit verbundene Stellen von Fragen und Setzen von Zielen lässt sich als Teilprozess des Problemlösens identifizieren (s. Abschnitt 6.4.2.1 und 6.4.3.1). In der weiteren Bearbeitung müssen die Schüler Lösungsstrategien entwickeln und nutzen sowie mathematische Kenntnisse, Fertigkeiten und Fähigkeiten bei der Erarbeitung einer Falllösung anwenden. Damit einher geht das im Kompetenzbereich Darstellen zu verortende Entwickeln, Auswählen und Nutzen von für das Bearbeiten mathematischer Probleme geeigneten Darstellungen. Abschließend wird eine Falllösung generiert, das bedeutet die erarbeiteten Lösungen der Probleme werden in einen Zusammenhang gebracht, kombiniert und wieder auf die Ausgangssituation rückbezogen (vgl. ebd., S. 7–8). Insgesamt entspricht ein solches Vorgehen dem bereits in Abschnitt 2.3 dargestellten Lernen durch Problemlösen, in welchem die im Fall erkannten Probleme den Ausgangspunkt des Lernprozesses darstellen.

Die einzelnen inhaltlichen Kompetenzen, deren Erreichung ebenfalls ein Ziel von ELIF darstellt, sind in den Phasen zunächst nicht direkt zu erkennen, da diese für viele mathematische Themen übergeordnet einsetzbar sein sollen. Durch die Struktur von ELIF gibt es aber im Bereich Zahlen und Operationen inhaltliche Kompetenzen, die immer angesprochen werden, denn es wird vorgegeben, dass die Schüler in den Phasen 8 und 9 ihre verschiedenen Ergebnisse und somit zumeist auch Rechenwege besprechen und somit automatisch vergleichen und evaluieren. Sie sollen sich anschließend auf ein Ergebnis einigen und müssen dazu ihre Ergebnisse auf Plausibilität prüfen (vgl. ebd., S. 9). Die inhaltsbezogenen Kompetenzen, welche hingegen, wie durch die Phasen vorgesehen, gezielt durch die Erarbeitung der selbstständig gesetzten Lernziele in Form von Lernfragen erworben werden sollen, ergeben sich aus dem Aufgabenformat, folglich den Fällen.

7.2   Fälle des theoriebasierten Ausgangskonzepts

Für den Mathematikunterricht der Grundschule existieren keine Fälle (s. Abschnitt 2.5.3, 2.5.4 und 6.4.1), die in ELIF unmittelbar einsetzbar wären, sodass in diesem Kapitel einerseits ein konkreter Fall für den Mathematikunterricht anhand der Merkmalskategorien festgelegt sowie andererseits ein allgemeines Vorgehen zur Konstruktion von Fällen, welche die entsprechenden Merkmalskategorien berücksichtigen, aufgezeigt werden soll.

Fälle als Aufgabenformat im Mathematikunterricht müssen bestimmte Anforderungen erfüllen, um den Lernprozess, das heißt im ersten Schritt das Aktivieren von Vorwissen sowie das Setzen von Lernzielen in Form von Lernfragen, initiieren zu können.

Dazu sollte bei der Konstruktion eines Falls die Merkmalskategorie

13 – Der Fall ist für die Schüler bedeutsam

berücksichtigt werden, da die Schüler nur so persönliche Assoziationen und Erfahrungen mit dem Fall in Verbindung bringen und die Motivation zur Beschäftigung mit dem Fall geweckt werden kann. Der Fall ist genau dann bedeutsam für die Schüler, wenn er die bereits bestehenden Neigungen und Interessen dieser aufgreift, das heißt, ein mathematisches Thema in einen Kontext einbettet, den möglichst alle Schüler aus ihrem Alltag kennen und der Elemente enthält, an denen die Kinder Gefallen finden. An dieser Stelle wird deutlich, dass ein Fall inhaltlich zweischichtig aufgebaut ist. In der vordergründigen, also der für die Schüler sichtbaren Ebene, bietet der Fall einen Kontext aus deren Lebenswelt, der gegenwärtig eine Bedeutung für die Kinder hat und die fachliche Thematik entsprechend der Interessen und Neigungen der Kinder aufarbeitet. In ELIF sind die Fälle also dahingehend authentisch, dass sie der Lebenswelt der Kinder entstammen (s. Abschnitt 8.2). In der hintergründigen Ebene wird ein Fall konstruiert, um die Kinder dazu zu bewegen, sich bestimmte in der Gegenwart und Zukunft bedeutsame, in der Regel exemplarische mathematische Inhalte zu erarbeiten. Das bedeutet, er ist in seiner fachlichen Thematik festgelegt und sollte die inhaltsbezogenen Kompetenzen, die erarbeitet werden sollen, ansprechen. Somit wird in jedem Fall die Merkmalskategorie

16 – Der Fall bildet fachliche Inhalte ab, die es zu entdecken gilt

bedacht. Im Unterricht kann dadurch ein Anwendungsbezug erreicht werden, da die Schüler im Unterricht nicht die hintergründige Ebene der auf ein bestimmtes mathematisches Thema ausgerichteten fiktiven Konstruktion des Falls wahrnehmen, sondern vordergründig den Kontext erfahren. Das mathematische Thema wird von den Schülern dann eher als Werkzeug angesehen, welches sie sich erarbeiten und anschließend nutzen müssen, um den im Fallkontext beschriebenen Konflikt bearbeiten zu können.

Um die Kriterien für einen Fall nicht nur auf theoretischer, abstrakter Ebene zu betrachten und tatsächlich einen Prototyp von ELIF zu entwickeln, welcher im Unterricht eingesetzt werden kann, wird zunächst ein ausgewähltes Thema bestimmt und konkret dazu ein Fall entwickelt.

Es wurde wiederholt herausgestellt, dass ein Einsatz einer nach den Grundideen und somit auch nach den Merkmalskategorien aufgebauten Unterrichtskonzeption, folglich auch der Einsatz von ELIF, ab der dritten Klasse sinnvoll erscheint (s. Kapitel 5). Aus diesem Grund soll der erste Fall für den Einsatz in einer dritten Klasse entwickelt werden. Einen Kontext aus der Lebenswelt zur Einbettung eines mathematischen Themas verwenden zu können, erscheint zunächst einfacher bei mathematischen Themen, die von sich aus häufig in der Lebenswelt der Kinder eine Rolle spielen, wie beispielsweise mathematische Größen. In den Bildungsstandards ist festgelegt, dass die Kinder in der Grundschule Größen vergleichen, messen und schätzen, im Alltag relevante Repräsentanten für Standardeinheiten kennen, Größenangaben umwandeln sowie mit geeigneten Einheiten und Messgeräten messen, Bezugsgrößen aus der Erfahrungswelt zum Lösen von Sachproblemen heranziehen, in Sachsituationen angemessen mit Näherungswerten rechnen, dabei Größen begründet schätzen sowie Sachaufgaben mit Größen lösen sollen (vgl. ebd., S. 11).

In diesem konkreten Fall wurde sich unter Einbezug des niedersächsischen Kerncurriculums für das Thema *Zeitspannen* entschieden, welches in diesem für die Jahrgangsstufen drei bis vier vorgesehen ist. Um die allgemeinen Kompetenzen aus den Bildungsstandards zu spezifizieren, wurden entsprechende Kompetenzen und Teilkompetenzen aus dem Kerncurriculum entnommen und im Sinne des kumulativen Lernens mathematischer Prozesse und Inhalte kombiniert. Das bedeutet, dass die Schüler durch die Bearbeitung des Falls folgende Kompetenzen erwerben sollen und eben diese deshalb auch der Fallkonstruktion zugrunde gelegt werden:

Die Schüler …

(Größen und Messen)

- lesen Uhrzeiten von digitalen und analogen Uhren ab.
- verfügen über Stützpunktvorstellungen für standardisierte Einheiten bei Zeitspannen und Gewichten und nutzen diese beim Schätzen.
- wählen entsprechend der Fragestellung geeignete Messinstrumente aus und wenden sie sachgerecht an.
- verwenden Standardeinheiten der relevanten Größenbereiche (s, min, h).
- wandeln standardisierte Einheiten um (z. B. 90 min = 1 h 30 min = 1,5 h).
- rechnen mit Größen (vgl. Niedersächsisches Kultusministerium 2017, S. 35–36).

Diese können aufgrund der den Phasen inhärenten Lernaktivitäten um Kompetenzen aus den Bereichen Zahlen und Operationen, Darstellen und Kommunizieren ergänzt werden, welche jedoch trotzdem bereits bei der Themenwahl zur Fallkonstruktion bedacht werden sollten, da nicht jedes mathematische Thema Anlässe dazu bietet, diese Kompetenzen weiterzuentwickeln. Dahingegen werden das Problemlösen sowie Argumentieren als grundsätzlich der Konzeption im Ganzen zugrunde liegend betrachtet, da sie bereits in den Phasen verankert sind (s. Abschnitt 7.1). Ein Fall sollte nach der Merkmalskategorie 13 für die Schüler bedeutsam sein, was sich in seiner Authentizität ausdrückt, sodass auch das Modellieren an dieser Stelle nicht als zusätzliche prozessbezogene Kompetenz aufgeführt wird, die in der Fallkonstruktion bedacht werden sollte, da dies bereits in der vordergründigen Ebene der Fallkonstruktion, der Kontextauswahl, mitgedacht wird.

(Zahlen und Operationen)

- vergleichen verschiedene Rechenwege.
- wählen Rechenwege aufgabenbezogen aus (vgl. ebd., S. 30).

(Darstellen)

- wählen und nutzen geeignete Arbeitsmittel zum Lösen einer Aufgabe.
- entwickeln, wählen und nutzen geeignete Darstellungen (z. B. Skizze, Tabelle, Diagramme) und Forschermittel zum Lösen einer Aufgabe.
- nutzen geeignete Darstellungen und Forschermittel (z. B. farbige Markierungen, Pfeile), um ihre Überlegungen nachvollziehbar zu präsentieren (vgl. ebd., S. 24).

(Kommunizieren)

- beschreiben eigene Lösungswege und Vorgehensweisen, vollziehen Lösungen anderer nach und reflektieren gemeinsam darüber.
- verwenden eingeführte mathematische Fachbegriffe und Zeichen sachgerecht (vgl. ebd., S. 22).

Automatisch sind durch die Wahl der jahrgangsabhängigen inhaltsbezogenen Kompetenzen die im Fall angesprochenen Fachinhalte angemessen für die Kinder, da das Kerncurriculum in Mathematik aufeinander aufbauend angelegt ist und damit fachliche Grundlagen in den vorherigen Jahrgangsstufen erarbeitet werden. Somit initiiert ein Fall unmittelbar das Aktivieren von Vorwissen als Teil des durch ELIF angeregten Lernprozesses. Das bedeutet, dass die Merkmalskategorie

17 – Der Fall passt zu den Lernvoraussetzungen der Schüler

zumindest in ihrer fachlichen Komponente berücksichtigt wird. Die Passung der sprachlichen Gestaltung des Falls zu den Voraussetzungen der Schüler sollte in der Konzeption berücksichtigt werden, ist aber, ebenso wie die inhaltliche Passung, letztendlich abhängig von der jeweiligen Lerngruppe, in der der Fall eingesetzt wird. Allgemein kann unter Rückbezug auf Abschnitt 6.3.3 festgehalten werden, dass sich die sprachliche Gestaltung des Falls an der Alltags- und Umgangssprache der Schüler orientieren und nur ausgewählte Fachbegriffe enthalten sollte. Die ausschließliche Formulierung des Falls in Fach- und Bildungssprache könnte für einige Kinder ein großes Hindernis darstellen, da viele Begriffe erst neu gelernt werden müssten und sollte aus diesem Grund vermieden werden.

Damit ist das hintergründige Thema festgelegt, was der Fall abbilden sollte. Um dieses für die Schüler zugänglich zu machen, wird ein passender Kontext entwickelt, welcher den Anwendungsbezug von *Zeitspannen* in der Lebenswelt der Kinder verdeutlichen soll. Im Sinne der Merkmalskategorie 13 wird als Kontext, mit dem Schüler einer dritten oder vierten Klasse in Bezug auf das Thema Zeit vertraut sind, das Verabreden gewählt. Es werden Details integriert, welche die Interessen der Schüler widerspiegeln, das bedeutet, es wird ein realistischer Grund für eine Verabredung festgelegt. Zwei Kindern wollen sich beispielsweise treffen, um gemeinsam ein neues Spiel auf der Playstation zu spielen. Oftmals wissen die meisten Kinder in der dritten Klasse, insbesondere die Jungs, was eine Playstation ist oder besitzen bereits selbst eine zu Hause. So könnte man als einen Protagonisten des Falls einen Jungen wählen, welcher sich mit jemandem zum Spielen seines neuen Spiels verabreden möchte, da es ihm wenig Spaß bereitet, es alleine zu spielen. Als zweiten Protagonisten könnte man entweder einen anderen Jungen wählen oder aber ein Mädchen, um auch den weiblichen Schülern eine Identifikationsfigur im Fall zu bieten. Die Unterhaltung der beiden über eine mögliche Verabredung kann eben genau als solche wiedergegeben werden, anstatt die Situation nur aus der Perspektive eines neutralen oder auktorialen Erzählers zu beschreiben, das erhöht die Authentizität und damit auch die Bedeutsamkeit des Falls. Außerdem kann man die Aussagen der Kinder im Fall umgangs- bzw. alltagssprachlich formulieren, wodurch wiederum ein höherer Identifikationsgrad geschaffen wird sowie zusätzlich unter Beachtung der Merkmalskategorie 17 durch die Verwendung von den Kindern bekannten Wörtern auf ihre sprachlichen Voraussetzungen eingegangen werden kann. Weiterhin wird diese Unterhaltung in der Schule, zum Beispiel in der großen Pause, verortet, damit sichergestellt ist, dass alle Schüler sich in die Situation hineinversetzen können. Ebenfalls der zeitliche Rahmen sollte bedacht und beispielsweise entsprechend des tatsächlichen Unterrichtstages angepasst werden. Hier wird zunächst der Montag als Platzhalter eingesetzt. Bei alledem ist darauf zu achten, dass der Fall den Schülern plausibel erscheint, ihnen zum Beispiel klar wird, woher der Junge sein neues Playstationspiel hat. Es ergibt sich der Anfang eines Falls:

> **Es ist Montagmorgen, große Pause! Alle sind draußen auf dem Schulhof. Tim erzählt von seinem neuen Spiel für die Playstation, was er zu Weihnachten bekommen hat.**
>
> **Tim: „Mein neues Spiel ist richtig cool, besonders wenn man gegeneinander spielt!"**
>
> **Lisa: „Vielleicht können wir uns verabreden. Dann kann ich dein Gegner sein."**

Um das Setzen von Lernzielen in Form von Lernfragen zu initiieren, müssen die Schüler im Fall die Notwendigkeit erkennen, etwas dazulernen zu müssen. Demzufolge sollte der Fall kognitive Dissonanzen auslösen. Nur dann werden die Schüler dazu motiviert, sich tatsächlich inhaltliche Fragen zu stellen, sodass der

Rest des durch ELIF vorgesehenen Lernprozesses, nämlich das Planen und Durchführen der Beantwortung der Lernfragen in individuellen und von Aushandlungen geprägten Gruppenarbeitsphasen sowie die lernprozessbegleitende Evaluation und abschließende Reflexion aller Lernhandlungen, überhaupt ermöglicht wird. Dies kann erfolgen, wenn im Fall die Merkmalskategorie

15 – Der Fall stellt Probleme oder Konflikte dar

berücksichtigt wird. Dazu sollten reale Probleme einbezogen und kontroverse Positionen dargestellt werden. Als reales Problem, welches die Schüler dazu anregt, sich gemäß der für den Fall determinierten inhaltsbezogenen Kompetenzen Gedanken über Zeitspannen und Zeitpunkte zu machen, diese zu schätzen, sie zu messen und zu berechnen sowie sie in unterschiedliche Einheiten umzurechnen, könnte ein voller Terminkalender der Kinder, welche sich verabreden möchten, in Erscheinung treten. So werden kontroverse Positionen bedacht, indem die Kinder im Fall nachmittags unterschiedlichen Aktivitäten nachgehen und deshalb zu verschiedenen Tageszeiten keine freie Zeit für die Verabredung erübrigen können. Dabei sollten erneut die Interessen der Schüler eingearbeitet werden, welche sich aus persönlichen Erfahrungen mit Schulkindern im entsprechenden Alter interpretieren ließen. Zuzüglich sollte das mathematische Thema für die Schüler ersichtlich sein, sodass es eingebettet im Kontext zusätzlich konkret im Fall angesprochen wird. Der Fall wird auf diese Weise weitergeführt:

> **Tim: „Nach der Schule gehe ich erstmal zum Mittagessen nach Hause und habe dann direkt Fußballtraining. Dann muss ich ja auch noch die Hausaufgaben machen. Und es kommt Ninjago im Fernsehen, das möchte ich nicht verpassen."**

> **Lisa: „Ich gehe erstmal in den Hort, mache dort aber auch schon meine Hausaufgaben und esse etwas. Und Mama möchte, dass ich zum Abendessen um 18 Uhr wieder zu Hause bin. Wie lange braucht man denn eigentlich für das Spiel?"**

Gerade das Ende des Falls sollte den Fokus der Schüler auf das im Fall bestehende Problem lenken, sodass dieses dann in Phase 3 (s. Abschnitt 7.1) von ELIF von den Schülern analysiert und aufgrund dessen Lernfragen gestellt werden können. Dazu beitragen kann die geschickte Verwirklichung der Merkmalskategorie

14 – Der Fall ist offen formuliert

im Fall. Es sollte folglich keine offensichtliche Lösung angestoßen werden, sondern die dargestellte Situation offen formuliert werden. Deshalb findet der Fall auf diese Art sein Ende:

Tim: „Solange wir eben Lust haben. Vielleicht ist es aber doch gar nicht so einfach, heute Zeit dafür zu finden, aber ich will es unbedingt spielen."

Nachfolgend kann ein passender Titel für den Fall gefunden werden, welcher die Schüler bestenfalls neugierig macht, aber noch nicht zu viel über das hinter dem Fall stehende Thema und den kontextuellen Inhalt des Falls verrät. Für den vorliegenden Fall wurde der Titel **„Ein ganz schön voller Tag"** gewählt.

Abschließend muss sich rückversichert werden, ob die dem Fall zugrunde liegenden inhaltsbezogenen Kompetenzen tatsächlich in Lernfragen abgebildet werden können, indem Lernfragen antizipiert und formuliert werden (s. Tabelle 7.2). Dabei werden auch die außerfachlichen Lernfragen (s. Tabelle 7.2 in kursiv) bedacht, die Kinder vermutlich stellen werden, um sicherzustellen, dass diese den fachlichen von der Anzahl her unterlegen sind.

Tabelle 7.2 Antizipierte Lernfragen zum Fall „Ein ganz schön voller Tag"

Analyse des Konflikts/Problems	Die Frage ist, wann Tim und Lisa sich an diesem Montag treffen können.
Notwendige Lernfragen	Wie lange dauern Mittagessen, Fußballtraining, Hausaufgaben, Hort und Ninjago?/Wann fangen die jeweiligen Aktionen an und wann werden sie beendet?
Potenzielle Lernfragen	Wie lange müsste man warten, bis man sich treffen kann, wenn man es nicht an diesem Montag schafft? Wie weit wohnen die beiden auseinander und wie lange braucht man für den Weg? Wie lange braucht man für den Weg zum Fußballtraining/Hort? Wie viel Zeit würde man sparen, wenn einer der beiden eine Aktion ausfallen lassen würde und welche Aktionen könnte man ausfallen lassen? Wie lange hält Tim es ohne Playstation überhaupt aus? Wie lange dürfen Tim und Lisa aufbleiben? Wie lange erlauben Tim und Lisas Eltern es ihnen, Playstation am Tag zu spielen? *Welches Spiel hat Tim bekommen? Kann Tim sich nicht mit jemand anderem verabreden?*

Wie vorangehend beschrieben, kann grundsätzlich bei der Konstruktion eines Falls folgendermaßen vorgegangen werden:

1. Innerhalb von ELIF zu erwerbende Kompetenzen festlegen
2. Unter Berücksichtigung der Merkmalskategorien einen zu den Kompetenzen passenden Kontext, den Fall, entwickeln
3. Lernfragen antizipieren, um sich bezüglich der anzubahnenden Kompetenzen rückzuversichern

Im nächsten Abschnitt wird nun das Lerntagebuch als dritte Komponente von ELIF genauer betrachtet, welches die Verbindung der theoretisch beschriebenen Phasen mit dem Aufgabenformat Fall auf kindgerechter Ebene schaffen soll.

7.3 Lerntagebuch des theoriebasierten Ausgangskonzepts

Da aus den vorangegangenen Kapiteln (s. Abschnitt 6.1.1, 6.2.3 und 6.3.5) das Lerntagebuch als adäquates Instrument zur Unterstützung der Schüler in ihrem selbstgesteuerten Lernprozess hervorgegangen ist, wurde dieses in der Konzeptionierung von ELIF als eine wesentliche Komponente einbezogen (s. Abschnitt 7.1). Es soll den Ort darstellen, wo die Schüler ihre Lern- und Arbeitsprozesse planen, dokumentieren, reflektieren und kommunizieren (s. Abschnitt 7.1).

Um nachvollziehbar darzustellen, was ein Lerntagebuch kennzeichnet, wird das Instrument Lerntagebuch zunächst im Allgemeinen charakterisiert, definiert sowie Ziele und Funktionen dessen abgeleitet. Dabei wird vor allem Bezug auf die in Abschnitt 6.3.3 dargestellte Textproduktion im (Mathematik-)Unterricht sowie die in Abschnitt 6.2.1 thematisierte Bedeutung des Lerntagebuchs im selbstgesteuerten (Mathematik-)Unterricht genommen und diskutiert, inwieweit das Schreiben im Lerntagebuch, das selbstgesteuerte Lernen und der mathematische Kompetenzerwerb sinnvoll vereint werden können. Darauf aufbauend wird ein konkretes Lerntagebuch für ELIF entworfen, welches auf der einen Seite die Merkmalskategorien berücksichtigt und auf der anderen Seite bedeutende allgemeine Aspekte eines Lerntagebuchs abbildet.

Lerntagebücher und vergleichbaren Varianten, wie zum Beispiel das Reisetagebuch, Lernwegebuch, Logbuch, Forschungsheft oder Lernjournal, werden nicht nur in der Forschung (s. Abschnitt 6.2.3), sondern auch in der Literatur für den Mathematikunterricht als geeignet klassifiziert (vgl. Hinrichs 2008, S. 61), um bestimmten Forderungen, wie einer Öffnung des Unterrichts oder einer stärkeren Fokussierung der Lernenden im Unterricht, gerecht werden zu können (vgl. Gläser-Zikuda & Hascher 2007, S. 9).

Das übergeordnete Ziel von Lerntagebüchern ist es, dem Denken des Schülers „bei der Lösung der Aufgabe auf die Spur zu kommen, um [...] [ihn] gezielt in seinem Lernen zu unterstützen" (Gubler-Beck 2010, S. 6). Ein Lerntagebuch ermöglicht deshalb eine persönliche Auseinandersetzung der Schüler mit den Unterrichtsgegenständen, indem die Schüler durch das Instrument angeregt werden, ihre eigenen Ideen, Fragen und Lösungen zu einem Problem oder einer Aufgabe festzuhalten (vgl. Bartnitzky 2004, S. 8). Während dieser Arbeit im Lerntagebuch wenden die Schüler bewusst oder auch unbewusst verschiedene Lernstrategien an. Dabei werden primär zwei Strategiebereiche angesprochen und ausgebaut: Einerseits die Wiederholung, Organisation und Elaboration des Lerninhalts, im Folgenden zusammenfassend als kognitive Lernstrategien bezeichnet, und andererseits metakognitive Lernstrategien, worunter im Folgenden Planungs-, Überwachungs- und Regulationsstrategien verstanden werden (vgl. Glogger et al. 2012, S. 2; Holzäpfel et al. 2009, S. 1). Idealerweise sollten die Schüler alle Lernstrategien während der Arbeit im Lerntagebuch anwenden und trainieren. Dadurch bieten Lerntagebücher die Möglichkeit, das eigene Lernen zu korrigieren sowie Optimierungsmaßnahmen für folgende Lernprozesse abzuleiten (vgl. Bartnitzky 2004, S. 8). Dies kann durch Leitfragen oder Impulse der Lehrperson gezielt gefördert werden (vgl. Glogger et al. 2012, S. 2). Die beiden Lernstrategien wurden im Rahmen des selbstgesteuerten Lernens als zwei von drei wesentlichen Komponenten selbstgesteuerten Lernens identifiziert und sollten daher gerade in der Entwicklung des Instruments mitgedacht werden (s. Abschnitt 6.2.1).

Die Formen und Varianten des Lerntagebuchs in der Praxis sind sehr vielfältig. In dieser Arbeit wird sich an den Strukturen von Ruf und Gallin sowie Hußmann orientiert:

Struktur des Reisetagebuchs nach Ruf und Gallin:	Struktur des Forschungshefts nach Hußmann:
• Datum	• Datum
• Thema	• Thema
• Fragestellung oder Auftrag	• Fragestellung/Problem
• Prozess	• Erste Überlegungen
	• Tatsächliches Vorgehen
	• Verallgemeinerungen
• Ergebnis	• Anmerkungen

Im Allgemeinen besteht ein Lerntagebuch demnach aus mehreren Abschnitten: (1) Allgemeine Daten, (2) einer Vorschau in Bezug auf den Arbeitsprozess mit

Festlegung der Fragestellung und gegebenenfalls ersten Überlegungen, (3) dem Arbeitsprozess und (4) schließlich der Notation eines Ergebnisses mit gegebenenfalls verallgemeinernden und reflektierenden Elementen zur Theoriebildung und Generierung von Optimierungsmöglichkeiten für zukünftige Lernprozesse (vgl. Hußmann 2011, S. 80–83). Es folgt somit einem dem Lernprozess entsprechenden chronologischen Aufbau (vgl. Badr Goetz & Ruf 2007, S. 136).

In der konkreten Ausgestaltung von Lerntagebüchern lassen sich drei wesentliche Formen unterscheiden (vgl. Martin 2015, S. 194):

Offene Lerntagebuchformen „eignen sich speziell zur Begleitung und zum Monitoring von selbstregulierten Lernprozessen [...] und als Einladung zum Weiter- und Querdenken" (ebd., S. 192). Diese können in Form von ganz leeren Seiten auftreten und durch leitende Fragen wie zum Beispiel „Was geht dir bei dieser Aufgabe spontan durch den Kopf?" (ebd., S. 191), „Was gefällt dir an dieser Aufgabe?" (ebd., S. 191) ergänzt werden (vgl. ebd., S. 191).

Halboffene Lerntagebuchformen beinhalten konkrete Fragen, deren Antworten jedoch offen sind. Sie eignen sich insbesondere, um bestimmte Strategien, wie beispielsweise das Setzen von Zielen, die Zeitplanung oder die Organisation von Aufgaben, gezielt und bewusst zu fördern. Weniger geeignet sind diese Formen zur objektiven Messung der Leistungsentwicklung oder der Förderung von Reflexionsprozessen (vgl. ebd., S. 193–194).

Geschlossene Formen können in einem Lerntagebuch in Form von Multiplechoice Fragen umgesetzt werden. Diese sind im Allgemeinen nicht sehr aussagekräftig in Bezug auf den Leistungsstand der Schüler und daher eher für Selbsteinschätzungen geeignet (vgl. ebd., S. 192).

Der Einsatz der Aufgabenformen korreliert letztendlich auch mit der Erfahrung der Schüler. Es gilt, dass je unerfahrener die Schüler mit dieser Form sind, desto strukturierter sollte der Lernprozess gestaltet und somit mehr geschlossene Aufgaben in die Gestaltung des Lerntagebuchs einbezogen werden (vgl. ebd., S. 197–199).

Bezüglich des Lernens mit einem Lerntagebuch konnten durch diverse Studien positive Wirkungen des Lerntagebucheinsatzes im Unterricht auf verschiedene Bereiche des Lernens und der Schülerpersönlichkeit festgestellt werden. Beispielsweise seien hier die positivere Fähigkeitsselbstwahrnehmung der Schüler im Hinblick auf das Unterrichtsfach Mathematik oder die gesteigerte Lernfreude in Mathematik zu nennen (vgl. Spinath 2007, S. 178–180). Auch kann zum Beispiel von Bangert-Drowns et al. (2004), Hübner, Nückles und Renkl (2010), Nückles, Hübner und Renkl (2009) sowie Uzoglu (2014) ein Zusammenhang zwischen Lerntagebuchführung, Lernstrategieeinsatz und Lernzuwachs sowie ein Zusammenhang zwischen der Effektivität des Lerntagebucheinsatzes und dem Alter in vielen Studien belegt werden. Wichtig für die vorliegende Konzeption ist dabei die Erkenntnis, dass die Schüler vor allem metakognitive Strategien erst mit zunehmendem Alter lernen und daher in jungen Jahren noch mehr Anleitung und Struktur benötigen, damit der Lerntagebucheinsatz zielführend und gewinnbringend für den Lernprozess der Schüler ist (vgl. Glogger et al. 2012, S. 13–14; s. Abschnitt 5.2.4 und 5.3).

Werden die Schüler angeregt, ihren Lernprozess zu planen, umzusetzen und zu reflektieren sowie diese Schritte angemessen zu dokumentieren, werden die kognitiven und metakognitiven Lernstrategien der Schüler explizit und können mittels evaluativer Prozesse einer Optimierung zugänglich gemacht werden. Daher ist es gerade zum Ausbau und Erwerb (meta-)kognitiver Lernstrategien und folglich auch selbststeuernder Fähigkeiten (s. Abschnitt 6.2.1) relevant, Lernprozesse zu verschriftlichen, was wiederum durch eine intensivere Auseinandersetzung mit dem Unterrichtsgegenstand einen positiven Effekt auf den mathematischen Kompetenzerwerb hat (s. Abschnitt 6.3.3). Dadurch kann einhergehend der aus der Grundidee 3 resultierenden Forderung, Anlässe zum Schreiben und Sprechen zu initiieren, nachgekommen werden, indem die Schüler angeregt werden, ihren Lernprozess in all seinen Komponenten im Lerntagebuch zu verschriften. Ein weiterer Vorteil ist, dass dadurch nicht nur fachliche und metakognitive Kompetenzen, sondern auch die fachspezifische und allgemeine Sprachkompetenz der Schüler gefördert werden (s. Abschnitt 6.3.5).

In der Entwicklung eines in ELIF geeigneten Lerntagebuchs gilt es nun, die Merkmalskategorien und die Ziele der Konzeption zu berücksichtigen und gleichzeitig die hier aufgeführten Erkenntnisse in der Gestaltung zu beachten. Nachfolgend wird daher beschrieben und begründet, wie das Lerntagebuch in ELIF gestaltet ist. Dabei wird zunächst Bezug auf allgemeine Entscheidungen genommen und anschließend der Aufbau chronologisch dargelegt.

In vielen Kapiteln der Arbeit kam auf, dass ein Lerntagebuch zur Strukturierung des Lernprozesses geeignet ist (s. Abschnitt 6.1.1, 6.2.3 und 6.3.5), indem es den Schülern Orientierung, Struktur und Hilfestellungen in allen Phasen des Lernprozesses, das heißt in ELIF konkret in der Planung, Umsetzung, Evaluation und Regulation des Lernprozesses, in der Gruppenarbeitsphase sowie im Setzen von Lernzielen und Stellen von Fragen (s. Abschnitt 7.1), bieten kann. Die entsprechende Merkmalskategorie

4 – Strukturierungen unterstützten die Schüler in ihrem Lernprozess

und gleichzeitig die Aufforderung nach mehr Anleitung und Struktur für Kinder im Grundschulalter (s. auch Abschnitt 5.2.4) sollten daher in der Gestaltung des Lerntagebuchs leitend sein. Durch die Wahl geeigneter Aufgabenformen können bereits strukturelle Hilfen gegeben werden. Halboffene Aufgaben machen den Schülern beispielsweise durch konkrete und verständliche Fragen die Anforderungen und Erwartungen bewusst und regen gleichzeitig aufgrund der Offenheit der Antworten das Weiter- und Querdenken an. Deshalb erscheinen sie für Grundschüler ohne große Vorerfahrungen im selbstgesteuerten Lernen oder Umgang mit einem Lerntagebuch geeignet und sollen folglich das Hauptaufgabenformat im Lerntagebuch darstellen. Um den Schülern eine Struktur zu bieten und Hilfen bereitzustellen, ist eine Formulierung der Aufgabenstellungen angepasst an die sprachlichen Voraussetzungen und das inhaltliche Verständnis der Schüler unumgänglich. Daher ist die Merkmalskategorie

5 – Die Arbeitsaufträge und Anforderungen werden verständlich vermittelt und den Schülern klar

in der Formulierung aller Aufgabenstellungen zu berücksichtigen.

Selbsteinschätzungen sind nach Abschnitt 6.2.1 eine Voraussetzung dafür, dass Schüler adäquate selbststeuernde Tätigkeiten einleiten können und sollten bereits im Grundschulalter geübt und somit auch im Lerntagebuch mitgedacht werden. Die Form der geschlossenen Aufgaben stellt dafür das geeignete Format aufgrund der Existenz präziser Aufgabenstellungen und vorgegebener Antwortmöglichkeiten dar.

Weiterhin kann die Merkmalskategorie 4 durch die Abbildung des kompletten individuellen Lernprozesses und Gruppenarbeitsprozesses der Schüler im Lerntagebuch berücksichtigt werden. Somit werden alle auf das Lesen und Verstehen des Falls folgenden Phasen von ELIF (s. Abschnitt 7.1) im Lerntagebuch abgebildet, indem die wesentlichen Arbeitsaufträge und Lernschritte in diesem festgehalten werden. Dabei soll es chronologisch in die vier Abschnitte *allgemeine Daten, eine Vorschau, den Arbeitsprozess* und *die Ergebnisse* gegliedert werden und ausreichend Platz bieten, damit die Schüler angeregt werden, ihre Gedanken, Ideen, Rechnungen oder Reflexionen niederzuschreiben. Nachfolgend wird der Aufbau dargelegt und begründet, bevor die mit dem Lerntagebuch verfolgten Ziele aufgeführt werden.

Auf der ersten Seite des Lerntagebuchs, dem Deckblatt, werden zunächst allgemeine Daten, das Thema, der Name, die Klasse und das Datum (s. Abbildung 7.2), abgefragt. Dieses ist zudem kindgerecht gestaltet und bietet eine Vorschau auf den Arbeitsprozess durch das Bild „von der Frage (Fragezeichen) zur Erkenntniss (Glühbirne)".

Mein Lerntagebuch zu:

Name:

Klasse:

Datum:

Abbildung 7.2   Seite 1 des Lerntagebuchs (Deckblatt)

Die ersten inhaltlichen Aufgaben im Lerntagebuch dienen in der dritten Phase (s. Abschnitt 7.1) von ELIF dazu, dass die Schüler den ersten, eigenen Gedanken in Bezug auf den Fall nachgehen, das Vorwissen aktiviert wird und die Überlegungen notiert werden. Dadurch wird der Anforderung, das Vorwissen der Schüler zu aktivieren und daran anknüpfend den Unterricht zu gestalten, begegnet (s. Abschnitt 5.1). Einhergehend werden kognitive Lernstrategien angesprochen, da die Schüler zur Bewältigung der Aufgabe beispielsweise Organisationsstrategien anwenden müssen, um wichtige Fakten zu identifizieren oder Zusammenhänge herauszustellen. Anschließend sollen die Schüler entsprechend der Definition der dritten Phase im Klassenverband gemeinsam festlegen, worum es in dem präsentierten Fall geht, damit dies für alle Schüler deutlich wird und eine einheitliche Basis für die folgenden, selbstgesteuerten Aktivitäten entsteht (s. Abschnitt 7.1).

Eine entsprechende Aufgabenstellung im Lerntagebuch (s. Abbildung 7.3) strukturiert diese Phase, sodass die Merkmalskategorien 4 und 5 – da diese beiden Merkmalskategorien in der Gestaltung aller Arbeitsaufträge mitgedacht werden, werden diese nachfolgend aus Gründen der Vereinfachung nicht mehr explizit aufgeführt – erneut Berücksichtigung finden. Zudem wird aufgrund des ersten Wechsels der Sozialform die Merkmalskategorie

11 – Es gibt einen Wechsel von kooperativen Arbeitsphasen und Arbeitsphasen

in die Konstruktion einbezogen. Um diesen Wechsel zu verdeutlichen, wurde neben der Aufgabenstellung ein Symbol im Lerntagebuch eingefügt, welches kennzeichnet, ob die Schüler in Gruppen oder eigenständig arbeiten sollen. Diese Symbole können, im ganzen Lerntagebuch zur Kennzeichnung eines Wechsels der Sozialform verwendet, die Schüler in der Organisation ihres Lernprozesses in hohem Maße unterstützen.

In der nächsten Phase von ELIF soll das persönliche Vorwissen zu den zuvor dokumentierten Problemaspekten festgehalten werden, indem die Schüler notieren, was sie schon in Bezug auf das Thema wissen. Somit wird im weiteren Lernprozess die Verknüpfung des neu erworbenen Wissens mit dem Vorwissen erleichtert. Eine entsprechende Aufgabenstellung, welche schülergerecht formuliert ist und Struktur bietet, ist aufgrund dieser Überlegungen (s. Abbildung 7.3, dritte Aufgabenstellung) entstanden.

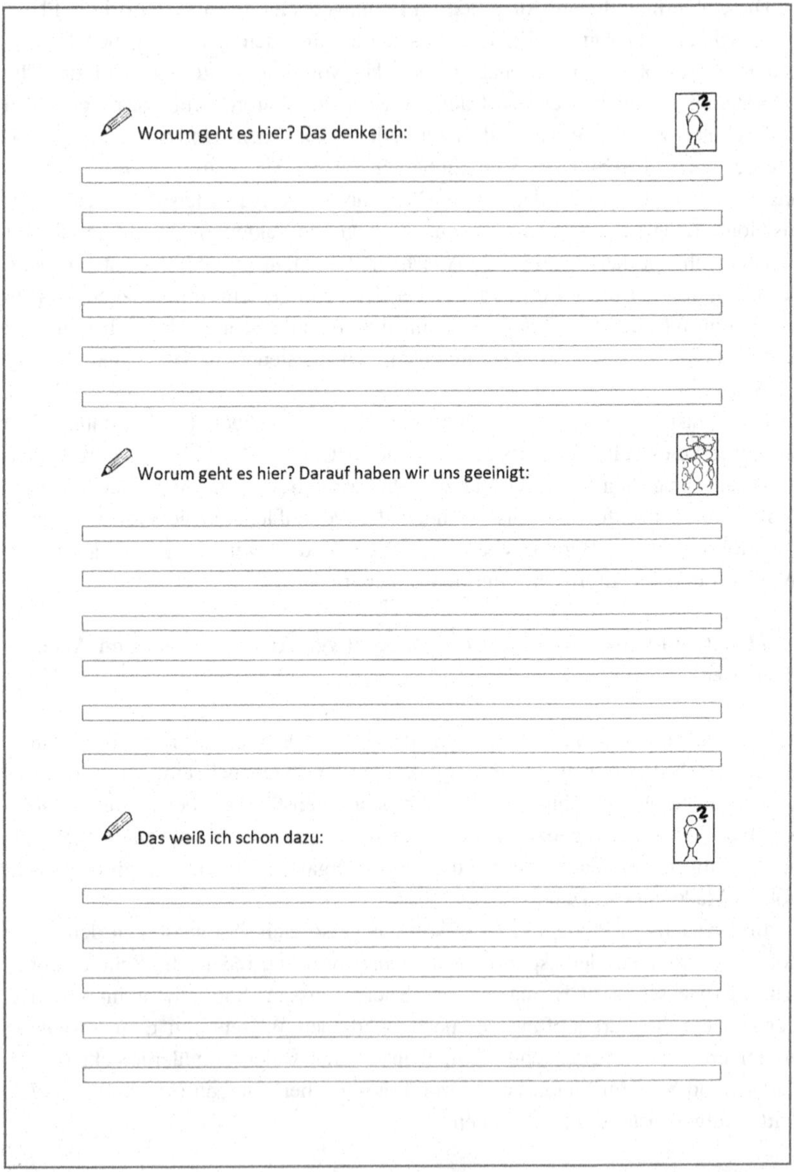

🖊 Worum geht es hier? Das denke ich:

🖊 Worum geht es hier? Darauf haben wir uns geeinigt:

🖊 Das weiß ich schon dazu:

Abbildung 7.3 Seite 2 des Lerntagebuchs (Problemdefinition, -beschreibung und Vorwissenaktivierung)

In der fünften Phase sollen die Schüler zunächst eigenständig Fragen, Ideen und Gedanken zu dem festgelegten Problem auf Moderationskarten, also außerhalb des Lerntagebuchs, notieren und diese anschließend in Gruppenarbeit sammeln, sortieren und sich auf wesentliche Aspekte einigen. Letzteres schlägt sich im Lerntagebuch nieder, da es wichtig ist, die Arbeitsergebnisse für die nächsten Phasen zu sichern (s. Abbildung 7.4, erste Aufgabenstellung).

Zudem ist die verbindliche Notation des Arbeitsergebnisses relevant, um die Merkmalskategorie

9 – Die Schüler sind individuell verantwortlich

berücksichtigen zu können. Die Schüler sollten durch die Notwendigkeit der Einigung und Notation der Ergebnisse nicht nur Verantwortung für den eigenen Lernprozess, sondern auch für den Lernprozess der Gruppe empfinden.

In der nächsten Phase formulieren die Schüler kooperativ auf der Grundlage von Phase fünf (s. Abschnitt 7.1) Fragen und notieren diese im Lerntagebuch (s. Abbildung 18, zweite Aufgabenstellung).

Aufgrund der Relevanz der Fragen für den weiteren Lernprozess und der Bedeutung der eigenen Arbeitsergebnisse aus Phase 5 für den weiteren Lernprozess wird den Schülern bewusst, dass sie im Lernprozess die Verantwortung für den eigenen Lernprozess und auch für den Gruppenarbeitsprozess haben sowie voneinander abhängig sind, um erfolgreich sein zu können. Die Merkmalskategorien

8 – Die Schüler sind voneinander abhängig

sowie 9 werden in der Gestaltung des Lerntagebuchs somit durch die Angabe entsprechender Aufgabenstellungen berücksichtigt.

In der siebten Phase wählen die Schüler eine Frage aus, planen in Abhängigkeit von dieser ihren Lernprozess, führen die Planung aus und beantworten die Frage. Im Lerntagebuch spiegelt sich diese Phase wider, indem alle Schritte durch das Lerntagebuch abgebildet werden, um das Verständnis der Schüler zu sichern und Struktur für diese zu bieten.

Vor allem die Merkmalskategorie

12 – Es existieren Kommunikations- und Schreibanlässe

Das sind unsere Ideen, Fragen und Gedanken:

-
-
-
-
-

Das möchten wir gemeinsam herausfinden:

1.

2.

3.

4.

Abbildung 7.4   Seite 3 des Lerntagebuchs (Ideenentwicklung und Fragenformulierung)

wird in dieser Aufgabenstellung angeregt, da diese explizit die schriftliche sowie auch mündliche Kommunikation über den Unterrichtsgegenstand anleitet. Die Schüler werden dazu angeregt, ihre Gedanken schriftlich zu verfassen und für Leser und zukünftige eigene Arbeits- sowie Reflexionsprozesse zugänglich zu machen. Dadurch werden die Vorteile schriftlicher Textproduktionen, zum Beispiel die Verlangsamung von Gedanken und die damit einhergehende Unterstützung von Verstehensprozessen, die Binnendifferenzierung oder die Förderung der Sprachkompetenz (s. Abschnitt 6.3.3) ermöglicht und die Reflexion mathematischer Zusammenhänge und individueller Lernprozesse erleichtert (s. Abschnitt 6.3.5). Dabei orientieren sich die Aufgabenstellungen im Lerntagebuch chronologisch am Lernprozess der Schüler und berücksichtigen den Anspruch, kognitive und metakognitive Lernstrategien mithilfe eines Lerntagebuchs zu fördern. Die Planung des Lernprozesses wird angestoßen, indem die Schüler aufgefordert werden, eine Aufgabe auszuwählen, diese in Bezug auf den eigenen Lernstand einzuschätzen und entsprechende individuelle Lösungsstrategien auszuwählen, mit denen sie die Aufgabe bearbeiten und lösen möchten (s. Abbildung 7.5).

Die geschlossene Aufgabe zur Einschätzung der Schwierigkeit ist an dieser Stelle relevant, damit die Schüler sich bewusst werden, welche Inhalte und Prozesse sie in Bezug auf die Aufgabenstellung bereits beherrschen, wo gegebenenfalls Lernbedarf besteht und wie hoch dementsprechend die Anstrengungen sein müssen, um die Aufgabe lösen zu können (s. Abschnitt 6.2.1). Davon ausgehend können die Lernenden in einem nächsten Schritt angemessene Schritte zur Beantwortung der Frage planen.

Die Umsetzung der Planung wird durch die Aufgabenstellung auf Seite 5 des Lerntagebuchs (s. Abbildung 7.6) eingeleitet und gleichzeitig werden Hilfestellungen in Form von Satzbausteinen vorgegeben, damit die Schüler aufgrund der hohen inhaltlichen, organisatorischen und methodischen Freiheiten (s. Abschnitt 7.1) nicht überfordert werden, wodurch die Merkmalskategorie 4 besondere Berücksichtigung findet. Ebenso wird die Merkmalskategorie 9 mitgedacht, da die Schüler durch das Notieren der individuellen Arbeitsschritte und -ergebnisse, Verantwortung für den eigenen Lernprozess übernehmen.

Im Anschluss an die Notation des Arbeitsprozesses und erster Ergebnisse im Lerntagebuch wird die lernprozessbegleitende Evaluation des Lernprozesses eingeleitet, wodurch ebenso die Merkmalskategorie

6 – Die Schüler vollziehen metakognitive Prozesse

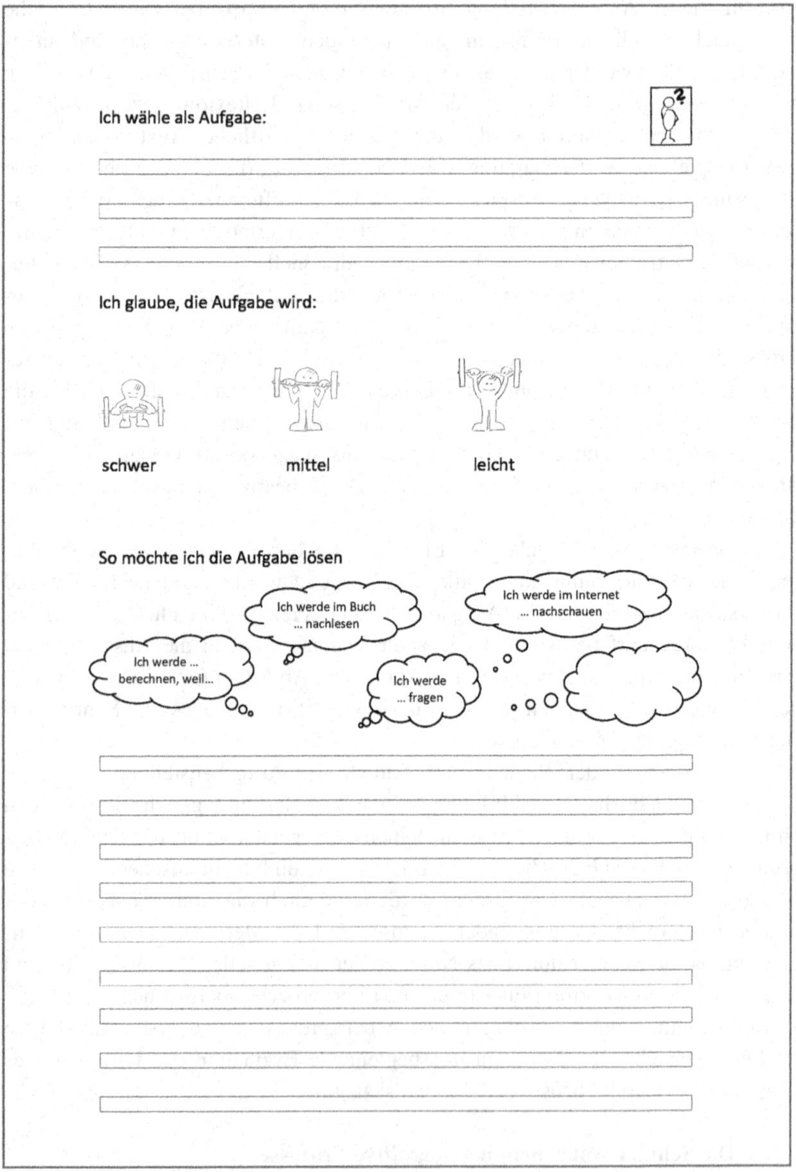

Ich wähle als Aufgabe:

Ich glaube, die Aufgabe wird:

schwer mittel leicht

So möchte ich die Aufgabe lösen

Abbildung 7.5 Seite 4 des Lerntagebuchs (Erarbeiten der Antworten auf die einzelnen Fragen)

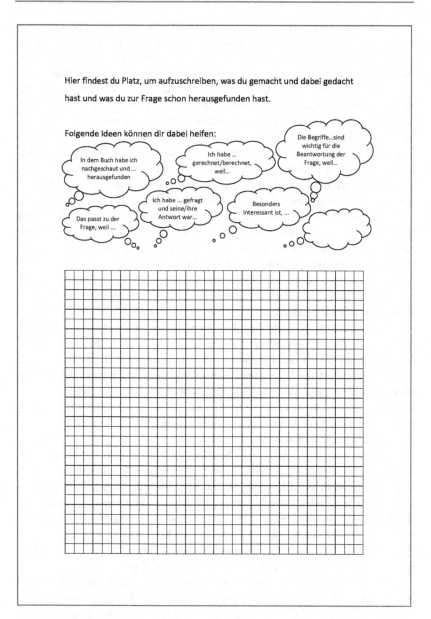

Abbildung 7.6   Seite 5 des Lerntagebuchs (Bearbeitung der Aufgabe)

berücksichtigt wird. Dies ist im Besonderen relevant, da das Lerntagebuch als geeignetes Feedback- und Reflexionsinstrument in dieser Arbeit (s. Abschnitt 6.2.1) identifiziert wurde. Die Schüler sollen Schwierigkeiten in der Beantwortung der Frage oder auch Unerwartetes aufdecken (s. Abbildung 7.7, erste und zweite Aufgabenstellung), um einhergehend den Lernprozess zu evaluieren, also zu überprüfen, ob die angewandten Lernstrategien geeignet waren, um das gesetzte Ziel zu erreichen und zu reflektieren, ob aus diesen Erkenntnissen mögliche Schlüsse für die Antwort gezogen werden können.

Für ein Gefühl der Verantwortung für den individuellen sowie Gruppenlernprozess ist es von Bedeutung, dass die Schüler in der Gruppenarbeitsphase auf gesicherte Ergebnisse zurückgreifen und somit in der Gestaltung des Gruppenprozesses mitwirken können. Daher sollen die Schüler sowohl die Frage als auch die individuelle Antwort auf die Frage im Anschluss explizit festhalten (s. Abbildung 7.7, dritte und vierte Aufgabenstellung), um diese für den weiteren Arbeitsprozess, vor allem die anschließende Gruppenarbeitsphase, zu sichern und einhergehend die Merkmalskategorie 9 zu berücksichtigen.

Anschließend werden die Gefühle der Schüler im Sinne der lernprozessbegleitenden Evaluation angesprochen (s. Abbildung 7.8, erste Aufgabenstellung), um zu erfassen, wie die Kinder ihren individuellen Erfolg oder Misserfolg attribuieren (s. Abschnitt 5.2.4). Dadurch wird der Lehrperson die Möglichkeit eröffnet, die Schüler im Falle eines Misserfolgs bei einer angemessenen Ursachenzuschreibung zu unterstützen. Durch die Reflexion der Emotionen können die Schüler zudem sich und ihre affektiven Dispositionen intensiver wahrnehmen und Rückschlüsse über im Lernprozess liegende Gründe für ein bestimmtes Gefühl ziehen.

Die Lerntagebuchseite endet schließlich mit einem Hinweis zum weiteren Vorgehen, sodass das Lerntagebuch den Schüler gemäß Merkmalskategorien 4 und 5 eine ausreichende Struktur bietet.

In der nächsten Phase stellen die Schüler ihre Ergebnisse in der Gruppe vor, diskutieren diese und deren Sinnhaftigkeit. Gegebenenfalls müssen neue Überlegungen angestellt werden, wenn erkannt wird, dass die Fragestellungen noch nicht ausreichend oder sinnvoll beantwortet wurden. Entsprechende Aufgabenstellungen und Anleitungen für diese Phase sind im Lerntagebuch vorgegeben und stellen somit einen verbalen und schriftlichen Kommunikationsanlass entsprechend der Merkmalskategorie 12 dar (s. Abbildung 7.9), sodass sich letztendlich auf eine Antwort geeinigt werden kann (s. Abbildung 7.10).

Auch wird den Schülern vor Augen geführt, dass sie nicht nur für den eigenen Lernprozess, sondern auch durch den Austausch der Ergebnisse und die Konsensfindung in der Gruppe Verantwortung tragen sowie nur gemeinsam die

Da kam ich nicht weiter, weil....:

Das habe ich entdeckt, ohne dass ich es geplant hatte:

Meine Frage war:

Meine Antwort auf die Frage ist:

Abbildung 7.7 Seite 6 des Lerntagebuchs (Evaluation des Lernprozesses, Antwort auf die Frage)

Abbildung 7.8   Seite 7 des Lerntagebuchs (Evaluation, Anleitung für das weitere Vorgehen nach der Erarbeitung der Fragen)

Vergleicht eure Ergebnisse und schaut, was ihr gemeinsam habt und was sich vielleicht unterscheidet.

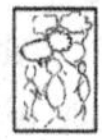

Überlegt, ob eure Frage vollständig beantwortet wurde. Falls nicht ist hier noch Platz für weitere Überlegungen.

Abbildung 7.9 Seite 8 des Lerntagebuchs (Austausch über die Ergebnisse und Notation weiterer Überlegungen)

Aufgabenstellungen bewältigen können, wodurch die Merkmalskategorien 8 und 9 erneut im Lerntagebuch Berücksichtigung finden.

Weitere Hilfestellungen in dieser Phase zur Berücksichtigung der Merkmalskategorie 4 und 5 erhalten die Schüler nicht nur durch die Aufgabenstellungen, sondern auch durch den Einbezug konkreter Anweisungen für das weitere Vorgehen (s. Abbildung 7.10).

Nachdem alle Fragen in einem Wechsel aus individuellem Bearbeiten der Fragen und kooperativen Besprechungsphasen beantwortet wurden, sollen die Kinder alle Antworten zusammenführen und aufschreiben, um diese für die neunte Phase, die Einigung auf plausible Falllösungen im Plenum, verfügbar zu machen. Daher ergibt sich folgende, präzise Aufgabenstellung im Lerntagebuch (s. Abbildung 7.11, erste Aufgabenstellung).

Im Weiteren gilt es, den gesamten Lernprozess abschließend zu reflektieren mit dem Ziel, Optimierungsmöglichkeiten für zukünftige Lernprozesse zu generieren und die Merkmalskategorie 6 im Lerntagebuch adäquat einzubeziehen. Dazu werden den Schülern gezielte halboffene Fragen im Lerntagebuch vorgegeben, die den Prozess der Reflexion strukturieren und leiten. Der Fokus wird dabei einerseits auf eine kurze Reflexion der Gruppenarbeit (s. Abbildung 25, zweite Aufgabenstellung) sowie der Lernhandlungen, die (nicht) Spaß gemacht haben, und andererseits auf Schwierigkeiten im Lernprozess gelegt, aus denen für folgende Arbeitsprozesse wichtige Schlüsse gezogen werden können und die den Schülern bewusst machen, was gut beziehungsweise schlecht lief und wo Verbesserungspotenzial liegt (s. Abbildung 7.12).

Als Grundlage für diese Prozesse dienen die zuvor schriftlich festgehaltenen Lernwege der Schüler. Einhergehend können diese Aufgaben für die Lehrperson die Möglichkeit eröffnen, die Attribuierungen der Kinder in Bezug auf den gesamten Lernprozess zu erfassen.

Weiterhin soll das Lerntagebuch den Ort darstellen, wo die Schüler Feedback zu allen Arbeitsschritten durch die Lehrperson oder auch durch die Mitschüler erhalten. Entsprechende Möglichkeiten, um die Merkmalskategorie

7 – Die Lehrperson gibt Feedback zu allen Arbeitsschritten des Lernprozesses

adäquat zu berücksichtigen, werden daher in den Phasen mitgedacht, indem das Lerntagebuch ausgelegt und durch die Lehrperson sowie die Mitschüler gesichtet und kommentiert werden kann. Gesonderte Aufträge werden im Lerntagebuch nicht einbezogen, da dieses zunächst als ein persönliches Dokument der Schüler

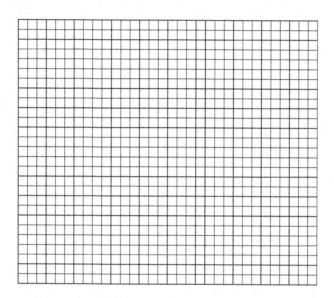

Unsere gemeinsame Antwort:

Super, jetzt habt ihr eine weitere Frage schon beantwortet.
Weiter geht es mit der nächsten!

Abbildung 7.10   Seite 9 des Lerntagebuchs (Notation der Antwort, Anleitung für das weitere Vorgehen nach Gruppenbesprechung)

Das haben wir gemeinsam herausgefunden:

1.

2.

3.

4.

5.

Die gemeinsame Arbeit fand ich:

, weil

Abbildung 7.11 Seite 10 des Lerntagebuchs (Notation aller Ergebnisse, Reflexion der Gruppenarbeit)

Schwierig fand ich (kreuze an und beantworte die Fragen):

o manche Aufgaben und zwar:

o Teile der Frage und zwar:

o etwas anderes und zwar:

Bei der Aufgabe hat mir Spaß gemacht:

Bei der Aufgabe hat mir keinen Spaß gemacht:

Abbildung 7.12 Seite 11 des Lerntagebuchs (Reflexion der individuellen Arbeit und des individuellen Empfindens)

verstanden werden soll, in denen diese ihre Arbeitsschritte planen, festhalten und reflektieren.

Zusammenfassend lässt sich feststellen, dass das dargestellte Lerntagebuch in ELIF der Ort ist, wo die Auseinandersetzung mit den Inhalten stattfindet und die Ergebnisse für die weiteren Arbeitsschritte gesichert werden, wodurch dieses zum Erwerb inhaltlicher Kompetenzen beiträgt. Gleichzeitig wird durch das Lerntagebuch die Lebensweltkompetenz gefördert, da wesentliche Facetten dieser Kompetenz durch den Ablauf von ELIF – Fragenstellen, Planung, Umsetzung, Evaluation und Regulation des Lernprozesses – und somit auch durch die Aufgaben und Arbeitsaufträge im Lerntagebuch berücksichtigt werden. Auch der Erwerb prozessbezogener Kompetenzen wird durch das Lerntagebuch intendiert. Die Schüler müssen zur Bearbeitung der Aufgaben und Notation der Antworten geeignete Darstellungen „entwickeln, auswählen und nutzen" (KMK 2005, S. 8) und in der Gruppe vergleichen und aushandeln, welche Darstellung für die gemeinsame Antwort gewählt wird. Somit wird die prozessbezogene Kompetenz Darstellen mithilfe des Lerntagebuchs gefördert. Weiterhin ist in der Arbeit mit dem Lerntagebuch zentral, dass die Schüler „eigene Vorgehensweisen beschreiben, Lösungswege anderer verstehen und gemeinsam darüber reflektieren" (ebd.), „mathematische Fachbegriffe und Zeichen sachgerecht verwenden" (ebd.) sowie „Aufgaben gemeinsam bearbeiten, dabei Verabredungen treffen und einhalten" (ebd.), wodurch das Kommunizieren als bedeutender zu fördernder Prozess aufgefasst werden kann, da diese Kompetenz in einem überwiegenden Teil der Phasen der Konzeption und in allen Aufgaben des Lerntagebuchs angesprochen wird. Weiterhin regt das Lerntagebuch die Schüler dazu an, die Lösungen der anderen in der Gruppenbesprechung zu sichten, zu hinterfragen und auf deren Sinnhaftigkeit zu überprüfen (vgl. ebd.), wodurch ebenso Ziel des Lerntagebuchs in ELIF ist, die Kompetenz des Argumentierens zu fördern.

Weiterhin wurde in der Beschreibung und Begründung der einzelnen Arbeitsaufträge ersichtlich, dass im Lerntagebuch kognitive und metakognitive Lernstrategien angesprochen werden und durch die Verknüpfung dieser sowie die Verschriftung von Gedanken und Lernwegen eine Möglichkeit geboten wird, die Lernprozesse der Schüler zu entschleunigen, diesen ihren eigenen Lernprozess zu verdeutlichen und somit eine vertiefte Auseinandersetzung mit den Inhalten zu ermöglichen.

Somit ist ein Lerntagebuch entwickelt worden, welches in dem ersten Zyklus des Design-Based Research Prozesses eingesetzt werden kann. Inwieweit das Lerntagebuch und die Konzeption an sich die intendierten Merkmalskategorien in der praktischen Umsetzung auch tatsächlich erfüllt, gilt es im nächsten Schritt zu überprüfen (s. Kapitel 9). Bevor diese praktische Betrachtung allerdings vorgenommen werden kann, soll ELIF im nächsten Schritt von bereits bestehenden Konzepten, die auf ähnlichen oder den gleichen Grundideen aufbauen und somit ähnliche Merkmalskategorien berücksichtigen, abgegrenzt werden, um den Neuheitswert von ELIF herauszustellen.

ELIF auf dem Prüfstand 8

Entwickelt man eine Unterrichtskonzeption aufbauend auf den Grundideen der **Offenheit des Unterrichts (1)**, **Eigenaktivität der Lernenden (2)**, **Kooperation und Kommunikation in Lernarrangements (3)** und **Verwendung eines Falls als Initiation individueller Lernzielentwicklung durch die Schüler (4)** ist es essenziell, aufzuzeigen, dass diese Konzeption ein Ansatz ist, der sich von in der allgemein- oder fachdidaktischen Literatur vorzufindenden Konzeptionen unterscheidet.

In diesem Kapitel soll daher ELIF zu bekannten Unterrichtskonzeptionen, welche dem in Abschnitt 3.1 erarbeiteten Verständnis des Begriffs Unterrichtskonzeption entsprechen und auf gleichen oder ähnlichen Grundideen aufbauen, abgegrenzt werden. Zudem werden die Fälle in ELIF mit jenen Aufgabenformaten im Mathematikunterricht, welche ähnliche Merkmale wie die in Abschnitt 7.2 beschriebenen Fälle aufweisen, verglichen. Dadurch kann ein Einblick gewonnen werden, inwiefern sich der Einsatz eines Falls von bereits im Mathematikunterricht bestehenden Aufgabenformaten unterscheidet.

8.1 Darstellung und Abgrenzung verwandter Unterrichtskonzeptionen

Zur Identifikation von Unterrichtskonzeptionen, die ähnliche Grundideen wie ELIF verfolgen, wurden die mathematik- und allgemeindidaktische Literatur gesichtet und vier Konzepte ausgemacht, das dialogische Lernen, das Projekt, die Freiarbeit und die Variation von Aufgaben, welche ähnliche Ziele im Unterrichtsgeschehen, ähnliche Strukturen, Grundgedanken und somit wesentliche verbindende Elemente mit ELIF aufweisen. Allen liegt ein **offener Unterricht**

© Der/die Autor(en), exklusiv lizenziert durch Springer Fachmedien
Wiesbaden GmbH, ein Teil von Springer Nature 2020, korrigierte Publikation 2021
S. Strunk und J. Wichers, *Problembasiertes Lernen im Mathematikunterricht der Grundschule*, Hildesheimer Studien zur Mathematikdidaktik,
https://doi.org/10.1007/978-3-658-32027-0_8

(1) zugrunde, in dem die Schüler weitestgehend **selbstgesteuert (2)** an einem zum Teil selbst gewählten oder zumindest **mitbestimmten Thema (4)** im stetigen **Austausch mit der Lehrperson und den Mitschülern (3)** arbeiten. Zudem erfüllen diese die Bedingungen einer Unterrichtskonzeption in dem dieser Arbeit zugrunde liegenden Verständnis (s. Abschnitt 3.1). Allgemeindidaktische Prinzipien, wie beispielsweise die entwicklungslogische Didaktik nach Feuser oder mathematikdidaktische Prinzipien, insbesondere das im Mathematikunterricht weit verbreitete entdeckende Lernen und forschende Lernen, liegen als spezifische allgemein- und mathematikdidaktische Prinzipien PBL und somit auch ELIF zugrunde, weshalb auf eine Abgrenzung an dieser Stelle verzichtet wird (s. Abschnitt 2.4 und Kapitel 7).

Es stellt sich nun die Frage, was ELIF von diesen vier Konzeptionen unterscheidet und was gegebenenfalls übereinstimmt, um aufzeigen zu können, dass ELIF als eine neue Konzeption im Allgemeinen und für den Mathematikunterricht im Speziellen angesehen werden kann.

Um das Verständnis zu sichern, wird die jeweilige Konzeption zunächst allgemein auf inhaltlicher Ebene beschrieben, wobei die theoretischen Darstellungen auf den Mathematikunterricht ohne Einschränkungen übertragen werden können. Im Anschluss an die Darstellung, welche dem Leser einen Einblick in das Konzept gewähren soll, wird eingeschätzt, inwieweit diese die ELIF zugrunde liegenden Merkmalskategorien (s. Abschnitt 6.5) berücksichtigt.

Ein konkreter Bezug zum fachlichen Inhalt erfolgt in Abschnitt 8.2, wenn es gilt, die in ELIF wirksamen Fälle diversen mathematischen Aufgabenformaten gegenüberzustellen.

8.1.1 Dialogisches Lernen nach Ruf und Gallin

Das dialogische Lernen ist ein Unterrichtskonzept, welches seit 1973 von dem Mathematikdidaktiker Peter Gallin und dem Deutschdidaktiker Urs Ruf im interdisziplinären Dialog zwischen den Fächern Mathematik und Sprache entwickelt und schließlich im Rahmen des Entwicklungsprojekts „Lernen auf eigenen Wegen" der Erziehungsdirektion des Kantons Zürich in den Jahren 1988 bis 1990 unter der Leitung von Ruf und Gallin untersucht wurde (vgl. Ruf & Gallin 2003b, S. 179).

Im Folgenden werden zunächst das Unterrichtskonzept sowie der Zusammenhang zwischen Sprache und Mathematik als Grundlage des dialogischen

Lernprozesses dargestellt. Anschließend werden die den Lernprozess gestalten-
den methodischen Instrumente ausführlich erläutert, um deren Funktion und
Bedeutung herauszuarbeiten.

8.1.1.1 Das Konzept des dialogischen Lernens

In der Konzeption der Autoren entspricht Lernen einem Dialog unter ungleichen,
aber dennoch gleichgestellten Gesprächspartnern in einem offenen Unterricht,
welcher sowohl schülerzentriertes als auch differenziertes Arbeiten ermöglicht,
mit dem Ziel, „eine Fachkompetenz [zu vermitteln], die es erlaubt, verfüg-
bares Wissen und automatisiertes Können im Umgang mit neuen Problemen
zweckmäßig und erfolgreich einzusetzen" (Ruf & Gallin 2003b, S. 9).

Der dialogische Lernprozess wird durch den Wechsel von *Produktion* und
Rezeption organisiert und durch die drei Phasen *singuläre Standortbestimmung
(Ich), divergierender Austausch (Du)* sowie *Aushandlung von Normen (Wir)* struk-
turiert. Die vier bedeutendsten Instrumente des Unterrichtskonzepts sind die
Kernidee der Lehrperson, der *offene Auftrag* der Lehrperson an die Schüler, das
Reisetagebuch zum Festhalten des individuellen Lernwegs der Schüler und die
Rückmeldungen durch die Lehrperson und Mitschüler. Diese strukturieren das
pädagogische Handeln aller Beteiligten und laufen kreislaufartig ab, damit die
Lernenden sich nach und nach den fachlichen Normen nähern können (vgl. ebd.,
S. 12; ebd., S. 179; s. Abbildung 8.1).

Der dialogische Prozess beginnt mit einer Kernidee, die sich aus den persönlichen Erfahrungen der Lehrperson in Bezug auf den Unterrichtsinhalt ergibt
und den Schülern einen individuellen Zugang zum Unterrichtsstoff eröffnet. Aus
der Kernidee wird ein offener Auftrag abgeleitet, der die Schüler zur *singulären
Standortbestimmung* herausfordert (vgl. Ruf & Gallin 2003b, S. 28–29), das heißt,
dass die Schüler zu einer intensiven, individuellen Auseinandersetzung mit dem
Stoff angeregt werden und sich aus Erfahrungen und Erlebnissen heraus dem
Unterrichtsinhalt eigenständig nähern. Dabei spielt die *Sprache des Verstehens*
eine große Rolle. In dieser artikulieren die Schüler ungeachtet der Fachsprache ihre Ansichten und Gedanken in Bezug auf den Unterrichtsgegenstand und
erforschen entsprechend eigener Fähigkeiten und Fertigkeiten die Unterrichtsinhalte vom jeweiligen singulären Standpunkt aus. Durch die Entdeckung eigener
Wege und Irrwege gewinnen die Schüler Selbstvertrauen in das eigene Denken und Handeln (vgl. Ruf & Gallin 2003a, S. 25–28). Ausgangspunkt dabei
ist die Unkenntnis der Schüler und deren erfolgsorientierte Einstellung. „Noch-
nicht-Wissen und Noch-nicht-Können sind dann nicht mehr hoffnungslose und
unangenehme Zustände, die man so rasch wie möglich hinter sich bringt, sondern Zustände, die man auskostet und genießt" (Ruf & Gallin 2003b, S. 9),

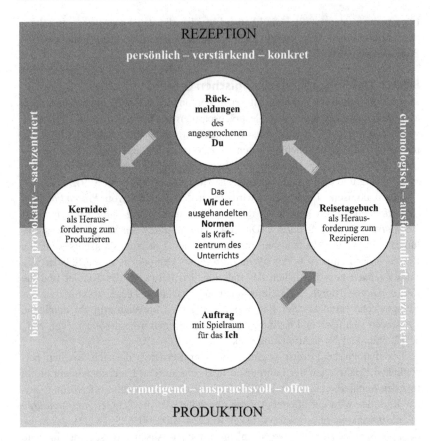

Abbildung 8.1 Der dialogische Lernprozess kreisend um das Zentrum der auszuhandelnden Normen (selbst erstellt in Anlehnung an Ruf & Gallin 2003b, S. 12; ebd., S. 149)

Zustände, die einen weltoffenen und neugierigen Menschen charakterisieren (vgl. ebd.). Die bedeutendste pädagogische Aufgabe der Lehrperson in dieser Phase ist die Vermittlung und Stärkung eines positiven Grundgefühls der Schüler in Bezug auf den eigenen Lernprozess, getreu nach dem Motto „ICH BIN JEMAND UND ICH KANN ETWAS, UND ZWAR NICHT NUR SO IM ALLGEMEINEN, SONDERN GANZ KONKRET: IN DER TÄGLICHEN ARBEIT AN DEN STOFFEN" (ebd., S. 7, Hervorhebungen im Original), und das Auslösen der Neugier bezogen auf den Unterrichtsinhalt.

Das Reisetagebuch ist das Medium, in welchem sich die Spuren singulärer Produktion („Ich mache das so!" (Gallin & Ruf 1998, S. 25)) niederschlagen und von der Lehrperson und den Mitschülern rezipiert („Wie machst du das?" (ebd.)) werden. Die Lernenden treten dadurch in einen *divergierenden Austausch* und erweitern ihre singuläre Einstellung zum Lerninhalt (vgl. ebd.), indem Gedanken, Irrwege und Lösungen, welche im ersten Schritt der singulären Standortbestimmung erarbeitet und im Reisetagebuch festgehalten wurden, im wechselseitigen Dialog ausgetauscht werden. Daraus resultiert eine Erweiterung des persönlichen Horizonts, das Wecken von Interesse an Zusammenhängen und Verbindungen zwischen unterschiedlichen Lern- und Lösungswegen und schließlich die Aushandlung von Normen und Regularitäten im gemeinsamen Gespräch mit allen Beteiligten (vgl. Ruf & Gallin 2003a, S. 235; Ruf & Gallin 2003b, S. 149; ebd., S. 179). Das Ziel der divergierenden Phase ist somit, aus den persönlichen Erfahrungen und den Ansichten der Mitschüler, Regelhaftes („Wie macht man das?" (Gallin & Ruf 1998, S. 25)) erschließen zu können (vgl. ebd). Hierzu wird die *Sprache des Verstandenen* herangezogen, denn überall, „wo Menschen zurückschauen, um das Erforschte zu sichten, zu ordnen, zu integrieren und für die Zukunft verfügbar zu machen, bewegen sie sich erklärend und definierend in der Sprache des Verstandenen" (Ruf & Gallin 2003a, S. 26).

Der Kreislauf schließt sich schließlich, da aus den singulären Denkweisen der Schüler neue Kernideen durch die Lehrperson entwickelt und in den Unterricht zurückgespielt werden können, an denen alle Schüler im weiteren Prozess arbeiten (vgl. Ruf & Gallin 2003b, S. 10–11; ebd., S. 244–245).

8.1.1.2 Merkmale dialogischen Lernens

Um die einzelnen Schritte des dialogischen Lernens konkreter zu beschreiben, werden in diesem Abschnitt die Instrumente des dialogischen Lernens dargelegt.

Kernidee – Der zündende Funken beim Generieren des Wissens

„Wenn du ein Schiff bauen willst, so trommle nicht Leute zusammen,

um Holz zu beschaffen, Werkzeuge vorzubereiten,

Aufgaben zu vergeben und die Arbeit einzuteilen,

sondern wecke in ihnen die Sehnsucht nach dem weiten, endlosen Meer."

(Antoine de Saint-Exupéry, zitiert nach Ruf & Gallin 2003b, S. 17)

Die Kernidee stellt im dialogischen Lernen den Ausgangspunkt zum selbstständigen und eigenverantwortlichen Lernen dar. Dabei soll diese den Unterrichtsstoff nicht zergliedern und kleinschrittiges Arbeiten einleiten, sondern, wie in dem Zitat von Antoine de Saint-Exupéry deutlich wird, das ganze Feld eines Sachverhalts vor den Schülern ausbreiten, in dessen Rahmen sie eigenständig und motiviert tätig werden können (vgl. Ruf & Gallin 2003a, S. 61; ebd., S. 109). In der Arbeit mit Kernideen sind dabei drei Aspekte zu beachten:

Biographischer Aspekt. Die Entwicklung einer Kernidee ist ein langer, persönlicher und situationsabhängiger Prozess, in dem die Lehrperson sich mit dem Stoff und dem eigenen Wissen über Methoden oder fachliche Strukturen auseinandersetzt. Es gilt, ihre eigenen Erfahrungen und Erlebnisse in Bezug auf den Unterrichtsstoff zu offenbaren sowie eigene Schlüsselerlebnisse herauszuarbeiten (vgl. Ruf & Gallin 2003b, S. 17).

Wirkungsaspekt. Kernideen sollen für alle Schüler zugänglich sein, diese zur authentischen Begegnung mit dem Unterrichtsstoff anregen und dazu motivieren, die eigene Person mit dem Unterrichtsinhalt in Verbindung zu setzen (vgl. Ruf & Gallin 2003a, S. 55; ebd., S. 109; Ruf & Gallin 2003b, S. 26–29).

Sachaspekt. Die Kernideen „sind der Auftakt zum Lernen auf eigenen Wegen. Sie fangen ganze Stoffgebiete in vagen Umrissen ein, rücken provozierende Eigenheit in den Vordergrund und laden zu einem partnerschaftlichen Dialog ein" (ebd., S. 29).

Die Kernideen aktivieren die Schüler und lenken die Aufmerksamkeit auf den Unterrichtsgegenstand. Eine fruchtbare Auseinandersetzung können diese allein noch nicht gewährleisten. Hierfür benötigt es geeignete, ermutigende und offene Arbeitsaufträge (vgl. Ruf & Gallin 2003a, S. 112–113; Ruf & Gallin 2003b, S. 49).

Offener Auftrag – Herausforderung zur singulären Produktion
Ruf und Gallin haben für geeignete Aufträge drei Merkmale herausgearbeitet.

Ermutigung zur singulären Produktion. Der Auftrag muss einen Einstieg in verantwortungsbewusstes und eigenständiges Handeln für alle Schüler unabhängig vom jeweiligen Leistungsstand ermöglichen und diverse Lernwege auf unterschiedlichen Niveaus unterstützen.

Herausforderung aller Schüler. Der Auftrag und die Anwesenheit eines fachlich kompetenten Gesprächspartners sollen alle Schüler unabhängig vom Leistungsniveau herausfordern.

Spannung für die Lernpartner. „Ist Individuelles gefragt, sind Aufträge zwangsläufig offen" (Ruf & Gallin 2003b, S. 49). Eine hohe Offenheit ermöglicht nicht nur das Bearbeiten der Aufgaben auf unterschiedlichen Niveaus und das Einschlagen unterschiedlicher Lernwege, sondern schließt auch überraschende Gedanken, Assoziationen und Ergebnisse ein, welche die Aufmerksamkeit der Lernpartner sichern können. Trotz der Offenheit droht aber keine Beliebigkeit der Inhalte, da die Schüler und die Lehrperson durch einen regen Austausch in Form von Produktion und Rezeption die Entwicklung des Inhalts gemeinsam gestalten (vgl. Ruf & Gallin 2003b, S. 10–11; ebd., S. 49).

Die Formulierung des Auftrages stellt gerade im Mathematikunterricht eine große Hürde dar, da es gilt, die Schüler zum Schreiben anzuregen und sich so der Mathematik zu nähern. Mögliche Aufträge zur authentischen Begegnung des Unterrichtsinhalts sind beispielsweise „Achte […] auf deine Gedanken und Gefühle" (Ruf & Gallin 2003a, S. 234) oder „Schreibe alles auf, was dir durch den Kopf geht" (ebd., S. 234). Durch diese Formulierungen wird der Blick der Schüler nicht sofort auf den neuen und fremden Unterrichtsstoff gelenkt, sondern zuerst auf die Wirkung dessen auf die eigene Person. Alle Schüler können diese Aufträge erfüllen und sich dem Inhalt unvoreingenommen nähern, ohne bereits in eine fachliche Auseinandersetzung mit diesem zu treten (vgl. ebd., S. 234; Ruf & Gallin 2003b, S. 167).

Die Auseinandersetzung der Schüler mit der Kernidee und dem Auftrag findet im Reisetagebuch statt.

Reisetagebuch

Das Reisetagebuch ist das wesentliche Instrument der singulären Standortbestimmung und des divergierenden Austauschs und dient den Schülern zum Festhalten von persönlichen Gedanken und Ideen, welche in der individuellen Auseinandersetzung mit dem Unterrichtsinhalt entstehen (vgl. Ruf & Gallin 2003a, S. 93; Ruf & Gallin 2003b, S. 89–90).

Die Einträge werden in der Sprache des Verstehens verfasst und sollen über einen *chronologischen* Aufbau zur Wiedergabe aller Schritte verfügen, welche die Schüler im Rahmen der Auseinandersetzung mit dem Stoff und mit den Lernpartnern gegangen sind, um sich die reguläre Welt zu erschließen. Die Texte des Reisetagebuchs sollen dabei so *ausformuliert* werden, dass sich Mitschüler oder Lehrpersonen in diesen orientieren und Lernprozesse nachvollziehen können. In der sprachlichen Gestaltung der Texte wird durch die Verwendung der Sprache des Verstehens *kein Wert auf formale Korrektheit* gelegt. Sobald die Schüler eine Lösung gefunden haben, findet ein Wechsel von der Vorschauperspektive in die Rückschauperspektive statt und die Lösung wird dementsprechend in der Sprache des Verstandenen festgehalten (vgl. ebd., S. 89–90; ebd., S. 107).

In dem letzten Schritt des Kreislaufes muss die Lehrperson durchdringen, was die Schüler in der Produktionsphase erreicht haben, Überlegungen anstellen, wie es weitergehen soll und persönliche Rückmeldungen geben.

Rückmeldungen – Gelungenes sichern und das produktive Potenzial von Versuchen und Irrtümern für die nächste Runde verfügbar machen
Die Rückmeldung zur singulären Standortbestimmung der Schüler soll als *Ich-Botschaft* formuliert werden und die Gedanken, Ideen, Ratschläge und Fragen eines Rezipienten offenbaren, die von den Lernenden angenommen oder aufgrund einer anderen Sichtweise abgelehnt werden können.

Die *Entwicklungsmöglichkeiten* sollen in der Formulierung *fokussiert*, also eine defizitäre Sichtweise in den Rückmeldungen vermieden werden. Konkrete, sachbezogene Rückmeldungen sollen das Gelungene in der Arbeit der Schüler stärken und das Potenzial in Irrwegen offenlegen, sofern dieses wichtig für weitere Lernprozesse ist, sodass das weitere Handeln der Schüler eine Richtung erhält (vgl. ebd., S. 147–148).

Weiterhin soll der Fokus auf die tatsächliche Leistung in der Produktion der Schüler gerichtet werden und die Rückmeldung sich somit auf *konkrete Erkenntnisse* im Reisetagebuch stützen (vgl. ebd.).

Da die Rückmeldungen stets sachbezogen und nie wertend erfolgen, aber die Bearbeitung der Aufträge durch die Schüler auch einhergeht mit dem Wunsch nach Anerkennung, gilt es, den Schülern zu kennzeichnen, inwieweit sie die Aufträge (wenig) zufriedenstellend bearbeitet haben oder überdies besonders gute Leistungen erbracht haben. Diesem Wunsch werden die Autoren gerecht, indem sie die Reisetagebucheinträge entsprechend singulärer Spuren und der altersgemäßen fachlichen Lernziele einschätzen und während der Durchsicht kennzeichnen (vgl. Ruf & Gallin 2003a, S. 80; Ruf & Gallin 2003b, S. 151–152).

Die Rückmeldungen haben eine hohe Bedeutung für den Lernprozess, da eine optimale Weiterentwicklung der eigenen Fähigkeiten die Überprüfung und Würdigung singulärer Arbeiten durch eine fachkundige Person voraussetzt (vgl. Ruf & Gallin 2003a, S. 126; Ruf & Gallin 2003b, S. 147–148). Für die Lehrperson bieten diese die Möglichkeit, besonders gelungene Ausführungen und Ideen zu identifizieren und in den folgenden Unterricht einzubeziehen oder aus den Beträgen neue Kernideen und Aufträge zu entwickeln (vgl. ebd., S. 244–245).

8.1.1.3 Einschätzung des dialogischen Lernens

Das Konzept des dialogischen Lernens wurde nun idealtypisch dargestellt und lässt bereits auf den ersten Blick Unterschiede im Vergleich zu ELIF erkennen. Um zu identifizieren, welche Gemeinsamkeiten und welche Unterschiede die Konzepte prägen, wird das dialogische Lernen nachfolgend in Bezug zu den in Abschnitt 6.5 erarbeiteten Merkmalskategorien, welche eben durch ELIF in der praktischen Umsetzung ermöglicht werden sollen, gesetzt. Dabei wird eingeschätzt, inwieweit auch das dialogische Lernen diese Merkmalskategorien berücksichtigt. Ziel ist es, charakteristische Eigenschaften und Unterschiede zwischen dem Konzept und ELIF zu schlussfolgern.

Einschränkend bleibt zu erwähnen, dass das Konzept idealtypisch eingeschätzt wird und sich in der Realität aufgrund unterschiedlicher Schulstrukturen und Lehrpersönlichkeiten unterscheiden kann. Des Weiteren soll die Einschätzung ohne komplexes Kategoriensystem einschließlich Definitionen der jeweiligen Merkmalskategorien, Ausprägungen und Kodierregeln vorgenommen werden, da lediglich ein Eindruck gewonnen werden soll, hinsichtlich welcher Aspekte die Konzeptionen sich unterscheiden. Eine intuitive Einschätzung auf der Grundlage der in den vorangegangen Abschnitten aufgeführten theoretischen Darstellungen ist somit ausreichend, da die Grundlage der Einschätzung dargelegt wurde und der Grund der Einschätzung ebenso transparent aufgeführt wird. Im Rahmen der Einschätzung wird auf die gängigen Zeichen + (Die Merkmalskategorie ist vollkommen erfüllt), o (Die Merkmalskategorie ist teilweise erfüllt) und – (Die Merkmalskategorie ist nicht erfüllt) zurückgegriffen. Zudem werden die Merkmalskategorien verallgemeinert, welche den Fall als spezifische Aufgabenform beinhalten (s. Tabelle 8.1).

Tabelle 8.1 Einschätzung des dialogischen Lernens bezüglich der Merkmalskategorien

Merkmalskategorie	Dialogisches Lernen
	Bedeutung der Zeichen: Die Merkmalskategorie wird in der beschriebenen Konzeption theoretisch nicht erfüllt (-)/ teilweise erfüllt (o)/ vollkommen erfüllt (+).
Die Schüler bestimmen organisatorische Aspekte des Unterrichts	o Es existieren Vorgaben in Bezug auf die zeitliche Gestaltung des Lernprozesses, den Lernort und die Lernpartner; Freiheiten werden eingeräumt in Bezug auf die Ressourcenwahl und –nutzung sowie das Arbeitstempo.
Die Schüler bestimmen methodische Aspekte des Unterrichts	o Den Lernweg können die Schüler in der ICH-Phase beliebig gestalten durch Freiheiten in der Wahl eigener Methoden, Lernstrategien, des Niveaus der Bearbeitung oder des Niveaus des Sprachgebrauchs. In der DU-Phase sind diese Aspekte durch die Arbeit mit einem Partner eingeschränkt und in der WIR-Phase werden diese von der Lehrperson bestimmt.
Die Schüler bestimmen inhaltliche Aspekte des Unterrichts	- Die Lerninhalte und einhergehend auch die Lernziele sind durch die Kernidee bestimmt und nicht frei durch die Schüler wählbar.
Strukturierungen unterstützen die Schüler in ihrem Lernprozess	+ Der zirkuläre Ablauf des dialogischen Lernens bietet den Schülern zunächst Struktur. Zudem existieren zur Gestaltung der Lernprozesse Regeln und Anforderungen, die die Lehrperson den Schülern vermittelt. Auch die Lernumgebung ist vorbereitet und sollte unterstützend in allen Phasen des Lernprozesses sein.
Die Arbeitsaufträge und Anforderungen werden verständlich vermittelt und den Schülern klar	+ Im Allgemeinen ist vorgesehen, dass klare Anforderungen und Erwartungen den Schülern offengelegt werden.
Die Schüler vollziehen metakognitive Prozesse	o Die Ergebnisse des Lernprozesses in der ICH-Phase werden durch die Diskussionen in der DU- und WIR-Phase reflektiert. Eine lernprozessbegleitende Evaluation findet seitens der Schüler nicht statt. Reflexionen von Gruppenarbeitsprozessen können im Anschluss an den Lernprozess durchgeführt werden.
Die Lehrperson gibt Feedback zu allen Arbeitsschritten des Lernprozesses	+ Die Lehrperson sichtet die Reisetagebücher und gibt in diesen individuelle Rückmeldungen zu den einzelnen Arbeitsschritten der Schüler als auch dem Endergebnis.
Die Schüler sind voneinander abhängig	- Die Schüler sind grundlegend im Lernprozess nicht von anderen Lernenden abhängig. In der ICH-Phase setzen sie sich eigenständig mit dem Lerninhalt auseinander und sind somit unabhängig von den anderen Lernenden, in der DU- und WIR-Phase sind sie in dem Austausch mit anderen Lernenden, können aber unabhängig von diesen einen Erkenntnisgewinn erzielen.
Die Schüler sind individuell verantwortlich	o Die Schüler sind für den eigenen Lernprozess verantwortlich und erfahren dies, indem die Reisetagebücher gesichtet und Rückmeldungen zum Lernprozess gegeben werden. Für das Gruppenergebnis sind jedoch alle Schüler sowie die Lehrperson verantwortlich, da Letztere die WIR-Phase steuert und durch den gezielten Einsatz von z. B. Reisetagebucheinträgen leitet und somit die Verantwortung für das Ergebnis von den Schülern nimmt.
Die Schüler unterstützen sich gegenseitig im Lernprozess	+ Die Schüler sollten sich in den jeweiligen Phasen des Lernprozesses ermutigend unterstützen, indem positive Aspekte der individuellen Auseinandersetzung mit einem Unterrichtsgegenstand im Reisetagebuch hervorgehoben werden oder im Austausch ermutigend und unterstützend agiert wird.

(Fortsetzung)

Tabelle 8.1 (Fortsetzung)

Es gibt einen Wechsel von kooperativen und individuellen Arbeitsphasen	+	Es gibt einen stetigen Wechsel individueller (ICH-Phase) und kooperativer (DU-/WIR-Phase) Arbeitsphasen aufgrund der zirkulären Gestaltung des dialogischen Lernens.
Es existieren Kommunikations- und Schreibanlässe	+	Durch die Kernidee und den offenen Auftrag werden den Schülern vielfältige Anlässe gegeben, sich mit den fachlichen Inhalten schriftlich (ICH-Phase) und verbal (DU-/WIR-Phase) auseinanderzusetzen.
Die Aufgabenform ist für die Schüler bedeutsam	o	Die Kernidee wird von der Lehrperson entwickelt, sollte das ganze Feld eines Sachverhalts vor den Schülern ausbreiten, also einen Sachaspekt abbilden, der für die Schüler gegenwärtig und/oder zukünftig relevant ist, zugänglich sein, die Schüler zur authentischen Begegnung mit dem Unterrichtsstoff anregen und motivieren, also auch in Teilen zur Lebens- und Alltagswelt der Schüler passen sowie deren Interessen und Neigungen abbilden. Letztere Punkte sind jedoch keine Grundvoraussetzung.
Die Aufgabenform ist offen formuliert	+	Der offene Auftrag leitet das Bearbeiten der Aufgaben auf unterschiedlichen Niveaus und das Einschlagen unterschiedlicher Lernwege ein und lässt Freiraum für überraschende Gedanken, Assoziationen und Ergebnisse. Folglich gibt es keine richtige Lösung.
Die Aufgabenform stellt Probleme oder Konflikte dar	-	Die Kernidee und der Auftrag müssen nicht problem- oder konflikthaltig sein. Es kann auch etwas besonders Spannendes oder Interessantes eines Gegenstandes als Kernidee verwendet werden.
Die Aufgabenform bildet fachliche Inhalte ab, die es zu entdecken gilt	+	Kernideen sind der Auftakt zum Lernen auf eigenen Wegen. Sie bilden fachliche Inhalte ab, die die Schüler näher durchdringen sollen und können mittels fachlicher Theorien verallgemeinert werden.
Die Aufgabenform passt zu den Lernvoraussetzungen der Schüler	+	Die Kernidee wird in der Regel von der Lehrperson entwickelt, sodass diese an die sprachlichen und fachlichen Kenntnisse der Schüler anknüpft.

8.1.2 Projekt

Das Projekt, welches auch als Projektlernen, Projektarbeit, Projektmethode oder Projektunterricht bezeichnet wird, ist eine offene Lehr-Lernform, in der Schüler entsprechend eigener Interessen und Vorstellungen Themen und Probleme ihrer Lebenswelt frei und selbstbestimmt bearbeiten (vgl. Gudjons 2003, S. 126; Knoll 2011, S. 11).

Eine einheitliche Definition des Begriffs und seiner unterrichtlichen Umsetzung liegt bis heute aufgrund verschiedener internationaler Einflüsse und unterschiedlicher didaktischer Ansprüche nicht vor (vgl. Bastian et al. 2009, S. 7–9; Oelkers 1999, S. 15). In dieser Arbeit wird daher der weitgehend neutral verwendete Begriff *Projektarbeit* verwendet (vgl. Zapf 2015, S. 15).

Eine zentrale Rolle in der Ausgestaltung des Projektgedankens kommt Dewey und Kilpatrick zu (vgl. Knoll 2011, S. 12). Der amerikanische Philosoph und Pädagoge John Dewey entwickelte erstmals unter lernpsychologischer und pädagogischer Sicht ein Konzept des Projektunterrichts. Während Dewey das Projekt im Sinne des praktischen, konstruktiven Problemlösens (vgl. ebd., S. 16; ebd. S. 185) versteht und diesem somit die Merkmale Handlungsorientierung, Erziehung zu Demokratie sowie das Prinzip „learning by doing" (Gudjons 2003, S. 128) zugrunde legt (vgl. ebd., S. 127–128), verfolgt Kilpatrick einen radikalen kindorientierten Ansatz. Er stellt das spontane, selbstbestimmte Lernen der Schüler in das Zentrum seiner Konzeption, indem er die Auswahl der Lerninhalte sowie deren methodische Organisation gänzlich in die Hände der Schüler legt (vgl. Knoll 2011, S. 16; ebd., S. 132–134; ebd., S. 185–186). Auch in der derzeitigen Diskussion lassen sich grob zwei divergierende Positionen unterscheiden: Im Verständnis der *Projektmethode* wird die Projektarbeit als eine Unterrichtskonzeption gesehen, bei der die Inhalte beliebig ausgewählt werden (z. B. Frey 2010), wohingegen im Verständnis des *Projektunterrichts* besonders die Erziehung zur Demokratie hervorgehoben wird (z. B. Gudjons 2008; Hänsel 1999) (vgl. Zapf 2015, S. 14–15).

Im Folgenden werden daher die beiden Ausrichtungen des Projektgedankens exemplarisch, zum einen durch die *Projektmethode* nach Frey (2010) und zum anderen durch den *Projektunterricht* nach Gudjons (2008), vorgestellt, um daraus im Anschluss eine Arbeitsdefinition sowie Merkmale (s. Abschnitt 8.1.2.3) der Projektarbeit formulieren zu können.

8.1.2.1 Die Projektmethode nach Frey

Karl Frey stellt die *Projektmethode* als einen idealen „Curriculumprozess" (vgl. Frey 2010, S. 22) dar, in dem die Teilnehmer ihren eigenen Bildungsprozess festgelegen. Den idealisierten Projektablauf beschreibt Frey durch sieben Komponenten (vgl. ebd., S. 54–61; s. Abbildung 8.2).

Am Anfang wird das Projekt durch einen Außenstehenden oder ein Mitglied der Lerngruppe initiiert (Komponente 1). Entscheidend ist, dass keine Einschränkungen bezüglich der Projektthemen gegeben sind und es sich um eine offene Ausgangssituation handelt. Im nächsten Schritt wird ein zeitlicher sowie sozialer Rahmen vereinbart, in dem die Auseinandersetzung mit der Projektinitiative erfolgen soll (Komponente 2). In dieser Phase bringt jeder Beteiligte seine individuellen Wünsche und Bedürfnisse ein, sodass im Rahmen der Überlegungen eine gemeinsame Entscheidung über das Projektthema erfolgt. Das Ergebnis wird in der Projektskizze festgehalten. Im nächsten Schritt wird eine Projektplanung (Komponente 3) angefertigt. Die Lernenden verständigen sich im Hinblick auf das Ziel über konkrete Vorstellungen und arbeiten heraus, wie das Thema methodisch, inhaltlich sowie organisatorisch angegangen werden soll. Dadurch löst die Projektinitiative persönliche, interessengeleitete und sachmotivierte Tätigkeiten aus. Sobald eine Projektinitiative oder die methodische sowie zeitliche Gestaltung des Projekts keine Zustimmung finden, erfolgt an den jeweiligen Stellen ein Abbruch des Projekts und eine neue Projektidee kann initiiert werden. Steht der

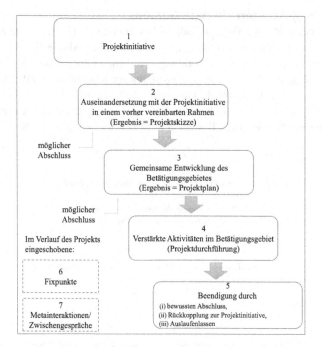

Abbildung 8.2 Grundmuster der Projektmethode nach Frey (2010) (selbst erstellt in Anlehnung an Frey 2010, S. 55)

Projektplan, beschäftigen sich die Teilnehmer gemeinschaftlich oder arbeitsteilig in verschiedenen methodischen Arrangements wie beispielsweise Erkundungen oder Experimenten verstärkt mit der Umsetzung und Durchführung des gewählten Themas (Komponente **4**). Der Abschluss des Projekts (Komponente **5**) kann verschiedene Formen annehmen. Das Projekt kann einen bewussten Abschluss finden, indem Ergebnisse veröffentlicht werden. Es kann aber auch ein Rückbezug des Projektergebnisses auf die Projektinitiative erfolgen. Weiterhin ist möglich, dass das Projekt ausläuft und in alltäglichen Aufgaben mündet (vgl. ebd., S. 54–145; s. Abbildung 8.2).

8.1.2.2 Projektunterricht nach Gudjons

Das Projektmodell nach Herbert Gudjons beschränkt sich im Gegensatz zu Freys Ansatz ausschließlich auf schulische Lehr-Lernprozesse und orientiert sich an den „Stufen des Denkvorganges" nach Dewey und dessen Philosophie des Pragmatismus (vgl. Gudjons 2008, S. 77). Gudjons stellte zunächst zehn zentrale Merkmale des Projekts auf (s. Abbildung 8.3) und entwickelte darauf aufbauend ein Prozessmodell, welches sich über vier Projektschritte erstreckt und zentrale Merkmale des Projektlernens integriert (vgl. Bastian et al. 2009, S. 9; Gudjons 2008, S. 86–92).

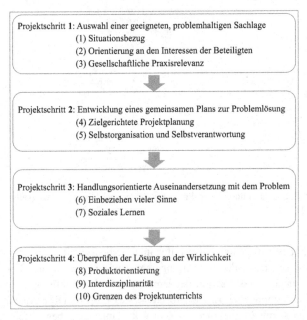

Abbildung 8.3 Schritte und Merkmale des Projekts nach Gudjons (1998) (selbst erstellt in Anlehnung an Gudjons 2008, S. 79–92)

Das Projektlernen nach Gudjons beginnt mit einer von der Lehrperson gestellten komplexen Problemstellung oder Aufgabe (Projektschritt 1). Bedeutend ist, dass sie als Ausgangspunkt der Lernprozesse erstens an die Erfahrungen und Kenntnisse der Schüler anknüpft und zweitens eine echte Herausforderung beziehungsweise ein echtes Problem aus der Lebenswelt der Schüler (1) darstellt. Ein weiteres Merkmal der Problemstellung/Aufgabe ist die Orientierung an den Interessen der Schüler und der Lehrperson. Dieses sollte zunächst durch erste Erfahrungen (z. B. Filme, Besichtigungen, Ausprobieren) geweckt und in die Themenwahl einbezogen werden (2). Im Gegensatz zu Frey können nach Gudjons nicht alle Themen als Projekt umgesetzt werden, da die Projektthemen gesellschaftliche Praxisrelevanz haben und die Ergebnisse auch in der Lebenswelt umgesetzt oder vorgeführt werden sollen (3). Im Anschluss an die Themenfindung folgt die gemeinsame Projektplanung (Projektschritt 2) durch die Schüler und die Lehrperson. Diese legen kooperativ fest, auf welche Art und Weise sie zur Lösung des Problems gelangen wollen, indem Aufgaben verteilt, ein zeitlicher Plan sowie das Endprodukt vereinbart werden (4). Die wesentlichen Entscheidungen werden dabei von den Schülern interessengeleitet sowie eigenverantwortlich getroffen (5). Die Planung des Projektablaufs mündet in der Projektdurchführung (Projektschritt 3). Die Auseinandersetzung mit dem Problem findet dabei handlungsorientiert unter Einbezug vieler Sinne statt (6). Die Wirklichkeit wird auf diesem Weg handelnd erfahren, indem beispielsweise Dokumentationen erstellt, Ausstellungen oder Feste durchgeführt oder Menschen, Probleme sowie Meinungen erkundet werden. Diese Prozesse erfordern die Kooperation und Kommunikation aller Beteiligten sowie die Beachtung demokratischer Regeln und die gegenseitige Rücksichtnahme (7). Am Ende des Projektlernens steht die Überprüfung der erarbeiteten Problemlösung in der Wirklichkeit (Projektschritt 4). Die Ergebnisse eines Projekts haben Gebrauchs- und Mitteilungswert und werden daher durch zum Beispiel Ausstellungen, Theater-/ Videovorführungen oder die Gestaltung eines Spielplatzes öffentlich gemacht. Neben vorzeigbaren Ergebnissen sind auch Einstellungsänderungen, der Zuwachs an Wissen, Kenntnissen, Fertigkeiten oder Wertüberzeugungen ein wichtiges Endprodukt. Die Wissenskonstruktion unterscheidet sich dabei zu der im traditionellen Unterricht. Das Wissen ist durch vielfältige Bezüge vernetzt, es wird eher handlungsrelevantes Wissen erworben und dieses multimedial gespeichert (8), was unter Rückbezug auf die Bedingungen für gelingendes Lernen als besonders wertvoll angesehen wird (s. Abschnitt 5.1). Ein weiteres Merkmal ist die Bearbeitung und Lösung eines Problems in Abhängigkeit von ihrem komplexen Lebenszusammenhang und unter Rückbezug auf verschiedene Fachdisziplinen (9). Letztlich nennt Gudjons auch Grenzen (10) als ein Merkmal des Projektlernens. Hierzu zählt der Autor vor

allem die Ergänzung des Projektablaufs durch Elemente des Lehrgangs zum Beispiel zur Vertiefung eines Projektthemas. Auch räumt der Autor ein, dass nicht
alle Themen mittels Erfahrungen gelernt werden können und somit einen lehrgangsartigen Unterricht erfordern, welcher mit dem Projektunterricht einhergehen
kann. Hierunter fallen vorwiegend mathematische oder fremdsprachliche Themen.
Als weitere Grenzen werden die einseitige Spezialisierung der Schüler sowie die
geringe Kontrolle über die tatsächliche Lernleistung der Schüler aufgeführt (vgl.
Gudjons 2003, S. 128–135; Gudjons 2008, S. 79–92).

8.1.2.3 Merkmale der Projektarbeit

Die Projektarbeit im Verständnis der Projektmethode und des Projektunterrichts unterscheidet sich somit in grundlegenden Punkten, was eine Abgrenzung
zu ELIF erschwert. Daher soll nun eine Arbeitsdefinition formuliert werden,
indem zunächst die in der Literatur am häufigsten auftauchenden Merkmale der
Projektarbeit herausgestellt werden.

Schülerorientierung. Die Auswahl des Projektthemas erfolgt in Orientierung an
den Interessen, Lernvoraussetzungen, Bedürfnissen und der Lebenswelt der Schüler. Zudem erarbeiten die Schüler das Thema beziehungsweise lösen das Problem
selbstorganisiert und selbstverantwortend (vgl. Apel & Knoll 2001, S. 81–82; Frey
2010, S. 54–57; Gudjons 2003, S. 129; Gudjons 2008, S. 80; Traub 2012, S. 64).

Handlungsorientierung. Die Planung, Durchführung und Überprüfung der Projektarbeit liegt in der Hand der Lernenden. Es werden möglichst viele Sinne
einbezogen und kognitive sowie praktische Tätigkeiten verknüpft (vgl. Apel &
Knoll 2001, S. 82–84; Gudjons 2003, S. 130–134; Gudjons 2008, S. 84–85;
Hänsel 1999, S. 75; Traub 2012, S. 64).

Produktorientierung. Das Ziel ist ein gemeinsames Produkt mit Gebrauchs- und
Mitteilungswert. Dieses kann entweder gedanklich vollzogen werden oder ein vor-
zeigbares Ergebnis sein (vgl. Apel & Knoll 2001, S. 84–85; Gudjons 2003, S. 134;
Gudjons 2008, S. 86–89; Traub 2012, S. 64).

Problemorientierung. Im Mittelpunkt des Interesses steht ein echtes, also tatsächlich existierendes, komplexes Problem, welches alle Beteiligten heraus-, aber nicht überfordert (vgl. Gudjons 2003, S. 128–129; Gudjons 2008, S. 79; Hänsel 1999, S. 75; Traub 2012, S. 64).

Soziales Lernen. Die Schüler verständigen sich auf soziale Regeln und Umgangsformen, welche das gemeinsame Arbeiten bestimmen. Die Kooperation ist geprägt von Rücksichtnahme und das Lernen miteinander sowie voneinander (vgl. Frey 2010, S. 15–16; Gudjons 2003, S. 134, Gudjons 2008, S. 85–86).

Interdisziplinarität. Das gewählte Problem soll durch seine Komplexität fächerübergreifendes Arbeiten erfordern (vgl. Gudjons 2003, S. 134; Gudjons 2008, S. 89–90).

Auf dieser Grundlage sowie durch unterschiedliche theoretische Betrachtungen des Projektgedankens (nachzulesen unter Apel & Knoll 2001, Frey 2010, Gudjons 2003, Hänsel 1999, Knoll 2011 und Traub 2012) resultiert für die vorliegende Arbeit folgende Definition des Projektbegriffs und seiner Variationen:

Die Projektarbeit ist eine offene, handlungsorientierte Unterrichtsform, bei der eine Schülergruppe ein Thema, das sich an ihren Interessen und Bedürfnissen orientiert, aber nicht durch die Schüler frei gewählt wurde, selbstständig und selbstverantwortend im sozialen Miteinander ziel- und ergebnisorientiert bearbeitet. Das Ergebnis der Erarbeitung ist ein (vorzeigbares) Produkt sowie ein Kenntnis- und Fähigkeitserwerb, der für den privaten und gesellschaftlichen Bereich Relevanz besitzt.

8.1.2.4 Einschätzung der Projektarbeit

Aufbauend auf dem dargestellten Verständnis der Projektarbeit kann nun betrachtet werden, inwieweit die Projektarbeit die in Abschnitt 6.5 erarbeiteten Merkmalskategorien berücksichtigt (s. Tabelle 8.2). Unterschiede in der Durchführung und folglich auch der Einschätzung, die aufgrund unterschiedliche Schulstrukturen und Lehrpersönlichkeiten auftreten können, werden hier vernachlässigt.

Tabelle 8.2   Einschätzung der Projektarbeit bezüglich der Merkmalskategorien

Merkmalskategorie	Projekt
	Bedeutung der Zeichen: Die Merkmalskategorie wird in der beschriebenen Konzeption theoretisch nicht erfüllt (-)/ teilweise erfüllt (o)/ vollkommen erfüllt (+).
Die Schüler bestimmen organisatorische Aspekte des Unterrichts	o Die Lernpartner werden durch die Konzeption bestimmt, nur in der Erarbeitung des Inhalts, können die Schüler bestimmen, ob sie in Einzel-/Partner- oder Gruppenarbeit arbeiten wollen; einige organisatorische Aspekte werden in der Gruppe/Klasse gemeinsam getroffen (die zeitliche Gestaltung des Lernprozesses, den Lernort); Freiheiten werden eingeräumt in Bezug auf die Ressourcenwahl und –nutzung sowie das Arbeitstempo.
Die Schüler bestimmen methodische Aspekte des Unterrichts	+ Ein Projektplan wird durch die Gruppe/Klasse selbstständig festgelegt und bestimmt im Wesentlichen die methodische Vorgehensweise in der Erarbeitung des Themas im Allgemeinen, innerhalb dieses Plans bleiben den einzelnen Schülern weitere kleinere Freiheiten in der Bestimmung der Methoden, des Niveaus oder der Lernstrategien des eigenen Lernprozesses.
Die Schüler bestimmen inhaltliche Aspekte des Unterrichts	- Der Arbeitsdefinition entsprechend bearbeiten die Schüler ein vorgegebenes Thema, wodurch sie keine Gelegenheit haben, die Inhalte selbst zu bestimmen.
Strukturierungen unterstützen die Schüler in ihrem Lernprozess	+ In der Projektarbeit einigt sich die Gruppe/Klasse zur Gestaltung der Lernprozesse auf soziale Regeln und Umgangsformen. Weiterhin werden die Anforderungen der Arbeit diskutiert und in einem Projektplan festgehalten, welcher strukturelle Unterstützung bietet.
Die Arbeitsaufträge und Anforderungen werden verständlich vermittelt und den Schülern klar	+ Dieses Merkmal ist aufgrund der Diskussionen in der Gruppe/Klasse über die Projektidee und Umsetzung des Projekts als erfüllt anzusehen. Dadurch erhalten die Schüler Möglichkeiten, sich in die Strukturierung des Arbeitsprozesses einzubringen und den festgehaltenen Projektplan stets einzusehen, wodurch die Arbeitsaufträge und Anforderungen den Schülern klar und verständlich sein sollten.
Die Schüler vollziehen metakognitive Prozesse	o Die Ergebnisse des Lernprozesses in der Erarbeitungsphase (allein oder in einer Kleingruppe) werden durch anschließende Gruppendiskussionen ausgewertet, in Bezug gebracht und einhergehend reflektiert. Eine lernprozessbegleitende Evaluation findet seitens der Schüler nicht statt. Abschließende Reflexionen des Gruppenarbeitsprozesses oder auch Evaluationen dessen bei Schwierigkeiten und Problemen können durchaus stattfinden, sind jedoch abhängig von der Lehrperson.

(Fortsetzung)

Tabelle 8.2 (Fortsetzung)

Die Lehrperson gibt Feedback zu allen Arbeitsschritten des Lernprozesses	o Die Lehrperson sichtet und bewertet letztendlich das Gruppenergebnis. Inwieweit Feedback zu den individuellen Arbeitsschritten gegeben wird, ist von der Lehrperson abhängig, jedoch im dargestellten Projektverständnis nicht vorgesehen.
Die Schüler sind voneinander abhängig	+ Die Schüler sind grundlegend im Lernprozess aufeinander angewiesen, da sie nur gemeinsam erfolgreich sein können, also ein Ergebnis erzielen, und dadurch auch der individuelle Erfolg vom Gruppenerfolg abhängt.
Die Schüler sind individuell verantwortlich	+ Die Schüler sind einerseits für den Gruppenprozess verantwortlich, da sie in der Gestaltung des Projekts wesentlich mitwirken und somit zu einem erfolgreichen Ergebnis verhelfen können und andererseits für den eigenen Lernprozess und die Erarbeitung der Inhalte in der jeweiligen Phase verantwortlich.
Die Schüler unterstützen sich gegenseitig im Lernprozess	+ Die Schüler sollten sich in allen Phasen des Lernprozesses ermutigen und unterstützen, um gemeinsam ein Ergebnis erzielen zu können.
Es gibt einen Wechsel von kooperativen und individuellen Arbeitsphasen	o Je nach Auslegung der Projektarbeit kann ein Wechsel von kooperativen und individuellen Arbeitsphasen erfolgen. Es ist jedoch auch möglich, dass die Schüler die ganze Zeit in der Gruppe arbeiten.
Es existieren Kommunikations- und Schreibanlässe	o Durch die Notwendigkeit, die Arbeitsergebnisse zu vergleichen und ein Gruppenergebnis zu erarbeiten, werden vielfältige Kommunikationsanlässe geschaffen. Schreibanlässe werden nicht explizit.
Die Aufgabenform ist für die Schüler bedeutsam	+ Die Auswahl des Projektthemas erfolgt in Orientierung an den Interessen, Lernvoraussetzungen, Bedürfnissen und der Lebenswelt der Schüler. Weiterhin steht ein echtes komplexes Problem im Mittelpunkt, welches eine gegenwärtige und/oder zukünftige Bedeutung im Leben der Schüler hat.
Die Aufgabenform ist offen formuliert	+ Im Mittelpunkt des Interesses steht ein echtes, also tatsächlich existierendes, komplexes Problem, für das es keine eindeutige Lösung gibt. Weiterhin können in der Umsetzung des Projekts unterschiedliche Deutungs- und Lösungsmöglichkeiten gefördert werden, indem bspw. im Projektplan unterschiedliche Herangehensweisen fokussiert werden.
Die Aufgabenform stellt Probleme oder Konflikte dar	+ Im Mittelpunkt des Interesses steht ein echtes, also tatsächlich existierendes, komplexes Problem, dessen Auswahl in Orientierung an den Interessen, Lernvoraussetzungen, Bedürfnissen und der Lebenswelt der Schüler erfolgt.
Die Aufgabenform bildet fachliche Inhalte ab, die es zu entdecken gilt	o Die Projektidee zielt auf ein gemeinsames Produkt mit Gebrauchs- und Mitteilungswert, welches gedanklich vollzogen oder tatsächlich umgesetzt werden soll. Die Verallgemeinerung des Inhalts ist nicht notwendigerweise gegeben.
Die Aufgabenform passt zu den Lernvoraussetzungen der Schüler	+ Die Auswahl des Projektthemas erfolgt in Orientierung an den Interessen, Lernvoraussetzungen, Bedürfnissen und der Lebenswelt der Schüler.

8.1.3 Freiarbeit

Freiarbeit ist ein Konzept offenen Unterrichts (vgl. Eickhorst 1998, S. 175), welches aus den reformpädagogischen Ideen von Montessori, Freinet, Petersen oder auch Gaudig entstanden ist (vgl. Traub 2000, S. 84–86). Deren Konzepte stimmen hauptsächlich darin überein, dass sie für eine größere Freiheit des Kindes

zum eigenverantwortlichen und selbstständigen Lernen innerhalb einer mehr oder
weniger stark eingeschränkten und vorbereiteten Lernumgebung plädierten (vgl.
Rademacher 1998, S. 26). Heute unterscheidet sich das Freiarbeitsverständnis
(z. B. Mayer 1992; Rademacher 1998; Krieger 1998; Traub 2000) vor allem
hinsichtlich der Implementation und Vorbereitung der Freiarbeit in der Schulpraxis (z. B. Krieger 1998) sowie der Nachbereitung (z. B. Mayer 1992) von
Freiarbeitsphasen, wobei immer noch die Forderung nach hohen Freiheiten in
unterschiedlichen Bereichen schulischen Unterrichts alle Konzepte verbindet (vgl.
Traub 1997, S. 67–74). Das Freiarbeitsverständnis dieser Arbeit kann daher wie
folgt beschrieben werden:

> „Die Freiarbeit [...] gewährt [den Schülern] größtmögliche Freiheit zu spontaner,
> selbstbestimmter, schulischer Arbeit in einer pädagogisch gestalteten Umgebung und
> innerhalb klar definierter, akzeptierter Rahmenbedingungen [...]. Bewegungsfreiheit,
> Wahlfreiheit in Bezug auf Arbeitsthemen und Arbeitsmaterial und Entscheidungsfrei-
> heit über Reihenfolge, Zeit und Sozialform sind ihre charakteristischen Merkmale"
> (Krieger 1998, S. 201).

Die Freiarbeit umfasst somit einen längeren Zeitraum, in dem die Schüler selbstgesteuert mit mehr oder weniger großer Freiheit den Unterricht gestalten können
(vgl. Traub 2000, S. 30). Die Lehrperson stellt den Schülern dabei didaktisch
aufbereitetes Material zur Verfügung, das primär die Vermittlung der Inhalte
übernimmt (vgl. Krieger 1998, S. 29–30).

Weiterhin gilt, dass Freiarbeit nicht als Ersatz bestehender Unterrichtsformen, sondern als Ergänzung dieser gesehen werden sollte, um beispielsweise
selbstgesteuertes Lernen (s. Abschnitt 6.2.1) und gleichzeitig den fachlichen Kompetenzerwerb zu ermöglichen. Daher kann Freiarbeit einerseits als eine für den
Unterricht sinnvolle Methode angesehen werden (vgl. Traub 2000, S. 91–92),
welche punktuell zum Beispiel zum Üben eines Sachverhalts über eine kurze
Zeit eingesetzt wird. Andererseits kann Freiarbeit dem dieser Arbeit zugrunde
liegenden Begriffsverständnisses entsprechend als Konzeption angesehen werden
(vgl. Traub 2000, S. 95), insofern es übergreifend über einen längeren Zeitraum zur Förderung spezifischer (über-)fachlicher Kompetenzen eingesetzt wird
und ein konkreter Rahmen durch die Lehrperson vorgegeben wird, in dem die
Schüler tätig sein können. Dieser entsteht beispielsweise durch verbindliche zeitliche und organisatorische Anweisungen und durch die Formulierung konkreter
Ziele und Funktionen für die einzelne(n) Arbeitsphase(n). Gleichzeitig wird den
Schülern genügend Freiraum gewährt, den eigenen Lernprozess auszugestalten,

indem beispielsweise Entscheidungen über die Sozialform oder die im Rahmen der Freiarbeit anzuwendenden Methoden getroffen werden können.

8.1.3.1 Prinzipien und Begründung der Freiarbeit

Die Freiarbeit wird nach Traub (2000) im Wesentlichen durch drei Prinzipien bestimmt, die ebenso in weiteren Freiarbeitskonzepten (vgl. z. B. Krieger 1998, S. 201; Seitz 1999, S. 29–31) vorzufinden sind.

1. Prinzip der Wahlfreiheit:
   Prinzip der Wahlfreiheit über die Unterrichtsinhalte: Den Schülern stehen vielfältige, aufbereitete Materialien zur Verfügung, die sich inhaltlich an dem Unterricht oder an den Interessen der Schüler orientieren. Von diesen können die Schüler sich frei ein Material auswählen, dieses bearbeiten und die eigenen Ergebnisse kontrollieren. Im Anschluss wird das Material für die Mitschüler zur Bearbeitung wieder freigegeben.
   Prinzip der Wahlfreiheit über die Fächer: Die Schüler können Materialien aus verschiedenen Fächern auswählen sowie bearbeiten.
   Prinzip der Wahlfreiheit über die Sozialform: Die Schüler bestimmen eigenständig, ob sie allein, in Partner- oder Gruppenarbeit ein Material bearbeiten wollen.
   Prinzip der Wahlfreiheit über die Zeit: Die Schüler legen selbst fest, wie viel Zeit sie in die Bearbeitung eines Materials investieren möchten und können somit frei über ihr Lerntempo und die Zeiteinteilung der zur Verfügung stehenden Zeit entscheiden.
   Prinzip der Wahlfreiheit über die Methode: Die Schüler entscheiden selbst, wie der Arbeitsablauf gestaltet werden soll und welche Methode in der Erarbeitung eines Materials angewendet werden soll.
2. Prinzip der Selbsttätigkeit: Die Schüler sind innerhalb der zur Verfügung stehenden Zeit selbst tätig, ohne direkten Einfluss der Lehrperson.
3. Prinzip der Selbstkontrolle: In der Regel verfügen die Materialien über die Möglichkeit zur Selbstkontrolle, das heißt, die Schüler überprüfen ihren Arbeitsprozess, wodurch sie lernen, sich besser einzuschätzen und aus ihren Ergebnissen weitere Arbeitsschritte abzuleiten (vgl. Traub 2000, S. 31–32).

Im Rahmen der Freiarbeit kommt der Aufbereitung der Materialien eine große Bedeutung zu, da hierdurch beispielsweise bestimmt werden kann, welche Inhalte die Schüler bearbeiten oder den Schülern Einschränkungen in der Wahl der Sozialform (z. B. Partnerdiktat) sowie der Methode (z. B. Regelspiele) auferlegt werden können (vgl. ebd., S. 119). In der Literatur existieren vielzählige Merkmale der Materialien, die hier nicht vollständig dargestellt werden sollen. Daher sei an dieser Stelle auf Krieger verwiesen, der diesbezüglich zehn Merkmale der Freiarbeitsmaterialien strukturiert aufgestellt hat (vgl. Krieger 1998, S. 20–27).

Freiarbeit findet ihre Berechtigung in vielerlei Hinsicht. Aus *bildungspolitischer Sicht* lässt sich die Freiarbeit vor allem durch den Erwerb von Schlüsselqualifikationen, wie der Fähigkeit zur Informationsbeschaffung, Methodenkompetenz, Selbstständigkeit usw. begründen (vgl. Rademacher 1998, S. 11–13; Traub 2000, S. 61–62). Durch den *gesellschaftlichen Wandel* und einhergehende Veränderungen in der Lebenswelt der Schüler ist der Einsatz von Freiarbeit bedeutend, da die Schüler durch die Unterrichtsmethode lernen, eigenständig zu handeln und zu denken, eigene Lernprozesse zu strukturieren und zu organisieren sowie Ergebnisse zu überprüfen. Auch soziale Verhaltensweisen wie zum Beispiel die Regelverfolgung werden geübt (vgl. Krieger 1998, S. 203; Traub 2000, S. 62–64). Aus *lerntheoretischer* Sicht finden sich ebenfalls Begründungen für die Freiarbeit im Unterricht. Die Schüler erhalten die Möglichkeit „ihren Lerntyp, ihre Lernstrategien, ihre Lern- und Arbeitstechniken herauszufinden, um ihr Lernen selbst in die Hand nehmen zu können" (Traub 2000, S. 64). Weiterhin stehen die Persönlichkeitsentwicklung und das Lernen von Selbstständigkeit im Vordergrund, wodurch *bildungstheoretische* Forderungen erfüllt werden (vgl. Traub 1997, S. 226).

8.1.3.2 Einschätzung der Freiarbeit

Abschließend wird auch die Freiarbeit in Bezug zu den in Abschnitt 6.5 erarbeiteten Merkmalskategorien gesetzt und eingeschätzt (s. Tabelle 8.3).

Tabelle 8.3 Einschätzung der Freiarbeit bezüglich der Merkmalskategorien

Merkmalskategorie	Freiarbeit
	Bedeutung der Zeichen: Die Merkmalskategorie wird in der beschriebenen Konzeption theoretisch nicht erfüllt (-)/ teilweise erfüllt (o)/ vollkommen erfüllt (+).
Die Schüler bestimmen organisatorische Aspekte des Unterrichts	+ Die Schüler bestimmen eigenständig die Rahmenbedingungen ihres Lernprozesses (siehe Prinzip der Wahlfreiheit).
Die Schüler bestimmen methodische Aspekte des Unterrichts	+ Die Schüler entscheiden selbst, wie der Arbeitsablauf gestaltet werden soll und welche Methoden in der Erarbeitung eines Materials angewendet werden sollen (siehe Prinzip der Wahlfreiheit über die Methode).
Die Schüler bestimmen inhaltliche Aspekte des Unterrichts	- Den Schülern stehen vielfältige, aufbereitete Materialien zur Verfügung, die sich inhaltlich an dem Unterricht oder an den Interessen der Schüler orientieren. Von diesen können die Schüler sich frei ein Material auswählen und dieses bearbeiten. Daher können sie nicht frei über Inhalte bestimmen, sondern nur die Reihenfolge der inhaltlichen Bearbeitung festlegen.
Strukturierungen unterstützen die Schüler in ihrem Lernprozess	+ Durch das Bereitstellen von Materialien und die Vermittlung klarer Regeln zum Umgang mit diesen erhalten die Schüler strukturelle Unterstützungen in der Wahl und Gestaltung der Rahmenbedingungen des Lernprozesses, des Lernweges und der Überwachung und Reflexion des Lernprozesses.
Die Arbeitsaufträge und Anforderungen werden verständlich vermittelt und den Schülern klar	+ Inwiefern visualisierte oder verschriftlichte Arbeitsaufträge vorliegen, kann anhand der Konzeptionsbeschreibung nicht geschlussfolgert werden, jedoch ist es eindeutig, dass klare und verständliche Arbeitsaufträge und Anforderungen existieren müssen, damit die Schüler sich orientieren und Material auswählen können.
Die Schüler vollziehen metakognitive Prozesse	o Die Materialien bieten die Möglichkeit zur Selbsteinschätzung, wodurch die Schüler ihren Lernprozess und Lernfortschritt stets evaluieren und reflektieren können. Zur Reflexion oder Evaluation von Gruppenarbeitsprozessen, falls diese existieren, liegen keine strukturellen Hilfen vor.
Die Lehrperson gibt Feedback zu allen Arbeitsschritten des Lernprozesses	o Die Lehrperson wird, abhängig von der Organisation und Umsetzung der Freiarbeit, die Ergebnisse der Schüler sichten und bewerten, aber nicht jeden Lernschritt der Schüler nachvollziehen und mit Feedback versehen.
Die Schüler sind voneinander abhängig	- Die Schüler sind im Lernprozess nicht aufeinander angewiesen, da sie auch allein in der Arbeit mit dem Material erfolgreich sein können.
Die Schüler sind individuell verantwortlich	o Die Schüler sind nur für den eigenen Lernprozess verantwortlich.
Die Schüler unterstützen sich gegenseitig im Lernprozess	- Je nach Umsetzung der Freiarbeit und Wahl der Sozialform kann eine gegenseitige Unterstützung und Ermutigung im Lernprozess existieren, ist durch das Konzept aber nicht vorgegeben.
Es gibt einen Wechsel von kooperativen und individuellen Arbeitsphasen	- Die Schüler können die Sozialform frei wählen, jedoch ist kein Wechsel zwischen den Sozialformen vorgesehen.
Es existieren Kommunikations- und Schreibanlässe	- Die Schüler bearbeiten die jeweiligen Aufgaben in Einzel-/Partner- oder Gruppenarbeit, werden aber je nach Wahl der Sozialform nicht automatisch zum Kommunizieren über den Inhalt angeregt. Auch Schreibanlässe sind nicht zwangsläufig vorgesehen, könnten aber integriert werden.

(Fortsetzung)

Tabelle 8.3 (Fortsetzung)

Die Aufgabenform ist für die Schüler bedeutsam	o Die Materialien orientieren sich inhaltlich an dem Unterricht oder an den Interessen der Schüler. Eine Passung zur Lebens- und Alltagswelt muss nicht gegeben sein.
Die Aufgabenform ist offen formuliert	- Die diversen Materialien verfügen über einen unterschiedlichen Grad der Offenheit, es werden aber auch geschlossene Aufgaben mit einer richtigen Lösung als Freiarbeitsmaterial integriert.
Die Aufgabenform stellt Probleme oder Konflikte dar	- Das Freiarbeitsmaterial orientiert sich an den fachlichen Inhalten und besteht aus diversen Aufgabenformen, ohne ein Problem oder Konflikt abzubilden beziehungsweise hervorzurufen zu müssen.
Die Aufgabenform bildet fachliche Inhalte ab, die es zu entdecken gilt	o Die Freiarbeitsmaterialien zielen auf die Erarbeitung bestimmter fachlicher Inhalte ab, die nicht unbedingt eine Verallgemeinerung zulassen, wenn es sich um geschlossene Aufgaben handelt.
Die Aufgabenform passt zu den Lernvoraussetzungen der Schüler	+ Die Auswahl der Materialien erfolgt in Orientierung an den Interessen, Lernvoraussetzungen und Bedürfnissen der Schüler.

8.1.4   Variation von Aufgaben

Zur Realisierung problemorientierten Mathematikunterrichts, zur Steigerung vernetzten Denkens oder lernförderlicher Eigenschaften, wie der Motivation und dem Interesse, wurden in den letzten Jahrzehnten diverse didaktische Konzepte entwickelt, die die Variation von Mathematikaufgaben als Unterrichtsgegenstand fokussieren. Grundlage aller ist es, dass eine Aufgabe durch einfache Variationen, also geringfügige Veränderungen und Abwandlungen von beispielsweise Parametern, zahlreiche Frage- und neue Aufgabenstellungen aufwerfen kann und somit vielfältige Möglichkeiten zum mathematischen Arbeiten eröffnet (vgl. Heinrich et al. 2015, S. 37–38; Schupp 2002, S. 12–13). Diese unterscheiden sich jedoch im Hinblick auf die ihnen inhärenten Ziele, Abläufe sowie die Person, die die Aufgabe variiert, sodass zunächst einige unterschiedliche Konzepte beispielhaft skizziert werden, um die Vielfalt der Ausrichtungen und Begrifflichkeiten zu verdeutlichen (für weitere Beispiele siehe Schupp 2002, S. 7–11). Anschließend wird auf zwei gegenwärtig in der Mathematikdidaktik relevante Konzepte konkret Bezug genommen, denen ein offener Unterricht zur Steigerung der Eigenaktivität der Schüler und zahlreiche Kommunikationsanlässe zugrundeliegen, wodurch der Großteil der Grundideen berücksichtigt wird.

Wittmann hat zum Beispiel das selbstständige Stellen oder Weiterführen, also das Variieren, von Problemen durch Schüler als eine Bedingung zur Förderung kognitiver Strategien aufgeführt. Demnach können bestimmte Probleme durch Analogisieren oder Verallgemeinern oder auch unter Einbezug der „what-if-not-Strategie" zu verwandten Aufgaben führen. Diese Probleme werden von

Wittmann als *erzeugende Probleme* bezeichnet (vgl. Wittmann 1975, S. 85). Bei der „what-if-not-Strategie" werden durch Überlegungen bezüglich alternativer Eigenschaften eines jeden Elements einer Problemstellung neue Fragen und Probleme formuliert (vgl. Brown & Walter 2005, S. 44–46). Walsch (1995) forderte die Auseinandersetzung mit *Aufgabenfamilien*, die durch Variation einer Initialaufgabe entstehen und das vernetzte Denken fördern (vgl. Walsch 1995, S. 78–80). Förster und Grohmann (2010) entwickelten ein Konzept im Rahmen dessen eine Ausgangsaufgabe, in der Regel eine geschlossene Aufgabe oder eine Knobel- bzw. Problemaufgabe, durch die Lehrperson in mehreren Schritten durch diverse Variationen der Bedingungen zu einer sogenannten *geöffneten Aufgabensequenz* abgewandelt und den Schülern zur Bearbeitung gegeben wird (vgl. Förster & Grohmann 2010, S. 111–123). Die Aufgabensequenz besteht nach der Variation aus einer leicht verständlichen und wenig komplexen Einstiegsaufgabe und weiteren auf denselben Inhalt abzielenden, komplexeren Aufgabenstellungen sowie möglichen offenen Anschlussfragen.

Pehkonen (1997) und später Heinrich, Jerke und Schuck (2015) haben mit dem Problemfeldkonzept ein didaktisches Konzept zur Realisierung problemorientierten Mathematikunterrichts vorgestellt, in dem ein mathematisches Problem als Ausgangsaufgabe variiert wird (vgl. Pehkonen 1997, S. 75–76; Heinrich et al. 2015, S. 37–39). Nach Pehkonen sollte das Problemfeld den Schülern „stückweise dargeboten werden, und das Fortsetzen im Problemfeld [...] von Schülerlösungen gelenkt werden. Wie weit man in ein Problemfeld eindringt, hängt [dabei] von den Schülerantworten ab" (Pehkonen 1989, S. 226). Als Problemfeld kann die Gesamtheit ähnlicher, sich aus dem Anfangsproblem ergebender Folgeprobleme angesehen werden:

> „Am Anfang steht ein auf Lösungserfolg ausgerichtetes Ausgangsproblem. Nach dessen Bearbeitung werden dazu verwandte, also ähnlich geartete Probleme (Folgeprobleme) formuliert und bearbeitet. Diese erwachsen häufig aus Variationen des Ausgangsproblems" (Heinrich et al. 2015, S. 37).

Der Ablauf der Variation kann dabei entweder vorwiegend durch die Lehrperson gestaltet werden, die sich zwar an den Schülerantworten orientiert, aber den Lernenden nicht die Möglichkeit gibt, eigene Ideen und Fragen zu formulieren (vgl. Pehkonen 1989, S. 226–228). Alternativ kann die Variation unter hoher Schülerbeteiligung in einem offeneren Setting stattfindet, indem die Schüler ein Ausgangsproblem selbstständig variieren und ausgewählte Variationsmöglichkeiten weiterverfolgen, wie Heinrich und Kollegen es beschreiben (vgl. Heinrich et al. 2015, S. 38–39). Letzteres weist viele Bezugspunkte zu dem Konzept der Aufgabenvariation im Mathematikunterricht nach Schupp (2002) auf.

Schupp spricht von Aufgabenvariationen, deren Besonderheit darin liegt, sich über ein öffnendes Problem, „bei dem erst nach Lösung eines vorgegebenen Initialproblems eine allmähliche Öffnung vollzogen wird" (Schupp 2002, S. 18), vielfältigen nahe liegenden Folgeaufgaben und Fragestellungen unterschiedlichen Schwierigkeitsgrads zu widmen (vgl. ebd., S. 46), welche durch die Schüler aufgeworfen und gelöst werden wollen. Dadurch werden Lernumgebungen geschaffen, in denen eine authentische, lebendige Auseinandersetzung mit den mathematischen Inhalten ermöglicht wird (vgl. ebd., S. 12–13). Für Schüler ohne große Vorerfahrung hat sich nach Schupp die „what-else-Strategie", basierend auf der „what-if-not-Strategie" von Brown und Walter, bewährt. Demnach wird möglichst jedes Wort und jedes Zeichen einer Aufgabe nacheinander sinnvoll abgeändert (vgl. ebd., S. 21).

Auch im Ausland wird sich mit der Variation von Aufgaben beschäftigt. Beispielsweise sei hier auf das *Problem posing* verwiesen. Dieses unterscheidet je nach Existenz eines und Art des Ausgangsproblems freie, halbstrukturierte oder strukturierte Problem posing Situationen. Die Variation von Aufgaben zählt dabei zu den strukturierten Problem posing Aktivitäten, in denen basierend auf einem Ausgangsproblem neue Probleme generiert werden: „Structured problem-posing situations refer to situations where students pose problems by reformulating already solved problems or by varying the conditions or the question of given problems" (Bonotto 2013, S. 39–40).

Insgesamt kann man also folgern, dass sich die verschiedenen Ansätze hinsichtlich der Art der Ausgangsaufgaben (mathematisches Problem oder geschlossene/offene Aufgabenstellung) oder auch der Personen, die die Aufgabe variiert (Lehrperson oder Schüler), unterscheiden. In dieser Arbeit soll im Weiteren unter Beachtung der Grundideen, vor allem des selbstgesteuerten Arbeitens der Schüler an einem zum Teil selbst gewählten oder zumindest mitbestimmten Thema, auf das Problemfeldkonzept nach Heinrich und die Aufgabenvariation nach Schupp Bezug genommen werden.

8.1.4.1 Ablauf der Variation von Aufgaben

Ein schematischer Ablauf könnte nach Schupp (vgl. Schupp 2002, S. 21–23) sowie Heinrich, Jerke und Schuck (vgl. Jerke & Schuck 2015, S. 38–39) folgendermaßen aussehen:

1. Die Schüler bearbeiten und lösen eine vorgegebene Aufgabe oder ein mathematisches Problem individuell oder in Kooperation. Dabei ist die Auswahl einer geeigneten Ausgangsaufgabenstellung wichtig, da die vorgegebene Situation die Schüler in der Formulierung von Fragestellungen beeinflussen kann.

2. Den Schülern wird der Auftrag gegeben, die Aufgabe zu variieren, das heißt weiterführende, ähnliche oder verwandte Fragestellungen zu suchen. Für unerfahrene Schüler kann zunächst auf die „what-else-Strategie" zurückgegriffen werden, welche jedoch zunehmend zugunsten heuristischer Strategien zurücktreten sollte.

3. Die Vorschläge der Schüler werden im Plenum unkommentiert gesammelt. Dabei können auch aus mathematischer Sicht wenig sinnvolle Fragestellungen genannt werden.

4. Die Vorschläge werden angeleitet durch die Lehrperson, später auch durch Schüler möglich, gemeinsam geordnet, strukturiert, im Hinblick auf deren Lösbarkeit und Sinnhaftigkeit eingeschätzt und eine Auswahl der gesammelten Vorschläge getroffen. Diese Phase kann durch Fragen wie „Was ist leicht/unsinnig/ ...?" oder „Was hängt wie zusammen?" unterstützt werden.

5. In Abhängigkeit von den Fähigkeiten und Fertigkeiten der Schüler sowie von der Funktion der Aufgabenvariation im Lernprozess der Schüler kann die Lehrperson ausgewählte Folgeprobleme in unterschiedlichen Sozialformen (Plenums-, Gruppen-, Partner-, Einzelarbeit) und Arbeitsaufteilungen (sequenziell, parallel) erarbeiten lassen.

6. Die Ergebnisse können bereits in Gruppen mit der Lehrperson besprochen oder aber im Plenum präsentiert und diskutiert werden. Dabei kommt der „schriftlichen Fixierung von Verlauf und Resultaten der Eigen- bzw. Gruppenarbeit [...] eine große Bedeutung zu" (Schupp 2002, S. 22).

7. Es könnten weitere Aufgabenstellungen bearbeitet werden, die sich im Verlauf des Arbeitsprozesses ergeben haben (erneuter Durchlauf der Phasen drei bis sechs) oder es könnten die bearbeiteten Variationen schriftlich zusammengeführt und für Externe präsentiert werden. Zum Schluss sollte eine Bewertung der geleisteten Arbeit und der Resultate stattfinden.

In dieser Form stellt das Variieren von Aufgaben vielfältige Anforderungen an die Schüler, weshalb dieses Vorgehen erst schrittweise geübt und eingeführt werden muss.

Als ausschlaggebende Phase, die das Gelingen des Konzepts bestimmt, kann das Variieren, also die Formulierung neuer Fragen und Aufgabenstellungen unter Einbezug geeigneter Strategien, angesehen werden. Die angewandten Strategien sind häufig heuristische Basisstrategien oder Kontrollstrategien, die beim Problemlösen und ebenso vor dem Hintergrund der Befähigung der Schüler zum sinnvollen Handeln in der Lebenswelt Relevanz besitzen. Diese umfassen beispielsweise das Analogisieren, Verallgemeinern, Spezialisieren, Umkehren,

Grenzfälle betrachten. Diese und weitere können unter Schupp (2002, S. 31–37) detaillierter nachgelesen werden.

Als Vorteile der Variation werden in der Literatur vorwiegend ein stimmiges Mathematikbild, die Variation als Lösungsstrategie, ein tieferes Verständnis, ein abwechslungsreicher und lebendiger Unterricht und die Vereinbarkeit von komplementären Faktoren des Lernens, wie Konstruktion und Instruktion sowie Eigenaktivität und Belehrung, aufgeführt (vgl. ebd., S. 18). Weiterhin werden die Schüler gefördert, sich eigenständig Fragen sowie Aufgaben zu stellen und diese zu verfolgen. Das Interesse am Fach wird geweckt oder länger erhalten sowie das Selbstbewusstsein, das Selbstvertrauen und die Selbsteinschätzung der eigenen Fähigkeiten gestärkt (vgl. Leneke 2003, S. 3). Auch in empirischen Untersuchungen konnte die Aufgabenvariation als geeignet, im Sinne von machbar, sinnvoll oder motivierend, identifiziert werden (vgl. Schupp 2002, S. 46–50).

Für die Effektivität und Tiefe der Lernprozesse spielen außerdem folgende Bedingungen eine Rolle, die in der Umsetzung und Planung zu berücksichtigen sind:

- die persönliche Relevanz des Themas
- die Ausgangsfrage und deren Formulierung sowie der Ablauf der Bearbeitung
- die Vorerfahrungen und das Vorwissen der Lernenden
- die Art der verwendeten Medien und Unterrichtsmittel
- der zur Verfügung stehende zeitliche Rahmen
- die Intensität und Art der Hilfestellungen und Impulse durch die Lehrperson im Arbeitsprozess
- die Art der durch die Kinder eigenständig gefundenen Fragen und Probleme
- die Art und Funktion von gewählten Differenzierungsmaßnahmen und Kooperationen (vgl. Heinrich et al. 2015, S. 37–38)

8.1.4.2 Einschätzung der Aufgabenvariation

Abschließend wird das mathematikspezifische Konzept der Aufgabenvariation in Bezug zu den in Abschnitt 6.5 erarbeiteten Merkmalskategorien gesetzt und eingeschätzt werden, inwieweit dieses idealtypisch eine Erfüllung der Merkmalskategorien ermöglicht (s. Tabelle 8.4).

Tabelle 8.4 Einschätzung der Variation von Aufgaben bezüglich der Merkmalskategorien

Merkmalskategorie	Variation von Aufgaben
	Bedeutung der Zeichen: Die Merkmalskategorie wird in der beschriebenen Konzeption theoretisch nicht erfüllt (-)/ teilweise erfüllt (o)/ vollkommen erfüllt (+).
Die Schüler bestimmen organisatorische Aspekte des Unterrichts	- Die Lehrperson bestimmt weitestgehend über die zeitliche Gestaltung des Lernprozesses, den Lernort und auch die Lernpartner, indem diese die Ausgangsaufgabenstellung zunächst bereitstellt, die weiteren Schritte des Sammelns und Ordnens von neuen Fragen leitet und die weitere Erarbeitung der Folgeaufgabenstellungen organisiert. Die Ressourcen in der Arbeitsphase können ggf. durch die Schüler bestimmt werden.
Die Schüler bestimmen methodische Aspekte des Unterrichts	o Die einzelnen Schritte sind fest vorgegeben. Nur in der Erarbeitung der einzelnen Fragen können die Schüler über methodische Aspekte selbst entscheiden, wie z. B. welche Methoden in der Erarbeitung angewendet werden sollen oder welche Zugangsweisen sie wählen. Dies ist jedoch abhängig von der Lehrperson und nicht grundlegend in der Konzeption vorgesehen. Darüber hinaus wird das Erarbeitungsniveau des Lerninhalts durch die gemeinsam festgelegten Fragen weitestgehend vorgegeben.
Die Schüler bestimmen inhaltliche Aspekte des Unterrichts	o Aufgrund der Schritte 3 und 4 des dargestellten Ablaufs können die Schüler in geringem Maße über die weiteren Unterrichtsinhalte bestimmen. Dabei sind die Schüler an die durch die Lehrperson vorgegebene Ausgangsaufgabenstellung und deren mathematischen Inhalt gebunden. Zudem sollen sie die Aufgabenstellung lediglich variieren, jedoch keine neuen, unabhängigen Fragen, Probleme oder Aufgaben aufwerfen.
Strukturierungen unterstützen die Schüler in ihrem Lernprozess	+ Durch das Bereitstellen einer Ausgangsaufgabenstellung sowie klarer Abläufe unter der Leitung der Lehrperson existieren zahlreiche strukturelle Unterstützungsmaßnahmen.
Die Arbeitsaufträge und Anforderungen werden verständlich vermittelt und den Schülern klar	+ Die Ausgangsaufgabenstellung wird in der Regel als verschriftlichter Arbeitsauftrag vorgelegt. In den weiteren Phasen der Variation werden die Schülerideen visualisiert, strukturiert und schließlich neue Aufgaben daraus abgeleitet und verschriftlicht. Dadurch werden die jeweiligen Anforderungen und Arbeitsaufträge verständlich vermittelt.
Die Schüler vollziehen metakognitive Prozesse	o Die Schüler schlagen neue Fragestellungen durch Variationen vor, welche diskutiert werden. Dadurch wird ebenso reflektiert, welche Fragen Sinn machen, ggf. nicht beantwortet werden können oder zu schwer sind. Abschließend kann zudem reflektiert werden, ob sich weitere Aufgaben ergeben. Im Rahmen des Ablaufmodells sind jedoch keine Phasen der lernprozessbegleitenden oder abschließenden Reflexion des individuellen Arbeitsprozesses oder des eigenen Lernfortschritts inbegriffen.
Die Lehrperson gibt Feedback zu allen Arbeitsschritten des Lernprozesses	o Die Lehrperson gibt Rückmeldungen zu den Variationsideen der Schüler. Auch sollten die geleistete Arbeit sowie die Resultate der Gruppe bewertet werden, wodurch Feedback in gewissem Maße bereitgestellt wird.
Die Schüler sind voneinander abhängig	o Die Schüler sind in geringem Maße abhängig, da die Folgeprobleme zunächst gemeinsam generiert werden. Im Anschluss arbeiten sie in Gruppen- oder in Einzelarbeit an denselben oder verschiedenen Fragestellungen, die aus der Variation resultieren. Die Entscheidung, welche Sozialform gewählt wird, obliegt dabei der Lehrperson. So kann es also auch vorkommen, dass die Schüler komplett unabhängig voneinander arbeiten.
Die Schüler sind individuell verantwortlich	- Den Schülern wird die Verantwortung für den eigenen Lernprozess weitestgehend abgenommen, indem die Lehrperson diesen strukturiert und organisiert. Die Schüler arbeiten zwar eigenständig am Thema, der eigene Beitrag am Gruppenergebnis bleibt jedoch unklar, wenn die Gruppe das Ergebnis gemeinsam vorstellt.

(Fortsetzung)

Tabelle 8.4 (Fortsetzung)

Die Schüler unterstützen sich gegenseitig im Lernprozess	o	Die Gruppenarbeit sollte durch eine gegenseitige Unterstützung geprägt sein. In den anderen Phasen ist dies jedoch nicht notwendig, wenn die Schüler eigenständig Ideen für Folgeprobleme formulieren oder die Ausgangsaufgabenstellung individuell bearbeiten.
Es gibt einen Wechsel von kooperativen und individuellen Arbeitsphasen	-	Es findet kein Wechsel zwischen kooperativen und individuellen Arbeitsphasen statt, denn wenn erst mal Folgeprobleme formuliert wurden, sollen die Inhalte ausschließlich in der Gruppe erarbeitet werden. Auch könnten alle Phasen in Gruppen- und Plenumsarbeit stattfinden.
Es existieren Kommunikations- und Schreibanlässe	o	Die Schüler bearbeiten die jeweiligen Aufgaben in Gruppenarbeit, werden also zum Kommunizieren angeregt. Inwieweit das Verschriften von Gedanken und Prozessen umgesetzt wird, ist von der jeweiligen Umsetzung durch die Lehrperson abhängig, wird jedoch nach Schupp empfohlen.
Die Aufgabenform ist für die Schüler bedeutsam	-	Die Ausgangsaufgaben sind häufig innermathematisch und orientieren sich zudem an den Inhalten des jeweilig geltenden Curriculums oder der Lehrpläne, jedoch nicht an den Interessen und Neigungen der Schüler. Auch die Folgeprobleme sind durch die einschränkende Vorgabe der Aufgabenvariation nur wenig bedeutsam für die Schüler.
Die Aufgabenform ist offen formuliert	o	Die Ausgangsfrage kann eine offene oder geschlossene Aufgabe beziehungsweise ein Problem sein, genauso wie die Folgeprobleme.
Die Aufgabenform stellt Probleme oder Konflikte dar	o	Das Ausgangsproblem sowie die Folgeprobleme sind problemhaltig, aber häufig innermathematisch und beziehen wenig reale Probleme oder Konflikte ein.
Die Aufgabenform bildet fachliche Inhalte ab, die es zu entdecken gilt	+	Die Ausgangsfrage wird in Abhängigkeit von der Funktion und von den zu fördernden Kompetenzen ausgewählt und durch die Bedingungen der Variation wird sichergestellt, dass die Folgeprobleme zum Aufbau, zur Sicherung oder zur Überprüfung derselben oder verwandter Kompetenzen dienen.
Die Aufgabenform passt zu den Lernvoraussetzungen der Schüler	+	Die Auswahl der Ausgangsfrage findet in Abhängigkeit von den Lernvoraussetzungen der Schüler statt. Da die Schüler die Folgeprobleme eigenständig formulieren, strukturieren, einschätzen und auswählen, wobei die Lehrperson unterstützend aktiv ist, ist davon auszugehen, dass auch diese den Lernvoraussetzungen entsprechen.

8.1.5 Fazit der Gegenüberstellung verwandter Unterrichtskonzeptionen

Im Rahmen der Darstellungen wurde bereits ersichtlich, dass ELIF einige Berührungspunkte mit den anderen Konzeptionen aufweist und diese ebenso untereinander. So beziehen beispielsweise ELIF, das didaktische Konzept der Aufgabenvariation und das dialogische Lernen die Idee der schriftlichen Fixierung von mathematischen Lernprozessen und Resultaten zum Aufbau von tiefgehendem Verständnis und Fachkompetenz ein.

Aufgrund vieler Berührungspunkte sollen in diesem Abschnitt die beschriebenen Konzeptionen zusammenfassend unter zwei Perspektiven betrachtet werden (s. Tabelle 8.5): Was ist gemeinsam und wo liegen die Differenzen? Dabei wird

ELIF idealtypisch ergänzt, das heißt, da ELIF aufgrund der theoriegeleiteten Entwicklung die Möglichkeit bieten soll, alle Merkmalskategorien der Grundideen in der praktischen Umsetzung zu erfüllen (s. Kapitel 7), wird zunächst angenommen, dass dies auch vollkommen zutrifft.

Tabelle 8.5 Gegenüberstellung der Konzeptionen

Merkmalskategorie	Dialogisches Lernen	Projekt	Freiarbeit	Variation von Aufgaben	ELIF
1 Die Schüler bestimmen organisatorische Aspekte des Unterrichts	o	o	+	-	+
2 Die Schüler bestimmen methodische Aspekte des Unterrichts	o	+	+	o	+
3 Die Schüler bestimmen inhaltliche Aspekte des Unterrichts	-	-	-	o	+
4 Strukturierungen unterstützen die Schüler in ihrem Lernprozess	+	+	+	+	+
5 Die Arbeitsaufträge und Anforderungen werden verständlich vermittelt und den Schülern klar	+	+	+	+	+
6 Die Schüler vollziehen metakognitive Prozesse	o	o	o	o	+
7 Die Lehrperson gibt Feedback zu allen Arbeitsschritten des Lernprozesses	+	o	o	o	+
8 Die Schüler sind voneinander abhängig	-	+	-	o	+
9 Die Schüler sind individuell verantwortlich	o	+	o	-	+
10 Die Schüler unterstützen sich gegenseitig im Lernprozess	+	+	-	o	+
11 Es gibt einen Wechsel von kooperativen und individuellen Arbeitsphasen	+	o	-	-	+
12 Es existieren Kommunikations- und Schreibanlässe	+	o	-	o	+
13 Die Aufgabenform ist für die Schüler bedeutsam	o	+	o	-	+
14 Die Aufgabenform ist offen formuliert	+	+	-	o	+
15 Die Aufgabenform stellt Probleme oder Konflikte dar	-	+	-	o	+
16 Die Aufgabenform bildet fachliche Inhalte ab, die es zu entdecken gilt	+	o	o	+	+
17 Die Aufgabenform passt zu den Lernvoraussetzungen der Schüler	+	+	+	+	+

Bei näherer Betrachtung der Gegenüberstellung fällt auf, dass alle vier Konzeptionen Möglichkeiten zur Umsetzung der Mehrzahl an Merkmalskategorien bieten, auch wenn nicht immer in vollem Umfang. Sie legen Wert auf eine hohe Offenheit in Bezug auf die Rahmenbedingungen und Lernwege, geben aber, bis auf ELIF, wenige Freiheiten in Bezug auf die inhaltliche Gestaltung des Lernprozesses. Strukturierungsmaßnahmen und klare Anforderungen werden, soweit es beurteilt werden konnte, in allen Konzeptionen einbezogen, um die Schüler in ihrem Lernprozess zu unterstützen und die gegebenen Freiheiten nicht in Willkürlichkeit münden zu lassen. Auch der Evaluation und dem Feedback durch die Lehrperson sowie einer Passung des Aufgabenformats zu den Lernvoraussetzungen wird viel Wert beigemessen.

Schaut man näher auf die Merkmalskategorien, die die Offenheit des Unterrichts operationalisieren, so wird ersichtlich, dass nur ELIF eine Offenheit in organisatorischer, methodischer und inhaltlicher Hinsicht anstrebt. Während die methodische Offenheit in allen Konzeptionen in vollem Umfang oder zumindest ansatzweise verwirklicht wird, bestimmen die Schüler inhaltliche Aspekte in drei Konzeptionen (Dialogisches Lernen, Projekt, Freiarbeit) gar nicht und nur im Rahmen der Variation von Aufgaben in Teilen. Auch die organisatorische Offenheit wird in dem Großteil der Konzeptionen nicht beziehungsweise kaum gewährt. Nur die Freiarbeit gibt den Schülern Raum, um ihren Lernprozess organisatorisch zu bestimmen. Dies ist somit ein wesentlicher Aspekt, der ELIF von anderen Konzeptionen unterscheidet: Eine Offenheit in organisatorischer, methodischer und inhaltlicher Hinsicht zu verwirklichen, ohne aber die Schüler willkürlich an frei gewählten Inhalten arbeiten zu lassen, was durch Strukturierungen sowie klaren Arbeitsaufträgen und Anforderungen realisiert werden kann.

Große Unterschiede finden sich zudem in der kooperativen Gestaltung der Lernprozesse. Nur im Projekt und in ELIF sind die Schüler voneinander abhängig und auch für das Gruppenprodukt verantwortlich, hingegen findet nur im dialogischen Lernen und in ELIF ein Wechsel von kooperativen Arbeitsphasen und individuellen Phasen, die sich an dem Lerntempo und Lernstand der Schüler orientieren, statt. Durch die spezifischen Abläufe in ELIF wird also gewährleistet, dass es sowohl individuelle, als auch kooperative Arbeitsphasen gibt, in denen die Schüler sich gegenseitig unterstützen und voneinander abhängig sind, aber gleichzeitig individuell verantwortlich für die Arbeitsergebnisse bleiben. Dies sind lernförderliche Strukturen, die in keinem anderen Konzept zu finden sind.

Weiterhin ist ersichtlich, dass ELIF viele Aspekte explizit durch seine drei Komponenten (Fall, Lerntagebuch und vor allem den Phasen) einfordert und ermöglicht, während diese in den anderen Konzeptionen ansatzweise vorhanden sind beziehungsweise durch eine adäquate Ausgestaltung der Konzepte durch die Lehrperson umgesetzt werden könnten. Dies betrifft vor allem metakognitive Aktivitäten der Schüler und das Feedback durch die Lehrperson. Während ELIF metakognitive Aktivitäten bereits im Lerntagebuch anregt und das Feedback in vielen Phasen des Lernprozesses vorsieht, liegt dies in den anderen Konzeptionen, mit Ausnahme des Feedbacks im dialogischen Lernen, nicht explizit vor.

Zusammenfassend zeigt diese Gegenüberstellung somit auf, dass ELIF insgesamt und den einzelnen Komponenten größtenteils ähnliche Prinzipien und

Elemente zugrunde liegen wie bestehenden (mathematik-)didaktischen Konzeptionen und sich der Innovationswert insbesondere in der Integrativität der drei Komponenten zur verzahnten Förderung lebenslangen Lernens und mathematikspezifischer Kompetenzen zeigt.

Auch im Hinblick auf die in den jeweiligen Konzeptionen angewandten Aufgabenformate lassen sich viele Ähnlichkeiten und nur geringe Unterschiede zu dem Aufgabenformat Fall erkennen. Daher ist es relevant, diesen Aspekt näher in den Blick zu nehmen und nachfolgend darzustellen, welche fallähnlichen Aufgabenformate in der Mathematikdidaktik bereits existieren, um den Fall entsprechend einordnen und vergleichen zu können.

8.2   Darstellung und Vergleich von fallähnlichen Aufgabenformaten

Aufgaben sind ein wichtiges Instrument, um mathematische Aktivitäten der Schüler zu initiieren und den Unterricht zu gestalten (vgl. Wollring 2009, S. 11). Sie geben vor, welche Aktivitäten Lernende ausüben und mit welchen Fragestellungen und Materialien sie sich auseinandersetzen sollen. Dabei lassen sich vielfältige Aufgaben in der Literatur und Unterrichtspraxis finden, welche unterschiedliche Funktionen und Ziele im Rahmen des Lernprozesses der Schüler verfolgen und sich somit hinsichtlich der Aufgabenstellung und daraus resultierend auch der Aufgabenbeantwortung durch die Schüler unterscheiden.

Um den Fall als Aufgabenformat (s. Abschnitt 6.4.1) in die Mathematikdidaktik einordnen zu können und einhergehend zu untersuchen, was gängige schriftliche Aufgabenformate des Mathematikunterrichts von dem in der Unterrichtskonzeption wirksamen Aufgabenformat, dem Fall, unterscheidet, werden zunächst jene Aufgabenformate kurz beschrieben, die ähnliche Merkmale aufweisen wie die in Abschnitt 6.4.1.1 beschriebenen Fälle. Somit sind die Auswahlkriterien der zu vergleichenden Formate

- eine hohe Offenheit der Aufgaben, wodurch vielfältige Lösungen angeregt werden,
- die möglichst realitätsbezogene Darstellung von Problemen oder Konflikten,
- die Fokussierung mathematischer Inhalte,
- die Passung des Vorwissens mit den Anforderungen der Aufgaben und
- die Bedeutsamkeit der Inhalte und Aufgabengestaltung für die Lernenden

Die Passung von dem Vorwissen und den Anforderungen der Aufgaben ist von der Klassensituation und dem Einsatz der Aufgabe im Unterricht abhängig und die Fokussierung mathematischer Inhalte wird stets im Aufgabenformat vorausgesetzt, weshalb der Fokus hier auf offene und realitätsbezogene beziehungsweise authentische Aufgaben sowie eine Problemorientierung in den Aufgaben gelegt wird.

Offene Aufgaben im Mathematikunterricht
Aufgaben lassen sich hinsichtlich der Offenheit unterscheiden. Geschlossene Aufgaben verfolgen vorrangig das Ziel, die im Unterricht zuvor erarbeiteten Verfahren und Regeln anzuwenden und zu üben und zeichnen sich durch die eindeutige Angabe von Ausgangspunkt und Ziel aus, während der Weg in den meisten Fällen durch die zuvor in der Unterrichtseinheit erlernten Verfahren direkt zu erschließen ist (vgl. Möwes-Butschko & Stein 2009, S. 127). Im Gegensatz dazu sind in offenen Aufgaben nicht alle für die Lösung relevanten Informationen angegeben, sodass die Lösung und der entsprechende Lösungsweg nicht eindeutig oder offensichtlich sind (vgl. Büchter & Leuders 2014, S. 89; Sundermann & Selter 2013, S. 87). Offene Aufgaben weisen nach Büchter und Leuders die Vorteile auf, dass sie vielfältige Formen von Differenzierungen sowie eine authentische Bearbeitung ermöglichen, die Augen der Schüler für die Mathematik in der Umwelt öffnen (vgl. Büchter & Leuders 2014, S. 89) und eine tiefgehende Auseinandersetzung mit einer Sache unter mathematischen Gesichtspunkten fördern, indem die Kinder angeregt werden, über die Situation zu reden, Fragen zu stellen oder Erwartungen zu formulieren (vgl. Franke & Ruwisch 2010, S. 123–124). Neben komplett offenen oder geschlossenen Aufgaben lassen sich ausgehend von der Dreiteilung in Start (Informationen über die Ausgangssituation), Weg (Methode, Lösungsverfahren) und Ziel (Ergebnis, Lösung) noch weitere Aufgabentypen im Hinblick auf deren Offenheit klassifizieren (vgl. Büchter & Leuders 2014, S. 92–93).

Lernen in Kontexten – Realitätsbezüge von Aufgaben
Seit der TIMS-Video-Studie (1994/1995), in der offengelegt wurde, dass im deutschen Mathematikunterricht aufgrund einer starken Ausrichtung auf Standardaufgaben und -verfahren ohne Einbezug ungewohnter Fragen oder realer Probleme die deutschen Schüler nur mittelmäßige Mathematikleistungen aufweisen, wurde die Notwendigkeit einer Aufgabenvielfalt und eines höheren Realitätsbezugs mathematischer Aufgaben erkannt (vgl. Schupp 2002, S. 5–6; Stigler & Hiebert 1999, S. 25–26).

Der Realitätsbezug von Mathematikaufgaben kann nach Greefrath, Kaiser, Blum und Borromeo Ferri durch Kategorien wie Authentizität, Lebensnähe oder die Relevanz für das gegenwärtige und zukünftige Leben der Schüler charakterisiert werden (vgl. Greefrath et al. 2013, S. 25).

Eine Aufgabe gilt als relevant, wenn diese aus Sicht der Schüler für das gegenwärtige Leben Bedeutung hat (*Schülerrelevanz*) oder in dem zukünftigen Leben der Schüler Relevanz besitzen wird (*Lebensrelevanz*). *Lebensnähe* ist gegeben, wenn die Inhalte der Aufgaben dem gegenwärtigen oder zukünftigen Leben der Schüler entstammen, diese müssen aber nicht notwendig eine Relevanz besitzen (vgl. ebd., S. 26).

Der Begriff *Authentizität* wird in der Literatur sehr unterschiedlich verwendet. Während Neubrand und Kollegen (2001) einen authentischen Kontext dann als gegeben ansehen, wenn „die verwendeten Daten […] einer wirklichen Situation entnommen [sind] und das Problem […] einer relevanten Fragestellung" (Neubrand et al. 2001, S. 56) entspricht, vertritt Maaß die Ansicht, dass eine authentische Situation eine außermathematische Situation ist,

> „die in ein bestimmtes Gebiet eingebettet ist und sich mit Phänomenen und Fragen beschäftigt, die für dieses Gebiet bedeutsam sind und von den entsprechenden Fachleuten auch als solche erkannt werden. […] Eine Situation wird auch als authentisch angesehen, wenn sie im Unterricht nur simuliert wird" (Maaß 2004, S. 22).

Dabei berücksichtigt sie in dieser Definition, dass jede Unterrichtssituation inszeniert ist und insbesondere in der Grundschule selten von Fachleuten gestellte, relevante Aufgaben im Unterricht bearbeitet werden können. Gleichzeitig hebt sie aber die Bearbeitung relevanter, nicht künstlicher Fragestellungen hervor (vgl. ebd.).

Vos vertritt die Position, dass Authentizität bereits durch eine Kopie einer realen Situation hervorgerufen werden kann (vgl. Vos 2011, S. 718–720). Eichler differenziert auf dieser Grundlage weiterhin zwischen einer subjektiven – die Schüler sprechen einer Aufgabe individuelle Relevanz zu – und objektiven – die Problemstellung stimmt mit einer Fragestellung in der Realität überein und ist inner- oder außermathematisch relevant – Authentizität (vgl. Eichler 2015, S. 116).

Auf dieser Grundlage soll eine authentische Situation wie folgt verstanden werden: Eine authentische Aufgabe ist eine realistische Darstellung einer außermathematischen Situation, die für das Fachgebiet und die Lernenden bedeutsam ist (gesellschaftliche und individuelle Relevanz). Eine Situation gilt aber auch dann als authentisch, wenn sie im Unterricht simuliert wird.

Problemorientierte Aufgaben

„Die Kernidee besteht darin, schulisches Lernen im Geiste des Problemlösens zu gestalten." (Reusser 2005, S. 159). Die Spannbreite, was unter dem Begriff der problemorientierten Aufgaben oder problemorientierten Lernumgebungen verstanden werden kann, ist jedoch groß. Es reicht von Konzepten, bei denen Probleme lediglich den Ausgangspunkt für die von der Lehrperson durchgeführte Vermittlung von fachlichen Inhalten darstellen, über Konzepte, bei denen die Schüler das notwendige Basiswissen zur Bewältigung der Aufgabenanforderungen bereits beherrschen, bis hin zu Konzepten wie ELIF, in denen ein Problem über eine längere Zeit selbstgesteuert bearbeitet und in diesem Verlauf neues fachliches Wissen aufgebaut wird (vgl. ebd., S. 160; Zimmermann 1991, S. 9–10; s. Abschnitt 2.3). Auch werden häufig das Finden und das Lösen von Problemen als Bestandteile problemorientierten Mathematikunterrichts angesehen (vgl. Heinrich et al. 2015, S. 35).

Wenn in dieser Arbeit von einer Problemorientierung in Aufgaben gesprochen wird, ist im Sinne eines relativ weit gefassten Verständnisses ein Aufgabenformat gemeint, welches sich an mathematischen, reichhaltigen Problemstellungen orientiert, unabhängig davon, wie der Prozess der Problemlösung, ggf. auch der Problemfindung und des Wissenserwerbs abläuft.

Auf dieser Grundlage sollen im Folgenden die Aufgabenformate beschrieben werden, die mindestens zwei der drei Kriterien – offen, authentisch, problemorientiert – erfüllen und nachfolgend in Bezug zu dem Aufgabenformat Fall gesetzt werden.

8.2.1 Sachtexte

Unter Sachtexten werden in der Literatur in Abgrenzung zu Textaufgaben jene Aufgaben verstanden, die Ausschnitte der Wirklichkeit realitätsgetreu und ohne didaktische Reduktion abbilden. Dieses kann beispielsweise durch Zeitungsartikel oder Texte aus Lexika umgesetzt werden. Die Sachtexte sollen die Kinder anregen, nach dem Lesen eigene Fragen an den Inhalt zu stellen und selbstständig zu beantworten oder vorgegebene, zumeist offene Fragen zu bearbeiten. Dieser Aufgabentyp erfordert, dass Lernende Zahlen, Größen und Beziehungen aus den Texten entnehmen, interpretieren, mit diesen rechnen und in Beziehung zum vorhandenen Wissen setzen, um Informationen einordnen und verstehen zu können (vgl. Krauthausen & Scherer 2014b, S. 92–93; Müller 1995, S. 54–57). Auch ist es möglich, dass sich die Schüler weiterführende Informationen beschaffen und für die Lösung aufbereiten müssen. Grenzen in der Arbeit mit Sachtexten ergeben sich nach Franke und Ruwisch durch die unterschiedlichen Interessenslagen der

Schüler, der zum Teil geringen Lesekompetenz der Schüler, dem hohen Zeitaufwand, den hohen fachbezogenen Anforderungen sowie der fächerübergreifenden Umsetzung der Sachtexte (vgl. Franke & Ruwisch 2010, S. 171).

In diesem Verständnis sind Sachtexte dem Aufgabenformat Fall nicht sehr unähnlich. Beide Formate sind offen formuliert und enthalten keine durch die Lehrperson vorgegebene Aufgabenstellung, die die Schüler bearbeiten müssen. Vielmehr haben die Schüler eine große Freiheit, um eigene Fragen an den Inhalt zu stellen sowie unterschiedliche Denkwege einschlagen und verschiedene Lösungen erarbeiten zu können. Doch repräsentieren Sachtexte im Gegensatz zu den Fällen kein mathematisches Thema, sondern bilden reale Situationen oder Gegebenheiten ab, die nicht auf den Erwerb spezifischer inhaltsbezogener Kompetenzen abzielen, sondern vielfältige Wege eröffnen.

Im Gegensatz zu den Sachtexten, welche den Schwerpunkt auf die Umwelterziehung der Schüler legen, setzen die folgenden beiden Aufgabenformate ihren Fokus auf das Problemlösen anhand vorgegebener Probleme.

8.2.2 Sachprobleme

Bei Sachproblemen steht ein reales Problem im Fokus, zu dem unterschiedliche authentische Fragen und Problemstellungen formuliert und „mithilfe der Mathematik bearbeitet und teilweise auch beantwortet werden können" (Krauthausen & Scherer 2014b, S. 89). Da die dargestellte Sache für die Lösung relevant ist, müssen Informationen über den Sachverhalt häufig noch gesammelt und zur weiteren Lösung verwendet werden. Dadurch wird fächerübergreifendes Arbeiten ermöglicht und das Ziel von Sachproblemen, die Umwelt mithilfe der Mathematik zu erschließen, verwirklicht. Modellierungsaufgaben und Fermi-Aufgaben können zu den Sachproblemen gezählt werden (vgl. Greefrath 2010, S. 85–86; Krauthausen & Scherer 2014b, S. 89–91; ebd., S. 98) und werden im Folgenden näher beschrieben, sodass verbindende Aspekte beider Aufgabenformate zum Fall herausgestellt werden können.

Mathematisches Modellieren
Mathematisches Modellieren spielt in allen Schulstufen und Schulformen eine wesentliche Rolle, spätestens seit es als eine verpflichtende prozessbezogene mathematische Kompetenz Eingang in die Bildungsstandards 2003 beziehungsweise 2004 und in die entsprechenden Lehrpläne der Länder fand (vgl. Borromeo Ferri et al. 2013, S. 2; Kaiser et al. 2015, S. 358; Niedersächsisches Kultusministerium 2014, S. 7; ebd., S. 20; Niedersächsisches Kultusministerium 2017, S. 8–9; ebd., S. 26).

Ziel des Modellierens ist es, reale Probleme unter Verwendung von Mathematik zu lösen (vgl. Kaiser et al. 2015, S. 364) und somit zum Verstehen und zur Erklärung eines Teils der Realität beizutragen (vgl. Leiss & Tropper 2014, S. 24). „Modellieren findet [demnach] immer dann statt, wenn […] Mathematik in Beziehung zu der uns umgebenden sozialen oder natürlichen Umwelt" (Büchter & Leuders 2014, S. 18) gebracht wird.

Ein wesentliches Element des Modellierens ist das *mathematische Modell*. Dieses ist eine vereinfachte Darstellung der Realität, die nur gewisse und für die Fragestellung relevante Teilaspekte berücksichtigt, mit dem Ziel, die Komplexität einer realen Situation zu reduzieren. Gerade für Grundschüler sind reale Problemstellungen häufig zu komplex, weshalb ein Modell herangezogen werden sollte, um die Datenmenge zu reduzieren (vgl. Büchter & Leuders 2014, S. 20; Maaß 2009, S. 12). Da auf unterschiedlichen Wegen Reduzierungen vorgenommen werden können, sind Modelle nicht eindeutig und können über unterschiedliche Funktionen verfolgen (vgl. Franke & Ruwisch 2010, S. 69–70; Greefrath et al. 2013, S. 13). So können Funktionen, Grafen, Algorithmen u. v. m. als Modelle dienen (vgl. Büchter & Leuders 2014, S. 20).

Der mathematische Modellierungsprozess (engl. auch *mathematical modelling* oder *applied problem solving*) (vgl. Böhm 2013, S. 25) wird in vielen Veröffentlichungen (u. a. Blum 1985; Fischer & Malle 1985; Weber 1980; Schupp 1994) (vgl. ebd., S. 70) idealisiert als Kreislauf dargestellt (vgl. Maaß 2009, S. 12). Dabei gibt es je nach Funktion und Sichtweise unterschiedliche Kreislaufdarstellungen des Modellierens. Im Folgenden wird sich auf das Modell von Blum und seinen Mitarbeitern bezogen, welches den Fokus auf den Umgang der Schüler mit Modellierungsaufgaben legt (vgl. Greefrath et al. 2013, S. 14–17).

Den Ausgangspunkt des Modellierungsprozesses stellt eine außermathematische, reale Situation – meist in Form einer Textaufgabe oder bildlichen Darstellung – dar. Zunächst gilt es, die Realsituation zu verstehen und ein Situationsmodell, das heißt eine mentale Repräsentation der Situation (1), zu konstruieren. Im nächsten Schritt wird durch Strukturierung und Reduktion der Informationen ein reales Modell erstellt (2), welches anschließend mittels mathematischer Terminologie in ein mathematisches Modell (3) überführt wird. Durch Anwendung (bekannter) mathematischer Verfahren werden die dem Modell zugrunde liegende innermathematische Problemstellung gelöst (4) und das innermathematische Ergebnis auf die Realität zurückbezogen und interpretiert (5). Im letzten Schritt wird die reale Lösung validiert und die Aufgabenlösung dargelegt und erklärt (6). Treten in den jeweiligen Phasen Widersprüche auf, so ist es erforderlich, das Modell adäquat zu verändern und den Modellierungsprozess oder zumindest Teile dessen erneut zu durchlaufen (vgl. Blum 1985, S. 201–206; Franke & Ruwisch 2010, S. 70–71; Leiss & Tropper 2014, S. 24–25).

Die Modellierungsprozesse können durch geeignete Modellierungsaufgaben initiiert werden (vgl. Greefrath et al. 2013, S. 23). Nach Maaß müssen Modellierungsaufgaben:

- *offen* sein für unterschiedliche Zugangsweisen und Lösungswege (vgl. Maaß 2009, S. 11),
- *komplexe* Anforderungen an die Schüler stellen, wie zum Beispiel Informationen zu recherchieren und zur Lösung zu verwenden (vgl. Maaß 2007, S. 11–12),
- *realistisch* und *authentisch* sein, damit die Schüler lernen, realistische Probleme zu lösen, die Bedeutung der Mathematik für das eigene Leben erkennen sowie Einblicke in Phänomene der Umwelt erhalten (vgl. Maaß 2009, S. 11; ebd., S. 53)
- *problemhaltig* sein, sodass das Lösen der Aufgabe komplexe Problemlöseprozesse erfordert (vgl. Maaß 2007, S. 11)
- *lösbar durch Umsetzung eines mathematischen Modellierungsprozesses* sein (vgl. Maaß 2009, S. 11)

Es lassen sich unterschiedliche Aufgabentypen unterscheiden, welche als Modellierungsaufgaben eingesetzt werden können, wie zum Beispiel unterbestimmte Aufgaben (vgl. Greefrath et al. 2013, S. 23). Dabei können die jeweiligen Modellierungsaufgaben bereits Fragen enthalten, welche den Lernprozess der Schüler initiieren sollen, oder aber die Schüler zum Stellen eigener Fragen anregen (vgl. Maaß 2009, S. 57–58). Beispiele können unter Maaß (vgl. ebd., S. 81–157) oder Greefrath und Kollegen (vgl. Greefrath et al. 2013, S. 23–30) nachgelesen werden.

Fermi-Aufgaben

Fermi-Aufgaben ermöglichen das Üben von Basisfertigkeiten und Grundwissen in offenen, realitätsbezogenen Kontexten. Die Kinder werden angeregt, auf Grundlage knapp formulierter Fragen sowohl mathematisches Grundwissen anzuwenden, als auch auf Strategien des Modellierens zurückzugreifen (vgl. Büchter & Leuders 2014, S. 158–159).

Fermi-Aufgaben sind „unterbestimmte offene Aufgaben mit klarem Endzustand aber unklarem Anfangszustand sowie unklarer Transformation, bei denen die Datenbeschaffung – meist durch mehrfaches Schätzen – im Vordergrund steht" (Greefrath et al. 2013, S. 29; s. auch Abschnitt 8.2).

Es lassen sich Fermi-Aufgaben unterscheiden, bei denen alle relevanten Informationen durch den Rückgriff auf die Alltagserfahrungen erschlossen werden können (z. B. „Wie viele Tage wird mein Leben kürzer, wenn ich die Fernsehzeit abziehe?"

(Büchter & Leuders 2014, S. 159)) oder erst durch Recherche (z. B. „Wenn die Sonne eine Apfelsine wäre, wie groß ist dann die Erde und in welchem Abstand kreist sie um sie herum?" (ebd., S. 159)) in Erfahrung gebracht werden müssen (vgl. ebd., S. 158–159). So werden einerseits das Schätzen und der Umgang mit ungenauen beziehungsweise fehlenden Daten und andererseits das Recherchieren, Experimentieren, Fragen stellen sowie das Finden eigener, unterschiedlicher Wege und die Verwendung geeigneter heuristischer Strategien gefördert (vgl. Greefrath 2013, S. 29–30).

Das Aufgabenformat der Sachprobleme erfüllt somit die Kriterien des Realitätsbezugs, der Offenheit und ebenso der Problemorientierung und stimmt in vielen Punkten mit dem Fall überein. Der einzige Unterschied liegt wohl in der Bedeutsamkeit des Aufgabenformats für die Schüler. Während der Fall beansprucht, bedeutsam für die Schüler zu sein, sind Sachprobleme häufig reale Probleme mit Bezug zur Lebens- und Alltagswelt, aber ohne konkreten Bezug zu den Interessen der Schüler.

8.2.3 Problemhaltige Denk- und Sachaufgaben

Nach Rasch lässt sich unter dem Begriff *problemhaltige Denk- und Sachaufgaben* in Anlehnung an Winter eine

> „Aufgabengruppe, der in der Regel anspruchsvolle mathematische Strukturen zugrunde liegen, die häufig so in Sachsituationen eingebettet sind, dass die den Kindern vertrauten Grundmodelle der Rechenoperationen nicht ohne weiteres sichtbar bzw. nicht ohne Transferleistung anzuwenden sind" (Rasch 2003, S. 5)

verstehen.

Während Schüler in sogenannten Routineaufgaben mehr oder weniger sofort einen bekannten Aufgabentyp und somit auch den erforderlichen Lösungsweg entdecken, zeichnen sich Problemaufgaben dadurch aus, dass zur Lösung häufig neue Lösungswege konstruiert oder bekannte Vorgehensweisen adaptiert werden müssen. Ob es sich um eine Routine- oder Problemaufgaben handelt, ist dabei vom Individuum und dessen Wissensstand abhängig. Ein Problem stellt somit eine individuelle Hürde dar, da der Lernende nicht weiß, wie er ein durch die Aufgabenstellung festgesetztes Ziel erreichen soll. Ein Algorithmus zur Lösung dessen ist somit unbekannt, weshalb auf heuristische Strategien zurückgegriffen werden muss. Dies sind allgemeine Vorgehensweisen, die die Lösungsfindung unterstützen, aber im Gegensatz zum algorithmischen Vorgehen nicht garantieren (vgl. Franke & Ruwisch 2010, S. 65–67).

Im Allgemeinen können Problemaufgaben beziehungsweise mathematische Probleme durch folgende Kriterien charakterisiert werden:

1. „Ein Problem führt auf allgemeinere **mathematische[...]** **Ideen** und macht übergreifende Zusammenhänge verständlich. Dabei macht es gegebenenfalls neue Begriffsbildungen nötig und zugleich einsichtig.
2. Ein Problem gibt Anlass zu **divergentem** Arbeiten und individuellen Erkundungen. Dabei sollte es vor allem unterschiedliche Ansätze – auch auf unterschiedlichem Niveau – erlauben.
3. Ein Problem bietet einen (inner- oder außermathematischen) **Kontext** für ein mathematisches Konzept. Dabei sollte es vor allem **leicht zugänglich** sein, die Problemsituation muss den Lernenden unmittelbar verständlich sein.
4. Ein Problem besteht aus einer Situation, in der [...] Schüler erst die **Strategien selbst entwickeln** müssen. Dabei können sie aus vorhandenen Kenntnissen schöpfen und diese neu kombinieren." (Leuders 2010, S. 123).

Die Bearbeitung und Lösung einer Problemaufgabe wird im engeren Sinne als Problemlösen verstanden, während das Problemlösen im weiteren Sinne die Problemfindung, Problemlösung und Weiterentwicklung des Problems umfasst (vgl. ebd., S. 122). Unabhängig davon, welche Ansicht vertreten wird, wird deutlich, dass die prozessbezogene Kompetenz des Problemlösens in diesem Aufgabenformat angesprochen und der Erwerb dieser unterstützt wird (s. dazu Niedersächsisches Kultusministerium 2017, S. 8; ebd., S. 25).

Diese Darstellungen legen nahe, dass der Fall und die problemhaltigen Denk- und Sachaufgaben sich in vielen Punkten, vor allem in Bezug auf die Offenheit und Problemhaltigkeit, gleichen. Beide Formate beinhalten zudem neue oder ungewohnte mathematische Strukturen und Zusammenhänge, die es zu entdecken gilt und legen dem Arbeitsprozess eine hohe Offenheit zugrunde. Dabei können die problemhaltigen Denk- und Sachaufgaben auch rein innermathematisch motiviert werden, während der Fall ausschließlich als eine Situationsbeschreibung aus der Lebenswelt der Schüler verstanden wird.

8.2.4   Substanzielle Aufgabenformate

Substanzielle Aufgabenformate (auch ergiebige, große oder gute Aufgaben) sind in der aktuellen didaktischen Diskussion vor allem zur Umsetzung kompetenzorientierten Mathematikunterrichts sowie zur Realisierung der natürlichen Differenzierung gefordert.

In den Bildungsstandards wird bspw. von *großen Aufgaben* gesprochen,

> „die der Leistungsheterogenität von Grundschülern dadurch Rechnung tragen, dass sie im gleichen inhaltlichen Kontext ein breites Spektrum an unterschiedlichen Anforderungen und Schwierigkeiten abdecken [...], in dem alle Kinder am gleichen Inhalt arbeiten, aber nicht unbedingt dieselben Aufgaben lösen." (KMK 2005, S. 13)

Der Begriff *substanzielles Aufgabenformat* soll in Anlehnung an Krauthausen und Scherer verstanden werden als eine „immer gleich dargestellte [...] Grundform, die als Vorlage für unterschiedliche Frage- und Problemstellungen dient und dazu unterschiedlich „befüllt" werden kann" (Krauthausen & Scherer 2014a, S. 112). Beispielsweise liegen Zahlenmauern immer als 3er-, 4er- oder 5er-Mauern vor (Grundform-Darstellung) und beinhalten eine gleichbleibende Regel (Operation Addition: Die Summe benachbarter Steine wird im Stein darüber notiert). Die formatierte Darstellung sowie die vereinbarten Regeln lassen die Anforderungen für alle Schüler „leicht verständlich, schnell zugänglich und bald routiniert handhabbar" (ebd., S. 112–113) sein. Ein substanzielles Aufgabenformat erfüllt dadurch die Grundbedingungen einer substanziellen Lernumgebung (vgl. ebd., S. 112–113).

Substanzielle Aufgabenformate sollen entsprechend dieses Verständnisses eine *reichhaltige mathematische Substanz* aufweisen, die motivierend für alle Schüler und ausreichend *komplex* ist, „damit sich Aufgaben unterschiedlichen Schwierigkeitsniveaus ergeben" (Nührenbörger & Pust 2011, S. 20), ohne diese jedoch zu überfordern.

Die Aufgaben sollten eine *niedrige Eingangsschwelle* haben, um für alle Kinder unter Berücksichtigung der unterschiedlichen Lernvoraussetzungen, Fähigkeiten und Fertigkeiten einen Zugang darzustellen, und gleichzeitig sogenannte *Rampen* enthalten, die eine Bearbeitung auf höherem Niveau ermöglichen (vgl. Hengartner 2010, S. 9; Wälti & Hirt 2010, S. 17). Dadurch können mittels derselben Aufgabe, inhaltliche und prozessbezogene Kompetenzen erworben werden (vgl. Hengartner & Wieland 2009, S. 198). Weitere Kennzeichen sind das *eigenverantwortliche* und *selbstgesteuerte* Lernen der Schüler, welche durch eine *große Offenheit* des Aufgabenformats vor allem im Hinblick auf Lösungswege und Hilfsmittel gefördert werden. Dadurch eröffnen die substanziellen Aufgaben vielfältige Perspektiven, Denk- und Lernwege und bieten die Möglichkeit, produktiv mit einer heterogenen Schülerschaft umzugehen, indem eine Entdeckung sowie Bearbeitung der Inhalte auf *unterschiedlichen Niveaus* ermöglicht wird. Auch das *soziale, dialogische* sowie *aktiv entdeckende* Lernen wird gefördert (vgl. ebd.; Krauthausen & Scherer 2014a, S. 110–112; Krauthausen & Scherer 2014b, S. 197–199). Die substanziellen Aufgabenfelder regen die Schüler an, sich über ihre individuellen Lernprozesse sowie -produkte auszutauschen und im fachbezogenen Dialog eigenes Wissen zu integrieren und zu generieren, wodurch mathematisches Wissen konstruiert wird (vgl. Nührenbörger & Pust 2011, S. 199). „Jeder arbeitet[…] auf seiner Stufe, aber alle am gleichen Gegenstand im wechselseitigen befruchtenden Austausch" (Krauthausen & Scherer 2014b, S. 174). Neben der Bearbeitung vorgegebener Aufgaben auf unterschiedlichem Niveau, können Schüler auch angeleitet werden, selbstständig Aufgaben zu stellen oder bestehende Aufgaben zu variieren.

Dieses Aufgabenformat umfasst zahlreiche bekannte Übungsformate, die auf das Entdecken von Strukturen und die einhergehende Förderung von inhaltsbezogenen und prozessbezogenen Kompetenzen ausgerichtet sind, wie Zahlenketten, Rechendreiecke oder Entdeckerpäckchen. Auch als Entdecker- oder Forscheraufgabe wird dieses Aufgabenformat häufig deklariert, da die Schüler mittels dieser Aufgabenformate Zahlbeziehungen untersuchen, Besonderheiten entdecken, beschreiben und gegebenenfalls auch allgemeine Erkenntnisse daraus ableiten.

Dabei stellt dieses Aufgabenformat keine realen Probleme, Konflikte oder Kontroversen dar und ist zudem nicht an der Lebenswelt, den Interessen und Neigungen der Lernenden ausgerichtet, sondern orientiert sich vorwiegend an innermathematischen Themen. Somit scheinen gerade dieses Aufgabenformat und der Fall sehr unterschiedlich zu sein, obwohl sie ähnliche Merkmale, zum Beispiel eine niedrige Eingangsschwelle oder das eigenverantwortliche und selbstgesteuerte Lernen, aufweisen und dieselben Grundsätze der Offenheit und Problemorientierung verfolgen.

8.2.5 Forscheraufgaben

Das Verständnis von Forscheraufgaben divergiert in der Literatur deutlich. Einerseits werden substanzielle Aufgabenformate als Forscheraufgaben bezeichnet, wenn es darum geht, dass die Schüler ein Format, wie die Zahlenmauern,

selbstständig beforschen. Andererseits können auch sehr offene Aufgaben als Forscheraufgaben gelten, die zum selbstständigen Formulieren von Fragestellungen
oder Vermutungen anregen.

Im zweiten Verständnis zeichnet sich das Arbeiten mit Forscheraufgaben
dadurch aus, dass eine sehr offene Problemstellung oder Situation, als Forscheraufgabe bezeichnet, den Ausgangspunkt des Lernprozesses darstellt. In einer
Phase individuellen Forschens setzen sich die Kinder eigenständig mit der Forscheraufgabe auseinander, indem zunächst mathematische Fragestellungen zu
dieser Aufgabe formuliert werden, welche sie interessieren und im Weiteren
verfolgen wollen. Dabei können die Schüler entsprechend des selbstgesteuerten
Lernens unterschiedliche Schwerpunkte in der Bearbeitung legen und auf unterschiedlichem Niveau arbeiten. Dadurch werden sie angeregt, den fachlichen Inhalt
aus unterschiedlichen Perspektiven zu untersuchen und Besonderheiten, insbesondere Muster und Gesetzmäßigkeiten, zu entdecken, zu beschreiben und zu
begründen (vgl. Leuders 2008, S. 116–118).

Forscheraufgaben regen somit zum sogenannten forschenden Lernen an, „bei
dem sich Lernende einem subjektiv unbekannten und komplexen Themenfeld
selbstständig nähern und es teilweise erschließen" (Roth & Weigand 2014, S. 4).

Da auch ELIF das mathematikdidaktische Prinzip des forschenden Lernens
zugrunde liegt, ist es nicht verwunderlich, dass beide Aufgabenformate beinah
identische Ansprüche haben und gleiche Merkmale aufweisen. Durch die Darstellung wird ersichtlich, dass ein Unterschied beider Aufgabenformate lediglich
in der Bedeutsamkeit gesehen werden kann. Während das Aufgabenformat der
Forscheraufgabe keine Bedeutsamkeit für die Schüler aufweisen muss, ist dies im
Fall vorausgesetzt.

8.2.6 Fazit des Vergleichs

Die vorangegangenen Kapitel zeigen, dass das Aufgabenformat Fall im Vergleich
zu den anderen, in der Mathematikdidaktik bekannten Formaten nicht als etwas
Einmaliges, Neues oder vollkommen Innovatives gesehen werden kann, da die
Grundgedanken dessen in der Mathematikdidaktik durch verschiedene andere
Formate bereits vertreten sind. Trotz dessen lassen sich wesentliche charakte-
ristische Unterschiede erkennen, weshalb der Fall als ein sich von bestehenden
Aufgabenformaten unterscheidendes Format angesehen werden kann.

Einschränkend bleibt in diesem Kapitel zu beachten, dass die Auswahl der
Aufgabenformate sowie Konzeptionen zwar nach bestimmten Kriterien umgesetzt
wurde, um eine Nachvollziehbarkeit zu gewährleisten und zu ermöglichen, dass

keine für den Mathematikunterricht relevanten Konzeptionen beziehungsweise Aufgabenformate vernachlässigt werden. Dennoch kann nicht davon ausgegangen werden, dass wirklich alle in der mathematikdidaktischen Literatur und Unterrichtspraxis existierenden Varianten beachtet wurden. Auch könnte eine Betrachtung der Aufgabenformate bzw. Konzeptionen in Abhängigkeit anderer beziehungsweise weiterer Kriterien oder deren Ziele und Funktionen zusätzliche Unterschiede aufdecken.

Letztendlich kann diese Gegenüberstellung und der Vergleich nur einen Einblick geben, dass ELIF und das in ELIF wirksame Aufgabenformat des Falls von gängigen Konzeptionen und Aufgabenformaten des Mathematikunterrichts unterscheidbar ist. Somit kann ELIF erwiesenermaßen als eine neuartige Konzeption angesehen werden.

8.3 Abschluss des ersten Forschungsschwerpunkts

Abschließend kann der Beitrag des ersten Forschungsschwerpunkts – **Theoriegeleitete Entwicklung eines Ausgangskonzepts, das die Umsetzung wesentlicher Kerngedanken von PBL im Mathematikunterricht ermöglicht** – zur Beantwortung der Forschungsfrage „**Wie kann eine im Mathematikunterricht der Grundschule durchführbare Unterrichtskonzeption gestaltet sein, die wesentliche Kerngedanken von PBL umsetzt?**" festgehalten werden. Im bisherigen theoretischen Teil wurde die Unterrichtskonzeption hergeleitet (s. Kapitel 4–6), konkretisiert (s. Kapitel 7) und ihr Innovationswert herausgestellt (s. Kapitel 8), wodurch die Phase 2 des DBR-Forschungsprozesses als abgeschlossen angesehen werden kann (s. Abbildung 8.4).

Bei ELIF handelt es sich demnach um ein neuwertiges Unterrichtskonzept, welches die wesentlichen Kerngedanken von PBL, hier als Grundideen operationalisiert, einbezieht und gleichzeitig in der Unterrichtspraxis durchführbar ist. Letzteres wurde durch die tiefgründige Analyse der Grundideen und die einhergehende Generierung von Bedingungen für gelingendes Lernen sowie die adäquate Konstruktion des Lerntagebuchs, welches die relevanten Lernhandlungen abbildet, umgesetzt.

Im Folgenden soll die Konzeption im Hinblick auf die aus den Grundideen hergeleiteten Merkmalskategorien untersucht und unter Einbezug der Praxis weiterentwickelt werden (s. Kapitel 3). Dazu wird zunächst das weitere Forschungsdesign der Arbeit spezifiziert.

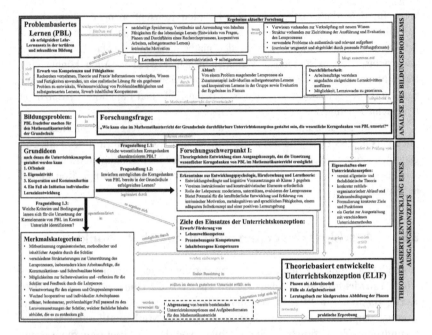

Abbildung 8.4 Zusammenfassende Darstellung der theoriebasierten Entwicklung eines Ausgangskonzepts

Teil III
Konzept(weiter-) entwicklung und Evaluation in iterativen Zyklen

Praktische Konzeptionsentwicklung

9

Das Ausgangskonzept ELIF wurde unter Einbezug der aus der Theorie identifizierten Merkmalskategorien mit dem Ziel entwickelt, diese auch in der Unterrichtspraxis zu erfüllen. Inwiefern dies jedoch auch tatsächlich der Fall ist, muss in der Praxis erst überprüft und analysiert werden. Daher folgt in dem dritten Teil der Arbeit die Intention, **eine Unterrichtskonzeption für den Mathematikunterricht zu entwickeln, welche im Rahmen der theoriegeleiteten Entwicklung des Ausgangskonzepts identifizierte zentrale Kriterien in der praktischen Umsetzung erfüllt** (s. Abschnitt 3.2).

Als zentrale Kriterien wurden in den vorangegangenen Kapiteln mittels einer deduktiven Vorgehensweise bereits aus der Analyse der Grundideen siebzehn Merkmalskategorien gewonnen (s. Abschnitt 6.5).

Entsprechend der Methodologie des Design-Based Researchs wird in der dritten Phase mithilfe mehrerer Mikrozyklen, bestehend aus

(1) der Durchführung des jeweiligen Prototyps der Konzeption im Mathematikunterricht,
(2) der Analyse im Rahmen der Durchführung erhobener Daten unter festgelegten Bewertungskriterien zur Identifikation von Modifizierungsmöglichkeiten und
(3) dem Re-Design der jeweiligen Version der Konzeption,

schrittweise ein Konzept entwickelt, welches die siebzehn Merkmalskategorien adäquat berücksichtigt (s. Abschnitt 3.3). Somit schließt sich ein induktives Vorgehen an. In jedem Mikrozyklus stellt sich dabei bereits die Frage, ob und inwiefern die Merkmalskategorien durch die Unterrichtskonzeption ELIF in der praktischen Umsetzung erfüllt werden und welche Modifizierungsmöglichkeiten

S. Strunk und J. Wichers, *Problembasiertes Lernen im Mathematikunterricht der Grundschule*, Hildesheimer Studien zur Mathematikdidaktik, https://doi.org/10.1007/978-3-658-32027-0_9

sich daraus für die Konzeption ergeben. Daraus resultiert folgende untergeordnete Fragestellung F2.1 *Inwieweit erfüllt die jeweilige Version von ELIF
die Merkmalskategorien in der praktischen Umsetzung?* Aus der Beantwortung dieser Fragestellung, welche durch die Auswertung jedes einzelnen Zyklus
vorgenommen werden kann, können wiederum der Modifizierungsbedarf sowie
einhergehend auch entsprechende Modifizierungsmöglichkeiten der jeweiligen
Version von ELIF ermittelt werden.

Um nicht nur auf der Ebene der einzelnen Zyklen zu verbleiben, also zum Beispiel zyklenübergreifende Auffälligkeiten sowie Begründungszusammenhänge zu
explorieren, werden die Erkenntnisse aus den mehrperspektivisch ausgerichteten
Erhebungszyklen im Anschluss an die Auswertung der einzelnen Zyklen zusammengeführt. Darüber hinaus werden diese Auffälligkeiten und Zusammenhänge
vor dem Hintergrund der Theorie interpretiert, um weiterführend Ideen zu gewinnen, an welchen Stellen ELIF sowie die Erkenntnisse aus den Entwicklungsphasen
einen Zugewinn für mathematikdidaktische Theorien leisten können. Dadurch
ergibt sich eine zweite im Rahmen des Forschungsschwerpunkts zu beantwor-
tende Fragestellung F2.2 *Wie lassen sich zyklenübergreifende Auffälligkeiten
begründen?*

Abbildung 9.1 Überblick über die Inhaltsbereiche der praktischen Konzeptentwicklung

Nachfolgend wird die dritte Phase des DBR-Prozesses (s. Abschnitt 3.4 und
Abbildung 9.1) dargestellt, indem zentrale Aspekte und Entscheidungen, wie
zum Beispiel forschungsmethodische sowie -strategische Ansätze, transparent dargestellt und begründet werden. Dabei werden zunächst die Durchführung der
Konzeption in der Praxis einschließlich der verwendeten Erhebungsinstrumente (s.
Abschnitt 9.1) und anschließend die Analyse und Auswertung (s. Abschnitt 9.2)
sowie die Überarbeitung (s. Abschnitt 9.3) der Konzeption beschrieben, begründet
und bereits inhaltlich ausgestaltet.

9.1 Durchführung

In der Phase der Durchführung wird ein Prototyp in der Praxis eingesetzt und zielgerichtet Daten erhoben, um auf der Grundlage geeigneter Datensätze in einem weiteren Schritt fundierte und zielgerichtete Aussagen für Modifizierungsentscheidungen treffen zu können. Daher sind in dieser Phase die wesentlichen Entscheidungen über die Wahl der Stichprobe und Durchführungsbedingungen und die Wahl geeigneter Erhebungsmethoden sowie -instrumente zu treffen und zu begründen.

9.1.1 Stichprobe und Bedingungen der Durchführung

Um die Konzeption unter realen, den Schülern vertrauten Bedingungen durchführen zu können, den Strukturen der Handlungspraxis Raum zu geben und einen Einfluss der Forschenden auf die Unterrichtsrealität zu minimieren, wird die Umsetzung der Konzeption in der Praxis von den Mathematiklehrkräften der Klassen vorgenommen und diese durch Regeln, Rituale oder klassenspezifischen Strukturen und Verfahren angereichert (s. Abschnitt 9.1.2). Im Vorfeld wird dabei beachtet, die Lehrpersonen durch eine Schulung gleichermaßen in die Unterrichtskonzeption einzuweisen, indem der Ablauf, der Fall und einhergehend mögliche Lernfragen, die Ziele der Konzeption sowie das Lerntagebuch in persönlichen Gesprächen ausführlich besprochen und Rückfragen beantwortet werden, sodass die Lehrpersonen sich auf den Einsatz der Konzeption gut vorbereitet fühlen. Dadurch wird gewährleistet, dass der Ablauf und die verwendeten Materialien entsprechend der jeweiligen Version von ELIF in der Praxis adäquat um- und eingesetzt werden, wodurch die Datenerhebung und anschließende Analyse erst ermöglicht werden. Zudem sollte im Hinblick auf die Arbeitserfahrung der an der Studie teilnehmenden Lehrpersonen eine möglichst große Diversität vorliegen, um einen Einfluss der Arbeitserfahrung auf die Konzeption zu minimieren. Die Stichprobengröße kann im Vorfeld der Durchführung nicht einfach ermittelt werden, da die Anzahl an Klassen und Lehrpersonen durch die Anzahl an Zyklen bestimmt werden, die relevant sind, um die Konzeption an die hier formulierten Ansprüche anzupassen.

Um den Forschungsschwerpunkt möglichst mehrperspektivisch angehen zu können, wird die Untersuchung zusätzlich unter zwei zentralen Sichtweisen durchgeführt. Eine Untersuchung in der Tiefe – Untersuchung in derselben Klasse mit unterschiedlichen Varianten der Konzeption, insbesondere verschiedenen Fällen – ermöglicht einen Einblick, wie Kinder bei einer wiederholten

Durchführung der Konzeption, also mit steigendem methodischem Vorwissen und unter Anwendung verschiedener Fälle, in dieser agieren. Darüber hinaus können unterschiedliche Fälle erprobt und deren Einsatz analysiert werden. Die Erhebung in der Breite – Untersuchung in verschiedenen Klassen mit einer weitgehend stabilen Konzeption, das heißt mit dem gleichen Fall – ermöglicht zudem einen Einblick, wie die Lernprozesse der Kinder unterschiedlicher Klassen im Rahmen der erstmaligen Durchführung von ELIF ablaufen und welche Strukturierungshilfen angemessen sind, damit die Schüler in ELIF effektive Lernhandlungen vollziehen können.

Für das vorliegende Forschungsvorhaben ist es zudem sinnvoll, die äußerst sprachlastige Konzeption zunächst in einer Förderschulklasse mit dem Schwerpunkt Sprache zu erproben, um die Konzeption an die Bedürfnisse und das sprachliche Niveau der Kinder anpassen zu können. Erst wenn ein für die entsprechende Lerngruppe geeignetes Konzept entstanden ist, wird dieses in unterschiedlichen Klassen eingesetzt, um die Eignung dessen in der Breite zu überprüfen. Dabei werden im Hinblick auf die sozio-kulturellen und anthropogenen Voraussetzungen der Schüler möglichst diverse Klassen, die jedoch keinem Förderschulzweig zugehörig sind, einbezogen. Dadurch wird die Vielfalt der in der Realität existierenden Schulklassen beachtet und im Umgang mit der jeweiligen Konzeption in den Blick genommen, was einen Vorteil in Bezug auf die Generalisierbarkeit der Ergebnisse auf allgemeingültige mathematikdidaktische Kontexte im Sinne einer Theorieerweiterung hat.

Bevor die tatsächliche Durchführung beschrieben wird, werden zunächst die Erhebungsmethoden dargelegt und begründet.

9.1.2 Erhebungsmethoden

In Abschnitt 2.5.3.2 haben sich für die Untersuchung von PBL unter diversen Perspektiven vor allem Interviews, Beobachtungen und die Auswertung von Schülerprodukten (Lerntagebücher, Gruppennotizen oder Protokolle) als sinnvolle methodische Herangehensweise erwiesen, wenn man der Untersuchung kein experimentelles Design zugrunde legt. Daher können diese Instrumente ebenso für die vorliegende Studie als angemessen gelten.

Um eine möglichst mehrperspektivische, valide und umfassende Datengrundlage zu erhalten, erscheint es notwendig, einerseits den gesamten nach der Konzeption gestalteten Unterricht kontinuierlich zu erfassen und andererseits das individuelle, tatsächliche Lernverhalten und die Lernergebnisse der Schüler zu sichern. Eine Beobachtung ermöglicht Ersteres, indem das Verhalten der

Schüler und der Lehrpersonen in der Konzeption unabhängig von den Fähigkeiten und Fertigkeiten der Schüler, wie zum Beispiel den (eingeschränkten)
Verbalisierungsfähigkeiten, der Motivation oder Zurückhaltung von Drittklässlern
gegenüber Forschern, durch eine beobachtende Person stetig gesichert wird. Um
ebenso adressatenorientierte Ergebnisse zu erhalten, wird zusätzlich eine Dokumentenanalyse der Arbeitsergebnisse der Schüler als sinnvoll angesehen. In den
folgenden Kapiteln werden die beiden Erhebungsmethoden und die in ihnen
wirkenden Erhebungsinstrumente näher beleuchtet und begründet.

9.1.2.1 Datenerhebung mittels Beobachtung

In Anlehnung an Diegmann soll von einer Beobachtung gesprochen werden, wenn
„Menschen, deren Handeln und die daraus folgenden Verhaltensresultate, auch die
Umgebung, in der dies hervorgebracht wird, direkt wahrgenommen und dokumentiert werden" (Diegmann 2013, S. 186). Dadurch wird es ermöglicht, „neben
verbalen Aussagen auch nonverbale Signale sowie Kontextbedingungen und Ver-
läufe sozialer Interaktionen" (Seipel & Rieker 2003, S. 156) in den Fokus der
Datenerhebung zu nehmen und für die Auswertung zu sichern.

Die Beobachtung als Erhebungsmethode weist für die vorliegende Untersuchung mehrere Vorteile auf. Die Datenerhebung ist zunächst unabhängig von den
Fähigkeiten und Fertigkeiten der noch jungen Schüler und kann auch automa-
tisierte sowie unbewusste Verhaltensweisen dieser offenlegen, welche bei einer
Fragebogen- oder Interviewstudie zum Beispiel nicht durch die Schüler selber
thematisiert werden würden. Weiterhin ermöglicht die Beobachtung ein kontinu-
ierliches Erfassen der Daten während der gesamten Unterrichtseinheit, wodurch
zusammenfassende Aussagen über Sachverhalte, welche beispielsweise bei einer
ausschließlich am Ende einer Unterrichtseinheit verschriftlichten Beobachtung
auftreten würden, vermieden werden. Zudem werden durch eine adäquate Ausgestaltung der Beobachtung Eingriffe in die natürlichen Abläufe des Unterrichts
vermieden, also eine Erhebung unter natürlichen Bedingungen ermöglicht (vgl.
Döring & Bortz 2016, S. 324–325).

Um fundierte Aussagen treffen zu können, muss zielgerichtet und systematisch
beobachtet werden. Dabei sind in der Planung einer Beobachtung sechs zentrale
Klassifikationskriterien (vgl. ebd., S. 328) zu beachten und zu reflektieren.

(1) Strukturierungsgrad der Beobachtung
(2) Gegenstand der Beobachtung
(3) Direktheit der Beobachtung
(4) Ort der Beobachtung
(5) Involviertheitsgrad der Beobachterrolle
(6) Transparenz der Beobachtung

Für die vorliegende Untersuchung mit dem Ziel, die Unterrichtskonzeption im Hinblick auf bestimmte Merkmalskategorien zu untersuchen, erscheint es geeignet, (1) eine unstrukturierte Beobachtung mit Vorgabe weniger, konkreter Beobachtungskriterien durchführen zu lassen. Diese ermöglicht, dass die beobachtenden Personen zielgerichtete Observationen durchführen können, ohne Einschränkungen in der Flexibilität und Offenheit für den Beobachtungsgegenstand zu erfahren. Die Abbildung der Merkmalskategorien wäre dabei zu strukturierend und im Hinblick auf das Forschungsinteresse wenig geeignet, da diese den Beobachtenden in hohem Maße einschränken und eine Einschätzung des Unterrichts, jedoch weniger eine Beobachtung des Unterrichtsgeschehens verlangen. Die Beobachtungsbögen bilden daher als Orientierung lediglich die Phasen der Konzeption ab. Diese werden dabei um Spalten zum Eintragen von Hausaufgaben und dem zeitlichen Umfang der Konzeption ergänzt (s. Tabelle 9.1). Dies sind Aspekte, die nicht primär zu beobachten, aber für die spätere Analyse und Auswertung von großer Relevanz sind, um die zeitliche Struktur der Konzeption explorieren und den konkreten Ablauf nachvollziehen zu können. Da die Beobachtungsbögen die Phasen abbilden, welche sich von Zyklus zu Zyklus aufgrund der Methodologie des DBR-Ansatzes unterscheiden, wird hier nur der erste Beobachtungsbogen exemplarisch dargestellt.

Tabelle 9.1 Beobachtungsbogen des ersten Zyklus

Phase	Beobachtung (Fall: Uhrzeit)	Zeit	Hausaufgabe
Phase 1: Lesen des Falls			
Phase 2: Verständnis des Falls			
Phase 3: Problem beschreiben und definieren			
Phase 4: Aktivierung von Vorwissen			
Phase 5: Ideen- und Fragenentwicklung			
Phase 6: Fragenformulierung			
Phase 7: Erarbeiten der Antworten auf die einzelnen Fragen			
Phase 8: Austausch über Ergebnisse			
Phase 9: Konsensfindung in Bezug auf Fall „lösung"			
Phase 10: Reflexion der Arbeitsphase			

Als beobachtende Person soll dabei die Lehrperson fungieren, welche nicht nur den Unterricht durchführt, sondern auch ihre Beobachtungen über das Verhalten der Schüler und die Auswirkung der Unterrichtskonzeption auf diese festhält. Ein wesentlicher Vorteil der Lehrperson als beobachtende Person ist, dass das Verhalten der Schüler in der vorliegenden Untersuchung dadurch möglichst authentisch erfasst werden kann und nicht durch die Anwesenheit eines Forschers beeinflusst wird. Somit soll (2) eine Fremdbeobachtung durch die Lehrpersonen, als (5) aktive Teilnehmer (4) im Feld, vorgenommen werden, welche den Unterricht selbstständig und nach ausführlicher Einweisung in das Thema durch eine Schulung durchführen und beobachten. Ein weiterer Grund ist die Tatsache, dass die Unterrichtskonzeption für den praktischen Einsatz in der Schule entwickelt und von den Lehrpersonen als geeignet empfunden werden soll, was weniger aus theoretischer Perspektive des Forschers, sondern vielmehr aus der Perspektive der Lehrperson beobachtet werden kann. Weiterhin hat die Beobachtung durch die Lehrperson den Vorteil, dass diese die Klasse kennt und deren Verhalten und die Leistungen besser einschätzen kann als jeder externe Beobachter. Als letzter Grund ist die Umsetzbarkeit zu nennen. Auf der Grundlage der beschriebenen Phasen und Ziele der Konzeption sowie der Anforderungen des Lerntagebuchs (s. Kapitel 7; 7.1 und 7.3) ist davon auszugehen, dass die Umsetzung der Unterrichtskonzeption nicht weniger als sieben Unterrichtsstunden betragen wird. Deshalb und aufgrund der geringen Flexibilität des Unterrichtsablaufs an den Schulen, wäre es den Forschenden nicht möglich, an allen Terminen der Durchführung anwesend zu sein, weshalb eine Umsetzung der Beobachtung durch die Lehrperson favorisiert wird.

Aus ähnlichen Gründen wird ebenso die Videographie des Unterrichts abgelehnt. Durch den Einsatz von Kameras entsteht eine für junge Schüler ungewohnte Unterrichtssituation, in der diese durch die Anwesenheit der benötigten Medien in ihrem Verhalten mit hoher Wahrscheinlichkeit beeinflusst werden. Zudem ermöglicht die Videographie von Unterricht kaum, einzelne Gruppenprozesse näher zu erfassen, ohne eine hohe Anzahl an Kameras einzusetzen, was wiederum eine höhere Einschränkung der Schüleraktivitäten nach sich ziehen würde. Als letzter Punkt ist die Praktikabilität zu nennen. Da es sich bei der Unterrichtskonzeption um eine den regulären Unterricht über mindestens sieben Unterrichtsstunden ersetzende Konzeption handelt, muss gewährleistet werden, dass alle Kinder an dem Unterricht teilnehmen können, unabhängig davon, ob diese an der Erhebung teilnehmen dürfen oder nicht. Durch die Erhebungsmethode der Beobachtung oder dem Sichern und Analysieren von Schülerdokumenten können die Schüler trotz Teilnahme am Unterricht problemlos in der Datenerhebung ausgeschlossen werden, was bei einer Videographie jedoch nicht der Fall gewesen wäre. Somit wäre die Videographie des Unterrichts mit dem alltäglichen Unterricht nicht zu vereinbaren.

Aus dieser Entscheidung resultiert gleichzeitig, dass (3) die Beobachtung, sowohl des Verhaltens als auch der Lernergebnisse, im weiteren Sinne direkt erfolgt, jedoch (6) verdeckt durchgeführt wird. Gerade weil die Schüler wissen, dass sie täglich von den Lehrpersonen beobachtet werden, so ist dies sowohl für die Schüler als auch für die Lehrpersonen alltäglich. Die Beobachtungen in dieser Studie stellen somit keine besondere Beobachtungssituation dar, welche sich von dem regulären Unterricht unterscheidet.

Dennoch gehen mit der Wahl der beobachtenden Person einige Nachteile einher. So hat die Lehrperson die Aufgabe, die Schüler zu unterrichten und gleichzeitig zu beobachten, was zu Beobachtungsfehlern oder Versäumnissen führen kann, abhängig davon, wie intensiv die Lehrperson im Unterricht durch beispielsweise Fragen der Schüler eingespannt wird. Um diese Probleme zu umgehen, werden alle Lehrpersonen im Rahmen einer Schulung in ihre Rolle als Beobachter eingeführt, indem das Beobachtungsinstrument besprochen und die Anforderungen an die Beobachtung offengelegt werden. Zusätzlich werden die Beobachter dazu angehalten, ihre Rolle bereits in willkürlich ausgewählten Unterrichtsstunden vor der eigentlichen Erhebung einzunehmen und die Beobachtung zu üben. Es wird ebenso darauf Wert gelegt, Beobachtungen sowohl während als auch im Anschluss der Durchführung vornehmen und in jeweils einem Beobachtungsbogen festhalten zu lassen, da es bei einer ausschließlich nachträglich verfassten Beobachtung zu „Störungen bei der Einreihung von Beobachtungsereignissen im Gedächtnis, bei deren Gewichtung und bei der Wiederherstellung der richtigen Reihen- und Rangfolge" (Martin & Wawrinowski 2000, S. 98) kommen kann und die Kapazitätsgrenzen des Gedächtnisses zu falschen, unvollständigen, verzerrten oder fehlenden Erinnerungen führen können (vgl. Gniewosz 2015, S. 116). Inwiefern dies durch die Lehrpersonen aufgrund der Unterrichtspraxis gewährleistet werden kann, bleibt jedoch zu reflektieren (s. Kapitel 12). Auch könnte die Durchführung und Beobachtung des Unterrichts von Lehrendentandems diesem Problem entgegenwirken, weshalb diese bevorzugt an der Studie teilnehmen sollen. Als letzter Nachteil ist aufzuführen, dass die Forscherinnen einzelnen Beobachtungsnotizen einen anderen als von der beobachtenden Lehrperson gemeinten Sinn zuschreiben könnten und somit Gefahr laufen, auf der Datengrundlage Fehlschlüsse zu ziehen. Dies kann darauf zurückgeführt werden, dass die Notizen „selektiv und darüber hinaus von Anfang an in einer Beschreibungssprache fixiert [sind], die erstens notwendig reduktiv ist und zweitens dem beschriebenen sozialen Geschehen vorab Interpretationen zuordnet" (Meyer &

Meier zu Verl 2019, S. 280). Daher ist es erforderlich, Möglichkeiten für Rückfragen an den jeweiligen Beobachter zu eröffnen oder mit der Lehrperson über
die Auswertung und Interpretation der Daten ins Gespräch zu kommen, um
Missverständnisse zu vermeiden.

Gleichzeitig kann durch die Übergabe der Beobachtung an die Lehrpersonen
einigen Nachteilen einer Beobachtung aus Sicht der Forscherinnen, wie der Zeit-
und Kostenintensivität oder einer fehlenden Möglichkeit, subjektives Erleben zu
beobachten, begegnet werden (vgl. Döring & Bortz 2016, S. 325). So hat die
Lehrperson die Möglichkeit, die Beobachtungen zum Ablauf der Konzeption und
zum Umgang der Schüler mit dieser durch ihr subjektives Erleben anzureichern.
Das Festhalten von Meinungen oder Gefühlen im Rahmen von Beobachtungen
kann nie umgegangen werden, vielmehr kann es zu zusätzlichen Erkenntnissen
über das Feld führen, was in dieser Untersuchung ausgenutzt wird (vgl. Flick
2012, S. 29).

Insgesamt wird durch diese Darstellung deutlich, dass die Wahl der Beobachtung als Erhebungsmethode und der Lehrpersonen als Beobachter viele Vor-
und Nachteile birgt, wobei die Vorteile gerade bei jungen Kindern im Alter von
etwa sieben bis neun Jahren überwiegen. Diese haben wenig bis gar keine Erfahrung mit Fragebögen oder anderen Erhebungsinstrumenten und lassen sich durch
fremde Personen oder Videographiewerkzeuge schnell in ihrem Verhalten oder
ihren Aussagen beeinflussen. Zudem haben sie aufgrund sprachlicher Schwierigkeiten und noch nicht vollständig ausgebildeter Lese- und Schreibkompetenzen
wenige Möglichkeiten, sich adäquat auszudrücken. Daher erscheint die Beobachtung als geeignetes Instrument, um der Forschungsintention nachgehen zu
können.

Zur Ergänzung der qualitativen Analyse von Beobachtungsdaten gilt die Erhebung und Analyse von schriftlichen Daten als ein gängiges und zur näheren
Erschließung des Forschungsgegenstandes geeignetes Verfahren (vgl. Salheiser
2019, S. 1129), das auch in der vorliegenden Untersuchung zielführend eingesetzt
werden soll.

9.1.2.2 Datenerhebung mittels Dokumentenanalyse

Zur Auswertung der Konzeption wird neben der Beobachtung auch das Lerntagebuch herangezogen, um die Forschungsschwerpunkte zwei und abschließend
auch drei verfolgen zu können (s. Abschnitt 3.2). Die Lerntagebücher können
Aufschluss darüber geben, wie die Kinder individuell vorgegangen sind, welche Gedanken sie im Lernprozess verfolgt haben und welche Arbeitsschritte
sie gewählt haben. Der Lern- und Arbeitsprozess des Kindes und ebenso der

Gruppenprozess können somit in Teilen ungefiltert bereits am Lerntagebuch nach-empfunden werden. Dieses liefert also wertvolle Informationen, die durch die Beobachtung nicht erhalten werden, aber im Hinblick auf das Erkenntnisinteresse von großer Bedeutung sind (vgl. Salheiser 2019, S. 1121). Darüber hinaus können die Anlässe zur Selbsteinschätzung und Reflexion Schwierigkeiten der Kinder im Umgang mit der Konzeption im Allgemeinen oder mit dem Lerntagebuch oder den Fällen im Speziellen offenlegen. Dadurch ist es möglich, die Sichtweise der Lehrperson aus den Beobachtungen durch die Sichtweise der Schüler zu ergän-zen, indem die Dokumentation der Ergebnisse in den Lerntagebüchern nachhaltig verfügbar gemacht wird.

Dokumente, wie zum Beispiel Tagebücher, Sammlungen von Schulaufsätzen oder Briefe können „als *eigenständige methodische und situativ eingebettete Leis-tung* ihrer Verfasser" (Wolff 2012, S. 504, Hervorhebungen im Original) anerkannt und zum Gegenstand einer Untersuchung gemacht werden. Bei einer Dokumen-tenanalyse wird dabei „auf bereits vorhandene bzw. vorgefundene Dokumente [...] zurückgegriffen, die völlig unabhängig vom Forschungsprozess produziert wurden und als Manifestation menschlichen Erlebens und Verhaltens angese-hen werden können" (Döring & Bortz 2016, S. 533). Die Lerntagebücher, als Bestandteil der Konzeption, sind im Rahmen der Durchführung von ELIF, jedoch unabhängig vom Forschungsprozess, ausgefüllt worden und können daher im Rahmen einer Dokumentenanalyse erfasst und analysiert werden. Dabei ist wich-tig zu beachten, dass Dokumente kommunikative Werkzeuge darstellen, also für bestimmte Zwecke erstellt wurden und somit eine eigene Datenebene abbil-den (vgl. Wolff 2012, S. 511). „Als eigenständige Methode genutzt, eröffnen [...] [diese] einen speziellen und manchmal begrenzten Zugang zu Erfahrun-gen und Prozessen" (Flick 2012, S. 331), weshalb sie als sinnvolle Ergänzung unter Beachtung der Entstehungs- und Verwendungskontexte zu anderen Daten-sorten einbezogen werden können, um das Verständnis des Forschers in Bezug auf den Untersuchungsgegenstand zu erhöhen (vgl. ebd., S. 331). Einschränkend bleibt zu beachten, dass die Lerntagebücher als Dokumentgrundlage der Schü-ler bereits strukturelle und inhaltliche Grenzen aufweisen, innerhalb derer die Schüler aktiv sind. Die Schüler können nicht frei ihre Gedanken und Lernpro-zesse niederschreiben, sondern sind von der Lehrperson dazu angehalten, die entsprechenden Aufgaben und Arbeitsaufträge zu bearbeiten und die Antwor-ten festzuhalten. Dadurch wird die Informationsvielfalt eingeschränkt, was jedoch auch gleichzeitig den Vorteil eröffnet, dass eine Vergleichbarkeit der Dokumente vorliegt und alle Schüler Informationen zu denselben für die Forschung und zur

Beurteilung der Effektivität und Durchführbarkeit der Konzeption bedeutsamen Aspekten, wie zum Beispiel zu ihren Emotionen, preisgeben.

In diesem Sinne werden die Lerntagebücher aller Schüler einer Klasse als zusätzliche Informationsquelle herangezogen, indem sie im Anschluss an die Durchführung der Konzeption von der Lehrperson eingesammelt und an die Forscherinnen weitergeleitet werden.

9.1.3 Beschreibung der Durchführung

Auf der Grundlage der zuvor genannten Entscheidungen hat sich das folgende Forschungsvorgehen ergeben:

In sechs aufeinanderfolgenden Zyklen wurden sich weiterentwickelnde Varianten der Konzeption unter zwei verschiedenen Perspektiven erprobt, analysiert und modifiziert bis eine den Ansprüchen angemessene, also die Bewertungskategorien erfüllende, Unterrichtskonzeption entstanden ist (s. Abbildung 9.2).

Durchgeführt wurde die Untersuchung in drei Schulklassen (B_1 entspricht T_i; B_2; B_3, wobei T für Tiefe und B für Breite steht) mit insgesamt 47 Schülern (63,8 % m, 36,2 % w) an zwei Grundschulen in Hildesheim (B_2 und B_3) und einer Grundschule in Salzgitter (T_i). Während es sich bei B_2 und B_3 um reguläre Schulklassen handelt, ist T_i einem Förderschulzweig mit dem Schwerpunkt Sprache zugehörig. Die Klasse T_i wird nach demselben Curriculum wie reguläre Grundschulklassen unterrichtet, was eine Vergleichbarkeit der Klassen und gleichzeitig das Austesten der sprachintensiven Konzeption mit Kindern sehr unterschiedlicher Fähig- und Fertigkeiten ermöglicht. In Anlehnung an die geplante Durchführung wurde die Konzeption zunächst in der Förderschulklasse (B_1 bzw. T_1) durchgeführt, analysiert und entsprechend an die Bedürfnisse der Klasse adaptiert. Erst als eine für die Schulklasse angemessene Variante der Konzeption, erkennbar dadurch, dass sie einen Großteil der Bewertungskategorien erfüllt, entwickelt wurde, wurde diese in weiteren Schulklassen (B_2 und B_3) erprobt. Nach dem fünften Zyklus wurde die Konzeption abschließend in der Klasse (T_4) der ersten drei Durchgänge eingesetzt und analysiert, wobei sich kein wesentlicher Modifizierungsbedarf mehr ergeben hat und somit die Entwicklung an dieser Stelle beendet werden konnte.

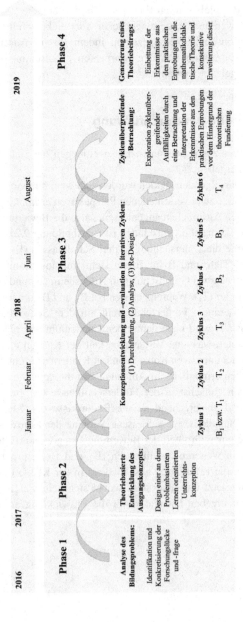

Abbildung 9.2 Schematischer Ablauf des Forschungsprozesses

Aufgrund von in der Schulrealität existierenden Fluktuationen und Fehlzeiten von Kindern unterscheidet sich die Zusammensetzung der Förderschulklasse in den Zyklen T_1, T_2, T_3 und T_4 gering. Die genaue Zusammensetzung der Klassen ist in der Tabelle 9.2 dargestellt.

Zusätzlich wurde darauf geachtet, Lehrpersonen unterschiedlichen Erfahrungsgrades einzubeziehen, um einen Einfluss der Arbeitserfahrung auf die Untersuchung minimieren zu können (s. Abschnitt 9.1.1). Die Lehrperson der ersten drei und des letzten Zyklus (T_1-T_4) übt seit mehr als 25 Jahren den Beruf aus. Die Lehrperson des vierten Zyklus (B_2) ist seit ca. drei Jahren im Schuldienst tätig und im fünften Durchgang (B_3) wurde die Konzeption von einem Lehrendentridem bestehend aus zwei Berufseinsteigern (weniger als ein Jahr) und einer erfahrenen Lehrkraft umgesetzt.

Die Untersuchungen fanden im Zeitraum von Januar bis August 2018 statt. Im Vorfeld der Untersuchung wurden die Lehrpersonen entsprechend der Planung in die Konzeption sowie ihre Rolle als Beobachter eingewiesen (s. Abschnitt 9.1.1). Die Schüler wurden über die anstehende Untersuchung in Kenntnis gesetzt und das Einverständnis der Eltern eingeholt. Die Umsetzung der Konzeption wurde von den Lehrpersonen nach eigenem Ermessen durchgeführt, wodurch die zeitliche Struktur und die inhaltliche Ausgestaltung der Stunden sowie Unterstützungsmaßnahmen variierten. Im Anschluss an jede Durchführung wurden die Lerntagebücher und Beobachtungsbögen der Schüler eingesammelt, gesichert und aufbereitet (s. Abschnitt 9.1.2.1, Abschnitt 9.1.2.2). Zusätzlich wurden die Erhebungsinstrumente im sechsten Durchgang von der Lehrperson eigenständig um Fotos von den haptischen Arbeitsergebnissen der Schüler und den methodischen Vorgängen unter Berücksichtigung der geltenden datenschutzrechtlichen Verordnung ergänzt. Eine detaillierte und übersichtliche Darstellung der Durchführung und der jeweiligen Bedingungen ist der Tabelle 9.2 zu entnehmen.

Tabelle 9.2   Detaillierte Darstellung der dritten Phase des DBR-Zyklus

		Zyklus 1 (B₁ bzw. T₁)	Zyklus 2 (T₂)	Zyklus 3 (T₃)	Zyklus 4 (B₂)	Zyklus 5 (B₃)	Zyklus 6 (T₄)
Durchführung	Klasse	Klasse 3 des Förderschulzweigs Sprache einer Grundschule in Salzgitter mit 12 (6m/6w) Kindern, wovon 3 Kinder (1m/2w) ebenso einen diagnostizierten **Förderbedarf** (Lernen) haben	Dieselbe dritte Klasse wie im ersten Zyklus mit 11 (5m/6w) Kindern, wovon 2 Kinder (w) einen diagnostizierten **Förderbedarf** (Lernen) haben	Dieselbe dritte Klasse wie im ersten/zweiten Zyklus mit 11 (5m/6w) Kindern, wovon 2 Kinder (w) einen diagnostizierten **Förderbedarf** (Lernen) haben	Klasse 3 einer Grundschule in Hildesheim (Stadt) mit 17 (13m/4w) Kindern, wovon 1 Kind (m) einen diagnostizierten **Förderbedarf** (Lernen) hat	Klasse 3 einer Grundschule in Hildesheim (Landkreis) mit 18 (11m/7w) Kindern	Dieselbe Klasse wie im ersten/zweiten/dritten Zyklus mit 10 (5m/5w) Kindern, wovon 1 Kind (w) einen diagnostizierten **Förderbedarf** (Lernen) hat (zu diesem Zeitpunkt Klasse 4)
	Fall	Ein ganz schön voller Tag	Die Qual der Wahl	**Zwei Würfel** sind einer zu viel	Ein ganz schön voller Tag	Ein ganz schön voller Tag	Die Schlacht um **Gummibärchen**
	Zeitraum	2 + ca. 7 Schulstunden Mitte Januar 2018	ca. 5 Schulstunden Mitte Februar 2018	ca. 7 Schulstunden Mitte April 2018	7 Schulstunden Anfang Juni 2018	7 Schulstunden Ende Juni 2018	ca. 5 Schulstunden Ende August 2018
	Erhebungsinstrumente	Lerntagebuch Beobachtungsbogen (von der LP 1x ausgefüllt während der Einheit und ergänzt durch Kommentare nach der Einheit)	Lerntagebuch Beobachtungsbogen (von der LP 1x ausgefüllt während und 1x ausgefüllt nach der Einheit)	Lerntagebuch Beobachtungsbogen (von der LP 1x ausgefüllt während der Einheit und ergänzt durch Kommentare nach der Einheit)	Lerntagebuch Beobachtungsbogen (ausgefüllt vom Lehrendantem während der Einheit)	Lerntagebuch Beobachtungsbogen (ausgefüllt vom Lehrendentridem während der Einheit)	Lerntagebuch Beobachtungsbogen (ausgefüllt von der LP **während der** Einheit)

Phase 3: Iterative Zyklen der Konzeptentwicklung und -evaluation

9.2 Analyse

Im Fokus der Analyse steht die Aufbereitung (s. Abschnitt 9.2.1) und Auswertung der Daten (s. Abschnitt 9.2.2), um Modifizierungsmöglichkeiten abzuleiten.

9.2.1 Datenaufbereitung

Die Datenaufbereitung verfolgt den Zweck, die im Rahmen einer empirischen Studie gewonnenen, in verschiedenen Formen und Formaten existierenden Rohdaten, welche häufig Lücken enthalten, inkonsistent oder schwer zu überblicken sind, für die Auswertung zugänglich zu machen und für eine anschließende qualitative oder quantitative Analyse auswertbar zu gestalten (vgl. Döring & Bortz 2016, S. 580; Herfter & Rahtjen 2013, S. 101). Dabei werden vorwiegend nachfolgende Schritte der Datenaufbereitung durchlaufen: die Erstellung der Datensätze durch zum Beispiel Sortierung, Zuordnung, Digitalisierung, die Ergänzung der Datensätze um Metainformationen, die Anonymisierung der Daten, die Datenbereinigung durch Entfernen von für die Auswertung irrelevanter Details und die Datentransformation (vgl. Döring & Bortz 2016, S. 580).

Um die Daten aus den Beobachtungsbögen und Lerntagebüchern der einzelnen Erhebungszyklen für die Auswertung aufzubereiten, gilt es also, die genannten Schritte zu durchlaufen. Das in den jeweiligen Zyklen mittels Beobachtungsbögen erhobene Datenmaterial wird daher zunächst digitalisiert, vereinheitlicht und anonymisiert abgespeichert, wobei ein Code verwendet wird, der ausschließlich den Forschenden eine Zuordnung der Beobachtungsbögen zu den Schulen und Zyklen ermöglicht. Des Weiteren werden die digitalisierten Bögen im Hinblick auf die Grammatik und Rechtschreibung überarbeitet. Sind in einem Zyklus mehrere Beobachtungsbögen entstanden, da die Lehrenden in einem Zyklus sowohl während der Durchführung als auch im Anschluss an diese einen Beobachtungsbogen ausgefüllt haben oder der Unterricht von Lehrendentandems durchgeführt und beobachtet wurde, werden diese in einem Beobachtungsbogen zusammengefasst, um für jeden Zyklus eine einheitliche Form der Datendokumentation zu gewährleisten.

Die Lerntagebücher werden ebenso im ersten Schritt digitalisiert und anonymisiert. Um eine Zuordnung der Bögen zu den Schulen und bei einer wiederkehrenden Durchführung in derselben Klasse auch zu den Schülern zu ermöglichen, werden diese entsprechend mit einem Code versehen und strukturiert. Weiterhin werden diese um Metainformationen ergänzt, da es in der Auswertung relevant sein kann, in welchen Gruppen die Schüler gearbeitet oder welche Kinder einen

besonderen diagnostizierten Förderbedarf haben. Um eine Auswertung aller Lerntagebucheinträge ohne Schwierigkeiten oder Einschränkungen zu gewährleisten,
werden die von den Schülern handschriftlich verfassten Einträge durchgesehen,
um unerkenntliche Stellen zu identifizieren und nachträglich zu erschließen.

9.2.2 Datenauswertung mittels evaluativer qualitativer Inhaltsanalyse

Um die Forschungsfrage und die untergeordneten Fragestellungen adäquat beantworten zu können, wird auf ein systematisches, intersubjektiv nachvollziehba-
res, qualitatives Auswertungsverfahren zurückgegriffen, welches es ermöglicht,
sowohl die Beobachtungsbögen als auch die Lerntagebucheinträge auszuwerten.
Für die vorliegende Forschung eignet sich die evaluative qualitative Inhaltsanalyse
nach Kuckartz bei der es „um die *Einschätzung, Klassifizierung und Bewertung
von Inhalten* durch die Forschenden" (Kuckartz 2018, S. 123, Hervorhebungen
im Original) geht, indem zunächst Bewertungskategorien mit zumeist ordinalen
Ausprägungen gebildet werden, anhand derer das Material in einem weiteren
Schritt eingeschätzt wird. In den einzelnen Zyklen kann mithilfe dieser Auswertungsmethode eine Einschätzung vorgenommen werden, ob und in welchem
Umfang die Merkmalskategorien in der Praxis tatsächlich umgesetzt werden, um
in einem weiteren Schritt gemäß qualitativer Forschung interpretativ Modifizierungsmöglichkeiten materialorientiert herleiten zu können, welche in die jeweilige
Überarbeitung des Konzepts einfließen.

Im folgenden Abschnitt wird daher die Auswertungsmethode stufenweise
beschrieben und dargestellt, wie die entsprechenden Schritte in der vorliegenden Studie mittels der beiden Erhebungsinstrumente und der daraus generierten
Datensätze umgesetzt und ausgestaltet werden. Dabei ist zu beachten, dass von
der Reihenfolge der Phasen, wie sie in der Theorie festgelegt sind, aufgrund der
Methodologie des Design-Based Research Ansatzes abgewichen wird und die
Darstellung sich an dem dieser Forschung zugrunde liegenden Ablauf orientiert.

Die evaluative qualitative Inhaltsanalyse nach Kuckartz (2018) läuft in sieben Phasen – nachfolgend als Schritte bezeichnet, um eine Abgrenzung von den
Phasen des DBR-Zyklus zu ermöglichen – ab (s. Abbildung 9.3).

Abbildung 9.3 Ablauf
einer evaluativen
qualitativen Inhaltsanalyse
(Kuckartz 2018, S. 125)

Schritt 1 – Festlegung der Bewertungskategorie: Zunächst werden
die Bewertungskategorien in Abhängigkeit von den Forschungsfrage(n)
bestimmt.

In dem ersten Schritt werden die Bewertungskategorien für die Analyse und
Auswertung festgelegt. In dieser Arbeit kann dies bereits durch die deduktive
Vorgehensweise der ausführlichen theoretischen Erarbeitung und Darstellung der
Grundideen (s. Kapitel 4 und 5) und deren Operationalisierung in den Merkmalskategorien (s. Kapitel 6) als umgesetzt angesehen werden. Das Ziel der Studie,
eine adäquate Unterrichtskonzeption zu entwickeln, kann nur erreicht werden,
wenn die Merkmalskategorien in der praktischen Umsetzung von ELIF auch tatsächlich erfüllt werden. Daher gilt es, diese Merkmalskategorien (s. Abschnitt 6.5)
als Bewertungskategorien zur Auswertung der jeweiligen Prototypen der Konzeption in den einzelnen DBR-Zyklen heranzuziehen. Damit sichergestellt wird, dass
diese auch durch die Erhebungsinstrumente erfasst werden können, sind bereits
geringe Veränderungen in der Formulierung möglich und notwendig.

Folgerichtig muss der in der Fragestellung F2.1 enthaltende Begriff der Merkmalskategorien durch den Begriff Bewertungskategorien ersetzt werden, wodurch sich eine abgewandelte Fragestellung F2.1 *Inwieweit erfüllt die jeweilige Version von ELIF die Bewertungskategorien in der praktischen Umsetzung?* ergibt.

Aus den einzelnen Bewertungskategorien ergeben sich bereits sachlogisch verschiedene Ausprägungen. Das bedeutet, dass zu jeder Bewertungskategorie, zum Beispiel Kategorie 1 „Die Schüler bestimmen organisatorische Aspekte des Unterrichts", im Vorfeld bereits unterschiedliche Abstufungen, zum Beispiel „Die Schüler bestimmen über *alle* organisatorischen Aspekte des Unterrichts.", „Die Schüler bestimmen über *einige* organisatorischen Aspekte des Unterrichts." und „Die Schüler bestimmen über *keine* organisatorischen Aspekte des Unterrichts.", formuliert werden können. Da eine Einschätzung in jedem Fall erfolgen soll, wird von einer Kategorie „nicht zu klassifizieren" abgesehen. Deshalb folgt an dieser Stelle bereits der vierte Schritt der evaluativen qualitativen Inhaltsanalyse.

Schritt 4 – Ausprägungen der Bewertungskategorie formulieren und Textstellen probeweise zuordnen, ggf. Veränderung der Definitionen und der Zahl der Ausprägungen: Im nächsten Schritt werden die Ausprägungen der Kategorien festgelegt. Ein Minimum an Ausprägungen sind nach Kuckartz drei Unterscheidungen: „hohe Ausprägung der Kategorie", „geringe Ausprägung der Kategorie" und „nicht zu klassifizieren", was bedeutet, dass die Informationen nicht ausreichen, um eine Zuordnung zu den anderen beiden Kategorien vornehmen zu lassen (vgl. Kuckartz 2018, S. 125–127).

Somit kann im Vorfeld des ersten Zyklus bereits ein Kategoriensystem zur Auswertung der Daten entwickelt werden. Dieses soll neben den Bewertungskategorien und einzelnen Ausprägungen dieser ebenso eine Definition der jeweiligen Kategorie, bestehend aus einer allgemeinen Beschreibung und Auflistung einzelner, für die Bewertungskategorie charakteristischer Bewertungsaspekte, sowie Kodierregeln für jede Ausprägung enthalten. Die Definitionen und Kodierregeln erscheinen erforderlich, da die Einschätzung der Daten eine interpretative Handlung ist und erst durch klare Regeln eine intersubjektiv gültige und nachvollziehbar Einschätzung in der Auswertung ermöglicht werden kann. Der Aufbau des Kategoriensystems wird in Tabelle 9.3 anhand der ersten Bewertungskategorie exemplarisch dargestellt.

Tabelle 9.3 Darstellung des Kategoriensystems anhand der Bewertungskategorie 1

Nr.	Bewertungskategorie	Definition	Ausprägung	Kodierregeln
1	**Die Schüler bestimmen organisatorische Aspekte des Unterrichts**	Die Schüler bestimmen organisatorische Aspekte des Unterrichts, indem sie – den Lernort – die zeitliche Gestaltung des Lernprozesses – die Ressourcen (Verwendung der Informationsquellen) – die Lernpartner eigenständig auswählen/ vornehmen	◉ Die Schüler bestimmen über alle organisatorischen Aspekte des Unterrichts.	Alle vier Aspekte der Definition werden durch die Schüler bestimmt.
			◑ Die Schüler bestimmen über einige organisatorische Aspekte des Unterrichts.	Wenn nicht alle Aspekte durch die Schüler bestimmt oder nicht bestimmt werden.
			○ Die Schüler bestimmen über keine organisatorischen Aspekte des Unterrichts.	Alle vier Aspekte werden nicht durch die Schüler bestimmt.

> **Schritt 2 – Identifizieren und Kodieren der für die Bewertungskategorie relevanten Textstellen:** In der zweiten Phase werden das Datenmaterial durchgearbeitet und die Textstellen identifiziert, welche Informationen zu einer bestimmten Kategorie enthalten und dieser zugeordnet.

Im nächsten Schritt der Untersuchung werden der Beobachtungsbogen des jeweiligen Zyklus sowie die Lerntagebücher gesichtet und die Aussagen aus dem Beobachtungsbogen und die durch Schüler verfassten Einträge im Lerntagebuch identifiziert, welche Hinweise zur Einschätzung einer Bewertungskategorie liefern, und der jeweiligen Kategorie zugeordnet. Da in der vorliegenden Studie der Fokus auf der Einschätzung liegt, inwieweit die Bewertungskategorien erfüllt werden, ist es an dieser Stelle sinnvoll, beide Erhebungsinstrumente vollständig zu sichten und zu kodieren. Der Beobachtungsbogen bildet den Arbeitsprozess kontinuierlich ab und enthält Informationen über das Verhalten der Schüler sowie die Sichtweisen der Lehrperson, weshalb die Kodierung des gesamten Bogens als notwendig erscheint, um fundierte Aussagen treffen zu können und offen zu legen, an welchen Komponenten der Konzeption Modifizierungsbedarf besteht. Die Lerntagebücher werden ebenso vollständig kodiert, da diese zusätzlich den tatsächlichen Lernprozess und die Lernergebnisse der Schüler abbilden und Aufschluss darüber geben, ob die Einschätzungen aus dem Beobachtungsbogen so auch aus Schülersicht vorgenommen werden können. Darüber hinaus stellen diese ergänzende Erkenntnisse aus Schülersicht bereit, wodurch mehrperspektivische, fundierte Ergebnisse ermöglicht werden. Somit können umfassende Hinweise zur Einschätzung einer Bewertungskategorie gewonnen werden.

Das Kodieren wird im ersten Zyklus noch von beiden Forschenden und einer mit dem Projekt vertrauten Person vorgenommen und im Anschluss diskutiert, um die Eignung der Kodierregeln zu testen und eine gemeinsame Grundlage zur Kodierung der weiteren Zyklen zu erhalten. Ab dem zweiten Zyklus wird diese Phase nur noch von einer Forschenden und einer Hilfskraft umgesetzt.

> **Schritt 3 – Die kodierten Segmente für jede Bewertungskategorie fallbezogen zusammenstellen:** Es folgt eine kategoriebasierte Auswertung, indem alle kodierten Segmente einer Kategorie zusammengestellt und in einer Tabelle o. Ä. fallbezogen dargestellt werden.

Zur Strukturierung und Organisation der Auswertung wird eine Auswertungstabelle angelegt (s. Tabelle 9.4).

Tabelle 9.4 Auszug aus der Auswertungstabelle zur Veranschaulichung des Vorgangs der Auswertung

Bewertungskategorien	Ausprägung	Bewertungsaspekte	Begründung der Ausprägungseinschätzung	Zuordnung von Paraphrasen aus Beobachtungsbogen und Lerntagebüchern	Mögliche Änderungen
Legende: B1-Beobachtungsbogen 1.Durchgang, EA-Einzelarbeit, GA-Gruppenarbeit, HA-Hausaufgabe 1.i-1. Durchgang Schüler_in i, K-Kategorie, KC-Kerncurriculum, L-Lehrer, L-Kinder-Kinder mit Förderschwerpunkt Lernen, LP-Lehrperson, LT-Lerntagebuch, PA-Partnerarbeit, SuS-Schülerinnen und Schüler, Farbcode: Die ganze Konzeption/das Kategoriensystem betreffend, Beobachtungsbogen, Lerntagebuch, Phasen, Fälle					

In der ersten Spalte *Bewertungskategorien* werden alle Bewertungskategorien des Kategoriensystems aufgelistet und in der dritten Spalte in einzelne *Bewertungsaspekte* unterteilt. So kann die Bewertungskategorie „Die Schüler bestimmen organisatorische Aspekte des Unterrichts" beispielsweise in die Aspekte *Lernort, zeitliche Gestaltung des Lernprozesses, Ressourcen* und *Lernpartner* unterteilt werden.

In diesem Schritt werden die kodierten Textstellen fallbezogen zusammengestellt, das heißt, die Textstellen, welche demselben *Bewertungsaspekt* einer

Bewertungskategorie zugeordnet werden können, werden übersichtlich in der Auswertungstabelle in der Spalte *Zuordnung von Paraphrasen aus Beobachtungsbogen und Lerntagebüchern* dargestellt.

Anhand der ersten Bewertungskategorie und des ersten Zyklus wird dieser Schritt in Tabelle Tabelle 9.5 exemplarisch dargestellt.

Tabelle 9.5 Auszug aus der Auswertungstabelle zur Veranschaulichung des dritten Schritts der Auswertungsmethode

Bewertungskategorien	Auspragung	Bewertungsaspekte	Begründung der Ausprägungseinschätzung	Zuordnung von Paraphrasen aus Beobachtungsbogen und Lerntagebüchern	Mögliche Änderungen
Legende: B1-Beobachtungsbogen 1.Durchgang, EA-Einzelarbeit, GA-Gruppenarbeit, HA-Hausaufgabe 1.i-1. Durchgang **Schüler_in** i, K-Kategorie, KC-Kerncurriculum, L-Lehrer, L-Kinder-Kinder mit Förderschwerpunkt Lernen, LP-Lehrperson, LT-Lerntagebuch, PA-Partnerarbeit, SuS-Schülerinnen und Schüler, **Farbcode:** Die ganze Konzeption/das Kategoriensystem betreffend, Beobachtungsbogen, Lerntagebuch, Phasen, **Fälle**					
1 **Die Schüler bestimmen organisatorische Aspekte des Unterrichts**		Lernort		**B1 Phase 7** SuS sollen als HA auch schon mehr als nur eine Frage beantworten **dürfen**	
		Zeitliche Gestaltung des Lernprozesses		**B1 Phase 7** Nach jeder einzelnen Frage in den Gruppen treffen? → **schränkt** schnelle SuS ein	
		Lernpartner		**B1 Phase 5** GA: SuS finden sich in Arbeitsgruppen zusammen (festgelegt von der L.) **B1 Phase 8** heterogene Leistungsgruppen	

Dabei werden alle Textstellen aus dem Beobachtungsbogen in der Auswertungstabelle eingeordnet, aus den Lerntagebüchern jedoch nur aussagekräftige oder typische Beispiele. Alle Lerntagebucheinträge der Schüler in der Auswertungstabelle abzubilden, würde dazu führen, dass die Tabelle unübersichtlich wird und sich viele Einträge der Schüler aufgrund von Gruppenarbeiten doppeln. Das bedeutet, dass immer genau so viele Beispiele angeführt werden, sodass eine adäquate Einschätzung der jeweiligen Kategorie ermöglicht wird und entsprechende Modifizierungsmaßnahmen daraus gewonnen werden können. Stehen weitere Beispiele im Datenmaterial zur Verfügung, die aber keine weiteren Erkenntnisse bezüglich möglicher Änderungen an der Konzeption liefern können, werden diese in der Auswertungstabelle nicht explizit aufgeführt, aber gegebenenfalls als Metainformationen aufgenommen. Da alle Lerntagebücher kodiert werden, kann somit davon ausgegangen werden, dass keine wichtigen Einträge vernachlässigt werden.

Schritt 5 – Bewerten und Kodieren des gesamten Materials: Das Datenmaterial wird kategorienbezogen eingeschätzt und kodiert.

Die Bewertungsaspekte werden im nächsten Schritt unter Einbezug der in der
Auswertungstabelle zusammengefassten Textstellen eingeschätzt. Die Einschätzung wird begründet in der Spalte *Begründung der Ausprägungseinschätzung* festgehalten. Darauf aufbauend wird im Weiteren die jeweilige Bewertungskategorie
mithilfe der Kodierregeln analysiert und die Ausprägung der Kategorie anhand
dieser eingeschätzt sowie in der Spalte *Ausprägung* ergänzt (s. Tabelle 9.6).

Tabelle 9.6 Auszug aus der Auswertungstabelle zur Veranschaulichung des vierten Schritts
der Auswertungsmethode

Bewertungs-kategorien	Ausprägung	Bewertungsas-pekte	Begründung der Ausprägungsein-schätzung	Zuordnung von Paraphrasen aus Be-obachtungsbogen und Lerntagebü-chern	Mögliche Ände-rungen
Legende: B1-Beobachtungsbogen 1.Durchgang, EA-Einzelarbeit, GA-Gruppenarbeit, HA-Hausaufgabe Li-1. Durchgang Schüler in i, K-Kategorie, KC-Kerncurriculum, L-Lehrer, L-Kinder-Kinder mit Förderschwerpunkt Lernen, LP-Lehrperson, LT-Lerntagebuch, PA-Partnerarbeit, SuS-Schülerinnen und Schüler, Farbcode: Die ganze Konzeption/das Kategoriensystem betreffend, Beobachtungsbogen, Lerntagebuch, Phasen, Fälle					
1 Die Schü-ler bestim-men orga-nisatori-sche As-pekte des Unter-richts	◯	Lernort	Die definierten Pha-sen geben außer im Selbststudium einen Hinweis auf überwie-gende Vorgabe durch die LP.	B1 Phase 7 SuS sollen als HA auch schon mehr als nur eine Frage beant-worten **dürfen**	Streichen, da Vorgabe durch LP strukturierend (s. Kategorie 4)
		Zeitliche Gestal-tung des Lernpro-zesses	Die zeitliche Gestal-tung wird von der LP aufgrund der Formu-lierung der Phasen vorgegeben.	B1 Phase 7 Nach jeder einzelnen Frage in den Gruppen treffen? → **schränkt** schnelle SuS ein	
		Lernpartner	Die Lernpartner wer-den durch die LP be-stimmt und die Sozi-alformen durch die Phasen vorgegeben.	B1 Phase 5 GA: SuS finden sich in Ar-beitsgruppen zusammen (festgelegt von der L.) B1 Phase 8 heterogene Leistungsgrup-pen	Streichen, da Vorgabe durch LP unterstützend und kognitiv ent-**lastend für** SuS (s. Kategorie 4)

Dies stellt bereits einen analysierenden Vorgang dar, der sich auf die gegebenen Daten und entwickelten Kodierregeln stützt. Dabei können sich im ersten
Zyklus einige Bewertungskategorien, Kategoriendefinitionen, Ausprägungen oder
Abstufungen als unzureichend herausstellen und Indikation zur Überarbeitung
offenlegen. Im ersten Zyklus stellt sich daher zunächst die Frage F2.3 *Welche der
theoriegeleitet identifizierten Kriterien erweisen sich in der praktischen Durchführung von ELIF als anwendbar und inwieweit sind diese zur Analyse der
Durchführbarkeit und Erfüllung der Grundideen in der praktischen Umsetzung
von ELIF ausreichend?*
Somit wird das deduktiv angelegte Kategoriensystem unter Einbezug der
Schritte 4 und 5, also der Festlegung der Ausprägungen der Bewertungskategorien

(Schritt 4) und der Bewertung und Kodierung des gesamten Materials (Schritt 5), zusätzlich induktiv überarbeitet, bis ein in Abhängigkeit von der Forschungsfrage angemessenes Kategoriensystem entwickelt worden ist. Denn „es gilt, die Ausprägungen zu formulieren, auf einen Teil des Materials anzuwenden, das heißt, direkt auf Praktikabilität zu erproben und ggf. die Definitionen und die Abgrenzung der Ausprägungen zu verändern" (Kuckartz 2018, S. 128). Dabei ist es relevant, das vorab entwickelte Kategoriensystem anhand des gesamten Datenmaterials des ersten Zyklus anzupassen, um Fehlschlüsse aufgrund fehlender Daten in Bezug auf bestimmte Bewertungskategorien zu umgehen. Die Indizien zur Überarbeitung des Kategoriensystems können in diesem Schritt in der Spalte *Mögliche Änderungen* festgehalten werden.

Diesbezüglich wurde zum Beispiel in dem ersten Zyklus bei der Analyse des Datenmaterials unmittelbar deutlich, dass einige Kategorien in detailliertere Bewertungsaspekte unterteilt werden müssen, um diese adäquat anhand der Beobachtungsbögen und der Aufzeichnungen aus den Lerntagebüchern der Schüler beurteilen zu können. Weiterhin konnten einige Kategorien oder Aspekte gestrichen (s. Spalte *Mögliche Änderungen* in Tabelle 9.6), reduziert, umformuliert oder ineinander integriert werden. Dies liegt darin begründet, dass Dopplungen gesamter Aussagen und Aussagenfolgen bei der Zuordnung der Aussagen aus den Beobachtungsbögen aufgetreten sind. Ein weiterer Grund ist, dass die aus der Theorie abgeleitete Definition der Bewertungskategorien (s. Abschnitt 6.5) zwar zur Konstruktion der Konzeption angewandt werden konnte, diese dadurch aber unmittelbar durch die Gestaltung der Konzeption als erfüllt eingeschätzt werden konnten und somit keiner praxisbezogenen Einschätzung durch Beobachtung und das Lerntagebuch bedürfen. Hier lassen sich zur Veranschaulichung die Bewertungsaspekte Lernort und Lernpartner der ersten Bewertungskategorie organisatorische Offenheit (s. Tabelle 9.6) heranziehen. Beide Aspekte sind durch die Konzeption an sich und die Lehrperson vorgegeben und können gar nicht durch die Schüler mitbestimmt werden, weshalb eine praktische Einschätzung dieser zur Evaluation der Konzeption bedeutungslos ist. Eine weitere größere Veränderung stellte auch das Einfügen der Kategorien *Effektive Nutzung der Lernzeit*, welche aufgrund gehäufter Anmerkungen in den Beobachtungsbögen als sinnvoll erschien, und *Durch den Fall werden intendierte Prozesse angeleit* dar. Darüberhinaus wurden zur Operationalisierung der Durchführbarkeit der Konzeption die Lernhandlungen der Schüler, die sie innerhalb von ELIF vollziehen (s. Abschnitt 7.1), in das Kategoriensystem integriert.

Diese Änderungen führten schließlich zum modifizierten Kategoriensystem (s. Tabelle 9.7), welches anschließend erneut auf die Daten des ersten Zyklus sowie in allen nachfolgenden Zyklen angewandt wurde. Folglich konnte im Zuge der

Tabelle 9.7 Modifiziertes Kategoriensystem nach der ersten Auswertung

Nr.	Bewertungskategorie	Definition Einzelaspekte der Definition einzuschätzen als erfüllt (+), teilweise erfüllt (o), nicht erfüllt (−) oder nicht beobachtbar (/)	Ausprägung	Kodierregeln
1	**Die Schüler bestimmen organisatorische Aspekte des Unterrichts**	Die Schüler bestimmen organisatorische Aspekte des Unterrichts, indem sie – die zeitliche Gestaltung des Lernprozesses – die Ressourcen (Verwendung der Informationsquellen) eigenständig auswählen/ vornehmen	◕ Die Schüler bestimmen über alle organisatorischen Aspekte des Unterrichts.	Beide Aspekte werden durch die Schüler bestimmt oder ein Aspekt wird voll und ein Aspekt in Teilen durch die Schüler bestimmt.
			○ Die Schüler bestimmen über einige organisatorische Aspekte des Unterrichts.	Wenn nicht ◕ oder ○ zutrifft.
			○ Die Schüler bestimmen über wenige bzw. keine organisatorischen Aspekte des Unterrichts.	Wenn höchstens ein Aspekt in Teilen durch die Schüler bestimmt wird.
2	**Die Schüler bestimmen methodische Aspekte des Unterrichts**	Die Schüler bestimmen methodische Aspekte des Unterrichts, indem sie – die Zugangsweisen (bezogen auf den Mathematikunterricht: formal-symbolisch, numerisch-tabellarisch, graphisch-visuell, situativ-sprachlich, gegenständlich-enaktiv) – die Arbeitsmittel (ergänzende, nicht im Lerntagebuch enthaltene haptische und visuelle Materialien) eigenständig auswählen	◕ Die Schüler bestimmen methodische Aspekte des Unterrichts voll.	Beide Aspekte werden durch die Schüler bestimmt oder ein Aspekt wird voll und ein Aspekt in Teilen durch die Schüler bestimmt.
			○ Die Schüler bestimmen methodische Aspekte des Unterrichts in Teilen.	Wenn nicht ◕ oder ○ zutrifft.
			○ Die Schüler bestimmen nur geringfügig bzw. nicht über methodische Aspekte des Unterrichts.	Wenn höchstens ein Aspekt in Teilen durch die Schüler bestimmt wird.
3	**Die Schüler bestimmen inhaltliche Aspekte des Unterrichts**	Die Schüler bestimmen die Inhalte des Lernprozesses, indem sie – eigenständig das zentrale Problem identifizieren – sich eigenständig inhaltlich passende Lernziele setzen	◕ Die Schüler bestimmen die Inhalte und Ziele des Lernprozesses vollständig.	Beide Aspekte werden durch die Schüler eigenständig vorgenommen oder ein Aspekt wird voll und ein Aspekt in Teilen durch die Schüler vorgenommen.
			○ Die Schüler bestimmen die Inhalte und Ziele des Lernprozesses in Teilen.	Wenn nicht ◕ oder ○ zutrifft.
			○ Die Schüler bestimmen nur geringfügig bzw. gar nicht über die Inhalte und Ziele des Lernprozesses.	Wenn höchstens ein Aspekt in Teilen durch die Schüler vorgenommen wird.
4	**Strukturierungen**	Die Schüler erhalten strukturierende Unterstützungen im kompletten Lernprozess durch – klare Rituale – an die methodischen und sprachlichen Lernvoraussetzungen der Schüler angepasste Aufgabenstellungen, die die intendierten Lernhandlungen ((1) Erarbeiten des dem Fall inhärenten Problems, (2) Planen und Durchführen von Rechercheprozessen, (3) Aushandeln und Vergleichen von Arbeitsergebnissen, (4) Evaluieren und Reflektieren des Lernprozesses) initiieren – zusätzliche Arbeitsmittel – Visualisierungen, die Orientierung für den Ablauf des Lernprozesses bieten – Impulse in Plenumsphasen des Lernprozesses	◕ Es sind viele Strukturierungsmaßnahmen gegeben.	Mindestens vier Aspekte sind voll erfüllt.
			○ Es sind einige Strukturierungsmaßnahmen gegeben.	Wenn nicht ◕ oder ○ zutrifft.
			○ Es sind kaum bzw. keine Strukturierungsmaßnahmen gegeben.	Wenn höchstens zwei Aspekte voll, höchstens ein Aspekt voll und gleichzeitig höchstens zwei Aspekte in Teilen oder höchstens drei Aspekte in Teilen erfüllt sind.

(Fortsetzung)

Tabelle 9.7 (Fortsetzung)

Nr.	Bewertungskategorie	Definition Einzelaspekte der Definition einzuschätzen als erfüllt (+), teilweise erfüllt (o), nicht erfüllt (–) oder nicht beobachtbar (/)	Ausprägung	Kodierregeln
5	Effektive Nutzung der Lernzeit	Die Schüler nutzen die zur Verfügung stehende Lernzeit effektiv, das heißt – es entstehen inhaltlich passende Arbeitsergebnisse – es werden keine Tätigkeiten vollzogen, die die Stringenz der Lernhandlungen ((1) Erarbeiten des dem Fall inhärenten Problems, (2) Planen und durchführen von Rechercheprozessen, (3) Aushandeln und Vergleichen von Arbeitsergebnissen, (4) Evaluieren und reflektieren des Lernprozesses) unterbrechen – es gibt wenig Disziplinstörungen	◕ Die Schüler arbeiten die meiste Zeit zielgerichtet und aufgabenbezogen.	Alle Aspekte sind voll oder zwei Aspekte sind voll und gleichzeitig ein Aspekt in Teilen erfüllt.
			◔ Die Schüler arbeiten teilweise zielgerichtet und aufgabenbezogen.	Wenn nicht ◕ oder ◯ zutrifft.
			◯ Die Schüler arbeiten nur bzw. überwiegend aufgabenfremd und wenig bzw. nicht zielbezogen.	Wenn höchstens ein Aspekt in Teilen erfüllt ist.
6	Die Schüler vollziehen metakognitive Prozesse	Die Schüler führen metakognitive Prozesse durch, indem sie – die Informationsrecherche planen – eigene Fähigkeiten einschätzen – sinnvolle Entscheidungen in der Organisation des Lernprozesses treffen – Reflexionen des individuellen Lernprozesses in Bezug auf Schwierigkeiten, Bearbeitungslücken und mögliche weitere Überlegungen durchführen – Reflexionen des individuellen Lernprozesses in Bezug auf das emotionale Erleben durchführen – den Gruppenarbeitsprozess reflektieren	◕ Die Schüler vollziehen viele metakognitive Prozesse.	Mindestens vier Aspekte sind voll oder mindestens drei Aspekte werden voll und gleichzeitig mindestens zwei weitere Aspekte in Teilen erfüllt.
			◔ Die Schüler vollziehen einige metakognitive Prozesse.	Wenn nicht ◕ oder ◯ zutrifft.
			◯ Die Schüler vollziehen wenige metakognitive Prozesse.	Wenn höchstens ein Aspekt voll oder höchstens zwei Aspekte der Definition in Teilen erfüllt sind.
7	Feedback	Die Schüler erhalten Feedback, indem – die Lehrperson zum Gruppenergebnis Rückmeldung gibt – Lehrperson zu den individuellen Lernprozessen Rückmeldung gibt – sie Ergebnisse in Gruppen vergleichen und Unterschiede reflektieren	◕ Die Schüler erhalten umfangreiches Feedback.	Mindestens zwei Aspekte sind voll erfüllt.
			◔ Die Schüler erhalten Feedback an einigen Stellen des Lernprozesses.	Wenn nicht ◕ oder ◯ zutrifft.
			◯ Die Schüler erhalten kein bzw. kaum Feedback.	Wenn höchstens ein Aspekt in Teilen erfüllt ist.
8	Die Schüler sind voneinander abhängig	Die Schüler stehen in gegenseitiger Abhängigkeit, um sowohl einen individuellen Erfolg als auch einen Gruppenerfolg zu erzielen, indem – die Schüler ein gemeinsames Ergebnisprodukt erarbeiten – die Schüler in Kommunikation treten müssen, um ein Ergebnis gemeinsam auszuhandeln	◕ Die Schüler sind voneinander abhängig.	Mindestens ein Aspekt ist voll und gleichzeitig ein Aspekt in Teilen erfüllt.
			◔ Die Schüler sind in Teilen voneinander abhängig.	Wenn nicht ◕ oder ◯ zutrifft.
			◯ Die Schüler sind nicht bzw. in sehr geringem Maße voneinander abhängig.	Wenn höchstens ein Aspekt in Teilen erfüllt ist.
9	Die Schüler sind individuell verantwortlich	Die Schüler haben die Verantwortung für den eigenen Lernprozess und für das Gruppenergebnis, wenn – sie eigenständig an einem Thema arbeiten – jeder einen individuellen inhaltlichen Beitrag zum Gruppenergebnis leistet – sie sich gegenseitig im Lernprozess unterstützen	◕ Die Schüler sind für den eigenen Lernprozess und das Gruppenergebnis verantwortlich.	Mindestens zwei Aspekte sind voll und gleichzeitig ein Aspekt in Teilen gegeben.
			◔ Die Schüler sind in Teilen für den eigenen Lernprozess und das Gruppenergebnis verantwortlich.	Wenn nicht ◕ oder ◯ zutrifft.
			◯ Die Schüler sind nicht bzw. kaum für den eigenen Lernprozess und das Gruppenergebnis verantwortlich.	Wenn höchstens ein Aspekt in Teilen erfüllt ist.

(Fortsetzung)

Tabelle 9.7 (Fortsetzung)

Nr.	Bewertungskategorie	Definition Einzelaspekte der Definition einzuschätzen als erfüllt (+), teilweise erfüllt (o), nicht erfüllt (–) oder nicht beobachtbar (/)	Ausprägung	Kodierregeln
10	Der Fallkontext ist für die Schüler bedeutsam	Der Fallkontext ist für die Schüler bedeutsam, wenn – eine Passung zur Lebens- und Alltagswelt der Schüler – eine Passung zu den Interessen und Neigungen der Schüler erkennbar ist	● Der Fall ist für die Schüler bedeutsam.	Mindestens ein Aspekt ist voll und gleichzeitig ein Aspekt in Teilen erfüllt.
			○ Der Fall ist für die Schüler in Teilen bedeutsam.	Wenn nicht ● oder ○ zutrifft.
			○ Der Fall ist für die Schüler nicht bzw. kaum bedeutsam.	Wenn höchstens ein Aspekt in Teilen erfüllt ist.
11	Der Fall ist offen	Der Fall ist offen, wenn – verschiedene Deutungsmöglichkeiten verwendet werden – plausible Lösungen nicht unmittelbar genannt werden – mehrere plausible Lösungen erarbeitet werden – eine Arbeit auf verschiedenen inhaltlichen Niveaus stattfindet	● Der Fall ist offen.	Mindestens drei Aspekte sind voll erfüllt oder mindestens zwei Aspekte voll und gleichzeitig zwei Aspekte in Teilen.
			○ Der Fall ist in Teilen offen.	Wenn nicht ● oder ○ zutrifft.
			○ Der Fall ist nicht bzw. in sehr geringem Maße offen.	Wenn kein Aspekt voll und höchstens zwei Aspekte in Teilen erfüllt sind.
12	Der Fall stellt Probleme oder Konflikte dar	Der Fall ist problem- oder konflikthaltig, wenn – das inhärente Problem als authentisch wahrgenommen wird – kognitive Konflikte ausgelöst werden	● Der Fall ist problem- und konflikthaltig.	Die beiden Aspekte sind erfüllt oder ein Aspekt ist voll und gleichzeitig ein Aspekt in Teilen erfüllt.
			○ Der Fall ist in geringen Teilen problem- und konflikthaltig.	Wenn nicht ● oder ○ zutrifft.
			○ Der Fall ist nicht bzw. in sehr geringem Maße problem- und konflikthaltig.	Wenn höchstens ein Aspekt in Teilen erfüllt ist.
13	Durch den Fall werden intendierte fachliche Inhalte entdeckt	Durch den Fall werden intendierte fachliche Inhalte entdeckt, wenn – in den Aufzeichnungen der Schüler intendierte Teilkompetenzen der mathematischen inhaltsbezogenen Kompetenzbereiche erkennbar sind – Möglichkeiten zur Verallgemeinerung fachlicher Zusammenhänge genutzt werden	● Durch den Fall intendierte fachliche Inhalte werden durch die Kinder entdeckt.	Beide Aspekte sind erfüllt oder ein Aspekt ist voll und gleichzeitig ein Aspekt in Teilen erfüllt.
			○ Durch den Fall intendierte fachliche Inhalte werden durch die Kinder teilweise entdeckt.	Wenn nicht ● oder ○ zutrifft.
			○ Durch den Fall intendierte fachliche Inhalte werden nicht oder nur teilweise entdeckt.	Wenn höchstens ein Aspekt in Teilen erfüllt ist.
14	Durch den Fall werden intendierte Prozesse angeleitet	Durch den Fall werden intendierte Prozesse angeleitet, wenn – in den Aufzeichnungen der Schüler intendierte Teilkompetenzen der mathematischen prozessbezogenen Kompetenzbereiche erkennbar sind	● Durch den Fall wird ein Großteil der intendierten Prozesse angeleitet.	Der Aspekt ist voll erfüllt.
			○ Durch den Fall werden intendierte Prozesse teilweise angeleitet.	Wenn nicht ● oder ○ zutrifft.
			○ Durch den Fall werden keine intendierten Prozesse angeleitet.	Der Aspekt ist nicht erfüllt.

(Fortsetzung)

Tabelle 9.7   (Fortsetzung)

Nr.	Bewertungskategorie	Definition Einzelaspekte der Definition einzuschätzen als erfüllt (+), teilweise erfüllt (o), nicht erfüllt (–) oder nicht beobachtbar (/)	Ausprägung	Kodierregeln
15	**Der Fall passt zu den Lernvoraussetzungen der Schüler**	Der Fall ist abgestimmt auf die Lernvoraussetzungen der Schüler, wenn – die Fallbeschreibung an die sprachlichen Voraussetzungen der Klasse angepasst ist – der Fallkontext altersangemessen ist – sie inhaltsbezogene mathematische Strategien anwenden	◕ Der Fall passt zu den Lernvoraussetzungen der Schüler.	Mindestens zwei Aspekte sind voll erfüllt.
			◔ Der Fall passt teilweise zu den Lernvoraussetzungen der Schüler.	Wenn nicht ◕ oder ○ zutrifft.
			○ Der Fall passt nicht bzw. nur in sehr geringem Maße zu den Lernvoraussetzungen der Schüler.	Wenn höchstens ein Aspekt voll und die anderen beiden nicht oder höchstens zwei Aspekte in Teilen und der dritte nicht erfüllt sind.

ersten Auswertung des ersten Zyklus die Fragestellung F2.3 *Welche der theoriegeleitet identifizierten Kriterien erweisen sich in der praktischen Durchführung von ELIF als anwendbar und inwieweit sind diese zur Analyse der Durchführbarkeit und Erfüllung der Grundideen in der praktischen Umsetzung von ELIF ausreichend?* beantwortet werden.

Schritt 6 – Einfache kategorienbasierte Auswertung: Im nächsten Schritt wird das Datenmaterial kategorienbasiert ausgewertet (vgl. Kuckartz 2018, S. 134–135).

In der vorliegenden Untersuchung wird kategorienbasiert entlang der Bewertungskategorien ausgewertet, da es zu erfahren gilt, ob und in welchem Umfang die jeweiligen Bewertungskategorien durch die Konzeption in der Praxis erfüllt werden und woran dies zu erkennen ist, um Hinweise auf Modifizierungsmöglichkeiten zu erlangen. Diese Hinweise werden in der Auswertungstabelle in der letzten Spalte *Mögliche Änderungen* notiert, um transparent darstellen zu können, aus welchen konkreten Daten und Bewertungskategorien die Modifizierungsideen resultieren (s. Tabelle 9.8).

Die Modifizierungsmaßnahmen lassen sich also durch eine Interpretation der Bewertung der einzelnen Kategorien unter Rückbezug auf die Beispiele aus den Daten gewinnen, welche Aufschluss über Gründe für die Einschätzung der einzelnen Kategorien geben und somit die Primärquelle für die Modifizierungen darstellen. Zusätzlich werden wie in jeder interpretativen Handlung die theoretischen Kenntnisse einbezogen, welche in den Teilen I und II der Arbeit, jedoch nicht explizit in der Tabelle aufgelistet werden, sondern sekundär in die

Tabelle 9.8 Auszug aus der Auswertungstabelle zur Veranschaulichung des sechsten Schritts der Auswertungsmethode

Bewertungs-kategorien	Ausprä-gung	Bewertungs-aspekte	Begründung der Ausprägungs-einschätzung	Zuordnung von Paraphrasen aus Beobachtungsbogen und Lerntage-büchern	Mögliche Än-derungen
Legende: B1-Beobachtungsbogen 1.Durchgang, EA-Einzelarbeit, GA-Gruppenarbeit, HA-Hausaufgabe I.i-1. Durchgang Schüler_in i, K-Kategorie, L-Lehrer, L-Kinder-Kinder mit Förderschwerpunkt Lernen, LP-Lehrperson, LT-Lerntagebuch, PA-Partnerarbeit, SuS-Schülerinnen und Schüler, Farbcode: Die ganze Konzeption/Zusammenhänge zwischen Kategorien betreffend, Beobachtungsbogen, Lerntagebuch, Phasen, Fälle					
1 Die Schüler bestimmen organisatorische Aspekte des Unterrichts	◯	Zeitliche Gestaltung des Lernprozesses -	Es wurde ersichtlich, dass die zeitliche Gestaltung von der LP aufgrund der Formulierung der Phasen vorgegeben wird.	B1 Phase 7 SuS planen ihren eigenen Lernprozess und erarbeiten angeleitet durch das LT einzelne Aufgaben und schreiben die Ergebnisse, Fragen und wesentlichen Elemente auf **B1 Phase 7 Müssen** die einzelnen Fragen nacheinander abgearbeitet werden oder gingen auch mehrere Fragen gleichzeitig? **B1 Phase 7** SuS sollen als HA auch schon mehr als nur eine Frage beantworten **dürfen** **B1 Phase 7** Nach jeder einzelnen Frage in den Gruppen treffen? → schränkt schnelle SuS ein	Unsicherheiten der LP→ Freiheiten der SuS im Selbststudium in Phasen deutlicher festlegen
		Ressourcen (Verwendung der Informations-quellen) +	Die SuS wählen unterschiedliche Ressourcen eigenständig: Die Mehrheit befragt Verwandte oder das Schulpersonal, ein geringer Teil zieht das Internet oder die Zeitung bzw. Prospekte als Ressource heran.	**I.1 So möchte ich die Aufgabe lösen** (Ressource Zeitung: 2x) *[handschriftlich]* **I.9 So möchte ich die Aufgabe lösen** (Ressource Frage: 9x) *[handschriftlich]* **I.4 So möchte ich die Aufgabe lösen** (Ressource Internet: 2x) *[handschriftlich]*	Wenig unterschiedliche Ressourcen gewählt → ggf. Ressourcen für SuS offerieren und in Phasen festhalten

konkrete Formulierung der Modifizierungsmaßnahmen einfließen. Das bedeutet, dass bereits die Analyse zusätzlich einen interpretativen Anteil aufweist, was typisch für qualitative Forschung ist. Ein Farbcode verdeutlicht im Rahmen dieser Auswertung einerseits, welche Informationen sich aus welchem Erhebungsinstrument ergeben haben und damit auch, ob diese in die Einschätzung der jeweiligen Bewertungskategorie eingeflossen sind. Andererseits erleichtert er es, die Modifizierungsmöglichkeiten in Bezug auf die einzelnen Komponenten von ELIF unmittelbar zu klassifizieren. Verweise zwischen den einzelnen Kategorien in der Spalte *Mögliche Änderungen* wurden zudem integriert, um doppelte Zuordnungen von Beispielen aus den Lerntagebüchern oder Passagen aus den Beobachtungsbögen zu minimieren oder Zusammenhänge zwischen den Kategorien herauszustellen.

Zusätzlich zu den einzelnen Bewertungskategorien wurden in den einzelnen Auswertungstabellen jeweils Angaben zur aufgewendeten Unterrichtszeit zusammengestellt, um die zeitliche Struktur von ELIF explorieren zu können. Diesbezüglich findet keine Bewertung statt, sodass die benötigte Unterrichtszeit in Bezug auf die Phasen rein deskriptiv dargestellt wird. Darüber hinaus konnte die Auslagerung von Lerntätigkeiten als Hausaufgabe dokumentiert werden (s. Abschnitt 9.1.2.1).

Somit wurde in jedem Zyklus durch die Angaben in der jeweiligen Auswertungstabelle und die sich daraus ergebenden zyklusbezogen dargestellten Modifizierungsmaßnahmen die untergeordnete Frage F2.1 *Inwieweit erfüllt die jeweilige Version von ELIF die Bewertungskategorien in der praktischen Umsetzung?* beantwortet.

Dabei wurde die chronologische Auswertung der Zyklen entsprechend der jeweiligen Planung der Zyklen (s. Abschnitt 9.1.3) ab dem zweiten Zyklus schwerpunktgeleitet nach Tiefe und Breite unter den Forscherinnen aufgeteilt. Der erste Zyklus wurde zunächst unabhängig voneinander inhaltlich sowie in Bezug auf die möglichen Änderungen im Kategoriensystem ausgewertet und die Ergebnisse anschließend diskutiert und in einer Auswertungstabelle zusammengeführt. Dadurch konnte ein systematische Verfahren für die Auswertung gefestigt werden, sodass beide Autorinnen die Auswertung der folgenden Zyklen mit einem ähnlichen Verständnis für die Vorgehensweise unter gemeinsam erarbeiteten Bedingungen für die interpretativen Vorgänge anschließend vornehmen konnten.

Im Allgemeinen erscheint dieses Vorgehen somit geeignet, um den zweiten Forschungsschwerpunkt der Arbeit, **die Weiterentwicklung einer Unterrichtskonzeption für den Mathematikunterricht, welche die im Rahmen der theoriegeleiteten Entwicklung des Ausgangskonzepts identifizierten zentrale Kriterien und Bedingungen in der praktischen Umsetzung erfüllt** (s. Abschnitt 3.2) verfolgen zu können. Durch die Wahl der evaluativen qualitativen Inhaltsanalyse wird es ermöglicht, einerseits die Bewertungskategorien zu identifizieren, die sich in der praktischen Durchführung von ELIF als angemessen erweisen, sowie neue, zur Analyse der Durchführbarkeit und Erfüllung der Grundideen notwendige Bewertungskategorien zu generieren (F2.3). Andererseits kann der Frage nachgegangen werden, inwieweit die zentralen Merkmalskategorien in der praktischen Umsetzung der jeweiligen Version von ELIF erfüllt werden (F2.1), indem diese als Bewertungskategorien fungieren. Auf diese Weise kann eine Konzeption, die die Grundideen verkörpert, sukzessive entwickelt und abschließend definiert werden.

Zudem kann der Frage nach zyklenübergreifenden Auffälligkeiten (F2.2) begegnet werden, welche aus einem Vergleich der Auswertungen resultieren und unter Einbezug der theoretischen Grundlagen gedeutet werden können. Da dieser

Schritt über die reine Konzeptionsentwicklung hinaus geht und durch den letzten
Schritt der evaluativen qualitativen Inhaltsanalyse (Schritt 7 – Komplexe qualitative und quantitative Zusammenhangsanalysen, Visualisierungen) beschrieben
wird, wird zunächst Bezug auf das Re-Design genommen.

9.3   Re-Design

In der letzten Phase der iterativen Mikrozyklen wird das Design der jeweiligen
Konzeption in Orientierung an die identifizierten Modifizierungsmöglichkeiten
verändert.

In der Analyse der jeweiligen Zyklen hat sich herausgestellt, welche Bewertungskategorien nicht optimal erfüllt worden sind (Phase 5 der evaluativen
qualitativen Inhaltsanalyse), woraus im Rahmen der Auswertung bereits Optimierungsmöglichkeiten abgeleitet werden konnten (Phase 6 der evaluativen
qualitativen Inhaltsanalyse). Diese Ideen wurden schließlich in den jeweiligen
Komponenten der Konzeption umgesetzt.

Die identifizierten Modifizierungen betrafen alle drei Komponenten der Konzeption (s. Kapitel 7). Es konnten von Zyklus zu Zyklus sowohl größere
Änderungen (z. B. konzeptionelle Änderungen des Ablaufes) als auch kleinere
Änderungen (z. B. Änderungen von Formulierungen im Lerntagebuch von *„Nein,
dann mache bei 7. weiter!"* in *„Nein, dann machst du bei 7. weiter!"*) identifiziert und umgesetzt werden, die zusammen ein Gelingen der Konzeption und
dadurch die Erfüllung der Merkmalskategorien nach und nach sicherstellten. Da in
der Auswertung des sechsten Zyklus keine substanziellen Modifizierungsmaßnahmen, sondern nur noch kleinere Änderungsvorschläge, die vor allem die optische
Gestaltung des Lerntagebuchs betroffen haben, generiert werden konnten, wurde
diese Version der Konzeption als Endkonzept akzeptiert.

Auch hätten in dieser Phase die Erhebungsinstrumente an die durch die
Stichprobe vorgegebenen Bedingungen oder Anforderungen des Forschungsgegenstandes angepasst werde können. Dies wurde jedoch nicht als relevant
identifiziert.

9.4   Qualitätskriterien qualitativer Forschung

Abschließend kann festgehalten und dargestellt werden, dass die Forschung in
ihrer Gesamtheit an Qualitätskriterien qualitativer Forschung ausgerichtet worden

ist. Es gibt unterschiedliche Ansichten in der Literatur und Forschungsgemeinschaft, inwieweit der Design-Based Research-Ansatz den Gütekriterien und den Ansprüchen wissenschaftlichen Arbeitens entspricht beziehungsweise entsprechen muss. In dieser Diskussion wird deutlich, dass zwei Punkte Design-Based Research von der klassischen empirischen Forschung unterscheidet:

(1) Die Bewertungskriterien für DBR sind „weniger die klassischen Gütekriterien wie Objektivität, Reliabilität und Validität (ob schon diese beim Forschungsprozess selbst beachtet werden), sondern Neuheit, Nützlichkeit und nachhaltige Innovationen" (Reinmann 2005, S. 63).

(2) Die Stärke von DBR ist der explorative Charakter, weniger eine statistische Validierung (vgl. Edelson 2002, S. 117–118). Vielmehr liefert eine Forschung nach dem Design-Based Research Theorien und Interventionen, die ihrerseits statistisch überprüft werden können.

In der Erhebung und Analyse der Daten sollte aber durch die Wahl geeigneter Erhebungs- und Auswertungsmethoden sowie -instrumente die Qualität des Forschungsprozesses erhöht werden, um fundierte wissenschaftliche Erkenntnisse erzielen zu können (vgl. The Design-Based Research Collective 2003, S. 7). Deshalb wird nachfolgend analysiert, inwiefern die Forschung dieser Arbeit bestimmten Gütekriterien genügt.

Die klassischen Gütekriterien – Objektivität, Reliabilität, Validität – sind für die quantitative Forschung weitgehend anerkannt, werden jedoch im Rahmen qualitativer Forschung seit Langem diskutiert. Dabei existiert eine geteilte Auffassung, ob diese überhaupt und inwieweit sie in der qualitativen Forschung angewandt werden können (vgl. Döring & Bortz 2016, S. 106–107). Insgesamt können drei Grundpositionen ausgemacht werden: (1) Eine Ablehnung der Gütekriterien, (2) die Anpassung und Reformulierung von quantitativen Gütekriterien für die qualitative Forschung oder (3) die Entwicklung neuer Kriterien (vgl. Kuckartz 2018, S. 202; Steinke 2012, S. 319–321). Ersteres ist grundsätzlich problematisch, da Gütekriterien für die Akzeptanz, Nachvollziehbarkeit und Verständlichkeit der Forschung notwendig erscheinen. Die zweite Möglichkeit wird in dieser Arbeit ebenso abgelehnt, da quantitative Gütekriterien „insbesondere aufgrund der vergleichsweise geringen Formalisierbarkeit und Standardisierbarkeit qualitativer Forschung nicht unmittelbar auf diese übertragen werden" (ebd., S. 322) können. Daher wird entsprechend der dritten Variante auf spezielle, für die qualitative Forschung geltende Kriterien Bezug genommen. Da es auch diesbezüglich noch keine allgemein anerkannten Qualitätskriterien gibt (vgl. Döring

& Bortz 2016, S. 107), soll auf die von Steinke formulierten sieben Kernkriterien qualitativer Forschung

(1) Intersubjektive Nachvollziehbarkeit
(2) Indikation
(3) Empirische Verankerung
(4) Limitation
(5) Kohärenz
(6) Relevanz
(7) Reflektierte Subjektivität (vgl. Steinke 2012, S. 324–331),

welche aufgrund ihrer Breite „eine nützliche Arbeitsgrundlage darstellen" (Döring & Bortz 2016, S. 114), zurückgegriffen und diese nachfolgend konkretisiert werden. Da diese umfassend für die qualitative Forschung gelten, werden zusätzlich spezifische, für die inhaltsanalytische Auswertungstechnik geltende, Gütekriterien berücksichtigt, um möglichst mehrperspektivisch die Qualität der vorliegenden Forschung belegen zu können.

Kuckartz berücksichtigt als Gütekriterien inhaltsanalytischer Verfahren die interne Studiengüte, die zum Beispiel die Passung der Methode zur Fragestellung, die Qualität der Begründung der Methode oder des Kategoriensystems u. v. m. umfasst, die Interkoder-Übereinstimmung bzw. das konsensuelle Kodieren und die externe Studiengüte, welche die Übertragbarkeit und Verallgemeinerung der Ergebnisse fokussiert (vgl. Kuckartz 2018, S. 201–218). Diese Aspekte werden in der nachfolgenden, durch die Kernkriterien qualitativer Forschung nach Steinke strukturierten Darstellung einbezogen und Letztere dadurch ergänzt.

Die *Intersubjektive Nachvollziehbarkeit* setzt voraus, dass die Studie durch Außenstehende nachvollzogen werden kann, was vor allem durch eine umfassende Dokumentation aller wesentlichen Aspekte des Forschungsprozesses, die Interpretation in Gruppen und die Anwendung kodifizierter Verfahren erreicht werden kann (vgl. Steinke 2012, S. 324–326). In der vorliegenden Arbeit wird dies vor allem durch die explizite, schrittweise und transparente Dokumentation des Forschungsprozesses und die Begründung aller wesentlichen Entscheidungen sowie durch das konsensuelle Kodieren, Auswerten und Interpretieren ermöglicht. Im ersten Zyklus nehmen drei Personen – die zwei Forscherinnen und eine mit dem Projekt vertraute Hilfskraft – die Kodierung der Daten zunächst unabhängig voneinander vor, führen die Ergebnisse anschließend zusammen und diskutieren verschiedene Ansichten unter Heranziehen der Kategoriendefinitionen, bis entweder eine Einigung erzielt oder ein Indiz zur Verbesserung des Kategoriensystems offengelegt werden kann. Dies entspricht dem Ansatz des konsensuellen Kodierens in der qualitativen Inhaltsanalyse (vgl. Kuckartz 2018, S. 211–212). Die weiteren Zyklen werden aus arbeitsökonomischen Gründen hingegen getrennt nach der Perspektive der Erhebung (Breite oder Tiefe) jeweils von nur zwei Personen – einer Forscherin und einer mit dem Projekt vertrauten Hilfskraft – kodiert und ausgewertet. Anschließend an die unabhängige Kodierung des Materials durch die Forscherin und die Hilfskraft werden die Ergebnisse wiederum entsprechend des konsensuellen Kodierens verglichen und diskutiert. Weiterhin stehen beide Forscherinnen in einem stetigen Austausch über ihre Ergebnisse und Interpretationen der perspektivgeleiteten Zyklen, sodass gewährleistet werden kann, dass die Ergebnisse intersubjektiv nachvollziehbar sind (vgl. Döring & Bortz 2016, S. 112). Auch die abschließende zyklen- und kategorienübergreifende Interpretation (s. Abschnitt 9.5) wird durch den Austausch und die Konsensbildung der beiden Forscherinnen geprägt. Zudem wird auf anerkannte, kodifizierte Verfahren (z. B. Auswertungsmethode: evaluative qualitative Inhaltsanalyse) in der Erhebung und Auswertung zurückgegriffen.

Das Kriterium der *Indikation* überprüft die Angemessenheit des Forschungsprozesses in vielerlei Hinsicht und beurteilt die Entscheidungen zum Beispiel in Bezug auf das qualitative Vorgehen, die Methodenwahl, die Passung der methodischen Einzelentscheidungen und die Bewertungskriterien (vgl. Steinke 2012, S. 326–328). Diesem Kriterium wird insofern entsprochen, da alle Entscheidungen des Forschungsvorhabens im Kapitel 3 und Kapitel 9 ausführlich und nachvollziehbar dargelegt und begründet wurden.

Weiterhin sollte die Forschung *empirisch verankert* sein, das heißt, sich auf die konkreten Daten beziehen (vgl. ebd., S. 328–329). Diesem Kriterium wird versucht gerecht zu werden, indem die theoretischen Grundlagen zunächst dargelegt werden und im Rahmen der DBR-Zyklen stets darauf zurückgegriffen wird, um die Konzeption weiterzuentwickeln. Die Generierung eines Theoriebeitrags im Rahmen der vierten Phase des DBR-Prozesses soll zudem nur auf der Grundlage hinreichender Textbelege vollzogen werden.

Das Kriterium der *Limitation* zielt auf Möglichkeiten zur Verallgemeinerung und deren Limitation ab (vgl. ebd., S. 329). Eine Schwäche des Design-Based Research Ansatzes ist es, dass die Ergebnisse domänen- und kontextspezifisch sowie unter Einbezug kleiner Stichproben gewonnen werden, wodurch sie kaum generalisierbar oder replizierbar erscheinen. Nach dem Design-Based Research Collective kann dies jedoch durch die gemeinsame Arbeit mehrerer Forscher und Praktiker und durch die wiederholten iterativen Zyklen bestehend aus Design, Durchführung, Analyse und Re-Design erhöht werden (vgl. The Design-Based

Research Collective 2003, S. 7). McKenney und Reeves schließen darüber hinaus, dass sich die Möglichkeit zur Generalisierung einer DBR-Studie erhöht, wenn diese unter realen Bedingungen durchgeführt wird (vgl. McKenney & Reeves 2012, S. 8). Kuckartz führt in Bezug auf die inhaltsanalytische Auswertungsmethode an, dass durch die Beachtung bestimmter Strategien die Verallgemeinerbarkeit der empirischen Befunde erhöht werden kann. Dazu zählen die Diskussion mit Forschungsteilnehmenden, ein ausgedehnter Aufenthalt im Feld, die Triangulation und die Diskussion mit Experten (vgl. Kuckartz 2018, S. 218). In Bezug auf die vorliegende Studie wird aufgrund dessen von einer eingeschränkten Übertragbarkeit und Verallgemeinerung der Ergebnisse ausgegangen, da (1) verschiedene Perspektiven in der Entwicklung und Forschung einbezogen (zwei Forscherinnen, mindestens drei Lehrpersonen) werden und auch die Auswertung, Ergebnisse und modifizierten Varianten der Konzeption im Sinne der kommunikativen Validierung mit den Teilnehmern aus dem Forschungsfeld, das heißt den Lehrpersonen, besprochen werden, (2) die Varianten der Konzeption in der Breite ausgetestet werden, also in unterschiedlichen Klassen mit unterschiedlichen anthropogenen und soziokulturellen Voraussetzungen durchgeführt werden, (3) ebenso in der Tiefe erhoben wird, indem mehrere Zyklen der Erhebung in einer Klasse durchgeführt werden, (4) Beobachtungen und Lerntagebucheinträge ausgewertet werden, um verschiedene Perspektiven auf den Forschungsgegenstand zu erhalten sowie (5) unter weitgehend realen Bedingungen geforscht wird, da durch die Wahl der Erhebungsmethode und -instrumente sowie der Lehrperson als durchführende und beobachtende Person das unterrichtliche Geschehen wenig bis gar nicht durch die Forschung beeinflusst wird. Somit wird durch die Berücksichtigung aller genannten Aspekte versucht, die Möglichkeiten der Verallgemeinerung zu erhöhen. In der Auswertung und Interpretation der Forschungsergebnisse gilt es abschließend zur Berücksichtigung des Kriteriums anzugeben, unter welchen Bedingungen sich die Forschungsergebnisse verallgemeinern lassen (s. Kapitel 11).

Die *Kohärenz* (vgl. Steinke 2012, S. 330) dieser Arbeit wird einerseits durch eine transparente Darstellung der Forschungsmethodologie DBR und die detaillierte Beschreibung und Begründung jedes Schrittes im Forschungsprozess sowie andererseits durch die umfassende Darlegung der Ergebnisse, Interpretationen und generierten Theorien und einhergehenden Reflexion und Begründung dieser hergestellt.

Die *Relevanz* der Forschung einerseits für die Forscher und andererseits für die Praxis wird durch die Forschungslücke (s. Abschnitt 2.5.4) dargelegt und in der Analyse des Bildungsproblems des DBR-Prozesses aufgegriffen (s. Abschnitt 3.3.1).

Im Rahmen der *reflektierten Subjektivität* wird die Rolle des Forschers und dessen Einfluss auf die Ergebnisse betrachtet (vgl. ebd., S. 330–331). Da die Durchführung in dieser Studie stets durch die Lehrperson der Klasse vorgenommen wird, kann davon ausgegangen werden, dass keinerlei Einfluss vom Forscher auf die Schüler ausgeübt wird und von der Lehrperson kein anderer Einfluss auf die Schüler als im unterrichtlichen Alltag ausgeht. Zudem werden alle Lehrpersonen im Vorfeld der Untersuchung durch eine stets gleich ablaufende Schulung mit denselben Informationen und Materialien vertraut gemacht sowie in die Rolle des Beobachters eingeführt, indem das Erhebungsinstrument sowie alle Anforderungen der Beobachtung erläutert werden. Durch den gleichen Ablauf sollten auch die Lehrpersonen keinem spezifischen Einfluss durch die Forscher unterliegen. Es ist zudem davon auszugehen, dass die Beobachtungsprotokolle das Geschehen in der Klasse weitgehend valide abbilden. Jedoch bleibt unklar, inwieweit die Lehrpersonen als unterrichtende und beobachtende Person beiden Aufgaben gerecht werden können oder ob gegebenenfalls eine Einschränkung der Validität vorliegt. Bewusst wurde sich jedoch gegen den Einsatz weiterer Beobachter entschieden, da diese Unterrichtssituationen oder Äußerungen von Schülern ohne Kenntnisse über die Klasse falsch registrieren und die Klassensituation darüber hinaus durch ihre Anwesenheit beeinflussen könnten (s. Abschnitt 9.1.2). Durch die konsensuell ausgelegte Auswertung kann zunächst die gemeinsame Entwicklung eines geeigneten Kategoriensystems, welches die Grundlage für die inhaltliche Auswertung der einzelnen Zyklen ist und somit eine einheitliche Auswertung erst ermöglicht, umgesetzt werden.

Rückblickend kann im Rahmen der konsensuell angelegten inhaltlichen Auswertung des ersten Zyklus zudem eine große Übereinstimmung hinsichtlich der Zuordnung der kodierten Segmente aus dem Beobachtungsbogen und den Lerntagebüchern zu ausgewählten Kategorien zwischen allen Beteiligten festgestellt werden. Auch in den nachfolgenden, nur von der Hilfskraft und einer Forscherin durchgeführten, Auswertungen wurde eine hohe Übereinstimmung ersichtlich. Somit kann angenommen werden, dass auch hier kein ausschlaggebender Einfluss einer Forscherin auf den Forschungsprozess besteht und das Kriterium größtenteils erfüllt wird (vgl. ebd.). Darüber hinaus wird die Gültigkeit der Ergebnisse aller Zyklen sowie der im Rahmen der Auswertung durchgeführten Interpretationen zur Generierung von Modifizierungsmöglichkeiten überprüft, indem diese einerseits den Lehrpersonen vorgelegt sowie mit ihnen diskutiert werden (kommunikative Validierung) und andererseits zwischen den für das Forschungsprojekt verantwortlichen Personen diskutiert und in jedem Zyklus ein Konsens erreicht wird (konsensuelle Validierung). Bei Bedarf wird ebenso ein Konsens zwischen Forschenden und außenstehenden Personen (argumentative Validierung) in Betracht gezogen (vgl. Gläser-Zikuda 2013, S. 149).

Weiterhin gilt für Forschungen nach dem Design-Based Research-Ansatz, dass die Kriterien Neuheit, Nützlichkeit und nachhaltige Innovationen für eine wissenschaftliche und nachhaltige Forschung erfüllt werden müssen. Das Kriterium Neuheit kann durch die ausführliche Darlegung des Forschungsstandes und der resultierenden Forschungslücke (s. Abschnitt 2.5.4) und der Erkenntnis, dass eine ähnliche Konzeption zum jetzigen Zeitpunkt nicht existiert (s. Abschnitt 8.1), als erfüllt angesehen werden. Die Nützlichkeit kann insofern angenommen werden, da die Konzeption die Schüler nicht nur inhaltlich fordert, sondern integrativ auch die Lebensweltkompetenz der Schüler und die prozessbezogenen Kompetenzen stärkt. Als innovativ wird die dargelegte Konzeption eingeschätzt, weil sie die Vorteile von PBL (s. Abschnitt 2.5.4), wie zum Beispiel die nachhaltige Speicherung des Wissens oder einen höheren Anwendungsbezug für die Grundschule verfügbar macht. Inwieweit sie jedoch nachhaltig ist, gilt es in Längsschnittstudien zu überprüfen.

Insgesamt wird deutlich, dass die Forschung vor allem durch die konsensuelle Entwicklung der Kategorien, Auswertung und schließlich auch Interpretation der Daten geprägt wird, wodurch die Gesamtqualität gesteigert wird. Zusammenfassend kann das Forschungsdesign auf dieser Grundlage als angemessen angesehen werden.

9.5   Zusammenfassende Betrachtung der Zyklen

Nach Abschluss der Auswertung aller Zyklen und einhergehend mit der Generierung eines Endkonzepts (s. Abschnitt 10.3) folgt der siebte Schritt der evaluativen qualitativen Inhaltsanalyse (s. Abschnitt 9.2.2).

Schritt 7 – Komplexe qualitative und quantitative Zusammenhangsanalysen, Visualisierungen: Im Anschluss an die deskriptive Auswertung und Darstellung der Kategorien werden komplexere kategorienübergreifende Analysen durchgeführt, indem Zusammenhänge fokussiert oder verschiedene methodische Herangehensweisen (zum Beispiel inhaltlich und evaluativ strukturierende Analyse) verknüpft werden (vgl. Kuckartz 2018, S. 136–137).

Durch kategorien- und zyklenübergreifende Betrachtungen werden markante Erkenntnisse, welche beispielsweise im Rahmen der Auswertung der einzelnen Zyklen ersichtlich werden, auch unter Rückbezug auf die jeweilige Perspektive, in Zusammenhang gebracht und deren Begründungszusammenhänge herausgearbeitet. So werden spezifische komponentenbezogene Entwicklungen im Verlauf in den Blick genommen und deren Ursprung begründet oder auch relevante Entscheidungen in der Durchführung und Entwicklung der Konzeption zyklenübergreifend erläutert und belegt. Des Weiteren werden die Erkenntnisse, entsprechend der in Abschnitt 3.3.1 beschriebenen DBR-Charakteristika der *theoriegeleiteten Entwicklung* und der *Praxisrelevanz des Entwicklungs- und Forschungsprozesses,* vor dem Hintergrund der verwendeten Theorien und der Anwendbarkeit für die Praxis diskutiert. Dadurch kann die übergreifende Entwicklung von ELIF begründet interpretiert und daraus Ansätze zur Weiterentwicklung lokaler und globaler Theorien zum Lehren und Lernen von Mathematik identifiziert werden.

Interpretation und Ergebnisse

10

Im folgenden Kapitel wird daher zunächst ein Überblick darüber gegeben, welche Bewertungskategorien in welchem Zylus zu welchem Grad erfüllt worden sind (s. Abschnitt 10.1). Darüber hinaus erscheint es aber als wichtig, die Erfüllung der Bewertungskategorien als auch einige Entscheidungen für Modifizierungen ebenfalls zyklenübergreifend reflektiert zu betrachten und zu begründen (s. Abschnitt 10.2). So kann einerseits ein Einblick in das Zusammenspiel der Impulse für die Veränderung von ELIF gewährleistet werden, die sich unter den unterschiedlichen Perspektiven und Bedingungen der Tiefe und Breite ergeben haben. Andererseits kann so deutlich gemacht werden, welche Bewertungskategorien sich in ihrer Erfüllung trotz der unterschiedlichen Bedingungen eher linear und welche sich in starker Abhängigkeit von der Lerngruppe und vom Fall entwickelt haben. So können zyklenübergreifende Begründungszusammenhänge aufgedeckt und anschließend interpretiert werden, sodass sich in diesem Kapitel die Fragestellung F2.2 *Wie lassen sich zyklenübergreifende Auffälligkeiten begründen?* beantworten lässt. Als Auffälligkeiten werden an dieser Stelle genau die Phänomene und Modifizierungen verstanden, welche sich über die verschiedenen Zyklen hinweg unregelmäßig entwickelt haben, wodurch ein maßgeblicher Einfluss der unterschiedlichen Bedingungen in den einzelnen Zyklen vermutet werden kann. Weiterhin können auch Phänomene als Auffälligkeiten angesehen werden, welche in den einzelnen Zyklen sekundäre Beachtung gefunden haben, aber im Hinblick auf alle Zyklen als interessante Informationsquelle erscheinen, wie zum Beispiel die Wahl der Gruppenzusammensetzung in den einzelnen Zyklen. Diese werden im Folgenden einerseits durch den Gesamtüberblick über die Erfüllung der Bewertungskategorien (s. Tabelle 10.1) als auch einzeln in Bezug auf das Handeln der Schüler und die daraus resultierenden Modifizierungen in den unterschiedlichen Zyklen (s. Tabelle 10.2) illustriert.

Weiterhin kann so ein Einblick in Überlegungen der Forscherinnen gewonnen werden, die dazu geführt haben, Änderungen an ELIF in einem Zyklus rückgängig zu machen, um sie im nächsten wieder aufzunehmen. Es wird deutlich, dass die Weiterentwicklung von ELIF nicht ausschließlich von Zyklus zu Zyklus vorgenommen worden ist, sondern zu einem gewissen Teil auch die Erkenntnisse aus den vorherigen Zyklen mit einbezogen worden sind. Außerdem werden die unterschiedlichsten Einflussfaktoren sichtbar, die in Abhängigkeit voneinander auf die Entwicklung von ELIF eingewirkt haben. Ausgehend von der übergreifenden Betrachtung der Ergebnisse des DBR-Prozesses entsprechend der siebten Phase der Auswertungsmethode wird anschließend das Endkonzept als ein Teilergebnis dargestellt.

10.1   Zyklenübergreifende Bewertungsentwicklung

Zunächst wird ein Gesamtüberblick über die Erfüllung der Bewertungskategorien in den Zyklen gegeben (s. Tabelle 10.1), um Auffälligkeiten identifizieren und diese anschließend genauer in Blick nehmen, das heißt begründen und interpretieren zu können. Damit einher geht im Sinne qualitativer Forschung die Generierung allgemeiner theoretischer Ansätze, indem anhand der Datenlage Vermutungen über ELIF aufgestellt werden können, die es anschließend zu Hypothesen und Fragestellungen weiter auszuschärfen und in der Zukunft (s. Kapitel 13) zu überprüfen gilt.

Tabelle 10.1 Zyklenübergreifende Übersicht über die Erfüllung der Bewertungskategorien

Zyklus	Bewertungskategorie														
	1	2	3	4	5	6	7	8	9	10	11	12	13	14	15
1	○	○	○	○	○	○	○	○	○	●	○	○	○	○	○
2	○	○	●	○	○	●	○	○	○	●	●	●	○	○	●
3	●	●	○	○	○	●	○	○	○	●	●	●	●	●	○
4	○	●	●	○	○	○	○	○	○	●	○	○	○	○	●
5	●	●	●	○	○	○	○	○	○	●	●	●	○	○	●
6	●	●	●	●	●	○	○	●	●	●	●	●	○	○	●

Diese Übersicht der zyklenübergreifenden Bewertung der Kategorien zeigt, wie wichtig es gewesen ist, ELIF sowohl in der Tiefe als auch in der Breite zu testen, um die Konzeption nicht nur bestmöglich an die Bedürfnisse einer Klasse unter Berücksichtigung deren spezifischer Merkmale und sich verändernder methodischer Vorerfahrungen anzupassen, sondern unter verschiedenen Bedingungen Modifizierungsmöglichkeiten aufdecken und ELIF so für einen allgemeinen Einsatz im Mathematikunterricht aufbereiten zu können.

Es fällt auf, dass nicht alle Modifizierungen linear zu betrachten sind. Zwar wurde ELIF nach und nach durch die Ergebnisse aus den einzelnen Zyklen weiterentwickelt, doch durch die Betrachtung unter unterschiedlichen Bedingungen in der Tiefe und in der Breite sind insbesondere die Bewertungskategorien, die sich auf die Fälle beziehen, eher in jedem Zyklus einzeln zu verorten. Dies wird in Tabelle 10.1, insbesondere in den Kategorien 11, 12 und 13 deutlich und ergibt sich daraus, dass im vierten und fünften Zyklus nahezu derselbe Fall eingesetzt wurde wie in Zyklus eins (s. Abschnitt 9.1.3) und somit die im zweiten und dritten Zyklus erarbeiteten Modifizierungsmöglichkeiten für Fälle nur zum Teil beachtet werden konnten. Weiterhin wurden die in einer Klasse durchgeführten Fälle nicht weiter überarbeitet, sondern entsprechend versucht, die auf den Fall bezogenen Modifizierungen in der Konzeption des nächsten Falls umzusetzen. Als generell schwierig hat es sich dabei erwiesen, immer alle Kriterien für Fälle gleichermaßen zu berücksichtigen, da die Fälle in Abhängigkeit vom methodischen Vorwissen der Schüler einer Klasse hinsichtlich des selbstständigen und offenen Arbeitens an mathematischen Aufgabenstellungen und von der Funktion stehen, die sie innerhalb einer Unterrichtseinheit erfüllen sollen. Darüber hinaus zeigte sich, dass je nach Kompetenzbereich und Themenwahl innerhalb dieser die verschiedenen Kriterien mehr oder weniger erfüllt werden können (s. Tabelle 10.1).

Mit dem Einsatz auf unterschiedliche Kompetenzbereiche ausgerichteter Fälle hängt direkt die Erreichung der inhaltsbezogenen Kompetenzen durch die Schüler zusammen. Es fällt auf, dass insbesondere der Fall „Ein ganz schön voller Tag", der in den Zyklen 1, 4 und 5 eingesetzt wurde, diesbezüglich schlecht abgeschnitten hat und nur der Fall „Zwei Würfel sind einer zu viel" im dritten Zyklus einen Erwerb intendierter inhaltsbezogener Kompetenzen vollständig ermöglicht hat. Diese Auffälligkeit lässt sich damit erklären, dass der Fall in den Zyklen 1, 4 und 5 jeweils zum ersten Mal in einer Klasse eingesetzt wurde und somit zunächst das methodische Vorgehen sowie das Arbeiten mit dem Lerntagebuch im Fokus standen. Die Kinder mussten ihre Aufmerksamkeit noch vermehrt darauf richten, wie sie methodisch vorgehen sollen, sodass der mathematische Inhalt an sich weniger Raum einnehmen konnte. Ebenso spielt es eine Rolle, was

die Schüler bereits über das dem Fall inhärente Thema wissen und inwiefern sie
geübt darin sind, ihre Ideen selbstständig in Fragen mit und ohne Mathematik-
bezug auszudrücken. Sind die Schüler es nicht gewohnt, eigenständig Fragen im
Unterricht zu stellen, sind diese, wie in den Zyklen 1, 4 und 5 ersichtlich, eher
reine Recherchefragen und direkt an die Fallsituation angelehnt und damit von
der mathematischen Komplexität her zunächst weniger substanziell.

Darüber hinaus wird die Kategorie 13 unter anderem gerade durch den Aspekt
der Möglichkeit zur Verallgemeinerung fachlicher Zusammenhänge operationalisiert, welcher das Stellen substanzieller Fragen voraussetzt. Die bisherigen
Erhebungen lassen vermuten, dass es beispielsweise schwierig ist, in der reinen
Erarbeitung von Größenbereichen, wie sie in den Zyklen 1, 4 und 5 vorgesehen gewesen ist, eine tiefere mathematische Substanz zu erreichen, da darauf
ausgerichtete Fälle kaum Anlässe bieten, fachliche Zusammenhänge zu verallg-
meinern. Insbesondere dieser Fall zum Thema Zeitpunkte und Zeitspannen hat
die Schüler lediglich dazu angeregt, Informationen zu recherchieren und wenig
Anlass geboten, Rechenverfahren anzuwenden oder mathematische Inhalte zu
übertragen (s. Tabelle 10.1, Kategorie 13). Wenn ein Fall allerdings, wie in
Zyklus 2, den Größenbereich deutlich mit dem Bereich Zahlen und Operationen
verbindet, indem mit Größen gerechnet werden muss, können auch mathematische Zusammenhänge entdeckt werden. Dennoch können auch für diesen Fall
nur teilweise Übertragungen mathematischer Zusammenhänge ausgemacht werden. Ausschließlich der Fall im Bereich Daten und Zufall im dritten Zyklus hat
einige Schüler dazu angeregt, fachliche Zusammenhänge zu verallgemeinern. Die
Kinder sind nicht nur auf der handelnden Ebene der Datenerhebung geblieben,
wie man es von Kindern im Grundschulalter erwarten würde (s. Abschnitt 5.2.2),
sondern haben eigenständig kombinatorisches Wissen angewandt, dieses auf weitere Zusammenhänge übertragen und somit gezeigt, dass sie bereits über Ansätze
einer mathematischen Erklärungsgrundlage für Häufigkeiten und Wahrschein-
keiten (s. Abschnitt 5.2.2) verfügen oder diese durch die Bearbeitung des Falls
entwickeln.

Die zyklenübergreifenden Ergebnisse in der Bewertungskategorie 13 lassen
sich insgesamt auch dadurch erklären, dass das Gehirn von Kindern im Grundschulalter zumeist noch nicht ausreichend ausgebildet ist, um von sich aus
abstrahierende Denkstrukturen zu entwickeln. Aus diesem Grund sind damit
verbundene mathematische Denk- und Handlungsweisen für die Schüler nur eingeschränkt durchführbar oder können lediglich angebahnt werden. An dieser
Stelle schließt sich zudem die Frage an, inwiefern die Rolle der Lehrperson einen
Einfluss auf die Art und Qualität der Fragen der Kinder hat und haben sollte.

Sind die Kinder aus einem der erläuterten Gründe nicht in der Lage, weiterführende Fragen zu stellen, weil sie diese entweder gar nicht erst finden oder es ihnen schwerfällt, diese auszuformulieren, sollte die Lehrperson durch passende Impulse in der Lage sein, die Schüler anzuleiten. Solche Impulse sollten die Schüler auf der einen Seite nur unerheblich in ihrer Autonomie einschränken, aber ihnen auf der anderen Seite die Hilfe bieten, die sie benötigen, um entsprechend ihres inhaltlichen Lernstands Fragen stellen zu können, welche gleichzeitig Potenzial zu einer Bearbeitung auf höherem inhaltlichen Niveau bieten. Dies eröffnet im Kontext von ELIF ein neues Forschungsfeld, in welchem explizit definiert und überprüft werden müsste, welche Art von Fragen in welcher Qualität Schüler stellen und wie man sie zum Stellen mathematisch gehaltvoller Fragen anregen kann. Zudem könnte in Bezug auf ELIF genauer überprüft werden, welche Fallmerkmale beziehungsweise welches Zusammenspiel dieser die Art und mathematische Qualität von Fragen positiv oder negativ beeinflussen.

Ein Anbahnen der Verallgemeinerung mathematischer Zusammenhänge erscheint trotz der gegebenen Schwierigkeiten als sinnvoll, um die Schüler dabei zu unterstützen, ihr Potenzial ausschöpfen zu können (s. Abschnitt 5.2.2) und ihnen somit dazu zu verhelfen, sich, wie in Zyklus 3 bei einigen Kindern geschehen, mit mathematisch substanziellen Fragen auseinanderzusetzen. Eine vollständige Erfüllung dieser Kategorie kann folglich in der Grundschule nicht unbedingt für alle Schüler erreicht werden und ist zudem in Abhängigkeit von den Vorerfahrungen der Schüler methodischer und inhaltlicher Art sowie vom Potenzial des Falles zu sehen, welches dieser für weiterführende mathematische Zusammenhänge bietet.

Betrachtet man weitere, primär die Fälle betreffende Kategorien, fällt auf, dass alle Fälle in Bezug auf die Authentizität adäquat gestaltet sind, da in jedem Zyklus die Bedeutsamkeit des Falls für die Schüler als gegeben bewertet werden konnte. Somit kann durch den Einsatz von Fällen realitätsbezogener Mathematikunterricht realisiert werden und dadurch gegebenenfalls ein positiver Einfluss auf die Motivation der Schüler erreicht werden (s. Abschnitt 6.4.1.2), indem sie intrinsisch zur Bearbeitung motiviert werden (s. Abschnitt 5.2.4). Dieser Punkt birgt ebenfalls weiteres Forschungspotenzial, welches in weiteren Untersuchungen ausgeschöpft werden sollte.

Ähnlich gleichförmig wie in der Kategorie 10, verhält sich die Bewertung der Kategorie 14. Jeder Fall bietet zumindest zum Teil die Möglichkeit, daran auch prozessbezogene Kompetenzen zu erwerben, wobei der Fokus hier auf dem Darstellen und Kommunizieren im Sinne des Verwendens eingeführter mathematischer Fachbegriffe sowie Beschreibens und Nachvollziehens eigener und anderer Lösungswege liegt (s. Abschnitt 7.2). Das Argumentieren wird beispielsweise eher in den mündlichen Besprechungsphasen gefördert, die in engerer Verbindung mit den anderen Komponenten der Konzeption stehen, da sie durch die Phasen vorgegeben und damit im Lerntagebuch abgebildet werden und in den Lernprozess im Ganzen integriert sind (s. Abschnitt 7.1). An dieser Stelle wird deutlich, dass auch das Kommunizieren zwar in der Konstruktion eines Falls mitgedacht werden muss, indem ein dafür geeignetes Thema gewählt wird (s. Abschnitt 7.2), aber diese prozessbezogene Kompetenz vielmehr als Bewertungskategorie eher weniger in Bezug auf die Komponente Fall, sondern ebenfalls im Rahmen der gesamten Konzeption zu sehen gewesen wäre. Sowohl das Problemlösen als auch das Modellieren sind ebenfalls nicht explizit als intendierte prozessbezogene Komponenten aufgeführt, da sie zwar in der Fallkonstruktion mitgedacht und teilweise in den Merkmalskategorien 13 und 14 über die Bedeutsamkeit und Konflikthaltigkeit eines Falls operationalisiert worden sind, aber somit als grundsätzliche Handlungen angesehen werden können, die angeleitet durch die Lehrperson oder das Lerntagebuch bei jeder Bearbeitung des Falls automatisch stattfinden sollten (s. Abschnitt 7.1 und 7.2). Dies kann und sollte anhand der Aufgaben im Lerntagebuch unter gedanklichem Einbezug der Arbeitsergebnisse der Kinder dennoch genauer überprüft werden, um feststellen zu können, inwieweit die in den Bewertungskategorien nur indirekt betrachteten Prozesse tatsächlich durch das Lerntagebuch gefördert und erfasst werden können. Eine Betrachtung der einzelnen Lerntagebuchaufgaben in Bezug darauf, wie sie die Performanz der Schüler im Hinblick auf prozessbezogene und inhaltsbezogene Kompetenzen abbilden, wird aus diesem Grund in Abschnitt 11.2 vorgenommen. Dies verschafft einen Eindruck davon, inwiefern zwei der Konzeption zugrunde liegenden Ziele, der Erwerb prozessbezogener und inhaltsbezogener Kompetenzen, tatsächlich mithilfe des Lerntagebuchs erreicht und überprüft werden können. Im Zusammenhang damit können im Sinne einer Theorieerweiterung Kriterien gewonnen werden, welche ein Lerntagebuch aufweisen muss, um die verschiedenen Kompetenzen zu fördern und gleichermaßen abzubilden. Dadurch gerät das Lerntagebuch als eine zentrale Komponente von ELIF auch über seine Funktion in ELIF hinaus in den Blick.

Betrachtet man nun also die prozessbezogenen Kompetenzbereiche Darstellen, Kommunizieren und Argumentieren, lassen sich für die überwiegend nur zum Teil gegebene Erfüllung dieser Kategorie in den Zyklen mehrere Gründe finden. Zumeist ist sie stark abhängig von der Gestaltung der Kommunikationsphasen während der verschiedenen Durchführungen. So wurde beispielsweise in Zyklus 2 von der vorgegebenen Gestaltung der Phasen dahingehend abgewichen, dass die Schüler überwiegend alleine an ihren Fragen gearbeitet und diese auch alleine präsentiert haben, sodass in diesem Zyklus der Kompetenzbereich Kommunizieren weniger angesprochen worden ist. Andere Zyklen, wie zum Beispiel die Zyklen 1, 4 und 5 haben durch den Einsatz des Falls weniger Möglichkeiten für die Schüler geboten, Lösungswege zu begründen und mathematische Zeichen sachgerecht zu verwenden, da die Antworten auf die Lernfragen relativ eindeutig, kurz und realitätsbezogen formuliert werden konnten. Das Kommunizieren über Lösungen und Lösungswege durch die überwiegende Gestaltung des Unterrichts nach den vorgegebenen Phasen konnte jedoch gewährleistet werden. Einen weiteren Grund stellen die Möglichkeiten dar, verschiedene Darstellungen auszuwählen und zu verwenden, die den Schülern durch den Fall geboten werden. Hier bietet vor allem der Fall im dritten Zyklus viele Möglichkeiten, offensichtliche Arbeitsmittel, wie die Würfel, eigenständig auszuwählen und zu verwenden, wohingegen die anderen Fälle zumeist als einzig sinnvolle Darstellung eine Art Tabelle motivieren, was die Schüler zudem oftmals nicht eigenständig gefolgert haben. Aus diesem Grund und dadurch, dass in der Durchführung des dritten Zyklus die Gruppenphase zur Kommunikation über und Einigung auf Lösungen genutzt wurden, ist die Kategorie in diesem Zyklus vollständig erfüllt. Im letzten Zyklus ist das Erreichen der intendierten prozessbezogenen Kompetenzen durch das Präsentationsmedium Rollenspiel eingeschränkt, da dieses nicht dazu anregt, die eigenen Ergebnisse im Sinne der Kompetenz Darstellen geeignet mithilfe mathematischer und anderer symbolischer Zeichen zu illustrieren, da die Präsentation in diesem Fall mündlich und handelnd geschieht. Deshalb muss hier kein zusätzlicher Zyklus durchgeführt werden, in dem diese Bewertungskategorie voll erfüllt ist, da der Grund in der vollzogenen Präsentationsart und der durch den Fall eingeschränkten Auswahl an Arbeitsmitteln zur Lösung der Aufgaben liegt. Zukünftig kann davon ausgegangen werden, dass unterschiedliche Fälle auch einen unterschiedlichen Fokus im Hinblick auf verschiedene prozessbezogene Kompetenzen, gerade im Bereich Darstellen, setzen und mithilfe einer Durchführung von ELIF nach den vorgegebenen Phasen durchaus die intendierten Kompetenzen des Bereichs Kommunizieren erfüllt werden können.

Gerade der Fall als Initiator des Lernprozesses erweist sich letztendlich als vielen Variablen und Bedingungen unterlegen, die in den als Bewertungskategorien verwendeten Fallkriterien noch nicht ausreichend tiefgehend betrachtet wurden, da sie sich erst in der Praxis bemerkbar gemacht haben. Eine genauere Betrachtung und Anpassung der als Bewertungskategorien verwendeten Fallkriterien erscheint folglich als sinnvoll und wird in Abschnitt 11.1 vorgenommen. Somit können im Sinne einer Theorieerweiterung unter Einbezug der Daten sowie der als Bewertungskategorien verwendeten Fallkriterien allgemeine Richtlinien für das Erstellen von Fällen für ELIF aber auch für den Mathematikunterricht im Allgemeinen gewonnen werden. Es würde wenig Sinn ergeben, die einzelnen bereits eingesetzten Fälle als konkret zu überarbeiten, weil diese immer auch in Abhängigkeit von der Lerngruppe zu gestalten sind. Jedoch können die Erkenntnisse über den Umgang mit den bereits vorhandenen Fällen dazu verwendet werden, allgemeingültige Fallmerkmale und darauf aufbauend eine Schrittfolge zur Erstellung von Fällen zu definieren.

Betrachtet man im Gegenzug zu den bereits genannten, eher den Fall betreffenden Kategorien die Bewertungskategorien 2, 4, 8 und 9, haben diese sich im Hinblick auf den letzten Zyklus linearer entwickelt, was sich dadurch erklären lässt, dass die Bewertungen dieser Kategorien auf Änderungen an der Konzeption zurückzuführen sind, die von Zyklus zu Zyklus vorgenommen worden sind. So wurden beispielsweise nach und nach gezieltere Strukturierungsmaßnahmen wie Zusatzmaterialien im dritten Zyklus oder die Visualisierung der Phasen für die Kinder an der Tafel im sechsten Zyklus etabliert, die es den Schülern vereinfacht haben, die intendierten Lernhandlungen auszuführen. Zu beachten in Bezug auf die Bewertungskategorie 4 ist allerdings, dass die Klasse durch die wiederholte Teilnahme am durch ELIF gestalteten Unterricht bereits ein gewisses Maß an methodischem Vorwissen erlangt hat. Somit ist die Einschätzung von Kategorien wie die der Strukturierung, insbesondere der Aspekt der Passung zum methodischen Vorwissen der Schüler, im sechsten Durchgang trivialerweise besser ausgefallen als in den Durchgängen vier und fünf, in denen die beteiligten Schüler zum ersten Mal mit ELIF konfrontiert worden sind. Trotzdem haben sich alle mit der Zeit entwickelten Strukturierungen auch in diesem Durchgang als sinnvoll erwiesen und bieten eine gute Basis, um durch ELIF die Bewertungskategorien erfüllen und demnach im Unterricht die Grundideen umsetzen zu können. Gerade in Bezug auf die Strukturierung im Sinne der Unterstützung der Schüler besteht allerdings noch konkreter Forschungsbedarf, da aus arbeitsökonomischen Gründen in dieser Arbeit nicht festgestellt werden konnte, inwiefern die verschiedenen Unterstützungsstrukturen unterschiedliche Wirksamkeit in Bezug auf das Verhalten und insbesondere die Lernhandlungen der Schüler aufweisen. Dieser Aspekt wurde ebenfalls bereits in Bezug auf PBL in der Medizin als Forschungsdesiderat aufgedeckt (s. Abschnitt 2.5.1) und sollte in Zukunft genauere Beachtung erfahren.

Überraschend erscheint, dass die Offenheit trotz des Einsatzes verschiedenster Strukturierung überwiegend positiv eingeschätzt werden konnte und sich zudem positiv entwickelt hat, obwohl von Zyklus zu Zyklus zunehmend Strukturierungen eingesetzt worden sind. Aber gerade dies scheint ein sinnvoller Weg zu sein, denn nur, wenn die Schüler ausreichend selbsterklärend durch das Material angeleitet sind, verschiedene Lernhandlungen zu vollziehen, benötigen sie dabei nicht mehr die Hilfe und kleinschrittige Anleitung der Lehrperson, was sie langfristig darauf vorbereitet, selbstständig zu arbeiten. Selbstständiges Arbeiten, was das eigenständige Setzen von Lernzielen, die Auswahl von Arbeitsmitteln und Zugangsweisen sowie die zeitliche Gestaltung des Lernprozesses einschließt, bedarf einer kontinuierlichen, langfristigen Etablierung im Unterricht und muss zunächst schrittweise eingeführt werden, um die Schüler nicht zu überfordern (s. Abschnitt 6.2.3). So können Orientierungen wie das Verschieben der ELIFs an der Tafel oder die Einschätzungen der eigenen Fähigkeiten in Kompetenzrastern einen Beitrag dazu leisten, dass die Schüler metakognitives Wissen erwerben, was ihnen nachhaltig zu einer ausdifferenzierteren Eigenverantwortung im Lernprozess verhilft. Zudem wurde nach der erstmaligen Durchführung von ELIF erkannt, dass für Schüler einer dritten oder vierten Klasse ohne große methodische Vorerfahrungen im offenen Unterricht Strukturierungen erforderlich sind, damit diese sich im Lernprozess orientieren und adäquate Lernhandlungen vollziehen können. Dementsprechend wurden die Kategorien der Offenheit im Kategoriensystem überarbeitet und unter der Berücksichtigung einer notwendigen Strukturierung angepasst (s. Abschnitt 9.2.2). Es bleibt dennoch genauer zu betrachten, inwieweit es den Schülern durch die Bearbeitung eines Falls mithilfe des Lerntagebuchs tatsächlich ermöglicht wird, Komponenten des selbstgesteuerten Lernens als Teil einer Lebensweltkompetenz (s. Kapitel 7) zu erwerben. Dies soll komponentenbezogen in Abschnitt 11.2 noch genauer analysiert werden.

Die Bewertungsverläufe der Kategorien 1, 3, 5, 6, 7 und 15 lassen sich durch verschiedene Faktoren, wie die variierende Klassenführung – auch innerhalb derselben Klasse –, die inhaltliche und formale Gestaltung des Falls sowie die methodischen Vorerfahrungen der jeweiligen Klasse in Bezug auf selbstständiges Arbeiten in offenen Lernsettings im Allgemeinen und innerhalb von ELIF im Speziellen erklären. So können Schüler in Abhängigkeit von der Klassenführung unterschiedlich gut eigenständig organisatorische Entscheidungen treffen, das zentrale Problem identifizieren oder sich selbstständig Lernziele setzen. Dies hängt zusätzlich mit dem Fall zusammen, inwieweit dieser das inhärente Problem offensichtlich präsentiert und Ansätze für einzelne Lernfragen bietet. In Bezug auf die metakognitiven Prozesse, die in Kategorie 6 operationalisiert wurden, scheint es in den unterschiedlichen Klassen verschiedene Voraussetzungen zu geben sowie eine rasche positive Entwicklung von Zyklus 1 zu 2 in der Klasse vollzogen worden zu sein, welche nachhaltig in den weiteren Zyklen 3 und 6 anhält. Daraus lässt sich folgern, dass die durch ELIF angesprochene metakognitive Komponente des selbstgesteuerten Lernens (s. Abschnitt 6.2.1) von vielen Schülern bereits beherrscht oder zumindest relativ schnell weiter ausgebildet werden kann. Somit erscheint ELIF nicht nur theoretisch, sondern auch in der praktischen Umsetzung als geeignet, um metakognitive Fähigkeiten und das Selbstkonzept zu fördern (s.

Abschnitt 5.2.4 und 5.3). Offen bleibt die Frage nach der kognitiven und motivationalen Komponente des selbstgesteuerten Lernens, die zwar beispielsweise
durch die integrierte Selbsteinschätzung in ELIF mitgedacht, jedoch nicht explizit in den Bewertungskategorien überprüft wurden. Auch an dieser Stelle sollten
sich weitere Forschungen anschließen, um nachweisen zu können, inwieweit ELIF
alle Komponenten des selbstgesteuerten Lernens nicht nur fordert, sondern auch
fördert. In Abschnitt 11.2 wird dazu ein Versuch unternommen, indem die einzelnen Aufgaben im Lerntagebuch hinsichtlich ihres Beitrags zur Ausführung
verschiedener Handlungskomponenten selbstgesteuerten Lernens genauer in den
Blick genommen werden. Darauf aufbauend könnten sich weitere Untersuchungen
anschließen.

Kategorie 5 lässt in ihrer Bewertung über die Zyklen hinweg vermuten, dass
eine längere Entwicklung verschiedener, vermutlich methodischer, Fähigkeiten
notwendig ist, um die Lernzeit in ELIF tatsächlich effektiv nutzen zu können. Dies
muss aber auch im Zusammenhang mit den offerierten Unterstützungsmöglichkeiten gesehen werden, da diese ebenfalls hin zum letzten Zyklus stetig angepasst
wurden und somit letztendlich eine solide Unterstützung für die Schüler bilden.
Gleichzeitig können hier Überlegungen anschließen, welche sich auf die weitere
Öffnung von ELIF beziehen. Wenn die Schüler eine gewisse Routine im Umgang
mit ELIF entwickelt haben, könnten offenere Phasen oder ein offener gestaltetes
Lerntagebuch den Schülern dazu verhelfen, die Lernzeit noch effektiver zu nutzen,
indem sie beispielsweise wie beim dialogischen Lernen (s. Abschnitt 8.1.1.1 und
8.1.1.2) frei ihre eigenen Überlegungen in der Sprache des Verstehens festhalten
können und dabei nicht mehr durch die Vorgabe von Wortbausteinen angeleitet und dadurch gegebenenfalls eingeschränkt werden. Dazu müssen die Schüler
allerdings über die erforderlichen sprachlichen Kenntnisse verfügen. Ebenfalls
die Integration eines Arbeitsplans, in dem die Schüler eigenständig komprimiert
ihr gesamtes Vorgehen individuell oder auch in der Gruppe planen, könnte eine
Erweiterung oder Änderung des Lerntagebuchs darstellen, die den Schülern mehr
Raum für eigene Entscheidungen gibt und sie somit sowohl die Lernzeit effektiver
nutzen lässt als auch mehr Möglichkeiten zum metakognitiven Denken eröffnet.
Die Lernenden könnten angelehnt an die Idee eines Projektplans selbstständig
herausarbeiten, wie sie die zentrale Lernfrage oder auch die untergeordneten Lernfragen methodisch, inhaltlich sowie organisatorisch, angehen wollen (s. Abschnitt
8.1.2.1).

Ähnlich konstant wie Kategorie 5 lässt sich Kategorie 7 bewerten, wohingegen
diese zu Anfang gar nicht und ab dem zweiten bis hin zum sechsten Zyklus nur
teilweise erfüllt ist. Es ist auffällig, dass den Schülern nicht ausreichend Feedback zu den Gruppenergebnissen und zu individuellen Lernprozessen gegeben

wird. Dies lag in einigen Zyklen daran, dass die dafür vorgesehenen Felder im Lerntagebuch gar nicht oder nur unzureichend ausgefüllt worden sind und somit für die Schüler wenig aussagekräftig waren. Dabei bietet gerade das Lerntagebuch für den zweiten Punkt und darüber hinaus auch für ein Peer-Feedback eine gute Möglichkeit. Die Lerntagebücher könnten wie beim dialogischen Lernen (s. Abschnitt 8.1.1.2) von der Lehrperson oder auch anderen Schülern ausgelegt und sachbezogen kommentiert werden. Dies setzt wiederum einen gewissen Grad an methodischem Vorwissen und klare Regeln dafür voraus. Diesbezüglich ließe sich ELIF über die bereits vorhandene Einschätzung der erreichten Kompetenzen durch die Lehrperson im Kompetenzraster hinaus ausbauen. Einzubeziehen wäre dabei auch hinsichtlich der bereits beschriebenen Erreichung der inhaltsbezogenen Kompetenzen durch das Stellen mathematisch substanzieller Fragen das Bereitstellen sinnvoller Impulse während des Bearbeitungsprozesses durch die Lehrperson, die den Schülern beispielsweise dazu verhelfen, potenzielle Vertiefungen bezüglich bereits vorhandener (Fakten-)Fragen vorzunehmen. Das Thema Feedback sollte somit in zukünftigen Schulungen der Lehrpersonen einen hohen Stellenwert einnehmen. Im Zuge dessen könnten und sollten Impulse erarbeitet werden, die es der Lehrperson erleichtern, auch während des Arbeitens prozessorientierte Rückmeldungen auf mündlichem oder schriftlichem Weg zu geben. Dazu könnten in weiterführenden Forschungen die bereits vorhandenen Daten der Schüler bezüglich ihrer gestellten Fragen erneut analysiert und daraus allgemeine geeignete Impulse erarbeitet werden, die in Zukunft den Lehrpersonen zur Verfügung gestellt werden. Das Lerntagebuch bietet weiterhin eine Möglichkeit, die Lernprozesse der Schüler zu beobachten, Rückmeldungen dazu zu geben und gegebenenfalls auch abschließend eine Bewertung von Kompetenzen vorzunehmen. Das Lerntagebuch kann unmittelbar die erlernten Kompetenzen durch die freie Dokumentation der Rechnungen und Rechercheergebnisse in ihrem prozesshaften Charakter abbilden, sodass es im Sinne einer freien Wiedergabe von gelernten Inhalten (s. Abschnitt 2.5.1) eine adäquate Auswertungsmethode für offene Unterrichtsformen und insbesondere für ELIF darstellt.

Neben der Betrachtung und Begründung der zyklenübergreifenden Entwicklungen der einzelnen Bewertungskategorien ist es ebenso interessant, jene Auffälligkeiten zu ergründen, die durch die ausschließliche Betrachtung der Bewertungskategorien nicht ersichtlich sind, jedoch die Entwicklung der Konzeption maßgeblich beeinflusst haben.

10.2 Zyklenübergreifende Modifizierungsentscheidungen und Auffälligkeiten

Diese zyklenübergreifenden, auf das Handeln der Schüler und die daraus resultierenden Modifizierungen in den unterschiedlichen Zyklen ausgerichteten inhaltlichen Entscheidungen werden in Tabelle 10.2 näher dargestellt und gleichermaßen von Zyklus zu Zyklus begründet. Eine solche Begründung gelingt nicht bezüglich aller Auffälligkeiten, sodass die Gruppenzusammensetzung sowie die Art der von den Schülern in Abhängigkeit vom Fall gestellten Fragen abschließend noch genauer betrachtet und interpretiert werden.

Es fällt, wie in Abschnitt 10.1 bereits vermutet, vor allem auf, dass die unterschiedlichen Fälle auch zu unterschiedlichen Handlungen und Überlegungen der Schüler führen, die sich insbesondere in der Formulierung der Lernfragen bezüglich ihres mathematischen Gehalts und der zur Beantwortung zu vollziehenden Bearbeitungstätigkeiten, in der Verwendung verschiedener Ressourcen sowie der Notwendigkeit der Beachtung der Bearbeitungsreihenfolge ausdrücken. Dies gibt wiederum einen Hinweis darauf, wie wichtig es ist, sich die Bedingungen der einzelnen Fälle genauer anzuschauen und darauf aufbauend die Fallkriterien so zu ergänzen und weiterzuentwickeln, dass gewisse Handlungen der Schüler bereits beim Erstellen der Fälle mitgedacht werden können. Dies soll in Abschnitt 11.1 vorgenommen werden.

Die Übersicht macht zusätzlich deutlich, dass nicht alle Zyklen immer strikt nach Plan ausgeführt worden und an einigen Stellen die vorgegebenen Strukturen von den Lehrpersonen oder auch den Schülern aufgebrochen worden sind. Dies hat zu bestimmten Handlungen im Feld geführt und damit wiederum interessante Erkenntnisse über das Feld geliefert, die jeweils in den folgenden Zyklen berücksichtigt wurden. Besonders ins Auge sticht die Gruppenzusammensetzung, welche ab dem zweiten Zyklus überwiegend konstant heterogen gehalten wurde, da sich dies in den verschiedenen Klassen als praktikabel erwiesen hat. So wurde stets darauf geachtet, dass jede Gruppe mindestens ein Mitglied hat, welches schriftsprachlich wenige Probleme hat, eines, das leistungsstark in Mathematik ist und eines, welches die Gruppenleitung übernehmen kann. Dabei kann auch ein Gruppenmitglied mehrere dieser Eigenschaften in sich vereinen. Dieser Punkt stellt zwar keinen eigens beforschten dar, konnte aber zusätzlich beobachtet werden und gibt Aufschluss über die in Abschnitt 6.3.2 aufgekommene Frage nach der optimalen Gruppenzusammensetzung für kooperatives Arbeiten. Diese kann in Hinblick auf ELIF direkt aus der Praxis dahingehend beantwortet werden, dass sich eine heterogene Gruppenzusammensetzung in Bezug auf die sprachlichen und mathematischen Fähigkeiten im Kontext ELIF als praxistauglich erwiesen

Tabelle 10.2 Zyklenübergreifende Modifizierungsentscheidungen und Auffälligkeiten

Zyklus / Aspekt	1	2	3	4	5	6	Endkonzept
Gestellte Lernfragen in Abhängigkeit vom Fall	Es wird eine zentrale Lernfrage gestellt, die nicht mit ja oder nein beantwortet werden kann. Die Schüler stellen viele, ausschließlich voneinander unabhängige Faktenfragen, die ohne intensive mathematische Bearbeitung einzeln beantwortet werden können. Trotzdem werden die einzelnen Fragen gebündelt beantwortet. Das Zusammentragen der Antworten auf die einzelnen Fragen sowie die Anstellen verschiedener Berechnungen sind notwendig zur Beantwortung der zentralen Lernfrage und finden zumeist in einem Tagesplan im Zuge der gebündelten Beantwortung der Frage „Wie lange dauert alles?" statt.	Es wird keine konkrete zentrale Lernfrage gestellt, sondern es ergeben sich direkt einzelne Lernfragen. Die Schüler stellen voneinander abhängige Fragen, für die sie eigenständig Annahmen treffen müssen, sodass eine intensive Auseinandersetzung mit den einzelnen Fragen notwendig ist. Das Zusammentragen der Antworten auf die einzelnen Fragen sowie das Anstellen verschiedener Berechnungen unter Berücksichtigung des Einflusses der verschiedenen Angaben aufeinander sind notwendig zur Beantwortung der zentralen Lernfrage und geschehen in einer Art Tabelle.	Es werden zwei zentrale Lernfragen gestellt, die miteinander zusammenhängen. Die Schüler entwickeln Ideen, die zumeist bereits die einzig vorhandene mathematisch korrekte Antwort auf die zentrale Lernfrage fokussieren und ein mathematisches systematisches Vorgehen erfordern. Einige Schüler entwickeln dabei weiterführende Fragestellungen und übertragen ihre mathematischen Vorgehensweisen darauf. Die zentrale Lernfrage wird im Zuge der Bearbeitung der Ideen mit beantwortet. Einzelne Informationen müssen dafür nicht zusammengetragen werden.	Es wird eine zentrale Lernfrage gestellt. Die Schüler stellen ausschließlich voneinander unabhängige Faktenfragen, die ohne intensive mathematische Bearbeitung einzeln beantwortet werden können. Das Zusammentragen der Antworten auf die einzelnen Fragen sowie das Anstellen verschiedener Berechnungen sind notwendig zur Beantwortung der zentralen Lernfrage und finden in einem Tagesplan statt.	Es wird eine zentrale Lernfrage gestellt. Die Schüler stellen ausschließlich voneinander unabhängige Faktenfragen, die ohne intensive mathematische Bearbeitung einzeln beantwortet werden können. Das Zusammentragen der Antworten auf die einzelnen Fragen sowie das Anstellen verschiedener Berechnungen sind notwendig zur Beantwortung der zentralen Lernfrage und finden in einem Tagesplan statt.	Es werden zwei zentrale Lernfragen gestellt, die miteinander zusammenhängen. Die Schüler stellen teilweise voneinander unabhängige Faktenfragen, die ohne intensive mathematische Bearbeitung einzeln beantwortet werden können. Das Zusammentragen der Antworten auf die einzelnen Fragen sowie das Anstellen verschiedener Berechnungen sind notwendig zur Beantwortung der zentralen Lernfrage und finden zumeist in einem Tagesplan statt.	Es existieren verschiedene Fälle, die in ihrem Grad der Offenheit variieren und sich somit für Klassen mit oder ohne methodisches Vorwissen mit ELIF unterschiedlich gut eignen. Einige Aspekte, wie die Abhängigkeit der verschiedenen notwendigen Lernfragen, die Möglichkeit zum Finden weiterführender mathematisch substanzieller Fragestellungen durch die Fokussierung einer zentralen Lernfrage sowie das Stellen von Fällen zu beachten.

(Fortsetzung)

Tabelle 10.2 (Fortsetzung)

(Fortsetzung)

Zyklus / Aspekt	1	2	3	4	5	6	Endkonzept
Entwicklung von Lernzielen/Lernfragen	Die Ideen zur Lösung des Problems werden ohne weitere Anleitung auf Karten einzeln von den Schülern gesammelt und sollen anschließend in den Gruppen strukturiert und besprochen sowie sich auf wichtige Lernfragen geeinigt werden. Es ist das Problem aufgetreten, dass die Schüler methodisch und schriftsprachlich damit überfordert waren.	Formulierung der konkreten Aufgabenstellung „Das müssen wir klären, um unsere Frage beantworten zu können" und einhergehend die Änderung der Ausrichtung, sodass Lernfragen fokussiert werden Integration eines direkten Bezugs zur zentralen Lernfrage durch direkte Bezeichnung als Hauptfrage Gleichzeitig Integration eines Kästchens zum Festhalten der Anzahl der Schüler, die die gleiche Frage entwickelt haben, um die Wichtigkeit für die Schüler zugänglich über die Häufigkeit zu operationalisieren	Ergänzung konkreter Anweisungen zur Notation der Anzahl im Lerntagebuch. Es ist das Problem aufgetreten, dass die Schüler sinnvolle Ideen zur Lösung des Falls entwickelt haben, diese aber zumeist nicht in Fragen formuliert haben.	Fokussierung von Ideen statt Fragen durch die Aufgabenstellung „Das müssen wir herausfinden, um unsere Hauptfrage beantworten zu können. Schreibe deine Ideen auf."	Auslagerung der Anweisung in den Ablaufplan Anschließend wird bei der Einigung eine Umformulierung in Fragen explizit gefordert.	s. im wesentlichen Zyklus 5	s. Zyklus 6

Tabelle 10.2 (Fortsetzung)

Zyklus / Aspekt	1	2	3	4	5	6	Endkonzept
Reihenfolge der Fragenbeantwortung	Nicht beachtet	Es tritt das Problem auf, dass die Beantwortung der Lernfragen in einer bestimmten Reihenfolge geschehen muss, da sie voneinander abhängig sind. Die Aufgabenstellung „Ich möchte als Erstes/ Nächstes eine Antwort auf die Frage __ finden" zu Beginn jedes Fragezettels ist nicht ausreichend, insbesondere für die Kinder mit Förderbedarf Lernen.	Integration der zusätzlichen Anweisung „Beachte: gibt es Fragen, die du vor allen anderen beantworten musst?" zur Aufgabenstellung „Ich möchte als Erstes/Nächstes eine Antwort auf die Frage __ finden"	Integration der Festlegung der Reihenfolge in der Einigung auf Lernfragen durch die Zuordnung von Buchstaben angeleitet durch die konkrete Anweisung „Beachtet: Gibt es Fragen, die ihr vor allen anderen beantworten müsst? Entscheidet euch für eine Frage, die ihr als Erstes beantworten wollt. Tragt in das Kästchen vor dieser Frage ein a ein. So geht es weiter, bis im Kästchen vor jeder Frage ein Buchstabe steht."	Auslagerung der Anweisungen der Festlegung der Reihenfolge auf den Ablaufplan	Festlegung der Reihenfolge durch Zahlen statt Buchstaben, immer noch angeleitet durch den Ablaufplan	s. Zyklus 6
Unmittelbare Beantwortung von Fragen	Nicht beachtet	Es tritt das Phänomen auf, dass die Schüler eine Frage unmittelbar beantworten können, ohne dafür Informationsrecherche betreiben zu müssen	Integration einer übergreifenden Aufgabenstellung („Gibt es Fragen, die du schon aus dem Kopf beantworten kannst?") einschließlich Platz für entsprechende Antworten nach der Einigung auf Lernfragen	Spezifizierung der Fragestellung zu „Kannst du die Frage schon aus dem Kopf be □ Nein, dann mache bei 7. weiter! □ Ja, dann schreibe deine Antwort auf: __" vor der Bearbeitung jeder Frage Es ist das Problem aufgetreten, dass Antworten nur noch geschätzt worden sind.	Ergänzung der Aufgabenstellungen 6, 7 und 8 um die Forderung nach Kontrolle der aus dem Kopf beantwortbaren Fragen	s. im wesentlichen Zyklus 5	s. Zyklus 6

(Fortsetzung)

Tabelle 10.2 (Fortsetzung)

Aspekt	Zyklus 1	2	3	4	5	6	Endkonzept
Strukturierungshilfen	Lerntagebuch ohne konkrete Anweisungen für Arbeitsschritte Kein ergänzendes Material	Lerntagebuch mit konkreten Anweisungen, wie der Lernprozess abläuft Ergänzendes Material: Spielgeld, Bilder von Supermarktregalen Es ist das Phänomen aufgetreten, dass kein Schüler das vorliegende Material verwendet hat, aber eigenständig Prospekte mitgebracht wurden.	Lerntagebuch mit konkreten Anweisungen, wie der Lernprozess abläuft Ergänzendes Material: Würfel, strukturierende Arbeitsblätter zum mathematischen Inhalt (Anleitung für die Notation von Kombinationsmöglichkeiten für die Würfel und in einer Tabelle und in einem Baumdiagramm) Es ist das Phänomen aufgetreten, dass einige Schüler die Würfel verwendet haben. Kein Schüler hat die strukturierenden Arbeitsblätter hinzugezogen.	Lerntagebuch mit konkreten Anweisungen, wie der Lernprozess abläuft Ergänzendes Material: Modelluhren, strukturierende Arbeitsblätter zum mathematischen Inhalt (Beispieltagespläne, Blankotagespläne, Blankouhren), ergänzendes Informationsmaterial (Trainingsplan des örtlichen Fußballvereins, Kinoprogramm, Beispielstundenplan) Es ist das Phänomen aufgetreten, dass die meisten Schüler das ergänzende Informationsmaterial verwendet haben. Strukturierende Arbeitsblätter wurden von einigen Schülern verwendet.	Lerntagebuch ohne Anweisungen zum Ablauf Ablaufplan Ergänzendes Material: Modelluhren, strukturierende Arbeitsblätter zum mathematischen Inhalt (Beispieltagesplan, Blankotagesplan, Blankouhren), ergänzendes Informationsmaterial (Trainingsplan des örtlichen Fußballvereins, Kinoprogramm, Beispielstundenplan) Es ist das Phänomen aufgetreten, dass einige Schüler das ergänzende Informationsmaterial sowie vereinzelte Schüler die strukturierenden Arbeitsblätter verwendet haben.	Lerntagebuch ohne Anweisungen zum Ablauf Ablaufplan Visualisierung des Ablaufs an der Tafel Ergänzendes Material: Gummibärchen, Plättchen Es ist das Phänomen aufgetreten, dass die Schüler fragenbezogen die Gummibärchen verwendet haben.	Lerntagebuch ohne Anweisungen zum Ablauf Ablaufplan Visualisierung des Ablaufs an der Tafel In Abhängigkeit vom Fall zu entwickelndes Material

(Fortsetzung)

Tabelle 10.2 (Fortsetzung)

Aspekt / Zyklus	1	2	3	4	5	6	Endkonzept
Differenzierungsmöglichkeiten	Ausschließlich durch selbstdifferenzierende Bearbeitung der Fragen	Selbstdifferenzierende Bearbeitung der Fragen Keine Fallergänzung	Selbstdifferenzierende Bearbeitung der Fragen Fallergänzung als quantitative Möglichkeit, die zugleich qualitativ ein anderes Niveau anspricht durch die Ausrichtung auf verallgemeinernde mathematische Erkenntnisse Es tritt das Phänomen auf, dass die Schüler die Fallergänzung nicht verwenden, aber eigenständig weitere Fragen entwickeln und diese mit neuen Zetteln zur Fragenbearbeitung beantworten.	Selbstdifferenzierende Bearbeitung der Fragen Neue Frage auf dem Blatt zur Gruppenbesprechung aufschreiben lassen: „Kreuze an. Hat ihr eine neue Frage gefunden? ☐ Nein, dann lies dir die Anweisungen unten durch. ☐ Ja, dann schreibe sie auf: ___" Keine Anweisungen, wie mit den festgehaltenen Fragen weiter verfahren werden soll Keine Fallergänzung Es tritt das Phänomen auf, dass die Schüler keine weiterführenden Fragen entwickelt haben.	Selbstdifferenzierende Bearbeitung der Fragen Ankreuzen, ob eine neue Frage gefunden wurde und in der Aufgabe 5 eingetragen werden soll und mit der nächsten Frage aus Aufgabe 5 weitergearbeitet werden soll Keine Fallergänzung Es tritt das Phänomen auf, dass die Schüler keine weiterführenden Fragen entwickelt haben.	Selbstdifferenzierende Bearbeitung der Fragen Aufgabenstellung auf dem Blatt zur Gruppenbesprechung: „Hat einer von euch bei 11. Eine neue Frage gefunden? Schreibe sie auf:" Keine Anweisungen, wie mit den festgehaltenen Fragen weiter verfahren werden soll, aber Symbol eines Stern-ELFIs kennzeichnet die Optionalität der Bearbeitung Fallergänzung als quantitative Möglichkeit, die zugleich qualitativ ein anderes Niveau anspricht durch die Ausrichtung auf verallgemeinernde mathematische Erkenntnisse Es tritt das Phänomen auf, dass kein Schüler die Fallergänzung verwendet.	Selbstdifferenzierende Bearbeitung der Fragen Aufgabenstellung auf dem Blatt zur Gruppenbesprechung: „Hat einer von euch bei 11. Eine neue Frage gefunden? Schreibe sie auf:" Kein Stern-ELFI, keine Anleitung, wie damit verfahren wird im Lerntagebuch, jedoch als Station unter Anleitung der Lehrperson oder selbstständig durch die Schüler möglich Muster für Fallergänzung

(Fortsetzung)

Tabelle 10.2 (Fortsetzung)

(Fortsetzung)

Aspekt / Zyklus	1	2	3	4	5	6	Endkonzept
Reflexion des emotionalen Erlebens	Aufgabenstellung „Ich fühle mich/ ich bin/ ich habe." nach Beantwortung jeder Frage Es ist das Problem aufgetreten, dass die Schüler dadurch im Lernprozess aufgehalten wurden.	Keine Aufgabenstellung	Keine Aufgabenstellung Es ist das Problem aufgetreten, dass die Lehrperson und die Forscherinnen keine Einsichten in die Attributionen der Schüler ermöglicht wurden.	Aufgabenstellung „Kreise ein und begründe. Nachdem die Fragen beantwortet habe, fühle ich mich/ bin ich, weil." auf jedem Blatt zur Fragenbearbeitung Es ist das Problem aufgetreten, dass die Schüler einige inhaltlich unpassende Angaben notiert haben und dadurch im Lernprozess aufgehalten wurden.	Aufgabenstellung „Kreise ein und begründe. Nachdem ich alle Fragen beantwortet und besprochen habe, fühle ich mich/ bin ich, weil." einmal auf dem Blatt zur Selbstreflexion	s. im wesentlichen Zyklus 5	s. Zyklus 6
Reflexion der Antworten	Keine Anlässe	Reflexion der Unterschiedlichkeit der Antworten durch Fragestellung auf dem Blatt zur Gruppenbesprechung: „Woran liegt es, dass ihr unterschiedliche Antworten gefunden habt?"	Reflexion der Unterschiedlichkeit der Antworten und der Sinnhaftigkeit aller Fragen der Gruppe durch Fragestellungen auf dem Blatt zur Gruppenbesprechung: „Woran liegt es, dass ihr unterschiedliche Antworten gefunden habt?", „Wie gut passen eure Ergebnisse zur Frage?"	Reflexion der Sinnhaftigkeit aller Fragen der Gruppe durch Fragestellungen auf dem Blatt zur Gruppenbesprechung: „Begründe. Wie gut passen eure Antworten zur Frage?" Auftreten des Problems, dass trotzdem mit unplausiblen Ergebnissen (z. B. der Kinofilm geht 2 h) weitergearbeitet worden ist Reflexion der Unterschiedlichkeit über die Frage „Könnt ihr euch auf eine Antwort einigen? Ja, weil/ Nein, weil" auf dem Blatt zur Gruppenbesprechung	Reflexion der Sinnhaftigkeit der eigenen Antwort durch Fragestellungen auf jedem Blatt zur Fragenbearbeitung: „Kreuze an. Ist mein Ergebnis sinnvoll?" Reflexion der Unterschiedlichkeit über die Frage „Könnt ihr euch auf eine Antwort einigen? Ja, weil/ Nein, weil" auf dem Blatt zur Gruppenbesprechung	Eintragen jeder Antwort jedes Gruppenmitgliedes in einer Tabelle und Reflexion der Sinnhaftigkeit dieser unter der Fragestellung „Ist die Antwort sinnvoll?" auf dem Blatt zur Gruppenbesprechung Reflexion der Unterschiedlichkeit über die Frage „Könnt ihr euch auf eine Antwort einigen? Ja/ Nein, weil" auf dem Blatt zur Gruppenbesprechung	Eintragen jeder Antwort jedes Gruppenmitgliedes Reflexion dieser zusammenfassend unter der Fragestellung „Sind alle Antworten sinnvoll?" auf dem Blatt zur Gruppenbesprechung Reflexion der Unterschiedlichkeit über die Frage „Könnt ihr euch auf eine Antwort einigen? Ja/ Nein, weil" auf dem Blatt zur Gruppenbesprechung

Tabelle 10.2 (Fortsetzung)

Zyklus / Aspekt	1	2	3	4	5	6	Endkonzept
Gruppenzusammensetzung	Keine Beachtung der Gruppenzusammensetzung	Homogene Gruppenzusammensetzung Es ist das Problem aufgetreten, dass eine Gruppe mit ausschließlich leistungsschwächeren Schülern extreme Unterstützung durch die Lehrperson benötigt hat.	Heterogene Gruppenzusammensetzung: Ein allgemein leistungsschwächeres Kind, welches gut in Mathematik ist und ein Kind, welches über schriftsprachliche angemessene Fähigkeiten verfügt Diese Zusammensetzung hat sich bewährt.	Heterogene Gruppenzusammensetzung	Heterogene Gruppenzusammensetzung	Zum Teil heterogene Gruppenzusammensetzung: Die Schüler (beide mit Förderbedarf Lernen), welche handelnd die Aufgabe lösen, arbeiten zusammen	Heterogen empfohlen, aber in Abhängigkeit von der Lerngruppe zu sehen

hat. An dieser Stelle könnten und sollten dennoch weiterführende Forschungen anknüpfen, die unter klar reglementierten Bedingungen den Einfluss unterschiedlicher Gruppenzusammensetzungen auf das Schülerhandeln innerhalb nach ELIF gestalteten Unterrichts näher beleuchten. Dabei sollte auch in den Blick geraten, inwiefern sich die positive Interdependenz und die individuelle Verantwortung der einzelnen Schüler innerhalb der Gruppenarbeiten durch eine Einführung von Rollen in den Gruppen, zum Beispiel die eines Zeitwächters, eines Protokollführers für einen gemeinsamen Ablaufplan oder die bereits bestehende Rolle des Gruppensprechers positiv beeinflussen lassen.

Einen weiteren inhaltlichen Punkt, der nähere Begründungen im Hinblick auf den Einsatz unterschiedlicher Fälle nahelegt, ist die Art der Fragen, die die Kinder stellen. Es wird deutlich, dass die Art der Fragen in Abhängigkeit vom Fall zu sehen ist und dass das Stellen von Fragen einen gewissen Grad an Anleitung benötigt sowie durch den Fall inhaltlich deutlich in eine Richtung gelenkt wird (s. Tabelle 10.2). Dies ist vor dem Hintergrund, dass Schüler „in der Vorausschau und in Unkenntnis der möglichen Lernergebnisse ihre „Bildungsbedürfnisse" nur sehr begrenzt einschätzen" (Leuders 2008, S. 115) können, allerdings nicht verwunderlich. Ein Fall muss im Rahmen organisierten Unterrichts aus diesem Grund inhaltliche Grenzen für die Schüler bieten und setzen. Die Schüler müssen bereits Vorwissen zu einem Thema besitzen, um überhaupt Fragen stellen und vor allem auch, um sich kognitiv intensiv damit auseinandersetzen zu können (s. Abschnitt 6.4.2.2). Der Fall bietet den Schülern durch die darin enthaltene authentische Situation Anknüpfungspunkte, wodurch Vorwissen aktiviert und somit Fragen entwickelt werden können. Je nach Fall werden aber Fragen entwickelt, welche eine unterschiedliche kognitive Auseinandersetzung mit dem Lerngegenstand fordern. So hat der Fall „Ein ziemlich voller Tag" in den Zyklen 1, 4 und 5 die Schüler eher Faktenfragen entwickeln lassen, welche nach Chin und Chia das Ziel haben, Faktenwissen anzuhäufen und kurze, leicht zu recherchierende Antworten liefern (s. Abschnitt 2.5.3.2). Auch in den Gruppenphasen wurden hier eher Fragen gestellt, die zum Ansammeln von Informationen und dadurch dem Schließen von Wissenslücken in Bezug auf das Fallthema, hier in Bezug auf die Fallsituation direkt, dienen. Lediglich im ersten Zyklus wird die verbindende Frage „Wie lange dauert alles?" gestellt, die die Schüler dazu anregt, die gefundenen Informationen in einem Tagesplan zusammenzustellen. Dies geschieht in den Zyklen vier und fünf eher durch Anleitung der Lehrperson und zusätzliches Material. Gerade dadurch, dass der Fall eher Faktenfragen fokussiert, die sich direkt aus der Fallsituation ergeben und konkret und kurz zu beantworten sind, kann dieser als Einstiegsfall eingestuft werden, der für die Schüler eine niedrige Eingangsschwelle bietet.

Die Fälle in den Zyklen 2 und 6 haben die Schüler hingegen dazu angeregt Faktenfragen zu stellen, die darüber hinaus in Beziehung miteinander gesetzt werden mussten, da sie voneinander abhängig gewesen sind sowie den Schülern einen Grad an Mitbestimmung der Parameter gewährt haben. Im dritten Zyklus haben einige Kinder im Zuge der Gruppenbesprechung eine erweiternde Frage (s. Abschnitt 2.5.3.2) entwickelt, welche über die konkrete Fallsituation hinausgeht und eine Anwendung und Übertragung der bereits an der Fallsituation erworbenen Kenntnisse gefordert hat. Diese kann als *wonderment question* eingestuft werden, welche die Lernenden dazu anregen, sich Erklärungen und Begründungen für Fragen zu erarbeiten, welche aus ihrer Neugier heraus entstehen (s. Abschnitt 6.4.2.2). Damit bietet der eingesetzte Fall „Zwei Würfel sind einer zu viel" mehr Möglichkeiten, mathematisch substanziell zu arbeiten, fokussiert aber eher innermathematische Fragen, welche nur zum Teil auf die Fallsituation rückbezogen werden konnten. Dies macht erneut deutlich, dass zusätzlich zu den Bewertungskategorien, die sich auf Fälle beziehen, weitere Kriterien in der Erstellung berücksichtigt werden und zielorientiert bewusst einbezogen werden sollten (s. Abschnitt 11.1).

Es bleibt allerdings Gegenstand zukünftiger Forschung, alle im Rahmen von ELIF bisher verwendeten Fälle zu überarbeiten und sie in Klassen mit und ohne methodischem Vorwissen zu erproben sowie genauestens zu analysieren, welche Komponenten mathematischer Handlungen wie das Modellieren und Problemlösen bei den Schülern durch die unterschiedlichen Fälle angeleitet werden. Weiterhin müssen die Fragen der Schüler eindeutig klassifiziert und anhand dessen festgestellt werden, mit welcher mathematischen Tiefe die verschiedenen Fallinhalte er- oder bearbeitet werden und werden können. Im Zuge dessen sollten die Fragen der Kinder mit den Anforderungsbereichen in Verbindung gebracht werden, sodass eindeutig herausgearbeitet werden kann, welche Fallmerkmale einen Einfluss auf das Anspruchsniveau der gestellten Fragen haben. In dieser Arbeit sollten aber zunächst nur Fälle im Rahmen der Konzeption ELIF entwickelt werden, die die entsprechenden Bewertungskategorien erfüllen und aufzeigen, welche allgemeinen Kriterien ein Fall im Mathematikunterricht erfüllen sollte, um den Erwerb inhaltsbezogener und prozessbezogener sowie lebensweltlicher Kompetenzen zu fördern. Solche Kriterien können anschließend in einem nächsten Schritt Grundlage zur bereits angesprochenen Weiterentwicklung existierender Fälle sein.

Insgesamt lässt sich erkennen, dass es abhängig vom Fall, der Gestaltung des Lerntagebuchs, aber vor allem auch von der Leitung der Lehrperson und der Arbeitsweise und -einstellung sowie -gewohnheit der Schüler sein kann, ob Ideen

generiert oder Lernfragen gestellt, diese im Arbeitsprozess weiterentwickelt werden oder von Anfang an mit höherer mathematischer Substanz versehen sind,
Fallerweiterungen verwendet werden oder nicht. Es wirken immer alle Bedingungen zusammen, sodass es sich schwierig gestaltet anhand der vorliegenden
Daten einzelne Faktoren isoliert zu analysieren. Dies ist auf der einen Seite der
Grund, weshalb manche Änderungen im Verlauf der Zyklen sprunghaft vorgenommen worden sind, das heißt, zum Beispiel zunächst Ideen generiert werden,
dann Lernfragen gestellt sollten und im nächsten Zyklus doch wieder zu den
Ideen zurückgekehrt wurde. So wurde versucht, die unterschiedlichen Parameter
zu ändern, die anhand der Beobachtungen und Ergebnisse aus den Lerntagebüchern für eine bestimmte Einschätzung der Bewertungskategorien verantwortlich
zu sein schienen und somit im Rahmen der praxisgebundenen Auswertung optimale Modifizierungen zu erzielen. Auf der anderen Seite macht dies deutlich,
dass noch erhöhter Forschungsbedarf bezüglich ELIF konkret und in Bezug auf
das fallbasierte Lernen im Mathematikunterricht im Allgemeinen unter Einsatz
eines Lerntagebuchs besteht. In diesem Kapitel aufgedeckte offene Forschungsfragen und Generalisierungspotenziale der gewonnenen Erkenntnisse können und
sollen an dieser Stelle aus arbeitsökonomischen und stringent logischen Gründen nur begrenzt, komponentenbezogen bearbeitet werden (s. Abschnitt 11.1 und
11.2). Die hohe Komplexität und Integrativität von ELIF erlaubt es nicht, alle
interessant erscheinenden Aspekte im Detail weiterzuverfolgen, sodass hier im
Folgenden ein entsprechender Fokus gesetzt und auf weitere Forschungsdesiderate
und Anknüpfungspunkte zur Erweiterung der mathematikdidaktischen Theorie an
entsprechenden Stellen (s. Abschnitt 10.1 und 10.2) verwiesen sei.

Abschließend kann die Fragestellung F2.2 *Wie lassen sich zyklenübergreifende
Auffälligkeiten begründen?* an dieser Stelle als beantwortet betrachtet werden,
da Auffälligkeiten der Datenauswertung detailliert begründet und unter Einbezug
der zugrunde liegenden Theorien sowie vor dem Hintergrund der Anwendbarkeit
interpretiert worden sind. Somit ist die praktische (Weiter-)Entwicklung von ELIF
anhand der qualitativen evaluativen Inhaltsanalyse unter zusätzlicher Berücksichtigung übergreifender Zusammenhänge vollendet und das Endkonzept kann
abschließend dargestellt werden.

10.3 Darstellung des Endkonzepts ELIF

Nach wiederholter Durchführung und Modifizierung der Konzeption kann anhand
der Evaluationsergebnisse gefolgert werden, dass die letzte Version von ELIF die
im Kategoriensystem festgelegten Bewertungskategorien in angemessenem Maße
erfüllt (s. Kapitel 10). Somit stellt ELIF eine Unterrichtskonzeption dar, die die

Grundideen von PBL widerspiegelt, als durchführbar in der dritten und vierten Klasse eingestuft werden kann sowie einen Erwerb spezifischer mathematischer inhaltsbezogener und prozessbezogener Kompetenzen für die Schüler ermöglicht und darüber hinaus die (Weiter-)Entwicklung ihrer Lebensweltkompetenz fördern kann. Folglich bietet dieses Endkonzept im Ganzen die Möglichkeit für die Schüler, die vorgesehenen Ziele (s. Kapitel 7) simultan erreichen zu können. Das Endkonzept besteht weiterhin aus drei Komponenten. Das finale Lerntagebuch bietet eine altersadäquate Unterstützung für die Lernenden und trägt somit ausschlaggebend zur Durchführbarkeit der Konzeption bei. Die empirisch entwickelten Phasen sind auf der einen Seite angepasst an die Fähigkeiten der Schüler in einer dritten oder vierten Klasse und bilden auf der anderen Seite die Kerngedanken von PBL ab, das heißt, sie realisieren offenen Unterricht, Eigenaktivität der Schüler, kooperative und kommunikative Arbeitsformen sowie den Einsatz eines Falls als Initiator des Lernprozesses (s. Abschnitt 10.3.1). Im Entwicklungsprozess konnten verschiedene Fälle in unterschiedlichen Kontexten getestet sowie durch den wiederholten Einsatz des Falls „Ein ganz schön voller Tag" und dessen Überarbeitung ein für die erstmalige Durchführung von ELIF adäquater Fall entwickelt werden, der die Schüler nicht überfordert sowie vom Thema und den ihm inhärenten Lernfragen her eine niedrige Einstiegsschwelle bietet.

Insgesamt stellen die drei Komponenten in ihrer Form eine Möglichkeit dar, ELIF gewinnbringend im Mathematikunterricht der Grundschule umzusetzen. Dabei sollte jedoch beachtet werden, dass Anpassungen der Durchführung, des Falls und des Lerntagebuchs an die jeweilige Lerngruppe zur Optimierung der Lernprozesse und -ergebnisse der Schüler der Lehrperson obliegen und in Abhängigkeit von der jeweiligen Klasse umgesetzt werden sollten.

Somit kann an dieser Stelle der zweite Forschungsschwerpunkt, die Konzept(weiter-)entwicklung und Evaluation, durch die Darstellung des Endkonzepts ELIF als Möglichkeit zur kindgerechten Umsetzung von PBL im Mathematikunterricht der Grundschule abgeschlossen werden (s. Abbildung 10.1).

10.3.1 Phasen von ELIF

Die nachfolgend dargestellten Phasen von ELIF (s. Tabelle 10.3) bieten eine Möglichkeit, die Grundideen im Mathematikunterricht der Grundschule umzusetzen und zugehörige Lernhandlungen wie das Erarbeiten des dem Fall inhärenten Problems, Planen und Durchführen von Rechercheprozessen, Durchführen von Besprechungen und Evaluieren des Lernprozesses (s. Abschnitt 7.1) bei den

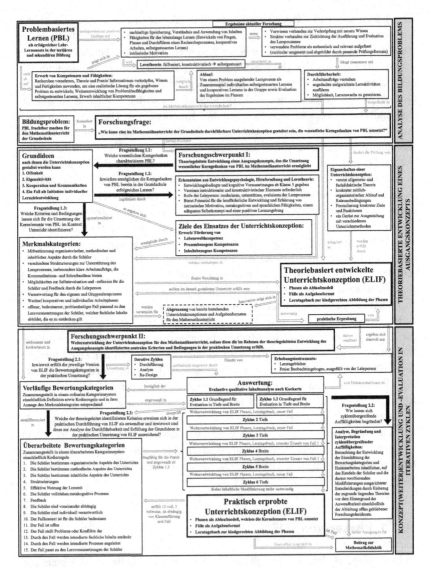

Abbildung 10.1 Zusammenfassende Darstellung der Konzeptionsentwicklung

Tabelle 10.3 Für die Lehrperson aufbereitete Phasen, die in ELIF durchlaufen werden sollen

Legende: S (Schüler), LP (Lehrperson), Einzelarbeit (EA), Partnerarbeit (PA), Gruppenarbeit (GA), Plenum (P), zentrale Lernfrage (zLF), Hausaufgabe (HA), Stundenende (dicker Strich), generell ist insbesondere bei Erstdurchführung (grau hervorgehoben) eine adäquate Anleitung (organisatorische Vorgaben in Spalte 2) nach Ermessen der LP vorgesehen, ELIF = eine Glühbirne, die das Lernen begleitet

Phase	Beschreibung einschließlich *Lernbegleiter*	Organisation (ca. Zeit)
1. Lesen und Verstehen des Falls	Die S lesen den Fall. Ggf. werden Verständnisfragen zu Begriffen geklärt und der Fall wird erschlossen. *Anschließend Austeilen des Lernbegleiters und Einkleben des Falls.* Die S. lernen ELIF als Lernbegleitung kennen.	P, ggf. GA (5 min) P: Konzept-Visualisierung durch ELIF-Symbole an der Tafel (5 min) P: Erschließen des Tafelbilds und Besprechung des Deckblatts (5 min)
2. Finden und Formulieren der zLF	Die S überlegen sich zentrale Lernfragen, diese werden diskutiert und die S einigen sich auf eine zLF. *1 Das möchten wir herausfinden (Hauptfrage):___*	EA, dann Besprechung im P oder komplett im P ggf. komplett als GA
3. Aktivierung von Vorwissen	Die S stellen einen Bezug zwischen der zLF und der Mathematik her. *2 Was hat eure Hauptfrage mit Mathematik zu tun?* Die S schätzen ihre inhaltlichen Lernvoraussetzungen auf einer Zielscheibe in einem Kompetenzraster ein und ergänzen ggf. nicht aufgeführte Punkte. *3 Schätze dich ein. Das kann ich schon: Auflistung der Kompetenzen*	EA, dann ggf. P EA (10 min, bei vorzeitigem Stundenende ggf. bereits HA (4.) erklären 5 min)
4. Entwickeln individueller Ideen	Die S entwickeln individuelle Ideen zur Beantwortung der zLF. *4 Diese Ideen habe ich für die Beantwortung der Hauptfrage.*	EA, zusätzlich ggf. P (10 min und ggf. als HA zu Ende)
5. Einigung auf Lernfragen in Gruppen	*Austeilen des Ablaufplans.* Die S folgen den Anweisungen aus dem Ablaufplan und einigen sich in Gruppen auf wichtige Ideen (Wichtigkeit wird dabei zunächst über die Anzahl der Kinder definiert, die diese Idee hatten) und daraus resultierende Lernfragen. Die S legen nach den Anweisungen aus dem Ablaufplan zur Identifikation voneinander abhängiger Fragen eine Bearbeitungsreihenfolge fest *5 Das müssen wir herausfinden, um unsere Hauptfrage beantworten zu können. Einigt euch auf die wichtigsten Ideen aus 4 und macht daraus Fragen.*	P: ggf. Wiederholung der zLF und Einteilung heterogener (max. 4er) Gruppen, Bestimmen eines Gruppensprechers und Austeilen farbiger Gruppen-ELIFs an diesen P: ggf. Klären des Einsatzes der Gr.-ELIFs (z. B. Platzierung an bestimmtem Ort als Zeichen für benötigte Hilfe, Differenzierungsbedarf, …) P: Erklärung der Arbeit mit dem Lernbegleiter mithilfe der Symbole an der Tafel (5 min) GA (30 min) Verschieben der magnetischen Gruppen-ELIFs an der Tafel zur nächsten Phase.

(Fortsetzung)

Tabelle 10.3 (Fortsetzung)

Phase	Beschreibung einschließlich *Lernbegleiter*	Organisation (ca. Zeit)
6. Bearbeitung der Lernfragen	Die S wählen die **Fragen** entsprechend der Reihenfolge aus 5 aus. *Frage __?* Die S überlegen, ob sie diese unmittelbar beantworten können. 6 *Kannst du die Frage gleich aus dem Kopf beantworten? Ja, dann schreibst du deine Antwort auf (Kontrolliere nun, ob deine Antwort stimmen kann. Dazu machst du bei 7 weiter)/Nein, dann machst du bei 7 weiter.* Die S schätzen die Schwierigkeit der Frage ein.	EA Die LP verteilt z. B. Aufsteller mit den einzelnen ELIF-Symbolen (Frage, Besprechung, Antwort auf die Hauptfrage, Selbstreflexion, Stern) als Abholstellen für die jeweiligen Zettel im Klassenraum. Sie hält für fehlende Kinder die dafür vorgesehenen Zettel bereit. Ggf. werden karierte Extrablätter ausgelegt, falls die S mehr als den auf den Fragezetteln vorhandenen Platz für ihre Rechnungen und Überlegungen benötigen.
Planung	7 *Ich kann meine Antwort finden/ kontrollieren, wenn ich mich: ... anstrenge* Die S planen, wie sie ihre gemeinsame Lernfrage beantworten/ kontrollieren können. 8 *Plane, wie du deine Antwort finden/kontrollieren möchtest. Jemanden fragen, ...* Die S bearbeiten die Frage(n).	
Durchführung	9 *Bearbeite deine Frage. Dazu schreibst du deine Überlegungen und Rechnungen auf. Wenn der Platz nicht ausreicht, nimm ein Extrablatt.* Die S finden eine/mehrere Antwort/en auf die ausgewählte/n Lernfrage/n. 10 *Meine Antwort ist: __*	Die LP stellt geeignetes Zusatzmaterial zur Verfügung. (10 min angeleitet, dann 1-2 Fragen als HA)
Reflexion	Die S stellen weitere Überlegungen an und reflektieren Teile des Arbeitsprozesses 11 *Das habe ich dabei auch noch entdeckt oder überlegt:* Die S schätzen die tatsächliche Schwierigkeit der Frage(n) ein. 12 *Da kam ich nicht weiter:* 13 *Meine Antwort zu finden/ kontrollieren, war: ... anstrengend, weil ...* Die S haken unter 5 ab, welche Fragen sie bereits bearbeitet haben.	
7. Ergebnisbesprechung in Gruppen	Die S wählen zur Gruppenbesprechung Fragen aus, die bereits alle beantwortet haben *Gruppenbesprechung zur Frage __?* Die S vergleichen ihre Antworten, schätzen ihre Plausibilität ein und einigen sich ggf. 14 *Tragt eure Namen und Antworten ein und besprecht, ob sie sinnvoll sind. Antwort von __: ... Sind alle Antworten sinnvoll? Ja/Nein, weil...* 15 *Könnt ihr euch auf eine Antwort einigen? Ja/Nein, weil... Unsere/Meine Antwort ist:* Die S überprüfen, ob sich bei der Bearbeitung neue Fragen ergeben haben. 16 *Hat einer von euch bei 11 Eine neue Frage gefunden? Schreibe sie hier auf.* Die S haken unter 5 ab, welche Fragen sie bereits besprochen haben.	Entsprechendes Verschieben der ELIFs GA (25 min)
	Die S bearbeiten ihre Fragen und besprechen die Ergebnisse in den Gruppen. Die S haken unter 5 ab, welche Fragen sie bereits bearbeitet und besprochen haben. Ggf. individuelle oder gruppenbezogene Differenzierung durch Stern-ELIF-Zettel 1. Es wurden unter 16 weitere Fragen gefunden, die noch nicht (notwendigerweise) im Laufe des Lernprozesses beantwortet wurden, und nun bearbeitet werden können. 2. Die S bearbeiten die Weiterführung des Falls, indem sie sich weitere Fragen stellen.	EA, GA (90 min insgesamt, 20 min Erarbeitung weiterer Fragen, dann ggf. als HA) Schleife 6, 7 Entsprechendes Verschieben der ELIFs Integration der freiwilligen Auslage der *Lernbegleiter* zum Sichten und Kommentieren möglich (20-30 in Besprechung ggf. Stunde ergänzen)

(Fortsetzung)

Tabelle 10.3 (Fortsetzung)

Phase	Beschreibung einschließlich *Lernbegleiter*	Organisation (ca. Zeit)
8. Beantwortung der zLF	Die S erinnern sich an die zLF, auf die sie eine **Antwort** finden wollen. *Schaut bei 1 nach. Eure Hauptfrage ist: __?* Die S überlegen, ob sie bereits alle notwendigen Informationen gesammelt und Rechnungen angestellt haben. *17 Könnt ihr schon eine Antwort auf die Hauptfrage geben? Nein, dann könnt ihr hier noch rechnen oder überlegen./Ja, dann macht ihr gleich bei 18 weiter!* Die S lösen den Fall durch eine gemeinsame Beantwortung der zLF auf. *18 Unsere Antwort auf die Hauptfrage ist: __*	Entsprechendes Verschieben der Gruppen-ELIFs GA (15 min)
9. Selbstreflexion	Die S schätzen ihr erworbenes inhaltliches Wissen auf einer Zielscheibe in einem Kompetenzraster als **Selbstreflexion** ein und ergänzen ggf. nicht aufgeführte Punkte. *19 Schätze dich ein. Das kann ich jetzt: Auflistung der Kompetenzen.* Die S schätzen ihr Verhalten im Gruppenprozess ein und ergänzen ggf. Punkte. *20 Kreuze an. So schätze ich mich ein.* Die S reflektieren, was ihnen bezüglich der Arbeit in der Unterrichtskonzeption (ELIF) gut/ weniger gut gefallen hat und wie es ihnen dabei ging. *21 Das hat mir gut gefallen. 22 Das hat mir nicht so gut gefallen. 23 Nachdem ich Alles beantwortet und besprochen habe, fühle ich mich/bin ich:... weil:*	Entsprechendes Verschieben der Gruppen-ELIFs EA (5 min)
10. Ergebnispräsentation	Die S sammeln und visualisieren ihre Ergebnisse in einer entsprechenden Art und Weise und bereiten nach Absprache mit der LP die Vorstellung der Ergebnisse vor. Die S stellen ihre Ergebnisse vor sowie diskutieren und reflektieren Gemeinsamkeiten und Unterschiede der Gruppenergebnisse. Die LP sammelt die *Lernbegleiter* ein und schätzt ebenfalls die Kompetenzen und das Gruppenarbeitsverhalten jedes S ein und ergänzt ggf. Kommentare **(19, 20)**.	Entsprechendes Verschieben der ELIFs Darstellung der Ergebnisse durch: Rollenspiel, Standbild, Infoplakat, Tagesplan, Modelle, ... GA (adäquate Zeitspanne wählen) P (adäquate Zeitspanne wählen)

Schülern zu initiieren. Ebenso berücksichtigen sie die Rolle der Lehrperson als Unterstützer und Begleiter der Schüler in ihrem Lernprozess (s. Abschnitt 2.4 und 5). Diese Phasen sind als ein Gerüst zu sehen, welches von der Lehrperson offen interpretiert und somit bedarfsorientiert verwendet werden sollte. Dies bedeutet, dass die Lehrperson die Möglichkeit hat, Phasen zugunsten ihrer Lerngruppe abzuändern. Dabei sollte ihr bewusst sein, dass dadurch gegebenenfalls manche Lernhandlungen und damit auch Kernelemente von PBL nicht vollständig umgesetzt werden können. So sind beispielsweise wenige bis keine kooperativen Phasen möglich oder sinnvoll, wenn die Schüler dazu angeleitet werden, ausschließlich individuelle Lösungen zu erarbeiten. Dahingegen kann es im Sinne einer zusätzlichen Differenzierung über Sozialformen durchaus sinnvoll sein, einen Teil der Schüler nicht in einer Gruppe von drei oder vier Personen arbeiten zu lassen, sondern zum Beispiel in Partnerarbeit. Die Lehrperson sollte sich bei der Anpassung der Phasen an ihre individuelle Lerngruppe stets fragen, inwiefern die Anpassungen die Schüler dabei unterstützen, bestmöglich die aus den Grundideen entspringenden Lernhandlungen auszuführen, und ob diese damit gefördert werden sowie welche Lernhandlungen dadurch gegebenenfalls Einschränkungen erfahren. Nur so können Schüler im mit ELIF durchgeführten Unterricht prozessbezogene sowie inhaltsbezogene Kompetenzen erwerben und ihre Lebensweltkompetenz (weiter-)entwickeln.

Die Phasen können der Lehrperson zusätzlich einen groben zeitlichen Rahmen bieten, welcher in den praktischen Erprobungen exploriert wurde, sodass sie vor der Umsetzung eines Falls bereits weiß, wie viele Schulstunden sie in etwa für die Bearbeitung einkalkulieren sollte. Dabei gilt es zu beachten, dass einzelne Phasen deutlich mehr Zeit in Anspruch nehmen können, wenn die Schüler noch nie in der Konzeption gearbeitet haben. Zusätzlich einzurechnende Arbeits- und Erklärungsschritte für die erstmalige Durchführung sind in Grau dargestellt und sollten ab einer zweiten Durchführung kaum noch oder gar nicht mehr notwendig sein. Auch die zeitliche Gestaltung der Phasen soll der Lehrperson lediglich eine erfahrungsgestützte Orientierung bieten und ist nicht als festes Skript für die Durchführung zu verstehen.

Zusätzlich sollten die Phasen im Rahmen der Strukturierung für die Schüler stets visualisiert werden. Eine erprobte Möglichkeit stellt die im Folgenden abgebildete Visualisierung an der Tafel dar (s. Abbildung 10.2), in der jede Gruppe ihren farblich zugeordneten ELIF entsprechend ihres Arbeitsprozesses positionieren kann. Dies kann darüber hinaus für die Lehrperson einen Überblick liefern, in welchem Tempo die einzelnen Gruppen arbeiten und sie darauf hinweisen, welche Schüler gegebenenfalls zusätzliche Unterstützung benötigen, sodass sie auf potenziell bereitgestelltes Zusatzmaterial verweisen oder mündliche Hilfestellungen geben kann. Gleichzeitig kann sie so im Blick behalten, für welche Schüler es angebracht wäre, den Fallzusatz zu bearbeiten.

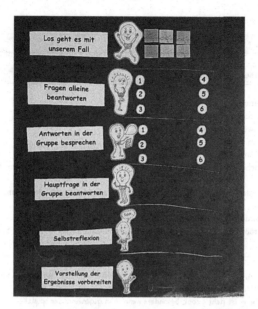

Abbildung 10.2 Für die Schüler aufbereitete Visualisierung der Phasen an der Tafel

Die Phasen als erste Komponente von ELIF sind einerseits fest an die Konzeption gebunden, da sie den Ablauf dieser definieren, können aber andererseits als eine Möglichkeit interpretiert werden, Unterricht nach den Grundideen umzusetzen, die auf andere Kontexte oder Fächer übertragbar ist. Zudem stellen sie eine bisher noch nicht vorhandene Möglichkeit dar, Kooperation und Kommunikation, Eigenaktivität im Sinne selbstgesteuerten Lernens, Problemorientierung und Offenheit integrativ in einer Unterrichtseinheit im Mathematikunterricht zur Erreichung prozess- und inhaltsbezogener sowie lebensweltlicher Kompetenzen zu vereinen.

10.3.2 Fälle in ELIF

Die im Folgenden aufgeführten Fälle stellen den Output der verschiedenen iterativen Zyklen dar und können unter Beachtung der jeweiligen durch sie erfüllten Bewertungskriterien (s. Abschnitt 10.1) im Unterricht unter Vorbehalt verwendet werden. Zusätzlich sollten die Fälle stets an die Lernvoraussetzungen der jeweiligen Lerngruppe angepasst werden.

Fall Zyklus 1

Thema
Zeitspannen

Intendierte inhaltsbezogene Kompetenzen

Die SuS…

Zahlen und Operationen
- vergleichen verschiedene Rechenwege.
- wählen Rechenwege aufgabenbezogen aus.

Größen und Messen
- lesen Uhrzeiten von digitalen und analogen Uhren ab.
- wählen entsprechend der Fragestellung geeignete Messinstrumente aus und wenden sie sachgerecht an.
- verwenden Standardeinheiten der relevanten Größenbereiche (ct, €; mm, cm, m, km; s, min, h; g, kg, t; ml, l).
- wandeln standardisierte Einheiten um (z. B. 101 ct = 1 € 1 ct = 1,01 €).
- rechnen mit Größen. (vgl. Niedersächsisches Kultusministerium 2017, S. 30; ebd., S. 35-36)

Fall

Ein ganz schön voller Tag

Es ist Montagmorgen, große Pause! Alle sind draußen auf dem Schulhof. Tim erzählt von seinem neuen Spiel für die Playstation, was er zu Weihnachten bekommen hat.

Tim: „Mein neues Spiel ist richtig cool, besonders wenn man gegeneinander spielt!"

Lisa: „Vielleicht können wir uns verabreden. Dann kann ich dein Gegner sein."

Tim: „Nach der Schule gehe ich erstmal zum Mittagessen nach Hause und habe dann direkt Fußballtraining. Dann muss ich ja auch noch die Hausaufgaben machen. Und es kommt Ninjago im Fernsehen, das möchte ich nicht verpassen."

Lisa: „Ich gehe erstmal in den Hort, mache dort aber auch schon meine Hausaufgaben und esse etwas. Und Mama möchte, dass ich zum Abendessen um 18 Uhr wieder zu Hause bin. Wie lange braucht man denn eigentlich für das Spiel?"

Tim: „Solange wir eben Lust haben. Vielleicht ist es aber doch gar nicht so einfach, heute Zeit dafür zu finden, aber ich will es unbedingt spielen."

Lernfragen *In Klammern sind Lernfragen gekennzeichnet, die primär keinen mathematischen Gehalt aufweisen.*	
Zentrale Lernfrage	Wann können sich Tim und Lisa heute treffen?
Nötige Lernfragen	Wie lange dauern Mittagessen, Fußballtraining, Hausaufgaben, Ninjago, Hort?
	Wann fangen diese Aktionen an und wann werden sie beendet?
	Wie viele Minuten hat eine halbe Stunde/Viertelstunde?
Mögliche Lernfragen	Wie weit wohnen die beiden auseinander und wie lange braucht man für den Weg?
	Wie lange brauchen Lisa und Tim von der Schule nach Hause?
	Wie lange braucht man für den Weg zum Fußballtraining?
	Gibt es eine Wiederholung von Ninjago, die Tim schauen könnte?

	Wann isst Tim und wann macht er Hausaufgaben?
	Wie lange braucht Lisa für das Essen und die Hausaufgaben?
	Wie lange dürfen Tim und Lisa aufbleiben?
	Wie lange erlauben Tim und Lisas Eltern es ihnen, Playstation am Tag zu spielen?
	(Welches Spiel hat Tim bekommen?)

Ergänzendes Material

Es wurde kein ergänzendes Material angefertigt

Fall Zyklus 2

Thema

Rechnen mit Geld

Intendierte inhaltsbezogene Kompetenzen

Die SuS...

Zahlen und Operationen

- runden Zahlen sachangemessen.
- nutzen die Grundvorstellungen der Grundoperationen im erweiterten Zahlenraum.
- prüfen Ergebnisse durch überschlagendes Rechnen und die Umkehroperation.

Größen und Messen

- verwenden Standardeinheiten der relevanten Größenbereiche (ct, €; mm, cm, m, km; s, min, h; g, kg, t; ml, l).
- wandeln standardisierte Einheiten um (z. B. 101 ct = 1 € 1 ct = 1,01 €).
- rechnen mit Größen. (vgl. Niedersächsisches Kultusministerium 2017, S. 30; ebd., S. 35-36)

Fall

Die Qual der Wahl

Du bist gerade mit deiner Mama beim Einkaufen. Ihr möchtet für deinen Geburtstag Tüten mit Süßigkeiten für deine Klasse packen. Du fragst deine Mama, ob du die Süßigkeiten aussuchen darfst, die in die Tüten kommen. Schließlich weißt du ja auch am besten, was dir und deinen Mitschülern schmeckt.

Deine Mama erlaubt es dir. Sie erinnert dich: „Denk daran, dass deinen Klassenkameraden nicht schlecht werden darf von zu vielen Süßigkeiten!"

Sie drückt dir 2 Scheine und mehrere verschiedene Euromünzen und Cent-Münzen in die Hand und sagt: „Das darfst du ausgeben. So habe ich noch genug von meinen 100 € übrig, um alles andere für die Woche einzukaufen."

Das geht in Ordnung, denkst du und stürmst los, um verschiedene Süßigkeiten auszusuchen.

Lernfragen *In Klammern sind Lernfragen gekennzeichnet, die primär keinen mathematischen Gehalt aufweisen.*

Zentrale Lernfrage	Welche Süßigkeiten kann ich von dem Geld kaufen?
Nötige Lernfragen	Wie viel Geld gibt Mama mir?
	Was für Scheine und Münzen gibt es?
	Welchen konkreten Geldbetrag kann ich aus 2 Scheinen und mehreren verschiedenen Euromünzen und Eurocentmünzen erhalten?
	Wie viele Kinder sind in meiner Klasse?
	Welche Süßigkeiten kaufe ich?

Mögliche Lernfragen	Wie viele Süßigkeiten passen in eine Geburtstagstüte?
	Was für ein Volumen haben die Geburtstagstüten?
	Wie viele Süßigkeiten kann ein Kind essen, ohne dass ihm schlecht wird?
	(Welche Süßigkeiten schmecken mir und meinen Klassenkameraden am besten?)
	Wie viel Geld hat Mama noch übrig?
	Wie viel Geld benötigt Mama für einen Wocheneinkauf?

Ergänzendes Material

- Fotos von Supermarktregalen mit Süßigkeiten
- Spielgeld

Fall Zyklus 3

Thema

Würfelexperimente und Häufigkeiten

Intendierte inhaltsbezogene Kompetenzen

Die SuS...

Zahlen und Operationen

- lösen kombinatorische Aufgaben durch Probieren und systematisches Vorgehen.
- nutzen Bearbeitungshilfen (z. B. Skizzen, Pfeilbilder, Streckenbilder, Tabellen und Diagramme) zur Bearbeitung von Sachaufgaben.

Daten und Zufall

- stellen Fragen zu Häufigkeiten und sammeln dazu Daten (z. B. durch Beobachtungen, Befragungen oder einfache Experimente).
- stellen Daten in Tabellen und Diagrammen (Balkendiagramm, Säulendiagramm) übersichtlich und angemessen dar.
- ziehen Schlussfolgerungen aus Tabellen und Diagrammen.
- stellen Vermutungen zur Eintrittswahrscheinlichkeit von Ereignissen an und erläutern diese (sicher, möglich, unmöglich).
- führen einfache Zufallsexperimente (z. B. Würfeln, Ziehen von bunten Kugeln) zur Eintrittswahrscheinlichkeit durch, dokumentieren die Ergebnisse und überprüfen ihre Vermutungen. (vgl. Niedersächsisches Kultusministerium 2017, S. 31; ebd., S. 37-38)

Fall

Zwei Würfel sind einer zu viel

Von draußen prasselt der Regen an die Fensterscheibe. Emre und Yasin sitzen im Wohnzimmer und überlegen, was sie spielen können. Der Regen hat ihnen einen Strich durch die Rechnung gemacht, denn es ist viel zu nass und matschig, um Fußball zu spielen. Die Tür zum Wohnzimmer geht auf und Mama kommt herein.

Mama: „Lasst uns mal wieder eine Runde Mensch ärgere dich nicht spielen, das haben wir schon so lange nicht gemacht. Außerdem bekomme ich noch ganz schlechte Laune, wenn ich eure enttäuschten Gesichter sehe. Aber zum Fußballspielen ist es wirklich zu nass."

Yasin verdreht die Augen: „Das ist aber so langweilig. Außerdem schummelt Emre immer."

Emre: „Das stimmt überhaupt nicht! Aber damit es spannender wird, könnten wir es doch mit 2 Würfeln spielen!"

Mama: „Na dann los. Und bei welcher Zahl dürfen wir mit unserer Figur aus dem Haus raus?"

Emre: „Wie wäre es, wenn jeder sich eine eigene Zahl aussuchen kann, bei der er immer aus dem Haus herauskommt?"

Yasin: „Dann will ich mir aber zuerst eine Zahl überlegen, die ihr dann nicht mehr nehmen dürft. Sonst schummelt Emre wieder, denn vielleicht gibt es ja besonders gute Zahlen."

Lernfragen *In Klammern sind Lernfragen gekennzeichnet, die primär keinen mathematischen Gehalt aufweisen.*	
Zentrale Lernfrage	Welche Zahl kommt am häufigsten vor?/ Was sind die guten Zahlen?
Nötige Lernfragen	Welche Zahlen können überhaupt gewürfelt werden? (Mit einem und mit zwei Würfeln) Welche Kombinationsmöglichkeiten gibt es für diese Zahlen? Wie wahrscheinlich sind die Zahlen?
Mögliche Lernfragen	Mit welcher Zahl kommt man in der Regel bei dem Spiel aus dem Haus und wie wahrscheinlich ist die? Welche Zahl kommt beim Würfeln mit 1, 2, 3,… Würfeln am häufigsten/seltensten vor? Welche Zahl kommt beim Würfeln mit einem mehrflächigen (z. B. 10 statt 6 Flächen) Würfel am häufigsten/seltensten vor? (Kann man den Würfel irgendwie beeinflussen?) (Wie kann Emre geschickt schummeln?)

Ergänzendes Material

- Informationsblatt zu Baumdiagrammen, um alle möglichen Kombinationen festzuhalten

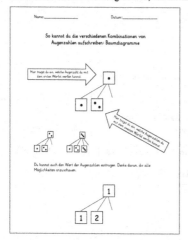

- Informationsblatt zur Dokumentation von Ergebnissen der Würfelexperimente in Tabellen

Name:_____   Datum:_____

So kannst du die Ergebnisse eurer Würfelexperimente
aufschreiben: Tabelle

1. Würfel	2. Würfel	Summe der Augenzahlen
•	••	3

Du kannst auch den Wert der Augenzahlen eintragen.

1. Würfel	2. Würfel	Summe der Augenzahlen
1	2	3

Du kannst dir auch die Würfel aufmalen.

| • | •• | Summe: |

- Fallergänzung zum Thema „unmögliche Zahlen" zur Differenzierung

Name: _____   Datum: _____

Denke über unmögliche Zahlen nach.
Emre schlägt vor: „Yasin, nimm doch die 13. Das ist doch deine Lieblingszahl. Damit gewinnst du bestimmt."
Da greift Mama ein und sagt: „Wir wollen fair bleiben. Es ist doch unmöglich, eine 13 mit zwei Würfeln zu werfen."
Yasin denkt kurz darüber nach und entscheidet sich dann für eine andere Zahl.

Fall Zyklus 4

Thema
Zeitspannen
Intendierte inhaltsbezogene Kompetenzen
Die SuS…
Zahlen und Operationen
• vergleichen verschiedene Rechenwege.
• wählen Rechenwege aufgabenbezogen aus.
Größen und Messen
• lesen Uhrzeiten von digitalen und analogen Uhren ab.
• wählen entsprechend der Fragestellung geeignete Messinstrumente aus und wenden sie sachgerecht an.
• verwenden Standardeinheiten der relevanten Größenbereiche (ct, €; mm, cm, m, km; s, min, h; g, kg, t; ml, l).
• wandeln standardisierte Einheiten um (z. B. 101 ct = 1 € 1 ct = 1,01 €).
• rechnen mit Größen. (vgl. Niedersächsisches Kultusministerium 2017, S. 30; ebd., S. 35-36)
Fall

Ein ganz schön voller Tag

Es ist Donnerstag. Alle sind morgens in der ersten großen Pause auf dem Schulhof. Tim erzählt von seinem neuen Spiel für die Playstation, was er zum Geburtstag bekommen hat.

Tim: „Mein neues Spiel ist richtig cool, besonders wenn man gegeneinander spielt!"

Lisa: „Vielleicht können wir uns verabreden. Dann kann ich dein Gegner sein."

Tim: „Nach der Schule gehe ich erstmal zum Mittagessen nach Hause. Heute Nachmittag habe ich Fußballtraining und irgendwann muss ich ja auch noch Hausaufgaben machen."

Lisa: „Ich habe heute Ganztag. Da kann ich schon Hausaufgaben machen und Mittagessen gibt es auch. Danach habe ich Zeit. Ich muss aber heute Abend pünktlich am Kino sein, weil ich mit meiner Freundin den Film Luis und die Aliens gucken möchte. Wie lange braucht man denn eigentlich für das Spiel?"

Tim: „Solange wir Lust haben. Eine Runde dauert eine Viertelstunde. Ich will es unbedingt vor dem Wochenende noch spielen. Morgen fahre ich nämlich direkt nach der Schule zu meiner Oma nach Hannover. Da bleibe ich bis Sonntag und die hat keine Playstation."

Lernfragen *In Klammern sind Lernfragen gekennzeichnet, die primär keinen mathematischen Gehalt aufweisen.*	
Zentrale Lernfrage	Wann können sich Tim und Lisa heute treffen?
Nötige Lernfragen	Wie lange dauern Mittagessen, Fußballtraining, Hausaufgaben, Ninjago, Hort? Wann fangen diese Aktionen an und wann werden sie beendet? Wie viele Minuten hat eine halbe Stunde/Viertelstunde?
Mögliche Lernfragen	Wie weit wohnen die beiden auseinander und wie lange braucht man für den Weg? Wie lange brauchen Lisa und Tim von der Schule nach Hause? Wie lange braucht man für den Weg zum Fußballtraining? Gibt es eine Wiederholung von Ninjago, die Tim schauen könnte? Wann isst Tim und wann macht er Hausaufgaben? Wie lange braucht Lisa für das Essen und die Hausaufgaben? Wie lange dürfen Tim und Lisa aufbleiben? Wie lange erlauben Tim und Lisas Eltern es ihnen, Playstation am Tag zu spielen? (Welches Spiel hat Tim bekommen?)

Ergänzendes Material

- Trainingsplan des örtlichen Fußballvereins (aus datenschutzrechtlichen Gründen hier nicht aufführbar)
- Modelluhren
- Beispielstundenplan

Stundenplan Lisa

Stunde	Zeit	Fach
Ankunftszeit	08:00 – 08:15	
1. Stunde	08:15 – 09:00	Deutsch
2. Stunde	09:05 – 09:50	Religion
Frühstück	09:50 – 10:00	
1. Pause	10:00 – 10:15	
3. Stunde	10:15 – 11:00	Mathematik
4. Stunde	11:05 – 11:50	Sachunterricht
2. Pause	11:50 – 12:10	
5. Stunde	12:10 – 12:55	Kunst
6. Stunde	13:00 – 13:45	Sport

- Beispieltagespläne

Beispiel Tagesplan

Name: Lisa   Datum: 01.06.2018

Uhrzeit	Aufgabe
07.00 Uhr	Aufstehen, Anziehen und Frühstücken
07.50 Uhr	Mit dem Bus zur Schule
08.15 Uhr	1. Stunde Mathe
9.00 Uhr	Pause
9.05 Uhr	2. Stunde Musik
10.00 Uhr	1. große Hofpause
10.15 Uhr	3. Stunde Deutsch
11.00 Uhr	Pause
11.05 Uhr	4. Stunde Englisch
11.50 Uhr	2. große Hofpause
12.10 Uhr	5. Stunde Kunst
13.00 Uhr	Ganztag
16.00 Uhr	Mama holt mich von der Schule ab und bringt mich zu Luise
16.20 Uhr	Spielen mit Luise
17.30 Uhr	Mama holt mich von Luise ab und wir fahren nach Hause
18.00 Uhr	Abendessen mit Mama und Papa
19.00 Uhr	Fernsehen
20.30 Uhr	Schlafen gehen

Beispiel Tagesplan

Name: Lisa   Datum: 01.06.2018

Zeit			Aufgabe
von	bis	so lange brauche ich dafür	
07:00 Uhr	07:50 Uhr	50 min	Aufstehen, Anziehen und Frühstücken
07:50 Uhr	08:05 Uhr	15 min	Mit dem Bus zur Schule
08:15 Uhr	09:00 Uhr	45 min	1. Stunde Mathe
09:00 Uhr	09:05 Uhr	5 min	Pause
09:05 Uhr	10:00 Uhr	55 min	2. Stunde Musik, Frühstückspause
10:00 Uhr	10:15 Uhr	15 min	1. große Hofpause
10:15 Uhr	11:00 Uhr	45 min	3. Stunde Deutsch
11:00 Uhr	11:05 Uhr	5 min	Pause
11:05 Uhr	11:50 Uhr	45 min	4. Stunde Englisch
11:50 Uhr	12:10 Uhr	20 min	2. große Hofpause
12:10 Uhr	12:55 Uhr	45 min	5. Stunde Kunst
13:00 Uhr	16:00 Uhr	3 h	Ganztag
16:05 Uhr	16:20 Uhr	15 min	Mama bringt mich zu Luise
16:20 Uhr	17:30 Uhr	1 h 10 min	Spielen mit Luise
17:30 Uhr	17:45 Uhr	15 min	Mama holt mich von Luise ab und wir fahren nach Hause
18:00 Uhr	18:40 Uhr	40 min	Abendessen mit Mama und Papa
19:30 Uhr	19:30 Uhr	30 min	Fernsehen
20:00 Uhr			Schlafen gehen

- Blankotagespläne

Tagesplan

Name: Datum:

Zeit			Aufgabe
von	bis	so lange brauche ich dafür	

Tagesplan

Name: Datum:

Zeit	Aufgabe

- Kinoprogramm „Luis und die Aliens"
- Blankouhren, abhängig von der Lerngruppe

Fall Zyklus 5

Thema
Zeitspannen
Intendierte inhaltsbezogene Kompetenzen
Die SuS...

Zahlen und Operationen
- vergleichen verschiedene Rechenwege.
- wählen Rechenwege aufgabenbezogen aus.

Größen und Messen
- lesen Uhrzeiten von digitalen und analogen Uhren ab.
- wählen entsprechend der Fragestellung geeignete Messinstrumente aus und wenden sie sachgerecht an.
- verwenden Standardeinheiten der relevanten Größenbereiche (ct, €; mm, cm, m, km; s, min, h; g, kg, t; ml, l).
- wandeln standardisierte Einheiten um (z. B. 101 ct = 1 € 1 ct = 1,01 €).
- rechnen mit Größen. (vgl. Niedersächsisches Kultusministerium 2017, S. 30; ebd., S. 35-36)

Fall

Ein ganz schön voller Tag

Alle sind morgens in der ersten großen Pause auf dem Schulhof. Tom erzählt von seinem neuen Spiel für die Playstation, was er zum Geburtstag bekommen hat.

Tom: „Mein neues Spiel ist richtig cool, besonders wenn man gegeneinander spielt!"

Lisa: „Vielleicht können wir uns verabreden. Dann kann ich dein Gegner sein."

Tom: „Nach der Schule gehe ich erstmal zum Mittagessen nach Hause. Heute Nachmittag habe ich Fußball-training und irgendwann muss ich ja auch noch Hausaufgaben machen."

Lisa: „Ich muss heute Nachmittag zum Kino, weil ich mit meiner Freundin den Film Luis und die Aliens gucken möchte. Wir treffen uns eine halbe Stunde bevor der Film anfängt, damit wir noch Popcorn kaufen können. Wie lange braucht man denn eigentlich für das Spiel?"

Tom: „Solange wir Lust haben. Eine Runde dauert eine Viertelstunde. Ich will es unbedingt vor dem Wochen-ende noch spielen. Morgen fahre ich nämlich direkt nach der Schule zu meiner Oma nach Hannover. Da bleibe ich bis Sonntag und die hat keine Playstation."

Lernfragen *In Klammern sind Lernfragen gekennzeichnet, die primär keinen mathematischen Gehalt aufweisen.*	
Zentrale Lernfrage	Wann können sich Tom und Lisa heute treffen?
Nötige Lernfragen	Wie lange dauern Mittagessen, Fußballtraining, Hausaufgaben, Kino? / Wann fangen diese Aktionen an und wann werden sie beendet?
	Wie viele Minuten hat eine halbe/Viertelstunde?
Mögliche Lernfragen	Welcher Tag ist „heute" im Fall?
	Wie lange müsste man warten, um sich am Montag treffen zu können?
	Wie weit wohnen die beiden auseinander und wie lange braucht man für den Weg?
	Wie lange braucht man für den Weg zum Kino?
	Wann isst Lisa und wann macht sie Hausaufgaben?
	Wie lange braucht sie für das Essen und die Hausaufgaben?

Würde man auch noch Zeit finden, sich zu treffen, wenn Lisa einen anderen Film mit ihrer Freundin im Kino anschauen würde?

Wann kommt Tom am Sonntag wieder und können sie sich dann noch treffen?

Wie lange hält Tom es ohne Playstation überhaupt aus?

Wie lange dürfen Tom und Lisa aufbleiben?

Wie lange erlauben Tom und Lisas Eltern es ihnen, Playstation am Tag zu spielen?

Wie lange braucht man mit dem Auto nach Hannover?

(Welches Spiel hat Tom bekommen?)

An welchem Datum hat Tom wieder Fußballtraining, wenn er es immer donnerstags hat?

Ergänzendes Material

- Trainingsplan des örtlichen Fußballvereins (aus datenschutzrechtlichen Gründen hier nicht aufführbar)
- Kinoprogramm des örtlichen Kinos (aus datenschutzrechtlichen Gründen hier nicht aufführbar)
- Modelluhren
- Beispiel eines Tagesplans

Name: _____   **Mein Vormittag**   Datum: _____

Zeit			Das mache ich:
von	bis	so lange brauche ich dafür	
07:00 Uhr Hier ist Platz für eine Uhr	07:15 Uhr Hier ist Platz für eine Uhr	eine Viertelstunde das sind 15 Minuten ich kann schreiben 15min	aufstehen anziehen
07:15 Uhr Hier ist Platz für eine Uhr	08:15 Uhr Hier ist Platz für eine Uhr	eine Stunde das sind 60 Minuten ich kann schreiben 60min	frühstücken Zähne putzen zur Schule gehen
08:15 Uhr Hier ist Platz für eine Uhr	09:00 Uhr Hier ist Platz für eine Uhr	eine Dreiviertelstunde das sind 45 Minuten ich kann schreiben 45min	1. Stunde Mathe
09:00 Uhr Hier ist Platz für eine Uhr	13:50 Uhr Hier ist Platz für eine Uhr	4 Stunden und 50 Minuten ich kann schreiben 4h 50min	lernen in der Schule

- Blankotagesplan (entsprechend für Tom)

Name: _____   Lisas Tagesplan   Datum: _____

Zeit			Das macht Lisa:
von	bis	so lange brauche ich dafür	

- Blankouhren

Fall Zyklus 6

Thema
Teilen mit Rest

Intendierte inhaltsbezogene Kompetenzen

Die SuS…

Zahlen und Operationen

- stellen Operationen auf verschiedenen Ebenen im erweiterten Zahlenraum dar (z. B. Malkreuz) und wechseln flexibel zwischen diesen (E-I-S).
- erläutern den Zusammenhang zwischen den Grundoperationen und nutzen Rechengesetze.
- übertragen die automatisierten Aufgaben auf analoge Aufgaben des erweiterten Zahlenraums.
- geben alle Aufgaben des kleinen 1x1 und deren Umkehraufgaben automatisiert wieder.
- verstehen das Verfahren der schriftlichen Division mit einstelligem Divisor und wenden es an. (vgl. Niedersächsisches Kultusministerium 2017, S. 28-30)

Fall

Die Schlacht um Gummibärchen

Die Drillinge **Paul, Max** und **Harald** sitzen am Küchentisch und schauen in die große Gummibärchenbox, die Oma ihnen geschenkt hat. „Aber schön teilen", hat sie gesagt.

Paul fängt sofort an: „Ich nehme eins, dann bekommst du eins, dann Harald, dann ich."

Harald: „Ich möchte aber kein grünes Bärchen. Die mag ich nicht!"

Max: „Ich muss zum Judo. Geht das nicht irgendwie schneller?"

Paul: „Geh doch. Wir machen das schon."

Max: „Nee, dann schummelt ihr bestimmt. Da steht drauf, dass 421 Gummibärchen in der Box sind und ich mag die hellroten nicht!"

Paul: „Das ist voll kompliziert wegen euch."

Max: „Es wäre auch nicht einfacher, wenn wir alle Farben mögen würden. Da würde bestimmt etwas übrigblei-ben."

Paul: „Woher willst du das denn wissen?"

Harald: „Ich habe Hunger! Wir teilen jetzt erst die Farben auf, die wir alle mögen."

Max: „Okay. Die hellroten könnt ihr nachher unter euch aufteilen, ich muss gleich los."

Papa kommt in die Küche: „Bist du fertig, Max? Oh, die grünen Gummibärchen mögen Mama und ich auch."

Lernfragen *In Klammern sind Lernfragen gekennzeichnet, die primär keinen mathematischen Gehalt aufweisen.*	
Zentrale Lernfrage	Welche Zahl kommt am häufigsten vor?/ Was sind die guten Zahlen?
Nötige Lernfragen	Welche Zahlen können überhaupt gewürfelt werden? (Mit einem und mit zwei Würfeln) Welche Kombinationsmöglichkeiten gibt es für diese Zahlen? Wie wahrscheinlich sind die Zahlen?
Mögliche Lernfragen	Mit welcher Zahl kommt man in der Regel bei dem Spiel aus dem Haus und wie wahrscheinlich ist die? Welche Zahl kommt beim Würfeln mit 1, 2, 3,… Würfeln am häufigsten/seltensten vor? Welche Zahl kommt beim Würfeln mit einem mehrflächigen (z. B. 10 statt 6 Flächen) Würfel am häufigsten/seltensten vor? (Kann man den Würfel irgendwie beeinflussen?) (Wie kann Emre geschickt schummeln?)
Fragen zur Differenzierung	Welche Zahlen kann man durch 3 teilen? Welche Zahlen kann man durch 2 teilen? Welche Möglichkeiten für Reste gibt es beim Teilen durch 2? Welche Möglichkeiten für Reste gibt es beim Teilen durch 3?

Ergänzendes Material

- Gummibärchen

- Plättchen

- Fallergänzung zum Thema „Teilbarkeit" zur Differenzierung

Name: _____   Datum: _____

Lieber Zwilling als Drilling

Paul: „Drilling sein ist doch blöd. Nur mit dir zu teilen, wäre viel besser."
Harald: „Warum? Du hast doch schon mehr bekommen als wir."
Paul: „Aber man müsste nicht ständig so viel übrig lassen. Glaube ich zumindest."

10.3.3 Lerntagebuch in ELIF

Nachfolgend werden die Seiten des endgültigen Lerntagebuchs (Abbildung 10.3) abgebildet, welches sich in der praktischen Erprobung als geeignet herausgestellt hat. Dabei gilt, dass diese Variante keine Allgemeingültigkeit beansprucht, sondern das Lerntagebuch stets in Abhängigkeit von der Lerngruppe und ihrer spezifischen fachlichen und sprachlichen Fähigkeiten zu adaptieren und bei methodischem Vorwissen im Umgang mit ELIF im Speziellen oder anderen offenen Unterrichtskonzepten im Allgemeinen zu öffnen ist.

Seiten zur Erarbeitung des Falls

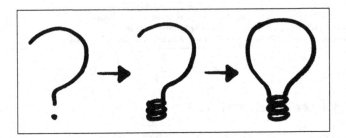

ELIF

Lernbegleiter von

Name: _____

Datum: _____

Klasse: _____

Der Fall

Klebe hier unseren Fall ein.

Klebe den Fall ein.

(1) Das möchten wir herausfinden (Hauptfrage):

_____

_____

_____

(2) Was hat eure Hauptfrage mit Mathematik zu tun?

_____

_____

_____

③ Schätze dich ein. Das kann ich schon:

Ich kann …	◎
Ich kann …	◎
Ich kann …	◎
Ich kann …	◎
Ich kann meine Gedanken aufschreiben.	◎
Ich _____ _____	◎

④ Diese Ideen habe ich für die Beantwortung der Hauptfrage:

Anzahl

• _____ _____ ☐

• _____ _____ ☐

• _____ _____ ☐

• _____ _____ ☐

• _____ _____ ☐

In meiner Gruppe sind:_____

(5) Das müssen wir herausfinden, um unsere Hauptfrage beantworten zu können. Einigt
euch dazu auf die wichtigsten Ideen aus (4) und macht daraus Fragen.

Reihenfolge

Seiten zur Erarbeitung einzelner Lernfragen

Frage ☐ _____

_____

⑥ Kannst du die Frage gleich aus dem Kopf beantworten?

☐ Ja, dann schreibst du deine Antwort auf.   ☐ Nein, dann machst du bei ⑦ weiter.

_____

_____

Kontrolliere nun, ob deine Antwort stimmen kann. Dazu machst du bei ⑦ weiter.

⑦ Ich kann meine Antwort finden / _kontrollieren_, wenn ich mich

_____

ein bisschen anstrenge   sehr anstrenge

⑧ Plane, wie du deine Antwort finden / _kontrollieren_ möchtest.

☐ Ich werde jemanden fragen. Und zwar: _____

☐ Ich werde nachschauen. Und zwar dort: _____

☐ Ich werde etwas rechnen. Und zwar: _____

☐ Ich habe eine andere Idee. Und zwar: _____

_____

_____

⑨ Bearbeite deine Frage. Dazu schreibst du deine Überlegungen und Rechnungen auf. Wenn der Platz nicht reicht, nimm dir ein Extrablatt.

⑩ Meine Antwort ist:

⑪ Das habe ich dabei auch noch entdeckt oder überlegt:

⑫ Da kam ich nicht weiter:

⑬ Meine Antwort zu finden / kontrollieren, war

ein bisschen anstrengend   sehr anstrengend

, weil

Super, jetzt hast du deine Frage beantwortet!

Seite zur Gruppenbesprechung

Gruppenbesprechung zur Frage □ _____

_____

(14) Tragt eure Namen und Antworten ein und besprecht, ob sie sinnvoll sind.

Antwort von _____:_____

_____

Antwort von _____:_____

_____

Antwort von _____:_____

_____

Antwort von _____:_____

_____

Sind alle Antworten sinnvoll?

□ Ja   □ Nein, weil _____

(15) Könnt ihr euch auf eine Antwort einigen?

□ Ja   □ Nein, weil _____

Meine/Unsere Antwort ist:_____

_____

(16) Hat einer von euch bei (11) eine neue Frage gefunden? Schreibe sie auf.

_____

_____

Seite zur Beantwortung der Hauptfrage

Antwort auf die Hauptfrage

Schaut bei ① nach. Eure Hauptfrage ist:_____

_____

⑰ Könnt ihr schon eine Antwort auf die Hauptfrage geben?

☐ Ja, dann macht ihr gleich bei ⑱ weiter!

☐ Nein, dann habt ihr hier Platz, weitere Überlegungen und Rechnungen aufzuschreiben.

⑱ Unsere Antwort auf die Hauptfrage ist:

_____

_____

_____

Seiten zur Selbstreflexion

Selbstreflexion

(19) Schätze dich ein. Das kann ich jetzt:

	Ich	Einschätzung des Lehrers	
Ich kann ...	◎	◎	
Ich kann ...	◎	◎	
Ich kann ...	◎	◎	
Ich kann ...	◎	◎	
Ich kann meine Gedanken aufschreiben.	◎	◎	
Ich _____ _____	◎	◎	

(20) So habe ich in der Gruppe gearbeitet:

	Ja	Nein	Einschätzung des Lehrers
Ich habe Andere ausreden lassen und mich an Gesprächsregeln gehalten.			
Ich habe jede Frage selber beantwortet.			
Ich habe auch bei schwierigen Fragen nicht aufgegeben.			
Ich habe zu jeder Frage meine Antwort vorgestellt.			
Ich habe geholfen, dass wir passende Antworten gefunden haben.			
Ich habe mich dafür interessiert, was die anderen Kinder gesagt haben.			
Ich _____ _____			

(21) Das hat mir gut gefallen:

_____

_____

(22) Das hat mir nicht so gut gefallen:

_____

_____

(23) Nachdem ich alle Fragen beantwortet und besprochen habe, bin ich:

froh   müde   stolz   neugierig   schlauer   unsicher

, weil _____

_____

(24) Möchtest du ELIF noch etwas sagen?

_____

_____

Super, jetzt bist du fast fertig!
Hier hast du noch Platz, etwas
Passendes zu deiner Antwort
zu malen.

Gib deinen Lernbegleiter bei deinem Lehrer ab.

Ablaufplan der Gruppen

Ablaufplan für eure Gruppe

Aufgabe	✓
Trefft euch in der Gruppe und schreibt die Namen der Gruppenmitglieder über ⑤ auf. Kreist den Namen des Gruppensprechers ein.	
Ein Kind fängt an und liest die erste Idee aus ④ vor. Fragt: „Hat jemand eine Idee, die das Gleiche meint?"	
Alle Kinder, die so eine Idee haben, melden sich. Zählt die Meldungen. Schreibt die Zahl bei ④ in das Kästchen hinter die Idee.	
Macht so weiter bis jede Idee in der Gruppe vorgelesen wurde.	
Aus den wichtigsten Ideen sollen nun Fragen werden. Schreibt diese bei ⑤ auf. Wichtig können zum Beispiel die Ideen mit den meisten Meldungen sein.	
Gibt es Fragen, die ihr als Erstes beantworten müsst? ☐ Ja. Schreibt eine 1 in das Kästchen vor die Frage. ☐ Nein. Sucht euch eine Frage aus, die ihr als Erstes beantworten wollt. Schreibt eine 1 in das Kästchen vor die Frage.	
Nun schreibt ihr eine 2 vor die Frage, die ihr als Zweites beantworten wollt. So geht es weiter, bis vor jeder Frage eine Zahl steht.	
Der Gruppensprecher schiebt euren ELIF an der Tafel zum 🏺 und holt für eure Gruppe Blätter mit dem 🏺.	

Zusatzblatt zur Erarbeitung der Inhalte

Name: _____

Zusatzblatt für Kinder, die an einem/mehreren Tag/en gefehlt haben

Bearbeitung und Besprechung der Fragen

(15) Trage alle Fragen und Antworten deiner Gruppe ein.
Falls deine Gruppe sich nicht einigen konnte, suche dir eine sinnvolle Antwort
eines Kindes aus.

Frage	Antwort

(16) Hat einer von euch bei (11) eine neue Frage gefunden? Schreibe sie auf.

Zusatzblatt zur Differenzierung

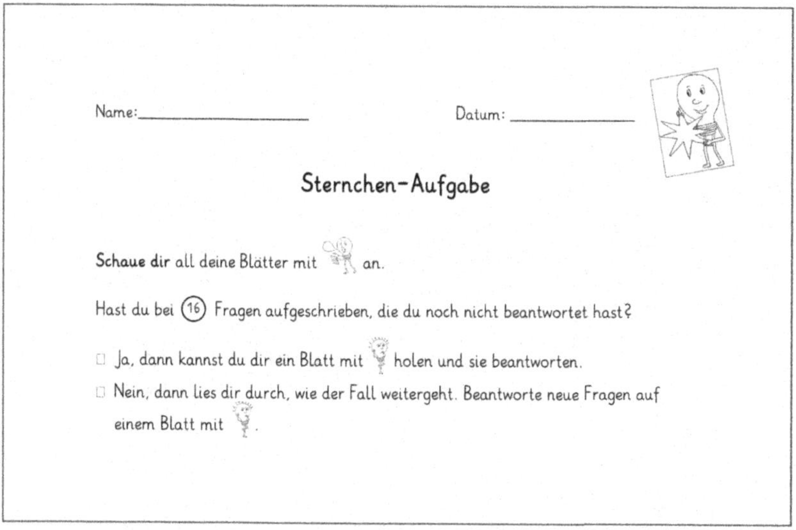

Name: _____   Datum: _____

Sternchen-Aufgabe

Schaue dir all deine Blätter mit 🐝 an.

Hast du bei (16) Fragen aufgeschrieben, die du noch nicht beantwortet hast?

☐ Ja, dann kannst du dir ein Blatt mit 🌸 holen und sie beantworten.

☐ Nein, dann lies dir durch, wie der Fall weitergeht. Beantworte neue Fragen auf einem Blatt mit 🌸.

Abbildung 10.3   Das endgültige Lerntagebuch in ELIF

Durch die Darstellung der Ergebnisse der empirischen Studie kann ELIF nun abschließend als eine neuartige Konzeption (s. Abschnitt 8.3) eingeordnet werden. Dabei bleibt stets zu berücksichtigen, dass die dargestellten Erkenntnisse noch weiterer Forschung bedürfen und stets an die Lerngruppe anzupassen sind (s. Kapitel 13).

Im anschließenden Teil geht es nun darum, die Erkenntnisse komponentenbezogen zu vertiefen sowie den weiteren Forschungsbedarf detailliert aufzudecken.

Teil IV
Generierung eines Theoriebeitrags

Komponentenbezogene mathematikdidaktische Erkenntnisse

In den vorherigen Phasen des DBR-Prozesses ist ein adäquates Konzept entwickelt worden, um PBL für den Mathematikunterricht der dritten und vierten Klasse fruchtbar zu machen, das zugleich den praktischen und theoretischen Output der DBR-Zyklen und somit auch dieser Arbeit darstellt. Dieses wurde in Kapitel 10 zyklenübergreifend unter Einbezug der Perspektive der Breite und Tiefe vor dem erarbeiteten theoretischen Hintergrund (Kapitel 2 bis 8) interpretiert, um Auffälligkeiten herauszuarbeiten, diese zu begründen sowie abschließende Aussagen über ELIF treffen zu können und ebenso den Blick auf weitere notwendige Forschungen zu eröffnen. Im Zuge dessen konnten bereits kontextspezifische theoretische Ansätze aufgedeckt werden, die in zukünftigen Forschungen zu untersuchen sind. Die vierte Phase des DBR-Prozesses zielt nun auf die explizite **Generierung eines Theoriebeitrags** durch die Verallgemeinerung spezifischer Ergebnisse auf kontextspezifische Aussagen ab (s. Abschnitt 3.2). Dies scheint komponentenbezogen sinnvoll zu sein, sodass die Fälle und das Lerntagebuch näher in den Fokus rücken, welche zudem in Kapitel 10 als für die Effektivität der Konzeption relevante Bereiche identifiziert werden konnten.

Somit werden abschließend die bisherigen Ergebnisse der Forschungsarbeit einerseits zu allgemeinen Merkmalen für das Erstellen von Fällen als offenes, realitätsbezogenes und schüleraktivierendes Aufgabenformat und andererseits zu Optionen von Lerntagebüchern im selbstgesteuerten Lernprozess verallgemeinert und somit in die Mathematkdidaktik eingebettet. Dies stellt einen weiteren theoretischen Beitrag der Arbeit zur Mathematikdidaktik dar. Auf diese Weise können unter den Fragestellungen

S. Strunk und J. Wichers, *Problembasiertes Lernen im Mathematikunterricht der Grundschule*, Hildesheimer Studien zur Mathematikdidaktik, https://doi.org/10.1007/978-3-658-32027-0_11

F3.1 *Welche für die Mathematikdidaktik relevanten Erkenntnisse können aus den Ergebnissen der Studie bezogen auf den Fall abschließend generiert werden?*
F3.2 *Welche für die Mathematikdidaktik relevanten Erkenntnisse können aus den Ergebnissen der Studie bezogen auf das Lerntagebuch abschließend generiert werden?*
komponentenbezogene Gelingensbedingungen aufgestellt und kontextualisierte Theorien generiert werden (s. Abbildung 11.1).

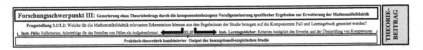

Abbildung 11.1   Überblick über die Inhaltsbereiche der Generierung eines Theoriebeitrags

11.1   Komponentenbezogene Erkenntnisse: Fälle

Innerhalb von ELIF wirkt der Fall als Aufgabenformat, welches in dieser Form bis jetzt noch keine Anwendung im Mathematikunterricht der Grundschule gefunden hat, jedoch mit bereits im Mathematikunterricht eingesetzten Aufgabenformaten eng verwandt ist (s. Abschnitt 8.2). In diesem Kapitel werden nun die aus der Theorie stammenden Kriterien für Fälle, die in den Merkmalskategorien operationalisiert worden sind und sich in der Praxis zum Teil als unzureichend herausgestellt haben (s. Abschnitt 10.2 und 10.1), überarbeitet und um weitere ergänzt, die bei der Gestaltung eines Falls im Allgemeinen Beachtung finden sollten. Es hat sich aus Abschnitt 10.1 ergeben, dass gerade die Erreichung prozessbezogener sowie inhaltsbezogener Kompetenzen auch im letzten Durchgang noch nicht vollständig erfüllt werden konnten. Durch die Ausdifferenzierung und Ergänzung der Fallkriterien mithilfe in der Praxis auffällig gewordener Phänomene soll es gelingen, den Erwerb inhaltsbezogener sowie prozessbezogener Kompetenzen innerhalb von ELIF zu optimieren. In diesem Zusammenhang wird ebenso genauer in den Blick genommen, welchen Beitrag das Aufgabenformat Fall im Allgemeinen für die Mathematikdidaktik leisten kann, das heißt, welche neuen Aspekte dadurch in den Fokus gerückt werden können.

Anhand der bisherigen Erkenntnisse (s. Kapitel 10 und 10.3) konnten in Triangulation mit den aus der Theorie stammenden Merkmalskategorien (s. Abschnitt 6.4.1) verschiedene Kriterien für Fälle, die im Rahmen von ELIF eingesetzt werden können, manifestiert werden. Sie spezifizieren und operationalisieren die bereits im Rahmen der Merkmalskategorien festgelegten und in Bewertungskategorien erweiterten Merkmale für Fälle vor dem Hintergrund des praxisorientierten Einsatzes. So wird zum Beispiel die Funktion der Lernfragen mehr in den Mittelpunkt gerückt sowie die mögliche Anregung zur Eigenaktivität der Schüler durch die Fälle unter Einbezug des darin angesprochenen Inhalts berücksichtigt. Eine vollkommene Erfüllung aller Kriterien in der realen Unterrichtspraxis ist kaum zu leisten, aber auch nicht unbedingt notwendig. Aus diesem Grund sind einige Kriterien in Grau gehalten, die es zwar als Lehrperson zu bedenken, aber nicht zwangsläufig in der Fallkonstruktion umzusetzen gilt. Eine große Rolle bei der Entscheidung für oder gegen die Berücksichtigung eines Kriteriums spielt der Schwerpunkt, den die Lehrperson im durch den Fall gestalteten Mathematikunterricht setzen möchte. Wenn es beispielsweise Ziel ist, mit der Größe Geld rechnen zu können, so sollte der Fall genau diesen Lernprozess anstoßen und muss nicht unbedingt darüber hinaus mathematische Verallgemeinerungen initiieren.

Im Folgenden werden die Kriterien vorgestellt und durch Leitfragen präzisiert, die, unter Berücksichtigung von themen- und schwerpunktbedingten Abweichungen von Fällen, erfüllt und bedacht werden sollten und eine Leitlinie für die Fallkonstruktion bilden. Zusätzlich wird festgehalten, welche Ideen aus der Theorie (s. Abschnitt 6.4.1.1) sowie welche Merkmalskategorien in den einzelnen Kriterien aufgegriffen und durch die praktische Erprobung und Erkenntnisse der Auswertung weiterentwickelt worden sind. Kriterien, deren Relevanz erst in der Praxis und der Auswertung der iterativen Zyklen herausgearbeitet werden konnte (s. Kapitel 10), werden ebenso entsprechend gekennzeichnet.

Fälle sollten...

1. Eine Funktion innerhalb einer Unterrichtseinheit erfüllen

(Relevanz in der Praxis ersichtlich geworden)
· Vor der Konstruktion eines Falls sollte klar sein, mit welcher Funktion er im Unterricht eingesetzt werden soll. ELIF und damit auch der Fall können einerseits verschiedene Funktionen in einer Unterrichtseinheit erfüllen, sodass sie den Einstieg in ein Thema, die Erarbeitung eines Themas, die Übung/Vertiefung oder Wiederholung eines Themas intendieren. Andererseits kann ein Fall auch so gestaltet werden, dass er alle Funktionen innerhalb einer Unterrichtseinheit erfüllt und somit die gesamte Einheit fallbasiert gestaltet ist. Darüber hinaus ist zu berücksichtigen, welches mathematische Handwerkszeug die Lernenden für

die Bearbeitung des Falls benötigen, um entscheiden zu können, welche Funktion dieser innerhalb einer geplanten Unterrichtseinheit erfüllen kann.

- Soll der Fall für die gesamte Unterrichtseinheit oder in einzelnen Phasen dieser eingesetzt werden?
- Wird deutlich, welche Funktion der Fall innerhalb der geplanten Unterrichtseinheit erfüllen soll?

2. Zielorientiert gestaltet sein

(Relevanz in der Praxis ersichtlich geworden, Einbezug von K13 – Durch den Fall werden intendierte mathematische Inhalte entdeckt)
Die Bearbeitung des Falls sollte auf konkrete, mathematische inhaltsbezogene Kompetenzen abzielen, die eine Gegenwarts- und Zukunftsbedeutung für die Lernenden haben sowie exemplarisch für die Struktur der Mathematik sind. Dabei sollten der Lernstand und ebenfalls die sprachlichen Fähigkeiten der Lernenden Berücksichtigung finden. Die prozessbezogenen Kompetenzen werden hier außer Acht gelassen, da diese sich weniger direkt aus dem Fall, sondern vielmehr übergeordnet aus der Umsetzung der Konzeption ergeben. Trotzdem sollten für die Konstruktion von Fällen generell Themen ausgewählt werden, die für die Schüler einen Anreiz bieten, darüber ins Gespräch zu kommen und ihre eigenen Lösungswege vorzustellen, das heißt zu kommunizieren und zu argumentieren sowie Darstellungen zu nutzen. Die prozessbezogenen Kompetenzen geraten während der Betrachtung der Art der Lernfragen unter dem sechsten Kriterium erneut genauer in den Blick.

- Kann genau identifiziert werden, welche mathematischen Inhalte mithilfe des Falls erlernt werden sollen?
- Knüpfen die im Fall angesprochenen mathematischen Inhalte an den Lernstand der Lernenden an?
- Ist die mathematische Struktur der Inhalte dazu geeignet, um von den Lernenden selbstständig erarbeitet werden zu können?
- Werden im Fall mathematische Fachbegriffe genannt, die die Lernenden erwerben sollen?

3. Subjektive Bedeutsamkeit aufweisen und somit Identifikation ermöglichen

(Rückbezug zur Subjektiven Bedeutsamkeit, Einbezug von K10 – Der Fallkontext ist für die Schüler bedeutsam)
Das bedeutet, dass der Fall für die Lernenden eine aus der Lebenswelt bekannte Situation aufspannen sollte, die gegebenenfalls sogar die Interessen dieser aufgreift und anspricht.

• Stammt der Kontext des Falls aus der Lebenswelt der Lernenden?
• Können die Lernenden sich mit der dargestellten Situation identifizieren?

4. Kognitive Dissonanz(en) auslösen

(Rückbezug zur Problem- und Konflikthaltigkeit, Einbezug von K12 – Der Fall stellt Probleme oder Konflikte dar)
Es sollte keine unmittelbar offensichtliche Auflösung des Falls existieren, sodass die Lernenden wahrnehmen, dass ihnen Informationen für die Auflösung des Falls fehlen, die sie sich unter Einbezug verschiedener (externer) Informationsquellen erarbeiten müssen.

• Fehlen Informationen, um die im Fall dargestellte Situation auflösen zu können?
• Sind diese fehlenden Informationen für die Lernenden identifizierbar?
• Erfordert das Beschaffen der/einiger fehlenden/r Informationen ebenso mathematische Handlungen und geht damit über das reine Recherchieren hinaus?
• Gibt es altersangemessene Möglichkeiten, wie die Lernenden sich diese Informationen beschaffen oder erarbeiten können?

5. Eine zentrale Lernfrage fokussieren

(Relevanz in der Praxis ersichtlich geworden)
Aus dem Fall sollte sich genau eine zentrale Lernfrage ableiten lassen, deren Beantwortung zur Auflösung der Situation führt. Der Fall muss somit ausreichend Informationen enthalten, um eine zentrale Lernfrage aufwerfen und damit Lernprozesse einleiten zu können. Die Falldetails sollten gleichzeitig hinreichend reduziert sein, sodass eine Einigung auf genau eine übergeordnete Frage möglich ist. Die zentrale Lernfrage erfasst somit die gesamte im Fall dargestellte Situation und initiiert weitere Lernfragen.

- Ergibt sich aus der im Fall dargestellten Situation eine Frage (zentrale Lernfrage), deren Beantwortung die Situation auflöst?
- Ergibt sich aus der im Fall dargestellten Situation eine Frage (zentrale Lernfrage), die erst durch das Stellen, Erarbeiten und Beantworten weiterer Lernfragen aufgelöst werden kann?
- Ergibt sich aus der im Fall dargestellten Situation eine Frage (zentrale Lernfrage), die allen anderen möglichen Lernfragen übergeordnet ist?

6. Individuelle Ideen und daraus resultierende Lernfragen hervorrufen

(Relevanz in der Praxis ersichtlich geworden, Einbezug von K14 – Durch den Fall werden intendierte Prozesse angeleitet)
Anhand der zentralen Lernfrage werden von den Lernenden individuelle Ideen zur Auflösung des Falls entwickelt und in einem Gruppenprozess in wichtigen Lernfragen zusammengefasst. Durch diese Lernfragen werden unmittelbar Lernprozesse eingeleitet und mathematische Inhalte erarbeitet. Sie bilden die angedachten mathematischen Kompetenzen ab und sind zu unterscheiden in notwendige und weiterführende Lernfragen. In der Bearbeitung eines Falls sollten immer notwendige Lernfragen aufgeworfen werden können, wobei die Möglichkeit für das Stellen additionaler Lernfragen nicht zwangsläufig eröffnet werden muss. Zu beachten ist außerdem, ob die Fragen aufeinander aufbauend, also abhängig voneinander sind oder unabhängig voneinander beantwortet werden können. Deshalb werden jeweils für die notwendigen und die additionalen Lernfragen zwei Kategorien gebildet (unabhängige und abhängige Fragen), die im Hinblick auf eine Fallkonstruktion mitgedacht werden müssen und zugunsten der Praktikabilität jeweils als Unterpunkte aufgeführt werden, aber nicht als zu erfüllende Kriterien einzuordnen sind. Ein zu erfüllendes Kriterium stellt also ausschließlich die Existenz notwendiger Lernfragen dar. Dabei ist es zunächst unerheblich, ob diese abhängig oder unabhängig voneinander sind, sodass 6.1 und 6.2 nicht gleichzeitig erfüllt sein müssen. Es sollte lediglich von der Lehrperson beachtet werden, ob die durch den Fall initiierten Lernfragen eher abhängig oder unabhängig voneinander sind. Zusätzlich könnte die Antizipation der Lernfragen hinsichtlich des Konkretisierungsgrades ausdifferenziert werden. Dies bedeutet, dass in der Planung berücksichtigt werden sollte, dass die Schüler zum Teil eher übergeordnete Lernfragen stellen (s. Abschnitt 10.2), die somit mit der zentralen Lernfrage gleichwertig sind und erst im Bearbeitungsprozess weitere konkrete Fragen aufwerfen. Diese Fragen hat man als Lehrperson gegebenenfalls bereits antizipiert, die Schüler stellen diese aber nicht von Anfang an, da ihnen die Vorausschau in diesem Bereich fehlt.

6.1. Notwendige unabhängige Lernfragen

Notwendige Lernfragen zielen ausschließlich auf die Informationen ab, die zur Beantwortung der zentralen Lernfrage benötigt werden. Sie dienen somit der Beantwortung dieser und initiieren die Erarbeitung aller mathematischen Inhalte, die hinter dem Fall stehen. Vorteilhaft ist es, wenn diese Fragen unabhängig voneinander gestellt werden können, um die Lernenden nicht zusätzlich vor die Herausforderung zu stellen, viele verschiedene Angaben in Beziehung zueinander setzen und entscheiden zu müssen, in welcher Reihenfolge die Lernfragen beantwortet werden. Darüber hinaus sollten die initiierten Fragen nicht ausschließlich durch das bloße Recherchieren von Informationen beantwortet werden können. Sie sollten verfahrens- oder verstehensorientierte mathematische Handlungen fokussieren, das heißt, im Sinne der Anforderungsbereiche eins bis drei zum Anwenden von Rechenverfahren, Erklären von Begriffen sowie Entdecken von Verbindungen und Zusammenhängen oder Folgern, Begründen und Interpretieren der mathematischen Inhalte (vgl. KMK 2005, S. 13; Niedersächsisches Kultusministerium 2017, S. 15; ebd., S. 45) anregen. Verblieben alle Fragen nur im Anforderungsbereich eins, der reinen Reproduktion oder sogar noch im Stadium davor, indem für ihre Beantwortung nur Informationen recherchiert und aufgeschrieben werden müssen, die keiner Anwendung bedürfen, würden die Schüler zwar im Sinne der Lebensweltkompetenz lernen, sich eigenständig Informationen zu beschaffen, aber dies würde weniger mit dem Erwerb mathematischer Inhalte einhergehen. Darüber hinaus verlangt der Anforderungsbereich eins kaum die Anwendung prozessbezogener Kompetenzen, da erst Erklärungen, Begründungen, Verknüpfungen und insbesondere das Verallgemeinern und Interpretieren zumeist mit dem Kommunizieren, Argumentieren und gegebenenfalls dem Anwenden passender, heuristischer Problemlösestrategien wie dem systematischen Probieren, Bilden von Analogien oder Verwenden passender Darstellungen einhergehen. An dieser Stelle werden die prozessbezogenen Kompetenzen auf einer anderen als der unter Punkt Zwei einbezogenen Ebene relevant. Zusätzlich zu den übergeordneten prozessbezogenen Tätigkeiten, die durch die Konzeption an sich angeleitet werden, scheint es eine Rolle zu spielen, welche Arten von Fragen sich aus dem mathematischen Inhalt des Falls ergeben und inwiefern diese Prozesse forcieren oder rein inhaltliche Antworten verlangen. Es ist davon auszugehen, dass bestimmte Prozesse durch die Eigenschaften eines mathematischen Inhalts und die daraus resultierende Art einzelner Lernfragen initiiert und der Erwerb dieser somit durch die Auswahl des Fallthemas beeinflusst werden können. Dabei scheinen das Kommunizieren und Argumentieren eher der globalen, konzeptionsabhängigen Ebene anzugehören, während Teilkompetenzen des Modellierens auf beiden Ebenen abgebildet und das Darstellen und Problemlösen fast ausschließlich durch den Fall bestimmt werden.

Es kann ebenso Fragen geben, die sich durch einfache Recherchetätigkeiten, gänzlich ohne das Vollziehen mathematischer Handlungen beantworten lassen, da diese oft grundsätzlich für solche Handlungen sind. Das bedeutet, dass die Lernfragen immer im Zusammenhang zu betrachten sind, in den sie für die Beantwortung der zentralen Lernfrage gebracht werden müssen. Gegebenenfalls können auch erst an dieser Stelle mathematische Handlungen notwendig und nicht unbedingt durch die einzelnen Fragen bestimmt werden. Dies gilt gerade für Tätigkeiten im Anforderungsbereich zwei und drei, da unter gegebenen Umständen erst eine Zusammenführung von zuvor gesammelten Informationen dazu anregt, Zusammenhänge aufzudecken, zu begründen oder zu reflektieren, diese weiter zu interpretieren und Folgerungen daraus abzuleiten. Zudem können Fragen wiederholende Tätigkeiten erfordern, die gegebenenfalls nach der ersten Anwendung als routiniert eingestuft werden können. Ebenso spielen die Vorerfahrungen der Schüler bei der Bestimmung der Anforderungsbereiche eine Rolle. Den Fragen ist folglich nicht genuin ein Anforderungsbereich zuzuordnen, aber dieser stets in der Antizipation der Fragen mitzudenken.

- Ergeben sich aus den im Fall dargestellten Informationen und der zentralen Lernfrage individuelle Ideen und daraus resultierende Lernfragen, deren Beantwortung notwendig ist, um den Fall auflösen zu können?
- Welche Lernfragen müssen von den Lernenden definitiv gestellt werden, damit die hinter dem Fall stehenden Kompetenzen angebahnt oder erreicht werden?
- Können diese Lernfragen unabhängig voneinander an den Fall gestellt werden?
- Bieten diese oder einige dieser Lernfragen die Möglichkeit, mathematische Handlungen im Sinne der drei Anforderungsbereiche auszuführen?

6.2. Notwendige abhängige Lernfragen

Für die notwendigen abhängigen Fragen gelten dieselben Merkmale, nur dass diese Fragen aufeinander aufbauen, das bedeutet, dass beispielsweise eine Lernfrage vor einer anderen beantwortet werden muss. Diese Art von Fragen erschwert den Lernenden den Wissenserwerb insofern, dass sie sich zusätzlich Gedanken über die Reihenfolge der Beantwortung von Fragen machen und ihren Lernprozess danach strukturieren müssen. Andererseits bilden solche Fragen eher alltägliche Situationen ab, in denen es oft darauf ankommt, Entscheidungen in

Abhängigkeit voneinander zu treffen und können somit die Lebensweltkompetenz schulen. Außerdem kann dadurch erreicht werden, dass der zweite Anforderungsbereich bedient wird, indem schon durch die Stufung der einzelnen Lernfragen Zusammenhänge erkannt und genutzt werden müssen.

- Ergeben sich aus den im Fall dargestellten Informationen und der zentralen Lernfrage individuelle Ideen und daraus resultierende Lernfragen, deren Beantwortung notwendig ist, um den Fall auflösen zu können?
- Welche Lernfragen müssen von den Lernenden definitiv gestellt werden, damit die hinter dem Fall stehenden Kompetenzen angebahnt oder erreicht werden?
- Müssen die Lernfragen zur Beantwortung der zentralen Lernfrage in einer bestimmten Reihenfolge gestellt werden?
- Bieten diese oder einige dieser Lernfragen die Möglichkeit, mathematische Handlungen im Sinne der drei Anforderungsbereiche auszuführen?

6.3. Additionale unabhängige Lernfragen

Additionale Fragen lassen sich dadurch charakterisieren, dass sie nicht primär der Beantwortung der zentralen Lernfrage dienen, sondern die bereits durch notwendige Fragen erarbeiteten Inhalte aus einer anderen Perspektive beleuchten oder zum Üben dieser anregen.

- Können additionale Fragen über den bereits erarbeiteten mathematischen Inhalt gestellt werden, die diesen jedoch nicht übersteigen?
- Können diese Lernfragen unabhängig voneinander an den Fall gestellt werden?
- Bieten diese oder einige dieser Lernfragen die Möglichkeit, mathematische Handlungen im Sinne der drei Anforderungsbereiche auszuführen?

6.4. Additionale abhängige Lernfragen

Für die additionalen abhängigen Lernfragen gelten dieselben Merkmale wie für notwendige additionale Lernfragen mit selbigen Einschränkungen, die bereits zwischen Punkt 6.1. und 6.2. vorgenommen wurden. Folgende Leitfrage ist zu der ersten aus Punkt 6.3. zu ergänzen.

- Können additionale Fragen über den bereits erarbeiteten mathematischen Inhalt gestellt werden, die diesen jedoch nicht übersteigen?
- Müssen die Lernfragen in einer bestimmten Reihenfolge gestellt werden?

• Bieten diese oder einige dieser Lernfragen die Möglichkeit, mathematische Handlungen im Sinne der drei Anforderungsbereiche auszuführen?

7. Selbstdifferenzierend sein

(Relevanz in der Praxis ersichtlich geworden, Rückbezug zur Mehrdeutigkeit und wissenschaftlichen Repräsentation, Einbezug von K11- Der Fall ist offen)
Der Fall und damit die zentrale Lernfrage lassen unterschiedliche Auflösungen und Lösungswege zu. Dadurch können die Lernenden die Lernfragen ihren eigenen Fertigkeiten und Fähigkeiten entsprechend stellen und bearbeiten. Hier sind die Punkte 7.1. und 7.2. als unbedingt zu erfüllende Kriterien einzustufen, wobei die Punkte 7.3. und 7.4. zusätzliche sinnvolle Ergänzungen darstellen, die aber nicht in jedem inhaltsbezogenen Kompetenzbereich erfüllbar sind. Es ist außerdem bereits eine quantitative Differenzierung durch die Punkte 6.3. und 6.4. eingeschlossen, da die additionalen Lernfragen, insbesondere wenn sie sich erst im Arbeitsprozess der Schüler herausbilden, von diesen Kindern oder der gesamten Gruppe zusätzlich bearbeitet werden können.

7.1. Offenheit bezüglich der Arbeitsmittel gewährleisten.

Die Situation im Fall sollte so offen dargestellt werden, dass verschiedene Bearbeitungswege eingeschlagen werden können. Dies bezieht sich einerseits auf unterschiedliche Arbeitsmittel und insbesondere Darstellungsmöglichkeiten, die zur Beantwortung der Lernfragen verwendet oder als Unterstützung herangezogen werden können.

• Lassen sich die Lernfragen durch die Verwendung unterschiedlicher Arbeitsmittel und/oder Darstellungsweisen bearbeiten?

7.2. Offenheit bezüglich des Bearbeitungsniveaus gewährleisten.

Andererseits schließt es auch die Wahl der individuellen Ideen und Lernfragen und deren Bearbeitung auf einem dem Lernenden angemessenen Niveau ein. Dies bedeutet, dass die Lernenden beim Stellen der Lernfragen die Möglichkeit haben sollten, diese mit unterschiedlichen Schwierigkeitsgraden zu stellen. Die unterschiedlichen Schwierigkeitsgrade können sich beispielsweise aus verschieden anspruchsvollem Zahlenmaterial ergeben, was die Lernenden wählen. Des Weiteren sollte für die Schüler unter Berücksichtigung von 7.1. die Möglichkeit bestehen, unterschiedliche Zugänge und damit unterschiedliche Lernwege zur Beantwortung der Lernfragen zu wählen. Außerdem ist hier hinsichtlich des sechsten Kriteriums ein Stellen der Fragen auf verschiedenen Anforderungsniveaus zulässig, denn auch dies beeinflusst das Bearbeitungsniveau. So könnten einige Lernende nur nach mathematischen Antworten suchen, während andere diese bereits begründen oder zu anderen bereits gefundenen Antworten in Beziehung setzen. Diese Tätigkeiten entsprechen den unterschiedlichen im Kerncurriculum Mathematik ausgewiesenen Anforderungsbereichen (vgl. Niedersächsisches Kultusministerium 2017, S. 15). Zudem sollten Möglichkeiten für Fallergänzungen offen sein, die zur gleichzeitigen quantitativen und qualitativen Differenzierung dienen können, indem die Schüler durch eine inhaltlich passende Weiterführung des Falls dazu angeregt werden, sich weitere Fragen zu stellen.

• Kann durch die Lernenden selbst eine didaktische Reduktion der Inhalte vorgenommen werden, sodass Arbeiten auf verschiedenen Schwierigkeitsniveaus stattfinden kann?
• Können durch die Lernenden selbst Begründungen, Beziehungen zwischen den Antworten oder reflexive Betrachtungen der Antworten angeführt oder weggelassen werden, sodass verschiedene Anforderungsniveaus einbezogen werden?

7.3. Mehrdeutigkeit bezüglich der Lösungen ermöglichen.

Weiterhin ist zu berücksichtigen, ob verschiedene Auflösungen des Falls denkbar sind, welche die zentrale Lernfrage plausibel beantworten sowie gleichzeitig mathematisch korrekt sind.

• Sind unterschiedliche plausible Antworten auf die zentrale Lernfrage möglich?
• Sind unterschiedliche Auflösungen des Falls möglich, ohne die mathematische Korrektheit einzuschränken?

7.4. Mathematische Substanz aufweisen.

Das im Fall dargestellte Thema eröffnet den Lernenden die Möglichkeit, sich im Sinne des Spiralcurriculums nach Bruner mit dem mathematischen Gegenstand auf verschiedenen Niveaus auseinanderzusetzen. Das heißt, dass durch weiterführende Lernfragen, analoge Vorgehensweisen auf weiterführende Aufgaben übertragen, Zusammenhänge und mathematische Beziehungen aufgedeckt, Verallgemeinerungen vorgenommen und die Inhalte somit vertieft werden können. Die mathematische Substanz ist als Kriterium insbesondere hinsichtlich der Zielorientierung des Falls zu prüfen. Soll ein Fall ein tieferes Verständnis bestimmter mathematischer Begriffe anbahnen, sollte er entsprechend mathematische Substanz aufweisen oder diese durch Fallweiterführungen ermöglichen. Da die Fallzusätze in den Durchführungen allerdings nicht verwendet wurden, (s. Abschnitt 10.2), ist nicht klar, inwiefern diese in der praktischen Umsetzung tatsächlich zu einem mathematisch vertieften Arbeiten im Sinne eines erhöhten Anforderungsniveaus führen würden. Das Kriterium kann also zunächst als optional eingestuft werden, da es sich ebenso aus der Einhaltung der Offenheit bezüglich der Arbeitsmittel und des Bearbeitungsniveaus ergeben kann, welche als essenziell angesehen werden und somit ohnehin in jedem Fall Beachtung finden. Gerade die Möglichkeit, die ein Fallthema bietet, um verschiedene Darstellungen anzuwenden und weitere Angaben einzubeziehen, die gleichermaßen eine Betrachtung des mathematischen Inhalts aus einer anderen Perspektive anstoßen und damit die Grundlage für mathematische Substanz darstellen, wirkt sich auf die Förderung inhaltsimmanenter prozessbezogener Kompetenzen aus, da diese erst dadurch ermöglicht werden.

• Ergeben sich aus dem Fall weiterführende Fragen zum gleichen Inhalt, sodass analoge Vorgehensweisen auf weiterführende Aufgaben übertragen werden können?
• Ergeben sich aus dem Fall weiterführende Fragen zum gleichen Inhalt, sodass mathematische Zusammenhänge und Beziehungen aufgedeckt werden können?
• Ergeben sich aus dem Fall weiterführende Fragen zum gleichen Inhalt, sodass mathematische Verallgemeinerungen vorgenommen werden können?
• Wird insgesamt ein Arbeiten auf einem mathematisch höheren Niveau ermöglicht?

8. Verständlich gestaltet sein

(Relevanz in der Praxis ersichtlich geworden, Rückbezug zur Adäquanz und Fasslichkeit, Einbezug von K15 – Der Fall passt zu den Lernvoraussetzungen der Schüler)
Die Lernenden sollten verstehen können, WER im Fall involviert ist, WAS genau im Fall passiert und gegebenenfalls WIE sich die Personen und Dinge im Fall verhalten. Außer der gezielten Platzierung zu lernender Fachbegriffe sollte kindgerechte Sprache im Fall verwendet werden und die Komplexität seiner Handlung begrenzt sein. Authentische Falldetails sind zugunsten des Verständnisses zu reduzieren und auf die angedachten Kompetenzen zu fokussieren. Der Fallkontext

sollte altersangemessen sein, das heißt keine Handlungen enthalten, die das Alter der Schüler in übersteigender oder unterschreitender Weise nicht berücksichtigen.

- Ist der Fall in kindgerechter Sprache geschrieben?
- Ist die Handlung des Falls nachvollziehbar und wird nicht durch überflüssige Informationen unnötig verkompliziert?

Über diese Kriterien hinaus lässt sich das im Ausgangskonzept festgelegte Verfahren zur Konzeption von Fällen (s. Abschnitt 7.2.2) um verschiedene, in der Praxis als relevant hervorgetretene Punkte (s. Kapitel 10) erweitern. Aus den einzelnen Zyklen wurde deutlich, dass insbesondere in der praktischen Arbeit mit Kindern ihre emotional-psychologische Stabilität beachtet werden muss. Eine Unterrichtskonzeption muss nicht nur zum entwicklungspsychologischen Stand der einzelnen Kinder passen, sondern auch ihre gesamtpsychologische Verfassung mit einbeziehen. Bezogen auf die Fälle als Aufgabenformat bedeutet dies, Informationen in den Fallkontexten zu vermeiden, die bei einzelnen Kindern negative Emotionen hervorrufen können, zum Beispiel indem als handelnde Personen in Fällen Großeltern, Eltern oder Geschwister vermieden werden, wenn ein Kind der beteiligten Klasse eine solche Person gerade oder vor kurzer Zeit verloren hat.

Weiterhin sollte nach der ersten Fertigstellung eines Falls gegebenenfalls eine Informationsreduktion vorgenommen werden, um eine Überforderung der Schüler zu vermeiden. Dies sollte, wenn möglich, durch einen Pretest des Falls mit entwicklungsentsprechenden Kindern, aber zumindest unbedingt in Absprache mit einer überwiegend in der Lerngruppe überdauernd eingesetzten Lehrperson geschehen.

Dementsprechend lässt sich unter Rückbezug auf die soeben generierten Kriterien für Fälle folgendes Vorgehen für die Konstruktion eines Falls festhalten:

(1) Zu erwerbende inhaltsbezogene Kompetenzen festlegen

- Zu welcher Unterrichtseinheit soll der Fall eingesetzt werden?
- Welche Funktion innerhalb der Unterrichtseinheit soll der Fall erfüllen?
- Welche entsprechenden Kompetenzen aus den Rahmenplänen/Kerncurricula sollen angebahnt, aufgebaut oder konsolidiert werden?

(2) Einen zu den Kompetenzen passenden Fall entwickeln

- Welche subjektiv bedeutsamen Anknüpfungspunkte aus der Lebenswelt der Kinder können genutzt werden, um einen authentischen Fallkontext zu generieren?
- Wie kann ich den Fallkontext kindgerecht in eine konkrete Situationsbeschreibung (Fall) überführen?

(3) Zentrale Lernfrage und individuelle Lernfragen antizipieren

- Welche Lernfragen könnten die Kinder sich stellen?
- Bilden diese Lernfragen die intendierten Kompetenzen ab?

(4) Fall prüfen

- Enthält der Fall (für die Lerngruppe) sensible Themen?
- Wird eine authentische Situation aufgespannt, ohne mit zu vielen Informationen zu verwirren?
- Sind wichtige Fach- oder Signalwörter enthalten, die den Kindern Orientierung bieten?
- Löst der Fall kognitive Dissonanzen aus, sodass nicht unmittelbar eine plausible Falllösung von den Kindern genannt werden kann?
- Wird EINE zentrale Lernfrage durch den Fall fokussiert?
- Können Lernfragen durch den Fall initiiert werden, die mathematische Handlungen im Sinne der drei Anforderungsbereiche erfordern?
- Eröffnet der Fall Möglichkeiten für verschiedene Lösungswege und unterschiedliche Bearbeitungsniveaus?

(5)Wahl eines einprägsamen Titels
Wenn möglich **(6) Evaluation des Falls** durch Austesten und Weiterentwicklung auf Basis des Feedbacks.

Die Schritte zur Fallkonstruktion stehen in enger Verbindung zu den Fallkriterien, indem diese in verschiedenen Schritten bedacht und überprüft werden müssen (s. Tabelle 11.1).

Letztendlich lassen sich die Kriterien und ebenso die Schritte zur Fallkonstruktion als leitend für ebendiese festhalten, da sie es erlauben, bereits in der Konstruktion verschiedenste Bedingungen zu beachten, die anschließend in der Praxis erwartungsgemäße Handlungen und Ergebnisse hervorbringen. Folglich können diese Kriterien und Fallkonstruktionsschritte im Zusammenspiel zur

Tabelle 11.1 Fallkonstruktion nach den neuen Kriterien

Fallkonstruktionsschritt	zu beachtende Merkmale
(1) Zu erwerbende inhaltsbezogene Kompetenzen festlegen	1. Fälle sollten eine Funktion innerhalb einer Unterrichtseinheit erfüllen 2. Fälle sollten zielorientiert gestaltet sein
(2) Einen zu den Kompetenzen passenden Fall entwickeln	2. Fälle sollten zielorientiert gestaltet sein 3. Fälle sollten subjektive Bedeutsamkeit aufweisen und somit Identifikation ermöglichen 4. Fälle sollten kognitive Dissonanzen auslösen
(3) Zentrale Lernfrage und individuelle Lernfragen antizipieren	5. Fälle sollten eine zentrale Lernfrage fokussieren 6. Individuelle Ideen und daraus resultierende Lernfragen hervorrufen • *Klassifizierung der Lernfragen und Einordnung nach Anforderungsbereich* 7. Selbstdifferenzierend sein • *Potenzial der Fälle diesbezüglich anhand der Fragen prüfen und ggf. den Fall anpassen bzw. Fallzusätze formulieren*
(4) Fall prüfen	*Alle Kriterien überprüfen und zusätzlich* 8. Fälle sollten verständlich gestaltet sein *beachten/praktisch evaluieren*

Durchführbarkeit der Konzeption beitragen und somit die Erreichung der Ziele von ELIF für die Schüler ermöglichen.

Betrachtet man alles in allem den Fall im Kontext von Aufgaben im Mathematikunterricht, können die neuen Kriterien durch das Bewusstmachen der mathematischen Substanz und die Einordnung der Funktion innerhalb einer Unterrichtseinheit die passgenaue Zielsetzung und das Bedenken möglicher fachlicher Zusammenhänge ermöglichen, sodass in Zukunft besser das Entdecken intendierter fachlicher Inhalte berücksichtigt und in der Praxis umgesetzt werden kann. Fälle können außerdem durch ihre sich in den verschiedenen Zyklen gezeigte Bedeutsamkeit für die Schüler eine sinnvolle Ergänzung zu klassischen Modellierungsaufgaben für den realitätsbezogenen Mathematikunterricht darstellen. Klassifiziert man Aufgaben im Mathematikunterricht nach Verfahrens- und Verstehensorientierung (vgl. Büchter & Leuders 2014, S. 169–172), wird sofort deutlich, dass Fälle je nach Ausrichtung beides in unterschiedlichem Maße fokussieren können, doch zumeist ihr Potenzial in der Verstehensorientierung bei der Erarbeitung eines neuen mathematischen Inhalts entwickeln. Demgegenüber werden reine Modellierungsaufgaben eher in der Anwendung und Wiederholung von bereits erarbeiteten Inhalten eingesetzt, die dann verstehensorientiert in einem realen Kontext angewandt werden. Weiterhin inspirieren die Kriterien zur genauen Durchleuchtung antizipierter Lernfragen (Fallkriterium 6–6.4) dazu, sich als Lehrperson erneut der Aufgabe bewusst zu werden, sich für die Vermittlung von Lerninhalten in die Kinder hineinzuversetzen und sich mehrperspektivische Gedanken zu den Inhalten zu machen. Die antizipierten Fragen und daraus hervorgehend der Fall können dann mit mathematikdidaktischen Kenntnissen über die Anforderungsbereiche angereichert werden. Diese Vorteile von Fällen gilt es, insbesondere aufgrund der kleinen Stichprobe und nur eingeschränkten Möglichkeiten zur Verallgemeinerung der Daten (s. Abschnitt 9.4), in weiteren Studien zu untersuchen und zu belegen.

Einen Nachteil weist der Fall als Aufgabenformat allerdings eindeutig durch seine Sprachlastigkeit auf, die aber wiederum ebenso gut als Vorteil gesehen werden kann, da er so die Chance bietet, den Wortschatz der Schüler zu erweitern und diese in ihrem Sprachverständnis zu fördern. Gleichermaßen können Fachbegriffe so in lebensweltliche Kontexte eingebettet werden, sodass die Schüler diese nicht isoliert im Mathematikunterricht kennenlernen, sondern innerhalb des Kontextes mit Bedeutung füllen können (s. Abschnitt 6.3.5).

Resultierend kann die Fragestellung F3.1 *Welche für die Mathematikdidaktik relevanten Erkenntnisse können aus den Ergebnissen der Studie bezogen auf den Fall abschließend generiert werden?* beantwortet werden, indem die in diesem Kapitel explorierten Gelingensbedingungen für den Einsatz und die Konstruktion eines Falls innerhalb von ELIF aber ebenso im Sinne kontextualisierter Theorien für den Mathematikunterricht der dritten und vierten Klasse im Allgemeinen aufgestellt werden konnten.

Somit lässt sich der Fall als ganzheitliches, integratives, neues Aufgabenformat für die Mathematikprimardidaktik einordnen, welches aber aufgrund von Einschränkungen durch die kleine Stichprobe dieser Studie und die Wahl der Erhebungs- sowie der Auswertungsinstrumente und -methoden dringend näherer Beforschung bedarf, um die vermuteten Potenziale ausschärfen und endgültig belegen zu können.

11.2 Komponentenbezogene Erkenntnisse: Lerntagebuch

In der Unterrichtskonzeption ELIF ist das Lerntagebuch eine wesentliche Komponente, um die Durchführbarkeit der gesamten Konzeption und zugleich auch die Realisierung der Grundideen in der Unterrichtspraxis zu ermöglichen. Welche

Rolle das Lerntagebuch spielt, um spezifische Bewertungskategorien zu erfüllen, kann auf der Grundlage des gewählten Forschungsdesigns und der erhobenen Daten nicht beantwortet werden. Eindeutig ist jedoch, dass das Lerntagebuch vielfältige Funktionen innerhalb der Konzeption erfüllt. Ausgehend von den Abschnitten 7 und 7.3 sowie den Erkenntnissen aus der praktischen Weiterentwicklung lassen sich vor allem fünf Funktionen identifizieren. Das Lerntagebuch unterstützt die Schüler in ihrem selbstgesteuerten Lernprozess, indem es die einzelnen Arbeitsschritte entsprechend der Phasen von ELIF organisiert. Außerdem regt es die Schüler an, metakognitive Strategien zu verwenden beziehungsweise zu erwerben. Dadurch werden die Schüler auf lange Sicht hin befähigt, selbststeuernd tätig zu sein. Das Lerntagebuch ist zudem der Ort, an dem die Dokumentation des Lernprozesses strukturiert stattfindet und die Schüler sich vertieft mit dem Lerngegenstand beschäftigen. Dadurch fördert das Lerntagebuch fachliche und ebenso überfachliche Kompetenzen und bildet diese ab, was wiederum eine Evaluation oder Bewertung der Lernergebnisse und Lernprozesse durch die Lehrperson zulässt. Weiterhin dient das Lerntagebuch als Medium der Kommunikation, indem es zum Austausch über die fachlichen Inhalte anregt.

Die Anforderungen an ein „gutes" Lerntagebuch in ELIF sind somit sehr hoch und sollten abschließend näher in den Blick genommen werden. Dazu werden die in Kapitel 10 identifizierten Bereiche und die im Lerntagebuch wirksamen Aufgaben (s. Abschnitt 10.3.3) genauer betrachtet, um schlussfolgern zu können, welche Elemente ein Lerntagebuch in ELIF aufweisen muss, um die Durchführbarkeit sowie die Realisierung der Grundideen im Mathematikunterricht der dritten und vierten Klassen zu gewährleisten. Unter Rückbezug zur theoretischen Fundierung der Arbeit, das heißt auf die Grundideen und die ihnen inhärenten Merkmalskategorien sowie auf die Zielsetzungen von ELIF (Förderung prozessbezogener und inhaltsbezogener Kompetenzen sowie der Lebensweltkompetenz insbesondere durch selbstgesteuertes Lernen), konnten insgesamt vier verschiedene Aufgabentypen im Lerntagebuch identifiziert werden, die für ein Gelingen der Konzeption im oben genannten Sinne relevant zu sein scheinen und das Lerntagebuch der Konzeption prägen.

Aufgaben zur Förderung und Erfassung von übergreifenden prozessbezogenen Kompetenzen. Dies sind Aufgaben, die es ermöglichen, den Erwerb prozessbezogener Kompetenzen (vgl. Niedersächsisches Kultusministerium 2017, S. 6) beziehungsweise allgemeiner mathematischer Kompetenzen (vgl. KMK 2005, S. 7) zu fördern und ebenso zu erfassen und zu bewerten. Diese Aufgaben legen die Art und Weise offen, wie Aufgabenstellungen bearbeitet werden, das heißt mittels Modellieren, Problemlösen, Verwendung von Darstellungen, Kommunizieren oder Argumentieren. Dazu zählen eine Vielzahl an Aufgabenstellungen im Lerntagebuch. Durch die Aufgabenstellungen 1, 2, 4, 9, 14, 15, 17, und 18 wird beispielsweise das Modellieren als Kompetenz gefördert und erfasst, hingegen durch die Aufgabenstellungen 5, 9, 10, 14, 15, 17 und 18 das Kommunizieren.

Aufgaben zur Förderung und Erfassung von inhaltsbezogenen Kompetenzen. Aufgaben, welche die inhaltsbezogenen Kompetenzen abbilden und fördern, sind vor allem jene, die den Lernweg der Schüler in der Bearbeitung der Aufgaben offenlegen und das inhaltliche Wissen zum Vorschein bringen (Aufgabenstellungen 2, 3, 6, 9, 10, 15, 17, 18).

Aufgaben zur Strukturierung und Organisation des Lernprozesses. Dieser Aufgabentyp ist vor allem für ein Gelingen der Konzeption beim erstmaligen Einsatz oder auch in einer Lerngruppe mit geringen methodischen Kenntnissen im selbstgesteuerten Lernen von großer Bedeutung, da er ermöglicht, dass die Schüler unabhängig von der Lehrperson oder den Mitschülern, angeleitet durch spezifische Aufgabenstellungen oder Anweisungen, zielführende Lernhandlungen vollziehen können. In ELIF bedeutet dies konkret, dass die Kinder durch die strukturierenden und organisierenden Elemente des Lerntagebuchs in die Lage versetzt werden, eigenständig das dem Fall inhärente Problem zu erarbeiten, Rechercheprozesse unter Einbezug von Informationsquellen zu planen und durchzuführen, zielführende Besprechungen auszuführen sowie ihren Lernprozess zu evaluieren (s. Abschnitt 7.1).

Dieser Aufgabentyp kann in drei Arten von strukturierenden und orientierungsbietenden Elementen unterteilt werden. Organisatorische Handlungsanweisungen (1) beschreiben bestimmte Vorgehensweisen und spezifizieren dadurch die von den Schülern in einem nächsten Schritt einzuleitenden Lernhandlungen. Hierzu zählen beispielsweise die Aufgabenstellungen 6, 16, 17 oder der Ablaufplan. Durch die Vorstrukturierung von Arbeitsschritten und Aufgabenstellungen (2) wird es den Schülern darüber hinaus ermöglicht, sich auf das Wesentliche zu fokussieren und zielführende Aktivitäten auszuwählen. Diese Art lässt sich zum Beispiel auf dem Deckblatt sowie in den Aufgabenstellungen 3, 4, 8, 9 wiederfinden. Orientierungsbietende Symbole oder Visualisierungen (3) dienen schließlich dazu, dass die Schüler sich im komplexen Lern- und Arbeitsprozess zurechtfinden. So zeigen die verschiedenen ELIF-Symbole an, was die Schüler auf dem jeweiligen Arbeitsblatt erwartet und folglich, welche Lernhandlungen sie vollziehen sollen. Im Verbund können die drei Arten den Schülern eine Orientierung im Lernprozess bieten und die Schüler bei der Bewältigung der hohen Anforderungen im selbstgesteuerten Lernprozess durch Strukturen unterstützen.

Aufgaben zur Förderung und Erfassung selbstgesteuerten Lernens. Dieser Aufgabentyp umfasst Aufgaben, welche die Schüler im selbstgesteuerten Lernen unterstützen und fördern sowie simultan die Fähigkeiten der Schüler im selbstgesteuerten Lernen erfassen. Unter Rückbezug auf die Theorie, insbesondere das Prozessmodell nach Stöger und Kollegen (s. Abschnitt 6.2.1), heißt es, dass Aufgaben aus allen Bereichen und Stufen selbstgesteuerten Lernens, das heißt zur Selbsteinschätzung (Aufgabenstellungen 3, 6, 7, 13, 19, 20), zur Festlegung eines Lernziels (Aufgabenstellungen 1, 4, 5), zur strategischen Planung (Aufgabenstellung 8), zur Strategieanwendung (Aufgabenstellung 9), zum Strategiemonitoring (überwiegend das gesamte Lerntagebuch, insbesondere jedoch die Aufgabenstellungen 11, 12, 13, 17), zur Anpassung von Strategien (Aufgabenstellung 17) und zur Bewertung des Ergebnisses (Aufgabenstellungen 14, 15 und das komplette Blatt zur Selbstreflexion) (s. Abbildung 6.1) im Lerntagebuch integriert sein müssen, um den Anforderungen der Förderung und Erfassung selbstgesteuerten Lernens nachkommen zu können. Gleichzeitig sind diese an die in ELIF zu vollziehenden Lernhandlungen anzupassen und im Lerntagebuch derart anzuordnen, dass sie den Lernprozess der Schüler abbilden und sie somit im Vorgehen anleiten und begleiten.

Somit kann im Allgemeinen geschlussfolgert werden, dass ein Lerntagebuch, welches die Durchführbarkeit der Konzeption sowie die Realisierung der Grundideen im Mathematikunterricht der dritten und vierten Klassen gewährleisten soll, folgende vier Elemente aufweisen muss:

(1) Aufgaben zur Förderung und Erfassung mathematischer prozessbezogener Kompetenzen,
(2) Aufgaben zur Förderung und Erfassung mathematischer inhaltsbezogener Kompetenzen,
(3) Aufgaben zur Förderung und Erfassung selbstgesteuerten Lernens und
(4) Aufgaben zur Strukturierung und Organisation des Lernprozesses

Betrachtet man die Abfolge der Aufgabenstellungen, insbesondere jene zur Strukturierung und Organisation des Lernprozesses, im Lerntagebuch näher, so wird deutlich, dass nicht nur die einzelnen Phasen und Lernhandlungen von beziehungsweise in ELIF berücksichtigt werden, sondern zeitgleich die Abfolge der Aufgabenstellungen an dem Prozessmodell selbstgesteuerten Lernens nach Stöger und Kollegen (vgl. Stöger et al. 2009, S. 94; s. Abschnitt 6.2.1) orientiert ist. Dies kann durch den engen Zusammenhang der Phasen mit dem Lerntagebuch begründet werden, da Letzteres eben die Phasen für die Schüler abbildet (s. Abschnitt 10.3.1). Darüber hinaus fällt jedoch vordergründig auf, dass ein wesentlicher Schritt dem Prozessmodell vorgeordnet wird. Der selbstgesteuerte Lernprozess in ELIF beginnt zunächst mit der Festlegung eines übergeordneten Lernziels, der sogenannten Hauptfrage, welches im Lerntagebuch notiert wird. Erst im nächsten Schritt wird eine Selbsteinschätzung durch das Lerntagebuch angeleitet, welche im Prozessmodell selbstgesteuerten Lernens den Ausgangspunkt des Lernprozesses darstellt. Die Festlegung eines übergeordneten Lernziels als erster Schritt scheint für eine dritte oder vierte Klasse ohne großartig ausgebaute metakognitive Fähigkeiten und Lernstrategien jedoch gerade relevant, da die Kinder noch nicht in der Lage sind, ihre Defizite in Bezug auf einen Unterrichtsgegenstand ohne Unterstützung zu erkennen. Aufgrund dessen benötigen sie eine Orientierung, welche es ihnen ermöglicht, innerhalb eines gewissen Rahmens, in ELIF ist dies der Fall, aktiv zu werden und sich selbstständig Lernziele zu setzen. Daher folgt in ELIF auch erst auf die durch den Fall angeleitete Feststellung eines groben Lernziels die Selbsteinschätzung der eigenen Kompetenzen in Bezug auf dieses. So können den Schülern ihre Stärken und Schwächen bewusst werden und sie sich davon ausgehend sinnvolle Lernziele setzen und effiziente Lernstrategien auswählen. Daraus kann geschlussfolgert werden, dass der Aufbau des Lerntagebuchs sich an einem Prozessmodell selbstgesteuerten Lernens und den Phasen von ELIF, welche das Prozessmodell zur Erfüllung der entsprechenden Bewertungskategorien in einem gewissen Maße bereits inkorporieren, orientieren sollte, damit die Schüler bestmöglich im Ablauf von ELIF und im Erwerb von Kompetenzen selbstgesteuerten Lernens unterstützt und gefördert werden. Somit kann der selbstgesteuerte Lernprozess angeleitet durch das Lerntagebuch in ELIF gut in die bestehende Literatur eingeordnet werden. Es erscheint jedoch sinnvoll zu sein, abhängig von der Lerngruppe eine erste Phase der Generierung eines übergeordneten Lernziels zu implementieren, die zielgerichtetes, selbstgesteuertes Lernen auch von jungen Schülern ohne methodische Vorerfahrungen ermöglicht.

Ebenso folgt aus diesen Darstellungen, dass sich das Format eines Lerntagebuchs zum Aufbau selbstgesteuerten Lernens ab der dritten Klasse eignet, insofern es eine für die methodischen Vorerfahrungen adäquate Anzahl an strukturierenden Elementen und geeignete Aufgabenformen enthält. Für die Lerngruppen in dieser Forschung haben sich dabei vorwiegend halboffene Aufgaben als geeignet herausgestellt. Damit kann der Aussage, dass der Lernprozess desto strukturierter gestaltet sein sollte, je unerfahrener die Schüler sind, zugestimmt werden. Jedoch konnte unter den spezifischen durch ELIF geschaffenen Bedingungen die Annahme widerlegt werden, dass zunächst eher geschlossene Aufgabenformate angemessen wären (s. Abschnitt 7.3). Diese Zusammenhänge erfordern also weitere Forschungen.

Darüber hinaus folgt aus diesen Ausführungen, dass das Lerntagebuch wesentlich zur Erreichung des Lernziels Lebensweltkompetenz beiträgt, da es die Schüler in jedem Bereich selbstgesteuerten Lernens durch entsprechende Aufgabenstellungen anspricht. Zudem fördert es die Schüler in einigen prozessbezogenen Kompetenzen, die ebenso Teil der Lebensweltkompetenz sind. Aber auch bezogen auf die anderen beiden Ziele ELIFs stellt das Lerntagebuch eine bedeutende Komponente dar. Dieses ermöglicht durch die entsprechenden Aufgabentypen die Erfassung inhaltsbezogener und prozessbezogener Kompetenzen. Die Inhalte schlagen sich im Lerntagebuch nieder und können von einer Lehrperson bewertet und mit Feedback versehen werden. Dabei sollte in der Bewertung inhaltsbezogener Kompetenzen zur Steigerung der individuellen Verantwortung (s. Abschnitt 6.3.1) und zur Berücksichtigung der Vorgaben zur Leistungsbewertung des Kultusministeriums Niedersachsen (vgl. Niedersächsisches Kultusministerium 2017, S. 43) sowohl die individuelle als auch die Gruppenleistung bedacht und bewertet werden. Diese können im Lerntagebuch sehr gut auseinandergehalten werden, da die Schüler zunächst eigene Lösungen formulieren und verschriften und anschließend erst in der Gruppe tätig sind. Damit stellt das Lerntagebuch ein geeignetes Diagnose- und Auswertungsinstrument bezogen auf den inhaltlichen Kompetenzerwerb dar. Die Prozesse in der Auseinandersetzung mit dem fachlichen Inhalt können ebenso durch das Lerntagebuch sichtbar gemacht werden. Diesbezüglich konnten einige Aufgabenstellungen identifiziert werden, welche Teilkompetenzen aller prozessbezogenen Kompetenzbereiche abbilden. Somit kann postuliert werden, dass das Lerntagebuch geeignet ist, um neben dem inhaltlichen Kompetenzerwerb ebenso den Erwerb von zahlreichen Prozessen anzuregen und schließlich auch auszuwerten. Aufgrund dessen könnte das Lerntagebuch in ELIF als besondere Lernaufgabe, die im Kerncurriculum des Landes Niedersachsen festgesetzt sind, eingesetzt werden. Damit würde ebenso der Forderung nach einer passenden Prüfungsmethode begegnet werden, da sich in zahlreichen Forschungen ergeben hat, dass gerade klassische Methoden, wie Tests, den Lernprozess und die erworbenen Kompetenzen nicht adäquat erfassen (s. Abschnitt 2.5.4).

Folglich scheint das vorliegende Lerntagebuch die Möglichkeit zu bieten, alle drei Ziele der Konzeption zu fördern. Daher stellt sich nun zusammenfassend die Frage, welche Kriterien eine Lerntagebuchaufgabe beziehungsweise auch das komplette Lerntagebuch erfüllen muss, um die verschiedenen Ziele der Konzeption zu fördern und gleichermaßen abzubilden.

Zum Erwerb von Lebensweltkompetenz, gerade im Sinne des selbstgesteuerten Lernens, werden im Lerntagebuch, wie zuvor festgestellt, verschiedene Aufgabenstellungen benötigt, die es den Schülern ermöglichen, die einzelnen Schritte selbstgesteuerten Lernens zu gehen und einhergehend ihre Fähigkeiten und Fertigkeiten in der Bewältigung dieser zu erwerben. Werden also beispielsweise Aufgaben im Lerntagebuch einbezogen, die die Selbsteinschätzung der eigenen Fähigkeiten in Bezug auf den Unterrichtsgegenstand anleiten, so werden diese Kompetenzen im Rahmen der Bewältigung der Aufgabenanforderungen ausgebaut und einhergehend erfasst. Dementsprechend lässt sich abschließend folgern, dass im Lerntagebuch alle Schritte selbstgesteuerten Lernens enthalten sein sollten. Die entsprechenden Aufgabenstellungen sind an die Lerngruppe stets anzupassen, das heißt für unerfahrene Schüler strukturierter und geschlossener zu gestalten, für Schüler mit Vorerfahrungen jedoch zu öffnen. Dabei erscheinen offene Kommentarfelder oder Begründungsfragen geeignet, um einen Einblick in die Denkweisen und Entscheidungen der Schüler zu erlangen und eine Evaluation der selbststeuernden Fähigkeiten zu ermöglichen. Zudem sollten Prozesse als Teil der Lebensweltkompetenz gefördert und erfasst werden.

Als Lerntagebuchaufgaben zur Unterstützung der Schüler im Erwerb von Inhalten und zur Erfassung dieser sind vor allem offene Aufgabenstellungen bis hin zu ganz leeren Seiten, die es den Schülern ermöglichen, sich individuell einem Lerngegenstand zu nähern und ihre Auseinandersetzung mit diesem zu dokumentieren, geeignet. Aus der freien Notation der individuellen Auseinandersetzungen der Schüler mit dem Unterrichtsgegenstand können der Lernweg der Schüler nachvollzogen und der Erwerb inhaltsbezogener Kompetenzen offengelegt werden. Sollen spezifische inhaltsbezogene Kompetenzen erworben werden, so sind die Erwartungen den Schülern transparent darzulegen, um eine Bewertung zu ermöglichen. Diese können entweder durch spezifische Aufgabenstellungen oder Rahmungen, wie einem Fall und dem Lerntagebuch, oder durch Kompetenzraster bzw. allgemeine Bewertungsrichtlinien offengelegt werden. Gerade ein Fall ermöglicht, dass die Schüler sich zunächst mit denselben Inhalten beschäftigen, aber davon ausgehend noch weitere, neue Inhalte erschließen und bietet somit die Möglichkeit, den inhaltlichen Lernweg der Schüler zu bewerten und gleichzeitig eine Offenheit in inhaltlicher Hinsicht zu erhalten.

Darüber hinaus lässt sich auf der Grundlage der Daten folgern, dass ein Lerntagebuch, welches prozessbezogene Kompetenzen nicht nur fördert, sondern auch erfasst und bewertet, vorwiegend halboffene und offene Aufgabenstellungen enthält, welche die Schüler beispielsweise anleiten, ihren Lernprozess zu beschreiben und zu begründen, auf verschiedene Weisen darzustellen oder Ergebnisse zu reflektieren. Je nach zu bewertender prozessbezogener Kompetenz und in Abhängigkeit vom fachlichen Inhalt und damit auch vom Fall (s. Abschnitt 11.1) sind somit unterschiedliche Aufgabenstellungen zu formulieren, die die Schüler anleiten, die entsprechenden prozesshaften Handlungen auszuführen, um den

Kompetenzerwerb sowie dessen Erfassung zu ermöglichen. Sollen die Schüler beispielsweise die Kompetenz erwerben, Darstellungen in eine andere Form zu übertragen, so muss dies auch durch die Aufgabenstellung explizit gefordert werden, da der Lehrer ansonsten keine Grundlage der Bewertung hat. Demnach geht es in der Feststellung prozessbezogener Kompetenzen eben darum, eine Bewertungsgrundlage entweder durch Kompetenzraster oder beispielsweise Bewertungsrichtlinien transparent darzulegen oder andernfalls Aufgabenstellungen zu formulieren, die die Anforderungen explizieren. Gerade offene oder halboffene Aufgaben eignen sich in diesem Bereich, da geschlossene Fragen nicht zum Einsatz und zum Erwerb von Prozessen anregen.

Alles in allem bietet das Lerntagebuch in ELIF somit die Möglichkeit, die drei Ziele der Konzeption zu erfüllen und der im Rahmen der Forschungsergebnisse bezüglich PBL aufkommenden Forderung nach Struktur und einer passenden Prüfungsmethode nachzukommen (s. Abschnitt 2.5.4). Folglich stellt es einen Beitrag dazu dar, die positiven Effekte von PBL auf die nachhaltige Speicherung, das Verständnis und die Anwendung von Inhalten, die Fähigkeiten für das lebenslange Lernen wie das Entwickeln von Fragen und das Planen und Durchführen eines Rechercheprozesses, das kooperative Arbeiten, die intrinsische Motivation und das Interesse an weiterführenden Inhalten (s. Tabelle 2.3) auch in ELIF fruchtbar zu machen. Zudem trägt das Lerntagebuch wesentlich dazu bei, die Durchführbarkeit der Konzeption sicherzustellen und die Grundideen in der Unterrichtspraxis zu implementieren.

In diesem Kapitel konnten somit einige Bedingungen für den Einsatz eines Lerntagebuches, das nicht nur die Bewertungskategorien erfüllt und eine Durchführbarkeit der Konzeption sichert, sondern auch die Ziele der Konzeption ermöglicht, aufgestellt werden. Auf diese Weise kann die leitende Fragestellung F3.2 *Welche für die Mathematikdidaktik relevanten Erkenntnisse können aus den Ergebnissen der Studie bezogen auf das Lerntagebuch abschließend generiert werden?* als beantwortet angesehen werden.

Teil V
Schlussbetrachtung

Kritische Betrachtung des Forschungsvorgehens in Konzeption und Empirie

12

Mit ELIF ist in dieser Arbeit eine Unterrichtskonzeption entwickelt worden, die die geforderten Kriterien erfüllt und gleichzeitig durchführbar im Mathematikunterricht der dritten und vierten Klasse ist. Während in Kapitel 10 bereits eine Diskussion und Reflexion der Konzeption und der Entwicklung dieser auf inhaltlicher Ebene stattgefunden hat und die Gütekriterien in Teilen bereits retrospektiv in Abschnitt 9.4 reflektiert wurden, wird nun aus der Forschungsperspektive die konzeptionelle und empirische Studie abschließend kritisch betrachtet und es werden Optimierungsmöglichkeiten herausgestellt.

Im Rahmen der Arbeit wurden zunächst deskriptive Indikatoren für die aus PBL resultierenden Grundideen in vielen Facetten theoretisch beschrieben und operationalisiert. Darauf aufbauend wurden eigene Erhebungs- und Auswertungsinstrumente für die vorliegende Untersuchung entwickelt. Während der Beobachtungsbogen sich in der Forschung als besonders geeignet herausgestellt hat, realitätsgetreuen Unterricht zu erfassen, wurde dieser jedoch von den beobachtenden Lehrpersonen an einigen Stellen eher wertend, weniger formal beobachtend ausgefüllt. Dies kann entweder auf die Struktur dessen zurückgeführt werden oder auf die beobachtenden Personen. Da Lehrpersonen ihren täglichen Unterricht stets im Hinblick darauf überprüfen, ob und warum dieser gut beziehungsweise weniger gut funktioniert hat, könnte dies ebenso auf die Beobachtung in der Studie übertragen worden sein. An dieser Stelle hätte eine ausführlichere Schulung der Lehrpersonen und eine verbindliche Übung der Beobachterrolle einschließlich Reflexion dieser über mehrere Stunden oder sogar Wochen in Kooperation mit den Forschenden hilfreich sein können. Weiterhin konnten nicht alle Lehrpersonen gleichzeitig der Beobachter- und Lehrerrolle gerecht werden, wodurch teilweise Notationen im Beobachtungsbogen erst nachträglich zustande gekommen sind. Dies kann eine große Einschränkung der Validität der Forschung nach sich ziehen,

S. Strunk und J. Wichers, *Problembasiertes Lernen im Mathematikunterricht der Grundschule*, Hildesheimer Studien zur Mathematikdidaktik, https://doi.org/10.1007/978-3-658-32027-0_12

wenn für die Studie wichtige Aspekte nachträglich vergessen oder falsch erinnert wurden (s. Abschnitt 9.1). Durch einen Einbezug von ausschließlich Lehrenden-tandems an der Forschung, hätte diesem Kritikpunkt entgegengewirkt werden können, was jedoch nicht in allen Fällen mit der Schulrealität zu vereinbaren war. Alternativ hätte, wie bereits im Abschnitt 9.1 aufgeführt, eine Videographie des Unterrichts umgesetzt werden können. Diese hätte zudem eine Möglich-keit geboten, die Gruppenaktivitäten und -dynamiken in einem weitaus höheren Maße und dies unabhängig von der subjektiven Perspektive der Lehrperson zu erfassen. Darüber hinaus hätte die Entwicklung der Konzeption gegebenenfalls zielführender umgesetzt werden können, da videografierte Daten eine höhere Informationsdichte aufweisen und wiederholt gesichtet werden können. Dennoch bleibt unklar, inwiefern die Anwesenheit von Videokameras die Schüler verunsi-chert und im Verhalten beeinflusst hätte oder die Forschenden die Aktivitäten und Lernhandlungen der Schüler anhand des Videomaterials falsch interpretiert hät-ten. Eine Gewöhnung der Schüler an die Videographiewerkzeuge wäre immerhin durch einen mehrfachen Einsatz der Konzeption in der Tiefe umsetzbar gewe-sen, während beim Einsatz dieser in der Breite keine Möglichkeit bestanden hätte. Daher kann abschließend nicht beurteilt werden, welches Erhebungsin-strument zur Beantwortung der Forschungsfrage geeigneter gewesen wäre, da beide Vor- sowie Nachteile aufweisen und somit die Ergebnisse unter diesen Einschränkungen interpretiert werden müssen.

Zusätzlich zum Beobachtungsbogen wurde das Lerntagebuch herangezogen, um erschließen zu können, welche Lernhandlungen die Schüler im Unterricht tat-sächlich vollzogen und mit welchen Inhalten sie sich auseinandergesetzt haben. Da sich jedoch nicht alle Aktivitäten im Lerntagebuch niederschlagen, indem beispielsweise die Besprechungen in den Gruppen nur durch die endgültigen Antworten im Lerntagebuch repräsentiert werden, jedoch keine Zwischenergeb-nisse und Irrwege abgebildet werden, fehlten teilweise Informationen, um die Auswertung ganzheitlich durchführen und darauf aufbauend weitere Modifizie-rungsmaßnahmen entwickeln zu können. Mittels Videographie oder Interviews, in welchen die Schüler nachträglich zu bestimmten Lernhandlungen befragt werden, hätten wiederum weitaus mehr Informationen erhoben werden können, um den Beobachtungsbogen zielführend zu ergänzen. So hätten gegebenenfalls Schwierigkeiten in der Auswertung, die vor allem eine geringe Trennschärfe der Kategorien und eine fehlende Eindeutigkeit in der Zuordnung der Schüleraktivitä-ten zu den Auswertungsaspekten betreffen, abgebaut werden können und zudem Zusammenhänge besser herausgestellt werden können. Diesbezüglich wurde vor allem offensichtlich, dass die Bewertungskategorien der Offenheit nicht immer eindeutig zu erfassen waren. Wenn alle Schüler laut Beobachtungsbogen und

Notationen im Lerntagebuch zum Beispiel dieselben Zugangsweisen verwendet haben, blieb trotzdem unklar, ob dieses auf eine geringe Offenheit zurückzuführen ist, alle Kindern dieselbe Zugangsweise präferiert haben oder den Schülern gar keine anderen Zugangsweisen bekannt waren. Ergänzende Interviews, die die subjektiven Sichtweisen der Schüler offenlegen, hätten hierüber Aufschluss geben können. Folglich lässt sich schließen, dass insbesondere zur Erfassung der Offenheit der Konzeption die Erhebungsinstrumente nicht vollkommen geeignet waren.

Weiterhin ist in den zahlreichen Durchführungen aufgefallen, dass die Lehrperson nicht als Ressource zur unmittelbaren Beantwortung von Lernfragen zur Verfügung stehen sollte, da ansonsten die Schüler schnell dazu neigen, lediglich die Lehrperson auszufragen, anstatt nach eigenen Wegen zu suchen, um Informationen zu erlangen. Gerade im Sinne der zu fördernden Lebensweltkompetenz erscheint dieser Schritt jedoch relevant. Darüber hinaus sollten Lehrpersonen zur Sicherstellung einer inhaltlichen Tiefe und unterschiedlicher Bearbeitungsniveaus im Sinne des Inquiry-Ansatzes (s. Abschnitt 2.5.3.2) Impulse bereitstellen, wenn die Kinder beispielsweise keine Lernfragen auf einem inhaltlich angemessenen Niveau stellen oder die Bearbeitung von Lernfragen sehr oberflächlich verläuft. Als letztes bisher noch nicht genanntes Problem hat sich die Einigung auf Antworten herausgestellt. Während es im Ausgangsformat PBL recht einfach erscheint, sich abhängig von einem Patientenfall auf Problemstellungen und Antworten im Sinne von zum Beispiel der bestmöglichen Therapie zu einigen, ist dies im Grundschulkontext häufig schwierig gewesen, da in der Bearbeitung der Aufgaben Annahmen getroffen werden mussten. Dennoch sind regelmäßige Besprechungsphasen, auch wenn nicht zwangsweise zur Einigung, aus mehreren Gründen relevant. Sie fördern durch den Austausch und Vergleich von Ergebnissen vielfältige prozessbezogene Kompetenzen, ermöglichen eine stetige Kontrolle der eigenen Arbeit und bereiten die Schüler schließlich auf selbstständiges Arbeiten vor.

In Bezug auf die Komponente Fall lassen sich einige Besonderheiten in der Durchführung und Erhebung erkennen und reflexiv betrachten. In der Konzeption der Fälle war zunächst zu beachten, dass diese stets zu einem aktuell in der Schule zu thematisierenden Inhaltsbereich angefertigt werden, aber gleichzeitig möglichst diverse Fälle ausgetestet werden mussten, um aus der Studie auch allgemeine, bezogen auf die Komponente Fall gültige Schlüsse ziehen zu können. Damit einher geht die Schwierigkeit, dass die Fälle auf der Grundlage von Lehrpersonenaussagen über die Klasse konzipiert wurden, ohne die Klasse genauer zu kennen. Dadurch war eine inhaltliche Passung zu den Vorkenntnissen der Schüler und die gleichzeitige Einhaltung der Kriterien sehr schwierig, weshalb letztendlich auch nicht alle Fälle alle Kriterien erfüllt haben. Eine Beeinflussung der Auswertung durch die Art der Fälle und die dadurch initiierten Fragen ist aufgrund dessen nicht auszuschließen. Um dem entgegenzuwirken, wurde zwar ebenso ein und derselbe Fall in der Breite getestet, was jedoch nicht alle zuvor genannten Nachteile beheben konnte. Zudem hat es sich als äußerst schwierig herausgestellt, die Bewertungskategorien bezogen auf den Fall anhand des Beobachtungsbogens und der Lerntagebücher zu beurteilen und adäquate Modifizierungsmaßnahmen zu entwickeln, gerade auch, da die Fälle nicht linear weiterentwickelt wurden und Modifizierungen zum Teil erst in späteren Zyklen umgesetzt werden konnten (s. Abschnitt 10.1 und 10.2). Aufgrund dessen wäre eine größer angelegte Studie erforderlich gewesen, in der die Konzeption in mehreren Klassen, die unterschiedliche Vorerfahrungen mit ELIF haben, umgesetzt und analysiert geworden wäre. So hätten ähnliche Fälle, die in Abhängigkeit von der Lerngruppe lediglich geringe Unterschiede aufweisen, in mehreren Klassen eingesetzt werden können und aus der damit gewonnen Datenvielfalt Konsequenzen für die Weiterentwicklung des jeweiligen Falls gezogen werden können. Auch hätten Schülerinterviews Aufschluss über die Bewertungskategorien der Bedeutsamkeit (Kategorie 10), der Passung zu den Lernvoraussetzungen (Kategorie 15) oder der Problem- und Konflikthaltigkeit (Kategorie 12) gegeben sowie Videos oder Kompetenztests bezogen auf den Fall informativere Aussagen über die Bewertungskategorien der Entdeckung intendierter fachlicher Inhalte (Kategorie 13) und intendierter Prozesse (Kategorie 14) zugelassen.

In der Auswertung der Daten wurde die Erreichung der Bewertungskategorien in den Vordergrund gerückt, um zunächst eine die Grundideen umsetzende und durchführbare Konzeption zu entwickeln (s. Kapitel 7). Inwiefern die Konzeption gleichzeitig die Erfüllung der ihr inhärenten Ziele ermöglicht, wurde zwar versucht anhand der Daten zu schlussfolgern. Die für die vordergründige Zielstellung, der Konzeptionierung eines praxistauglichen Angebots für den Mathematikunterricht der dritten und vierten Klasse, adäquaten Erhebungsmethoden und -instrumente waren jedoch nicht gleichzeitig dazu geeignet, die Erreichung der Ziele explizit zu beurteilen, da hierfür beispielsweise Kompetenztests notwendig gewesen wären. Trotzdem wäre es interessant und relevant gewesen zu betrachten, inwieweit die jeweilige Version der Konzeption die ihr inhärenten Ziele ermöglicht.

Die Auswertungsmethode der evaluativen qualitativen Inhaltsanalyse hat sich entsprechend der Forschungsabsicht der vorliegenden Arbeit als geeignet herausgestellt, da es zu bewerten galt, inwiefern die einzelnen Bewertungskategorien im jeweiligen Zyklus erfüllt werden. Da das Kategoriensystem somit auf evaluativen

Kategorien beruht, ist die verwendete Auswertungsmethode nicht genuin qualitativ und könnte Einschränkungen in der Darstellung des qualitativen Materials nach
sich ziehen. Weiterhin ist aufgefallen, dass zwar eine Einschätzung der Kategorien
aufgrund des Kategoriensystems leicht vorgenommen werden konnte und zudem
zwischen den Kodierenden in allen Zyklen ein hoher Konsens herrschte, hingegen
sind die Einschätzungen der einzelnen Aspekte aufgrund fehlender Kodieranwei-
sungen schwer gefallen. Die Grenzen zwischen den Einschätzungen „ + ", „o"
oder „-" wurden im Kategoriensystem nicht festgelegt, wodurch die Kodierung
der einzelnen Aspekte sehr subjektiv umgesetzt wurde. Jedoch ist nach wie vor
anzuführen, dass eine sinnvolle Abgrenzung schwer zu definieren ist, da diese
auf quantitativen Daten (Anzahl von Phänomenen) oder erneuten Einschätzungen beruhen würde, was im Rahmen des Design-Based Research Prozesses nicht
sinnvoll erschien.

Eine weitere Schwachstelle des Kategoriensystems waren die Zusammenhänge
innerhalb der Kategorien. Wenn Kinder beispielsweise nicht gewusst haben, wie
sie an Informationen kommen und nur die offensichtlichste Informationsquelle
verwendet haben, wurden zugleich die Arbeitsmittel und Zugangsweisen eingeschränkt. Auch beeinflusst der Fall bereits die Schüler und deren Auswahl an
Darstellungen, Zugangsweisen oder Arbeitsmitteln. So wird beispielsweise ein
Fall, der ein Würfelspiel abbildet, zur Verwendung von Würfeln anregen. Somit ist
eine Einschätzung der Kategorien der Offenheit in der Auswertung mit Vorsicht
zu betrachten, da gerade diese vielen Unbekannten unterliegen Durch eine weitere Überarbeitung des Kategoriensystems hätte diesem Problem gegebenenfalls
entgegen gewirkt werden können.

Auch sind die Kategorien nicht immer trennscharf, da Unterricht ein komplexes Konstrukt ist und durch ein Zusammenspiel vieler Faktoren bedingt wird
(s. auch Abschnitt 2.4). Daher war es gerade in der Auswertung und in der Generierung von Modifizierungsmaßnahmen schwierig, einzelne, ausschlaggebende
Aspekte zu isolieren. Auch kann nicht zugeordnet werden, welche Modifizierungsmöglichkeiten auf genau eine Komponente zurückzuführen sind. Dies
hatte zur Folge, dass einige Änderungen an den einzelnen Komponenten vorgenommen worden sind und nach dem nächsten Zyklus wieder revidiert wurden
(s. Abschnitt 10.2).

Letztendlich umfasste die Stichprobe drei verschiedene Klassen, also insgesamt 47 Schüler und sechs Lehrpersonen, wobei diese in vielen Bereichen diverse
Merkmale aufgewiesen haben. Dennoch handelte es sich nicht um eine Zufalls-
stichprobe und es erfolgte auch keine Überprüfung der Stichprobe hinsichtlich ihrer
Repräsentativität, weshalb die vorliegenden Ergebnisse bezüglich ihrer Verallgemeinerbarkeit vorsichtig interpretiert werden sollten. Da diese Studie die erste

ihrer Art ist und im Sinne der Grundlagenforschung ausgerichtet wurde, konnten dennoch erste interessante und informative Hypothesen aufgestellt werden, die im Rahmen weiterer, auch quantitativ ausgerichteter Forschungen zu untersuchen sind (s. Kapitel 13).

Alles in allem lässt sich sagen, dass im Verlauf der Untersuchung einige kritische Aspekte in den Vordergrund getreten sind, die jedoch die Aussagekraft der Studie nur vernachlässigbar mindern. Eine Verallgemeinerbarkeit der Ergebnisse ist aufgrund der Stichprobengröße und qualitativen Ausrichtung der Studie mit Vorsicht zu postulieren. Es folgt eine abschließende Betrachtung von ELIF, in der hier aufgeführte Schwächen als weiterführende Perspektiven aufgezeigt und um weitere interessante, potenzielle Anschlussforschungen ergänzt werden.

Resümee und Perspektiven 13

Im Zuge dieser Arbeit ist ELIF als ein Unterrichtskonzept theoriegeleitet entwickelt und empirisch evaluiert worden, welches in verschiedenster Hinsicht Potenzial für den Mathematikunterricht der Grundschule aufweist. ELIF stellt mit ihren drei Komponenten eine mögliche Unterrichtskonzeption dar, die aufgrund der in den Bewertungskriterien definierten Designmerkmale Kerngedanken von PBL inkorporiert und sich darüber hinaus mithilfe der Definition verschiedenster Gelingensbedingungen als durchführbar bewerten lässt, sodass ELIF selbst als Antwort auf die Forschungsfrage dieser Arbeit

> „Wie kann eine im Mathematikunterricht der Grundschule durchführbare Unterrichtskonzeption gestaltet sein, die wesentliche Kerngedanken von PBL umsetzt?"

eingestuft werden kann.

Einen abschließenden aus den Erkenntnissen der Kapitel 10 und 11 hervorgehenden Überblick darüber, inwiefern ELIF die Kerngedanken von PBL, das heißt die Grundideen, tatsächlich in der Praxis umsetzt, zeigt Tabelle 13.1.

Darüber hinaus konnten durch die Konzeption, Evaluation und insbesondere Diskussion von ELIF weitere, für die Mathematikdidaktik relevante Erkenntnisse exploriert werden. Dazu zählen die Kriterien für ein adäquates Lerntagebuch, welches Schüler in ihrem selbstgesteuerten Erwerb inhaltsbezogener und prozessbezogener Kompetenzen im Mathematikunterricht unterstützt sowie Kriterien für die Erstellung eines Falls als schüleraktivierendes, offenes und realitätsbezogenes,

Tabelle 13.1 Erfüllung der Grundideen durch ELIF

Offenheit	Eigenaktivität/Selbststeuerung	Kooperation und Kommunikation	Fall als Initiation individueller Lernzielentwicklung
Die Offenheit ist in Abhängigkeit vom methodischen Vorwissen der Schüler erfüllt. Notwendige Strukturierungen bei geringem methodischem Vorwissen schränken die Offenheit ein, was zu Schwierigkeiten in der Einschätzung und schließlich zur Beschränkung der entsprechenden Bewertungskategorien geführt hat.	Die Förderung und Erfassung selbstgesteuerten Lernens ist durch die Konzeption, insbesondere das Lerntagebuch, gegeben. Metakognitive Fähigkeiten werden darin angesprochen und können somit angebahnt, aufgebaut oder konsolidiert werden. Aber auch dazu sind Instruktionen notwendig.	Kommunikations- und Diskussionsanlässe sind, zum Teil in Abhängigkeit vom eingesetzten Fall, gegeben und werden genutzt. Es können keine klaren Aussagen über die Förderung von Fachsprache getroffen werden.	Die Fälle regen die Schüler zum Stellen von Fragen an, wobei die Qualität der Fragen sich fall- und lerngruppenabhängig unterscheiden kann. Sachverhalte werden • recherchiert (immer) • erforscht • diskutiert (in Abhängigkeit von der Umsetzung der erweiterten Fallkriterien)

ganzheitliches Aufgabenformat, durch welches sowohl inhaltsbezogene als auch prozessbezogene und lebensweltliche Kompetenzen gefördert werden können (s. Abbildung 13.1).

Somit weist die vorliegende Arbeit verschiedene, praktisch und theoretisch kombinierte Outputs auf, die es aufgrund der qualitativen Ausrichtung der Studie unter Einbezug einer geringen Stichprobe in anschließenden Forschungen weiter zu untersuchen gilt. Dazu können einerseits die Erkenntnisse aus der Interpretation und Diskussion (s. Kapitel 10) Vermutungen und Hypothesen liefern, die in weiterführenden Untersuchungen verifiziert oder falsifiziert werden sollten oder weiterer qualitativer Forschung bedürfen. Andererseits konnten an geeigneter Stelle bereits weiterführende interessante Fragestellungen thematisiert werden, die hier nur überblicksartig erneut aufgegriffen werden sollen. Es scheinen an vielen Stellen noch Fragen offen zu sein, was in Anbetracht der Klassifizierung der vorliegenden konzeptionellen und empirischen Studie als Grundlagenforschung im Bereich des problem- und fallbasierten Lernens im Mathematikunterricht der Grundschule trivial erscheint. Diese lassen sich in verschiedene Teilbereiche gliedern, die in Anschlussforschungen viel kleinschrittiger untersucht werden sollten. Es ist aber zunächst notwendig gewesen, ein durchführbares Gesamtkonzept zu entwerfen, welches die Kerngedanken von PBL erfüllt, an dem in vielerlei Hinsicht weiter geforscht werden kann und sollte.

Ein übergeordnetes Forschungsziel bezüglich des Teilbereichs des gesicherten Kompetenzerwerbs wäre es, zunächst festzustellen, ob die drei im Rahmen der Konzeptionsentwicklung festgelegten Ziele überhaupt von den Schülern erreicht werden. Das heißt, es sollte zum Beispiel testgestützt überprüft werden, inwieweit die Schüler tatsächlich inhaltsbezogene und prozessbezogene Kompetenzen erwerben und gleichzeitig eine Förderung der Lebensweltkompetenz in ihren verschiedenen Facetten stattfindet. Dazu würde sich eine Längsschnittstudie anbieten, die aufdecken kann, ob die drei Ziele wirklich nachhaltig erreicht werden. Insbesondere die Lebensweltkompetenz könnte dabei in den Fokus geraten, da sich die inhalts- und prozessbezogenen Kompetenzen weitestgehend aus den Aufzeichnungen der Schüler im Lerntagebuch erkennen lassen. Es kann folgende zu überprüfende Hypothese generiert werden.

- ELIF ermöglicht den nachhaltigen integrierten Erwerb prozess- und inhaltsbezogener sowie überfachlicher Kompetenzen.

Einhergehend sollte intensiv anhand einer größeren Stichprobe analysiert werden, welchen Einfluss einzelne Aspekte, insbesondere methodische Vorerfahrungen und sprachliches sowie inhaltliches Vorwissen, auf die Zielerreichung haben.

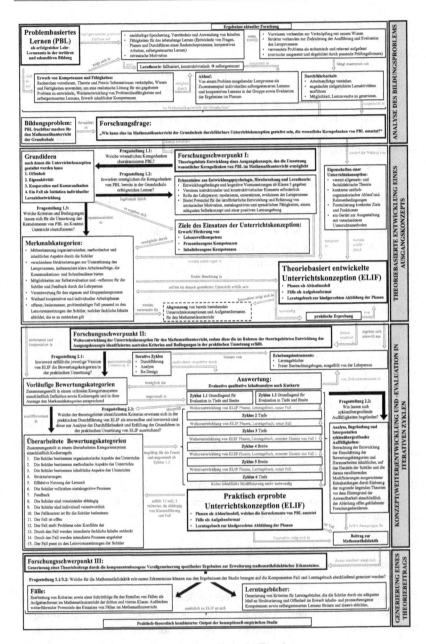

Abbildung 13.1 Zusammenfassende Darstellung der Forschung

Damit würde der Bereich der Öffnung von ELIF in den Blick geraten. Die Voraussetzung der Schüler für einen gelingenden Einsatz von ELIF sollten genauer analysiert und klassifiziert werden. Zur Überprüfung könnte folgende leitende Hypothese herangezogen werden.

• ELIF erlaubt in Abhängigkeit vom methodischen und sprachlichen Vorwissen der SuS einen offenen Unterricht.

So könnte eine Stufenfolge zur Einführung und fortführenden Öffnung von ELIF erarbeitet werden. Darüber hinaus sollte überprüft werden, inwiefern ELIF einen positiven Zusammenhang von Sprach- und Facherwerb bewirken kann. Ebenso könnte die methodische Erfahrung mit der Gruppendynamik in Zusammenhang gebracht werden, indem die Entwicklung der Einigungsprozesse herausgestellt wird.

Zusätzlich könnte genauer in den Blick geraten, welches Maß an inhaltlichem Vorwissen notwendig ist, damit die Schüler inhaltlich auf einem angemessenen Niveau arbeiten und sinnvolle Lernfragen stellen können. Das Stellen der Lernfragen stellt einen umfangreichen Teilbereich dar, der ebenso weiterer Forschung bedarf. So wäre es interessant zu untersuchen, inwiefern die Art der Lernfragen abhängig vom Fall ist, ob manche inhaltlichen Kompetenzbereiche zum Beispiel Fragen auf einem mathematisch tiefergehenden Niveau anregen und dadurch die Anforderungsbereiche II und III mehr in den Fokus rücken. Einhergehend könnten ebenso die prozessbezogenen Kompetenzen mit der Art der Lernfragen in Zusammenhang gebracht werden, um ermitteln zu können, inwiefern diese dem Fall inhärent sind und ob die Anforderungsbereiche II und III überhaupt ohne den Einbezug prozessbezogener Kompetenzen erreicht werden können.

Solche Untersuchungen ließen sich durch folgende Hypothesen leiten.

• Zwischen dem inkorporierten Kompetenzbereich eines Falls und der Art der an den Fall gestellten Lernfragen besteht ein Zusammenhang.
• Innerhalb von ELIF und damit auch allgemein im fallbasierten Lernen im Mathematikunterricht existieren prozessbezogene Kompetenzen auf zwei Ebenen.
• Eine Arbeit entsprechend der Anforderungsbereiche II oder III ist ohne einen Einbezug prozessbezogener Kompetenzen im Mathematikunterricht nicht möglich.
• Schüler in der dritten und vierten Klasse sind noch nicht in der Lage, Lernfragen nach ihrer Konkretheit vorausschauend zu klassifizieren und zu sortieren.

Hinsichtlich der Art der gestellten Fragen könnte zusätzlich die Attribution der Schüler untersucht werden. Zudem könnte auch das einzelne Kind näher im Hinblick auf die Bearbeitung unterschiedlicher Lernfragen betrachtet werden. Gegebenenfalls könnten unter Einbezug der Beobachtung verschiedener Kinder bei der Bearbeitung derselben Lernfrage Muster erkannt werden und daraus ein Impulskatalog für Lehrpersonen entwickelt werden, um die Schüler zu einem Arbeiten auf einem ihnen angemessen Niveau anzuleiten (s. Kapitel 12). Im Zuge dessen wäre es interessant zu erfahren, wie genau solche Impulse gestaltet sein müssten.

Da die Lernfragen sich aus dem Aufgabenformat Fall ergeben, sollte auch dieses als Teilbereich von ELIF in anschließenden Forschungen näher betrachtet werden. Dies liegt außerdem nahe, da diese innerhalb der vorliegenden Studie im Aspekt der Tiefe wohl der größten Varianz unterlagen, weil die Fälle zu völlig unterschiedlichen Themen gestaltet worden sind. Man könnte allgemein schauen, wie Schüler in unterschiedlichen Fällen arbeiten, nicht nur, welche Fragen entstehen, sondern auch, ob manche Fälle sie mehr motivieren als andere und welche Materialien sie verwenden. Im Zuge dessen könnten ebenso die Planungsprozesse der Kinder fokussiert werden oder Fälle mit Schülern gemeinsam konstruiert und diese dann bezüglich der genannten Punkte ausgewertet werden. Zusätzlich könnte die Verwendung der Fälle bezüglich ihrer Effektivität unter der aus Kapitel 10 und Abschnitt 11.1 hervorgehenden Hypothese

- Je eindeutiger die Lösung eines Falls bestimmt ist, desto mehr eignet er sich zur Einführung eines inhaltlichen Themas.

genauer untersucht werden. Darauf aufbauend sollte der Einsatz der Fallzusätze thematisiert und gegebenenfalls ergründet werden, warum diese nicht verwendet wurden und welche Auswirkungen eine Verwendung von ihnen hat, das heißt ob damit tatsächlich eine tiefere mathematische Substanz erreicht werden kann und ob dies in Abhängigkeit zur Schülerklientel steht. Weiterführend könnten Elemente des Lerntagebuchs und deren Einfluss auf die verschiedensten Verhaltensweisen der Schüler untersucht werden. So wäre es interessant zu erfahren, wie genau die Schüler Orientierungen und Strukturen im Lerntagebuch verwenden und inwiefern sie diese als hilfreich wahrnehmen oder eigenständig Vorschläge für Hilfen entwickeln können, die sie im Lernprozess unterstützen könnten. Dazu könnte auch folgende, durch die Ausführungen in Abschnitt 11.2 naheliegende Hypothese geprüft werden.

- Das Lerntagebuch ist adäquater als andere Dokumentationsformen, um die Ziele der Konzeption sowohl zu fördern als auch abzubilden.

Einhergehend lohnt es sich, zu hinterfragen, welchen Einfluss die Leitfigur ELIF auf das Arbeiten der Schüler hat. So könnte empirisch nachgewiesen werden, ob es zum Beispiel in Bezug auf die Motivation oder die Orientierung innerhalb des Arbeitsprozesses relevant ist, dass diese Figur den Lernprozess der Kinder begleitet oder nicht.

Insgesamt könnte so auch in den Fokus rücken, inwieweit Schüler in einem fallbasierten oder konkret mit ELIF durchgeführten Unterricht motivierter sind als in herkömmlichem Mathematikunterricht und darüber hinaus hinterfragt werden, wie sich die Einstellung gegenüber des Faches Mathematik durch die Arbeit mit Fällen eventuell verändert. Für Ersteres bliebe zu beachten, dass genau definiert werden müsste, was herkömmlichen Mathematikunterricht ausmacht und in welchen Aspekten sich dieser von ELIF oder allgemein fallbasiertem Unterricht unterscheidet, um die Ungenauigkeiten, die oft in der Forschung zu PBL aufgetreten sind und die Ergebnisse schwer interpretierbar gestaltet haben (s. Abschnitt 2.5), zu umgehen. Weiterhin sollten in einem anschließenden Schritt die einzelnen Bestandteile von ELIF in Form der Grundideen bezüglich ihres jeweiligen Einflusses auf die Motivation der Schüler überprüft werden, um feststellen zu können, ob sie in ihrer Integrativität entsprechend wirken oder einzelne Faktoren eine größere Rolle spielen.

Möchte man das Augenmerk eher auf die individuellen kognitiven und metakognitiven Leistungen der Schüler legen, könnte Bezug auf die Selbsteinschätzung der Schüler im Lerntagebuch genommen werden. In der vorliegenden Studie wurde lediglich untersucht, ob die Schüler metakognitive Tätigkeiten, wie beispielsweise eine Selbsteinschätzung, vornehmen und nicht, inwiefern diese realistisch sind. Anhand dessen könnte einhergehend der Fortschritt in der Lebensweltkompetenz deutlich werden, denn je besser man sich und seine Fähigkeiten einschätzen kann, desto absehbarer ist ein Erfolg oder Misserfolg und dieser kann entsprechend bewusst herbeigeführt und attribuiert werden. Auch die sprachliche Entwicklung der einzelnen Schüler könnte dabei in den Blick geraten, indem Bezug auf den Punkt „Ich kann meine Gedanken aufschreiben" (s. Abschnitt 10.3.3) genommen wird und die entsprechend auftretenden Daten mit der Realität abgeglichen werden. Dies kann bei demselben Schüler in verschiedenen Durchführungen geschehen, um nachweisen zu können, ob und wenn ja wie sich seine Sprache, gerade die Verwendung der Fachsprache in ELIF, und auch Einsicht in das eigene Können weiterentwickeln. Somit könnte auch nachgewiesen werden, inwiefern ELIF sich tatsächlich zur Sprachförderung im

Mathematikunterricht der Grundschule eignet. Weiterführend könnte betrachtet werden, ob die stetige Formulierung ihrer Gedanken bei den Schülern einen Aufmerksamkeitsverlust in Bezug auf die mathematischen Inhalte bewirkt und wie dies im Sinne des Potenzials eines verbindenden Sprach- und Mathematiklernens optimiert werden könnte (s. Abschnitt 6.3.3 und 6.3.5).

Einen besonderen Blick auf die Kinder mit Förderbedarf Lernen zu werfen erscheint interessant, da ELIF eine Unterrichtskonzeption darstellen soll, die für alle Kinder eine niedrige Eingangsschwelle bietet und mathematisches Arbeiten ermöglicht. Diese wurden in der vorliegenden Arbeit zwar in der Auswertung hervorgehoben, aber nicht gesondert betrachtet. Unter Berücksichtigung der Sprachlastigkeit eines Falls könnte hier genauer herausgearbeitet werden, ob diese Schüler zusätzliche Unterstützung benötigen oder ELIF ihnen, wie nach der durchgeführten Studie zu vermuten, tatsächlich die Möglichkeit gibt, im Sinne der natürlichen Differenzierung Inhalte auf ihrem Niveau zu bearbeiten oder sie eher die Gedanken von leistungsstärkeren Gruppenmitgliedern übernehmen, ohne diese eigenständig zu durchdringen. Dieses Thema scheint wiederum mit der Exploration des Einflusses inhaltlicher Vorkenntnisse zu korrelieren. Es zeigt sich wieder die Integrativität der Konzeption, die es schwierig gestaltet, einzelne Aspekte gesondert in den Blick nehmen zu können, da diese schwer voneinander zu isolieren sind. Dies sollte trotzdem in anschließenden Forschungen in Betracht gezogen werden, um die verschiedenen Einflüsse und Wirkungsweisen der unterschiedlichen in ELIF wirksamen Variablen aufdecken zu können.

Ein weiterer ganzheitlich auf ELIF bezogener Forschungsansatz wäre die Weiterentwicklung von ELIF zu einer digitalen Lernumgebung, was im Zuge der Digitalisierung eine Chance darstellen würde, Mathematikunterricht in der Grundschule mit Neuen Medien anzureichern, wie es in Bezug auf PBL bereits in der Sekundarstufe durch beispielsweise Jannack vorgenommen worden ist (s. Abschnitt 2.5.3.1). Dabei bleibt es jedoch zu erheben und zu reflektieren, ob sich ELIF als generell digitale Lernumgebung lernförderlich gestalten lässt, das heißt, die unterrichtlichen Ziele durch die digitalen Medien effektiver oder schneller erreicht werden können. Hier spielt wiederum die Themenwahl des Falls eine große Rolle, sodass erneut die enge Verbundenheit der Komponenten von ELIF deutlich wird, die es in anschließenden Forschungen ebenso zu berücksichtigen aber gegebenenfalls auch zu hinterfragen gilt.

Interessant wäre es über den konkreten Rahmen von ELIF hinaus zu untersuchen, inwiefern fallbasierte Lernangebote im Mathematikunterricht der Grundschule Anwendung finden könnten und welche Vorteile damit verbunden sind. So könnten andere fallbasierte Lernangebote entwickelt und mit ELIF verglichen werden. Gleichzeitig könnte die Dokumentation variiert werden, sodass verschiedene Arten von Lerntagebüchern eingesetzt und auf ihren Grad an Unterstützung hin überprüft werden. Das in der vorliegenden Studie konzeptionierte und evaluierte Lernangebot ELIF bietet einen praxistauglichen, funktionalen Vorschlag, Problembasiertes Lernen im Mathematikunterricht der Grundschule unter der beschriebenen integrativen Zielsetzung umzusetzen. Es wird aber ausdrücklich kein Anspruch auf Optimalität der Konzeption erhoben, sondern diese lediglich als eine Möglichkeit gesehen.

Alles in allem lässt sich festhalten, dass ELIF eine durchführbare Möglichkeit darstellt, Problembasiertes Lernen in einem dem aktuellen Stand allgemein- und fachdidaktischer Forschungen entsprechenden Mathematikunterricht der dritten und vierten Klasse effektiv umzusetzen, aber aufgrund ihrer Entwicklung und Evaluation im Zuge einer Grundlagenforschung im Spannungsfeld Schule eine Vielzahl an Anknüpfungspunkten bietet, deren Forschungs- und damit auch Optimierungspotenzial für den praktischen Einsatz noch nicht im Ansatz ausgeschöpft ist.

Erratum zu: Problembasiertes Lernen im Mathematikunterricht der Grundschule

Erratum zu:
S. Strunk und J. Wichers, *Problembasiertes Lernen im Mathematikunterricht der Grundschule*,
https://doi.org/10.1007/978-3-658-32027-0

Durch ein Versehen des Verlags wurde das Buch zunächst in der Fassung des eingereichten Manuskripts veröffentlicht. Die jetzige Fassung unterscheidet sich in der Darstellung.

Darüber hinaus wurden folgende inhaltliche Änderungen vorgenommen.

In Kapitel 6, 7 und 11 wurden Verweise auf Kapitel 1 und Teil I korrigiert. Es wird nun stattdessen auf Kapitel 2 verwiesen.

Auf Seite 358 in Fall Zyklus 6 wurde der Titel des Falles „Die Schlacht um Gummibärchen" ergänzt.

Die aktualisierte Version des Buches finden Sie unter
https://doi.org/10.1007/978-3-658-32027-0

Literatur

Abdullah, N. I., Tarmizi, R. A., & Abu, R. (2010). *The Effects of Problem Based Learning on Mathematics Performance and Affective Attributes in Learning Statistics at Form Four Secondary Level.* In: Procedia – Social and Behavioral Sciences, 8, S. 370–376.

Abu-Elwan, R. (2002). *Effectiveness of Problem Posing Strategies on Prospective Mathematics Teachers' Problem Solving Performance.* In: Journal of Science and Mathematics Education in Southeast Asia, 25 (1). S. 56–69.

Albanese, M. A. & Mitchell, S. (1993). *Problem-based learning: A review of literature on its outcomes and implementation issues.* In: Academic Medicine, 68 (1), S. 52–81.

Anskeit, N. & Steinhoff, T. (2019). Schreiben und fachliches Lernen im Sachunterricht. In: Decker, L. & Schindler, K. (Hrsg.). *Von (Erst- und Zweit-)Spracherwerb bis zu (ein- und mehrsprachigen) Textkompetenzen.* Duisburg: Gilles & Francke. S. 63–76.

Apel, H. J. & Knoll, M. (2001). *Aus Projekten lernen. Grundlegung und Anregungen (Erziehung Gesellschaft Schule).* München: Oldenbourg.

Badr Goetz, N. & Ruf, U. (2007). Das Lernjournal im dialogisch konzipierten Unterricht. In: Gläser-Zikuda, M. & Hascher, T. (Hrsg.). *Lernprozesse dokumentieren, reflektieren und beurteilen. Lerntagebuch und Portfolio in Bildungsforschung und Bildungspraxis.* Bad Heilbrunn: Klinkhardt. S. 33–148.

Bandura, A. (2002). Social Foundations of Thought and Action. In: Marks, D. (Hrsg.). *The health psychology reader.* London: SAGE.

Barab, S. & Squire, K. (2004). *Design-Based Research: Putting a Stake in the Ground.* In: The Journal of the Learning Science, 13 (1), S. 1–14.

Barrows, H. S. (1986). A taxonomy of problem-based learning methods. In: Medical Education, 20, S. 481–486.

Bartnitzky, J. (2004). *Einsatz eines Lerntagebuchs zur Förderung der Lern- und Leistungsmotivation. Eine Interventionsstudie.* Zugel. Dissertation, Universität Dortmund 2004. Verfügbar unter https://hdl.handle.net/2003/2944 [31.01.2018].

Barzel, B., Büchter, A. & Leuders, T. (2011). *Mathematik Methodik. Handbuch für die Sekundarstufe I und II.* Berlin: Cornelsen.

Bastian, J., Gudjons, H., Schnack, J. & Speth, M. (2009). Einführung in eine Theorie des Projektunterrichts. In: Bastian, J., Gudjons, H., Schnack, J. & Speth, M. (Hrsg.). *Theorie des Projektunterrichts* (PB-Bücher, Bd. 29). Hamburg: Bergmann und Helbig. S. 7–15.

Baumgardt, I. (2017). Das Fallbeispiel als Methode der politischen Bildung. In: von Reeken, D. (Hrsg.). *Handbuch Methoden im Sachunterricht* (Kinder.Sachen.Welten. Dimensionen des Sachunterrichts, Bd. 3). Baltmannsweiler: Schneider Verlag Hohengehren. S. 81–88.

Becker-Mrotzek, M. (2004). *Schreibentwicklung und Textproduktion. Der Erwerb der Schreibfertigkeit am Beispiel der Bedienungsanleitung.* Radolfzell: Verlag für Gesprächsforschung.

Becker-Mrotzek, M. & Roth, H.-J. (2017). Sprachliche Bildung. Grundlegende Begriffe und Konzepte. Becker-Mrotzek, M. & Roth, H.-J. (Hrsg.). *Sprachliche Bildung. Grundlagen und Handlungsfelder* (Sprachliche Bildung, Bd. 1). Münster: Waxmann. S. 11–36.

Behrens, R. (2014). Lernen, Fragen zu stellen – unterstützt durch den Einsatz eines Taschencomputers. In: Roth; J.; Ames, J. (Hrsg.). *Beiträge zum Mathematikunterricht 2014.* Münster: WTM. S. 153–156.

Benz, C., Peter-Koop, A. & Grüßing, M. (2015). *Frühe mathematische Bildung. Mathematiklernen der Drei- bis Achtjährigen* (Mathematik Primarstufe und Sekundarstufe I + II). Berlin: Springer.

Biddulph, F., Symington, D. & Osborne, R. (1986). *The place of children's questions in primary science education.* In: Research in Science & Technological Education, 4 (1), S. 77–88.

Bilgin, I., Senocak, E. & Sözbilir, M. (2009). *The Effects of Problem-Based Learning Instruction on University Students' Performance of Conceptual and Quantitative Problems in Gas Concepts.* In: Eurasia Journal of Mathematics, Science & Technology Education, 5 (2), S. 153–164.

Blank, S. C. (1985). *Effectiveness of role playing, case studies and simulation games in teaching agricultural economics.* In: Western Journal of Agricultural Economics, 10 (1), S. 55–62.

Blum, W. (1985). *Anwendungsorientierter Mathematikunterricht in der didaktischen Diskussion.* In: Mathematische Semesterberichte, 32 (2), S. 195–232.

Bohl, T. & Kucharz, D. (2010). *Offener Unterricht heute. Konzeptionelle und didaktische Weiterentwicklung* (Studientexte für das Lehramt, Bd. 22) Weinheim: Beltz.

Böhm, U. (2013). *Modellierungskompetenzen langfristig und kumulativ fördern. Tätigkeitstheoretische Analyse des mathematischen Modellierens in der Sekundarstufe I* (Perspektiven der Mathematikdidaktik). Zugl.: Technische Universität Darmstadt, Diss, 2012. Wiesbaden: Springer.

Bönsch, M. (2006). *Allgemeine Didaktik. Ein Handbuch zur Wissenschaft von Unterricht.* Stuttgart: Kohlhammer.

Bonotto, C. (2013). *Artifacts as sources for problem-posing activities.* In: Educational Studies in Mathematics, 83 (1), S. 37–55.

Borromeo Ferri, R., Greefrath, G. & Kaiser, G. (2013). Einführung: Mathematisches Modellieren Lehren und Lernen in Schule und Hochschule. In: Borromeo Ferri, R., Greefrath, G. & Kaiser, G. (Hrsg.). *Mathematisches Modellieren für Schule und Hochschule. Theoretische und didaktische Hintergründe* (Realitätsbezüge im Mathematikunterricht). Wiesbaden: Springer. S. 1–8.

Borsch, F. (2015). *Kooperatives Lernen. Theorie – Anwendung – Wirksamkeit* (Lehren und Lernen). Stuttgart: Kohlhammer.

Borsch, F., Gold, A., Kronenberger, J. & Souvignier, E. (2007). *Der Experteneffekt: Grenzen kooperativen Lernens in der Primarstufe?* In: Unterrichtswissenschaft, 35 (3), S. 202–213.

Braun, A. K. (2009). Wie Gehirne laufen lernen, oder: „Früh übt sich, wer ein Meister werden will." In: Herrmann, U. (Hrsg.). *Neurodidaktik. Grundlagen und Vorschläge für gehirngerechtes Lehren und Lernen* (Beltz-Pädagogik). Weinheim: Beltz. S. 134–147.

Brophy, J. (1986). *Where Are the Data?: A Reply to Confrey.* In: Journal for Research in Mathematics Education, 17 (5), S. 361–368.

Brown, S. I. & Walter, M. I. (2005). *The Art of Problem Posing.* Mahwah, N.J.: Lawrence Erlbaum.

Bruder, R., Collet, C. (2011). *Problemlösen lernen im Mathematikunterricht.* Berlin: Cornelsen.

Bruder, R., Linneweber-Lammerskitten, H. & Reibold, J. (2015). Individualisieren und differenzieren. In: Bruder, R., Hefendehl-Hebeker, L., Schmidt-Thieme, B. & Weigand, H.-G. (Hrsg.). *Handbuch der Mathematikdidaktik.* Berlin: Springer. S. 513–538.

Brügelmann, H. (2015). *Vermessene Schulen – standardisierte Schüler: zu Risiken und Nebenwirkungen von PISA, Hattie, VerA & Co* (Pädagogik). Weinheim: Beltz.

Bruner, J. (1961). *The act of discovery.* In: Harvard Educ. Rev., 31, S. 21–32.

Büchter, A. & Leuders, T. (2014). *Mathematikaufgaben selbst entwickeln. Lernen fördern – Leistungen überprüfen.* Berlin: Cornelsen.

Burger, W. (2006). *Der Reformstudiengang Medizin an der Charité. Die Erfahrungen der ersten 5 Jahre.* In: Bundesgesundheitsblatt – Gesundheitsforschung – Gesundheitsschutz, 9 (4), S. 337–343.

Byrd, S. & Finnan, C. (2003). *Expanding expectations for students through accelerated schools.* In: Journal of Staff Development, 24 (4), S. 48–52.

Capon, N. & Kuhn, D. (2004). *What's So Good About Problem-Based Learning?* In: Cognition and Instruction, 22 (1), S. 61–79.

Carlson, N. R. (2004). *Physiologische Psychologie* (ps – Pearson Studium Biologische Psychologie). München: Pearson Studium.

Charlin, B., Mann, K. & Hansen, P. (1998). *The many faces of problem-based learning: a framework for understanding and comparison.* In: Medical Teacher, 20 (4), S. 323–330.

Chin, C. (2002). *Student-Generated Questions: Encouraging Inquisitive Minds in Learning Science.* In: Teaching and Learning, 23 (1), S. 59–67.

Chin, C. (2004). *Students' questions: Fostering a culture of inquisitiveness in science classrooms.* In: School Science Review, 86 (314), S. 107–112.

Chin, C. & Chia, L.-G. (2004). *Problem-Based Learning: Using Students' Questions to drive Knowledge Construction.* In: Science education, 88 (4), S. 707–727.

Chin, C. & Osborne, J. (2008). *Students' questions: a potential resource for teaching and learning science.* In: Studies in Science Education, 44 (1), S. 1–39.

Clark, C. E. (2006). *Problem-based learning: how do the outcomes compare with traditional teaching?* In: The British Journal of General Practice, 56 (530), S. 722–723.

Cobb, P., Wood, T. & Yackel, E. (1991a). A contructivist approach to second grade mathematics. In: von Glasersfeld, E. (Hrsg.). *Radical constructivism in mathematics education.* Dordrecht: Kluwer. S. 157–176.

Cobb, P., Wood, T., Yackel, E., Nicholls, J., Wheatley, G., Trigatti, B. & Perlwitz, M. (1991b). *Assessment of a problem centered second grade mathematics project.* In: Journal for Research in Mathematics Education, 22 (2), S. 3–29.

Cobb, P., Wood, T., Yackel, E. & Perlwitz, M. (1992). *A Follow-up Assessment of a second-grade proble- centered mathematics project.* In: Educational Studies in Mathematics, 23 (5), S. 483–504.

Cobb, P., Confrey, J., DiSessa, A., Lehrer, R. & Schauble, L. (2003). *Design experiments in educational* research. In: Educational researcher, 32 (1), S. 9–13.

Cohen, E. G. (1994) *Restructuring the classroom: Conditions for productive small groups.* In: Review of Educational Research, 64 (1), S. 1–35.

Colliver, J. A (2000). *Effectiveness of problem-based learning curricula: research and theory.* In: Academic Medicine, 75 (3), S. 259–266.

Czisch, F. (2004). *Kinder können mehr. Anders Lernen in der Grundschule.* München: Antje Kunstmann.

Davidson, N. & Major, C. H. (2014). *Boundary crossings: Cooperative learning, collaborative learning, and problem-based learning.* In: Journal on Excellence in College Teaching, 25 (3&4), S. 7–55.

Dehkordi, A. H. & Heydarnejad, M. S. (2008). *The impact of problem-based learning and lecturing on the behavior and attitudes of Iranian nursing students. A randomised controlled trial.* In: Danish Medical Bulletin, 55 (4), S. 224–226.

Del Chicca, L. & Maaß, J. (2014). Sparen mit Verstand – Möglichkeiten zur Vernetzung von Mathematik und politischer Bildung. In: Maaß, J. & Siller, H.-S. (Hrsg.). *Neue Materialien für einen realitätsbezogenen Mathematikunterricht 2. ISTRON Schriftenreihe* (Realitätsbezüge im Mathematikunterricht). Wiesbaden: Springer. S. 31–42.

Dewey, J. (2008). *Logik. Die Theorie der Forschung* (Suhrkamp-Taschenbuch Wissenschaft, Bd. 1902.). Frankfurt am Main: Suhrkamp.

Dickhäuser, O., Schöne, C., Spinath, B. & Stiensmeier-Pelster, J. (2002). *Die Skalen zum akademischen Selbstkonzept. Konstruktion und Überprüfung eines neuen Instrumentes.* In: Zeitschrift für Differentielle und Diagnostische Psychologie, 23 (4), S. 393–405.

Diegmann, D. (2013). Die Beobachtung. In: Drinck, B. (Hrsg.). *Forschen in der Schule. Ein Lehrbuch für (angehende) Lehrerinnen und Lehrer.* Opladen & Toronto: Barbara Budrich. S. 182–226.

Digel, S. (2012). *Kooperatives fallbasiertes Lernen. Die Bedeutung von Gruppenprozessen für die Kompetenzentwicklung Lehrender.* In: REPORT – Zeitschrift für Weiterbildungsforschung, 35 (3). S. 42–52.

Dochy, F., Segers, M., van den Bossche, P. & Gijbels, D. (2003). *Effects of problem-based learning: a metaanalysis.* In: Learning and Instruction 13 (5), S. 533–568.

Dole, S., Bloom, L. & Doss, K. K. (2017). *Engaged Learning: Impact of PBL and PjBL with Elementary and Middle Grade Students.* In: Interdisciplinary Journal of Problem-Based Learning, 11 (2). Verfügbar unter: https://doi.org/10.7771/1541-5015.1685 [11.12.2017]

Dori, Y. J. & Herscovitz, O. (1999). *Question-posing capability as an alternative evaluation method: Analysis of an environmental case study.* In: Journal of Research in Science Teaching, 36 (4), S. 411–430.

Döring, N. & Bortz, J. (2016). Qualitätskriterien in der empirischen Sozialforschung. In: Döring, N. & Bortz, J. (Hrsg.). *Forschungsmethoden und Evaluation in den Sozial- und Humanwissenschaften* (Springer-Lehrbuch). Berlin: Springer. S. 81–120.

Drake, K. N. & Long, D. (2009). *Rebecca's in the Dark: A Comparative Study of Problem-Based Learning and Direct Instruction/Experiential Learning in Two 4th-Grade Classrooms.* In: Journal of Elementary Science Education, 21 (1), S. 1–16.

Edelson, D. C. (2002). *Design Research: What We Learn When We Engage in Design.* In: The Journal of the Learning Sciences, 11 (1), S. 105–121.

Eder, F., Roters, B., Scholkmann, A. & Valk-Draad, M. P. (2011). *Wirksamkeit problembasierten Lernens als hochschuldidaktische Methode. Ergebnisbericht einer Pilotstudie mit Studierenden in der Schweiz und Deutschland.* Hochschuldidaktisches Zentrum der technischen Universität Dortmund. Verfügbar unter: https://eldorado.tu-dortmund.de/bit stream/2003/28893/1/ErgebnisberichtPilotstudie.pdf [15.09.2017].

Eichler, A. (2015). Zur Authentizität realitätsorientierter Aufgaben im Mathematikunterricht. In: Kaiser, G. & Henn, H.-W. (Hrsg.). *Werner Blum und seine Beiträge zum Modellieren im Mathematikunterricht. Festschrift zum 70. Geburtstag von Werner Blum* (Realitätsbezüge im Mathematikunterricht). Wiesbaden: Springer. S. 105–118.

Eickhorst, A. (1998). *Selbsttätigkeit im Unterricht. Grundlagen und Anregungen* (Reihe Erziehung. Gesellschaft. Schule). München: Oldenbourg.

Ereth, C. (2017). *Mathematisches Schreiben. Modellierung einer fachbezogenen Kompetenz* (Freiburger Empirische Forschung in der Mathematikdidaktik). Zugl.: Pädagogische Hochschule Freiburg, Diss., 2016. Wiesbaden: Springer.

Eshach, H., Dor-Ziderman, Y. & Yefroimsky, Y. (2014). *Question Asking in the Science Classroom: Teacher Attitudes and Practices.* In: Journal of Science Education and Technology, 23 (1), S. 67–81.

Euler, D. (2014). Design-Research – a paradigm under development. In: Euler, D. & Sloane, P.F.E. (Hrsg.). *Design-based Research* (Zeitschrift für Berufs- und Wirtschaftspädagogik/Beiheft). Stuttgart: Steiner. S. 15–41.

Fähmel, I. (1981). *Zur Struktur schulischen Unterrichts nach Maria Montessori. Beschreibung einer Montessori-Grundschule in Düsseldorf* (Studien zur Pädagogik der Schule, Nr. 6). Frankfurt am Main: Peter Lang.

Finkelstein, N., Hanson, T., Huang, C., Hirschman, B. & Huang, M. (2011). *Effects of problem-based Economics on high school economics instruction.* NCEE Report number 2010–4002rev. Verfügbar unter: https://ies.ed.gov/ncee/edlabs/regions/west/pdf/ REL_20104012.pdf [01.11.2017]

Fischer, D. (1983). Lernen am Fall. Oder: Wohin führen Fallstudien in der Pädagogik? In: Fischer, D. (Hrsg.). *Lernen am Fall. Zur Interpretation und Verwendung von Fallstudien in der Pädagogik.* Konstanz: Faude. S. 8–21.

Fischer, F. & Neber, H. (2011). Kooperatives und kollaboratives Lernen. In: Kiel, E. & Zierer, K. (Hrsg.). *Unterrichtsgestaltung als Gegenstand der Wissenschaft* (Basiswissen Unterrichtsgestaltung, Bd. 2). Baltmannsweiler: Schneider Verlag Hohengehren. S. 103–112.

Flick, U. (2012). *Qualitative Sozialforschung. Eine Einführung* (rowohlts enzyklopädie). Reinbek: Rowohlt.

Förster, F. & Grohmann, W. (2010). Geöffnete Aufgabensequenzen zur Begabungsförderung im Mathematikunterricht. In: Fritzlar, T. & Heinrich, F. (Hrsg.). *Kompetenzen mathematisch begabter Grundschulkinder erkunden und fördern.* Offenburg: Mildenberger. S. 111–126.

Franke, M. & Ruwisch, S. (2010). *Didaktik des Sachrechnens in der Grundschule* (Mathematik Primarstufe und Sekundarstufe I + II). Heidelberg: Springer.

Frey, K. (2010). *Die Projektmethode. „Der Weg zum bildenden Tun". Unter Mitarbeit von Ulrich Schäfer, Michael Knoll, Angela Frey-Eiling, Ulrich Heimlich und Klaus Mie* (Pädagogik Basis Bibliothek). Weinheim: Beltz.

Friedrich, G. (2009). „Neurodidaktik" – eine neue Didaktik? Zwei Praxisberichte aus methodisch-didaktischem Neuland. In: Herrmann, U. (Hrsg.). *Neurodidaktik. Grundlagen und Vorschläge für gehirngerechtes Lehren und Lernen* (Beltz-Pädagogik). Weinheim: Beltz. S. 272–285.

Fritzlar, T. (2011). *Pfade trampeln statt über Brücken gehen: Lernen durch Problemlösen.* In: Grundschule, 11, S. 32–34.

Gallagher, S. A., Stepien, W. J., Sher, B. T. & Workman, D. (1995). *Implementing problembased learning in science classrooms.* In: School Science and Mathematics, 95 (3), S. 136–146.

Gallin, P. & Ruf, U. (1998). *Sprache und Mathematik in der Schule. Auf eigenen Wegen zur Fachkompetenz. Illustriert mit sechszehn Szenen aus der Biographie von Lernenden.* Seelze: Klett/Kallmeyer.

Gerrig, R. J. (2015). *Psychologie.* (Always learning). Hallbergmoos: Pearson.

Giaconia, R. M. & Hedges, L. V. (1982). *Identifying features of effective open education.* In: Review of Educational Research, 52, S. 579–602.

Gillies, R. M. & Ashman, A. F. (2000). *The Effects of Cooperative Learning on Students with Learning Difficulties in the Lower Elementary School.* In: Journal of Special Education, 34, S. 19–27.

Ginsburg-Block, M., Rohrbeck, C. A. & Fantuzzo, J. W. (2006). *A meta-analytic review of social, self-concept, and behavioral outcomes of peer-assisted learning.* In: Jounal of Educational Psychology, 98 (4), S. 732–749.

Gläser-Zikuda, M. & Hascher, T. (2007). Zum Potential von Lerntagebuch und Portfolio. In: Gläser-Zikuda, M. & Hascher, T. (Hrsg.). *Lernprozesse dokumentieren, reflektieren und beurteilen. Lerntagebuch und Portfolio in Bildungsforschung und Bildungspraxis.* Bad Heilbrunn: Klinkhardt. S. 9–24.

Gläser-Zikuda, M. (2013). Qualitative Inhaltsanalyse in der Bildungsforschung – Beispiele aus diversen Studien. In: Aguado, K., Heine, L. & Schramm, K. (Hrsg.). *Introspektive Verfahren und qualitative Inhaltsanalyse in der Fremdsprachenforschung* (Kolloquium Fremdsprachenunterricht, Bd. 48). Frankfurt am Main: Peter Lang. S. 136–159.

Glogger-Frey, I., Schwonke, R., Holzäpfel, L., Nückles, M. & Renkl, A. (2012). *Learning Strategies Assessed by Journal Writing: Prediction of Learning Outcomes by Quantity, Quality, and Combinations of Learning Strategies.* In: Journal of Educational Psychology, 104 (2), S. 452–468.

Gniewosz, B. (2015): Beobachtung. In: Reinders, H.; Ditton, H.; Gräsel, C.; Gniewosz, B. (Hrsg.): *Empirische Bildungsforschung. Strukturen und Methoden.* Wiesbaden: Springer. S. 109–118.

Gogolin, I. (2009). Zweisprachigkeit und die Entwicklung bildungssprachlicher Fähigkeiten. In: Gogolin, I. (Hrsg.). *Streitfall Zweisprachigkeit.* Wiesbaden: VS. S. 263–280.

Golich, V.L., Boyer, M., Franko, P. & Lamy, S. (2000). *The ABCs of Case Teaching. Pew Case Studies in International Affairs. Institute for the Study of Diplomacy.* Washington D. C.: Georgetown University.

Götze, H. & Jäger, W. (1991). *Offenes Unterrichten von Schülern mit Verhaltensstörungen. Unterrichtsversuch einer 6. Klasse der Schule für Verhaltensgestörte.* In: Sonderpädagogik, 21 (1), S. 28–38.

Gräsel, C. (1997). *Problemorientiertes Lernen – Strategieanwendung und Gestaltungsmöglichkeiten* (Münchner Universitätsschriften Psychologie und Pädagogik). Göttingen: Hogrefe.

Greefrath, G. (2010). *Didaktik des Sachrechnens in der Sekundarstufe* (Mathematik Primar- und Sekundarstufe). Heidelberg: Springer.

Greefrath, G., Kaiser, G., Blum, W. & Borromeo Ferri, R. (2013). Mathematisches Modellieren – Eine Einführung in theoretische und didaktische Hintergründe. In: Borromeo Ferri, R., Greefrath, G. & Kaiser, G. (Hrsg.). *Mathematisches Modellieren für Schule und Hochschule. Theoretische und didaktische Hintergründe* (Realitätsbezüge im Mathematikunterricht). Wiesbaden: Springer. S. 11–38.

Green, N. & Green, K. (2012). *Kooperatives Lernen im Klassenraum und im Kollegium. Das Trainingsbuch.* Seelze: Klett/Kallmeyer.

Gruehn, S. (2000). *Unterricht und schulisches Lernen. Schüler als Quellen der Unterrichtsbeschreibung* (Pädagogische Psychologie und Entwicklungspsychologie, Bd. 12). Zugl.: Freie Universität Berlin, Diss., 1998. Münster: Waxmann.

Gubler-Beck, A. (2010). *Lernprozesse mittels Portfolio erfassen: warum und wie?* In: mathematica didactica, 33, S. 5–31.

Gudjons, H. (2003). *Didaktik zum Anfassen. Lehrer-/in-Persönlichkeit und lebendiger Unterricht.* Bad Heilbrunn: Klinkhardt.

Gudjons, H. (2008). *Handlungsorientiert lehren und lernen. Schüleraktivierung, Selbstständigkeit, Projektarbeit* (Erziehen und Unterricht in der Schule). Bad Heilbrunn: Klinkhardt.

Gürtler, T., Perels, F., Schmitz, B. & Bruder, R. (2002). Training zur Förderung selbstregulativer Fähigkeiten in Kombination mit Problemlösen in Mathematik. In: Prenzel, M. & Doll, J. (Hrsg.). *Bildungsqualität von Schule: Schulische und außerschulische Bedingungen mathematischer, naturwissenschaftlicher und überfachlicher Kompetenzen* (Zeitschrift für Pädagogik, Beiheft 45). Weinheim: Beltz. S. 222–239.

Hancock D. R., Mayring, P., Glaeser-Zikuda, M., Nichols, W. D., Jones, J. (2000). *The Impact of Teachers' Instructional Strategies and Students' Anxiety Levels on Students' Achievement in Eighth Grade German and U.S. Classrooms.* In: Journal of Research and Development in Education, 33 (4), S. 232–240.

Hanke, P. (2005). *Öffnung des Unterrichts in der Grundschule. Lehr-Lernkulturen und orthographische Lernprozesse im Grundschulbereich* (Internationale Hochschulschriften, Bd. 451). Münster: Waxmann.

Hänsel, D. (1999). Projektmethode und Projektunterricht. In: Hänsel, D. (Hrsg.). *Projektunterricht. Ein praxisorientiertes Handbuch* (Beltz Handbuch). Weinheim: Beltz. S. 54–92.

Hartinger, A. (2006). Interesse durch Öffnung des Unterrichts-wodurch? In: Unterrichtswissenschaft, 34 (3), S. 272–288.

Hartinger, A. & Hawelka, B. (2005). *Öffnung und Strukturierung von Unterricht. Widerspruch oder Ergänzung?* In: Die deutsche Schule, 97 (3), 329–341.

Hartke, B. (2007). Formen offenen Unterrichts. In: Walter, J. & Wember, F. (Hrsg.). *Handbuch der Pädagogik und Psychologie der Behinderten. Förderschwerpunkt Lernen.* Göttingen: Hogrefe. S. 421–437.

Häsel-Weide, U. (2016). *Vom Zählen zum Rechnen. Struktur-fokussierende Deutungen in kooperativen Lernumgebungen* (Dortmunder Beiträge zur Entwicklung und Erforschung des Mathematikunterrichts, Bd. 21). Zugl.: Technische Universität Dortmund, Habil., 2014. Wiesbaden: Springer.

Hasemann, K. & Gasteiger, H. (2014). *Anfangsunterricht Mathematik.* Berlin: Springer.

Hasselhorn, M. & Gold, A. (2013). *Pädagogische Psychologie. Erfolgreiches Lernen und Lehren.* Stuttgart: Kohlhammer.

Hasselhorn, M. & Gold, A. (2017). *Pädagogische Psychologie. Erfolgreiches Lernen und Lehren* (Standards Psychologie). Stuttgart: Kohlhammer.

Hasselhorn, M. & Labuhn, A. S. (2008): Metakognition und selbstreguliertes Lernen. In: Schneider, W. & Hasselhorn, M. (Hrsg.). *Handbuch der pädagogischen Psychologie.* Göttingen: Hogrefe. S. 28–37.

Hatisaru, V., & Küçükturan, A. G. (2009). *Vocational and technical education problem-based learning exercise: Sample scenario.* In: Procedia – Social and Behavioral Sciences, 1 (1), S. 2151–2155.

Hattie, J.A.C. (2013). *Lernen sichtbar machen.* Überarbeitete deutschsprachige Ausgabe von „Visible Learning", besorgt von Wolfgang Beywl und Klaus Zierer. Baltmannsweiler: Schneider Verlag Hohengehren.

Hattie, J.A.C. (2017). *Lernen sichtbar machen für Lehrpersonen.* Überarbeitete deutschsprachige Ausgabe von „Visible Learning for Teachers", besorgt von Wolfgang Beywl und Klaus Zierer. Baltmannsweiler: Schneider Verlag Hohengehren.

Heckhausen, J. & Heckhausen, H. (2010). *Motivation und Handeln.* Berlin: Springer.

Hefendehl-Hebeker, L. (2016). Mathematische Wissensbildung in Schule und Hochschule. In: Biehler, R., Hochmuth, R., Hoppenbrock, A., Rück, H.-G. (Hrsg.). *Lehren und Lernen von Mathematik in der Studieneingangsphase. Herausforderungen und Lösungsansätze.* Wiesbaden: Springer. S. 15–30.

Heinrich, F., Jerke, A. & Schuck, L.-D. (2015). *Lernangebote für problemorientierten Mathematikunterricht in der Grundschule.* Offenburg: Mildenberger.

Heinze, A., Herwartz-Emden, L. & Reiss, K. (2007). *Mathematikkenntnisse und sprachliche Kompetenzen bei Kindern mit Migrationshintergrund zu Beginn der Grundschulzeit.* In: Zeitschrift für Pädagogik, 53 (4), S. 562–581.

Helmke, A. (2014). *Unterrichtsqualität und Lehrerprofessionalität. Diagnose, Evaluation und Verbesserung des Unterrichts: Franz Emanuel Weinert gewidmet* (Schule weiterentwickeln, Unterricht verbessern). Seelze: Klett/Kallmeyer.

Helmke, A. & Weinert, F. E. (1997). Unterrichtsqualität und Leistungsentwicklung: Ergebnisse aus dem SCHOLASTIK-Projekt. In: Weinert, F. E. & Helmke, A. (Hrsg.). *Entwicklung im Grundschulalter.* Weinheim: Beltz. S. 241–251.

Hengartner, E. (2010). Lernumgebungen für das ganze Begabungsspektrum: Alle Kinder sind gefordert. In: Hengartner, E., Hirt, U., Wälti, B. & Primarschulteam Lupsingen (Hrsg.). *Lernumgebungen für Rechenschwache bis Hochbegabte. Natürliche Differenzierung im Mathematikunterricht* (Spektrum Schule – Beiträge zur Unterrichtspraxis). Zug: Klett und Balmer AG. S. 7–14.

Hengartner, E. & Wieland, G. (2009). Üben aus Lust am Entdecken. In: Peter-Koop, A., Lilitakis, G. & Spindeler, B. (Hrsg.). *Lernumgebungen – Ein Weg zum kompetenzorientierten Mathematikunterricht der Grundschule. Festschrift zum 60. Geburtstag von Bernd Wollring.* Offenburg: Mildenberger Verlag. S. 187–200.

Herfter, C. & Rahtjen. S. (2013). Forschung muss geplant werden. In: Drinck, B. (Hrsg.). Forschen in der Schule. Ein Lehrbuch für (angehende) Lehrerinnen und Lehrer. Opladen & Toronto: Barbara Budrich. S. 95–122.

Herrington, J., Reeves, T.C. & Oliver, R. (2010). *A Guide to Authentic eLearning.* New York: Routledge.

Herrmann, U. (2009). Gehirnforschung und die neurodidaktische Revision des schulisch organisierten Lehrens und Lernens. In: Herrmann, U. (Hrsg.). *Neurodidaktik. Grundlagen und Vorschläge für gehirngerechtes Lehren und Lernen* (Beltz-Pädagogik). Weinheim: Beltz. S. 148–181.

Heuser, H. (2008) Eine Frage, „die nicht viel Mühe verdient" (Cantor). In: Heuser, H. (Hrsg.). *Unendlichkeiten. Nachrichten aus dem Grand Canyon des Geistes.* Wiesbaden: Vieweg+Teubner. S. 213–225.

Heymann, H. W. (2013). *Allgemeinbildung und Mathematik.* Weinheim: Beltz

Hillen, H., Scherpbier, A. & Wijnen, W. (2010). History of problem-based learning in medical education. In: van Berkel, H., Scherpbier, A., Hillen, H. & van der Vleuten, C. (Hrsg.). *Lessons from Problem-based Learning.* Oxford: Oxford University Press. S. 5–11.

Hinrichs, G. (2008). *Modellierung im Mathematikunterricht* (Mathematik Primar- und Sekundarstufe). Heidelberg: Springer.

Hmelo-Silver, C. E., Duncan, R. G. & Chinn, C. A. (2007). Scaffolding and Achievement in Problem-Based and Inquiry Learning: A Response to Kirschner, Sweller, and Clark (2006). In: Educational Psychologist, 42 (2), S. 99–107.

Holt, J. C. & Meier, D. (2017). *How children learn* (Fiftieth Anniversary Edition). New York, NY: Da Capo Press.

Holzäpfel, L., Glogger, I., Schwonke, R., Nückles, M., Renkl, A. (2009). *Lerntagebücher im Mathematikunterricht: Diagnose und Förderung von Lernstrategien.* Aus: Beiträge zum Mathematikunterricht 2009 Online. Vorträge auf der 43. Tagung für Didaktik der Mathematik. Jahrestagung der Gesellschaft für Didaktik der Mathematik vom 02.03. bis 06.03.2008 in Oldenburg. Verfügbar unter: https://www.mathematik.uni-dortmund.de/ieem/BzMU/BzMU2009/Beitraege/HOLZAEPFEL_Lars_2009_Lerntagebuch.pdf [15.02.2018].

Hossain, A. & Tarmizi, R.A. (2013*). Effects of cooperative learning on students' achievement and attitudes in secondary mathematics.* In: Procedia – Social and Behavioral Sciences, 93, S. 473–477.

Hußmann, S. (2011). Lerntagebücher – Mathematik in der Sprache des Verstehens. In: Leuders, T. (Hrsg.). *Mathematik Didaktik. Praxishandbuch für die Sekundarstufe I und II.* Berlin: Cornelsen. S. 75–92.

Hußmann, S., Thiele, J., Hinz, R., Prediger, S. & Ralle, B. (2013). Gegenstandsorientierte Unterrichtsdesigns entwickeln und erforschen. Fachdidaktische Entwicklungsforschung im Dortmunder Modell. In: Komorek, M. & Prediger, S. (Hrsg.). *Der lange Weg zum Unterrichtsdesign. Zur Begründung und Umsetzung genuin fachdidaktischer Forschungs- und Entwicklungsprogramme* (Fachdidaktische Forschung, Bd. 5). Münster: Waxmann. S. 25–42.

Hüther, G. (2009). Für eine neue Kultur der Anerkennung. Plädoyer für einen Paradig-menwechsel in der Schule. In: Herrmann, U. (Hrsg.). *Neurodidaktik. Grundlagen und Vorschläge für gehirngerechtes Lehren und Lernen* (Beltz-Pädagogik). Weinheim: Beltz. S. 199–206.

Jank, W. & Meyer, H. (1994). *Didaktische Modelle.* Berlin: Cornelson.

Jannack, V. (2017). *Empirische Studie zum Einsatz von Problembasiertem Lernen (PBL) im interdisziplinären naturwissenschaftlichen Unterricht. Kompetenzentwicklung bei Schü-lerinnen und Schülern und Akzeptanz bei Lehrerinnen und Lehrern.* Zugl.: Pädagogische Hochschule Heidelberg, Diss., 2017. Verfügbar unter: https://opus.ph-heidelberg.de/fro ntdoor/index/index/docId/229 [24.08.2018].

Johnson, D. W. & Johnson, R. T. (2013). Cooperative, Competitive, and Individualistic Lear-ning Environments. In: Hattie, J. & Anderman, E. M. (Hrsg.). *International guide to student achievement.* New York: Routledge. S. 372–374.

Johnson, D. W., & Johnson, R. T. (1999). *Making Cooperative Learning Work.* In: Theory Into Practice, 38 (2), S. 67–73.

Johnson, D. W., Johnson, R. T. & Stanne, M. B. (2000). *Cooperative Learning Methods: A Meta-Analysis.* Minneapolis: University of Minnesota.

Jonassen, D. H. (2000). Toward a Design Theory of Problem Solving. In: Educational Technology Research and Development, 48 (4), S. 63–85.

Jörissen, S. & Schmidt-Thieme, B. (2015). Darstellen und Kommunizieren. In: Bruder, R., Hefendehl-Hebeker, L., Schmidt-Thieme, B. & Weigand, H.-G. (Hrsg.). *Handbuch der Mathematikdidaktik.* Berlin: Springer. S. 385–410.

Jürgens, E. (2004). *Die 'neue' Reformpädagogik und die Bewegung Offener Unterricht. Theorie, Praxis und Forschungslage.* Sankt-Augustin: Academia.

Jürgens, E. (2009). Offener Unterricht. In: Arnold, K.-H., Sandfuchs, U. & Wiechmann, J. (Hrsg.). *Handbuch Unterricht* (UTB Schulpädagogik, Pädagogik, Bd. 8423). Bad Heilbrunn: Klinkhardt. S. 211–214.

Käpnick, F. (2014). *Mathematiklernen in der Grundschule.* Berlin: Springer.

Kaiser, F.-J. & Kaminski, H. (2012). *Methodik des Ökonomieunterrichts. Grundlagen eines handlungsorientierten Lernkonzepts mit Beispielen* (UTB Wirtschaftspädagogik). Bad Heilbrunn: Klinkhardt.

Kaiser, G., Blum, W., Borromeo Ferri, R. & Greefrath, G. (2015). Anwendungen und Model-lieren. In: Bruder, R., Hefendehl-Hebeker, L, Schmidt-Thieme, B. & Weigand, H.-G. (Hrsg.). *Handbuch der Mathematikdidaktik.* Berlin, Heidelberg: Springer. S. 357–384.

Kastner-Koller, U. & Deimann, P. (2007). *Psychologie als Wissenschaft.* Wien: facultas.wuv.

Kehily, M. J. (2009). Understanding Childhood. An Introduction to some key themes and issues. In: Kehily, M. J. (Hrsg.): *An Introduction to Childhood Studies.* Open University Press: Berkshire. S. 1–16.

Kek, M. Y. C. A. & Huijser, H. (2017). *Problem-based Learning into the Future. Imagining an Agile PBL Ecology for Learning.* Singapore: Springer.

Kemp, S. (2011). *Constructivism and Problem-based Learning.* Verfügbar unter: https://www. tp.edu.sg/staticfiles/TP/files/centres/pbl/pbl_sandra_joy_kemp.pdf [12.04.2018].

Khoshnevisasl, P., Sadeghzadeh, M., Mazloomzadeh, S., Hashemi Feshareki, R. & Ahmadi-afshar, A. (2014). *Comparison of Problem-based Learning With Lecture-based Learning.* In: Iran Red Crescent Medical Journal, 16 (5), S. 1–4.

Kirschner, P. A., Sweller, J., Clark, R. E. (2006). *Why Minimal Guidance During Instruction Does Not Work: An analysis of the Failure of Constructivist, Discovery, Problem-Based, Experiential, and Inquiry-Based Teaching.* In: Educational Psychologist 41 (2), S. 75–86.

KMK – Sekretariat der Ständigen Konferenz der Kultusminister der Länder in der Bundesrepublik Deutschland (Hrsg.) (2005). *Bildungsstandards im Fach Mathematik für den Primarbereich. Beschluss vom 15.10.2004.* München: Wolters Kluwer. Verfügbar unter: https://www.kmk.org/fileadmin/Dateien/veroeffentlichungen_beschluesse/2004/2004_10_15-Bildungsstandards-Mathe-Primar.pdf [19.12.2017].

Knoll, M. (2011). *Dewey, Kilpatrick und „progressive" Erziehung. Kritische Studien zur Projektpädagogik.* Bad Heilbrunn: Klinkhardt.

Koh, G. C.-H., Khoo, H. E., Wong, M. L. & Koh, D. (2008). *The effects of problem-based learning during medical school on physician competency: a systematic review.* In: Canadian Medical Association Journal, 178 (1), S. 34–41.

Konrad, K. (2014). *Lernen lernen – allein und mit anderen. Konzepte, Lösungen, Beispiele.* Wiesbaden: Springer.

Konrad, K. & Traub, S. (2005). *Kooperatives Lernen. Theorie und Praxis in Schule, Hochschule und Erwachsenenbildung.* Baltmannsweiler: Schneider Verlag Hohengehren.

Koppel, I. (2017). *Entwicklung einer Online-Diagnostik für die Alphabetisierung. Eine Design-Based Research-Studie.* Zugl.: Universität Bremen, Diss., 2015. Wiesbaden: Springer.

Kraft, S. (1999). *Selbstgesteuertes Lernen. Problembereiche in Theorie und Praxis.* In: Zeitschrift für Pädagogik 45 (6). S. 833–845.

Krammer, K. (2014). *Fallbasiertes Lernen mit Unterrichtsvideos in der Lehrerinnen- und Lehrerbildung.* In: Beiträge zur Lehrerinnen- und Lehrerbildung, 32 (2), S. 164–175.

Krapp, A. (1997). Selbstkonzept und Leistung – Dynamik ihres Zusammenspiels: Ein Literaturüberblick. In: Weinert, E. E. & Helmke, A. (Hrsg.). *Entwicklung im Grundschulalter.* Weinheim: Beltz. S. 325–340.

Krauthausen, G. & Scherer, P. (2014a). *Natürliche Differenzierung im Mathematikunterricht. Konzepte und Praxisbeispiele aus der Grundschule.* Seelze: Klett/Kallmeyer.

Krauthausen, G. & Scherer, P. (2014b). *Einführung in die Mathematikdidaktik* (Mathematik Primar- und Sekundarstufe). Heidelberg: Spektrum.

Kray, J. & Schaefer, S. (2012). Mittlere und späte Kindheit (6–11 Jahre). In: Schneider, W., Lindenberger, U., Oerter, R. & Montada, L. (Hrsg.). *Entwicklungspsychologie.* Weinheim: Beltz. S. 211–233.

Krieger, C. G. (1998). *Mut zur Freiarbeit. Praxis und Theorie des freien Arbeitens für die Sekundarstufe. Ein allgemeingültiges Konzept von Freiarbeit – naturwissenschaftlicher Unterricht und Freiarbeit – die historische Wurzel der Freiarbeit.* (Grundlagen der Schulpädagogik, Bd. 9). Baltmannsweiler: Schneider Verlag Hohengehren.

Kronenberger, J. & Souvignier, E. (2005). *Fragen und Erklärungen beim kooperativen Lernen in Grundschulklassen.* In: Zeitschrift für Entwicklungspsychologie und Pädagogische Psychologie, 37 (2), S. 91–100.

Kuckartz, U. (2018). Qualitative Inhaltsanalyse. Methoden, Praxis, Computerunterstützung (Grundlagentexte Methoden). Weinheim: Beltz Juventa.

Kuntze, S. & Prediger, S. (2005). *Ich schreibe, also denk' ich – Über Mathematik schreiben.* In: Praxis der Mathematik in der Schule, 47 (5), S. 1–6.

Landmann, M., Perels, F., Otto, F. & Schmitz, B. (2009). Selbstregulation. In: Wild, E. & Möller, J. (Hrsg.). *Pädagogische Psychologie*. Heidelberg: Springer. S. 49–72.

Larson, J. R., & Schaumann, L. J. (1990). *Group goals, group coordination, and group member motivation*. Unpublished manuscript, Department of Psychology, University of Illinois at Chicago.

Latham, G. P. & Locke, E. A. (1991). *Self-Regulation through Goal Setting*. In: Organizational Behavior and Human Decision Processes, 50, S. 212–247.

Laus, M. & Schöll, G. (1995). *Aufmerksamkeitsverhalten von Schülern in offenen und geschlossenen Unterrichtskontexten* (Berichte und Arbeiten aus dem Institut für Grundschulforschung. Nr. 78). Nürnberg: Institut für Grundschulforschung der Universität Erlangen-Nürnberg.

Leiss, D. & Tropper, N. (2014). *Umgang mit Heterogenität im Mathematikunterricht. Adaptives Lehrerhandeln beim Modellieren* (Mathematik im Fokus). Heidelberg: Springer.

Leneke, B. (2003). *Aufgabenvariation im Mathematikunterricht (Teil 2)*. Technical Report Nr. 3. Universität Magdeburg, Fakultät für Mathematik. Verfügbar unter: www.math.uni-mag deburg.de/reports/tr03.html [13.01.2018].

Leuchter, M., Saalbach, H., & Hardy, I. (2014). *Designing Science Learning in the First Years of Schooling. An Intervention Study with Sequenced Learning Material on the Topic of "Floating and Sinking"*. In: International Journal of Science Education, 36 (10), S. 1751–1771.

Leuders, T. (2008). Selbstständigkeit fördern – Chancen für selbstständiges Lernen im Mathematikunterricht. In: Bruder, R., Leuders, T. & Büchter, A. (Hrsg.). *Mathematikunterricht entwickeln. Bausteine für kompetenzorientiertes Unterrichten*. Berlin: Cornelsen. S. 103–128.

Leuders, T. (2010). Problemlösen. In: Leuders, T. (Hrsg.). *Mathematikdidaktik. Praxishandbuch für die Sekundarstufe I und II*. Berlin: Cornelsen. S. 119–135.

Levin, A. (2005). *Lernen durch Fragen. Wirkung von strukturierenden Hilfen auf das Generieren von Studierendenfragen als begleitende Lernstrategie* (Pädagogische Psychologie und Entwicklungspsychologie, Bd. 48). Münster: Waxmann.

Levin, A. & Arnold, K.-H. (2004). *Aktives Fragenstellen im Hochschulunterricht: Effekte des Vorwissens auf den Lernerfolg*. In: Unterrichtswissenschaft, 32 (4). S. 295–307.

Levin, A. & Arnold, K.-H. (2009). Selbstgesteuertes und selbstreguliertes Lernen. In: Arnold, K.-H., Sandfuchs, U. & Wiechmann, J. (Hrsg.). *Handbuch Unterricht*. Bad Heilbrunn: Klinkhardt. S. 154–159.

Li, H.-C. (2011). *The development of Taiwanese students' understanding of fractions: A problem-based learning approach*. In: Proceedings of the British Society for Research into Learning Mathematics, 31 (2), S. 25–30.

Lichtenberg, G. C. (1983). *Sudelbücher – Fragmente – Fabeln – Verse* (Schriften und Briefe Bd. 1). Mautner, F. H. (Hrsg.). Frankfurt: Insel.

Lipowsky, F. (1999). *Offene Lernsituationen im Grundschulunterricht. Eine empirische Studie zur Lernzeitnutzung von Grundschülern mit unterschiedlicher Konzentrationsfähigkeit* (Europäische Hochschulschriften Reihe 11, Pädagogik, Bd. 765). Frankfurt am Main: Lang.

Lipowsky, F. (2002). Zur Qualität offener Lernsituationen im Spiegel empirischer Forschung. Auf die Mikroebene kommt es an. In: Drews, U. & Wallrabenstein, W. (Hrsg.). *Freiarbeit in der Grundschule. Offener Unterricht in Theorie, Forschung und Praxis.* Frankfurt am Main: Grundschulverband – Arbeitskreis Grundschule e. V. S. 126–159.

Liu, M., Horton, L., Lee, J., Kang, J., Rosenblum, J., O'Hair, M., & Lu, C. W. (2014). *Creating a Multimedia Enhanced Problem-Based Learning Environment for Middle School Science: Voices from the Developers.* In: Interdisciplinary Journal of Problem-Based Learning, 8 (1), S. 80–91.

Locke, E. A. & Latham, G. P. (2002). *Building a Practically Useful Theory of Goal Setting and Task Motivation. A 35-Year Odyssey.* In: American Psychologist, 57 (9), S. 705–717.

Locke, E. A., & Latham, G. P. (2006). *New directions in goal-setting theory.* In: Current directions in psychological science, 15 (5), S. 265–268.

Lohaus, A. & Vierhaus, M. (2015). *Entwicklungspsychologie des Kindes- und Jugendalters für Bachelor.* Berlin: Springer.

Lorenz, J.-H. (2016). *Kinder begreifen Mathematik. Frühe mathematische Bildung und Förderung* (Entwicklung und Bildung in der Frühen Kindheit). Stuttgart: Kohlhammer.

Lüders, M. & Rauin, U. (2004). Unterrichts- und Lehr-Lern-Forschung. In: Helsper, W. & Böhme, J. (Hrsg.). *Handbuch für Schulforschung.* Wiesbaden: Verlag für Sozialwissenschaften. S. 691–719.

Ludwig, M., Lutz-Westphal, B. & Ulm, V. (2017). *Forschendes Lernen im Mathematikunterricht. Mathematische Phänomene aktiv hinterfragen und erforschen.* In: Praxis der Mathematik in der Schule, 73, S. 2–9.

Lutz-Westphal, B. (2014): *Das forschende Fragen lernen.* In: mathematiklehren, 184, S. 16–19.

Lynn, L. E. (1999). *Teaching and Learning with Cases. A Guidebook.* New York: Chatham House Publisher.

Maaß, K. (2004). *Mathematisches Modellieren im Unterricht. Ergebnisse einer empirischen Untersuchung* (texte zur mathematischen forschung und lehre, Bd. 30). Zugl.: Universität Hamburg, Diss., 2003. Hildesheim: Franzbecker.

Maaß, K. (2007). *Mathematisches Modellieren. Aufgaben für die Sekundarstufe I.* Berlin: Cornelsen.

Maaß, K. (2009). *Mathematikunterricht weiterentwickeln. Aufgaben zum mathematischen Modellieren. Erfahrungen aus der Praxis. Für die Klassen 1 bis 4* (Lehrer-Bücherei Grundschule). Berlin: Cornelsen.

Maier, H. & Schweiger, F. (1999): *Mathematik und Sprache. Zum Verstehen und Verwenden von Fachsprache im Mathematikunterricht* (Mathematik für Schule und Praxis). Wien: öbv & hpt.

Martin, E. & Wawrinowski, U. (2000). *Beobachtungslehre. Theorie und Praxis reflektierter Beobachtung und Beurteilung.* Weinheim: Juventa.

Martin, P.-Y. (2015). Lerntagebuch als metakognitives Instrument im Schulalltag. In: Martin, P.-Y. & Nicolaisen, T. (Hrsg.). *Lernstrategien fördern. Modelle und Praxisszenarien.* Weinheim: Beltz Juventa. S. 185–201.

Masek, A. & Yamin, S. (2011). *The Effect of Problem Based Learning on Critical Thinking Ability: A Theoretical and Empirical Review.* In: International Review of Social Sciences and Humanities, 2 (1), S. 215–221.

Masek, A. & Yamin, S. (2012). *A Comparative Study of the Effect of PBL and traditional Learning Approaches of Students' Knowledge Acquisition.* In: The international journal of engineering education, 28 (5), S. 1161–1168.

Massa, N. M. (2008). *Problem-based learning (PBL): a real-world antidote to the standards and testing regime*. In: New England Journal of Higher Education, 22 (4), S. 19–20.

Maudsley, G. (1999). *Do We All Mean the Same Thing by "Problem-based Learning"? A Review of the Concepts and a Formulation of the Ground Rules*. In: Academic Medicine, 74 (2), S. 178–185.

McKenney, S. & Reeves, T. (2012). Conducting Educational Design Research. London: Routledge.

McMaster, K.N. & Fuchs, D. (2002). *Effects of Cooperative Learning on the Academic Achievement of Students with Learning Disabilities: An Update of Tateyama-Sniezek's Review*. In: Learning Disabilities Research & Practice, 17 (2), S. 107–117.

Mergendoller, J. R., Maxwell, N. L. & Bellisimo, Y. (2006). *The Effetiveness of problem-Based Instruction: A Comparative Study of Instructional Methods and Student Charecteristics*. In: Interdisciplinary Journal of Problem-Based Learning, 1 (2), S. 49–69.

Merritt, J., Lee, M. Y., Rillero, P. & Kinach, B. M. (2017). *Problem-Based Learning in K–8 Mathematics and Science Education: A Literature Review*. In: Interdisciplinary Journal of Problem-Based Learning, 11 (2). Verfügbar unter: https://doi.org/10.7771/1541-5015. 1674 [03.01.2018].

Merseth, K. K. (1996). Cases and case methods in teacher education. In: Sikula, J. (Hrsg.). *Handbook of research on teacher education*. New York: MacMillan Publishing Company. S. 722–744.

Merziger, P. (2007). *Entwicklung selbstregulierten Lernens im Fachunterricht. Lerntagebücher und Kompetenzraster in der gymnasialen Oberstufe* (Studien zur Bildungsforschung, Bd. 14). Opladen: Barbara Budrich.

Meyer, C. & Meier zu Verl, C. (2019). Ergebnispräsentation in der qualitativen Forschung. In: Baur, N. & Blasius, J. (Hrsg.). *Handbuch Methoden der empirischen Sozialforschung*. Wiesbaden: Springer. S. 271–289.

Meyer, H. (2009). *Unterrichtsmethoden I: Theorieband*. Berlin: Cornelsen.

Meyer, H. (2016). Praxisbuch: Was ist guter Unterricht? Mit didaktischer Landkarte. Berlin: Cornelsen.

Meyer, M. & Prediger, S. (2012). *Sprachenvielfalt im Mathematikunterricht – Herausforderungen, Chancen und Förderansätze*. In: Praxis der Mathematik in der Schule, 54 (45), S. 2–9.

Meyer, M. & Tiedemann, K. (2017). *Sprache im Fach Mathematik* (Mathematik im Fokus). Berlin: Springer.

Miyake, N. & Norman, D. A. (1978). *To ask a question, one must know enough to know what is not known*. Tech. Report No. 7802, University of California, San Diego, Center for human information processing, La Jolla.

Möller, K., Jonen, A., Hard, I. & Stern, E. (2002). Die Förderung von naturwissenschaftlichem Verständnis bei Grundschulkindern durch Strukturierung der Lernumgebung. In: Prenzel, M. & Doll, J. (Hrsg.). *Bildungsqualität von Schule. Schulische und außerschulische Bedingungen mathematischer, naturwissenschaftlicher und überfachlicher Kompetenzen* (45. Beiheft der Zeitschrift für Pädagogik). Weinheim: Beltz. S. 176–191.

Moreno, R. (2004). *Decreasing cognitive load for novice students: effects of explanatory versus corrective feedback in discovery-based multimedia*. In: Instructional Science, 32, S. 99–113.

Morisano, D. & Locke, E. A. (2013). Goal Setting and Academic Achievement. In: Hattie, J. & Anderman, E. M. (Hrsg.). *International Guide to Student Achievement*. New York: Routledge. S. 45–48.

Moser, U. (1997). Unterricht, Klassengrösse und Lernerfolg. In: Moser, U., Ramseger, E., Keller, C. & Huber, M. (Hrsg.). *Schule auf dem Prüfstand. Eine Evaluation der Sekundarstufe I auf der Grundlage der „Third International Mathematics and Science Study".* Chur: Rüegger. S. 182–214.

Mossholder, K. W. (1980). *Effects of externally mediated goal setting on intrinsic motivation: A laboratory experiment.* In: Journal of Applied Psychology, 65, S. 202–210.

Möwes-Butschko, G. & Stein, M. (2009). Offene Aufgaben und Problemlösen im Kontextbereich „Zoo". In: Peter-Koop, A., Lilitakis, G. & Spindeler, B. (Hrsg.). *Lernumgebungen – Ein Weg zum kompetenzorientierten Mathematikunterricht der Grundschule. Festschrift zum 60. Geburtstag von Bernd Wollring.* Offenburg: Mildenberger. S. 127–141.

Mücke, S. (2007). Einfluss personeller Eingangsvoraussetzungen auf die Schülerleistungen im Verlauf der Grundschulzeit. In: Möller, K., Hanke, P., Beinbrech, C., Hein, A. K., Kleickmann, T. & Schages, R. (Hrsg.). *Qualität von Grundschulunterricht entwickeln, erfassen und bewerten* (Jahrbuch Grundschulforschung). Wiesbaden: VS Verlag. S. 277–280.

Müller, G. (1995). Kinder rechnen mit der Umwelt. In: Müller, G. & Wittmann, E.Ch. (Hrsg.). *Mit Kindern rechnen* (Beiträge zur Reform der Grundschule, Bd. 96). Frankfurt am Main: Arbeitskreis Grundschule – Der Grundschulverband e. V. S. 42–64.

Mustaffa, N. & Ismail, Z. (2014). *Problem-Based Learning (PBL) in Schools: A meta-analysis.* Verfügbar unter: https://directorymathsed.net/montenegro/Mustaffa.pdf [31.12.2017].

Mustaffa, N., Ismail, Z., Tasir, Z. & Said, M. (2014). Problem-Based Learning (PBL) in Mathematics: A Meta Analysis. Verfügbar unter: https://www.researchgate.net/public ation/280734293_PROBLEM-BASED_LEARNING_PBL_IN_MATHEMATICS_A_M ETA_ANALYSIS [13.12.2017].

Neber, H. (2006). Fragenstellen. In: Mandl, H. & Friedrich, H.F. (Hrsg.). *Handbuch Lernstrategien.* Göttingen: Hogrefe. S. 50–58.

Neubrand, M., Biehler, R., Blum, B., Cohors-Fresenborg, E., Flade, L., Knoche, N., Lind, D., Löding, W., Möller, G. & Wynands, A. (2001). *Grundlagen der Ergänzung des internationalen PISA-Mathematik-Tests in der deutschen Zusatzerhebung.* In: ZDM, 33, S. 45–59.

Neuhaus-Siemon, E. (1996). *Reformpädagogik und offener Unterricht.* In: Grundschule, 28 (6), S. 19–24.

Newman, M. (2003). *A pilot systematic review and meta-analysis on the effectiveness of Problem Based-Learning.* Verfügbar unter: https://citeseerx.ist.psu.edu/viewdoc/download? doi=10.1.1.133.6561&rep=rep1&type=pdf [18.09.2017].

Newell, G. E. & Winograd, P. (1989). *The Effects of Writing on Learning from Expository Text.* In: WRITTEN COMMUNICATION, 6 (2), S. 196–217.

Niedersächsisches Kultusministerium (2014). *Kerncurriculum für die Realschule. Schuljahrgänge 5–10. Mathematik.* Hannover: Unidruck.

Niedersächsisches Kultusministerium (Hrsg.) (2017). *Kerncurriculum für die Grundschule Schuljahrgänge 1–4. Mathematik.* Hannover: Unidruck.

Niegemann, H. & Stadler, S. (2001). *Hat noch jemand eine Frage? Systematische Unterrichtsbeobachtung zu Häufigkeit und kognitivem Niveau von Fragen im Unterricht.* In: Unterrichtswissenschaft, 29 (2), S. 171–192.

Niggli A. & Kersten, B. (1999). *Wochenplanunterricht und das Unterrichtsverhalten der Lehrkräfte im Kontext von Mathematikleistungen und psychologischen Variablen der Lernenden.* In: Bildungsforschung und Bildungspraxis, 3, S. 272–291.

Niggli, A. (2013). *Didaktische Inszenierung binnendifferenzierter Lernumgebungen. Theorie, Empirie, Konzepte, Praxis.* Bad Heilbrunn: Klinkhardt.

Nührenbörger, M. (2009). *Interaktive Konstruktionen mathematischen Wissens – Epistemologische Analysen zum Diskurs von Kindern im jahrgangsgemischten Anfangsunterricht.* In: Journal für Mathematikdidaktik, 30 (2), S. 147–172.

Nührenbörger, M. & Pust, S. (2011). *Mit Unterschieden rechnen. Lernumgebungen und Materialien für einen differenzierten Anfangsunterricht Mathematik.* Seelze: Klett/Kallmeyer.

Nührenbörger, M. & Schwarzkopf, R. (2010). Die Entwicklung mathematischen Wissens in sozial-interaktiven Kontexten. In: Böttinger, C., Bräuning, K., Nührenbörger, M., Schwarzkopf, R. & Söbbeke, E. (Hrsg.). *Mathematik im Denken der Kinder. Anregungen zur mathematikdidaktischen Reflexion.* Seelze: Klett/Kallmeyer. S. 73–81.

Oelkers, J. (1999). Geschichte und Nutzen der Projektmethode. In: Hänsel, D. (Hrsg.). *Projektunterricht. Ein praxisorientiertes Handbuch* (Beltz Handbuch). Weinheim: Beltz. S. 13–30.

Oerter, R. (2008). Kindheit. In: Oerter, R. & Montada, L. (Hrsg.). (2008). *Entwicklungspsychologie.* Weinheim: Beltz. S. 225–270.

Otto, B., Perels, F., Schmitz, B. (2015). Selbstreguliertes Lernen. In: Reinders, H., Ditton, H., Gräsel, C. & Gniewosz, B. (Hrsg.). *Empirische Bildungsforschung. Gegenstandsbereiche.* Wiesbaden: Springer. S. 41–53.

Özsoy, N. & Yildiz, N. (2004). *The effect of learning together technique of cooperative learning method on student achievement in mathematics teaching 7th class of primary school.* In: The Turkish Online Journal of Educational Technology – TOJET, 3 (3) Article 7, S. 49–54.

Padmavathy, R. D. & Mareesh, K. (2013). *Effectiveness of Problem Based Learning.* In: Mathematics International Multidisciplinary E-Journal, 2 (1), S. 45–51.

Pauli, C., Reusser, K, Waldis, M. & Grob, U. (2003). „*Erweiterte Lernformen*" im Mathematikunterricht der Deutschschweiz. In: Unterrichtswissenschaft, 31 (4), S. 291–320.

Pease, M. A. & Kuhn, D. (2010). *Experimental analysis of the effective components of problem-based learning.* In: Science Education, 95 (1), S. 57–86.

Pehkonen, E. (1997). Use of problem fields as a method for educational change. In: Pehkonen, E. (Hrsg.). *Use of open-ended problems in mathematics classroom.* Research Report 176. University of Helsinki, Department of Teacher Education. S. 73–84.

Pehkonen, E. (1989). Verwenden der geometrischen Problemfelder. In: Pehkonen, E. (Hrsg.). *Geometry teaching – Geometrieunterricht. Conference on the Teaching of Geometry in Helsinki 1.–4.8.1989.* Research Report 74. University of Helsinki, Department of Teacher Education. S. 221–230.

Perels, F., Schmitz, B. & Bruder, R. (2003). *Trainingsprogramm zur Förderung der Selbstregulationskompetenz von Schülern der achten Gymnasialklasse.* In: Unterrichtswissenschaft, 31 (1), S. 23–37.

Peschel, F. (2006). *Offener Unterricht: Idee, Realität, Perspektive und ein praxiserprobtes Konzept zur Diskussion. Teil II: Fachdidaktische Überlegungen* (Basiswissen Grundschule, Bd. 10). Baltmannsweiler: Schneider Verlag Hohengehren.

Peschel, F. (2009). *Offener Unterricht: Idee, Realität, Perspektive und ein praxiserprobtes Konzept zur Diskussion. Teil I: Allgemeindidaktische Überlegungen* (Basiswissen Grundschule, Bd. 9). Baltmannsweiler: Schneider Verlag Hohengehren.

Peschel, F. (2010). *Offener Unterricht: Idee, Realität, Perspektive und ein praxiserprobtes Konzept in der Evaluation. Teil II*. Baltmannsweiler: Schneider Verlag Hohengehren.

Peterson, R. F. & Treagust, D. F. (1998). *Learning to Teach Primary Science through Problem-Based Learning*. In: Science Education New York, NY Wiley, 82 (2), S. 215–238.

Piaget, J. & Aebli, H. (1992). *Psychologie der Intelligenz.* Stuttgart: Klett-Cotta.

Pinel, J. P. J. & Pauli, P. (2012). *Biopsychologie* (Always learning). München: Pearson Higher Education.

Pinquart, M., Schwarzer, G. & Zimmermann, P. (2011). *Entwicklungspsychologie – Kindes- und Jugendalter.* Göttingen: Hogrefe.

Pintrich, P. R. (2000). The role of goal orientation in self-regulated learning. In: Boekaerts, M., Pintrich, P. R. & Zeidner, M. (Hrsg.). *Handbook of Self-Regulated Learning.* San Diego: Academic Press. S. 451–502.

Pintrich, P. R. & De Groot, E. (1990). *Motivational and self-regulated learning components of classroom academic performance.* In: Journal of Educational Psychology, 82 (1), S. 33–50.

Plomp, T. (2013). Educational Design Research: An Introduction. In: Plomp, T. & Nieveen, N. (Hrsg.). *Educational Design Research: Illustrative Cases.* Enschede: SLO, Netherlands Institute for Curriculum Development. S. 11–52.

Pons, R.-M., Prieto, M.D., Lomeli, C., Bermejo, M.R., Sefa, B. (2014). *Cooperative learning in mathematics: a study on the effects of the parameter of equality on academic performance.* In: anales de psicología, 30 (3), S. 832–840.

Preckel, D. (2004). *Problembasiertes Lernen: Löst es die Probleme der traditionellen Instruktion?* In: Unterrichtswissenschaft, 32 (3), S. 274–287.

Prediger, S. (2013). Darstellungen, Register und mentale Konstruktion von Bedeutung und Beziehung – mathematikspezifische und sprachliche Herausforderungen identifizieren und bearbeiten. In: Becker-Mrotzek, M., Schramm, K., Thürmann, E. & Vollmer, E. J. (Hrsg.). Sprache im Fach. Sprachlichkeit und fachliches Lernen (Fachdidaktische Forschung, Bd. 3). Münster: Waxmann. S. 167–184.

Prediger, S., Gravemeijer, K., Confrey, J. (2015a). *Design research with a focus on learning processes: an overview on achievements and challenges.* In: ZDM Mathematics Education, 47(6), S. 877–891.

Prediger, S., Wilhelm, N., Büchter, A., Benholz, C. & Gürsoy, E. (2015b). *Sprachkompetenz und Mathematikleistung – Empirische Untersuchung sprachlich bedingter Hürden in den Zentralen Prüfungen 10.* In: Journal für Mathematik-Didaktik, 36(1), S. 77–104.

Rademacher, B. (1998). *Freiarbeit in der Sekundarstufe: „... und morgen fangen wir an!"* Lichtenau: AOL. Früher u.d.T.: Schulze, H. (1993). '... und morgen fangen wir an!" Bausteine für Freiarbeit und offenen Unterricht in der Sekundarstufe. Lichtenau: AOL.

Rasch, R. (2003). *42 Denk- und Sachaufgaben. Wie Kinder mathematische Aufgaben lösen und diskutieren* (Programm Mathe 2000). Seelze: Klett/Kallmeyer.

Ratinen, I. & Keinonen, T. (2011). *Student-teachers' use of Google Earth in problem-based geology learning*. In: International Research in Geographical and Environmental Education, 20 (4), S. 345–358.

Reeves, T. (2006). Design research from a technology perspective. In: van den Akker, J., Gravemeijer, K., McKenney, S. & Nieveen, N. (Hrsg.). *Educational design research*. London: Routledge. S. 52–66.

Reinmann, G. (2005). *Innovation ohne Forschung? Ein Plädoyer für den Design-Based Research-Ansatz in der Lehr-Lernforschung*. In: Unterrichtswissenschaft, 33 (1), S. 52–69.

Renkl, A. (1997). *Lernen durch Lehren. Zentrale Wirkmechanismen beim kooperativen Lernen* (DUV: Psychologie). Wiesbaden: Springer.

Renkl, A. & Mandl, H. (1995). *Kooperatives Lernen: Die Frage nach dem Notwendigen und dem Ersetzbaren*. In: Unterrichtswissenschaft, 23 (4), S. 292–300.

Reusser, K. (2005). *Problemorientiertes Lernen – Tiefenstruktur, Gestaltungsformen, Wirkung*. In: Beiträge zur Lehrerinnen- und Lehrerbildung, 23 (2), S. 159–182.

Rheinberg, F. (2008). *Motivation*. (Grundriss der Psychologie, Bd. 6). Stuttgart: Kohlhammer.

Richardson, V. (2003). *Constructivist pedagogy*. In: Teachers College Record, 105 (9), S. 1623–1640.

Rico, R. & Ertmer, P. A. (2015). *Examining the Role of the Instructor in Problem-centered Instruction*. In: TechTrends, 59 (4), S. 96–103.

Ridlon, C. (2009). *Learning Mathematics via a Problem-Centered Approach: A Two-Year Study*. In: Mathematical Thinking and Learning, 11 (4), S. 188–225.

Rieser, S., Stahns, R., Walzebug, A. & Wendt, H. (2016). Einblicke in die Gestaltung des Mathematik- und Sachunterrichts. In: Wendt, H., Bos, W., Selter, C., Köller, O., Schwippert, K. & Kasper, D. (Hrsg.). *TIMSS 2015. Mathematische und naturwissenschaftliche Kompetenzen von Grundschulkindern in Deutschland im internationalen Vergleich*. Münster: Waxmann. S. 205–224.

Röhner, J. & Schütz, A. (2016). *Psychologie der Kommunikation* (Basiswissen Psychologie). Wiesbaden: Springer.

Rohrbeck, C., Ginsburg-Block, M., Fantuzzo, J. & Miller, T. (2003). *Peer assisted learning interventions with elementary school students: A meta-analytic review*. In: Journal of Educational Psychology, 95 (2), S. 240–257.

Rossack, S., Neumann, A., Leiss, D. & Schwippert, K. (2017). !!Fach-an-Sprache-an-Fach!! Ohne Sprache geht es nicht und mit authentischen Inhalten geht es noch besser. In: Rossack, S., Neumann, A., Leiss, D. & Schwippert, K. (Hrsg.) *„!!Fach-an-Sprache-an-Fach!!" Schreibförderung in Deutsch und Mathematik*. Baltmannsweiler: Schneider Verlag Hohengehren. S. 122–125.

Roßbach, H.-G. & Wellenreuther, M. (2002). Empirische Forschungen zur Wirksamkeit von Methoden der Leistungsdifferenzierung in der Grundschule. In: Heinzel, F. & Prengel, A. (Hrsg.). *Heterogenität, Integration und Differenzierung in der Primarstufe* (Jahrbuch Grundschulforschung 6). Opladen: Leske + Budrich. S. 44–59.

Rosenshine, B., Meister, C. & Chapman, S. (1996). *Teaching students to generate questions: A review of the intervention studies*. In: Review of educational research, 66 (2), S. 181–221.

Roth, J. & Weigand, H.-G. (2014). *Forschendes Lernen – Eine Annäherung an wissenschaftliches Arbeiten*. In: mathematik lehren, 169, S. 2–9.

Ruf, U. & Gallin, P. (2003a). *Dialogisches Lernen in Sprache und Mathematik. Austausch unter Ungleichen. Grundzüge einer interaktiven und fächerübergreifenden Didaktik* (Band 1). Seelze: Klett/Kallmeyer.

Ruf, U. & Gallin, P. (2003b). *Dialogisches Lernen in Sprache und Mathematik. Spuren legen – Spuren lesen. Unterricht mit Kernideen und Reisetagebüchern* (Band 2). Seelze: Klett/Kallmeyer.

Runco, M. A. & Okada, S. M. (1988). *Problem discovery, divergent thinking and the creative process.* In: Journal of Youth and Adolescence, 17 (3), S. 211–220.

Ryan, A. M. & Pintrich, P. R. (1997). *"Should I ask for help?" The role of motivation and attitudes in adolescents' help-seeking in math class.* In: Journal of Educational Psychology, 89 (2), S. 329–341.

Ryan, R.M. & Deci, E.L. (2000). *Self-determination theory and the facilitation of intrinsic motivation, social development and well-being.* In: American Psychologist, 55 (1), S. 68–78.

Saalfrank, W.-T. (2011). Unterrichtsmethoden. In: Kiel, E. & Zierer, K. (Hrsg.). *Unterrichtsgestaltung als Gegenstand der Praxis* (Basiswissen Unterrichtsgestaltung, Bd. 3). Baltmannsweiler: Schneider Verlag Hohengehren. S. 61–74.

Salheiser, A. (2019). Natürliche Daten: Dokumente. In: Baur, N. & Blasius, J. (Hrsg.). *Handbuch Methoden der empirischen Sozialforschung.* Wiesbaden: Springer. S. 1119–1134.

Salle, A. (2015). *Selbstgesteuertes Lernen mit neuen Medien: Arbeitsverhalten und Argumentationsprozesse beim Lernen mit interaktiven und animierten Lösungsbeispielen* (Bielefelder Schriften zur Didaktik der Mathematik). Zugl.: Universität Bielefeld, Diss., 2014. Wiesbaden: Springer.

Savery, J. R. (2006). *Overview of Problem-based Learning: Definitions and Distinctions.* In: Interdisciplinary Journal of Problem-Based Learning, 1 (1), S. 9–20.

Scardamalia, M. & Bereiter, C. (1992) *Text-based and knowledge-based questioning by children.* In: Cognition and Instruction, 9 (3), S. 177–199.

Schiefele, U. & Pekrun, R. (1996). Psychologische Modelle des fremdgesteuerten und selbstgesteuerten Lernens. In: Weinert, F. E. (Hrsg.). *Psychologie des Lernens und der Instruktion (Enzyklopädie der Psychologie. Themenbereich D, Praxisgebiete. Serie I Pädagogische Psychologie, Bd. 2).* Göttingen: Hogrefe. S. 249–278.

Schiefele, U. & Streblow, L. (2006). Motivation aktivieren. In: Mandl, H. & Friedrich, H. F. (Hrsg.). *Handbuch Lernstrategien.* Göttingen: Hogrefe. S. 232–247.

Schilcher, A., Röhrl, S. & Krauss, S. (2017). Sprache im Mathematikunterricht – eine Bestandsaufnahme des aktuellen didaktischen Diskurses. In: Leiss, D., Hagena, M., Neumann, A. & Schwippert, K. (Hrsg.). *Mathematik und Sprache. Empirischer Forschungsstand und unterrichtliche Herausforderung* (Sprachliche Bildung, Bd. 3). Münster: Waxmann. S. 11–42.

Schmidt, H. (2010). A review of evidence: Effects of problem-based learning on students and graduates of Maastricht medical school. In: van Berkel, H., Scherpbier, A., Hillen, H. & van der Vleuten, C. (Hrsg.). *Lessons from Problem-based Learning.* Oxford: Oxford University Press. S. 227–237.

Schmidt, H. G. (1983). *Problem-based Learning – rationale and description.* In. Medical Education, 17 (1), S. 11–16.

Schmidt, H. G. (2001). *Foundations of Problem-Based Learning: Some Explanatory Notes.* In: Medizinische Ausbildung, 18 (Beiheft 1), S. 23–30.

Schmidt, H. G., Rotgans, J. I. & Yew, E. (2011). *The process of problem-based learning: What works why.* In: Medical Education, 45 (8), S. 792–806.

Schmidt-Thieme, B. (2010). Fachsprache oder: Form und Funktion fachlicher Varietäten im Mathematikunterricht. In: Kadunz, G. (Hrsg.). Sprache und Zeichen. Zur Verwendung von Linguistik und Semiotik in der Mathematikdidaktik. Hildesheim: Franzbecker. S. 271–304.

Schneider, W., Küspert, P. & Krajewski, K. (2016). *Die Entwicklung mathematischer Kompetenzen* (Standard Wissen Lehramt, Bd. 3899). Paderborn: Schöningh.

Schreblowski, S. & Hasselhorn, M. (2006). Selbstkontrollstrategien: Planen, Überwachen, Bewerten. In: Mandl, H. & Friedrich, H.F. (Hrsg.). *Handbuch Lernstrategien.* Göttingen: Hogrefe. S. 151–161.

Schultheis, K. (2016). Was ist pädagogische Kinderforschung? Grundlagen und Bezugstheorien. In: Schultheis, K. & Hiebl, P. (Hrsg.). *Pädagogische Kinderforschung. Grundlagen, Methoden, Beispiele.* Stuttgart: Kohlhammer. S. 11–63.

Schunk, D. H. (2012). *Learning theories. An educational perspective.* Boston, MA: Pearson.

Schupp, H. (2002). *Thema mit Variation oder Aufgabenvariation im Unterricht.* Hildesheim, Berlin: Franzbecker.

Seipel, C. & Rieker, P. (2003). *Integrative Sozialforschung. Konzepte und Methoden der qualitativen und quantitativen empirischen Forschung.* Weinheim: Juventa.

Seitz, O. (1999). Freie Arbeit – zum Begriff. In: Seitz, O. (Hrsg). *Freies Lernen Grundlagen für die Praxis. Mit Beiträgen von Klaus Breslauer, Hannes Hauptmann, Heinz Kreiselmeyer, Oskar Seitz, Renate Schubert.* Donauwörth: Auer. S. 10–31.

Shodell, M. (1995). *The question-driven classroom.* In: The American Biology Teacher, 57 (5), S. 278–281.

Shukor, S. (o. J.). Insights into Student's Thoughts during Problem Based Learning Small Group Discussions and Traditional Tutorials. Diploma in Accounting and Finance at Temasek Business School, Singapore.

Shulman, L. S. (1987). *Knowledge and teaching: Foundations of the New Reform.* In: Harvard Educational Review, 57 (1), S. 1–21.

Siebert, H. (2001). *Selbstgesteuertes Lernen und Lernberatung: Neue Lernkulturen in Zeiten der Postmoderne* (Grundlagen der Weiterbildung). Neuwied: Luchterhand.

Silver, E. A., Stein, M. K. (1996). *The Quasar Project: The „Revolution of the Possible" in Mathematics Instructional Reform in Urban Middle Schools.* In: Urban Education, 30 (4), S. 476–521.

Slavin, R. E. (1985). An Introduction to Cooperative Learning Research. In: Slavin, R. E., Sharan, S., Kagan, S., Hertz-Lazarowitz, R., Webb, C. & Schmuck, R. (Hrgs.). *Learning to Cooperate, Cooperating to Learn.* New York: Springer Science + Business. S. 5–16.

Slavin, R. E. (1995). *Cooperative learning: theory, research, and practice.* Boston: Allyn & Bacon.

Slavin, R. E., Lake, C. & Groff, C. (2008). *Effective Programs in Middle and High School Mathematics: A Best-Evidence Synthesis.* Verfügbar unter: https://www.bestevidence.org/word/mhs_math_sep_8_2008.pdf [19.12.2017].

Slavin, R. E., Lake, C. & Groff, C. (2009). *Effective Programs in Middle and High School Mathematics: A Best-Evidence Synthesis.* In: Review of Educational Research, 79 (2), S. 839–911.

Smith III, J. P. (1996). *Efficacy and teaching mathematics by telling: A challenge for reform.* In: Journal for Research in Mathematics Education, 27 (4), S. 387–402.

Souvignier, E. (2007). Kooperatives Lernen. In: Walter, J. & Wember, F. B. (Hrsg.). *Sonderpädagogik des Lernens* (Handbuch Sonderpädagogik, Bd. 2). Göttingen: Hogrefe. S. 452–465.

Spinath, B. (2007). Ein Lerntagebuch zur Förderung motivationsbezogener Voraussetzungen für Lern- und Leistungsverhalten bei Schüler/innen mit sonderpädagogischem Förderbedarf. In: Gläser-Zikuda, M. & Hascher, T. (Hrsg.). *Lernprozesse dokumentieren, reflektieren und beurteilen. Lerntagebuch und Portfolio in Bildungsforschung und Bildungspraxis.* Bad Heilbrunn: Klinkhardt. S. 171–188.

Spitzer, M. (2009). *Gehirnforschung und schulisches Lernen – Ergebnisse, Einsichten, Argumente.* In: Schulmagazin 5 bis 10, 77 (3), S. 5–12.

Spitzer, M. (2014). *Lernen. Gehirnforschung und die Schule des Lebens.* Heidelberg: Springer.

Stebler, R. & Reusser, K. (2000). *Progressive, classical or balanced – A look at mathematical learning environments in Swiss-German lower-secondary schools.* In: Zentralblatt für Didaktik der Mathematik, 32 (1), S. 1–10.

Steinbring, H. (2000). *Mathematische Bedeutung als eine soziale Konstruktion – Grundzüge der epistemologisch orientierten mathematischen Interaktionsforschung.* In: Journal für Mathematik-Didaktik, 21 (1), S. 28–49.

Steiner, E. (2005). *Erkenntnisentwicklung durch Arbeiten am Fall. Ein Beitrag zur Theorie fallbezogenen Lehrens und Lernens in Professionsausbildungen mit besonderer Berücksichtigung des Semiotischen Pragmatismus von Charles Sanders Peirce.* Zugl.: Philosophische Fakultät der Universität Zürich, Diss., 2004. Verfügbar unter: https://www. ewi.tu-berlin.de/fileadmin/i49/dokumente/1143711480_diss_steiner.pdf [24.08.2018].

Steinke, I. (2012). Gütekriterien qualitativer Forschung. In: Flick, U., von Kardoff, E. & Steinke, I. (Hrsg.). *Qualitative Forschung. Ein Handbuch* (rowohlts enzyklopädie). Reinbek: Rowohlt. S. 319–331.

Stern, E. (2008). Verpasste Chancen? Was wir aus der LOGIK-Studie über den Mathematikunterricht lernen können. In: Schneider, W. (Hrsg.). *Entwicklung von der Kindheit bis zum Erwachsenenalter. Befunde der Münchner Längsschnittstudie LOGIK.* Weinheim: Beltz. S. 187–202.

Stigler, J. W. & Hiebert, J. (1999). *The teaching gap: Best ideas from the world's teachers for improving education in the classroom.* New York: Free Press.

Stöger, H., Sontag, C. & Ziegler, A. (2009). Selbstreguliertes Lernen in der Grundschule. In: Hellmich, F. & Wernke, S. (Hrsg.). *Lernstrategien im Grundschulalter. Konzepte, Befunde und praktische Implikationen* (Schulpädagogik). Stuttgart: Kohlhammer. S. 91–104.

Stokhof, H., de Vries, B., Bastiaens, T. & Martens, R. (2017). *Mind Map Our Way into Effective Student Questioning: a Principle-Based Scenario.* In: Research in Science Education, S. 1–23.

Sundermann, B. & Selter, C. (2013). *Beurteilen und Fördern im Mathematikunterricht* (Lehrer-Bücherei Grundschule). Berlin: Cornelson.

Sungur, S. & Tekkaya, C. (2006). *Effects of Problem-Based Learning and Traditional Instruction on Self-Regulated Learning.* In: The Journal of Educational Research, 99 (5), S. 307–317.

Syring, M. (2015). Unterrichtsvideos als Allheilmittel in der Lehrerbildung? Kognitive Belastung, Motivation und Emotionen bei der Arbeit mit video- und textbasierten

Unterrichtsfällen. In: Schiefner-Rohs, M., Gomez Tutor, C. & Menzer, C. (Hrsg.), *Lehrer.Bildung.Medien. Herausforderung für die Entwicklung und Gestaltung von Schule.* Baltmannsweiler: Schneider Verlag Hohengehren. S. 57–69.

Tarim, K. (2009): *The effects of cooperative learning on preschoolers´ mathematics problemsolving ability.* In: Educational Studies in Mathematics, 72, S. 325–340.

Tarim, K. & Akdeniz, F. (2007). *The effects of cooperative learning on Turkish elementary students' mathematics achievement and attitude towards mathematics using TAI and STAD methods.* In: Educational Studies in Mathematics, 67 (1), S. 77–91.

Tarmizi, R. A., Ali, W. Z. W., Yunus, A. S. M. & Bayat, S. (2012). *Computer supported collaborative learning in problem-based learning of statistics.* Verfügbar unter: https://iee explore.ieee.org/abstract/document/6320260/authors?ctx=authors [30.12.2017].

Terhart, E. (2000): *Lehr-Lern-Methoden. Eine Einführung in Probleme der methodischen Organisation von Lehren und Lernen* (Grundlagentexte Pädagogik). Weinheim: Juventa.

The Design-Based Research Collective (2003). *Design-based research: An emerging paradigm for educational inquiry.* In: Educational Researcher, 32 (1), S. 5–8.

Tillman, D. (2013*). Implications of Problem Based Learning (PBL) in Elementary Schools Upon the K-12 Engineering Education Pipeline.* In: 120th ASEE Annual Conference & Exposition. Verfügbar unter: https://www.asee.org/public/conferences/20/papers/7729/ view [31.12.2017].

Traub, S. (1997). *Freiarbeit in der Realschule. Analyse eines Unterrichtsversuchs* (Erziehungswissenschaft, Bd. 2). Landau: Empirische Pädagogik.

Traub, S. (2000). *Schrittweise zur erfolgreichen Freiarbeit. Ein Arbeitsbuch für Lehrende und Studierende.* Bad Heilbrunn: Klinkhardt.

Traub, S. (2012). *Projektarbeit – ein Unterrichtskonzept selbstgesteuerten Lernens? Eine vergleichende empirische Analyse* (Klinkhardt forschung). Teilw. zugl.: Universität Bayreuth, Habil., 2011 u.d.T.: Traub, S.: Selbstgesteuert Lernen durch PROGRESS. Bad Heilbrunn: Klinkhardt.

Trinter, C. P., Moon, T. R. & Brighton, C. M. (2015). *Characteristics of Students' Mathematical Promise When Engaging With Problem-Based Learning Units in Primary Classrooms.* In: Journal of Advanced Academics, 26 (1), S. 24–58.

Ulm, V. (2004) *Mathematikunterricht für individuelle Lernwege öffnen. Sekundarstufe* (SINUS Transfer). Seelze: Klett/Kallmeyer.

van den Akker, J., Gravemeijer, K., McKenney, S. & Nieveen, N. (2006). Introducing educational design research. In: van den Akker, J., Gravemeijer, K., McKenney, S. & Nieveen, N. (Hrsg.). *Educational design research.* London: Routledge. S. 3–7.

van der Meij, H. (1990). *Question asking: To know that you do not know is not enough.* In: Journal of Educational Psychology, 82 (3), S. 505–512.

van Eynde, D. F. & Spencer, R. W. (1988). *Lecture versus experiential learning: Their differential effects on long-term memory.* In: Organisational Behavior Teaching Review, 12, S. 52–58.

van Oers, B. (1982). Selbstständigkeit im Unterricht aus psychologischer Perspektive. In: Lange, O. (Hrsg.). *Problemlösender Unterricht und selbständiges Arbeiten von Schülern.* Oldenburg: materialien universität oldenburg.

Vernon, D. T. A. & Blake, R. L. (1993). *Does problem-based learning work? A meta-analysis of evaluative research.* In: Academic Medicine, 68 (7), S. 550–563.

Vollmer, H. J. & Thürmann, E. (2010). Zur Sprachlichkeit des Fachlernens: Modellierung eines Referenzrahmens für Deutsch als Zweitsprache. In: Ahrenholz, B. (Hrsg.). *Fachunterricht und Deutsch als Zweitsprache.* Tübingen: Narr Francke Attempto. S. 107–131.

Volpe, G. (2015). *Case teaching in economics: History, practice and evidence.* In: Cogent Economics & Finance, 3 (1), S. 1–18.

Vos, P. (2011). What is 'Authentic' in the Teaching and Learning of Mathematical Modelling? In: Kaiser, G., Blum, W., Borromeo Ferri, R. & Stillmann, G. (Hrsg). *Trends in Teaching and Learning of Mathematical Modelling* (ICTMA 14). Dordrecht: Springer. S. 713–722. Verfügbar unter: https://www.academia.edu/282191/Vos_P._2011_._What_is_Auth entic_in_the_Teaching_and_Learning_of_Mathematical_Modelling[12.12.2017].

Vygotskij, L. S. (1986). *Thought and Language* (übersetzt und überarbeitet von Alex Kozulin, engl. Erstaufl. 1962). Cambridge, MA.: The MIT Press.

Wagner A. C. (1978). Selbstgesteuertes Lernen im offenen Unterricht – Erfahrungen mit einem Unterrichtsversuch in der Grundschule. In: Neber, H., Wagner, A. C. & Einsiedler, W. (Hrsg.). *Selbstgesteuertes Lernen. Psychologische und pädagogische Aspekte eines handlungsorientierten Lernens.* Weinheim: Beltz. S. 49–67.

Wagner, G. & Schöll, G. (1992). *Selbstständiges Lernen in Phasen freier Aktivität. Entwicklung eines Beobachtungsinventars und Durchführung einer empirischen Untersuchung in einer 4. Grundschulklasse.* Nürnberg: Institut für Grundschulforschung.

Wagner, M. & Kannewischer, S. (2014). Einschätzung der Kompetenzen im Bereiche Sprache/Kommunikation. In: Dworschak, W., Kannewischer, S., Ratz, C. & Wagner, M. (Hrsg.). *Schülerschaft mit dem Förderschwerpunkt geistige Entwicklung (SFGE). Eine empirische Studie.* Oberhausen: Athena. S. 99–110.

Walker, A., Leary, H. (2009). *A Problem Based Learning Meta Analysis: differences Across Problem Types, Implementation Types, Disciplines, and Assessment Levels.* In: Interdisciplinary Journal of Problem-Based Learning, 3 (1), S. 12–43.

Wallrabenstein, W. (1991). *Offene Schule – Offener Unterricht. Ratgeber für Eltern und Lehrer* (rororo Sachbuch 18752). Reinbek: Rowohlt.

Walsch, W. (1995). *Aufgabenfamilien. Beispiele und didaktische Anmerkungen. Folge 1.* In: Mathematik in der Schule, 33(2), S. 78–82.

Walsh, A. (2005). *The Tutor in Problem Based Learning: A Novice's Guide.* Program for Faculty Development, McMaster University, Faculty of Health Sciences. Hamilton, ON Canada.

Wälti, B. & Hirt, U. (2010). Fördern aller Begabungen durch fachliche Rahmung. In: Hengartner, E., Hirt, U., Wälti, B. & Primarschulteam Lupsingen (Hrsg.). *Lernumgebungen für Rechenschwache bis Hochbegabte. Natürliche Differenzierung im Mathematikunterricht* (Spektrum Schule – Beiträge zur Unterrichtspraxis). Zug: Klett und Balmer AG. S. 15–18.

Walton, H. J. & Matthews, M. B. (1989). *Essentials of problem-based learning.* In: Medical Education, 23 (6), S. 542–558.

Wang, F. & Hannafin, M. J. (2005). *Design-Based Research and Technology-Enhanced Learning Environments.* In: Educational Technology Research and Development, 53 (4), S. 5–23.

Webb, N. & Dowling, M. (1996). *Impact of the Interactive Mathematics Program on the Retention of Underrepresented Students: Cross-School Analysis of Transcripts for the Class of 1993 for Three High Schools.* Project Report 96–2. Madison: University of Wisconsin-Madison, Wisconsin Center for Educational Research (WCER).

Weber, A. (2007a). *Problem-Based Learning. Ein Handbuch für die Ausbildung auf der Sekundarstufe II und der Tertiärstufe* (Pädagogik). Bern: h e p.

Weber, A. (2007b). Problem-Based Learning. In: Zumbach, J., Weber, A. & Olsowski, G. (Hrsg.). *Problembasiertes Lernen. Konzepte, Werkzeuge und Fallbeispiele aus dem deutschsprachigen Raum*. Bern: h e p, S. 15–31.

Weber, A. (2012). *Problemorientiertes Lernen. Was ist das, und wie geht das?* In: Pädagogik, 64 (7), S. 32–38.

Weiner, B. & Reisenzein, R. (1994). *Motivationspsychologie*. Weinheim: Beltz.

Weinert, F. E. (1999). Psychologische Orientierungen in der Pädagogik. In: Röhrs, H. & Scheuerl, H. (Hrsg.). *Richtungsstreit in der Erziehungswissenschaft und pädagogische Verständigung. Wilhelm Flitner zur Vollendung seines 1000. Lebensjahres am 20. Aug. 1989 gewidmet*. Frankfurt a. M.: Lang. S. 203–214.

Wernke, S. (2013). *Aufgabenspezifische Erfassung von Lernstrategien mit Fragebögen. Eine empirische Untersuchung mit Kindern im Grundschulalter* (Pädagogische Psychologie und Entwicklungspsychologie, Bd. 88). Zugl.: Carl von Ossietzky Universität Oldenburg, Diss., 2012. Münster: Waxmann.

Wiater, W. (2012). *Theorie der Schule* (Didaktik) Donauwörth: Auer.

Wichers, J. & Strunk, S. (2020). *Auf alle Fälle ein Fall. Darstellung einer Unterrichtskonzeption zur Implementierung von Problembasiertem Lernen im Mathematikunterricht der dritten und vierten Klasse*. (DOI: https://doi.org/10.18442/088) Verfügbar unter: https://www.uni-hildesheim.de/ojs/index.php/HiBSU/article/view/119.

Wilhelm, N. (2016). *Zusammenhänge zwischen Sprachkompetenz und Bearbeitung mathematischer Textaufgaben. Quantitative und qualitative Analysen sprachlicher und konzeptueller Hürden* (Dortmunder Beiträge zur Entwicklung und Erforschung des Mathematikunterrichts, Bd. 25). Zugl.: Technische Universität Dortmund, Diss., 2016. Wiesbaden: Springer.

Winter, H. (2016): *Entdeckendes Lernen im Mathematikunterricht. Einblicke in die Ideengeschichte und ihre Bedeutung für die Pädagogik*. Wiesbaden: Springer.

Wirtz, M. A. (Hrsg.). (2017). *Dorsch – Lexikon der Psychologie. Selbstkonzept*. Verfügbar unter: https://portal.hogrefe.com/dorsch/selbstkonzept/ [07.08.2017].

Wisniewski, B. (2016). *Psychologie für die Lehrerbildung*. Bad Heilbrunn: Klinkhardt.

Wittich, C. (2017). *Mathematische Förderung durch kooperativ-strukturiertes Lernen. Eine Interventionsstudie zur Ablösung vom zählenden Rechnen an Grund- und Förderschulen* (Dortmunder Beiträge zur Entwicklung und Erforschung des Mathematikunterrichts, Bd. 28). Zugl.: Technische Universität Dortmund, Diss., 2016. Wiesbaden: Springer.

Wittmann, E. (1975). *Grundfragen des Mathematikunterrichts*. Braunschweig: Vieweg.

Wittmann, E. (1995). Mathematics education as a 'design science'. In: Educational studies in Mathematics, 29 (4), S. 355–374.

Wolff, S. (2012). Dokumenten- und Aktenanalyse. In: Flick, U., von Kardoff, E. & Steinke, I. (Hrsg.). *Qualitative Forschung. Ein Handbuch* (rowohlts enzyklopädie). Reinbek: Rowohlt. S. 502–513.

Wollring, B. (2009). Zur Kennzeichnung von Lernumgebungen für den Mathematikunterricht in der Grundschule. In: Peter-Koop, A., Lilitakis, G. & Spindeler, B. (Hrsg.). *Lernumgebungen – Ein Weg zum kompetenzorientierten Mathematikunterricht der Grundschule. Festschrift zum 60. Geburtstag von Bernd Wollring*. Offenburg: Mildenberger. S. 9–23.

Wood, T. & Sellars, P. (1996). *Assessment of a problem centered mathematics program: Third grade.* In: Journal for Research in Mathematics Education, 27 (3), S. 337–353.

Zakaria, E., Chin, L. C. & Daud, M. Y. (2010). *The Effects of Cooperative Learning on Students' Mathematics Achievement and Attitude towards Mathematics.* In: Journal of Social Sciences, 6 (2), S. 272–275.

Zakaria, E., Solfitri, T., Daud, M. Y. & Abidin, Z.Z. (2013). *Effect of cooperative learning on secondary school students' mathematics achievement.* In: Creative Education, 4 (2), S. 98–100.

Zapf, A. B. (2015). *Progressive Projektarbeit. Evaluation eines Modells zur Durchführung von selbstgesteuerter Projektarbeit* (Klinkhardt forschung). Zugl.: Pädagogische Hochschule Karlsruhe, Diss., 2014. Bad Heilbrunn: Klinkhardt.

Zech, F. (2002). *Grundkurs Mathematikdidaktik: Theoretische und praktische Anleitungen für das Lehren und Lernen von Mathematik* (Beltz Pädagogik). Weinheim: Beltz.

Zimmermann, B. (1991). Ziele, Beispiele, Rahmenbedingungen. In: Zimmermann, B. (Hrsg.). *Problemorientierter Mathematikunterricht.* Bad Salzdetfurth: Franzbecker. S. 9–36.

Zumbach, J. (2003). *Problembasiertes Lernen* (Internationale Hochschulschriften, Bd. 424). Zugl: Universität Hamburg., Diss., 2003. Münster: Waxmann.

Zumbach, J., Haider, K. & Mandl, H. (2008). Fallbasiertes Lernen: Theoretischer Hintergrund und praktische Anwendung. In: Zumbach, J. & Mandl, H. (Hrsg.). *Pädagogische Psychologie in Theorie und Praxis. Ein fallbasiertes Lehrbuch.* Göttingen: Hogrefe. S. 1–11.

Printed in the United States
by Baker & Taylor Publisher Services